“十四五”普通高等教育本科系列教材

工程力学

（静力学+材料力学）

（第二版）

主　编　韩秀清

副主编　曹丽娜

编　写　张　凤　王纪海

　　　　刘　阳　姚　敏

主　审　刘巧伶

中国电力出版社

CHINA ELECTRIC POWER PRESS

内 容 提 要

本书为“十四五”普通高等教育本科系列教材。工程力学包括静力学和材料力学，它是工科专业的一门重要技术基础课。全书共分十六章，静力学部分包括静力学的基本概念、受力图，平面汇交力系，力矩、平面力偶系，平面任意力系，摩擦，空间力系；材料力学部分包括轴向拉伸和压缩，扭转，弯曲内力，弯曲应力，弯曲变形和简单超静定梁，应力状态和强度理论，组合变形，压杆稳定，交变应力。另外书末还附有截面的几何性质，梁的挠度与转角公式，型钢表，中英文工程力学词汇对照等。本书内容选择合理，突出了基本原理和方法，语言简练，图文并茂。

本书适用于普通高等工科院校的各类专业，并可根据计划学时对书中内容进行选择。

图书在版编目（CIP）数据

工程力学：静力学+材料力学/韩秀清主编．—2版．—北京：中国电力出版社，2021.6（2024.6重印）

“十四五”普通高等教育本科系列教材

ISBN 978-7-5198-4371-7

Ⅰ.①工… Ⅱ.①韩… Ⅲ.①工程力学—高等学校—教材②静力学—高等学校—教材③材料力学—高等学校—教材 Ⅳ.①TB12②O312③TB301

中国版本图书馆CIP数据核字（2020）第034998号

出版发行：中国电力出版社
地　　址：北京市东城区北京站西街19号（邮政编码100005）
网　　址：http://www.cepp.sgcc.com.cn
责任编辑：孙　静（010-63412542）
责任校对：黄　蓓　李　楠
装帧设计：张俊霞
责任印制：吴　迪

印　　刷：三河市百盛印装有限公司
版　　次：2006年2月第一版　2021年6月第二版
印　　次：2024年6月北京第二十次印刷
开　　本：787毫米×1092毫米　16开本
印　　张：21
字　　数：509千字
定　　价：59.80元

前　言

工程力学包括静力学和材料力学，它是工科专业的一门重要技术基础课，与工程实际有着密切的联系。通过学习该门课程，不仅可使学生构筑工程技术的理论根基，还可培养学生理论联系实际解决工程问题的能力。

随着现代科学技术的飞速发展，新材料、新技术、新方法不断涌现，工程力学教学内容、教学方法及教学体系的改革也在不断深入中。我们在总结改革的体会和多年理论与实践教学经验的基础上，充分考虑了不同专业的需求，并汲取了国内许多优秀教材的长处而编写了本书。在编写过程中，认真依照工程力学教学大纲的要求，力求保留国内原教材的结构严谨、逻辑性强等特点，又突出工程实践能力的培养，所以增加了工程实际的基础训练习题与思考讨论题。其目的很明确，就是针对普通高等工科院校学生的特点，在对基础理论知识的理解、掌握的基础上，加强实践能力的锻炼。本书适用于普通高等工科院校的各类专业，并可根据计划学时对书中内容进行选择。

本书主编韩秀清教授为国务院特殊津贴享受者，从事 30 多年工程力学、材料力学的教学工作，在这些年中主持与力学学科密切相关的国家级、省部级科研项目 20 多项，并获省部级科技进步二等奖三项、三等奖三项。在科研进行中，通过将力学理论与工程实际紧密融合在一起解决了许多工程技术难题，这对工程力学的教学工作起到了积极的促进作用。

本书共有十六章（含附录），包括静力学和材料力学两部分。静力学的主要内容有静力学的基本概念、受力分析与受力图，平面汇交力系，力矩　平面力偶系，平面任意力系，摩擦，空间力系；材料力学的主要内容有轴向拉伸和压缩，扭转，弯曲内力，弯曲应力，弯曲变形　超静定梁，应力状态和强度理论，组合变形，压杆稳定，交变应力等。书中第一章至第四章由韩秀清（主编）编写，并对全书各章节的内容进行了校改；第五章由姚敏编写；第六章至第八章、第十四章由张凤编写；第九章至第十三章由曹丽娜编写；第十五章由王纪海编写；附录由刘阳编写。

本书由吉林大学刘巧伶教授主审。

由于编者水平有限，书中难免有不妥之处，欢迎广大读者批评指正。

编　者

主要符号表

符号	含义	符号	含义
A	面积	λ	柔度、长细比
d，D	直径	μ	长度因数、泊松比
e	偏心距	ρ	曲率半径
E	弹性模量、杨氏模量	σ	正应力
F_{N}	轴力	σ_{t}	拉应力
F_{Q}	剪力	σ_{c}	压应力
G	切变模量	$[\sigma]$	许用应力
I	惯性矩	$[\sigma_{\mathrm{t}}]$	许用拉应力
I_{p}	极惯性矩	$[\sigma_{\mathrm{c}}]$	许用压应力
I_{yz}	惯性积	σ_{cr}	临界应力
M、M_y、M_z	弯矩	σ_{e}	弹性极限
M_x	扭矩	σ_{p}	比例极限
m	质量	$\sigma_{0.2}$	名义屈服极限
n_{st}	稳定安全因数	σ_{s}	屈服极限
P	功率	τ	切应力
q	均布载荷集度	$[\tau]$	许用切应力
W	弯曲截面系数	U	应变能
W_{p}	扭转截面系数	v	挠度
α_l	线膨胀系数	W	功
β	表面加工质量系数		
φ	相对扭转角		
φ'	单位长度相对扭转角		
γ	切应变		
ε	线应变，纵向应变		

目　　录

前言
主要符号表

第一篇　静　力　学

引言 …… 1
第一章　静力学的基本概念、受力分析与受力图 …… 1
§1-1　力的概念 …… 1
§1-2　刚体的概念 …… 2
§1-3　静力学公理 …… 3
§1-4　约束与约束反力 …… 6
§1-5　物体的受力分析　受力图 …… 9
思考讨论题 …… 12
习题 …… 13
第二章　平面汇交力系 …… 15
§2-1　工程中的平面汇交力系问题 …… 15
§2-2　平面汇交力系合成的几何法 …… 15
§2-3　平面汇交力系平衡的几何条件 …… 16
§2-4　平面汇交力系合成的解析法 …… 18
§2-5　平面汇交力系平衡方程及其应用 …… 20
思考讨论题 …… 22
习题 …… 23
习题答案 …… 24
第三章　力矩　平面力偶系 …… 25
§3-1　力对点之矩 …… 25
§3-2　力偶与力偶矩 …… 26
§3-3　平面力偶系的合成与平衡 …… 28
思考讨论题 …… 30
习题 …… 31
习题答案 …… 33
第四章　平面任意力系 …… 34
§4-1　工程中的平面任意力系问题 …… 34
§4-2　平面任意力系向一点简化　主矢和主矩 …… 34

§4-3　平面任意力系简化结果的分析　合力矩定理 …… 37
§4-4　平面任意力系的平衡条件与平衡方程 …… 39
§4-5　物体系的平衡　静定和超静定问题 …… 42
§4-6　桁架 …… 47
思考讨论题 …… 49
习题 …… 50
习题答案 …… 56
第五章　摩擦 …… 59
§5-1　滑动摩擦 …… 59
§5-2　具有滑动摩擦的平衡问题 …… 62
§5-3　滚动摩阻的概念 …… 67
思考讨论题 …… 69
习题 …… 70
习题答案 …… 74
第六章　空间力系 …… 75
§6-1　工程中的空间力系问题 …… 75
§6-2　力在空间坐标轴上的投影 …… 75
§6-3　力对轴之矩 …… 76
§6-4　空间力系的平衡方程 …… 78
§6-5　物体的重心 …… 83
思考讨论题 …… 88
习题 …… 88
习题答案 …… 92

第二篇　材　料　力　学

引言 …… 93
第七章　轴向拉伸和压缩 …… 97
§7-1　轴向拉伸和压缩的概念和实例 …… 97
§7-2　轴力和轴力图 …… 97
§7-3　横截面上的应力 …… 99
§7-4　斜截面上的应力 …… 100
§7-5　变形和应变 …… 101
§7-6　材料在拉伸时的力学性能 …… 103
§7-7　材料在压缩时的力学性能 …… 107
§7-8　许用应力和强度条件 …… 108
§7-9　应力集中 …… 112
§7-10　拉伸、压缩超静定问题 …… 113
§7-11　剪切和挤压的实用计算 …… 118

思考讨论题…… 122
习题…… 123
习题答案…… 130
第八章　扭转…… 132
§8-1　扭转的概念和实例…… 132
§8-2　扭矩和扭矩图…… 132
§8-3　薄壁圆筒扭转…… 134
§8-4　圆轴扭转时的应力…… 136
§8-5　圆轴扭转时的变形…… 139
§8-6　圆轴扭转时的强度与刚度条件…… 140
思考讨论题…… 142
习题…… 142
习题答案…… 147
第九章　弯曲内力…… 149
§9-1　弯曲　平面弯曲的概念和实例…… 149
§9-2　静定梁的分类…… 150
§9-3　剪力和弯矩…… 151
§9-4　剪力图与弯矩图…… 154
§9-5　剪力、弯矩、载荷集度之间的微分关系…… 160
思考讨论题…… 164
习题…… 165
第十章　弯曲应力…… 169
§10-1　引言…… 169
§10-2　弯曲时的正应力…… 169
§10-3　弯曲正应力的强度条件及其应用…… 175
§10-4　弯曲切应力、剪切中心、切应力强度条件及应用…… 178
§10-5　提高梁抗弯强度的一些措施…… 184
思考讨论题…… 188
习题…… 189
习题答案…… 192
第十一章　弯曲变形　超静定梁…… 194
§11-1　引言…… 194
§11-2　梁的挠曲线的近似微分方程…… 195
§11-3　用积分法求梁的变形…… 196
§11-4　按叠加原理求梁的变形…… 202
§11-5　梁的刚度校核和提高梁刚度的途径…… 203
§11-6　简单超静定梁…… 205
思考讨论题…… 206

习题…… 207
习题答案…… 209
第十二章　应力状态和强度理论…… 210
§12-1　应力状态的基本概念…… 210
§12-2　平面应力状态分析…… 211
§12-3　三向应力状态的应力圆…… 221
§12-4　广义胡克定律…… 222
§12-5　空间应力状态下的应变能密度…… 225
§12-6　强度理论及其应用…… 226
思考讨论题…… 232
习题…… 233
习题答案…… 237
第十三章　组合变形…… 239
§13-1　概述…… 239
§13-2　斜弯曲…… 239
§13-3　拉伸（压缩）与弯曲的组合…… 241
§13-4　弯曲与扭转的组合…… 248
思考讨论题…… 251
习题…… 253
习题答案…… 258
第十四章　压杆稳定…… 260
§14-1　压杆稳定的概念…… 260
§14-2　两端铰支细长压杆的临界力…… 262
§14-3　其他杆端约束情况下细长压杆的临界力…… 264
§14-4　压杆的分类、临界应力总图…… 266
§14-5　压杆的稳定性校核…… 271
§14-6　提高压杆稳定性的措施…… 273
思考讨论题…… 275
习题…… 275
习题答案…… 279
第十五章　交变应力…… 281
§15-1　引言…… 281
§15-2　材料的持久极限及其测定…… 283
§15-3　影响持久极限的主要因素…… 284
§15-4　对称循环应力下的疲劳强度计算…… 286
§15-5　非对称循环与弯扭组合下构件的疲劳强度计算…… 288
§15-6　提高构件疲劳强度的途径…… 290
思考讨论题…… 290

习题……… 291
习题答案……………………………………………………………………………………………………… 292
综合讨论题…………………………………………………………………………………………………… 293
附录……… 296
附录 A　截面的几何性质……………………………………………………………………………… 296
§A-1　截面的静矩和形心 ……………………………………………………………………… 296
§A-2　截面的极惯性矩、惯性矩和惯性积 ………………………………………………… 299
§A-3　平行移轴公式、组合截面的惯性矩和惯性积 ……………………………………… 301
§A-4　转轴公式、截面的主惯性轴和主惯性矩 …………………………………………… 303
习题……… 304
习题答案……………………………………………………………………………………………………… 306
附录 B　梁的挠度与转角公式 ………………………………………………………………………… 306
附录 C　型钢表 …………………………………………………………………………………………… 308
中英文工程力学词汇对照……………………………………………………………………………… 319
参考文献……………………………………………………………………………………………………… 324

第一篇 静 力 学

引 言

静力学是研究物体的平衡问题的科学。所谓**物体的平衡**，是指物体相对于惯性参考系保持静止或做匀速直线运动的状态。若物体处于平衡状态，那么作用于物体上的一群力（称为**力系**）必须满足一定的条件，这些条件称为力系的**平衡条件**。研究物体的平衡问题，实际上就是研究作用于物体上的力系的平衡条件，并应用这些条件解决工程实际问题。

在研究物体的平衡条件或计算工程实际问题时，首先应对物体进行受力分析，确定出物体的受力状况，画出物体的受力图。然后须将一些比较复杂的力系进行简化，就是将一个复杂的力系等效简化为一个简单的力系，这种简化力系的方法称为**力系的简化**。受力分析、力系的简化是建立平衡条件的基础。因此，在静力学中主要研究的问题是物体的受力分析、力系的简化和物体在力系作用下的平衡条件。

静力学是工程力学的基础部分，在工程技术中有着广泛的应用。例如桥式吊车，它是由桥架、吊钩和钢丝绳等构件所组成的。为了保证吊车能正常工作，设计时首先必须分析各构件所受的力，并根据平衡条件算出这些力的大小，然后才能进一步考虑选择什么样的材料，并设计构件的尺寸。

力在物体平衡时所表现出来的基本性质，也同样表现于物体作变速运动的情形中。在静力学里关于力的合成、分解与力系简化的研究结果，可以直接应用于动力学。

由此可见，静力学是研究材料力学和动力学的基础，在工程中具有重要的实用意义。

第一章 静力学的基本概念、受力分析与受力图

本章将介绍静力学中的一些基本概念和几个公理，这些概念和公理是静力学的基础。最后，介绍物体的受力分析和受力图。

§1-1 力 的 概 念

力的概念来自实践，在很早的时期，人们就对力有了一定的认识。战国时期墨家的哲学与科学著作《墨经》中说“力，形之所以奋也”，当是见诸文字的人们最早对力的描述；从现代宏观观点看，力是一个物体对另一个物体的作用，是造成运动变化的原因。但这种作用可以是机械作用、化学作用、电磁作用等。从现代微观观点看，力是基本粒子间的相互作用，可分为强相互作用、弱相互作用。人们对力的认识还处在发展中。因此，目前能包含各

学科、各方面的对力的一个比较完善的描述或定义尚不存在。

静力学是从宏观方面看问题的,从现代宏观方面看,**力是物体间相互的机械作用,这种作用使物体的机械运动状态发生变化,或者使物体发生变形。**前者被称为**外效应**(运动效应),后者被称为**内效应**(变形效应)。静力学只研究力的外效应,而材料力学将研究力的内效应。

实践表明，力对于物体的作用效应，取决于力的大小、方向和作用点，通常称为**力的三要素**。当这三个要素中任何一个改变时，力的作用效应也就不同。

力的大小表示物体之间机械作用的强弱程度。国际通用的力的计量单位是牛（顿）或千牛（顿），分别以符号“N”与“kN”表示。

力的方向即物体之间机械作用的方向。力的方向包括力作用方位和指向。

力的作用点是物体间作用位置的抽象化。力的作用位置，一般说并不是一个点，而是物体的一部分面积或体积，比如，两个相互接触的物体之间的压力，是分布于接触面上的力，称为**分布力**。但作用面积很小时，则可将其近似地看成作用在一个点上，这种力称为**集中力**，此点称为力的**作用点**。通过力的作用点沿力的方向的直线，称为力的**作用线**。

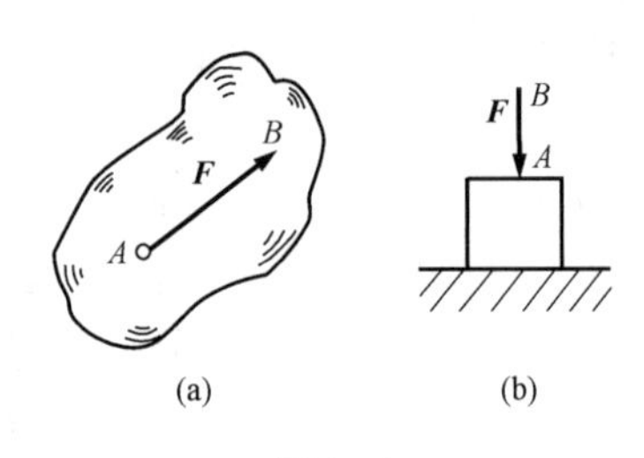

图 1-1

力是一个既有大小又有方向的量，因此，力是矢量。在力学中，矢量可用一具有方向的线段来表示，如图 1-1 所示。用线段的起点表示拉力的作用点，用线段的终点表示压力的作用点；用线段的方位和箭头指向表示力的方向；用线段的长度（按一定的比例尺）表示力的大小。

在正式出版的印刷物上，矢量用斜黑体字母表示，如 $\boldsymbol{F}$、$\boldsymbol{P}$ 等；在手写稿上，曾有 $\overrightarrow{F}$、$\overline{F}$ 等写法，国标规定用 $\overrightarrow{F}$ 表示。力的大小则用普通字母 F 表示。矢量 $\boldsymbol{c}=\boldsymbol{a}+\boldsymbol{b}$ 与代数量 $c=a+b$ 是完全不同的两个概念，在手写稿上一定要加以区分。

§1-2　刚　体　的　概　念

任何物体在力的作用下，或多或少总要产生变形，我们称之为**变形体**。而工程实际构件中，其变形通常都非常微小，在许多情形下可以忽略不计。例如图 1-2 所示的桥式起重机，工作时由于起重物体与它自身的重量，使桥架产生微小的变形。这个微小的变形对于应用平衡条件求支座反力，几乎毫无影响。因此，就可把起重机桥架看成是不变形的刚体。

刚体是指在任何情况下都不发生变形的物体，或者说，物体内部任意两点之间的距离不变的物体称为**刚体**。显然，这是一个抽象的力学模型，在实际中并不存在。这种抽象化的方法，在研究问题时是非常必要的。因为只有忽略一些次要的、非本质的因素，才能充分揭露事物的本质。

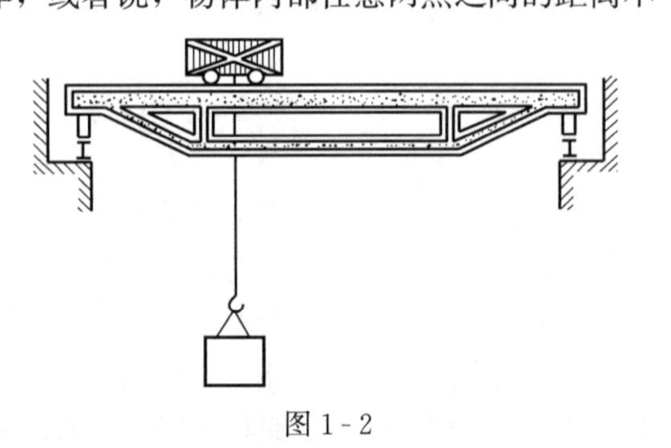
图 1-2

将物体抽象为刚体是有条件的，这与所研究问题的性质有关。如果在所研究的问题中，物体的变形成为主要因素时，就不能再把物体看成是刚体，而要看成为变形体。

在静力学中，所研究的物体只限于刚体。因此，静力学又称刚体静力学。以后将会看到，当研究变形体的平衡问题时，都是以刚体静力学的理论为基础的，不过再加上某些补充条件而已。

§1-3　静力学公理

静力学公理是人们在长期的生活和生产实践中总结概括出来的。这些公理简单而明显，也无须证明而为大家所公认。它们是静力学的基础。

公理一　二力平衡公理　作用于同一刚体上的两个力平衡的必要和充分条件是：这两力大小相等，指向相反，并且作用于同一直线上（图 1 - 3）。简而言之，这两个力等值、反向、共线。以矢量表示为

$$\boldsymbol{F}_1=-\boldsymbol{F}_2 \qquad (1-1)$$

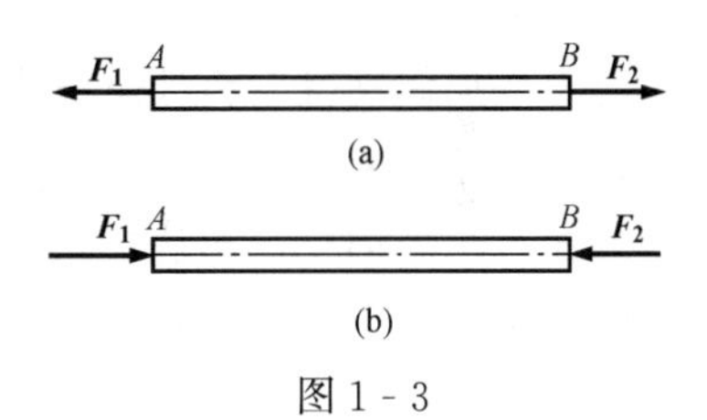

图 1 - 3

这个公理揭示了作用于物体上最简单的力系平衡时，所必须满足的条件。对刚体来说，这个条件是必要与充分的；但是，对于变形体，这个条件是非充分的。例如图 1 - 4 所示，软绳受两个等值反向共线的拉力作用可以平衡，当受两个等值反向共线的压力时，就不能平衡了。

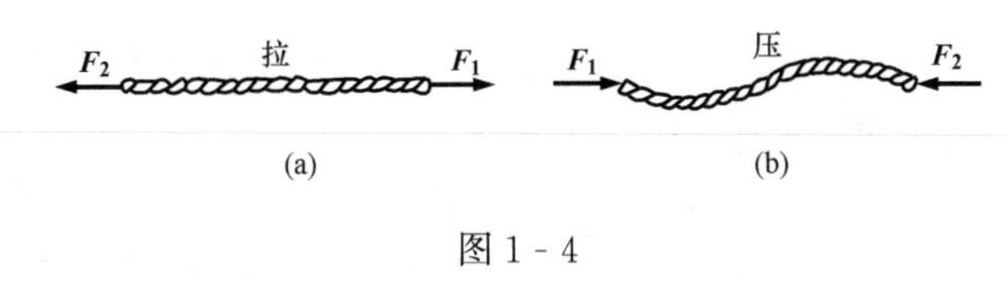

图 1 - 4

工程中把忽略自重，仅在两点受力而平衡的杆件或构件，称为**二力杆**或**二力构件**。由公理一知，二力构件的受力特点是，两个力必沿作用点的连线。例如，矿井巷道支护的三铰拱（图 1 - 5），其中 BC 杆质量不计，就可以看成是二力构件。

公理二　加减平衡力系公理　在作用于刚体上的任何一个力系上，加上或减去任一平衡力系，并不改变原力系对刚体的作用效应，即新力系与原力系的作用效应相同。

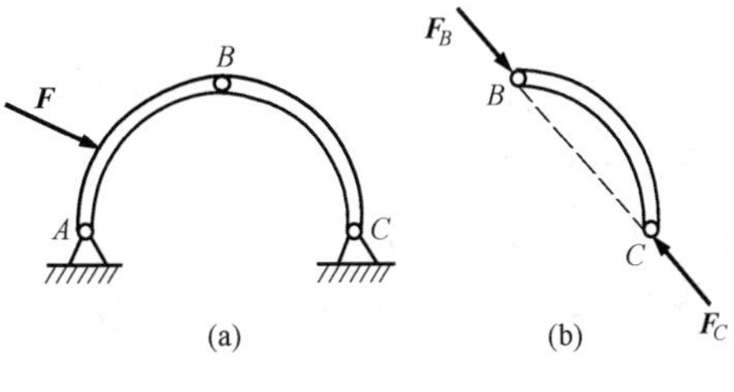

这是显而易见的，因为平衡力系对于刚体的平衡或运动状态没有影响。这个公理是研究力系等效替换的重要依据和主要手段。

图 1 - 5

推论　力的可传性原理　作用于刚体上某点的力，可以沿其作用线移至刚体内任意一点，而不改变该力对刚体的作用效应。

这个原理也是我们所熟知的。例如，人们在车后 A 点推车，与在车前 B 点拉车，效果是一样的（图 1 - 6）。当然这个原理也可从公理二来推证，此处就不论述了。

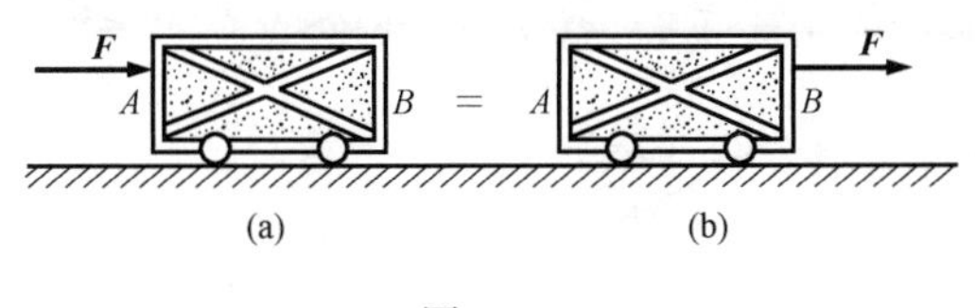

图 1 - 6

由此可知，对于刚体来说，力的三要素已变为力的大小、方向和作用线。将作用于刚体上的力可以沿着作用线移动的矢量称为

滑动矢量。

应该注意，公理二及推论只适用于刚体，而不适用于变形体。例如图 1 - 7（a）所示的变形杆，受到等值共线反向的拉力 $\boldsymbol{F}_1$、$\boldsymbol{F}_2$ 作用，杆被拉长。如果把这两个力沿作用线分别移到杆的另一端，如图 1 - 7（b）所示，此时杆就被压短。如果从杆上减去平衡力系（$\boldsymbol{F}_1$、$\boldsymbol{F}_2$），则杆的变形将消失，如图 1 - 7（c）所示。因此，在研究物体的变形时，是不能应用公理二及推论的。

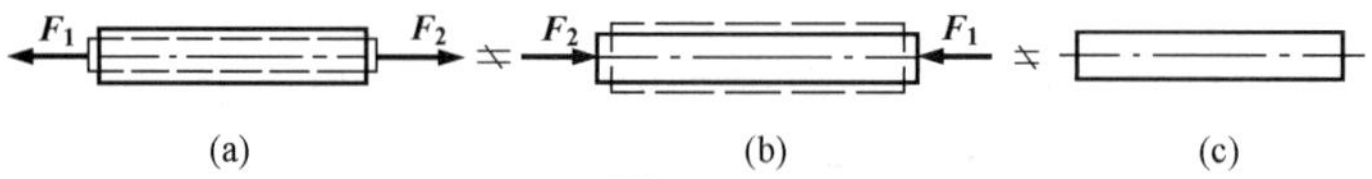

(a) (b) (c)

图 1 - 7

对于变形体来说，力的三要素仍为力的大小、方向和作用点。这种只能固定在某一点的矢量称为**定位矢量**。

公理三　力的平行四边形法则　作用于物体上同一点的两个力，可以合成为一个合力。合力的作用点仍在该点，合力的大小和方向由这两个力矢为邻边的平行四边形的对角线来确定，见图 1 - 8（a）。这种合成力的方法，称为**矢量加法**。合力矢等于这两个力矢的矢量和（或几何和），可用公式表示为

$$\boldsymbol{F}_R = \boldsymbol{F}_1 + \boldsymbol{F}_2 \tag{1-2}$$

应该指出，式（1 - 2）是矢量等式，它与代数等式 $F_R = F_1 + F_2$ 的意义完全不同，不能混淆。

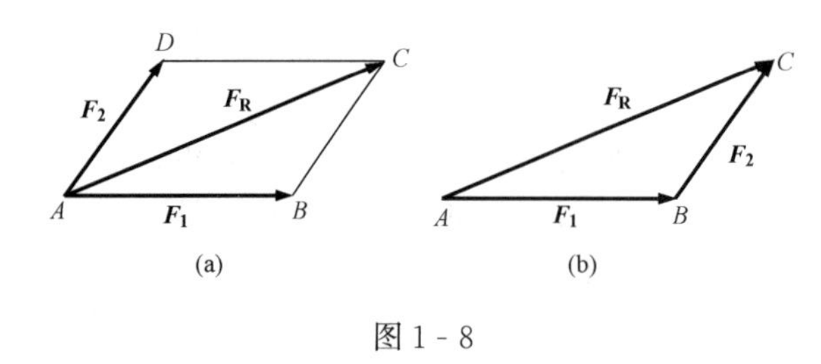

图 1 - 8

为了方便，在用矢量加法求合力时，往往不必画出整个的平行四边形，如图 1 - 8（b）所示，可从 A 点作一个与力 $\boldsymbol{F}_1$ 大小相等、方向相同的矢量 $\overrightarrow{AB}$，过 B 点作一个与力 $\boldsymbol{F}_2$ 大小相等、方向相同的矢量 $\overrightarrow{BC}$。则 $\overrightarrow{AC}$ 表示力的合力 $\boldsymbol{F}_R$。这种求合力的方法，称为**力三角形法则**。但应注意，力三角形只表明力的大小和方向，它不表示力的作用点或作用线。应用力三角形法则求解力的大小和方向时，可应用数学中的三角公式或在图上直接量测。

【例 1 - 1】　在安装三角皮带时，需有一定的预紧力，这样轴上将受到压力。如图 1 - 9 所示，设皮带的预紧力为 $\boldsymbol{F}_{T1}$ 和 $\boldsymbol{F}_{T2}$，$F_{T1} = F_{T2} = F_0$，皮带的包角为 α，求皮带作用在轴 O 上的压力。

解　将三角皮带的预紧力沿其作用线移到 A 点（图 1 - 9），以这两个力矢为边作平行四边形，其对角线即表示这两个预紧力的合力 $\boldsymbol{F}_Q$。它的大小为

$$F_Q = 2F_0 \sin\frac{\alpha}{2}$$

也就是三角皮带作用在轴 O 上的压力。三角皮带的预紧力 F_0，一般可按皮带轮的大小和型号在设计手册中查出。

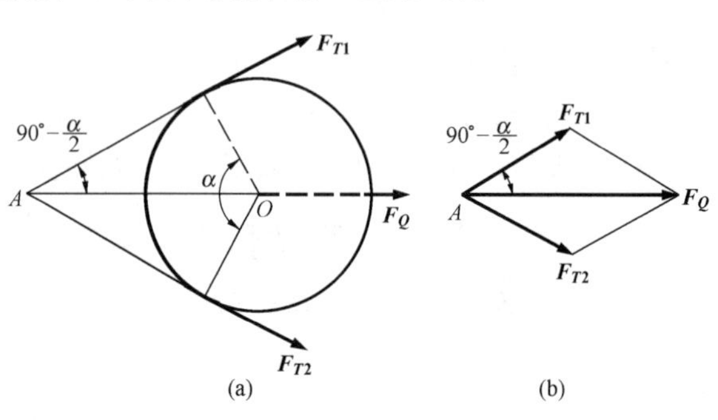

图 1 - 9

平行四边形法则既是力的合成法则，也

是力的分解法则。

例如由于自重 $\boldsymbol{F_P}$ 使物体沿斜面下滑（图 1 - 10），有时就把重力 $\boldsymbol{F_P}$ 分解为两个分力，一个是与斜面平行的分力 $\boldsymbol{F}$，这个力使物体沿斜面下滑；另一个是与斜面垂直的分力 $\boldsymbol{F_N}$，这个力使物体下滑时紧贴斜面。这两个分力的大小分别为

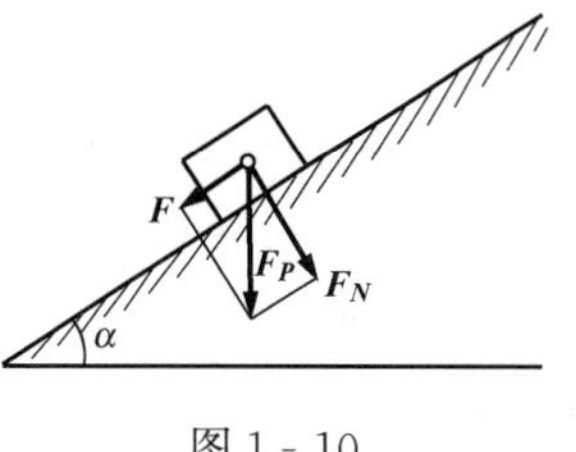

图 1 - 10

$$F_N = F_P\cos\alpha, F = F_P\sin\alpha$$

推论　三力平衡汇交定理　如果刚体在三个力作用下平衡，其中两个力的作用线汇交于一点，则第三个力的作用线必通过此汇交点，且三力共面（图 1 - 11）。

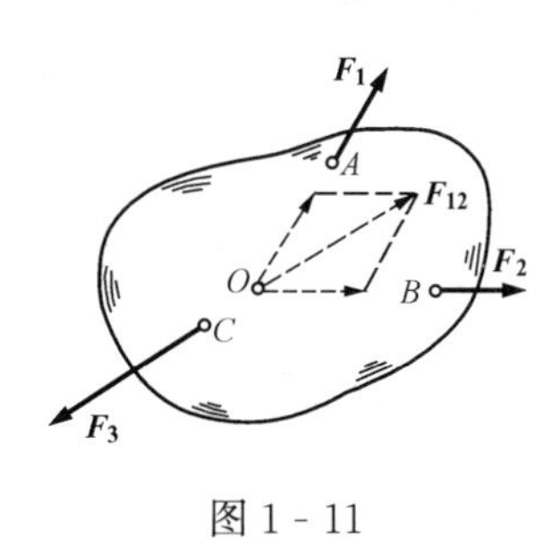

图 1 - 11

证明　如图所示，在刚体的 A、B、C 三点上，分别作用三个相互平衡的力 $\boldsymbol{F_1}$、$\boldsymbol{F_2}$ 和 $\boldsymbol{F_3}$，其中 $\boldsymbol{F_1}$、$\boldsymbol{F_2}$ 两力的作用线汇交于 O 点，根据力的可传性原理，将力 $\boldsymbol{F_1}$、$\boldsymbol{F_2}$ 沿其作用线移到汇交点 O，并按力的平行四边形法则，合成一合力 $\boldsymbol{F_{12}}$。由二力平衡公理，力 $\boldsymbol{F_3}$ 与 $\boldsymbol{F_{12}}$ 平衡，力 $\boldsymbol{F_3}$ 必定与 $\boldsymbol{F_{12}}$ 共线，所以力 $\boldsymbol{F_3}$ 必通过力 $\boldsymbol{F_1}$ 与 $\boldsymbol{F_2}$ 的交点 O，且 $\boldsymbol{F_3}$ 必与 $\boldsymbol{F_1}$ 和 $\boldsymbol{F_2}$ 在同一平面内。此推论得证。

此定理的逆命题不成立。

刚体只受同平面三个汇交力作用而平衡，有时称为**三力构件**。若三个力中已知两个力的交点及第三个力的作用点，即可判定出第三个力作用线的方位。在画一些物体的受力图和用几何法求解平面汇交力系的平衡问题时，此定理会带来一些方便。

公理四　作用与反作用定律　两物体间相互作用的力，总是大小相等、指向相反、沿同一作用线，分别作用在这两个物体上。

这个定律概括了自然界中物体之间相互作用力的关系，表明一切力总是成对出现的。有作用力就必有反作用力。

必须强调指出，虽然作用力与反作用力大小相等、方向相反，但分别作用在两个不同的物体上。因此，决不可认为这两个力互成平衡。这与公理一有本质的区别，不能混同。

作用与反作用定律概括了任何两个物体间相互作用力之间的关系。不论对刚体还是变形体，不论对静止的物体还是运动的物体，不论是惯性参考系还是非惯性参考系，作用与反作用定律都是适用的。

在画物体受力图时，对作用力与反作用力一定要给予足够的重视。

公理五　刚化原理　变形体在某一力系作用下处于平衡，如将此变形体看作（刚化）为刚体，其平衡状态保持不变。

此公理表明，当变形体处于平衡时，必然满足刚体的平衡条件。因此，可将刚体的平衡条件应用到变形体静力学中去。但应注意，刚体的平衡条件，对变形体而言只是必要的，而不是充分的。如图 1 - 12 所示，如将变形后平衡的绳子换成刚杆，其平衡状态不变；反之，如刚杆在压力下处于平衡，将其换成绳子，则平衡状态必然破坏。

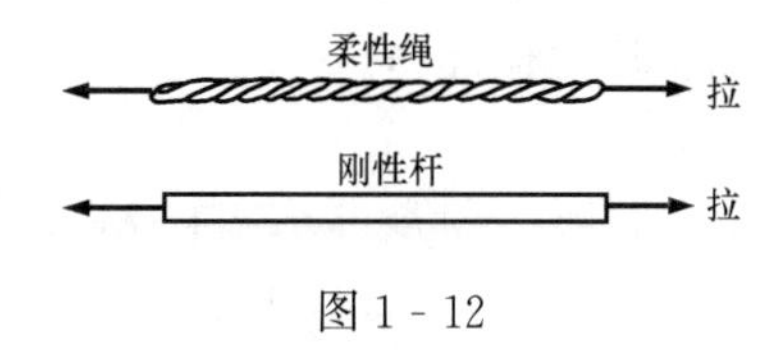

图 1 - 12

§1-4 约束与约束反力

力学中将研究的物体分为自由体和非自由体。位移不受任何限制的物体称为**自由体**，例如：在空中飞行的飞机、炮弹和火箭等。位移受到某些限制的物体称为**非自由体**，在静力学中，我们把限制非自由体某些位移的周围物体称为**约束**。例如地板对于其上的桌子、灯绳对于悬挂的灯管、轴承对于轴均为约束。当物体在约束限制的运动方向上有运动趋势时，就会受到约束的阻碍，这种阻碍作用就是约束作用于物体的力，称为**约束反力**或**约束力。**

能使物体运动或有运动趋势的力，称为**主动力**，如重力、电磁力、流体压力等。

在一般情况下，约束反力是由主动力的作用所引起的，所以约束反力也称为**“被动力”**，它随主动力的改变而变化。

在静力学中，主动力往往是给定的，而约束反力是未知的。因此对约束反力的分析，就成为受力分析的重点。

因为约束反力是限制物体运动的，所以**它的作用点应在约束与被约束物体的接触点，它的方向应与约束所能限制的运动方向相反。**这是我们确定约束反力方向的准则。至于约束反力的大小在静力学中将由平衡条件求得。

工程中约束的种类很多，对于一些常见的约束，按其所具有的特性，可以归纳成下列几种基本类型：

一、柔性体约束

属于这类约束的有绳索、胶（皮）带、链条等。由于它们被视为绝对柔软且不计自重，因而本身只能承受拉力而不能承受压力，换句话说，此类约束的特点是只能限制物体沿着柔性体伸长方向的位移。柔性体约束的约束反力，作用在接触点，方向沿着柔性体而背离于受约束物体，如图 1 - 13 所示。

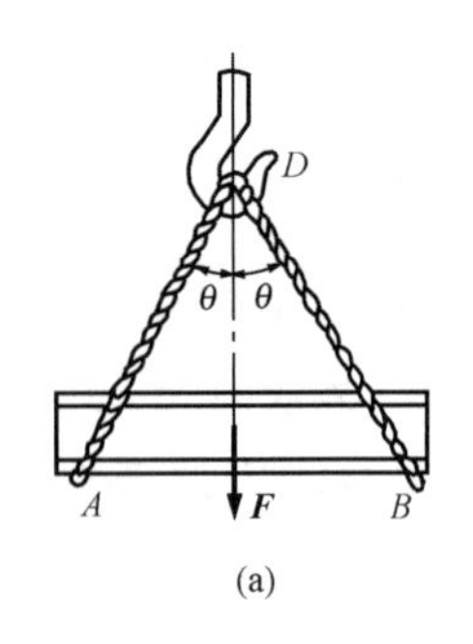

(a)

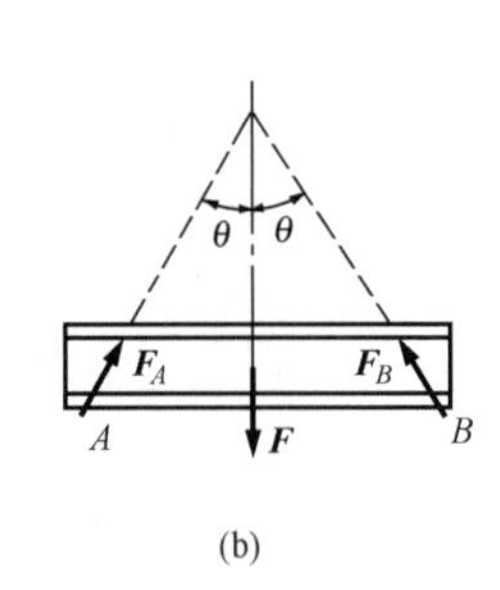

(b)

图 1 - 13

二、光滑面约束

当两物体接触面上的摩擦力比起其他作用力小很多时，摩擦力就成了次要因素，可以忽略不计。这样的接触面就认为是光滑的。此时，不论接触面是平面还是曲面，都不能限制物体沿接触面切线方向的位移，而只能限制物体沿接触面的公法线方向指向约束内部的位移。因此，光滑面约束的约束反力，作用在接触点，方向沿接触面在该点处的公法线且指向物体，如图 1 - 14 和图 1 - 15 所示。这种约束反力也称**法向反力**。

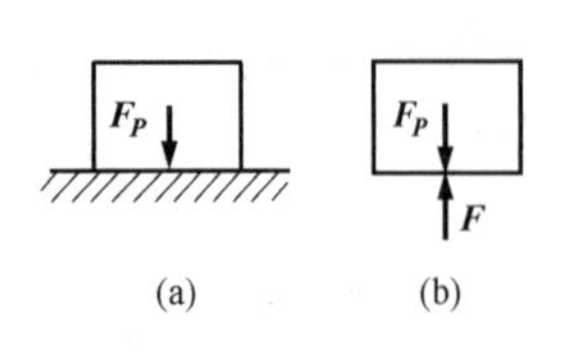

(a) (b)

图 1 - 14

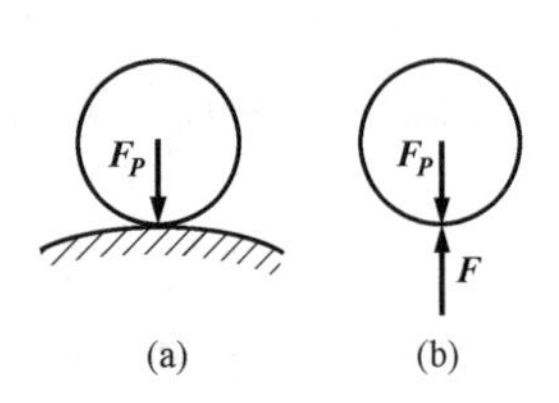

(a) (b)

图 1 - 15

光滑面约束在工程上是常见的，如啮合齿轮的齿面约束（图 1 - 16）、凸轮曲面对顶杆的约束（图 1 - 17）等。

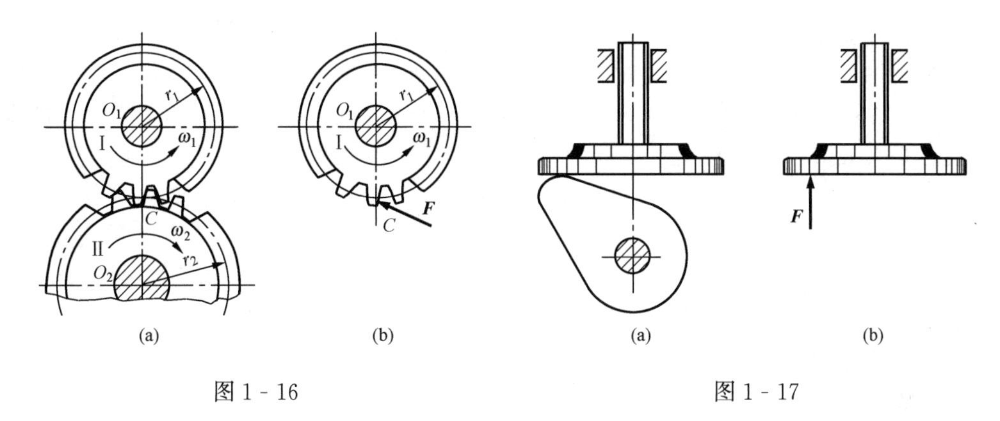

图 1 - 16　　　　图 1 - 17

三、光滑铰链约束

1. 圆柱铰链和固定铰链支座

圆柱铰链是工程上用来连接构件的一种常用方式，它用圆柱销钉将两个钻有同样直径圆孔的构件连接起来，如图 1 - 18（a）所示。为画图简便，此种类型的约束以图 1 - 18（b）所示的形式画出。如果将其中一个构件固定在地面上或机架上，则这种约束成为固定铰链支座，这也是工程上一种常用的连接方式，如图 1 - 19（a）所示，其简化表示法如图 1 - 19（b）所示。

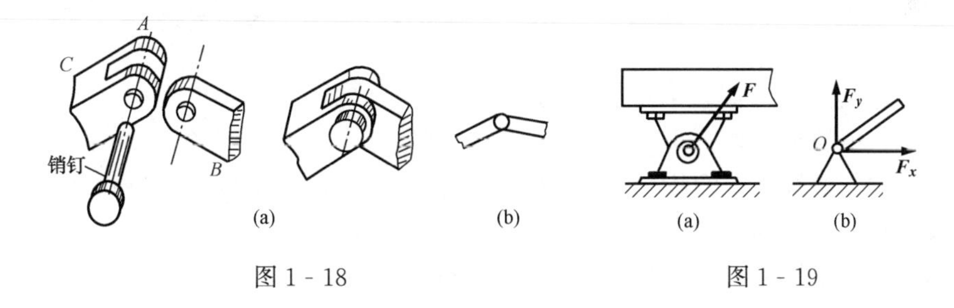

图 1 - 18　　　　图 1 - 19

物体的运动受到销钉的限制，只能绕销钉轴线相对转动，而不能沿销钉径向作相对位移。由于已设接触面的摩擦可略去不计，销钉与构件圆孔间的接触是两个光滑圆柱面接触，见图 1 - 20（a）。按照光滑面约束反力的性质，可知销钉给构件的约束反力 $\boldsymbol{F}_{\mathbf{R}}$ 应沿圆柱面在接触点 K 的公法线，并通过铰链中心 O，如图 1 -20（b）所示。但因接触点 K 的位置往往不能预先确定，所以，约束反力 $\boldsymbol{F}_{\mathbf{R}}$ 的方向也就不能预先确定。因此，圆柱铰链对物体的约束反力，在垂直于轴线的平面内，通过铰链中心，方向不定。通常用过铰链中心的两个正交分力 $\boldsymbol{F}_{Ox}$ 和 $\boldsymbol{F}_{Oy}$ 来表示，如图 1 - 20（c）所示。

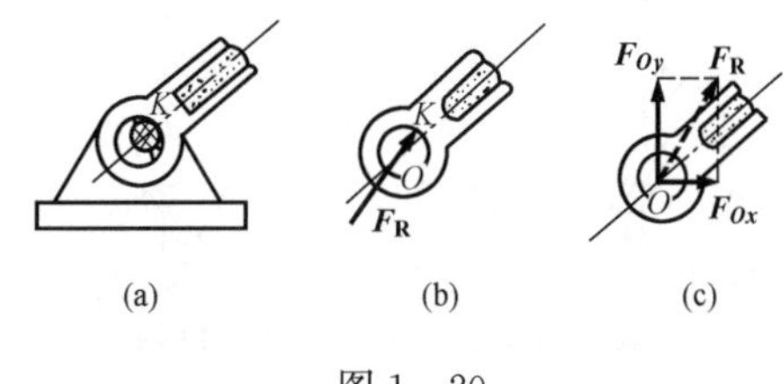

图 1 - 20

2. 向心轴承

向心轴承约束是工程中常见的约束。无论轴颈由向心滑动轴承支承［图 1 - 21（a）］，或由向心滚动轴承支承［图 1 - 21（b）］，均与固定铰链支座有相同的约束性质，其约束反力也可以用两个正交分力 $\boldsymbol{F}_{Ax}$ 和 $\boldsymbol{F}_{Ay}$ 表示。图 1 - 21（c）为其简化表示法。

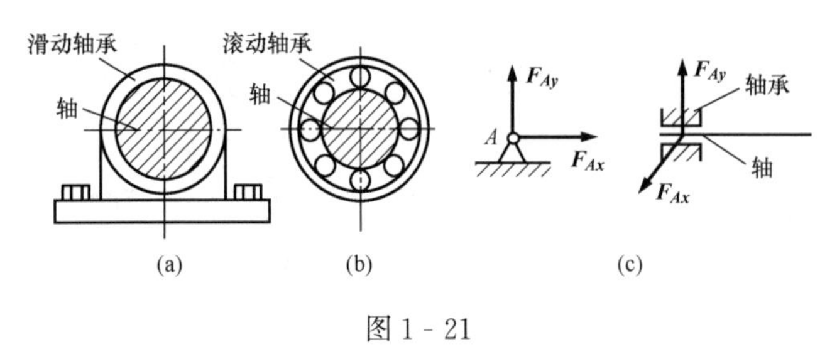

图 1 - 21

圆柱铰链、固定铰链支座和向心轴承等约束，约束性质相同，归为一类，统称为**光滑铰链约束**。

对于光滑铰链约束，约束反力实质是一个力，为求解方便，一般分解为两个正交分力。但在作用线能够确定的情况下，为求解方便，有时也画一个力。

四、其他类型约束

工程中有多种形式的约束，现介绍几种如下。

1. 辊轴支座约束

将构件的铰链支座用几个辊轴支承在光滑平面上，就成为**辊轴支座**，也称**活动铰支座**或**可动铰支座**，如图 1 - 22（a）所示。在桥梁、屋架等结构中，其一端常采用辊轴支座，以适应结构的热胀冷缩现象。

这种约束不能阻止物体沿着光滑支承面的运动或绕着销钉的转动。因此，辊轴支座约束的约束反力通过销钉中心，垂直于支承面，它的指向待定。简化表示法如图 1 - 22（b）所示。

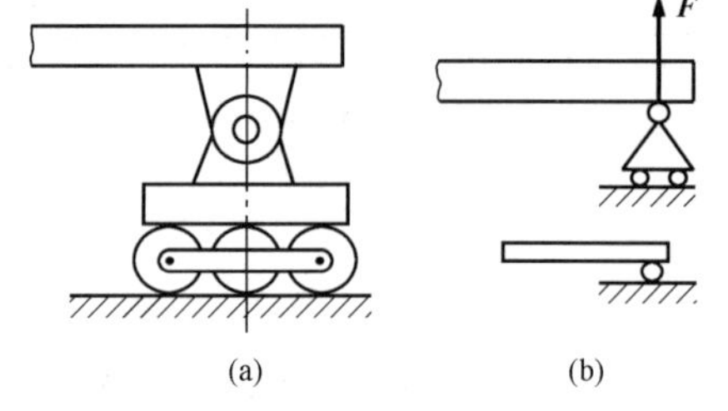

图 1 - 22

2. 光滑球铰链约束

固连于物体上的圆球嵌入另一物体的球壳内而构成的约束称为**球铰链**，如图 1 - 23（a）所示，球壳限制圆球沿球壳法线方向的位移，但不能限制带圆球的构件绕球心的转动，略去摩擦，约束性质与铰链相似，但约束反力通过球心可指向空间任意方位，为方便计，一般以三个正交分力 $\boldsymbol{F}_{Ox}$、$\boldsymbol{F}_{Oy}$ 和 $\boldsymbol{F}_{Oz}$ 表示，简化画法如图 1 - 23（b）所示。

3. 止推轴承

工程中常见的单列（或双列）圆锥滚子轴承就是止推轴承，如图 1 - 24（a）所示，与向心轴承不同之处是，它除了能限制轴的径向位移外，还能限制沿轴向方向的位移。因此，其约束反力可用三个正交分力 $\boldsymbol{F}_{Ax}$、$\boldsymbol{F}_{Ay}$ 和 $\boldsymbol{F}_{Az}$ 表示，简化表示法如图 1 - 24（b）所示。

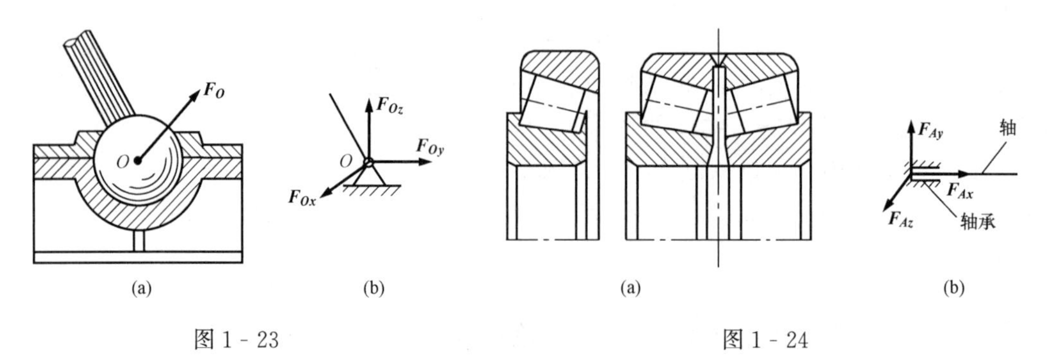

图 1 - 23　　图 1 - 24

§1-5　物体的受力分析　受力图

作用在物体上的每一个力，都对物体的运动（包括平衡）产生一定的影响。因此，在研究某一物体的运动时，必须考虑作用在该物体上所有的主动力和约束反力。为了便于分析，并能清晰地表示物体的受力情况，设想将所研究的物体（称为**研究对象**），从周围物体的约束中分离出来，单独画出其简图，称为**取分离体**。然后分析它所受的力及每个力的作用位置和方向，这种分析所研究对象的受力过程，称为**物体的受力分析**。之后在分离体简图上画出它所受的全部主动力和约束反力，从而得到研究对象的**受力图**，它形象地表明了所研究物体的受力情况。

正确地进行受力分析和画出受力图是解决力学问题的前提和关键。画受力图时，应注意如下事项：

（1）对象明确，分离彻底。根据求解问题的需要，研究对象可以是一个物体，或是几个相联系的物体组成的**物体系统**。不同的研究对象的受力是不同的。在明确研究对象之后，必须将其周围的约束全部解除，单独画出它的简图。一般情况下，不要在一系统的简图上画某一物体或子系统的受力图。

（2）画出全部外力，而不画内力。外力是研究对象以外的物体对研究对象的作用力，包括主动力、约束反力。内力是所取研究对象内部各物体间的相互作用力；由于内力成对出现，组成平衡力系，因此不必画出，只需画出全部外力。

（3）在分析两物体之间的相互作用力时，要注意应满足作用与反作用定律。作用力的方向一经假定，图上反作用力一定与之相反，而且两力的大小相等。

（4）画受力图时，通常应先找出二力构件，画出它的受力图，然后再画出其他物体的受力图。要注意正确运用三力平衡汇交定理。

【例 1-2】　简易支架的结构如图 1-25（a）所示。图中 A、B、C 三点为铰链连接。悬挂物的重量为 F，横梁 AD 和斜杆 BC 的质量不计。试分别画出横梁 AD 和斜杆 BC 的受力图。

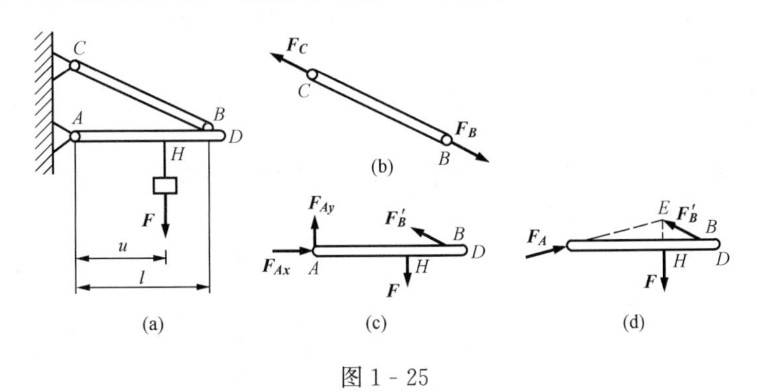

图 1-25

解　先取斜杆 BC 为研究对象。斜杆两端为铰链连接，因此，在 B、C 两点所受的约束反力通过铰链的中心，但方向不能预先确定。根据题意，斜杆质量不计，显然斜杆只在两端受力，在力 $\boldsymbol{F}_B$ 和 $\boldsymbol{F}_C$ 的作用下处于平衡状态，所以 BC 是二力构件。由公理一可知，这两个力一定是大小相等、方向相反、作用线沿 B、C 两点的连线（由经验判断，此处应为拉力，但在一般情况下，力的指向不能定出，需应用平衡条件才能确定）。斜杆 BC 的受力图如图 1-25（b）所示。

再取横梁 AD 为研究对象。作用在横梁上物块的重力为 $\boldsymbol{F}$。梁在铰链 B 处受有二力杆 BC 给它的约束反力的作用。根据作用和反作用定律，$\boldsymbol{F}'_B=-\boldsymbol{F}_B$。梁在 A 处受有固定铰支座给它的约束反力 $\boldsymbol{F}_A$ 的作用，由于方向未知，可用两个大小未定的正交分力 $\boldsymbol{F}_{Ax}$ 和 $\boldsymbol{F}_{Ay}$ 表示。横梁 AD 的受力图如图 1-25（c）所示。

根据横梁 AD 的受力情况，可以进一步确定铰链 A 的约束反力方位。由于横梁 AD 在三个力作用下处于平衡，而其中力 $\boldsymbol{F}$ 与力 $\boldsymbol{F}'_B$ 相交于一点。故根据三力平衡汇交定理，第三个力 $\boldsymbol{F}_A$ 的作用线必定通过汇交点 E。其指向可先假设。横梁 AD 的受力图如图 1-25（d）所示。

【例 1-3】　重 $\boldsymbol{F}_P$ 的均质圆柱，由杆 AB、绳索 BC 与墙壁来支承，如图 1-26（a）所示。各处摩擦及杆重均略去不计，试分别画出圆柱和杆 AB 的受力图。

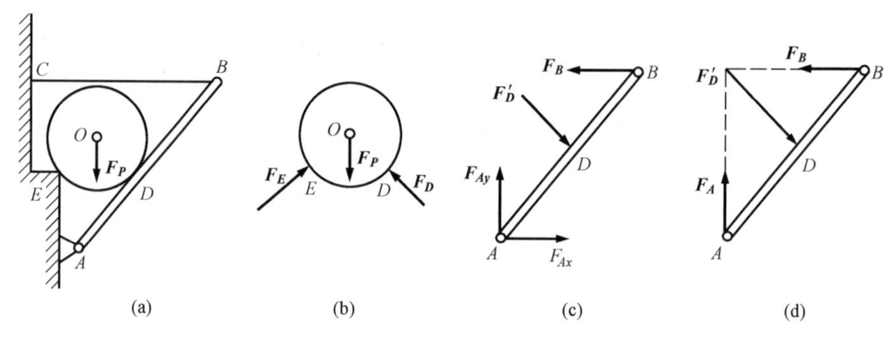

图 1-26

解　先以圆柱体为研究对象，取分离体，画出分离体简图。画主动力与约束力。圆柱体所受主动力为地球引力 $\boldsymbol{F}_P$，由于在 D、E 两处分别受来自杆和墙的光滑面约束，故在 D 处受杆法向反力 $\boldsymbol{F}_D$ 的作用，在 E 处受墙的法向反力 $\boldsymbol{F}_E$ 的作用，它们都沿着对应点接触面的公法线方向，指向圆柱中心，图 1-26（b）即为其受力图。

再以杆 AB 为研究对象，画出其分离体简图。杆在 A 处受固定铰链支座约束反力作用，其大小、方向不定，可用两个大小未知的正交分力 $\boldsymbol{F}_{Ax}$ 和 $\boldsymbol{F}_{Ay}$ 表示；在 B 处受绳索拉力 $\boldsymbol{F}_B$ 作用，在 D 处受圆柱体法向反力 $\boldsymbol{F}'_D$ 作用，此力与圆柱体受力 $\boldsymbol{F}_D$ 互为作用力与反作用力，有关系式 $\boldsymbol{F}_D=-\boldsymbol{F}'_D$，图 1-26（c）为其受力图。

由于杆 AB 是在三个力作用下处于平衡，故也可按三力平衡汇交定理确定 $\boldsymbol{F}_A$ 的方向。杆 AB 的受力图也可如图 1-26（d）的画法。

顺便指出，有些约束力，根据约束性质，只能确定其作用点和作用线的方位，至于指向，可先任意假设，以后可通过平衡条件计算验证。

【例 1-4】　如图 1-27（a）所示的三铰拱桥，由左、右两拱铰接而成。设各拱自重不计，在拱 AC 上作用有载荷 $\boldsymbol{F}$。试分别画出拱 AC 和 BC 的受力图。

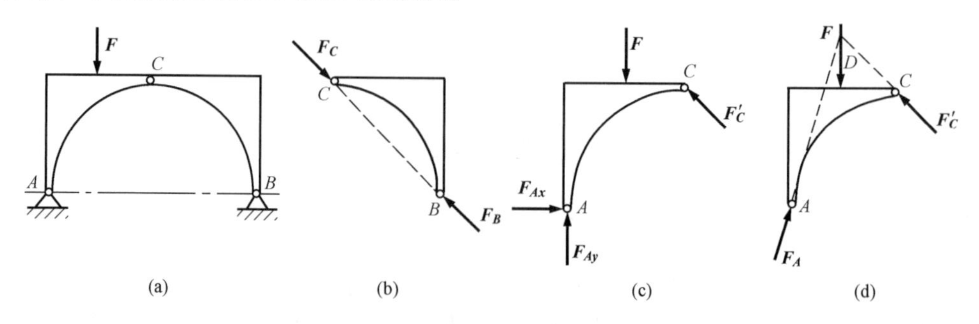

图 1-27

解　(1) 先分析拱 BC 的受力，由于拱 BC 自重不计，且只在 B、C 两处受到铰链约束，因此，拱 BC 为二力构件。在铰链中心 B、C 处分别受 $\boldsymbol{F}_B$、$\boldsymbol{F}_C$ 两力的作用，且 $\boldsymbol{F}_B=-\boldsymbol{F}_C$，$BC$ 拱的受力图如图1-27 (b) 所示。

(2) 取拱 AC 为研究对象。由于自重不计，因此主动力只有载荷 $\boldsymbol{F}$。拱在铰链 C 处受有拱 BC 给它的约束反力 $\boldsymbol{F}'_C$ 的作用，根据作用和反作用定律，$\boldsymbol{F}'_C=-\boldsymbol{F}_C$。拱在 A 处受固定铰链支座给它的约束反力 $\boldsymbol{F}_A$ 的作用，由于方向未定，可用两个大小未知的正交分力 $\boldsymbol{F}_{Ax}$、$\boldsymbol{F}_{Ay}$ 代替。

拱 AC 的受力图如图 1-27 (c) 所示。

再进一步分析可知，由于拱 AC 在 $\boldsymbol{F}$、$\boldsymbol{F}'_C$ 和 $\boldsymbol{F}_A$ 三个力作用下平衡，故可根据三力平衡汇交定理，确定铰链 A 处约束反力 $\boldsymbol{F}_A$ 的方位。点 D 为力 $\boldsymbol{F}$ 和 $\boldsymbol{F}'_C$ 作用线的交点，当拱 AC 平衡时，反力 $\boldsymbol{F}_A$ 的作用线必通过点 D [图 1-27 (d)]；至于 $\boldsymbol{F}_A$ 的指向，暂且假定如图，以后由平衡条件确定。

请读者考虑，若左右两拱都计入自重时，各受力图该如何来画？

【例 1-5】　承重框架如图 1-28 (a) 所示。物重 $\boldsymbol{F}_P$，各构件重量略去不计，A、C 处均为固定铰链支座。

(1) 分别画构件 BC、AB、重物和滑轮及销钉 B 的受力图；

(2) 画滑轮、重物和销钉组合体的受力图；

(3) 画滑轮、重物、销钉和构件 AB 组合体的受力图。

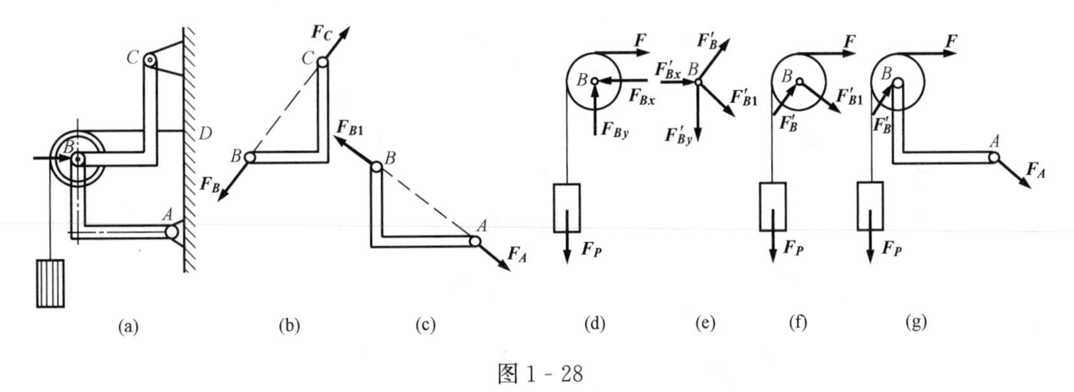

图 1-28

解　(1) 以构件 BC 为研究对象，画分离体图。BC 在 B 端直接和销钉接触，受来自销钉的圆柱铰链约束力；在 C 点受固定铰链支座的约束力。由于不计自重，所以 BC 是只在两个力作用下处于平衡的二力构件。由二力平衡条件，可确定此二约束力必沿 B、C 铰链中心的连线，且等值、反向，分别用 $\boldsymbol{F}_B$ 与 $\boldsymbol{F}_C$ 表示，有 $\boldsymbol{F}_B=-\boldsymbol{F}_C$，指向可以假定。图 1-28 (b) 为其受力图。

(2) 构件 AB 也是二力构件，其受力图如图 1-28 (c) 所示，其中 $\boldsymbol{F}_{B1}$ 是销钉的作用力。

(3) 以滑轮和重物为研究对象，画分离体图。其上受有主动力 $\boldsymbol{F}_P$ 作用，所受的约束力有：绳子的拉力 $\boldsymbol{F}$，销钉的约束力 $\boldsymbol{F}_{Bx}$ 和 $\boldsymbol{F}_{By}$，图 1-28 (d) 为其受力图。

(4) 以销钉 B 为研究对象，画分离体图。销钉受来自构件 AB、BC 和滑轮在点 B 处的反作用力 $\boldsymbol{F}'_{B1}$、$\boldsymbol{F}'_B$、$\boldsymbol{F}'_{Bx}$ 和 $\boldsymbol{F}'_{By}$，受力如图 1-28 (e) 所示。

(5) 以滑轮、重物和销钉组合体为研究对象，画分离体图。由于滑轮与销钉 B 之间的相互作用力为内力，不画内力。此系统所受的外力有：重力 $\boldsymbol{F}_P$，绳子的拉力 $\boldsymbol{F}$，构件 BC、AB 给销钉的反作用力 $\boldsymbol{F}'_B$、$\boldsymbol{F}'_{B1}$，受力如图 1-28 (f) 所示。

(6) 以滑轮（含重物）、销钉和构件 AB 为研究对象，其受力图如图 1-28 (g) 所示。

思考讨论题

1-1 “合力一定大于分力这句话对不对？为什么？试举例说明。

1-2 试区别 $\boldsymbol{F}_R=\boldsymbol{F}_1+\boldsymbol{F}_2$ 和 $F_R=F_1+F_2$ 两个等式代表的意义，手写时应怎样加以区别？

1-3 二力平衡公理与作用和反作用公理都是说二力等值、反向、共线，二者有什么区别？

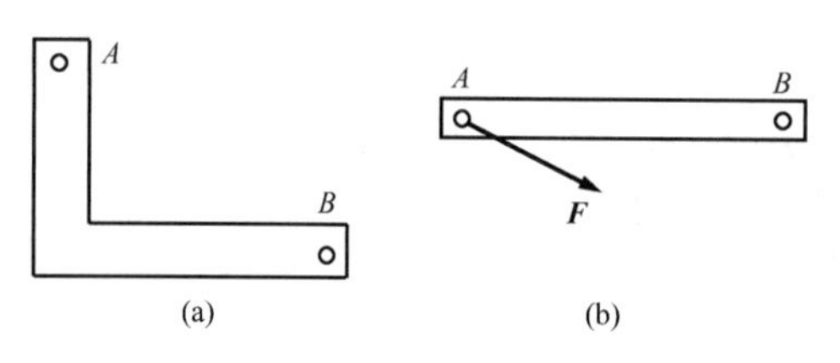

图 1-29 思考题 1-4 图

1-4 图 1-29 所示杆重不计，放于光滑水平面上。对图 1-29（a)，能否在杆上 A、B 两点各加一个力，使杆处于平衡？对图 1-29（b)，能否在 B 点加一个力使杆平衡？为什么？

1-5 均质轮重 P，以绳系住 A 点，静止地放到光滑斜面上，如图 1-30（a）～（c）所示，哪一种情况均质轮能处于平衡状态？为什么？

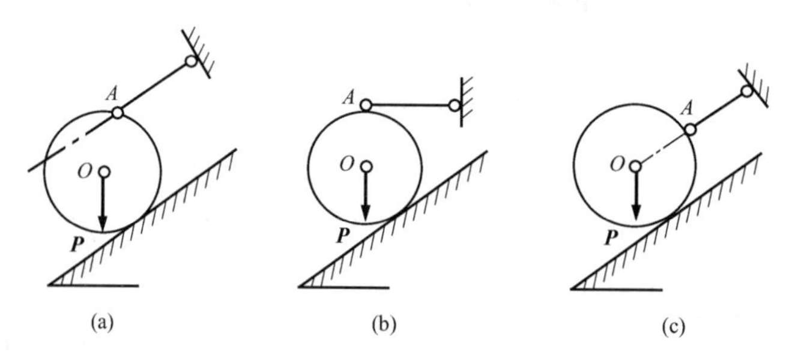

图 1-30 思考题 1-5 图

1-6 图 1-31 所示各物体的受力图是否有错误？如何改正？

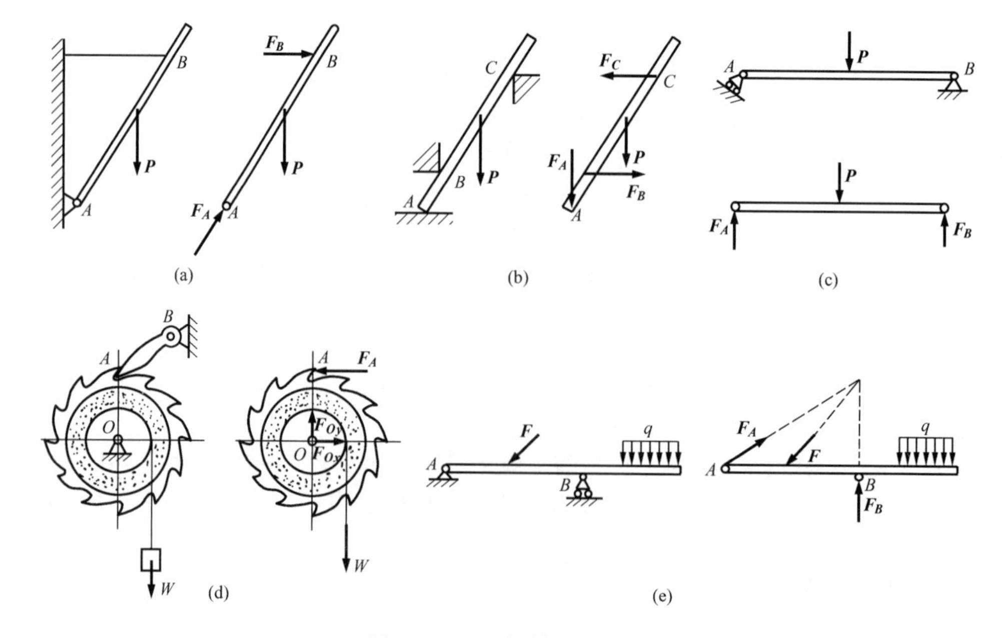

图 1-31 思考题 1-6 图

习　题

1-1　画出图 1-32 中构件 AB、ABC 的受力图。未画重力的物体的重量均不计，所有接触处均为光滑接触。

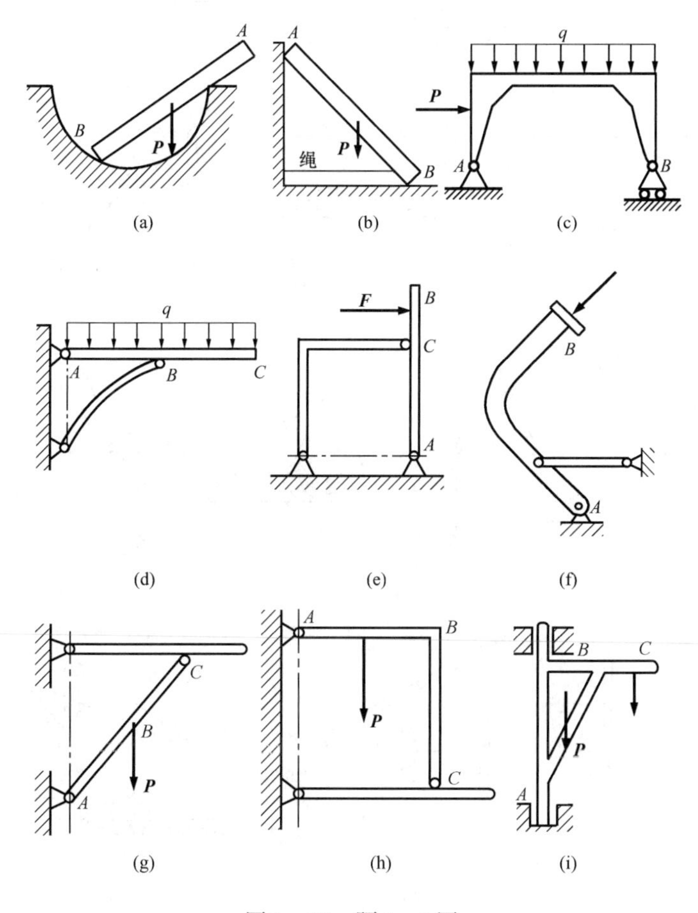

图 1-32　题 1-1 图

1-2　画出图 1-33 所示每个标注字符的物体的受力图及图 1-33（a）～（m）各题的整体受力图。未画重力的物体的重量均不计，所有接触处均为光滑接触。

1-3　画出图 1-34 所示每个标注字符的物体的受力图，各题的整体受力图及销钉 A（销钉 A 穿透各构件）的受力图。未画重力的物体的重量均不计，所有接触处均为光滑接触。

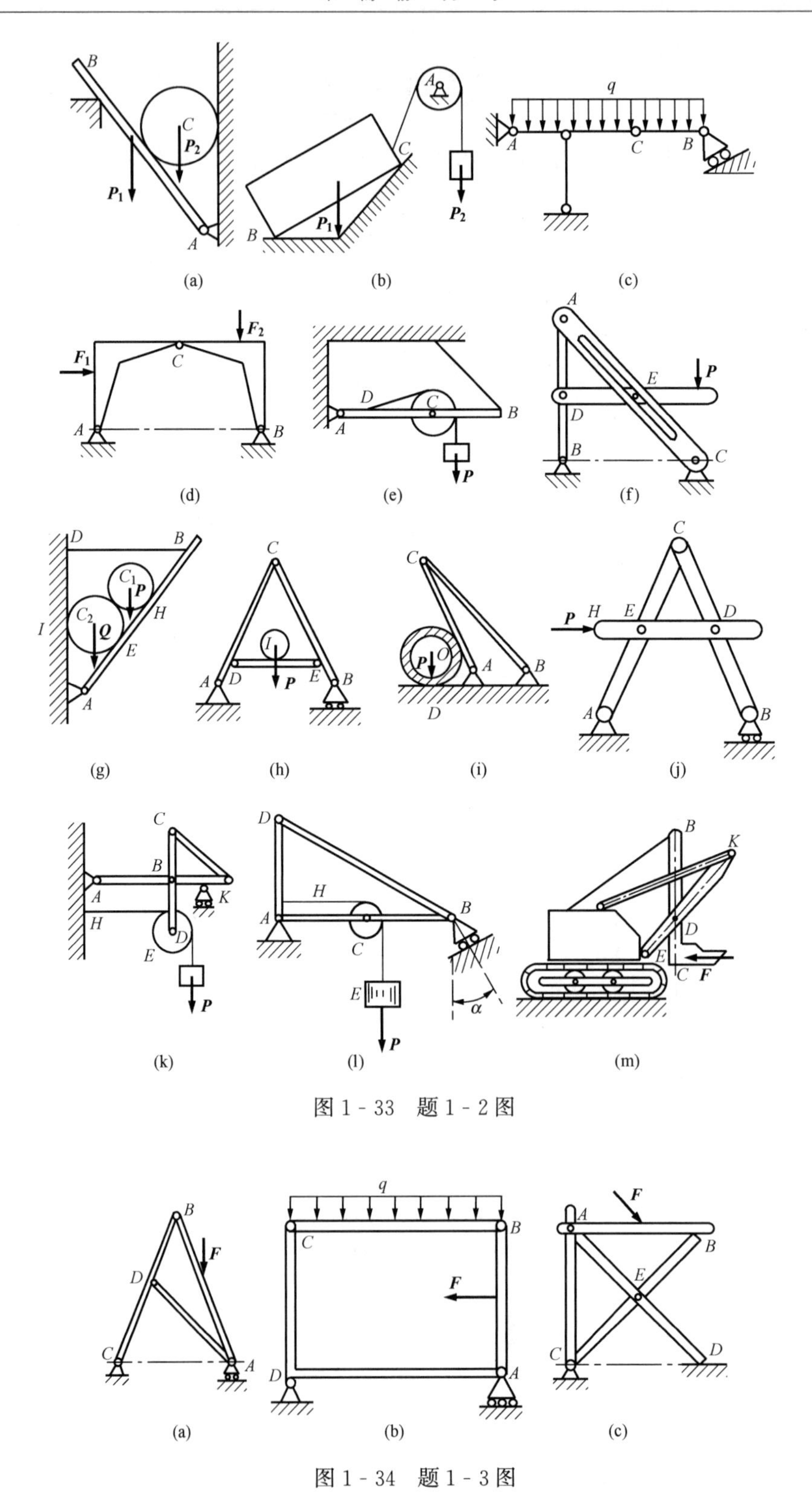

图 1-33 题 1-2 图

图 1-34 题 1-3 图

第二章　平面汇交力系

本章将研究最简单的情况——平面汇交力系的合成和平衡问题。它是研究平面任意力系的基础。

§2-1　工程中的平面汇交力系问题

工程中经常遇到平面汇交力系问题。例如利用焊接板将几根型钢焊接在一起，其局部结构简图与受力情况如图 2-1 所示。$\boldsymbol{F}_1$、$\boldsymbol{F}_2$ 和 $\boldsymbol{F}_3$ 三个力的作用线均通过 O 点，且在同一个平面内，所以是一个平面汇交力系。又如吊车当起吊重为 $\boldsymbol{F}_G$ 的钢梁时（图 2-2），钢梁受 $\boldsymbol{F}_A$、$\boldsymbol{F}_B$ 和 $\boldsymbol{F}_G$ 三个力的作用，这三个力在同一平面内，且交于一点，也是平面汇交力系。所谓**平面汇交力系**，就是各力的作用线都在同一平面内，且汇交于一点的力系。

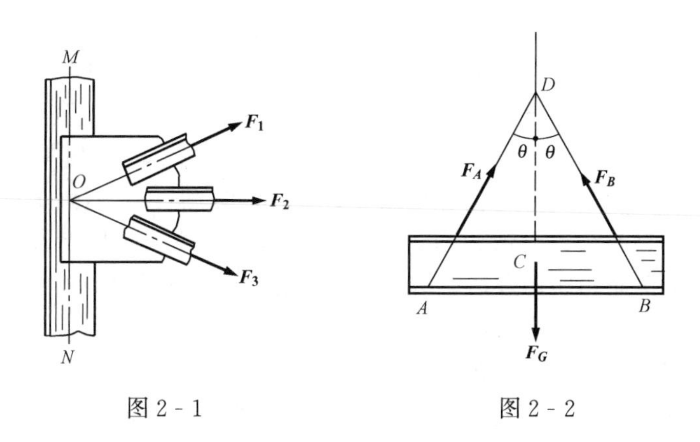

图 2-1　　　　图 2-2

由于作用在刚体上的汇交力可以沿它们的作用线移至汇交点，而不影响其对刚体的作用效果，所以汇交力系与作用于同一点的共点力系对刚体作用效果是一样的。因此，本章研究汇交力系的合成与平衡，均从共点力系开始。

§2-2　平面汇交力系合成的几何法

现在我们用几何法来研究平面汇交力系的合成和平衡问题。

设刚体上作用有汇交于同一点 A 的四个力 $\boldsymbol{F}_1$、$\boldsymbol{F}_2$、$\boldsymbol{F}_3$ 和 $\boldsymbol{F}_4$，如图 2-3（a）所示。现求其合力。

我们只需连续用力的平行四边形法则，或力的三角形法则，就可以求出合力。

现在按力三角形法则，将这些力依次相加。为此，先从任意一点 a，按一定比例尺，作矢量 $\overrightarrow{ab}$ 平行且等于力 $\boldsymbol{F}_1$，再从 b 点作矢量 $\overrightarrow{bc}$ 平行且等于力 $\boldsymbol{F}_2$，于是矢量 $\overrightarrow{ac}$ 即表示力 $\boldsymbol{F}_1$ 与 $\boldsymbol{F}_2$ 的合力 $\boldsymbol{F}_{R1}$。仿此再从 c 点作矢量 $\overrightarrow{cd}$ 平行且等于力 $\boldsymbol{F}_3$，于是矢量 $\overrightarrow{ad}$ 即表示力 $\boldsymbol{F}_{R1}$ 与 $\boldsymbol{F}_3$ 的

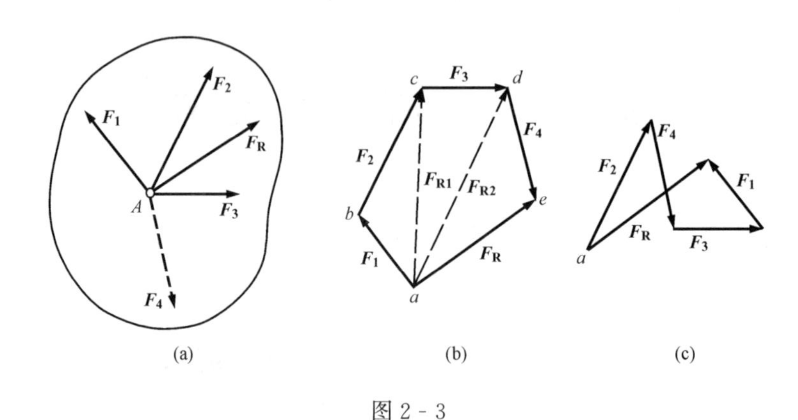

图 2-3

合力 $\boldsymbol{F}_{R2}$（即 $\boldsymbol{F}_1$、$\boldsymbol{F}_2$ 和 $\boldsymbol{F}_3$ 三力的合力），然后从 d 点作矢量$\overrightarrow{de}$平行且等于力 $\boldsymbol{F}_4$，于是矢量$\overrightarrow{ae}$即表示力 $\boldsymbol{F}_{R2}$ 与 $\boldsymbol{F}_4$ 的合力 $\boldsymbol{F}_R$（即 $\boldsymbol{F}_1$ 、$\boldsymbol{F}_2$ 、$\boldsymbol{F}_3$ 和 $\boldsymbol{F}_4$ 四力的合力），其大小和方向可由图 2-3（b）上量出，而合力作用点仍在汇交点 A。由力矢组成的多边形 $abcde$ 叫**力多边形**。

对于汇交于一点的 n 个力，用此方法求其合力仍然有效。

注意在画力多边形时，中间结果的力矢（图中的虚线）可以不画，并不影响最终结果。而且作力多边形时，任意变换各分力矢的作图次序，如图 2-3（c）所示，可以得到形状不同的力多边形，但合成的结果并不改变，这说明力矢量相加满足矢量相加的交换律。再注意到，图 2-3（b）、（c）所示两个力多边形形状虽然不同，但各分力矢在端点处均为首尾相接，由此画出一个开口多边形，而合力矢是从初始力矢的始端向最末力矢的终端所作的矢量。这个代表合力的矢量边叫力多边形的**封闭边**。这种以力多边形求合力的作图规则，称为**力多边形法则**。这种方法称为**几何法**。

综上所述，可得结论如下：平面汇交力系合成的结果是一个合力，其大小和方向由力多边形的封闭边来表示，其作用线通过各力的汇交点。即合力等于各分力的矢量和（或几何和）。例如，n 个分力的合力可用矢量和式表示为

$$\boldsymbol{F}_R = \boldsymbol{F}_1 + \boldsymbol{F}_2 + \cdots + \boldsymbol{F}_n = \sum_{i=1}^{n} \boldsymbol{F}_i \qquad (2-1)$$

如力系中各力的作用线都沿同一作用线，则称此力系为**共线力系**，它是汇交力系的特殊情况，它的力多边形在同一直线上。若规定沿直线的某一指向为正，相反为负，则力系合力的大小与方向决定于各分力的代数和，即

$$F_R = \sum_{i=1}^{n} F_i = \Sigma F_i$$

§2-3 平面汇交力系平衡的几何条件

从前面知道，平面汇交力系合成的结果是一个合力。显然，如果物体处于平衡，则合力 $\boldsymbol{F}_R$ 应等于零。反之，如果合力 $\boldsymbol{F}_R$ 等于零，则物体必处于平衡。所以物体在平面汇交力系作用下平衡的必要与充分条件是：合力 $\boldsymbol{F}_R$ 等于零。若用矢量式表示，为

$$F_R = \Sigma F_i = 0 \tag{2-2}$$

在几何法中，平面汇交力系的合力 $\boldsymbol{F}_R$ 是由力多边形的封闭边来表示的。当合力 $\boldsymbol{F}_R$ 等于零时，力多边形的封闭边变为一点，即力多边形中第一个力的起点与最后一个力的终点重合，构成了一个自行封闭的力多边形，如图 2-4 所示。所以平面汇交力系平衡的几何（必要和充分）条件是：该力系的力多边形自行封闭。

用几何法求汇交力系的合成与平衡，可用尺和量角器等绘图工具，按比例画出各已知量，然后在图上量得所要求的未知量。也可根据图形的几何关系，用几何里的公式（特别是三角公式）计算出所要求的未知量。

平面汇交力系是平面任意力系的特殊情况，如何用几何法求解平面汇交力系的平衡问题，下面举例说明。

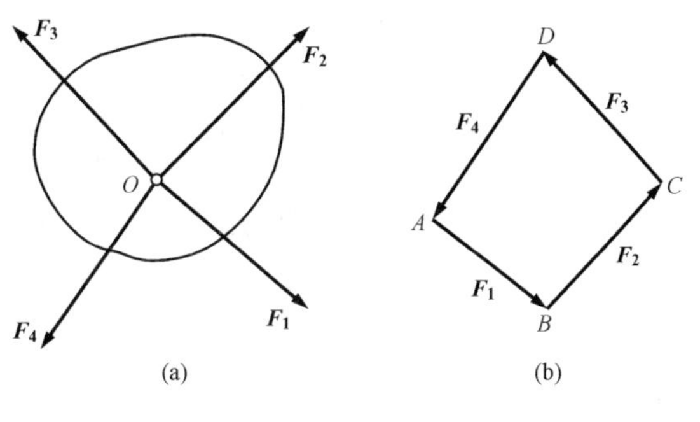

图 2-4

【例 2-1】 支架的横梁 AB 与斜杆 CD 彼此以铰链 C 相连接，并各以铰链 A、D 连接于铅直墙上，如图 2-5（a）所示。已知 $AC=CB$；杆 CD 与水平面成 45°角；载荷 $F=10\text{kN}$，作用于 B 处。设梁和杆的重量忽略不计，求铰链 A 的约束反力和杆 CD 所受的力。

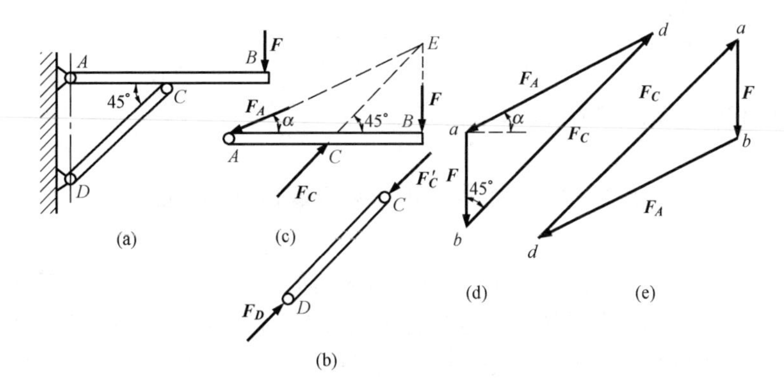

图 2-5

解 选横梁 AB 为研究对象。横梁在 B 处受载荷 $\boldsymbol{F}$ 作用。CD 为二力杆，它对横梁 C 处的约束反力 $\boldsymbol{F}_C$ 的作用线必沿两铰链 D、C 中心的连线。铰链 A 的约束反力 $\boldsymbol{F}_A$ 的作用线可根据三力平衡汇交定理确定，即通过另两力的交点 E，如图 2-5（c）所示。

根据平面汇交力系平衡的几何条件，这三个力应组成一封闭的力三角形。取比例如图，先画出已知力矢 $\overrightarrow{ab}=\boldsymbol{F}$，再由点 a 作直线平行于 AE，由点 b 作直线平行 CE，这两直线相交于点 d，如图 2-5（d）。由力三角形 abd 自行封闭，可知图 2-5（c）中所画 $\boldsymbol{F}_A$、$\boldsymbol{F}_C$ 的方向为正确方向，在力三角形中，线段 bd 和 da 分别表示力 $\boldsymbol{F}_C$ 和 $\boldsymbol{F}_A$ 的大小，量出它们的长度，按比例换算得

$$F_C = 28.3\text{kN}, F_A = 22.4\text{kN}$$

同样，也可以画出封闭力三角形如图 2-5（e）所示，求得 $\boldsymbol{F}_C$ 和 $\boldsymbol{F}_A$ 。

或根据三角公式（正弦定理）计算得到

$$\frac{\sin 45^\circ}{F_A} = \frac{\sin(90^\circ + \alpha)}{F_C} = \frac{\sin(45^\circ - \alpha)}{F}$$

$$\sin\alpha = \frac{1}{\sqrt{5}}, \cos\alpha = \frac{2}{\sqrt{5}}$$

$$F_A = \frac{\sin 45^\circ}{\sin(45^\circ - \alpha)} F = 22.4\text{kN}, F_C = \frac{\sin(90^\circ + \alpha)}{\sin(45^\circ - \alpha)} F = 28.3\text{kN}$$

根据作用力和反作用力的关系，可知二力杆 CD 承受压力。

【例 2 - 2】 如图 2 - 6（a）所示，压路机碾子重 F_G=20kN，半径 r=60cm。求碾子刚能越过高 h=8cm 的台阶所需水平力 F 的最小值。设接触处都是光滑的。

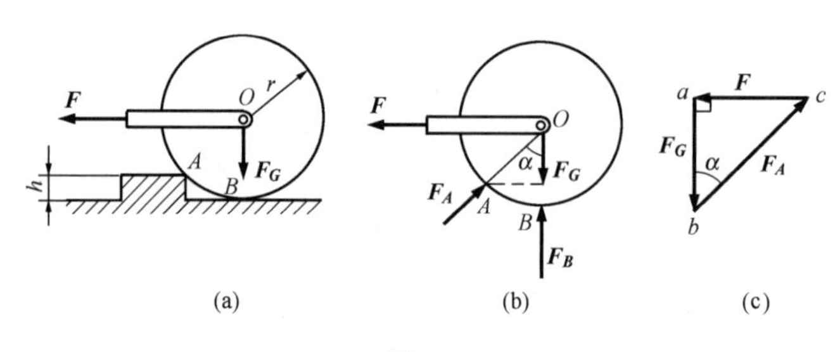

图 2 - 6

解 取碾子为研究对象，受力如图 2 - 6（b）所示。作用在碾子上的力有：主动力 $\boldsymbol{F}$、重力 $\boldsymbol{F_G}$ 及 A、B 光滑接触处对碾子的约束力 $\boldsymbol{F_A}$ 和 $\boldsymbol{F_B}$，其作用线通过碾子中心 O。当碾子刚能脱离地面时，其力学特征是 F_B=0，这时碾子仅受到 3 个力 $\boldsymbol{F}$、$\boldsymbol{F_A}$、$\boldsymbol{F_G}$ 作用。

作出力三角形 abc，如图 2 - 6（c）所示，有

$$F = F_G \tan\alpha = F_G \frac{\sqrt{r^2 - (r-h)^2}}{r-h} = 11.5\text{kN}$$

这就是能使碾子越过石块所需的最小水平力。

§2 - 4 平面汇交力系合成的解析法

求解平面汇交力系问题，除了应用前面所述的几何法以外，经常应用的是解析法。解析法是通过力矢在坐标轴上的投影来完成力系的合成与平衡的方法，力矢（矢量）在坐标轴上的投影是解析法计算的基础。为此，先介绍力在坐标轴上投影的概念。

一、力在坐标轴上的投影

设力 $\boldsymbol{F}=\overrightarrow{AB}$在 Oxy 平面内（图 2 - 7）。从力 $\boldsymbol{F}$ 的起点 A 和终点 B 作 Ox 轴的垂线 Aa 和 Bb，则线段 ab 称为**力 $\boldsymbol{F}$ 在 x 轴上的投影**。同理，从力 $\boldsymbol{F}$ 的起点 A 和终点 B 可作 Oy 轴的垂线 Aa' 和 Bb'，则 $a'b'$ 称为**力 $\boldsymbol{F}$ 在 y 轴上的投影**。通常用 F_x（或 X）表示力在 x 轴上的投影，用 F_y（或 Y）表示力在 y 轴上的投影。

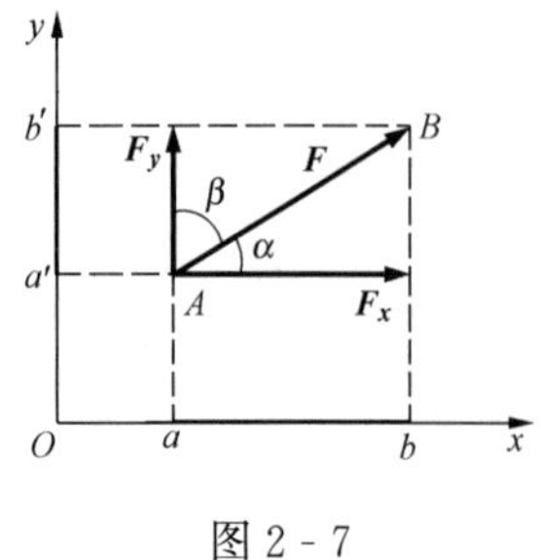

图 2 - 7

设 α 和 β 表示力 $\boldsymbol{F}$ 与 x 轴和 y 轴正向间的夹角，则由图 2 - 7 可知

$$F_x = F\cos\alpha$$
$$F_y = F\cos\beta \quad (2 - 3)$$

力的投影是代数量。

如已知力 $\boldsymbol{F}$ 在 x 轴和 y 轴上的投影为 F_x 和 F_y，由几何关系即可求出力 $\boldsymbol{F}$ 的大小和方

向余弦为

$$F=\sqrt{F_x^2+F_y^2}$$

$$\cos\alpha=\frac{F_x}{F},\cos\beta=\frac{F_y}{F}$$

为了便于计算，通常采用力 **F** 与坐标轴所夹的锐角计算余弦，并且规定：当力的投影，从始端 a 到末端 b 的指向与坐标轴的正向相同时，投影值为正，反之为负。

二、合力投影定理

平面汇交力系各力 $\boldsymbol{F}_i$ 及合力 $\boldsymbol{F}_\mathrm{R}$ 在直角坐标系中的解析表达式为

$$\boldsymbol{F}_i=F_{ix}\boldsymbol{i}+F_{iy}\boldsymbol{j}$$

$$\boldsymbol{F}_\mathrm{R}=F_{\mathrm{R}x}\boldsymbol{i}+F_{\mathrm{R}y}\boldsymbol{j}$$

代入式（2-1），等号两端同一单位矢量的系数应相等，即

$$F_{\mathrm{R}x}=\sum_{i=1}^{n}F_{ix}$$

$$F_{\mathrm{R}y}=\sum_{i=1}^{n}F_{iy} \qquad (2-4)$$

这表明：有限个力的合力在任意轴上的投影等于各个分力在同一轴上投影的代数和，称为**合力投影定理**。合力投影定理建立了合力的投影与各分力投影的关系。

三、合成的解析法

算出合力的投影 $F_{\mathrm{R}x}$ 和 $F_{\mathrm{R}y}$ 后，就可求出合力 $\boldsymbol{F}_\mathrm{R}$ 的大小和方向，即

$$F_\mathrm{R}=\sqrt{F_{\mathrm{R}x}^2+F_{\mathrm{R}y}^2}=\sqrt{(\Sigma F_{ix})^2+(\Sigma F_{iy})^2}$$

$$\cos(\boldsymbol{F}_\mathrm{R},\boldsymbol{i})=\frac{F_{\mathrm{R}x}}{F_\mathrm{R}},\cos(\boldsymbol{F}_\mathrm{R},\boldsymbol{j})=\frac{F_{\mathrm{R}y}}{F_\mathrm{R}} \qquad (2-5)$$

合力作用线过汇交点。

运用式（2-5）计算合力 $\boldsymbol{F}_\mathrm{R}$ 的大小和方向，这种方法称为**平面汇交力系合成的解析法**。

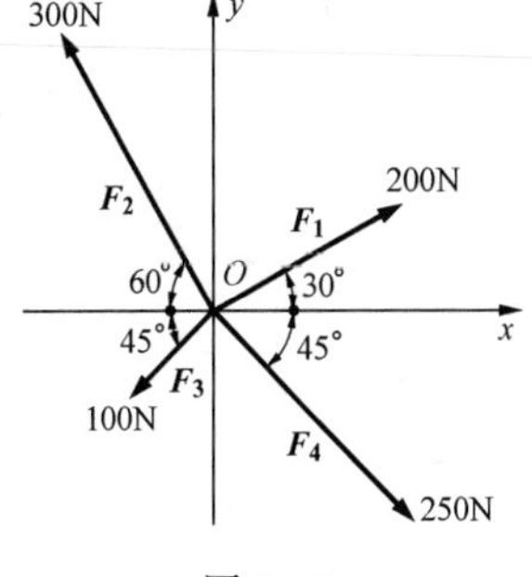

图 2-8

【例 2-3】 求图 2-8 所示平面汇交力系的合力。

解 选取坐标系 Oxy，如图 2-8 所示，根据式（2-3）可将诸力在 x 轴和 y 轴上的投影列于表 2-1 中。

表 2-1 **力在 x 轴 y 轴上的投影**

力的投影	F_1	F_2	F_3	F_4
F_x	$F_1\cos30°$	$-F_2\cos60°$	$-F_3\cos45°$	$F_4\cos45°$
F_y	$F_1\sin30°$	$F_2\sin60°$	$-F_3\sin45°$	$-F_4\sin45°$

从式（2-4）可得

$$\begin{aligned}F_{\mathrm{R}x}&=F_{1x}+F_{2x}+F_{3x}+F_{4x}\\&=F_1\cos30°-F_2\cos60°-F_3\cos45°+F_4\cos45°\\&=200\cos30°-300\cos60°-100\cos45°+250\cos45°\\&=129.27\mathrm{N}\end{aligned}$$

$$\begin{aligned}F_{\mathrm{R}y}&=F_{1y}+F_{2y}+F_{3y}+F_{4y}\\&=F_1\sin30°+F_2\sin60°-F_3\sin45°-F_4\sin45°\\&=200\sin30°+300\sin60°-100\sin45°-250\sin45°\end{aligned}$$

$$= 112.32\text{N}$$

$$F_R = \sqrt{F_{Rx}^2 + F_{Ry}^2} = \sqrt{(129.27)^2 + (112.32)^2} = 171.25\text{N}$$

$$\cos\alpha = \frac{F_{Rx}}{F_R} = \frac{129.27}{171.25} = 0.755$$

$$\cos\beta = \frac{F_{Ry}}{F_R} = \frac{112.32}{171.25} = 0.656$$

则合力 $\boldsymbol{F}_R$ 同 x、y 轴的夹角分别为

$$\alpha = 40.99°, \beta = 49.01°$$

合力 $\boldsymbol{F}_R$ 的作用线通过汇交点 O。

§2-5 平面汇交力系平衡方程及其应用

从前面知道，平面汇交力系的平衡条件是合力 $\boldsymbol{F}_R$ 为零，由式（2-5）则有

$$F_R = \sqrt{(\Sigma F_{ix})^2 + (\Sigma F_{iy})^2} = 0$$

所以

$$\left.\begin{aligned}\Sigma F_{ix} = 0 \\ \Sigma F_{iy} = 0\end{aligned}\right\} \tag{2-6}$$

即平面汇交力系平衡的解析条件是该力系中所有各力在 x 轴和 y 轴上投影的代数和分别等于零。式（2-6）称为**平面汇交力系平衡方程**。运用这两个平衡方程，可以求解两个未知量。

当用解析法求解平衡问题时，未知力的指向可先假设，如计算结果为正值，则表示所假设力的指向与实际指向相同；如为负值，则表示所假设力的指向与实际指向相反。

【例2-4】 用解析法求解［例2-2］。

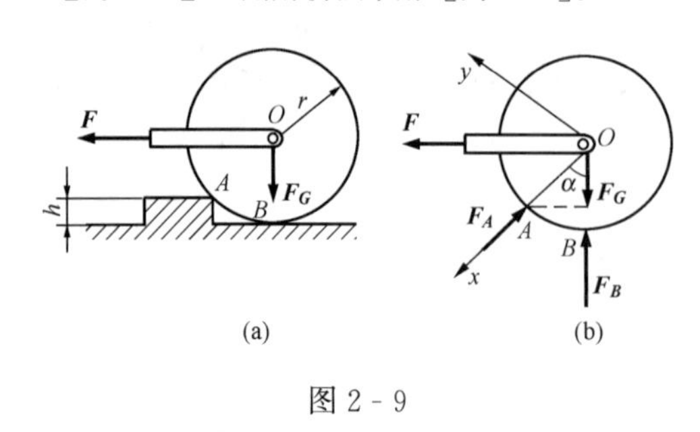

图2-9

解 取碾子为研究对象，受力如图2-9所示。选取投影轴 x 和 y 如图所示。其中轴 y 与不需求的未知力 $\boldsymbol{F}_A$ 相垂直。又 $F_B=0$，有

$$\Sigma F_y = 0, F\cos\alpha - F_G\sin\alpha = 0$$

故 $F = F_G\tan\alpha = F_G\dfrac{\sqrt{r^2-(r-h)^2}}{r-h} = 11.5\text{kN}$

注意此处没有必要把 $\Sigma F_x=0$ 列出来。因为不要求 F_A。由此可见，凡是不要求的未知量，方程中尽量不反映，使解题过程简化。

【例2-5】 如图2-10（a）所示，物重 F=20kN，用钢丝绳挂在支架的滑轮 B 上，钢丝绳的另一端缠绕在绞车 D 上。杆 AB 与 BC 铰接，并以铰链 A、C 与墙连接。如两杆和滑轮的自重不计，并忽略轴承摩擦和滑轮的大小，求平衡时杆 AB 与 BC 所受的力。

解 取研究对象，由于 AB、BC 两杆都是二力杆，假设杆 AB 受拉力、杆 BC 受压力，如图2-10（b）所示。为了求出这两个未知力，可通过求两杆对滑轮的约束反力来解决，因此选取滑轮 B 为研究对象。

画受力图。滑轮受到钢丝绳的拉力 $\boldsymbol{F}_1$ 和 $\boldsymbol{F}_2$，杆 AB 和杆 BC 对滑轮的约束反力 $\boldsymbol{F}_{BA}$ 和 $\boldsymbol{F}_{BC}$，如图2-10（c）所示。由于滑轮的大小忽略不计，故这些力可看作是汇交力系。

选取投影轴如图2-10（c）所示。为使每个未知力只在一个轴上有投影，在另一轴上的投影为零，坐标轴应尽量取在与未知力作用线相垂直的方向。这样在一个平衡方程中只有一个未知数，不必解联立方程，即

$$\Sigma F_x=0,\ -F_{BA}+F_1\cos 60°-F_2\cos 30°=0$$

$$\Sigma F_y=0,\ F_{BC}-F_1\cos 30°-F_2\cos 60°=0$$

解得 $F_{BA}=-0.366F=-7.32\text{kN},\ F_{BC}=1.366F=27.32\text{kN}$

所求结果，F_{BC} 为正值，表示这力的假设方向与实际方向相同，即杆 BC 受压。F_{BA} 为负值，表示这力的假设方向与实际方向相反，即杆 AB 也受压力。

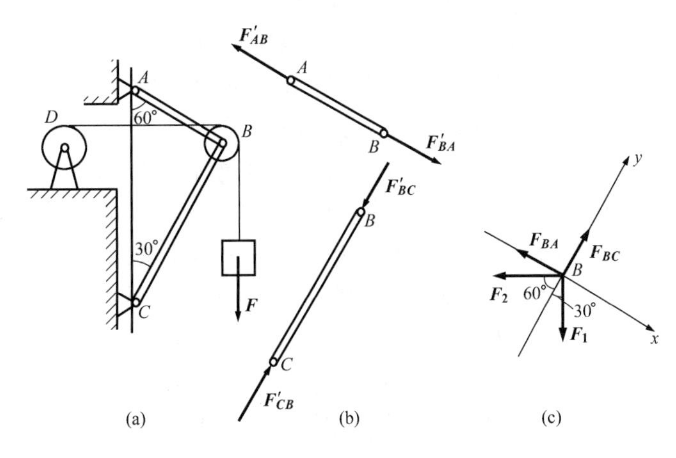

图 2-10

【例 2-6】 在图 2-11(a) 所示压榨机中，作用在铰链 A 处的水平力 $\boldsymbol{F}$ 使压块 C 压紧物体 D。杆 AB 和 AC 的长度相等，不计摩擦和各零件的自重。A、B、C 处为铰链连接。已知水平力 $F=3000\text{N}$，$h=200\text{mm}$，$l=1500\text{mm}$。试求物块 D 所受的压力。

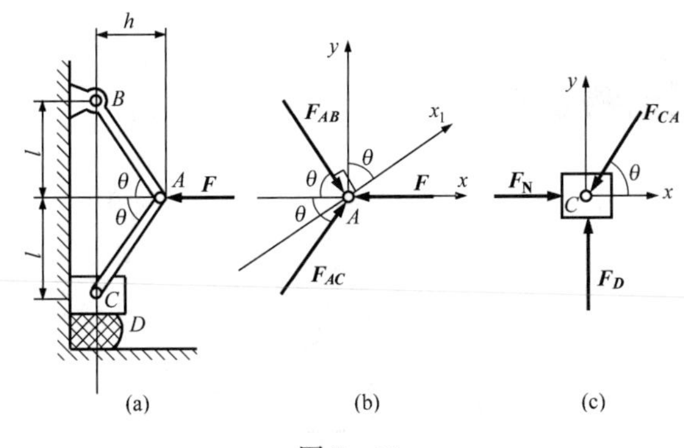

图 2-11

解 物块 D 所受的压力与物块 D 对压块 C 的反力等值、反向、共线；所以取压块 C 为研究对象，因不计压块 C 的重量，它仅受 3 个力的作用：物块 D 对压块 C 的反力 $\boldsymbol{F}_D$，墙壁对压块 C 的反力 $\boldsymbol{F}_N$，杆 AC 对压块 C 的力 $\boldsymbol{F}_{CA}$，见图 2-11(c)。平面汇交力系有两个独立的平衡方程，现在有三个未知数，所以不能求解。考虑到杆 AC、AB 都是二力杆，三个力在 A 点形成一个汇交力系，且力 $\boldsymbol{F}$ 已知，所以取销钉 A 为研究对象，其受力图如图 2-11(b) 所示，取投影轴 x 和 y，列出平衡方程为

$$\Sigma F_y=0,\quad -F_{AB}\sin\theta+F_{AC}\sin\theta=0 \tag{1}$$

$$\Sigma F_x=0,\quad F_{AB}\cos\theta+F_{AC}\cos\theta-F=0 \tag{2}$$

故
$$F_{AB}=F_{AC}=\frac{F}{2\cos\theta}$$

由于解得的 F_{AB}、F_{AC} 均为正值，所以 AC、AB 两杆均承受压力。

取压块 C 为研究对象。选取投影轴 x 和 y，如图 2-11（c）所示，写出平衡方程

$$\Sigma F_y=0,\quad F_D-F_{CA}\sin\theta=0$$

故
$$F_D=F_{CA}\sin\theta$$

又因 $F_{CA}=F_{AC}$，$\tan\theta=\dfrac{l}{h}$，故

$$F_D=\frac{F}{2}\tan\theta=\frac{Fl}{2h}$$

由此式可知，压力 $\boldsymbol{F}_D$ 的大小与主动力 $\boldsymbol{F}$、几何尺寸 l 及 h 有关，若想增大此压力，可以考虑这些因素，对此题目，代入已知数值得 $F_D=11.25\text{kN}$。压块对工件的压力就是力 $\boldsymbol{F}_D$ 的反作用力，也等于 11.25kN。

若要求 F_N，由 $\Sigma F_x=0$，可得 F_N。

在图 2-11（b）中，为了有针对性地求力 $\boldsymbol{F}_{AC}$ 而不出现不需求的未知力 $\boldsymbol{F}_{AB}$，可取与 $\boldsymbol{F}_{AB}$ 相垂直的轴 x_1 为投影轴，于是有

$$\Sigma F_{x_1}=0, -F\sin\theta+F_{AC}\cos(2\theta-90°)=0$$

故

$$F_{AC}=\frac{F}{2\cos\theta}$$

这样，可避免解联立方程（1）和（2）。

通过以上例题，可以总结出求解平面汇交力系平衡问题的主要步骤如下：

（1）选取研究对象。根据题意，选取适当的平衡物体作为研究对象，画出其简图。对于较复杂的问题，要选两个甚至更多的研究对象，才能逐步解决（如［例 2 - 6］）。

（2）分析受力情况，画受力图。在研究对象上，准确画出所有作用于其上的力（主动力和约束反力），不能漏掉一个，也不要多画一个。在画受力图时，应特别注意约束反力的画法，并要正确判定二力构件和应用三力平衡汇交定理。

（3）选择解题方法。若用解析法，建立适当坐标系（尽量减少平衡方程中未知数的个数，避免解联立方程，坐标轴尽量选取与未知力作用线相垂直的方向），列平衡方程；若用几何法，画封闭力三角形或力多边形（一般先从已知力画起）。

（4）求出未知量。解析法须通过平衡方程求出未知量；几何法可利用三角公式或用尺和量角器在图上量出未知量。

2 - 1 试指出图 2 - 12 所示各力多边形中，哪个是自行封闭的？哪个不是自行封闭的？如果不是自行封闭，哪个力是合力？哪些力是分力？

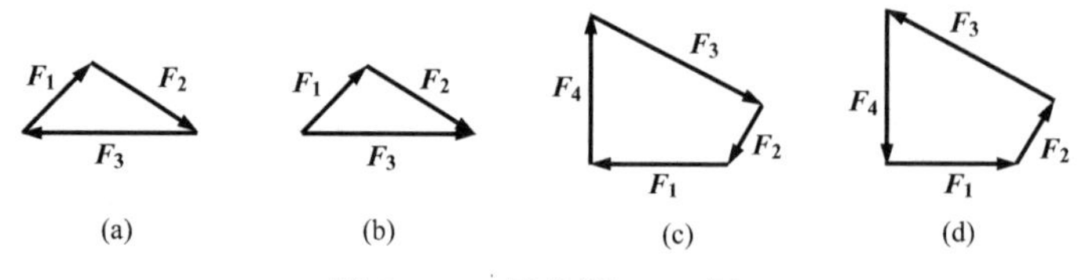

图 2 - 12 思考题 2 - 1 图

2 - 2 试写出图 2 - 13 所示各力在 x 轴和 y 轴上投影的计算式。

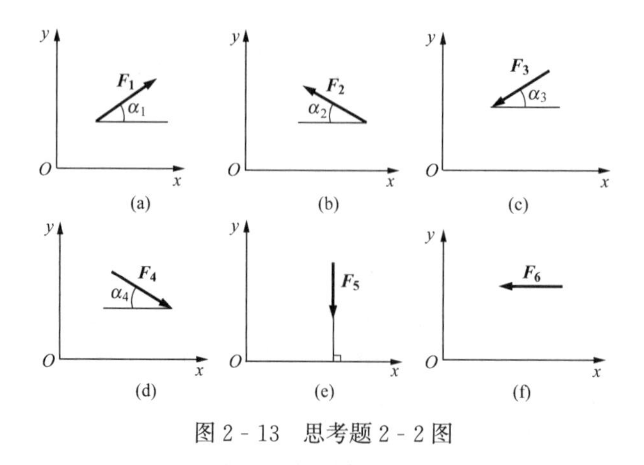

图 2 - 13 思考题 2 - 2 图

2 - 3 由力的解析表达式 $\boldsymbol{F}=F_x\boldsymbol{i}+F_y\boldsymbol{j}$ 能确定力的大小和方向吗？能确定力的作用线（点）位置吗？

2-4 用解析法求汇交力系的合力时，若取不同的直角坐标轴，所求得的合力是否相同？为什么？

2-5 某平面汇交力系满足方程 $\Sigma F_x=0$，问此力系合成后，可能是什么结果？

2-6 用解析法求解平面汇交力系的平衡问题时，x 与 y 两轴是否一定要相互垂直？当 x 与 y 轴不垂直时，建立的平衡方程

$$\Sigma F_x = 0, \Sigma F_y = 0$$

能满足力系的平衡条件吗？

习 题

2-1 铆接薄板在孔心 A、B 和 C 处受三力作用，如图 2-14 所示 $F_1=100\text{N}$，沿铅直方向；$F_3=50\text{N}$，沿水平方向，并通过点 A；$F_2=50\text{N}$，力的作用线也通过点 A。求力系的合力。

2-2 电动机重 $P=5000\text{N}$，放在水平梁 AC 的中央，如图 2-15 所示。梁的 A 端以铰链固定，另一端以撑杆 BC 支持，撑杆与水平梁的交角为 30°。如忽略梁和撑杆的重量，求撑杆 BC 的内力及铰支座 A 处的约束反力。

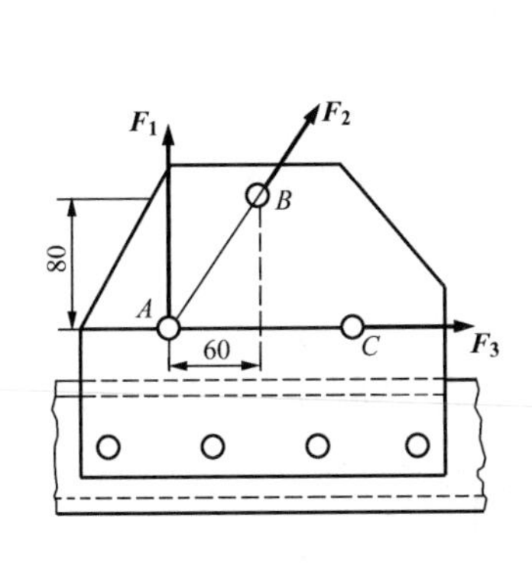

图 2-14 题 2-1 图

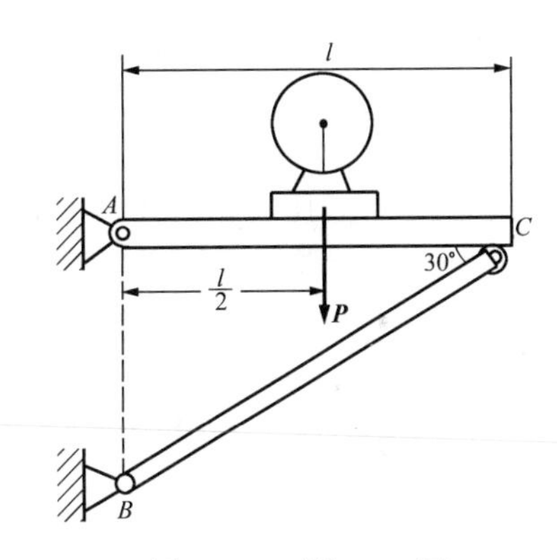

图 2-15 题 2-2 图

2-3 如图 2-16 所示，梁在 A 端为固定铰链支座，B 端为辊轴支座，$P=20\text{kN}$。试求图示两种情况下 A 和 B 处的约束反力。

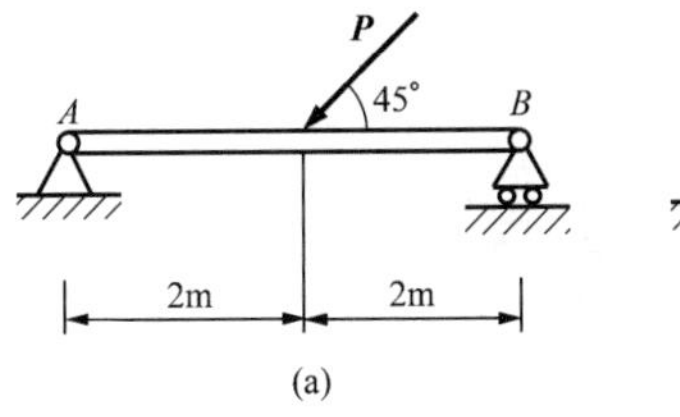

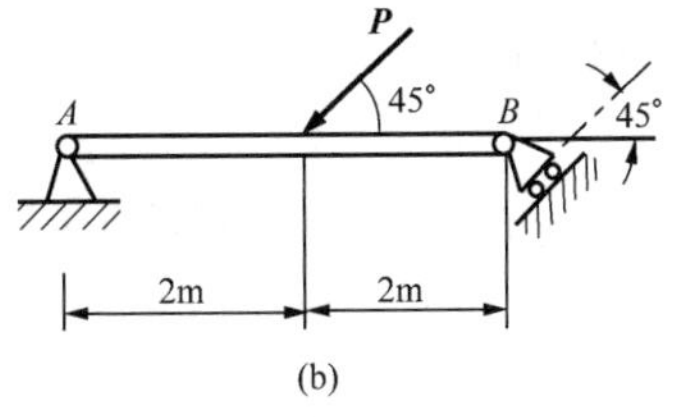

图 2-16 题 2-3 图

2-4 如图 2-17 所示，圆柱体 A 重 W，在其中心系着两绳 AB 和 AC，并分别经过滑轮 B 和 C，两端分别挂重为 G_1 和 G_2 的物体，设 $G_2>G_1$。试求平衡时绳 AC 和水平线所构成的角 α 及 D 处的约束反力。

2-5 物体重 $P=20\text{kN}$，用绳子挂在支架的滑轮 B 上，绳子的另一端接在绞车 D 上，如图 2-18 所示。转动绞车，物体便能升起。设滑轮的大小及轴承的摩擦略去不计，杆重不计，A、B、C 三处均为铰链连接，当物体处于平衡状态时，求拉杆 AB 和支杆 CB 所受的力。

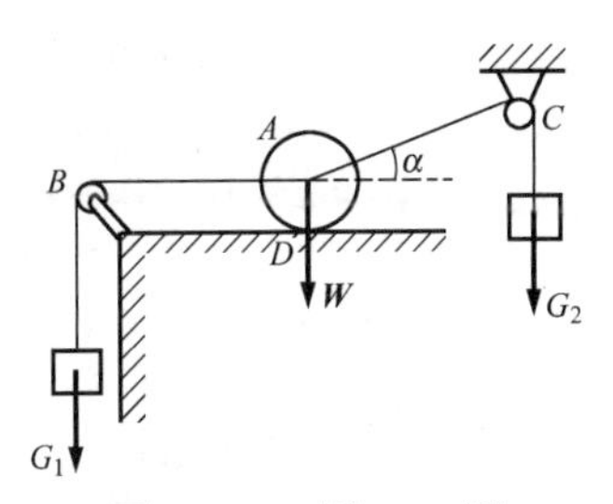

图 2-17 题 2-4 图

2-6 图2-19所示为一拔桩装置，在木桩的点 A 上系一绳，将绳的另一端固定在点 C，在绳的点 B 系另一绳 BE，将它的另一端固定在点 E。然后在绳的点 D 用力向下拉，并使绳的 BD 段水平，AB 段铅直；DE 段与水平线、CB 段与铅直线间成等角 $\alpha=0.1\text{rad}$（弧度）（当 α 很小时，$\tan\alpha\approx\alpha$）。如向下的拉力 $F=800\text{N}$，求绳 AB 作用于桩上的拉力。

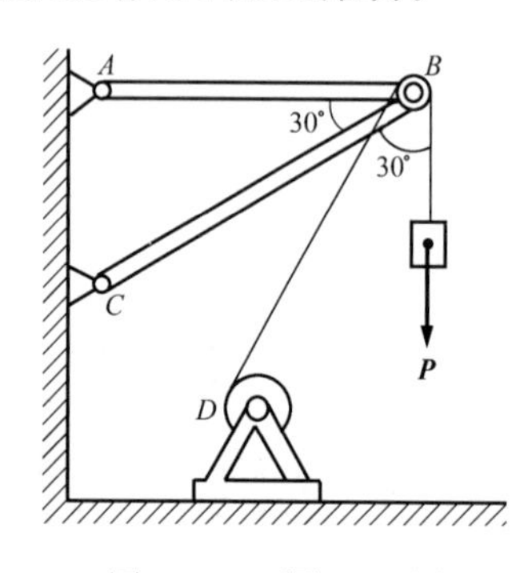

图2-18 题2-5图

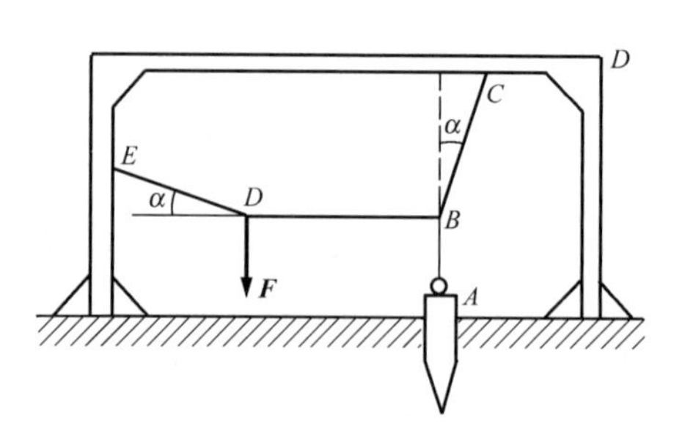

图2-19 题2-6图

2-7 如图2-20所示，液压夹紧机构中，D 为固定铰链，B、C、E 为活动铰链，各构件自重不计。已知力 F，机构平衡时角度如图，求此时工件 H 所受的压紧力。

2-8 见图2-21，在杆 AB 的两端用光滑铰与两轮中心 A、B 连接，并将它们置于互相垂直的两光滑斜面上。设两轮重量均为 P，杆 AB 重量不计，求平衡时角 θ 之值。如轮 A 重量 $P_A=300\text{N}$。欲使 AB 杆在水平位置（$\theta=0$）平衡，轮 B 重量 P_B 应为多少？

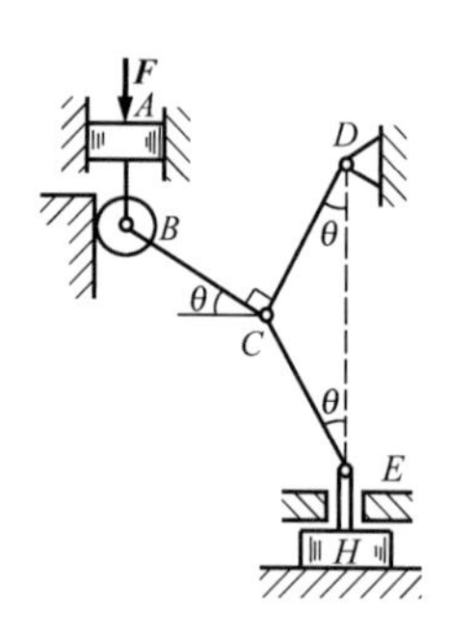

图2-20 题2-7图

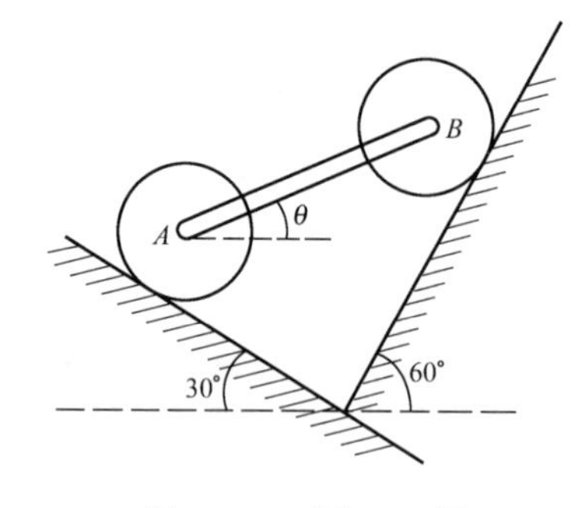

图2-21 题2-8图

习题答案

2-1 $F_R=161.2\text{N}$，$\angle(\boldsymbol{F_R},\boldsymbol{F_1})=29°44'$

2-2 $F_{BC}=5000\text{N}$（压），$F_A=5000\text{N}$

2-3 (a) $F_A=15.8\text{kN}$，$F_B=7.07\text{kN}$

(b) $F_A=22.4\text{kN}$，$F_B=10\text{kN}$

2-4 $\cos\alpha=\dfrac{G_1}{G_2}$，$F_D=W-\sqrt{G_2^2-G_1^2}$

2-5 $F_{AB}=54.64\text{kN}$（拉），$F_{BC}=74.64\text{kN}$（压）

2-6 $F_{AB}=80\text{kN}$

2-7 $F_H=\dfrac{F}{2\sin^2\theta}$

2-8 $\theta=30°$，$P_B=100\text{N}$

第三章 力矩 平面力偶系

本章将研究力对点之矩和力偶、力偶矩的概念以及力偶的性质、平面力偶系的合成与平衡。它们在静力学中有着重要的意义，是研究平面一般力系的基础。

§3-1 力对点之矩

人们从生活和生产实践中知道，力除了能使物体移动（平移）外，还能使物体绕某一点转动。工程中常利用滑轮提升重物、利用扳手拧紧螺母等，就是运用了力的转动效应。比如，用扳手拧螺母时，人们知道作用力 $\boldsymbol{F}$ 应该靠近端部并与扳手垂直，如图 3-1（a）所示，而绝不会采取图 3-1（c）的用力方法。当力 $\boldsymbol{F}$ 的大小相同时，图 3-1（b）的转动效果不如图 3-1（a）所示的转动效果理想，而且很明显，力 $\boldsymbol{F}$ 使扳手绕 O 点转动的方向不同，作用效果也不同，见图 3-1（d）。我们把 O 点称为**力矩中心**（简称**矩心**）；O 点到力 $\boldsymbol{F}$ 作用线的垂直距离 d 称为**力臂**。由此可知，力 $\boldsymbol{F}$ 使物体绕 O 点转动的效果，完全由下列两个要素决定：

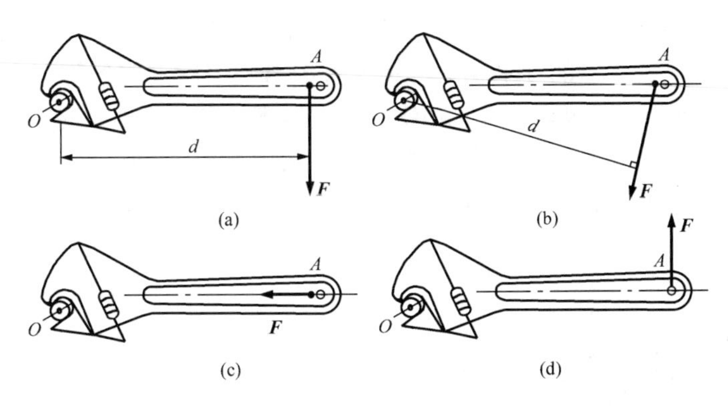

图 3-1

（1）力的大小与力臂的乘积 $F \cdot d$；

（2）力 $\boldsymbol{F}$ 使物体绕 O 点转动的方向。

这两个要素可用一个代数量表示，这个代数量称为**力对点之矩**。即力对点之矩的定义如下：

力对点之矩是一个代数量，它的绝对值等于力的大小与力臂的乘积，它的正负通常按下面方法确定：力使物体绕矩心作逆时针方向转动时，力矩取正号；反之取负号。

通常力对点之矩以符号 $M_O(\boldsymbol{F})$ 表示，其计算公式为

$$M_O(\boldsymbol{F}) = \pm Fd \tag{3-1}$$

力矩的单位是 N·m 或 kN·m。

综上所述可知：

（1）力 $\boldsymbol{F}$ 对 O 点之矩不仅取决于力 $\boldsymbol{F}$ 的大小，同时还与矩心的位置有关；

（2）力 $\boldsymbol{F}$ 对任一点之矩，不会因该力沿其作用线移动而改变，因为此时力和力臂的大小均未改变；

（3）力的作用线通过矩心时，力矩等于零；

（4）互成平衡的二力对同一点之矩的代数和等于零。

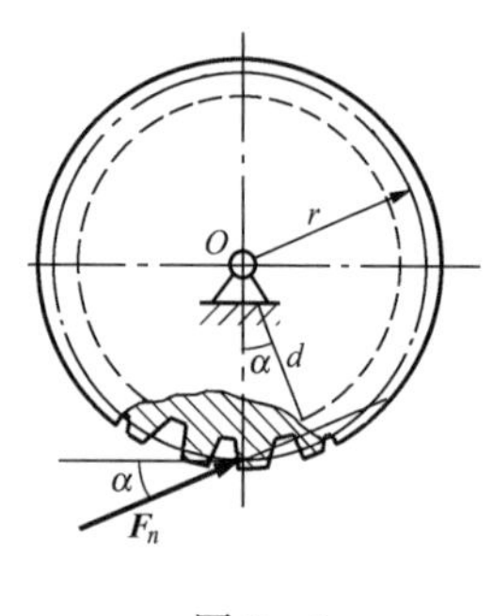

图 3-2

【例 3-1】 图 3-1（b）中扳手所受的力 $F=200\text{kN}$，$l=OA=0.4\text{m}$，力 F 作用线与 OA 夹角 $\alpha=60°$，试求力 $\boldsymbol{F}$ 对 O 点之矩。

解 根据式（3-1），得

$$M_O(\boldsymbol{F})=F\cdot d=Fl\sin\alpha=200\times0.4\times\sin60°=69.2\text{N}\cdot\text{m}$$

正号表示扳手绕 O 点作逆时针方向转动。应该注意，力臂是自矩心 O 至力作用线的垂直距离，而不是 OA。

【例 3-2】 如图 3-2 所示圆柱直齿轮，压力角 $\alpha=20°$，啮合力 $F_n=1400\text{N}$，节圆半径 $r=60\text{mm}$，计算力 $\boldsymbol{F}_n$ 对于轴心 O 的力矩。

解 计算力 $\boldsymbol{F}_n$ 对于轴心 O 的力矩，可直接按力矩的定义求得，由图 3-2 中几何关系得力臂 $d=r\cos\alpha$，故

$$M_O(\boldsymbol{F}_n)=F_nr\cos\alpha=1400\times60\times\cos20°=78.93\text{N}\cdot\text{m}$$

§3-2 力偶与力偶矩

一、力偶与力偶矩

在生活和生产实践中，常见物体同时受到大小相等、方向相反、作用线互相平行的两个力的作用。例如图 3-3 所示的拧水龙头、转动方向盘、用丝锥攻丝等。由此抽象出力偶的概念，定义如下：两个大小相等、方向相反、作用线互相平行且不在同一直线上的力组成的力系称为**力偶**，以图 3-4 所示图形表示，并记为（$\boldsymbol{F}$，$\boldsymbol{F}'$）。力偶中两力所在的平面叫**力偶作用面**，如作用面不同，力偶的作用效应也不一样。两力作用线间的垂直距离叫**力偶臂**，以 d 表示。

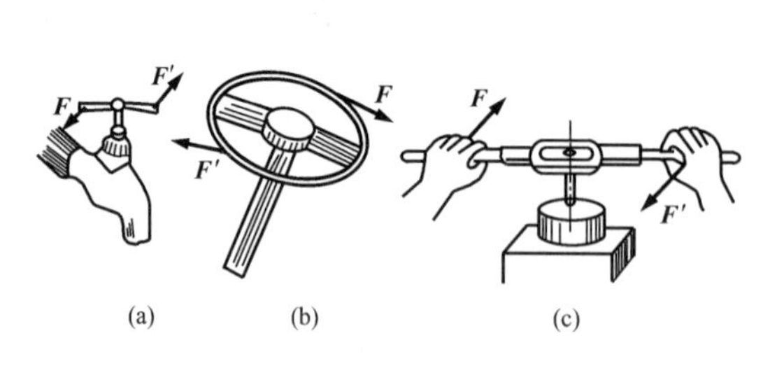

图 3-3

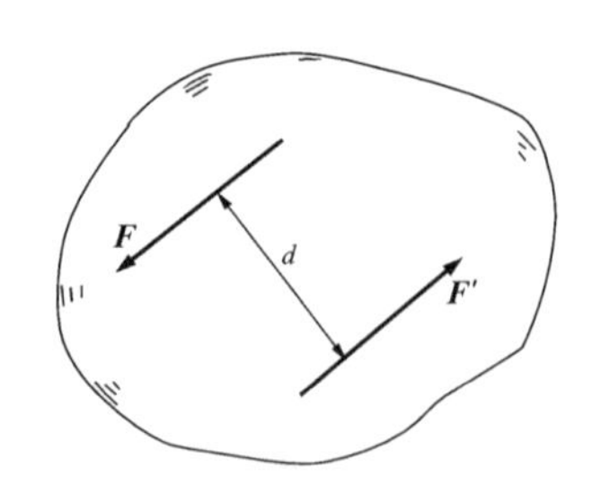

图 3-4

由力偶的定义知，力偶中两力矢相加其和为零，但由于它们不共线不满足二力平衡条件，因此力偶不是平衡力系。事实上，由以上实例可知，只受一个力偶作用的物体，一定产生转动效果，而不可能处于平衡状态。既然力偶不是一个平衡力系，它是否有不为零的合力呢？这是不可能的。因为，如果力偶有不为零的合力，就可以用此合力（一个力）来等效替换，则此合力在不与合力作用线垂直的任意轴上的投影不为零，但是，力偶是等值、反向、平行的两个力，其在任意轴上的投影的代数和必为零。合力投影不为零，分力投影和为零，这是不可能的。因此，力偶没有合力，不能用一个力来等效替换，力偶也不能用一个力来平

衡。因此，力和力偶一样，也是力学中的一个基本要素。

由实践知，力偶对物体的作用效果是使物体的转动状态发生改变。那么，如何度量力偶对物体转动效应呢？如同力使物体产生转动引入力矩的概念一样，力偶使物体产生转动效果则用力偶矩来度量。

在力学上以乘积 $F \cdot d$ 作为量度力偶对物体的转动效应的物理量，这个量称为**力偶矩**，以符号 $M(\boldsymbol{F},\boldsymbol{F}')$ 或 M 表示，即

$$M(\boldsymbol{F},\boldsymbol{F}')=\pm Fd$$

或

$$M=\pm Fd \tag{3-2}$$

式（3-2）中的正负号表示力偶的转动方向，即逆时针方向转动时为正；顺时针方向转动时为负（图 3-5）。由此可见，在平面内，力偶矩是代数量。

与力矩一样，力偶矩的单位是 N·m 或 kN·m。

综上所述可知，力偶使物体转动效果也与三个要素有关，即

（1）在力偶作用面内，力偶中力的大小与力偶臂的乘积 $F \cdot d$，称为**力偶矩的大小**；

（2）在力偶作用面内，力偶使物体转动的方向，称为**力偶的转向**；

（3）力偶的作用面。

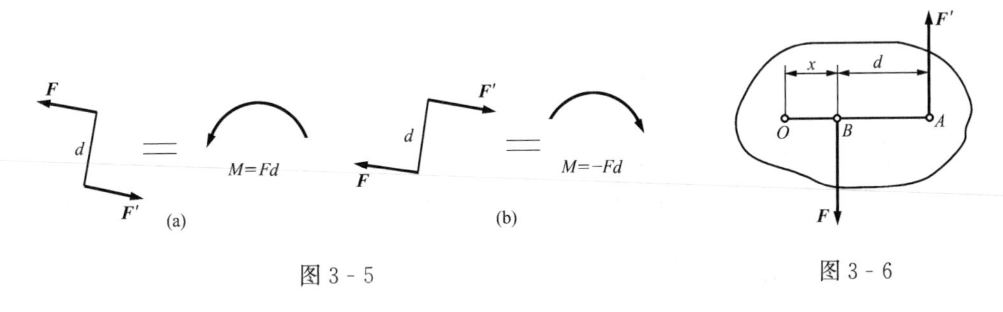

图 3-5　　　　图 3-6

二、力偶的性质

（1）力偶在任何坐标轴上的投影为零。

由力偶的该条性质得知，在列力的投影方程时，不用考虑力偶中的力在坐标轴上的投影。

（2）力偶没有合力，不能用一个力来代替，因而也不能用一个力来平衡，力偶只能由力偶来平衡。

（3）力偶对任意点取矩都等于力偶矩，不因矩心的改变而改变。

如图 3-6 所示，在力偶平面内任取一点 O 为矩心，设 O 点与力 $\boldsymbol{F}$ 作用线的距离为 x，则力偶的两个力对于 O 点之矩的和为

$$\begin{aligned} M_O(\boldsymbol{F}) + M_O(\boldsymbol{F}') &= -Fx + F'(x+d) = -Fx + F'x + F'd \\ &= F'd = Fd = M \end{aligned}$$

由此可见，力偶对任意一点的力矩都等于力偶矩，不因矩心的改变而改变。而力矩则不同，力矩与矩心位置有关，因此，力矩符号 $M_O(\boldsymbol{F})$ 中有一下标 O，而力偶矩符号 M 则无下标。

（4）只要保持力偶矩不变，力偶可在其作用面内任意搬移，且可以同时改变力偶中力的大小与力偶臂的长短，对刚体的作用效应不变。

由此可知，在同一平面内研究有关力偶的问题时，只须考虑力偶矩，而不必研究其中力的大小和力偶臂的长短。

图 3 - 7 所示驾驶员给方向盘的三种施力方式，图中 $F_1=F'_1=F_2=F'_2$，即是说明此性质的一个实例。

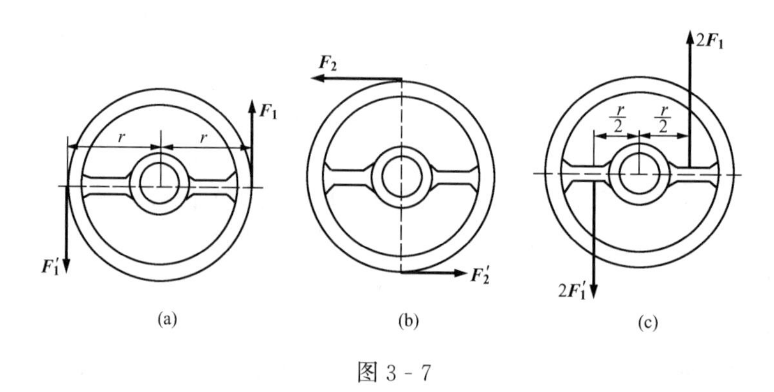

图 3 - 7

(5) 只要保持力偶矩不变，力偶可从一平面移至另一与此平面平行的任意平面，对刚体的作用效应不变。

§3 - 3 平面力偶系的合成与平衡

由作用在同一平面内的一群力偶组成的力系称为**平面力偶系**。力偶系能否用一个简单力系等效替换，若平衡，应满足什么条件？这就是下面要讨论的平面力偶系的合成与平衡问题。

一、平面力偶系的合成

设有在同一平面内的两个力偶（$\boldsymbol{F}_1$，$\boldsymbol{F}'_1$）和（$\boldsymbol{F}_2$，$\boldsymbol{F}'_2$），它们的力偶臂各为 d_1 和 d_2，见图 3 - 8（a），其力偶矩分别为 M_1 和 M_2。求其合成结果。

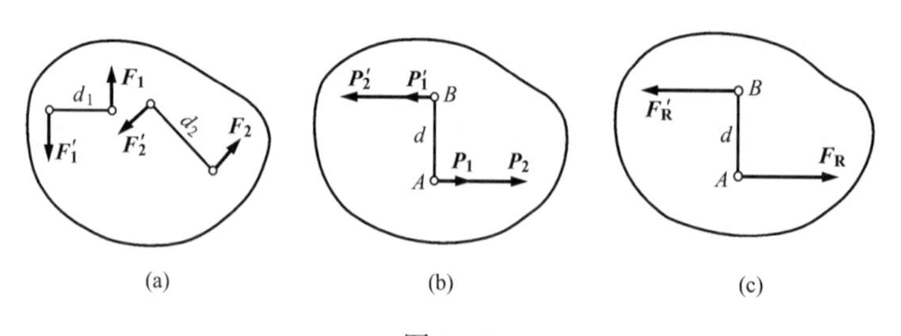

图 3 - 8

在力偶作用面内任取一线段 $AB=d$，在不改变力偶矩的条件下将各力偶的臂都化为 d，于是得到与原力偶等效的两个力偶（$\boldsymbol{P}_1$，$\boldsymbol{P}'_1$）和（$\boldsymbol{P}_2$，$\boldsymbol{P}'_2$），$\boldsymbol{P}_1$ 和 $\boldsymbol{P}_2$ 的计算式为：

$$M_1=P_1\cdot d，M_2=P_2\cdot d$$

然后转移各力偶使它们的臂都与 AB 重合，如图 3 - 8（b）所示。再将作用于 A 点的各力合成，这些力沿同一直线作用，可得合力 F_R，其大小为

$$F_R=P_1+P_2$$

同样，可将作用于 B 点的各力合成为一个合力 F'_R，它与力 F_R 大小相等、方向相反且不在同一直线上。因此力 F_R 和 F'_R 组成一个力偶（F_R，F'_R），见图 3 - 8（c），这就是两个已知力偶的合力偶，其力偶矩为

$$
\begin{aligned}
M &= F_R d = (P_1 + P_2)d \\
&= P_1 d + P_2 d \\
&= M_1 + M_2
\end{aligned}
$$

若作用在同一平面内有 n 个力偶，则其合力偶矩应为

$$M = M_1 + M_2 + \cdots + M_n$$

或写成

$$M = \sum_{i=1}^{n} M_i \tag{3-3}$$

由上可知，平面力偶系的合成结果为一合力偶，合力偶矩等于各已知力偶矩的代数和。

二、平面力偶系的平衡

平面力偶系的合成结果是一个合力偶，若平面力偶系平衡，则合力偶矩必须等于零，即

$$M = \sum_{i=1}^{n} M_i = 0 \tag{3-4}$$

反之，若合力偶矩为零，则平面力偶系平衡。

由此可知，平面力偶系平衡的必要和充分条件是：力偶系中各力偶矩的代数和等于零。

式（3 - 4）是平面力偶系平衡问题的基本方程，运用这个平衡方程，可以求解一个未知量。

【例 3 - 3】 在图 3 - 9（a）所示结构中，用铰链 B 连接二根直角曲杆 AEB 和 BDC，各构件的重量略去不计。如在曲杆 AEB 上作用力偶矩为 M 的力偶，求固定铰链支座 A 和 C 的约束反力。

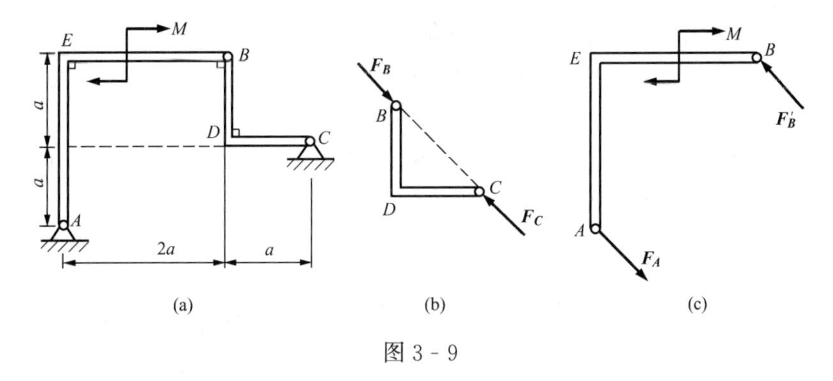

图 3 - 9

解 先取直角曲杆 BDC 为研究对象，如图 3 - 9（b）所示，由于构件的重量不计，故曲杆 BDC 为二力构件，$\boldsymbol{F_B}$ 与 $\boldsymbol{F_C}$ 等值、反向、共线。

然后取直角曲杆 AEB 为研究对象，受力如图 3 - 9（c）所示。图中 $\boldsymbol{F'_B}$ 是 $\boldsymbol{F_B}$ 的反作用力。由于力偶必须由力偶来平衡，因而作用在固定铰链支座 A 上的约束力必定和 $\boldsymbol{F'_B}$ 组成一力偶，此力偶方向与 M 相反，即逆时针。由力偶平衡条件

$$\Sigma M_i = 0，2\sqrt{2}a \times F_A - M = 0$$

所以支座 A 的约束反力为

$$F_A = \frac{\sqrt{2}M}{4a}$$

由于 $F_A = F'_B = F_B = F_C$，故支座 C 的约束反力为

$$F_C = F_A = \frac{\sqrt{2}M}{4a}$$

力 $\boldsymbol{F_C}$ 和 $\boldsymbol{F_A}$ 的方向如图 3-9（b）和图 3-9（c）所示。

【例 3-4】 图 3-10（a）所示机构的自重忽略不计，圆轮上的销子 A 放在摇杆 BC 上的光滑导槽内，圆轮上作用一力偶 $\boldsymbol{M_1}$，其矩为 $M_1=2\text{kN}\cdot\text{m}$，$OA=r=0.5\text{m}$。图示位置时 OA 与 OB 垂直，$\alpha=30°$，系统平衡，求作用于摇杆 BC 上的力偶矩 M_2 及铰链 O、B 处的约束反力。

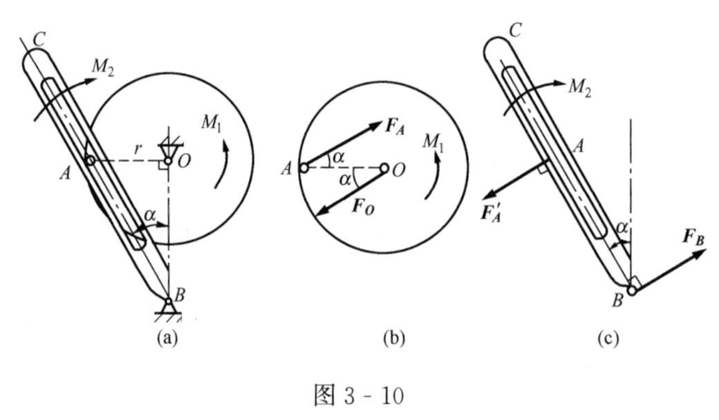

图 3-10

解 先取圆轮为研究对象，受力图如图 3-10（b）所示，其中 $\boldsymbol{F_A}$ 为光滑导槽对销子 A 的作用力，由于力偶必须由力偶来平衡，因而 $\boldsymbol{F_O}$ 与 $\boldsymbol{F_A}$ 必组成一力偶。此为一平面力偶系，由力偶平衡方程，有

$$\Sigma M_i=0,\ M_1-F_O\cdot r\sin\alpha=0$$

解得 $F_O=F_A=8\text{kN}$

再取摇杆 BC 为研究对象，受力图如图 3-10（c）所示，此也为一平面力偶系，列平衡方程，有

$$\Sigma M_i=0,\ F'_A\cdot AB-M_2=0$$

因 $F'_A=F_A$

解得 $M_2=8\text{kN}\cdot\text{m}$

且 $F_B=F_A=F'_A=F_O=8\text{kN}$

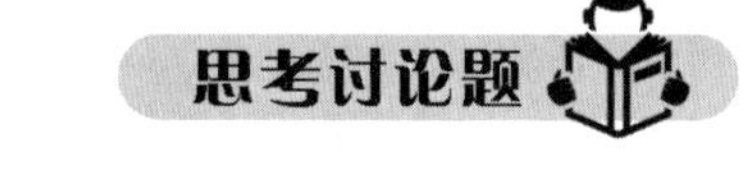

3-1 力偶和力偶矩有什么相同？又有什么区别？

3-2 图 3-11 中的胶带传动，若仅包角变化而其他条件均保持不变时，试问使胶带轮转动的力矩是否改变？为什么？

3-3 见图 3-12，一力偶（$\boldsymbol{F_1}$，$\boldsymbol{F'_1}$）作用在 Oxy 平面内，另一力偶（$\boldsymbol{F_2}$，$\boldsymbol{F'_2}$）作用在 Oyz 平面内，力偶矩之绝对值相等，试问两力偶是否等效？为什么？

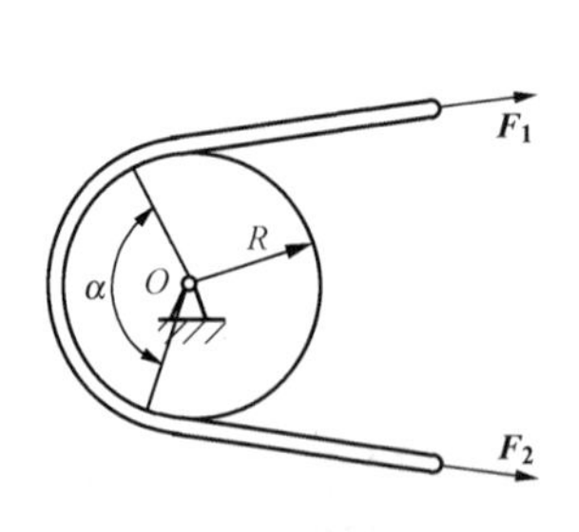

图 3-11 思考题 3-2 图

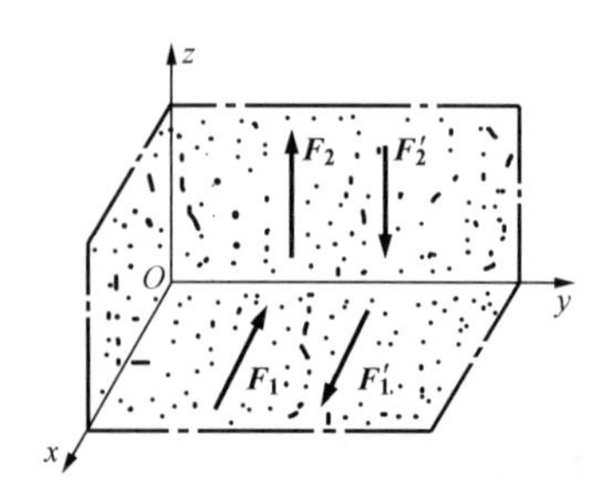

图 3-12 思考题 3-3 图

3-4 刚体上 A、B、C、D 四点组成一个平行四边形，在其四个顶点作用有四个力，此四力沿四个边恰好组成封闭的力多边形，如图 3-13 所示，此刚体是否平衡？若 $\boldsymbol{F_2}$，$\boldsymbol{F'_2}$ 都改变方向，此刚体是否平衡？

3-5 从力偶理论知道，一力不能与力偶平衡。但是为什么图 3-14（a）所示的螺旋压榨机上，力偶却似乎可以用被压榨物体的反抗力 F 来平衡？为什么图 3-14（b）所示的轮子上的力偶矩 M 似乎与重物的力 P 相平衡呢？这种说法错在哪里？

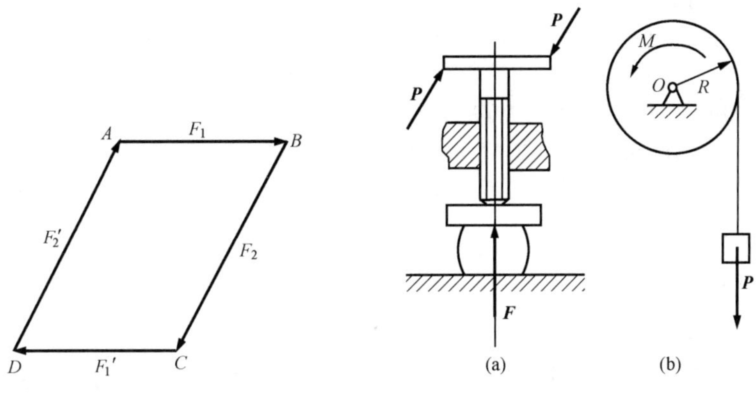

图 3-13　思考题 3-4 图　　　　图 3-14　思考题 3-5 图

3-6　图 3-15 所示的两种机构，图 3-15（a）中销钉 E 固结于杆 CD 而插在杆 AB 的滑槽中；图 3-15（b）中销钉 E 固结于杆 AB 而插在杆 CD 的滑槽中。不计构件自重及摩擦，$\alpha=45°$，如在杆 AB 上作用有矩为 M_1 的力偶，上述两种情况下平衡时，A、C 处的约束反力和杆 CD 上作用的力偶 M_2 是否相同？

3-7　平面机构如图 3-16 所示，作用于曲柄 O_1A 的力偶矩为 M_1，作用于摇杆 O_2B 的力偶矩为 M_2，若 $M_1=-M_2$，此平面机构是否平衡？

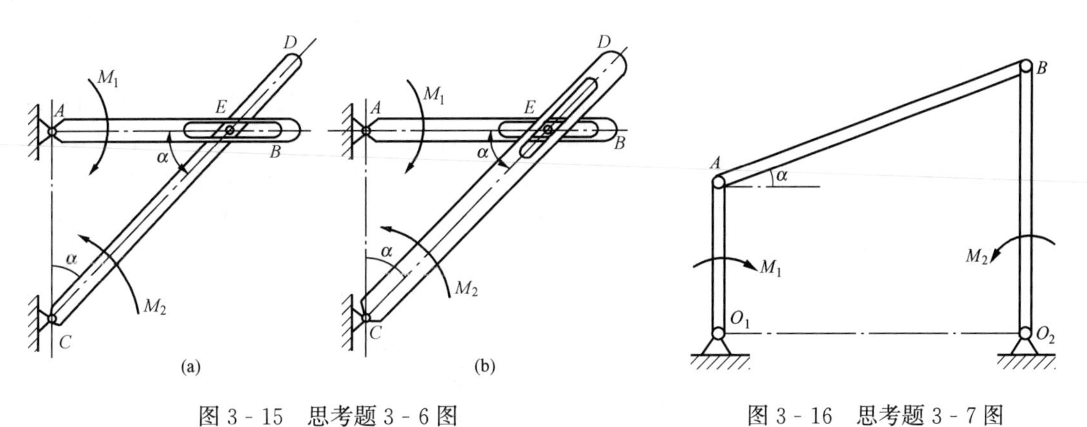

图 3-15　思考题 3-6 图　　　　图 3-16　思考题 3-7 图

习　题

3-1　计算下列各图中力 $\boldsymbol{F}$ 对点 O 的矩。

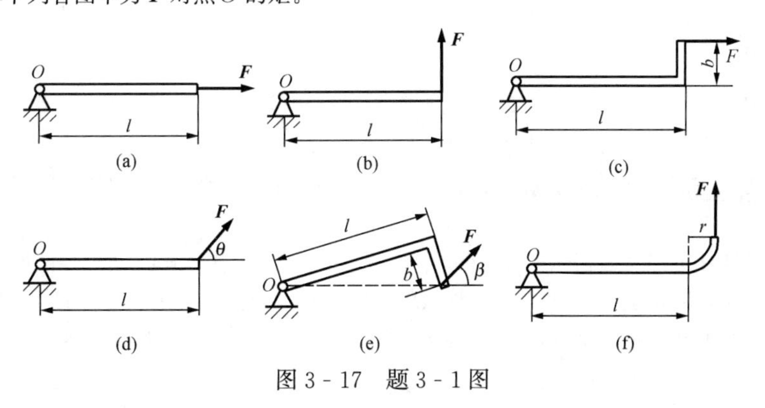

图 3-17　题 3-1 图

3-2 图3-18所示A、B、C、D均为滑轮，绕过B、D两滑轮的绳子两端的拉力为$F_1=F_2=400\text{N}$，绕过A、C两滑轮的绳子两端的拉力$F_3=F_4=300\text{N}$，$\alpha=30°$。求该两力偶的合力偶矩的大小和转向。滑轮大小忽略不计。

3-3 平面机构$OABO_1$，在图3-19所示位置平衡。已知：$OA=0.4\text{m}$，$O_1B=0.6\text{m}$，作用在OA上的力偶的力偶矩$M_1=1\text{N}\cdot\text{m}$。求力偶矩$M_2$的大小和杆$AB$所受的力$F$。各杆的重量不计。

3-4 在图3-20所示结构中，各直角构件的自重不计。在构件AB上作用一力偶矩为M的力偶，求支座A和C的约束反力。

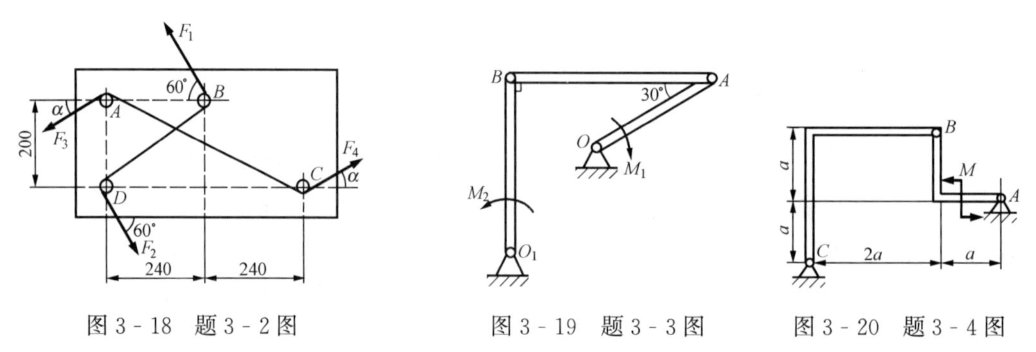

图3-18 题3-2图　　图3-19 题3-3图　　图3-20 题3-4图

3-5 如图3-21所示，两齿轮啮合时的节圆半径分别为r_1、r_2，作用于轮Ⅰ上的主动力偶的力偶矩为M_1，齿轮的压力角为α，不计两齿轮的重量。求使二轮维持匀速转动时齿轮Ⅱ的阻力偶之矩M_2及轴承O_1、O_2的约束反力的大小和方向。

3-6 图3-22所示为卷扬机简图，重物M放在小台车C上，小台车上装有A轮和B轮，可沿导轨ED上下运动。已知重物重量$G=2\text{kN}$，试求导轨对A轮和B轮的约束反力。

3-7 锻锤工作时，如工件给它的反作用力有偏心，则会使锻锤发生偏斜。这将在导轨AB上产生很大的压力，从而加速导轨的磨损并影响锻件的精度。如图3-23所示，已知打击力$P=1000\text{kN}$，偏心距$e=20\text{mm}$，锻锤高度$h=200\text{mm}$。试求锻锤给导轨两侧的压力。

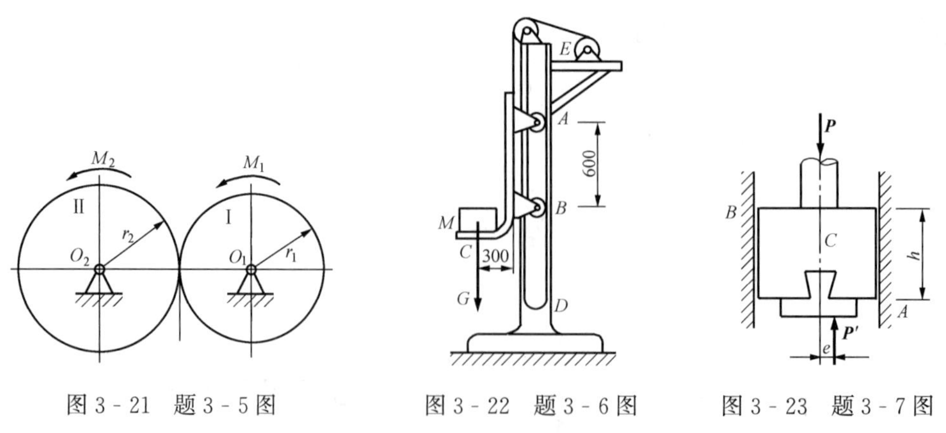

图3-21 题3-5图　　图3-22 题3-6图　　图3-23 题3-7图

3-8 炼钢用的电炉上，有一电极提升装置，如图3-24所示，设电极HI和支架共重W，重心在C点。支架上A、B和E三个导轮可沿固定立柱JK滚动，钢丝绳系在D点。求电极等速直线上升时钢丝绳的拉力及A、B、E三处的约束反力。

3-9 平面机构在图3-25所示位置平衡，$\alpha=30°$，$\beta=90°$，试求平衡时M_1/M_2的值。

3-10 图3-26所示曲柄滑块机构中，杆AE上有一导槽，套在杆BD的销子C上，销子C可在光滑道槽内滑动。已知$M_1=4\text{kN}\cdot\text{m}$，转向如图，$AB=2\text{m}$，在图示位置处于平衡，$\theta=30°$。试求$M_2$及铰链$A$和$B$的反力。

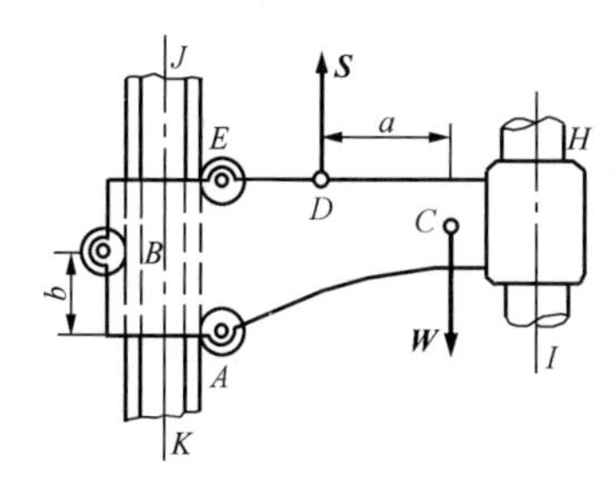

图 3-24　题 3-8 图

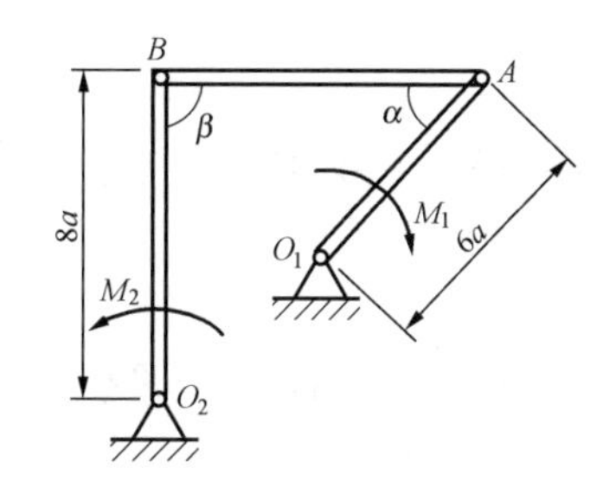

图 3-25　题 3-9 图

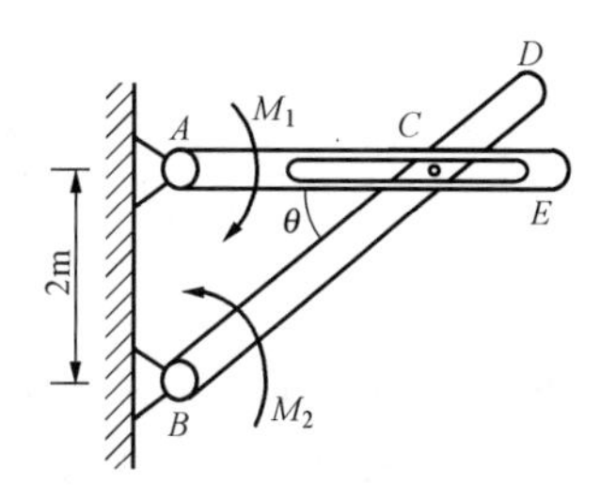

图 3-26　题 3-10 图

习题答案

3-1　(a) $M_O(\boldsymbol{F})=0$，(b) $M_O(\boldsymbol{F})=Fl$，(c) $M_O(\boldsymbol{F})=-Fb$，(d) $M_O(\boldsymbol{F})=Fl\sin\theta$，(e) $M_O(\boldsymbol{F})=F\sqrt{l^2+b^2}\sin\beta$，(f) $M_O(\boldsymbol{F})=F(l+r)$

3-2　$M=247.1\text{N}\cdot\text{m}$（逆时针）

3-3　$M_2=3\text{N}\cdot\text{m}$(逆时针)，$F_{AB}=5\text{N}$(拉)

3-4　$F_A=F_C=\dfrac{M}{\sqrt{2}a}$

3-5　$M_2=\dfrac{r_2}{r_1}M_1$，$F_{O_1}=\dfrac{M_1}{r_1\cos\alpha}(\swarrow)$，$F_{O_2}=\dfrac{M_1}{r_1\cos\alpha}(\nearrow)$

3-6　$F_A=750\text{N}$，$F_B=750\text{N}$

3-7　$F_A=100\text{kN}$，$F_B=100\text{kN}$

3-8　$S=W$，$F_E=0$，$F_A=\dfrac{a}{b}W$，$F_B=\dfrac{a}{b}W$

3-9　$\dfrac{M_1}{M_2}=\dfrac{3}{8}$

3-10　$M_2=4\text{kN}\cdot\text{m}$(逆时针)，$F_A=1.155\text{kN}$，$F_B=1.155\text{kN}$

第四章　平面任意力系

前面研究了平面汇交力系和平面力偶系的合成与平衡问题。本章将在此基础上，研究平面任意力系的简化、平衡条件及其应用问题。

§4-1　工程中的平面任意力系问题

平面任意力系是指作用在物体上诸力的作用线在同一平面内且任意分布。许多工程问题可以简化为平面任意力系来处理。例如，图4-1所示的房架，受风载荷 F_P、房顶重力 F_Q 和支座反力 F_{Ax}、F_{Ay}、F_B 的作用，显然这是一个平面任意力系。又如图4-2所示的悬臂吊车的横梁，受载荷 F_Q、重力 F_P、支座反力 F_{Ax}、F_{Ay} 和拉杆拉力 F_T 的作用，显然，这也是一个平面任意力系。

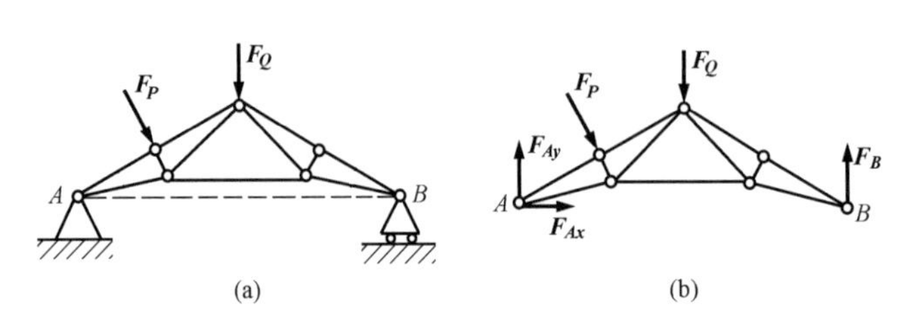

图4-1

平面任意力系是工程中最常见的力系。因此研究平面任意力系就显得非常重要。

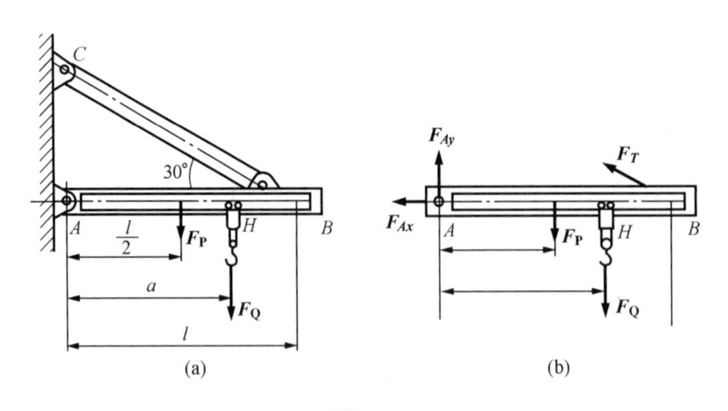

图4-2

§4-2　平面任意力系向一点简化　主矢和主矩

在一平面内分布的一个任意力系，能否用一个简单的力系来等效代替，这就是平面任意力系的简化问题。为了讲述平面任意力系的简化问题，首先要介绍一个定理——力的平移定理。

一、力的平移定理

对刚体来说，力的三要素为力的大小、方向和作用线。那么能否保持力的大小、方向不变，把作用线任意平移一段距离呢？力的平移定理可以回答这个问题。

力的平移定理 作用在刚体上的力 $\boldsymbol{F}$ 可以平行移动到刚体内的任一点，但必须同时附加一个力偶，其力偶矩等于原力 $\boldsymbol{F}$ 对于新作用点的矩。

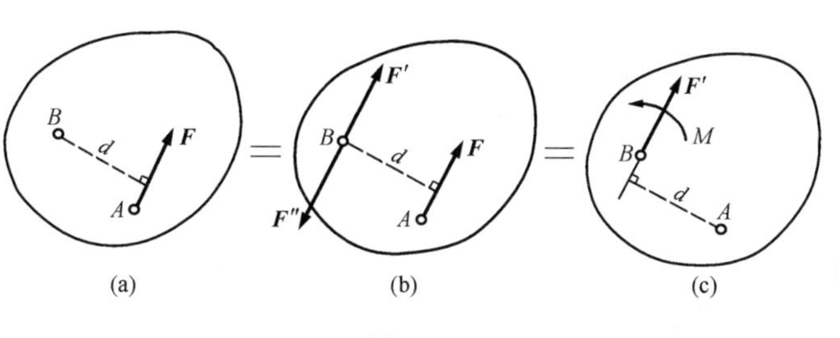

图 4 - 3

证明 设一力 $\boldsymbol{F}$ 作用于刚体的 A 点，如图 4 - 3（a）所示。在刚体上任取一点 B，在 B 点加上等值、反向、共线且与力 $\boldsymbol{F}$ 平行的两个力 $\boldsymbol{F}'$ 和 $\boldsymbol{F}''$，并使 $F'=F''=F$，见图 4 - 3（b）。显然，力系（$\boldsymbol{F}$、$\boldsymbol{F}'$、$\boldsymbol{F}''$）与力 $\boldsymbol{F}$ 是等效的。但力系（$\boldsymbol{F}$、$\boldsymbol{F}'$、$\boldsymbol{F}''$）可以看作是一个作用在 B 点的力 $\boldsymbol{F}'$ 和一个力偶（$\boldsymbol{F}$、$\boldsymbol{F}''$），此力偶的力偶矩为 $M=Fd$，刚好等于力 $\boldsymbol{F}$ 对于点 B 的力矩。于是，图 4 - 3（a）中原来作用在 A 点的一个力 $\boldsymbol{F}$ 就与图 4 - 3（c）中一个作用在 B 点的力 $\boldsymbol{F}'$ 和一个力偶（$\boldsymbol{F}$、$\boldsymbol{F}''$）等效，即，把作用于 A 点的力 $\boldsymbol{F}$ 平移到另一点 B，必须同时附加一力偶，此附加力偶的力偶矩 M 等于力 $\boldsymbol{F}$ 对于点 B 的矩。定理得证。

反过来，力的平移定理的逆定理也是存在的，即图 4 - 3（c）所示的一个力和一个力偶组成的力系可以简化成图 4 - 3（a）所示的一个力。

力的平移定理不仅是任意力系向一点简化的依据，而且也是分析力对物体作用效应的一个重要方法。例如，打乒乓球时，球拍若给球的力擦在球边上，这相当于在球心加一个力和一个力偶（图 4 - 4），乒乓球在此力作用下向前运动，而在此力偶作用下旋转。又如图 4 - 5（a）中转轴上大齿轮受到圆周力 $\boldsymbol{F}$ 的作用。为了观察力 $\boldsymbol{F}$ 对转轴的效应，需将力 $\boldsymbol{F}$ 向轴心 O 点平移。根据力的平移定理，力 $\boldsymbol{F}$ 平移到轴心 O 点时，要附加一个力偶，见图 4 - 5（b）。力 $\boldsymbol{F}$ 对转轴的作用，相当于在轴上作用一个垂直于轴线的水平力 $\boldsymbol{F}'$ 和一个力偶。这力偶作用在垂直于轴线的平面内，它与轴端输入的力偶使轴产生“扭转”，而力 $\boldsymbol{F}'$，则使轴产生“弯曲”，见图 4 - 5（c）、（d）。读者还可考虑图 4 - 6 所示用丝锥攻螺纹时，为什么要求用两只手且作用在把手上的二力要相等？用一只手可不可以使其转动？这样做行不行？

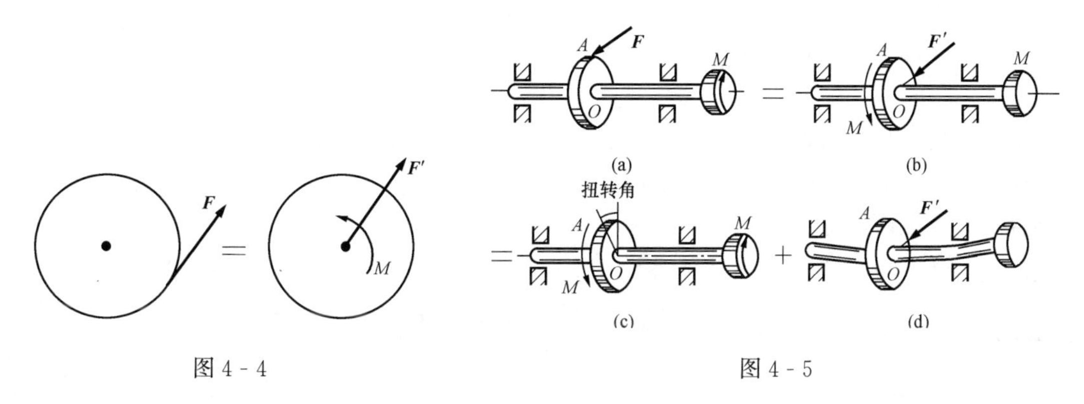

图 4 - 4　　图 4 - 5

二、平面任意力系向一点简化　主矢和主矩

设刚体上作用一平面分布的任意力系 $\boldsymbol{F}_1$、$\boldsymbol{F}_2$、…、$\boldsymbol{F}_n$，如图 4 - 7（a）所示。在力系所在平面内任选一点 O，称为**简化中心**。根据力的平移定理，将各力平移到 O 点，同时附加一

个相应的力偶。这样，原来一个平面任意力系就被一平面汇交力系和一平面力偶系等效代替，如图 4 - 7 (b) 所示，其中

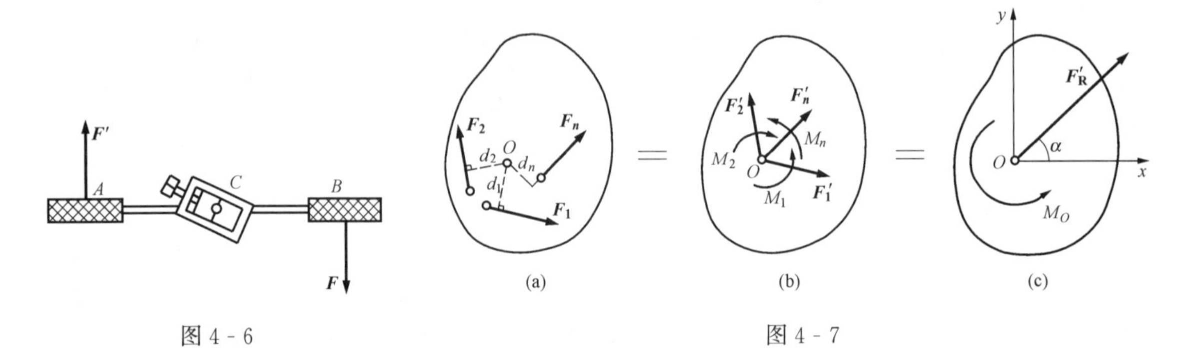

图 4 - 6　　图 4 - 7

$$\boldsymbol{F}'_1=\boldsymbol{F}_1,\ \boldsymbol{F}'_2=\boldsymbol{F}_2,\ \cdots,\ \boldsymbol{F}'_n=\boldsymbol{F}_n$$

$$M_1=F_1d_1=M_O(\boldsymbol{F}_1),M_2=F_2d_2=M_O(\boldsymbol{F}_2),\cdots,M_n=F_nd_n=M_O(\boldsymbol{F}_n)$$

作用于点 O 的平面汇交力系 $\boldsymbol{F}'_1$、$\boldsymbol{F}'_2$、…、$\boldsymbol{F}'_n$ 可以合成为一力 $\boldsymbol{F}'_{\mathbf{R}}$，见图 4 - 7 (c)，此力的作用线通过点 O，大小和方向为

$$\boldsymbol{F}'_{\mathbf{R}}=\Sigma\boldsymbol{F}'_i=\Sigma\boldsymbol{F}_i \tag{4 - 1}$$

$\boldsymbol{F}'_{\mathbf{R}}$ 称为原力系的**主矢**。应该指出，若选不同的点为简化中心，对主矢的大小和方向没有影响。

平面力偶系 M_1、M_2、…、M_n 可以合成为一力偶，见图 4 - 7 (c)，此力偶的力偶矩 M_O 等于各附加力偶矩的代数和，即

$$M_O=\Sigma M_i=\Sigma M_O(\boldsymbol{F}_i) \tag{4 - 2}$$

M_O 称为原力系的**主矩**。由于各力偶的力偶矩分别等于各力对所选 O 点的力矩，当选不同的点为简化中心时，各力的力矩将有所改变，所以，主矩一般与简化中心的选择有关。因此凡提到力系的主矩时，必须用角标注明简化中心的位置。

综上，可得结论如下：平面任意力系向作用面内任一点简化，一般可得一力和一力偶。这个力的作用线过简化中心 O，其大小和方向等于该力系的主矢，即

$$\boldsymbol{F}'_{\mathbf{R}}=\Sigma\boldsymbol{F}_i$$

这个力偶等于该力系对简化中心 O 的主矩，即

$$M_O=\Sigma M_O(\boldsymbol{F}_i)$$

主矢的大小和方向与所选的简化中心无关，主矩一般与简化中心的位置有关。

如果以简化中心为原点建立直角坐标系［图 4 - 7 (c)］，则力系的主矢可用解析式表示。根据合力投影定理，得到

$$F'_{\mathrm{R}x}=\Sigma F_{ix}$$

$$F'_{\mathrm{R}y}=\Sigma F_{iy}$$

于是主矢 $\boldsymbol{F}'_{\mathbf{R}}$ 的大小和方向可由式 (4 - 3) 确定，即

$$\left.\begin{aligned}&F'_{\mathrm{R}}=\sqrt{(F'_{\mathrm{R}x})^2+(F'_{\mathrm{R}y})^2}=\sqrt{(\Sigma F_{ix})^2+(\Sigma F_{iy})^2}\\&\cos(\boldsymbol{F}'_{\mathbf{R}},\boldsymbol{i})=\frac{F'_{\mathrm{R}x}}{F'_{\mathrm{R}}},\cos(\boldsymbol{F}'_{\mathbf{R}},\boldsymbol{j})=\frac{F'_{\mathrm{R}y}}{F'_{\mathrm{R}}}\end{aligned}\right\} \tag{4 - 3}$$

例如，工程实际中常见的烟囱、水塔、电线杆等受到基础的约束，这种约束被称为**固定**

端（或插入端）约束。图 4 - 8（a）是固定端的简化表示法。如果被约束物体所受到的主动力的作用线位于同一平面，则约束反力是在此平面内一个任意力系，如图 4 - 8（b）所示。对这些约束反力的实际分布很难搞清楚。我们利用力系简化理论来考虑其总体效应。把这个力系向一点简化，得到一个力 $\boldsymbol{F}_{RA}$（通常用两个互相垂直的分力 $\boldsymbol{F}_{Ax}$、$\boldsymbol{F}_{Ay}$ 表示）和一个力偶 M_A，如图 4 - 8（c）所示。

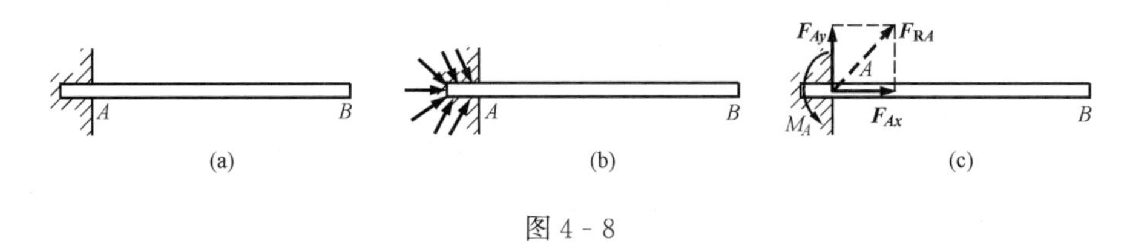

图 4 - 8

§4 - 3　平面任意力系简化结果的分析　合力矩定理

根据以上所述，平面任意力系向一点简化，可得一个力（主矢）和一个力偶（主矩）。在此基础上，还可以进一步简化，简化到最简单的力系。下面对主矢、主矩可能出现的各种情况列表 4 - 1 予以讨论。

表 4 - 1　　主矢、主矩的简化结果及与简化中心的关系

主　矢	主　矩	简化结果	与简化中心的关系
$\boldsymbol{F}'_R\neq0$	$M_O=0$	合　力	合力作用线通过简化中心
	$M_O\neq0$	合　力	合力作用线距简化中心为 $d=\frac{\mid M_O\mid}{F'_R}$
$\boldsymbol{F}'_R=0$	$M_O\neq0$	力　偶	力偶等于主矩 M_O，与简化中心的位置无关
	$M_O=0$	平　衡	与简化中心的位置无关

一、平面任意力系简化为合力的情形　合力矩定理

（1）$\boldsymbol{F}'_R\neq0$，$M_O=0$。这时，一个力 $\boldsymbol{F}'_R$ 与原力系等效，即原力系合成为一合力，合力作用线通过简化中心 O，其大小和方向等于原力系主矢。

（2）$\boldsymbol{F}'_R\neq0$，$M_O\neq0$。如图 4 - 9（a）所示，力系仍然可以简化为一个合力。为此，只要将简化所得的力偶（力偶矩等于主矩）加以改变，使其力的大小等于主矢 $\boldsymbol{F}'_R$ 的大小，力偶臂 $d=\frac{\mid M_O\mid}{F'_R}$ 然后转移此力偶，使其中一力 $\boldsymbol{F}''_R$ 作用在简化中心、并与主矢 $\boldsymbol{F}'_R$ 取相反方向，见图 4 - 9（b）。于是 $\boldsymbol{F}'_R$ 与 $\boldsymbol{F}''_R$ 抵消，而只剩下作用在 O_1 点的力 $\boldsymbol{F}_R$，这便是原力系的合力，见图 4 - 9（c）。合力 $\boldsymbol{F}_R$ 的大小和方向与主矢 $\boldsymbol{F}'_R$ 相同，而合力的作用线与简化中心 O 的距离为

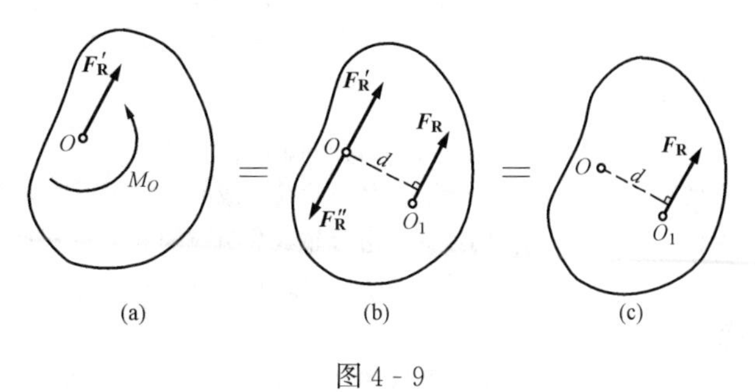

图 4 - 9

$$d=\frac{|M_O|}{F'_R}=\frac{|M_O|}{F_R} \tag{4-4}$$

至于作用线在O点的哪一侧，可以由主矩M_O的符号决定。

合力矩定理 当平面力系可以合成为一个合力时，则其合力对于作用面内任一点之矩，等于力系中各分力对于同一点之矩的代数和。

证明 由图 4-9（c）易见，合力$\boldsymbol{F_R}$对O点之矩为

$$M_O(\boldsymbol{F_R})=F_Rd$$

又由图 4-9（b）可见

$$M_O=M(\boldsymbol{F_R},\ \boldsymbol{F''_R})=F_Rd$$

故

$$M_O=M_O(\boldsymbol{F_R})$$

根据式（4-2）有

$$M_O=\Sigma M_O(\boldsymbol{F_i})$$

故

$$M_O(\boldsymbol{F_R})=\Sigma M_O(\boldsymbol{F_i}) \tag{4-5}$$

由于简化中心O是任选的，因此上述定理适用于任一力矩中心。利用这一定理可以求出合力作用线的位置以及用分力矩来计算合力矩等。

【例 4-1】 水平梁受线性分布载荷的作用（图 4-10），分布载荷的最大值为q（N/m），梁长为l。试求合力的大小及作用线位置。

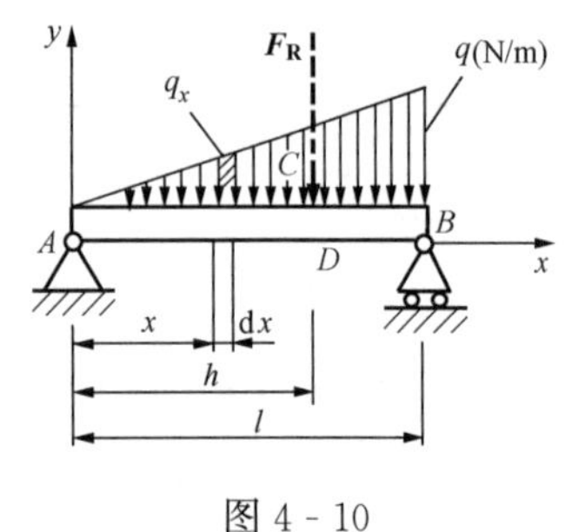

图 4-10

解 此问题属于平面任意力系的一种特殊情况——平面平行力系合成问题。由于是同向平行力，所以其合力$\boldsymbol{F_R}$的方向与诸力相同。

取梁的A端为原点，在x处取微段dx，作用在x处的分布力为q_x，根据几何关系$q_x=\frac{x}{l}q$，在dx微段上的合力的大小为$q_x dx$。故此分布力合力$\boldsymbol{F_R}$的大小，可用以下积分求出：

$$F_R=\int_0^l q_x dx=\int_0^l \frac{q}{l}x dx=\frac{q}{l}\left[\frac{x^2}{2}\right]_0^l=\frac{ql}{2}$$

设合力$\boldsymbol{F_R}$的作用线距A端的距离为h，则合力$\boldsymbol{F_R}$对A点之矩为

$$M_A(\boldsymbol{F_R})=F_Rh$$

作用在微段dx上的合力对A点的力矩为$x\cdot q_x dx$，全部分布力对A点之矩的代数和可用积分求出，根据合力矩定理可写成

$$F_Rh=\int_0^l q_x x dx=\int_0^l \frac{q}{l}x^2 dx=\frac{q}{l}\left[\frac{x^3}{3}\right]_0^l=\frac{1}{3}ql^2$$

将F_R的值代入，得

$$h=\frac{2}{3}l$$

由此可知：

（1）合力$\boldsymbol{F_R}$的方向与分布力相同；

（2）合力$\boldsymbol{F_R}$的大小等于由分布载荷组成的几何图形的面积；

（3）合力$\boldsymbol{F_R}$的作用线通过由分布载荷组成的几何图形的形状中心（即形心）。

【例 4-2】 根据合力矩定理计算图 4-11（a）所示圆柱直齿轮所受到的啮合力$\boldsymbol{F_n}$对于轴心O的力矩。

解 我们将力$\boldsymbol{F_n}$分解为圆周力$\boldsymbol{F}$和径向力$\boldsymbol{F_r}$，见图 4-11（b），则

$$M_O(\boldsymbol{F_n})=M_O(\boldsymbol{F})+M_O(\boldsymbol{F_r})$$

由于径向力$\boldsymbol{F_r}$通过矩心O，故

$$M_O(\boldsymbol{F_r}) = 0$$

于是得

$$M_O(\boldsymbol{F_n}) = M_O(\boldsymbol{F}) = F_n\cos\alpha \cdot r = 78.93\text{N} \cdot \text{m}$$

由此可见，无论是直接按力矩定义，还是利用合力矩定理，这两种方法的计算结果是相同的。

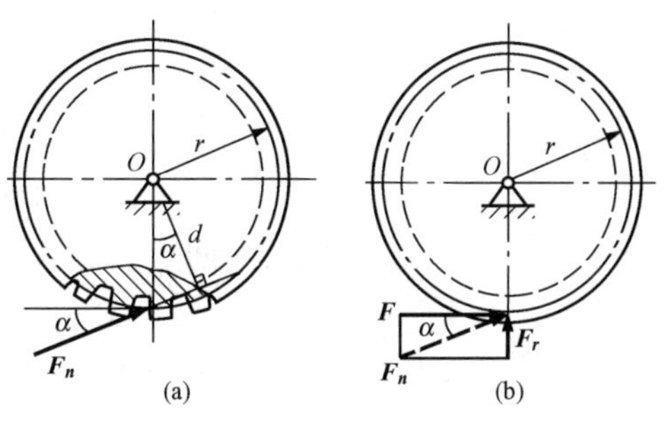

图 4 - 11

二、平面任意力系简化为合力偶的情形

$\boldsymbol{F}'_{\mathbf{R}}=0$，$M_O\neq0$。这时，一个力偶与原力系等效，即原力系合成为一合力偶。由于主矢与简化中心无关，所以向 O 点简化，$\boldsymbol{F}'_{\mathbf{R}}=0$，则向任意点简化，主矢均应为零，所以力系向任意点简化均为一力偶。又由力偶性质知，此种情况下简化结果与简化中心的选择无关。这就是说，不论向哪一点简化都是这个力偶，而且力偶矩保持不变，等于原力系对于简化中心的主矩。

三、平面任意力系为平衡力系的情形

$\boldsymbol{F}'_{\mathbf{R}}=0$，$M_O=0$。这时，说明平面任意力系与零力系等效，平面任意力系是个平衡力系。将在下节详细讨论。

综上所述，平面任意力系简化的最后结果只可能是合力、合力偶、平衡三种情况。

§4 - 4　平面任意力系的平衡条件与平衡方程

由前述可知，当主矢 $\boldsymbol{F}'_{\mathbf{R}}$ 和主矩 M_O 中任何一个不等于零时，力系是不平衡的。因此，要使平面任意力系平衡，就必有 $\boldsymbol{F}'_{\mathbf{R}}=0$，$M_O=0$。反之，若 $\boldsymbol{F}'_{\mathbf{R}}=0$，$M_O=0$，则力系必然平衡。所以物体在平面任意力系作用下平衡的必要和充分条件是：力系的主矢 $\boldsymbol{F}'_{\mathbf{R}}$ 和力系对于任一点 O 的主矩 M_O 都等于零。即

$$\boldsymbol{F}'_{\mathbf{R}} = \sqrt{(F'_{\mathrm{R}x})^2 + (F'_{\mathrm{R}y})^2} = \sqrt{(\Sigma F_{ix})^2 + (\Sigma F_{iy})^2} = 0$$

$$M_O = \Sigma M_i = \Sigma M_O(\boldsymbol{F_i}) = 0$$

故

$$\left.\begin{aligned} \Sigma F_{ix} &= 0 \\ \Sigma F_{iy} &= 0 \\ \Sigma M_O(\boldsymbol{F}) &= 0 \end{aligned}\right\} \tag{4 - 6}$$

即平面任意力系平衡的解析条件是：力系中各力在两个任选的正交坐标轴中每一轴上的投影的代数和分别等于零，以及各力对于平面内任意一点之矩的代数和也等于零。式（4 - 6）称为**平面任意力系的平衡方程**，它是平衡方程的基本形式。在应用平衡方程解平衡问题时，为了使计算简化，通常将矩心选在两个未知力的交点上，而坐标轴方向的选取则尽可能与该力系中多数未知力的作用线垂直。

平面任意力系平衡方程除了前面所表示的基本形式外，还有其他形式，即还有二力矩式和三力矩式，其形式为

$$\left.\begin{aligned} &\Sigma F_{ix} = 0 (\text{或}\ \Sigma F_{iy} = 0) \\ &\Sigma M_A(\boldsymbol{F}) = 0 \\ &\Sigma M_B(\boldsymbol{F}) = 0 \end{aligned}\right\} \tag{4 - 7}$$

其中 A、B 两点的连线不能与 x 轴（或 y 轴）垂直。

$$\left.\begin{aligned}\Sigma M_A(\boldsymbol{F})&=0\\\Sigma M_B(\boldsymbol{F})&=0\\\Sigma M_C(\boldsymbol{F})&=0\end{aligned}\right\}\tag{4-8}$$

其中 A、B、C 三点不能选在同一条直线上。

如不满足上述条件，则所列三个平衡方程，将不都是独立的。应该注意，不论选用哪一组形式的平衡方程，对于同一个平面力系来说，最多只能列出三个独立的方程，因而只能求出三个未知量。

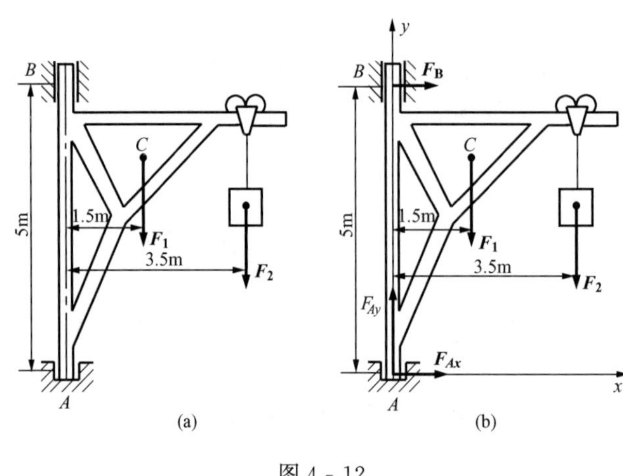

图 4-12

【例 4-3】 起重机重 $F_1=10\text{kN}$，可绕铅直轴 AB 转动；起重机的挂钩上挂一重为 $F_2=40\text{kN}$ 的重物，如图 4-12（a）所示。起重机的重心 C 到转动轴的距离为 1.5m，其他尺寸如图 4-12 所示。求止推轴承 A 和向心轴承 B 处的约束反力。

解 取起重机为研究对象，它们受的主动力有 $\boldsymbol{F}_1$ 和 $\boldsymbol{F}_2$。由于起重机的对称性，认为约束反力和主动力都位于同一平面内。止推轴承 A 处有两个约束反力 $\boldsymbol{F}_{Ax}$、$\boldsymbol{F}_{Ay}$，向心轴承 B 处只有一个与转轴垂直的约束反力 $\boldsymbol{F}_B$，受力图如图 4-12（b）所示。

建坐标系如图所示，列平面任意力系的平衡方程，有

$$\Sigma F_x=0, F_{Ax}+F_B=0$$

$$\Sigma F_y=0, F_{Ay}-F_1-F_2=0$$

$$\Sigma M_A(\boldsymbol{F})=0, -5F_B-1.5F_1-3.5F_2=0$$

解得 $$F_B=-31\text{kN}, F_{Ax}=31\text{kN}, F_{Ay}=50\text{kN}$$

算得 $\boldsymbol{F}_B$ 为负值，表示假设的指向与实际的指向相反；$\boldsymbol{F}_{Ax}$、$\boldsymbol{F}_{Ay}$ 为正值，表示假设的指向与实际的指向相同。

在本例中，如写出对 A、B 两点的力矩方程和对 y 轴的投影方程，同样可以求解，即

$$\Sigma F_y=0, F_{Ay}-F_1-F_2=0$$

$$\Sigma M_A(\boldsymbol{F})=0, -5F_B-1.5F_1-3.5F_2=0$$

$$\Sigma M_B(\boldsymbol{F})=0, 5F_{Ax}-1.5F_1-3.5F_2=0$$

解得 $$F_B=-31\text{kN}, F_{Ax}=31\text{kN}, F_{Ay}=50\text{kN}$$

如写出对 A、B、D（D 为 $\boldsymbol{F}_1$ 作用线同 x 轴的交点）三点的力矩方程，同样也可以求解，即

$$\Sigma M_A(\boldsymbol{F})=0, -5F_B-1.5F_1-3.5F_2=0$$

$$\Sigma M_B(\boldsymbol{F})=0, 5F_{Ax}-1.5F_1-3.5F_2=0$$

$$\Sigma M_D(\boldsymbol{F})=0, -1.5F_{Ay}-5F_B-(3.5-1.5)F_2=0$$

解得 $$F_B = -31\text{kN}, F_{Ax} = 31\text{kN}, F_{Ay} = 50\text{kN}$$

【例 4 - 4】 如图 4 - 13 (a) 所示，已知作用在曲杆 ABC 上的集中力 $F = 8\text{kN}$，$\alpha=60°$，力偶的力偶矩 $M=10\text{kN}\cdot\text{m}$，分布载荷的集度 $q=4\text{kN/m}$。如果不计杆的重量，试求固定端 A 处的约束反力。

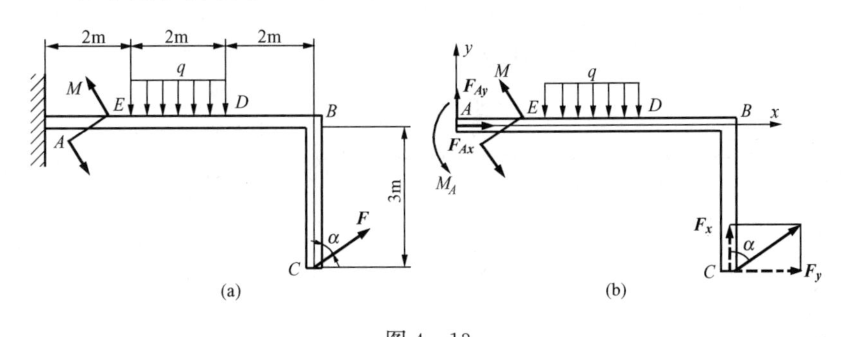

图 4 - 13

解 在曲杆 ABC 上同时受有集中力、分布载荷和力偶作用。取曲杆 ABC 为研究对象，它除了受主动力 $\boldsymbol{F}$、分布载荷 q 和矩为 M 的力偶作用外，解除 A 处约束后，还受约束反力 $\boldsymbol{F}_{Ax}$、$\boldsymbol{F}_{Ay}$ 和 $\boldsymbol{M}_A$ 的作用，见图 4 - 13 (b)。

取坐标轴 x 和 y 后，根据平面任意力系的平衡条件，有

$$\Sigma F_x = 0, F_{Ax} + F\sin\alpha = 0$$

$$\Sigma F_y = 0, F_{Ay} - 2q + F\cos\alpha = 0$$

$$\Sigma M_A(\boldsymbol{F}) = 0, M_A + M - (2q)\times(2+1) + 3F\sin\alpha + 6F\cos\alpha = 0$$

解以上三式得

$$F_{Ax} = -6.93\text{kN}, F_{Ay} = 4\text{kN}, M_A = -30.8\text{kN}\cdot\text{m}$$

注意，固定端约束的约束反力同固定铰链支座的约束反力相比，除了两个正交方向的分力外，还多一个力偶。因为它不仅限制了被约束物体在固定端处的移动，还限制了被约束物体在固定端处的转动。在求力对某点的力矩时要善于应用合力矩定理，如上例，有

$$M_D(\boldsymbol{F}) = M_D(\boldsymbol{F}_x) + M_D(\boldsymbol{F}_y) = 3F\sin\alpha + 2F\cos\alpha$$

当然，直接利用力对点之矩的定义去作也可。根据力偶的性质，力偶中的两个力对任一轴的投影代数和恒等于零，因而在力系的投影平衡方程（如 $\Sigma F_y = 0, \Sigma F_x = 0$）中不出现有关力偶的项。另一方面，力偶中的两个力对于力偶作用面内任意一点的力矩代数和恒等于力偶矩，因此，不论是对哪一点建立力矩平衡方程，有关力偶的项恒等于力偶矩本身（包括大小和转向）。另外对于分布载荷的合力及合力作用线位置一定要清楚。

平面任意力系是一个物体受平面力系的一般情况，平面汇交力系、平面力偶系和平面平行力系等特殊平面力系的平衡条件及平衡方程可以从平面任意力系的平衡条件及平衡方程中导出。现以平面平行力系为例，推出平面平行力系的平衡方程。

设物体受平面平行力系 $\boldsymbol{F}_1$、$\boldsymbol{F}_2$、…、$\boldsymbol{F}_n$ 的作用（图 4 - 14）。若取 Ox 轴与诸力垂直，Oy 轴与诸力平行，则不论平面平行力系是否平衡，各力在 x 轴上的投影恒等于零，即 $\Sigma F_x=0$，因此平面平行力系的平衡方程为

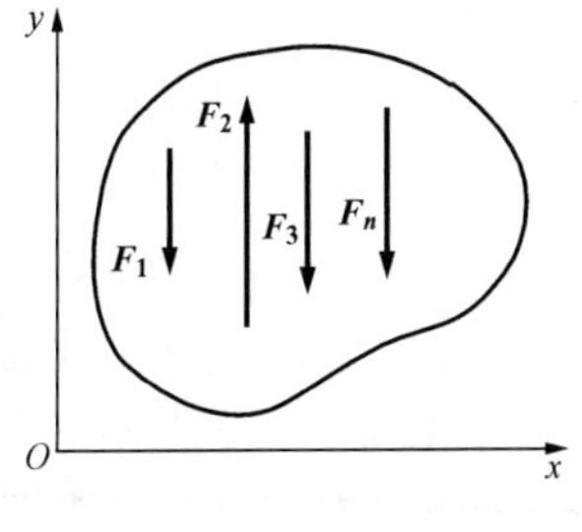

图 4 - 14

$$\left.\begin{aligned}\Sigma F_y &= 0\\ \Sigma M_O(\boldsymbol{F}) &= 0\end{aligned}\right\}$$

平面平行力系的平衡方程也可用两个力矩方程的形式，即

$$\left.\begin{aligned}\Sigma M_A(\boldsymbol{F}) &= 0\\ \Sigma M_B(\boldsymbol{F}) &= 0\end{aligned}\right\}$$

其中 A、B 两点连线不能与各力作用线平行。

由此可见，平面平行力系只有两个独立的平衡方程，因此最多只能求出两个未知量。

【例 4 - 5】 行走式起重机如图 4 - 15 (a) 所示。已知轨距 $b=3\mathrm{m}$，起重机重 $F_1=500\mathrm{kN}$，其作用线至右轨距离 $e=1.5\mathrm{m}$，起重最大载荷 $F_{\max}=210\mathrm{kN}$，其作用线至右轨距离 $l=10\mathrm{m}$。按设计要求，每个轨道的反力不得小于 50kN。求使起重机正常工作的平衡重 F_2 值。设其作用线至左轨距离 $a=6\mathrm{m}$。

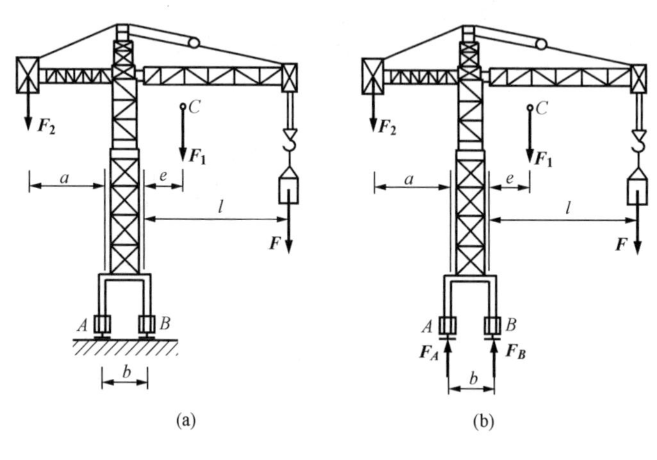

图 4 - 15

解 起重机的平衡问题是平行力系的典型题目。与一般的平衡问题不同，起重机有向左和向右的两种趋势。根据题意，在这两种趋势下，每个轨道的反力均不得小于 50kN。满载时，考虑 A 处反力 $F_A \geqslant 50\mathrm{kN}$，可求出平衡重 F_2 的最小范围；当空载时，考虑 B 处反力 $F_B \geqslant 50\mathrm{kN}$，可求出平衡重 F_2 的最大范围。于是，保持起重机正常工作的平衡重 F_2 之值应在上述两个范围之间。

取起重机为研究对象，受力图如图 4 - 15 (b) 所示，为一平行力系，分别考虑下面两种情形。

(1) 满载，保证起重机不会向右倾翻的条件为

$$\Sigma M_B(\boldsymbol{F})=0, F_2(a+b)-F_A b-F_1 e-Fl=0$$

又

$$F_A \geqslant 50\mathrm{kN}$$

解得

$$F_2 \geqslant \frac{F_1 e+Fl+50b}{a+b}=333.3\mathrm{kN}$$

(2) 空载，保证起重机不会向左倾翻的条件为

$$\Sigma M_A(\boldsymbol{F})=0, F_2 a+F_B b-F_1(b+e)=0$$

又

$$F_B \geqslant 50\mathrm{kN}$$

解得

$$F_2 \leqslant \frac{F_{P1}(b+e)-50b}{a}=350.0\mathrm{kN}$$

因此，使起重机正常工作的平衡重 F_2 之值为

$$333.3\mathrm{kN} \leqslant F_2 \leqslant 350.0\mathrm{kN}$$

§4 - 5 物体系的平衡 静定和超静定问题

在工程实际平衡问题中，会遇到由多个物体组成的系统的平衡问题，如组合构架、三角拱等结构，都是物体系平衡的例子。当整个物体系平衡时，组成该系统的每一个物体也必然处于平衡状态，因此对于每一个受平面任意力系作用的物体，均可列出三个独立的平衡方程。如果物体系由 n 个物体组成，则共有 $3n$ 个独立的平衡方程。如系统中有的物体受平面汇交力系或其他力系作用时，则系统独立的平衡方程数目相应减少。当系统中未知量的数目等于独立平衡方程的数目时，可由平衡方程求得全部未知量。这类问题称为**静定问题**。显然前面所举的各例都是静定问题。在工程实际中，有时为了提高结构的坚固性和安全性，常常增加多余的约束，因而使这些结构的未知量多于独立平衡方程的数目，未知量就不能全部由

平衡方程求得，这样的问题称为**超静定问题**或**静不定问题**。对于超静定问题，必须考虑物体因受力作用而产生的变形，找出其变形与作用力之间的关系，增加补充方程后才能使方程的数目等于未知量的数目而求解，这将在后面所介绍的材料力学中去研究。

下面举出一些静定和超静定问题的例子。

设用两个绳子悬挂一重物，如图 4 - 16（a）所示，未知的约束反力有两个，而重物受平面汇交力系的作用，共有两个独立的平衡方程，因此是静定的。如用三根绳子悬挂重物，且力的作用线在平面内交于一点，如图 4 - 16（b）所示，则未知的约束反力有三个，而独立的平衡方程只有两个，因此是超静定的。

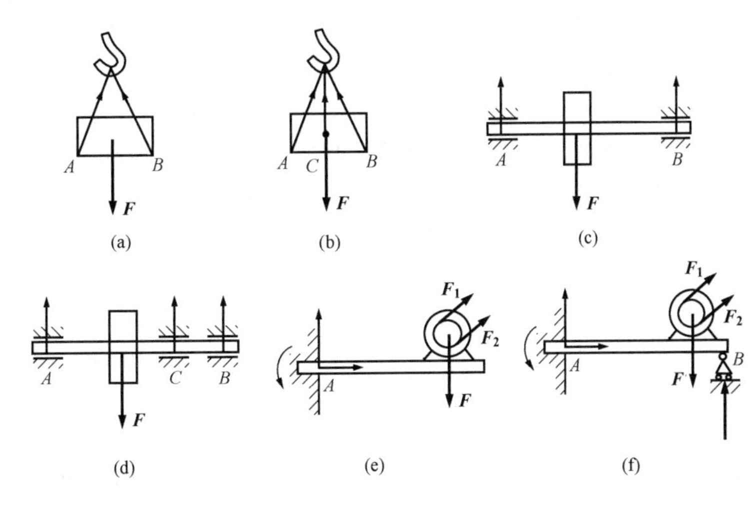

图 4 - 16

设用两个轴承支承一根轴，如图 4 - 16（c）所示，未知的约束反力有两个，因轴受平面平行力系作用，共有两个独立的平衡方程，因此是静定的。若用三个轴承支承，如图 4 - 16（d）所示，则未知的约束反力有三个，而独立的平衡方程只有两个，因此是超静定的。

图 4 - 16（e）和（f）所示的平面任意力系，均有三个独立的平衡方程，图 4 - 16（e）中有三个未知数，因此是静定的；而图 4 - 16（f）中有四个未知数，因此是超静定的。图 4 -17 所示的梁由两部分铰接组成，每部分有三个独立的平衡方程，共有六个独立的平衡方程。未知量除了图中所画的三个支反力一个反力偶，尚有铰链 C 处的两个未知力，共有六个，因而，也是静定的。若将 B 处的辊轴支座改为固定铰链支座，则系统共有七个未知数，因此系统是超静定的。

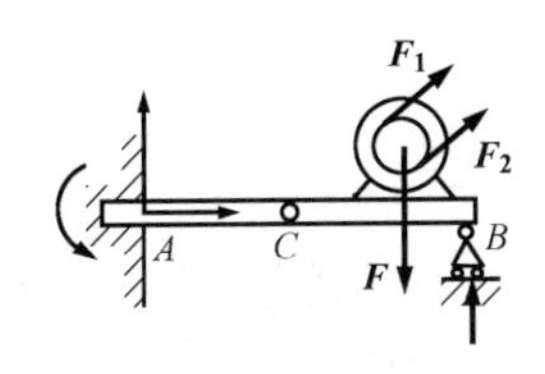

图 4 - 17

一般情况下，将物体系中所有单个物体的独立平衡方程数相加得到的物体系独立平衡方程的总数少于物体系未知量的总数时，属于超静定问题，等于物体系未知量总数时，属于静定问题。

在求解物体系的平衡问题时，由于系统结构和连接的复杂性，往往取一次研究对象不能解出所求的全部未知量。研究对象的选取不同，解题的繁简程度有时相差很大，因此，合理地选择研究对象，是求解物体系平衡问题的关键。但由于实际问题的多样性，又很难有一成不变的方法，大体上有以下几个原则可以遵循：

（1）物体系内有 n 个物体，可取 n 次研究对象，最多可列 $3n$ 个的独立平衡方程。

可以逐个选取每个物体为研究对象，也可以取某些物体的组合或整个系统为对象。以解题简便为原则，应尽量选择受力情况较简单而且独立平衡方程的个数与未知量的个数相等的物体系或某些物体为研究对象。不论以哪个（些）物体为研究对象，应取分离体并画其受力图。

(2) 如果以整个系统为研究对象能求出部分或全部约束反力，则应先取整体研究对象。注意以整体为对象时不画内力。在结构平衡问题中常出现这种情况。

(3) 如需将系统拆开时，应恰当地选取某些物体的组合为研究对象，以尽量少暴露不需求的未知内力。对于二力构件一定要判明，这样可使受力图比较简单，有利于解题。在将系统拆开后，注意两物体间的相互作用力应该符合作用与反作用定律，即作用力与反作用力必定等值、反向和共线。

(4) 将系统拆开后，先从受有已知力的物体入手，应判断清楚每个研究对象所受的力系及其独立平衡方程的个数及物体系独立平衡方程的总数，避免列出不独立的平衡方程。在列平衡方程时，尽量避免在方程中出现不需要求的未知量。为此，可合理地运用力矩方程，适当选择两个未知力的交点为矩心，所选的坐标轴应与较多的未知力垂直。使得一个方程求解一个未知量，避免解联立方程。

(5) 在分析机构平衡问题中主动力之间的关系时，通常按传动顺序将机构拆开，分别选为研究对象，只需通过求连接点的力，而不必列出物体系的全部平衡方程，列出必要的平衡方程就可逐步求得主动力之间应满足的关系式。

(6) 在求出全部所需的未知量后，可再列一个平衡方程，将上述计算结果代入，若能满足方程，表示计算无误。否则，需检验计算过程，找出错误。

下面举例说明物体系平衡问题的解法。

【例 4-6】 图 4-18 (a) 为一井架，它由两个桁架组成，其间用铰链连接。两桁架的重心各在 C_1 和 C_2 点，它们的重量各为 $F_{G1}=F_{G2}=F$。在左边桁架上作用着水平的风压力 $\boldsymbol{F_P}$。尺寸 l、H 和 h 均为已知，求铰链 A、B、C 三点的约束反力。

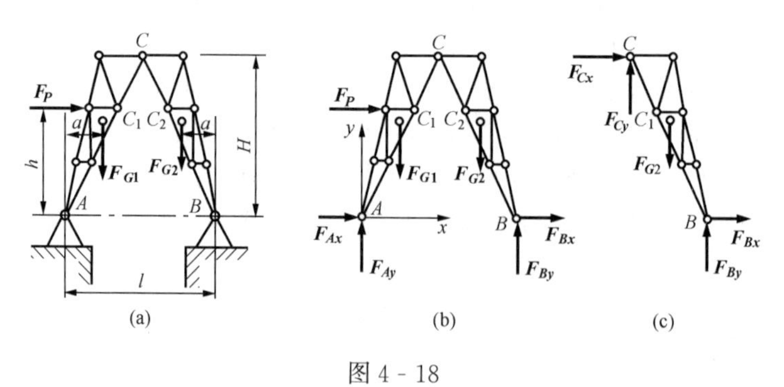

图 4-18

解 首先取整个系统为研究对象，画出受力图，见图 4-18 (b)。作用于此系统的力有 $\boldsymbol{F_P}$、$\boldsymbol{F_{G1}}$、$\boldsymbol{F_{G2}}$、$\boldsymbol{F_{Ax}}$、$\boldsymbol{F_{Ay}}$、$\boldsymbol{F_{Bx}}$ 和 $\boldsymbol{F_{By}}$，这些力都是外力。在 C 处左右桁架相互作用的力是内力，在考虑整个系统平衡时，不必画出。取坐标系如图 4-18 (b) 所示。列平衡方程如下

$$\Sigma M_A(\boldsymbol{F})=0, F_{By}l-F_{G1}a-F_{G2}(l-a)-F_Ph=0 \quad \text{(a)}$$

$$\Sigma M_B(\boldsymbol{F})=0, -F_{Ay}l+F_{G1}(l-a)+F_{G2}a-F_Ph=0 \quad \text{(b)}$$

$$\Sigma F_x=0, F_{Ax}+F_{Bx}+F_P=0 \quad \text{(c)}$$

由式(a) 解得
$$F_{By}=\frac{1}{l}(Fl+F_Ph)$$

由式(b) 解得
$$F_{Ay}=\frac{1}{l}(Fl-F_Ph)$$

由式(c) 暂时还解不出 F_{Ax} 和 F_{Bx}。

再以桁架 BC 为研究对象，其上所受的力有 $\boldsymbol{F_{G2}}$、$\boldsymbol{F_{Bx}}$、$\boldsymbol{F_{By}}$、$\boldsymbol{F_{Cx}}$ 和 $\boldsymbol{F_{Cy}}$（注意此时 C 点的约束反力成为

外力了，必须画出)，受力图如图 4 - 18 (c) 所示。列平衡方程如下：

$$\Sigma M_C(\boldsymbol{F})=0, F_{By}\frac{l}{2}+F_{Bx}H-F_{G2}\left(\frac{l}{2}-a\right)=0 \tag{d}$$

$$\Sigma F_x=0, F_{Bx}+F_{Cx}=0 \tag{e}$$

$$\Sigma F_y=0, F_{By}+F_{Cy}-F_{G2}=0 \tag{f}$$

将 F_{By} 的值代入式 (d) 得

$$F_{Bx}=\frac{1}{H}\left[F_{G2}\left(\frac{l}{2}-a\right)-F_{By}\cdot\frac{l}{2}\right]$$
$$=-\frac{1}{2H}(2Fa+F_Ph)$$

由式 (e) 得　$F_{Cx}=-F_{Bx}=\frac{1}{2H}(2Fa+F_Ph)$

将 F_{By} 的值代入式 (f) 得　$F_{Cy}=F_{G2}-F_{By}=-\frac{F_Ph}{l}$

再以 F_{Bx} 的值代入式 (c) 得

$$F_{Ax}=-F_{Bx}-F_P=\frac{1}{2H}(2Fa+F_Ph-2F_PH)$$

F_{Bx}、F_{Cy} 为负值表示假设的方向与实际的指向相反。

应该指出，这个物体系由两个物体组成，可列出六个独立方程，恰好可解出 A、B、C 三处的约束反力。因此，物体系是静定的。

本例属于物体系中结构类型问题。通常，物体系外约束力的未知量不是很多，可先选整个系统为研究对象，求出部分未知量。

【例 4 - 7】　图 4 - 19 (a) 所示的组合梁由两根梁 AB 和 BC 在 B 端铰接而成，梁的 A 端是插入墙内的固定端，而 C 端为活动铰支座。已知均布载荷集度 $q=5\text{kN/m}$，力偶矩的大小 $M=30\text{kN}\cdot\text{m}$，$\alpha=30°$。如果不计梁的重量，试求 A、B、C 处的约束反力。

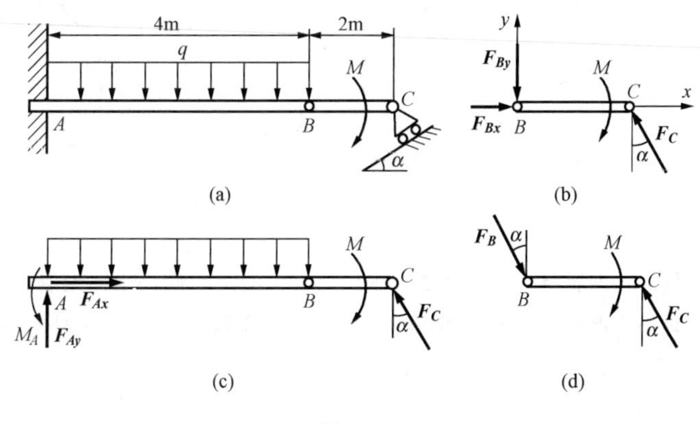

图 4 - 19

解　在这个例题里，如先选取整个系统为研究对象，则未知量较多，不易求解。从本题的已知条件来看，最好先考虑 BC 的平衡。画出梁 BC 的受力图，见图 4 - 19 (b)，列平衡方程如下

$$\Sigma F_x=0, F_{Bx}-F_C\sin\alpha=0$$

$$\Sigma F_y=0, -F_{By}+F_C\cos\alpha=0$$

$$\Sigma M_B(\boldsymbol{F})=0, 2F_C\cos\alpha-M=0$$

然后取整体为研究对象，如图 4 - 19 (c) 所示，有

$$\Sigma F_x=0, F_{Ax}-F_C\sin\alpha=0$$

$$\Sigma F_y=0, F_{Ay}-q\cdot 4+F_C\cos\alpha=0$$

$$\Sigma M_A(\boldsymbol{F})=0, M_A-q\cdot 4\cdot 2-M+6F_C\cos\alpha=0$$

对上述 6 个平衡方程求解，可得所需求的 6 个未知力为

$$F_{Ax}=8.67\text{kN},F_{Ay}=5\text{kN},M_A=-20\text{kN}\cdot\text{m}$$

$$F_{Bx}=8.67\text{kN},F_{By}=15\text{kN},F_C=17.3\text{kN}$$

在本例分析梁 BC 的受力时，根据力偶只能与力偶相平衡的性质，可以判断梁 B 端的总约束力 $\boldsymbol{F_B}$ 必定与力 $\boldsymbol{F_C}$ 构成一个反力偶，并与作用在梁 BC 上矩为 M 的力偶相平衡。因而有 $\boldsymbol{F_B}=-\boldsymbol{F_C}$，可把受力图 4 - 19（b）简化为图 4 - 19（d）。这样只列出一个平面力偶系平衡方程就可解出 F_B、F_C，读者可以一试。

【例 4 - 8】 图 4 - 20（a）所示铰链支架由两根杆 AD 和 CE 以及滑轮和绳索等组成，B 处是铰链连接，A 和 C 处都是固定铰链支座，尺寸如图所示，$r=0.2\text{m}$。在动滑轮上吊有 $F_Q=1000\text{N}$ 的重物，如果不计其余构件的重量，试求固定铰链支座 A 和 C 的约束反力。

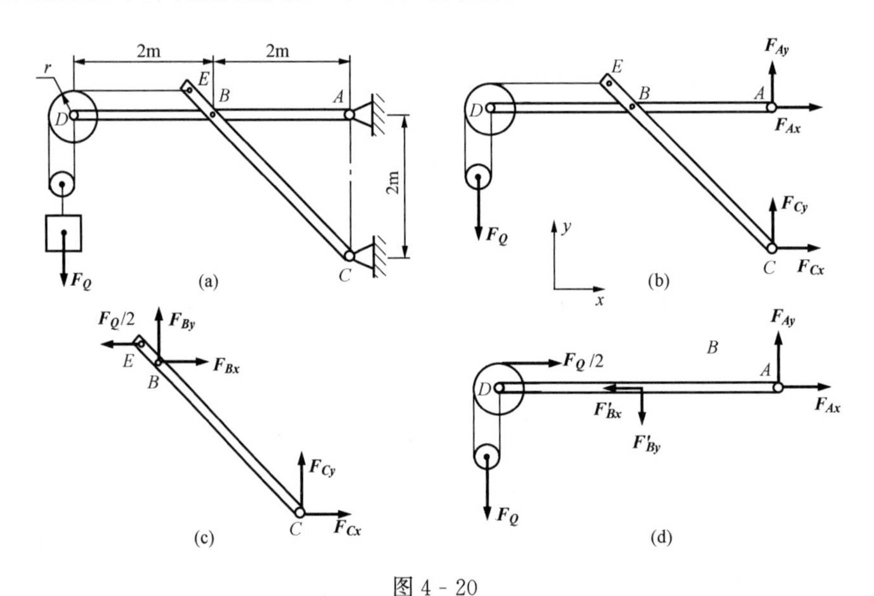

图 4 - 20

解 如取整体为分离体能反映出所需求的未知量，往往先取整体为研究对象，因为整体的受力图不反映物体系内部物体间相互作用的未知力。故先取与 A 和 C 支座有关的整体为研究对象，除受约束力 $\boldsymbol{F_{Ax}}$、$\boldsymbol{F_{Ay}}$ 和 $\boldsymbol{F_{Cx}}$、$\boldsymbol{F_{Cy}}$ 外，只受主动力 $\boldsymbol{F_Q}$ 的作用，如图 4 - 20（b）所示。根据平面任意力系的平衡条件列 3 个独立的平衡方程为

$$\Sigma F_x=0,F_{Ax}+F_{Cx}=0$$

$$\Sigma F_y=0,F_{Ay}+F_{Cy}-F_Q=0$$

$$\Sigma M_A(\boldsymbol{F})=0,F_Q\times\left(2+2+\frac{0.2}{2}\right)+F_{Cx}\times 2=0$$

然后取杆 CE 为研究对象，如图 4 - 20（c）所示，有

$$\Sigma M_B(\boldsymbol{F})=0,\frac{F_Q}{2}\times 0.2+F_{Cx}\times 2+F_{Cy}\times 2=0$$

对上述 4 个方程求解，可得所求的约束力为

$$F_{Ax}=2075\text{N},F_{Ay}=-1000\text{N}$$

$$F_{Cx}=-2075\text{N},F_{Cy}=2000\text{N}$$

也可在以整体为研究对象列出关于所需求未知量的三个方程后，以杆 AD、定滑轮和重物组成的系统为研究对象，见图 4-20（d)，再列出一个关于所需求未知量的方程，注意在此方程中，不需求的未知量最好不要出现，否则还需列平衡方程。对此解法，读者可以一试。

在选择研究对象时，应根据题目的已知条件和待求量，使不需求出的未知约束力尽量少反映甚至不反映在受力图中。例如本例中，当不需求铰链 D 的约束反力时，就不宜单独取杆 AD 为研究对象。

【例 4-9】 曲柄连杆式压榨机中的曲柄 OA 上作用一力偶，其力偶矩 $M=500\text{N}\cdot\text{m}$，见图 4-21（a)。已知 $OA=r=0.1\text{m}$，$BD=DC=ED=a=0.3\text{m}$，机构在水平面内，在图示位置平衡，此时 $\angle OAB=90°$，$\angle DEC=\theta=30°$，求水平压榨力 $\boldsymbol{F}$。

解 本题属于求机构平衡时主动力之间的关系问题，不必求出许多约束反力。通常按传动顺序将机构拆开，分别选为研究对象，通过求连接点的力，逐步求得主动力之间应满足的关系式。

先选杆 OA 为研究对象，画受力图。它受有力偶作用。杆 AB 是二力直杆。销钉 A 对杆 OA 的力 $\boldsymbol{F}_A$ 沿 BA 方向，根据平面力偶系平衡条件，铰链 O 的反力 $\boldsymbol{F}_O$ 必与 $\boldsymbol{F}_A$ 反向，见图4-21（b)。列平面力偶系平衡方程得

$$\Sigma M_i=0, M-F_A\cdot r=0 \quad \text{(a)}$$

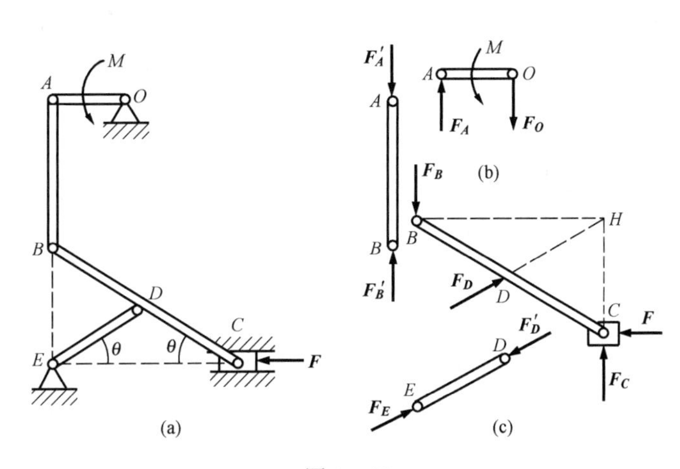

图 4-21

由式（a）得

$$F_A=\frac{M}{r}$$

再选杆 BC（包括滑块 C）为研究对象，画受力图。它所受的力有：水平压榨力 $\boldsymbol{F}$、销钉 B 的反力 $\boldsymbol{F}_B$、光滑面 C 的反力 $\boldsymbol{F}_C$ 以及销钉 D 的反力 $\boldsymbol{F}_D$，因杆 ED 是二力直杆，故 $\boldsymbol{F}_D$ 沿 ED 方向，见图 4-21（c)。

为了使方程中只出现一个未知力 $\boldsymbol{F}$，选择其余两个未知力的交点 H 为矩心，列平衡方程得

$$\Sigma M_H(\boldsymbol{F})=0, F_B\times 2a\cos\theta-F\times 2a\sin\theta=0 \quad \text{(b)}$$

由式（b）得

$$F=F_B\cot\theta$$

而

$$F_B=F_A$$

故

$$F=F_A\cot\theta=\frac{M}{r}\cot\theta$$

这就说明，适当地选用力矩方程和恰当选择矩心，可以使计算简便。

§4-6　桁　　架

桁架是由许多杆件彼此在端部连接而成的受力后几何形状不变的结构，在桥梁、建筑、航空及起重机械中，有着广泛的应用。图 4-22 表示铁路桥梁中桁架结构的简图，桁架结构中各杆的连接点称为**节点**。

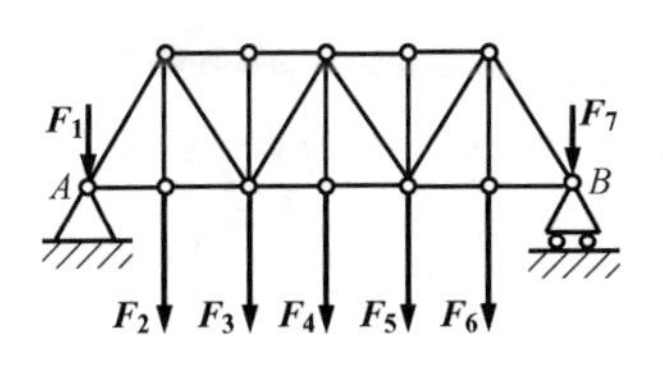

图 4-22

在进行计算之前，首先要对实际结构进行简化，以便于计算。在简化时，常采用下面几个假设：

（1）各杆在端点彼此以光滑铰链连接，不计摩擦；

（2）不计桁架各杆件的自重或将杆重平均分配到杆的两端

节点上。

这些假设虽然与实际情况有些差别，但能简化计算，而且所产生的计算误差一般都不超过工程上所允许的范围。根据上述假设，桁架的每个杆件均只在两端受二力的作用，是“二力杆”，因此各杆内力必然是沿杆轴线方向的拉力或压力。

下面介绍两种计算桁架内力的方法：节点法和截面法。

一、节点法

一般先求出桁架的支座反力。然后由未知量不多于两个的节点开始，逐一研究每一个节点的平衡，运用平面汇交力系的平衡条件，求出各杆的内力。现举例说明如下：

【例 4-10】 图 4-23（a）所示为一平面桁架，求各杆的内力。

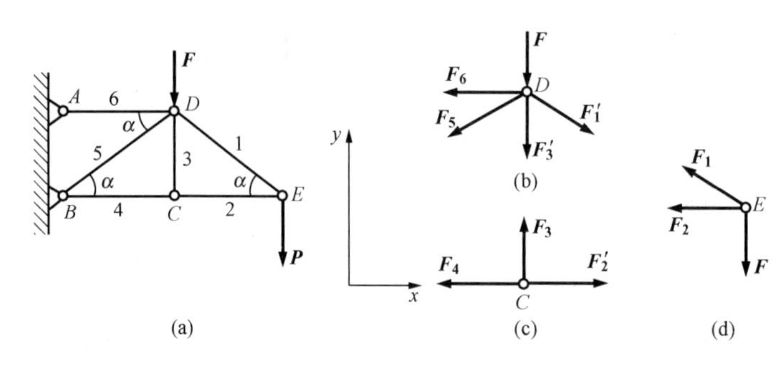

图 4-23

解　由于节点 E 仅连结两根杆件且有已知载荷作用，故无须先求支座反力。可先从节点 E 入手，应用节点法求出全部杆件的内力。为方便起见，设各杆均受拉力。

（1）先取节点 E 为研究对象。销钉 E 除受主动力 $\boldsymbol{F}$ 作用外，还受 1、2 两根二力杆的约束力 $\boldsymbol{F}_1$、$\boldsymbol{F}_2$ 作用，受力如图 4-23（d）所示。按图示坐标列平衡方程，有

$$\Sigma F_x = 0, -F_1\cos\alpha - F_2 = 0 \tag{a}$$

$$\Sigma F_y = 0, F_1\sin\alpha - F = 0 \tag{b}$$

联立上两式解得

$$F_1 = \frac{F}{\sin\alpha}, F_2 = -F\cot\alpha$$

（2）取节点 C 为研究对象。销钉 C 受 2、3、4 各杆的约束力分别为 $\boldsymbol{F}'_2$、$\boldsymbol{F}_3$、$\boldsymbol{F}_4$。因为 $F'_2 = F_2$，故此节点只有两个未知量。受力如图 4-23（c）所示。列平衡方程如下

$$\Sigma F_x = 0, -F_4 + F'_2 = 0 \tag{c}$$

$$\Sigma F_y = 0, F_3 = 0 \tag{d}$$

由式（c）得

$$F_4 = F'_2 = F_2 = -F\cot\alpha$$

（3）取节点 D 为研究对象。销钉 D 受 1、3、5、6 四杆的约束力分别为 $\boldsymbol{F}'_1$、$\boldsymbol{F}'_3$、$\boldsymbol{F}_5$、$\boldsymbol{F}_6$，受力如图 4-23（b）所示。其中 $F'_1 = F_1 = \frac{F}{\sin\alpha}$。列平衡方程如下：

$$\Sigma F_x = 0, -F_6 - F_5\cos\alpha + F'_1\cos\alpha = 0 \tag{d}$$

$$\Sigma F_y = 0, -F - F_5\sin\alpha - F'_1\sin\alpha = 0 \tag{e}$$

解得

$$F_5 = -\frac{2F}{\sin\alpha}, F_6 = 3F\cot\alpha$$

因假设各杆都受拉力，解出 F_1 与 F_6 为正值，F_2、F_4、F_5 为负值，故杆 1 与杆 6 受拉力，杆 2、4、5 受压力。杆 3 内力等于零，称为**零力杆**。

二、截面法

如果只需求出个别几根杆的内力，则宜采用截面法。一般也先求出支座反力，然后选择适当截面，设想将桁架截开分为两部分，取其中一部分为研究对象，求出被截杆件的内力。因为平面

任意力系独立的平衡方程只有三个，故一次被截的杆件数不应超过三根。对于某些复杂的桁架，有时需要多次使用截面法或综合应用截面法和节点法才能求解。具体解法见下例。

【例 4 - 11】　求图 4 - 24（a）所示屋顶桁架杆 11 的内力，已知 $F=10\text{kN}$。

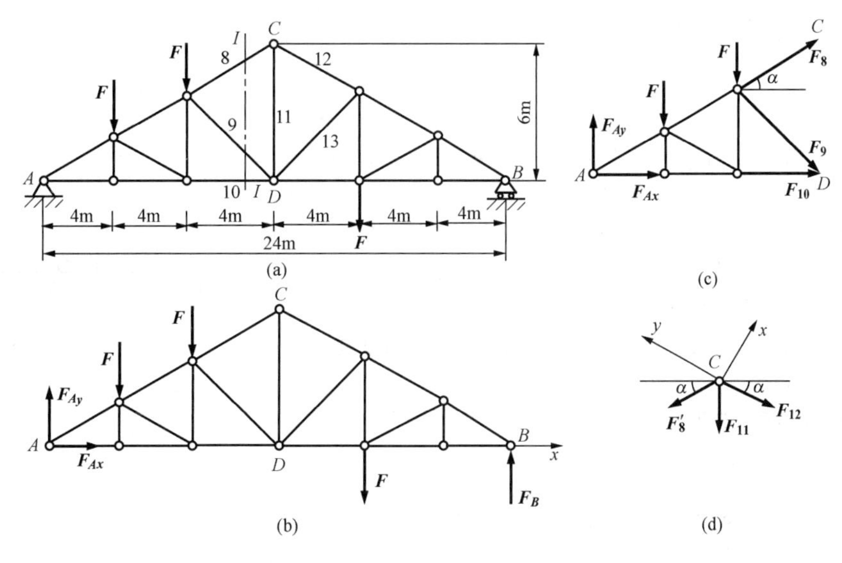

图 4 - 24

解　（1）先以整体为研究对象求支座反力。受力如图 4 - 24（b）所示。按图示坐标列平衡方程如下

$$\Sigma F_x = 0, F_{Ax} = 0 \tag{a}$$

$$\Sigma M_B = 0, 8F + 16F + 20F - 24F_{Ay} = 0 \tag{b}$$

由式（b）解得

$$F_{Ay} = 18.33\text{kN}$$

（2）用截面Ⅰ - Ⅰ将 8、9、10 三杆截断，取桁架左半段为研究对象，设三杆均受拉力，受力图如图 4 - 24（c）。列写平衡方程如下：

$$\Sigma M_D(\boldsymbol{F}) = 0, -6F_8\cos\alpha - 12F_{Ay} + 4F + 8F = 0$$

其中 $\cos\alpha = \dfrac{12}{\sqrt{6^2+12^2}}$，解得

$$F_8 = -18.63\text{kN}$$

（3）再取节点 C 为研究对象。受力图如图 4 - 24（d）所示，按图示坐标列写平衡方程如下

$$\Sigma F_x = 0, -F'_8\sin2\alpha - F_{11}\cos\alpha = 0$$

代入 $F'_8 = F_8 = -18.63\text{kN}$，得

$$F_{11} = -F_8 \times 2\sin\alpha = -(-18.63) \times 2 \times 0.4472 = 16.66\text{kN}$$

4 - 1　司机操纵方向盘驾驶汽车时，可用双手对方向盘施加一个力偶，也可用单手对方向盘施加一个力，这两种方式能否得到同样的效果？这是否说明一个力与一个力偶等效？为什么？

4 - 2　某平面任意力系分别向 A 点及 B 点简化，若两个主矩相同，试问该力系是否一定可简化为一个力偶？为什么？

4 - 3　推导平面平行力系方程时，若所选取的 x 轴和 y 轴都不与各力平行或垂直（图 4 - 25），则平面平行力系的平衡方程是否仍为以下形式？

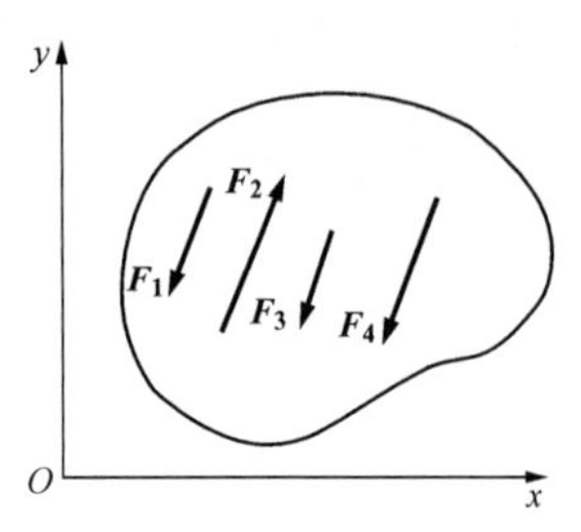

图 4 - 25 思考题 4 - 3 图

$$\begin{cases}\Sigma F_y = 0 \\ \Sigma M_O(F) = 0\end{cases}$$

4 - 4 对于图 4 - 26 中梁 AB 能否列出 4 个平衡方程：

$$\Sigma F_x = 0$$
$$\Sigma F_y = 0$$
$$\Sigma M_A(\boldsymbol{F}) = 0$$
$$\Sigma M_B(\boldsymbol{F}) = 0$$

求出四个未知量 F_{Ax}、F_{Ay}、F_{Bx}、F_{By}。为什么？

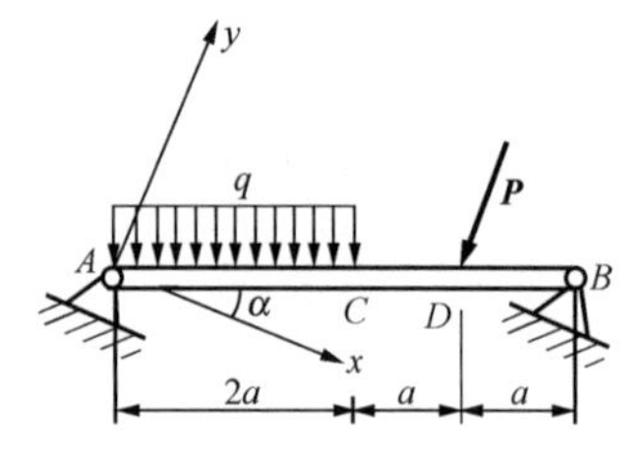

图 4 - 26 思考题 4 - 4 图

4 - 5 某平面力系向 A、B 两点简化的主矩皆为零，此力系简化的最终结果可能是一个力吗？可能是一个力偶吗？可能平衡吗？

4 - 6 从哪些方面去理解平面任意力系只有三个独立的平衡方程？为什么说任何第四个方程只是前三个方程的线性组合？能否把三个平衡方程都写成投影方程？

4 - 7 怎样判断静定和超静定问题？图 4 - 27 所示的各种情形中哪些是静定问题，哪些是超静定问题？为什么？

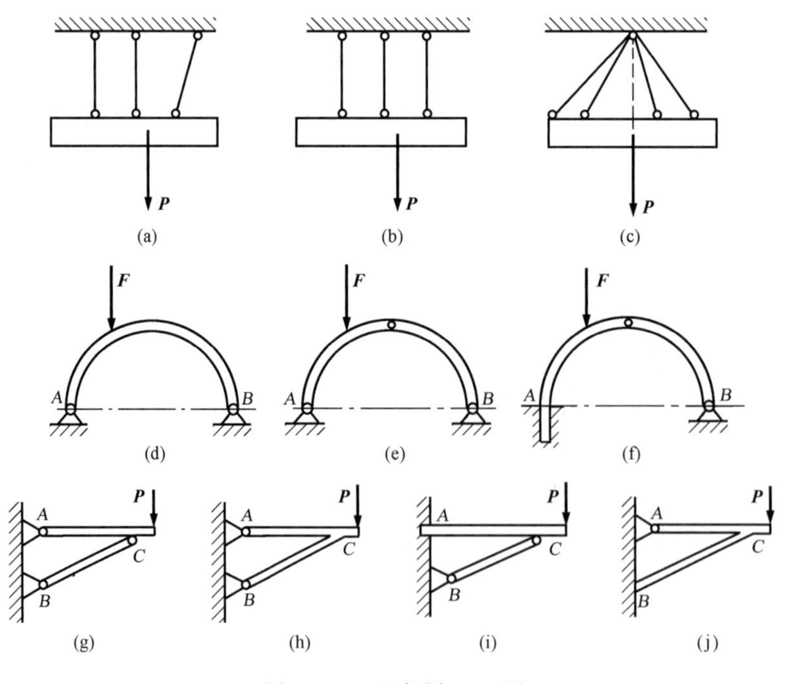

图 4 - 27 思考题 4 - 7 图

习 题

4 - 1 已知 $F_1=60\text{N}$，$F_2=80\text{N}$，$F_3=150\text{N}$，$M=100\text{N}\cdot\text{m}$，转向为逆时针，$\theta=30°$，图中距离单位为 m。试求图 4 - 28 中力系向 O 点简化结果及最终结果。

4 - 2 已知物体受力系如图 4 - 29 所示，$F=10\text{kN}$，$M=20\text{kN}\cdot\text{m}$，转向如图 4 - 29 所示。(1) 若选择 x 轴上 B 点为简化中心，其主矩 $M_B=10\text{kN}\cdot\text{m}$，试求 B 点的位置及主矢 $\boldsymbol{F}'_{\text{R}}$。(2) 若选择 CD 线上 E 点为

简化中心，其主矩 $M_E=30\text{kN}\cdot\text{m}$，转向为顺时针，$\alpha=45°$，试求位于 CD 线上的 E 点的位置及主矢 $\boldsymbol{F}'_{\mathrm{R}}$。

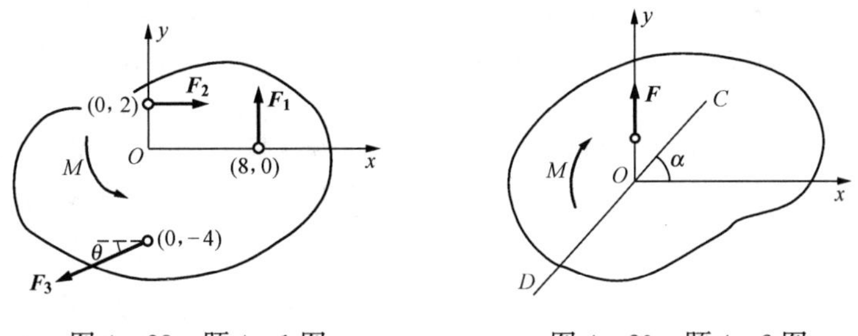

图 4-28　题 4-1 图　　　　图 4-29　题 4-2 图

4-3　无重水平梁的支承和载荷如图 4-30 所示。已知力 F、力偶矩为 M 的力偶和强度为 q 的均布载荷。求支座 A 和 B 处的约束反力。

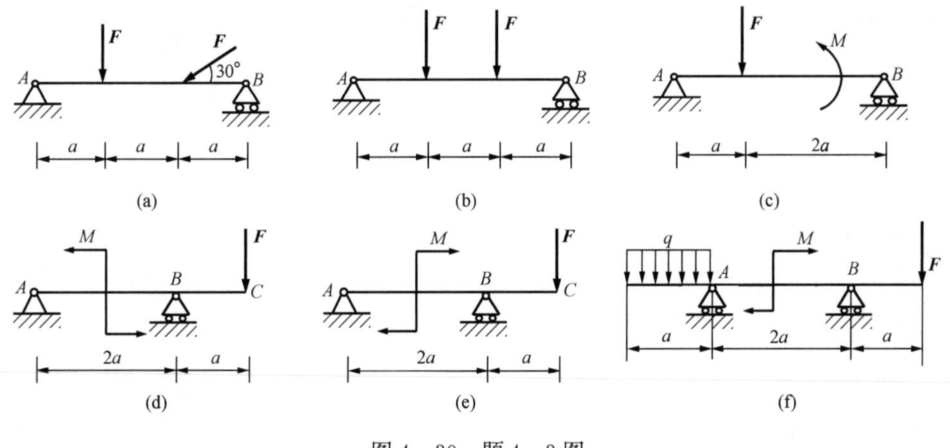

图 4-30　题 4-3 图

4-4　各刚架的载荷和尺寸如图 4-31 所示，图 4-31（c）中 $M_2>M_1$，试求刚架的各支座反力。

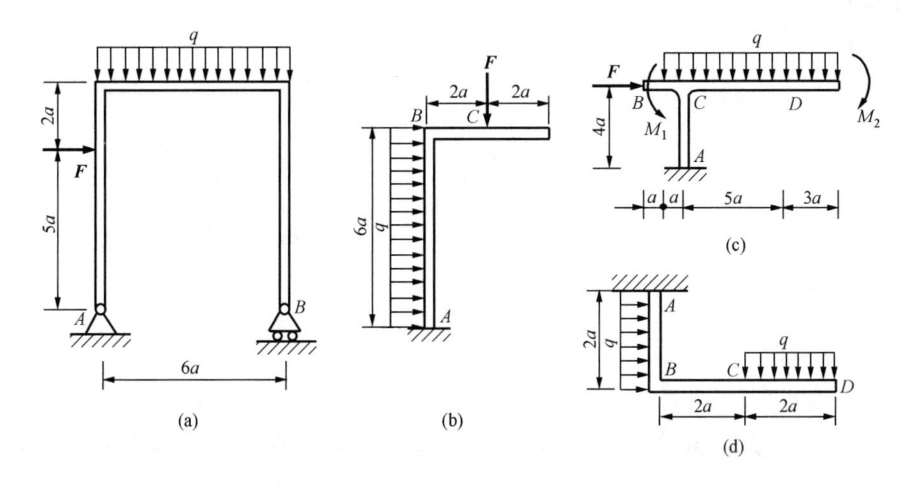

图 4-31　题 4-4 图

4-5　水平梁 AB 由铰链 A 和杆 BC 所支持，如图 4-32 所示。在梁上 D 处用销子安装半径 $r=0.1\text{m}$ 的滑轮。有一跨过滑轮的绳子，其一端水平地系于墙上，另一端悬挂有重 $P=1800\text{N}$ 的重物，如 $AD=$

0.2m、BD=0.4m、α=45°，且不计梁、杆、滑轮和绳的重量，试求铰链 A 和杆 BC 对梁的反力。

4-6　高炉上料的斜桥，其支承情况可简化为如图 4-33 所示，设 A 和 B 为固定铰，D 为中间铰，料车对斜桥的总压力为 Q，斜桥（连同轨道）重为 W，立柱 BD 质量不计，几何尺寸如图示，试求 A 和 B 的支座反力。

4-7　图 4-34 所示热风炉高 h=40m，重 W=4000kN，所受风压力可以简化为梯形分布力，如图所示，q_1=500N/m，q_2=2.5kN/m。可将地基抽象化为固定端约束，试求地基对热风炉的反力。

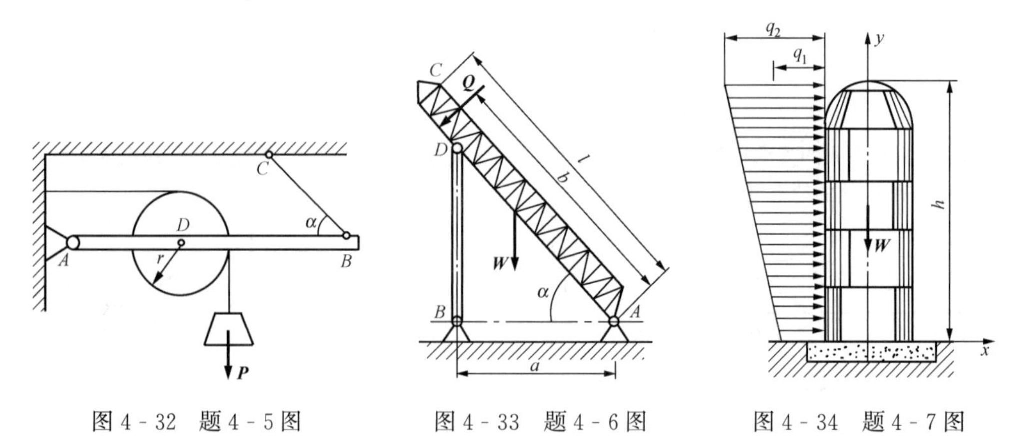

图 4-32　题 4-5 图　　图 4-33　题 4-6 图　　图 4-34　题 4-7 图

4-8　起重机简图如图 4-35 所示，已知 P、Q、a、b 及 c，求向心轴承 A 及止推轴承 B 的约束反力。

4-9　厂房牛腿立柱根部用混凝土与基础固连在一起，见图 4-36，已知吊车梁给立柱的铅直载荷 F=60kN，风的分布载荷集度 q=2500N/m，立柱自身重 P=40kN，长度 a=0.5m，h=10m，求立柱根部所受的约束反力。

4-10　汽车式起重机中，车重 W_1=26kN，起重臂 CDE 重 G=4.5kN，起重机旋转及固定部分重 W_2=31kN，作用线通过 B 点，几何尺寸如图 4-37 所示。这时起重臂在该起重机对称面内，求最大起重量 $P_{\max}$。

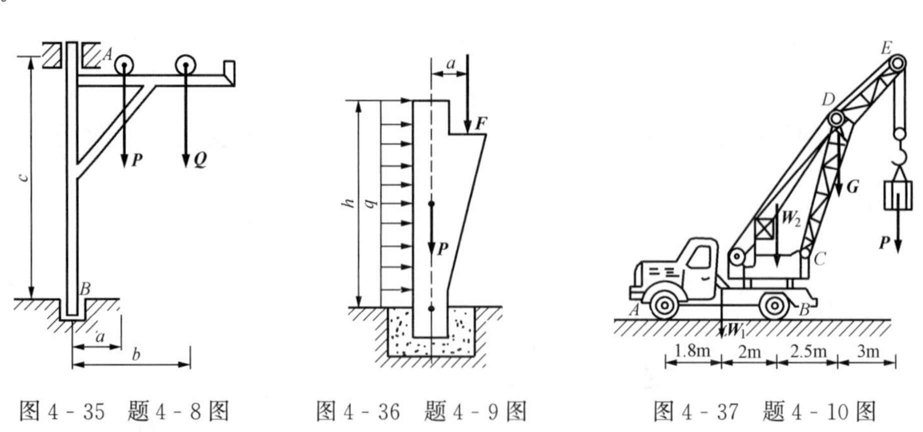

图 4-35　题 4-8 图　　图 4-36　题 4-9 图　　图 4-37　题 4-10 图

4-11　平炉的送料机由跑车 A 及横桥 B 所组成，跑车装有轮子，可沿桥移动。跑车下部装有一倾覆操纵柱 D，其上装有料箱 C。料箱中的载荷 Q=15kN，力 Q 与跑车轴线 OA 的距离为 5m，几何尺寸如图 4-38 所示。如欲保证跑车不致翻倒，试问小车连同操纵柱的重量 W 最小应为多少？

4-12　如图 4-39 所示，两根位于垂直平面内的均质杆的底端彼此相靠地搁在光滑地板上，其上端则靠在垂直且光滑的墙上，重量分别为 P_1 与 P_2。求平衡时两杆的水平倾角 α_1 与 α_2 的关系。

4-13　均质细杆 AB 重 P，两端与滑块相连，滑块 A 和 B 可在光滑槽内滑动，两滑块又通过滑轮 C 用绳索相互连接，物体系处于平衡，如图 4-40 所示。求：

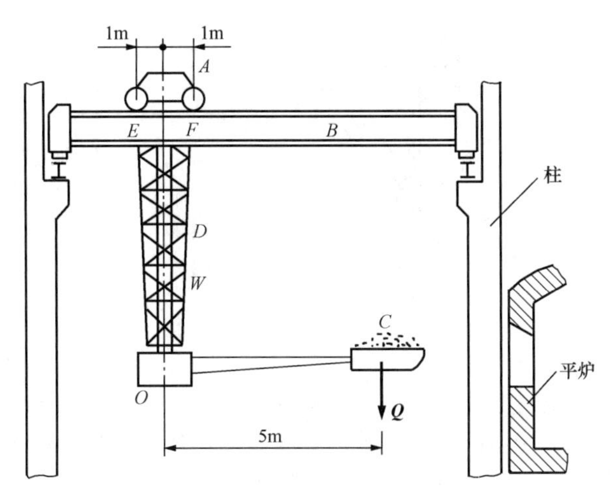

图 4 - 38 题 4 - 11 图

(a) 用 P 和 θ 表示绳中张力 F_T；

(b) 当张力 $F_T=2P$ 时的 θ 值。

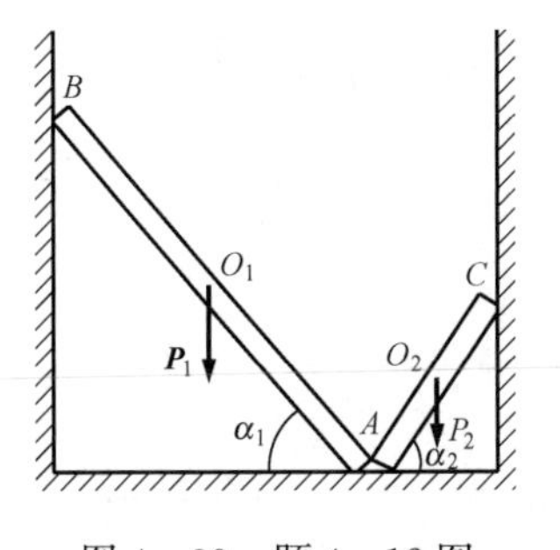

图 4 - 39 题 4 - 12 图

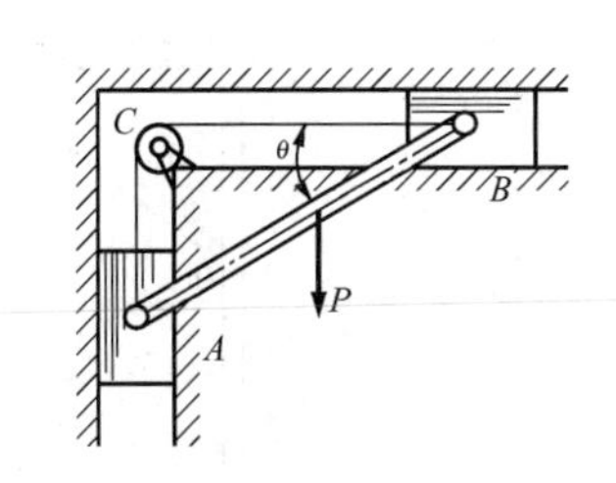

图 4 - 40 题 4 - 13 图

4 - 14 已知 a、q 和 M，不计梁重。试求如图 4 - 41 所示各连续梁在 A、B 和 C 处的约束反力。

4 - 15 梯子的两部分 AB 和 AC 在点 A 铰接，又在 D、E 两点用水平绳连接，如图 4 - 42 所示。梯子放在光滑的水平面上，一边作用有铅直力 F，尺寸如图所示。如不计梯重，求绳的拉力 F_T。

4 - 16 构件几何尺寸如图 4 - 43 所示，$R=0.2\text{m}$，$F=1\text{kN}$，E、H 处为铰链连接，求向心轴承 A 的反力、止推轴承 B 的反力及销钉 C 对杆 ECD 的反力。

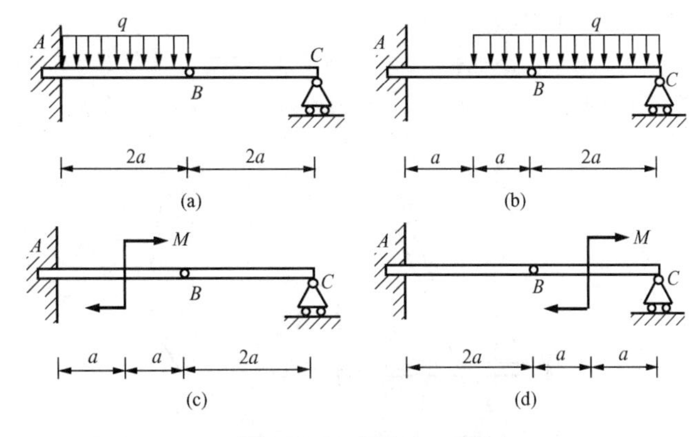

图 4 - 41 题 4 - 14 图

4 - 17 如图 4 - 44 所示，构架 ABC 由 3 根无重杆 AB、AC 和 DH 组成，如图所示。杆 DH 上的销子 E 套在杆 AC 的光滑槽内。求在水平杆 DH 的一端作用铅直力 F 时 B 铰处的约束反力。

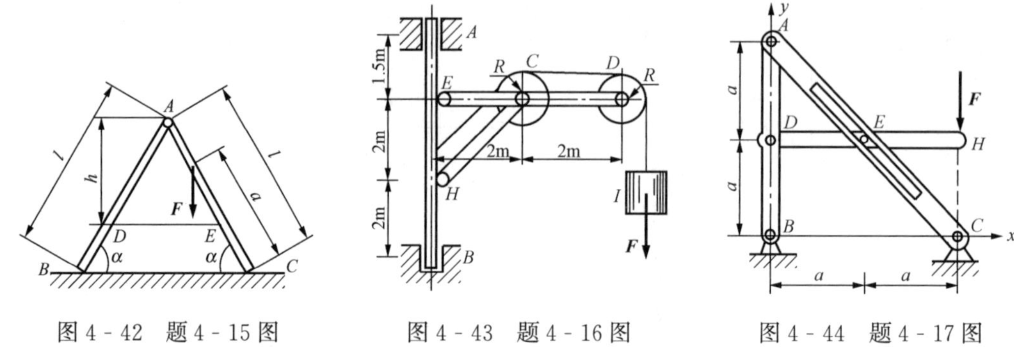

图 4 - 42 题 4 - 15 图 图 4 - 43 题 4 - 16 图 图 4 - 44 题 4 - 17 图

4 - 18 不计图示构件中各杆件重量，力 $F=40\text{kN}$，尺寸如图 4 - 45 所示，求铰链 A、B、C 处受力。

4 - 19 在图 4 - 46 所示构架中，各杆中单位长度的重量为 30N/m，载荷 $P=1000\text{N}$，A 处为固定端，B、C、D 处为铰链。求固定端 A 处及 B、C 铰处的约束反力。

4 - 20 如图 4 - 47 所示，用 3 根无重杆连接成一构架，各连接点均为铰链，各接触表面均为光滑表面。图中尺寸单位为米，求铰链 D 受的力。

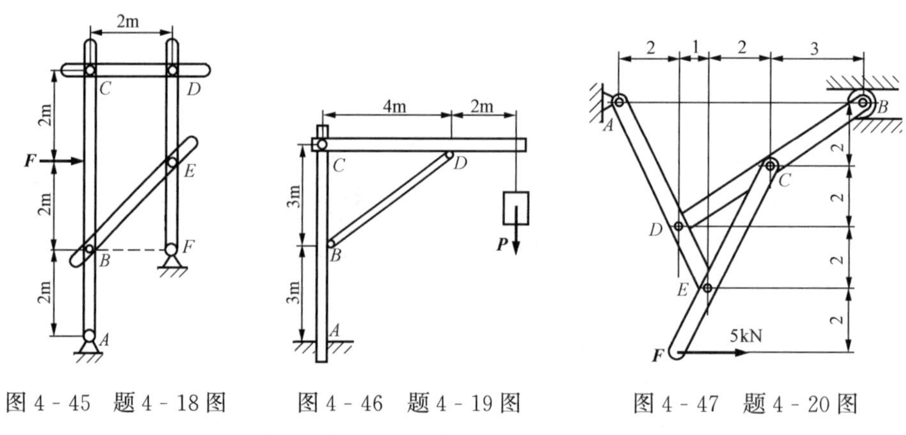

图 4 - 45 题 4 - 18 图 图 4 - 46 题 4 - 19 图 图 4 - 47 题 4 - 20 图

4 - 21 图 4 - 48 所示为一种折叠椅的对称面示意图，已知人重 P，不计各构件重量与地面摩擦，求 C、D、E 处铰链约束反力。

4 - 22 图 4 - 49 所示挖掘机计算简图中，挖斗载荷 $P=12.25\text{kN}$，作用于 G 点，各尺寸见图 4 - 49，不计各构件自重，求在图示位置平衡时杆 EF 和 AD 所受的力。

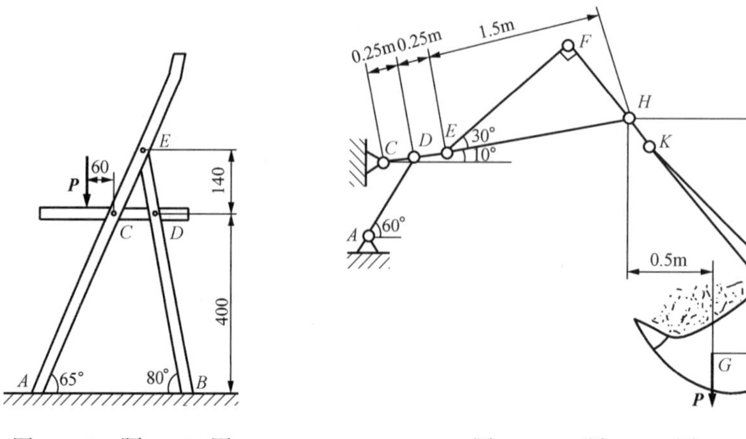

图 4 - 48 题 4 - 21 图 图 4 - 49 题 4 - 22 图

4-23　图 4-50 所示厂房房架是由两个刚架 AC 和 BC 用铰链连接组成的，B 与 A 两铰链固结于地基，吊车梁在房架突出部分 D 和 E 上。已知刚架重 $G_1=G_2=60$kN，吊车桥重 $P=20$kN，载荷 $Q=10$kN，风力 $F=10$kN，几何尺寸如图所示。D 和 E 两点分别在力 G_1 和 G_2 的作用线上。求铰链 A、B 和 C 的反力。

4-24　图 4-51 所示构架由滑轮 D、杆 AB 和 CBD 构成，一钢丝绳绕过滑轮，绳的一端挂一重物，重量为 G，另一端系在杆 AB 的 E 处。滑轮 D 的半径为 r，其他尺寸如图所示，试求铰链 A、B、C 和 D 处反力。

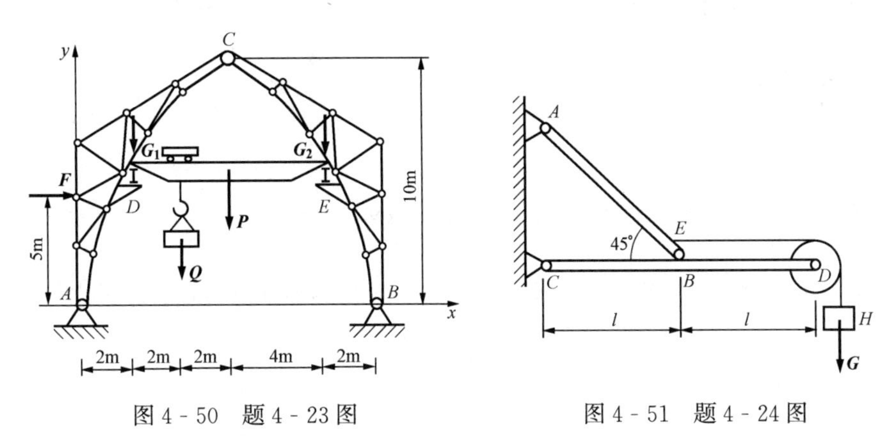

图 4-50　题 4-23 图　　　图 4-51　题 4-24 图

4-25　如图 4-52 所示，起重机在连续梁上，已知 $P=10$kN，$Q=50$kN，不计梁质量，求支座 A、B 和 D 的反力。

4-26　构架的载荷和尺寸如图 4-53 所示，已知 $P=24$kN，求铰链 A 和辊轴 B 的反力及销钉 B 对 ADB 杆的反力。

4-27　构架的载荷和尺寸如图 4-54 所示，已知 $P=40$kN，$R=0.3$m，求铰链 A 和 B 的反力及销钉 C 对 ADC 杆的反力。

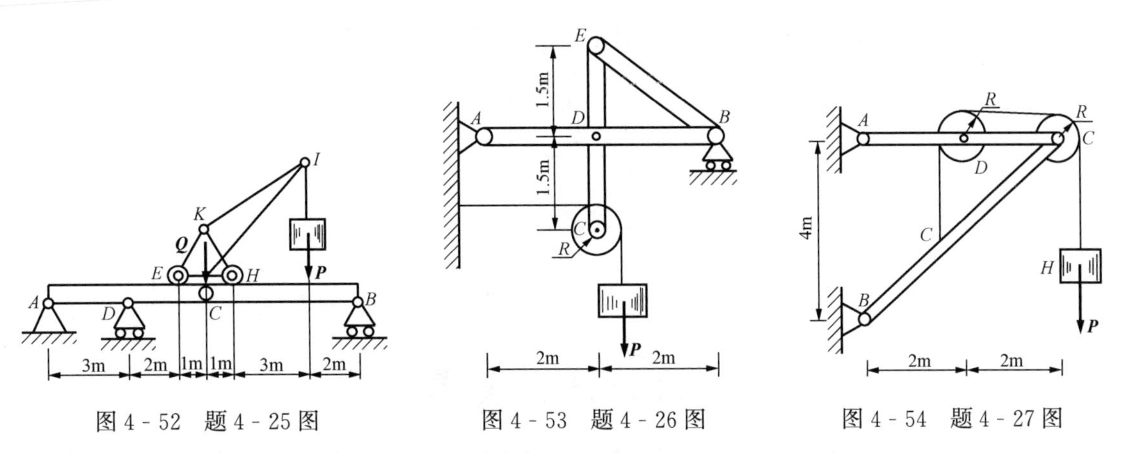

图 4-52　题 4-25 图　　　图 4-53　题 4-26 图　　　图 4-54　题 4-27 图

4-28　曲柄滑道机构如图 4-55 所示，已知 $M=600$N·m，$OA=0.6$m，$BC=0.75$m，机构在图示位置处于平衡，$\alpha=30°$，$\beta=60°$。求平衡时的 P 值及铰链 O 和 B 的反力。

4-29　插床机构如图 4-56 所示，已知 $OA=310$mm，$O_1B=AB=BC=665$mm，$CD=600$mm，$OO_1=545$mm，$P=25$kN。在图示位置，OO_1A 在铅垂位置；O_1C 在水平位置，机构处于平衡，试求作用在曲柄 OA 上的主动力偶的力偶矩 M。

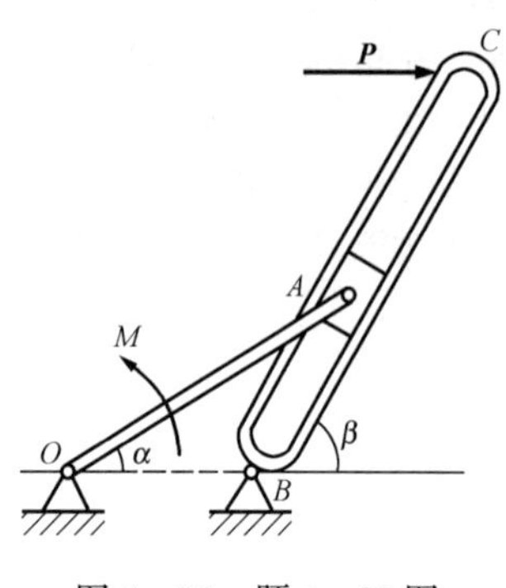

图 4 - 55　题 4 - 28 图

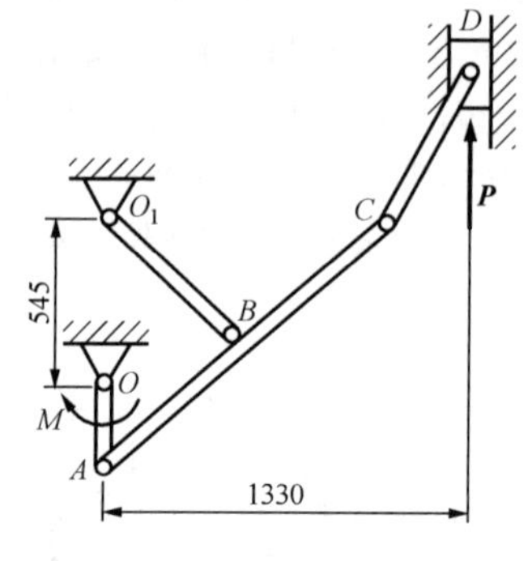

图 4 - 56　题 4 - 29 图

4 - 30　图 4 - 57 所示屋架为锯齿形桁架。$G_1=G_2=20\text{kN}$，$W_1=W_2=10\text{kN}$，几何尺寸见图 4 - 57，试求各杆内力。

4 - 31　如图 4 - 58 所示屋架桁架。已知 $F_1=F_2=F_4=F_5=30\text{kN}$，$F_3=40\text{kN}$，几何尺寸如图所示。试求各杆内力。

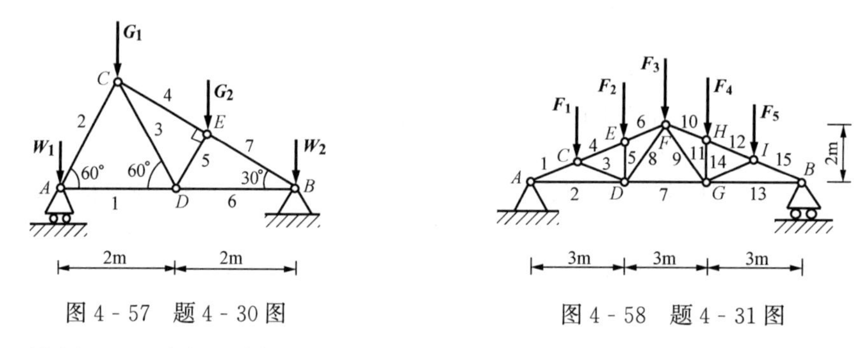

图 4 - 57　题 4 - 30 图　　　　图 4 - 58　题 4 - 31 图

4 - 32　桥式起重机机架的尺寸如图 4 - 59 所示。$P_1=100\text{kN}$，$P_2=50\text{kN}$。试求各杆内力。

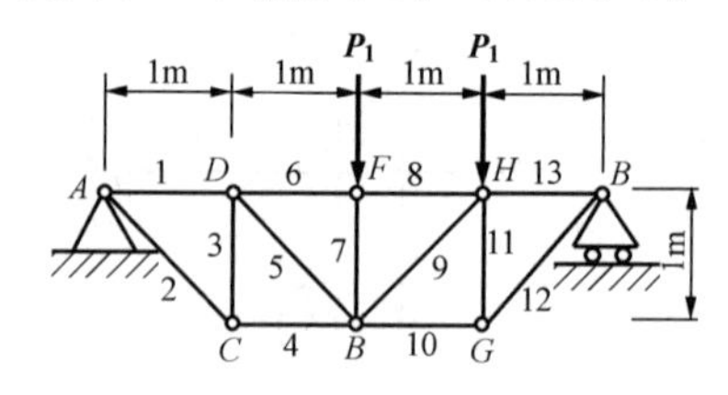

图 4 - 59　题 4 - 32 图

习题答案

4 - 1　$F'_R=52.1\text{N}$，$\alpha=196°42'$，$M_O=99.6\text{N}\cdot\text{m}$（顺时针），$F_R=52.1\text{N}$，$d=1.91\text{m}$，合力 $\boldsymbol{F}_R$ 的作用线在作用于 O 点的 $\boldsymbol{F}'_R$ 的右下侧。

4 - 2　(a) $X_B=-3\text{m}$，$F'_R=10\text{kN}$，方向与 y 轴正向一致；

(b) $X_E=1\text{m}$，$Y_E=1\text{m}$，$F'_R=10\text{kN}$，方向与 y 轴正向一致。

4 - 3　(a) $F_{Ax}=\dfrac{\sqrt{3}}{2}F$，$F_{Ay}=\dfrac{5}{6}F$，$F_B=\dfrac{2}{3}F$；

(b) $F_A=F$，$F_B=F$；

(c) $F_{Ax}=0$，$F_{Ay}=\dfrac{1}{3}\left(2F+\dfrac{M}{a}\right)$，$F_B=\dfrac{1}{3}\left(F-\dfrac{M}{a}\right)$；

(d) $F_{Ax}=0$，$F_{Ay}=\frac{1}{2}\left(-F+\frac{M}{a}\right)$，$F_B=\frac{1}{2}\left(3F-\frac{M}{a}\right)$；

(e) $F_{Ax}=0$，$F_{Ay}=-\frac{1}{2}\left(F+\frac{M}{a}\right)$，$F_B=\frac{1}{2}\left(3F+\frac{M}{a}\right)$；

(f) $F_{Ax}=0$，$F_{Ay}=-\frac{1}{2}\left(F+\frac{M}{a}-\frac{5}{2}qa\right)$，$F_B=\frac{1}{2}\left(3F+\frac{M}{a}-\frac{1}{2}qa\right)$

4-4　(a) $F_{Ax}=F$，$F_{Ay}=3qa-\frac{5}{6}F$，$F_B=3qa+\frac{5}{6}F$；

(b) $F_{Ax}=6qa$，$F_{Ay}=F$，$M_A=2Fa+18qa^2$（逆时针）；

(c) $F_{Ax}=F$，$F_{Ay}=9qa$，$M_A=\frac{63}{2}qa^2+4Fa+M_2-M_1$（逆时针）；

(d) $F_{Ax}=2qa$，$F_{Ay}=2qa$，$M_A=4qa^2$（逆时针）

4-5　$F_{BC}=848.5\text{N}$，$F_{Ax}=2400\text{N}$，$F_{Ay}=1200\text{N}$

4-6　$F_{Ax}=Q\sin\alpha$，$F_{Ay}=Q\left(\cos\alpha-\frac{b}{a}\right)+W\left(1-\frac{l}{2a}\cos\alpha\right)$，$F_B=\frac{1}{2a}(2Qb+Wl\cos\alpha)$

4-7　$F_{Ox}=60\text{kN}$，$F_{Oy}=4000\text{kN}$，$M_O=1467\text{kN}\cdot\text{m}$（逆时针）

4-8　$F_A=\frac{1}{c}(Pa+Qb)$，$F_{Bx}=\frac{1}{c}(Pa+Qb)$，$F_{By}=P+Q$

4-9　$F_x=-25\text{kN}$，$F_y=100\text{kN}$，$M_O=155\text{kN}\cdot\text{m}$（逆时针）

4-10　$P_{max}=7.41\text{kN}$

4-11　$W\geqslant 60\text{kN}$

4-12　$\frac{P_1}{P_2}=\frac{\tan\alpha_1}{\tan\alpha_2}$

4-13　(a) $F_T=\frac{P}{2(1-\tan\theta)}$

(b) $\theta=36°52'$

4-14　(a) $F_{Ax}=0$，$F_{Ay}=2qa$，$M_A=2qa^2$（逆时针），$F_{Bx}=0$，$F_{By}=0$，$F_C=0$；

(b) $F_{Ax}=0$，$F_{Ay}=2qa$，$M_A=3.5qa^2$（逆时针），$F_{Bx}=0$，$F_{By}=qa$，$F_C=qa$；

(c) $F_{Ax}=0$，$F_{Ay}=0$，$M_A=M$（逆时针），$F_{Bx}=0$，$F_{By}=0$，$F_C=0$；

(d) $F_{Ax}=0$，$F_{Ay}=\frac{M}{2a}$，$M_A=M$（顺时针），$F_{Bx}=0$，$F_{By}=\frac{M}{2a}$，$F_C=\frac{M}{2a}$

4-15　$F_T=\frac{Pa\cos\alpha}{2h}$

4-16　$F_A=764\text{N}$，$F_{Bx}=764\text{N}$，$F_{By}=1\text{kN}$，$F_{Cx}=3\text{kN}$，$F_{Cy}=2\text{kN}$

4-17　$F_{Bx}=-P$，$F_{By}=0$

4-18　$F_{Ax}=-120\text{kN}$，$F_{Ay}=-160\text{kN}$，$F_{Bx}=160\sqrt{2}\text{kN}$，$F_{By}=-80\text{kN}$

4-19　$F_{Ax}=0$，$F_{Ay}=1510\text{N}$，$M_A=6840\text{N}\cdot\text{m}$，$F_{Bx}=-2280\text{N}$，$F_{By}=-1785\text{N}$，$F_{Cx}=2280\text{N}$，$F_{Cy}=455\text{N}$

4-20　$F_D=8.4\text{kN}$

4-21　$F_{Cx}=0.367F$，$F_{Cy}=1.667F$，$F_{Dx}=0.367F$，$F_{Dy}=0.667F$，$F_{Ex}=0.367F$，$F_{Ey}=1.033F$

4-22　$F_{EF}=8.167\text{kN}$，$F_{AD}=158\text{kN}$

4-23　$F_{Ax}=7.5\text{kN}$，$F_{Ay}=72.5\text{kN}$，$F_{Bx}=17.5\text{kN}$，$F_{By}=77.5\text{kN}$，$F_{Cx}=17.5\text{kN}$，$F_{Cy}=5\text{kN}$

4-24　$F_{Ax}=\left(2+\frac{r}{l}\right)G$，$F_{Ay}=2G$，$F_{Bx}=\left(1+\frac{r}{l}\right)G$，$F_{By}=2G$，$F_{Cx}=\left(2+\frac{r}{l}\right)G$，$F_{Cy}=G$，$F_{Dx}=G$，$F_{Dy}=G$

4-25　$F_A=48.3\text{kN}$，$F_B=8.33\text{kN}$，$F_D=100\text{kN}$

4-26 $F_{Ax}=24kN$，$F_{Ay}=3kN$，$F_B=21kN$，$F_{Bx}=24kN$，$F_{By}=3kN$

4-27 $F_{Ax}=43kN$，$F_{Ay}=20kN$，$F_{Bx}=43kN$，$F_{By}=20kN$，$F_{Cx}=3kN$，$F_{Cy}=20kN$

4-28 $F_O=1155N$，$F=616N$，$F_{Bx}=384N$，$F_{By}=578N$

4-29 $M=9.24kN \cdot m$

4-30 $F_1=13kN$（拉力），$F_2=26kN$（压力），$F_3=17.3kN$（拉力），$F_4=25kN$（压力），$F_5=17.3kN$（压力），$F_6=30.3kN$（拉力），$F_7=35kN$（压力）

4-31 $F_1=197kN$（压力），$F_2=180kN$（拉力），$F_3=36.9kN$（压力），$F_4=160kN$（压力），$F_5=30kN$（压力），$F_6=160kN$（压力），$F_7=112.6kN$（拉力），$F_8=56.3kN$（拉力），$F_9=56.3kN$（拉力），$F_{10}=160kN$（压力），$F_{11}=30kN$（压力），$F_{12}=160kN$（压力），$F_{13}=180kN$（拉力），$F_{14}=36.9kN$（拉力），$F_{15}=197kN$（压力）

4-32 $F_1=62.5kN$（压力），$F_2=88.4kN$（拉力），$F_3=62.5kN$（压力），$F_4=62.5kN$（拉力），$F_5=88.4kN$（拉力），$F_6=125kN$（压力），$F_7=100kN$（拉力），$F_8=125kN$（压力），$F_9=53kN$（拉力），$F_{10}=87.5kN$（拉力），$F_{11}=87.5kN$（压力），$F_{12}=123.7kN$（拉力），$F_{13}=87.5kN$（压力）

第五章　摩　　擦

在以前的研究中，我们把物体相互间的接触面都看成是理想光滑的，因此支承面的约束力是沿支承面的法线方向；这就是说当物体沿支承面运动时不会受到阻碍。然而事实并非如此，绝对光滑的接触面是不存在的，当物体沿支承面运动时，会受到切面方向的约束力，以阻碍物体间的相对运动。这种阻力称为**摩擦力**，这种现象称为**摩擦**。如果摩擦力不大，在工程实际问题中不起主要作用，可以在初步计算时略去摩擦的作用，而使问题大为简化。

摩擦在生产和生活中起着很重要的作用，既有有害的一面，也有有利的一面。由于摩擦给各种机械带来多余的阻力，使机械发热，引起零部件的磨损，从而消耗能量，降低效率和使用寿命。但是摩擦也可用于传动、制动、调速、连接、夹卡物体等，如果没有摩擦，人就不能走路，车辆不能行驶，甚至人类不能保持正常的生活。为了发挥摩擦对生产的积极作用，减少它对生产的消极作用，我们对于摩擦力的规律应作进一步的认识和研究。

产生摩擦的物理原因十分复杂。关于摩擦机理的研究已经发展为“摩擦学”学科，它涉及力学、表面物理和化学等许多领域。摩擦现象比较复杂，可按不同情况分类。由于物理本质的不同，大致上可将摩擦区分为干摩擦和黏性摩擦两类。干摩擦的产生原因是实际物体接触表面存在不同程度的粗糙性，即表面凹凸不平，造成对物体相对运动的阻碍。如果两物体的接触表面充满足够的液体，形成液体润滑膜，此时产生的摩擦称为**黏性摩擦**。本章主要讨论干摩擦。

§5-1　滑　动　摩　擦

两个表面粗糙的物体，当其接触表面之间有相对滑动趋势或相对滑动时，彼此作用有阻碍相对滑动的阻力，即滑动摩擦力。摩擦力作用于相互接触处，其方向与物体滑动的趋势或滑动的方向相反，它的大小根据主动力作用的不同而变化。

一、静滑动摩擦力

为分析物体之间产生的静滑动摩擦的规律，可进行如下的实验：在粗糙的水平面上放置一重为 W 的物体，该物体在重力 W 和法向反力 F_N 的作用下处于静止状态，见图 5-1（a）。今在该物体上作用一大小可变化的水平拉力 F_P，当拉力 F_P 由零值逐渐增加但不很大时，物体仅有相对滑动趋势，但仍保持静止。可见支承面对物体除法向约束力 F_N 外，还有一个阻碍物体沿水平面向右滑动的切向约束力，此力即**静滑动摩擦力**，以 F_s 表示，它的方向与两物体间相对滑动趋势的方向相反［图 5-1（b）］，大小可根据平衡方程求得

$$\Sigma F_x = 0, F_s = F_P$$

由上式可知，当 $F_P = 0$ 时，$F_s = 0$，即物体

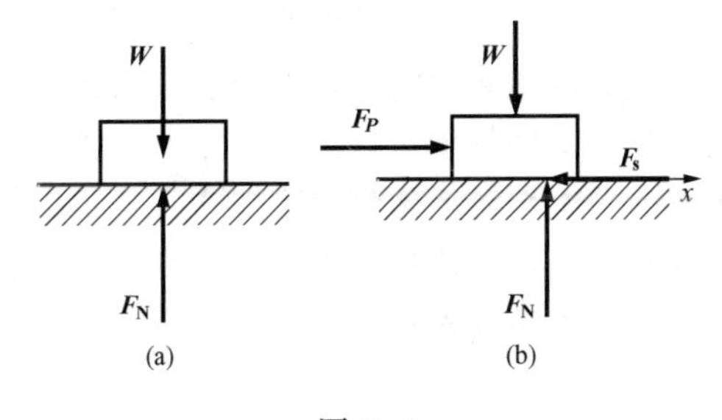

图 5-1

没有滑动趋势时也就没有摩擦力；当力 F_P 增大时，静摩擦力 F_s 也相应地增大，到某一极限数值为止，这时物体处于将要滑动而尚未滑动的临界平衡状态；如力 F_P 再略微增大，物体即开始沿支承面滑动。由此可见，静摩擦力的大小随主动力的变化而变化，是由平衡条件决定，但有一定的最大值，称为**最大静摩擦力**，用 F_{max} 表示，因此静摩擦力 F_s 的大小的变化范围为

$$0 \leqslant F_s \leqslant F_{max} \tag{5-1}$$

根据大量的实验确定：最大静摩擦力的大小与两个相互接触物体间的正压力（即法向约束力）成正比，即

$$F_{max} = f_s F_N \tag{5-2}$$

式（5-2）称为**静摩擦定律**（又称**库仑静摩擦定律**）。式中无量纲比例系数 f_s 称为**静摩擦因数**，经实验确定该系数主要取决于相互接触物体表面的材料性质和表面状况（如粗糙度、润滑情况以及温度、湿度等）。较精确的实验指出它还与两物体接触面间的压强及接触时间等有关。静摩擦因数的数值可在工程手册中查到，表 5-1 中列出了一部分常用材料的摩擦因数。

表 5-1　常用材料的滑动摩擦因数

材料名称	静摩擦因数		动摩擦因数	
	无 润 滑	有 润 滑	无 润 滑	有 润 滑
钢—钢	0.15	0.1～0.12	0.15	0.05～0.1
钢—软钢			0.2	0.1～0.2
钢—铸铁	0.3		0.18	0.05～0.15
钢—青铜	0.15	0.1～0.15	0.15	0.1～0.15
软钢—铸铁	0.2		0.18	0.05～0.15
软钢—青铜	0.2		0.18	0.07～0.15
铸铁—铸铁		0.18	0.15	0.07～0.12
铸铁—青铜			0.15～0.2	0.07～0.15
青铜—青铜		0.1	0.2	0.07～0.1
皮革—铸铁	0.3～0.5	0.15	0.6	0.15
橡皮—铸铁			0.8	0.5
木材—木材	0.4～0.6	0.1	0.2～0.5	0.07～0.15

二、动滑动摩擦力

由前面的分析可知，当力 F_P 略大于 F_{max} 时，物体沿支承面滑动，这时的摩擦力称为**动滑动摩擦力**，简称**动摩擦力**，以 F 表示。根据实验确定：动摩擦力的大小与两个相互接触物体间的正压力（或法向约束力）成正比，即

$$F = fF_N \tag{5-3}$$

这就是**库仑动摩擦定律**。式中无量纲比例系数 f 称为**动摩擦因数**，该系数主要取决于相互接触物体表面的材料性质和表面状况（如粗糙度、润滑情况以及温度、湿度等）。在一般情况下动摩擦因数略小于静摩擦因数。f 值见表 5-1。精确的实验指出它还与相对滑动速度有关，一般随速度的增大而略有减小。在一般工程计算中，不考虑速度变化对 f 的影响，在精确度要求不高时，可近似认为 $f \approx f_s$。

三、摩擦角与自锁

1. 摩擦角

摩擦角是研究滑动摩擦问题的另一个重要物理量。现在仍以图 5-1 所示的实验为例来

说明其概念。当两物体有相对运动趋势时，支承面对物体的约束力包括法向力 F_N 和摩擦力 F_s，这两个力的合力 F_R 称为**全约束力**。全约束力 F_R 与接触面的公法线的夹角为 φ，如图 5-2（a）所示。显然 φ 角随静摩擦力的变化而变化，当静摩擦力达到最大值 F_{max} 时，夹角 φ 也达最大值 φ_m，如图 5-2（b）所示。φ_m 称为**摩擦角**。由图 5-2（b）可知

$$\tan\varphi_m = \frac{F_{max}}{F_N} = \frac{f_s F_N}{F_N} = f_s \tag{5-4}$$

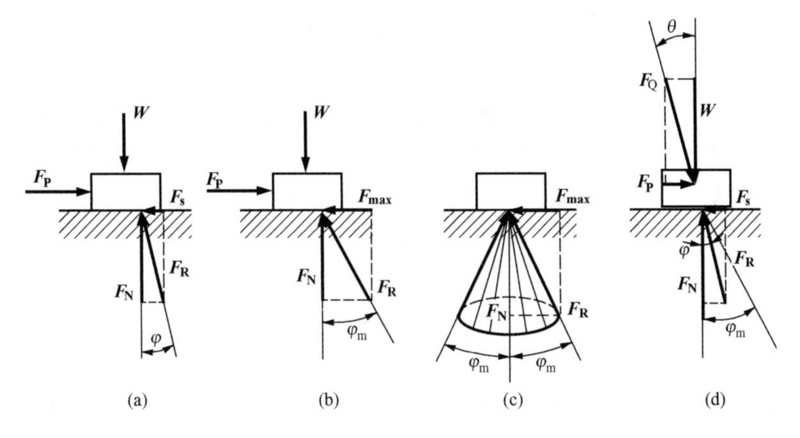

图 5-2

上式表明，摩擦角的正切等于静摩擦因数，可见 φ_m 与 f_s 一样，也是表示材料摩擦性质的物理量。

若过接触点在不同的方向作出临界平衡状态下的全约束力的作用线，则这些作用线将形成一个锥面，称为**摩擦锥**。若沿接触面的各个方向的摩擦因数均相同，则摩擦锥是一个顶角为 $2\varphi_m$ 的圆锥，如图 5-2（c）所示。

2. 自锁现象

物体平衡时，静摩擦力可在零与最大静摩擦力 F_{max} 之间变化，所以全约束力 F_R 与法线的夹角 φ 也在零与摩擦角 φ_m 之间变化，即

$$0 \leqslant \varphi \leqslant \varphi_m \tag{a}$$

上式说明全约束力的作用线不可能越出摩擦角或摩擦锥。

若将作用于物体上的主动力 W 与 F_P 合成为力 F_Q，其与接触面公法线间的夹角为 θ，如图 5-2（d）所示。当物体平衡时，有 $F_Q = F_R$，则有

$$\theta = \varphi \tag{b}$$

由式（a）和式（b）可知，当物体平衡时，应满足下述条件：

$$\theta \leqslant \varphi_m \tag{5-5}$$

上式说明，作用于物体上的主动力的合力 F_Q，不论其大小如何，只要其作用线与接触面公法线间的夹角 θ 不大于摩擦角 φ_m，物体必保持静止，这种现象称为**自锁现象**。如果全部主动力的合力 F_Q 的作用线位于摩擦锥之外，则不论该力 F_Q 的值多么小，物体都会滑动。这是因为，此时支承面的全约束力 F_R 和主动力的合力 F_Q 不能满足二力平衡条件。应用这个道理，可以避免发生自锁。

自锁被广泛地应用在工程上，如螺旋千斤顶在被升起的重物重量作用下，不会自动下

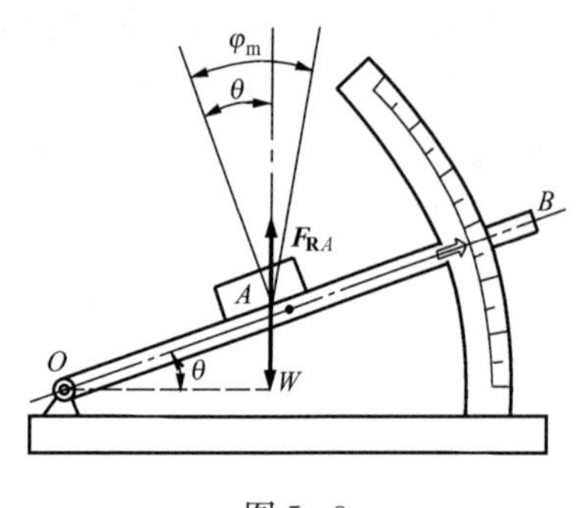

图 5 - 3

降，则千斤顶的螺旋升角必须小于摩擦角。又如轴上楔键的自锁以及机床上各种夹具的自锁等，都是应用自锁的实例。但工程实际中有时也要避免自锁产生，例如，工作台在导轨中要求能顺利地滑动，不允许发生卡死现象（即自锁）。

3. 静摩擦因数的测定

利用摩擦角的概念，可用简单的试验方法测定摩擦因数 f_s。如图 5 - 3 所示，把要测定的两种材料分别做成斜面和物块，把物块放在斜面上，并逐渐从零起增大斜面的倾角 θ，直到物块刚开始下滑时为止。这时的 θ 角就是要测定的摩擦角 φ_m，因为当物块处于临界状态时，$W=-F_{RA}$，$\theta=\varphi_m$。由式（5 - 4）求得摩擦因数，即

$$f_s=\tan\varphi_m=\tan\theta$$

§5 - 2　具有滑动摩擦的平衡问题

考虑摩擦的平衡问题的解法与以前没有摩擦的平衡问题一样，但在受力分析时应考虑摩擦力，摩擦力的方向与物体滑动的趋势方向相反；除满足力系的平衡条件外，各处的摩擦力还必须满足摩擦力的物理条件，即不等式 $F_s\leqslant f_sF_N$；平衡问题的解答往往是以不等式表示的一个范围，称为**平衡范围**。

【例 5 - 1】　将重为 W 的物块放置在斜面上，斜面倾角 θ 大于接触面的静摩擦角 φ_m，如图 5 - 4（a）所示，已知静摩擦因数为 f_s，若加一水平力 F_1 使物块平衡，求力 F_1 的取值范围。

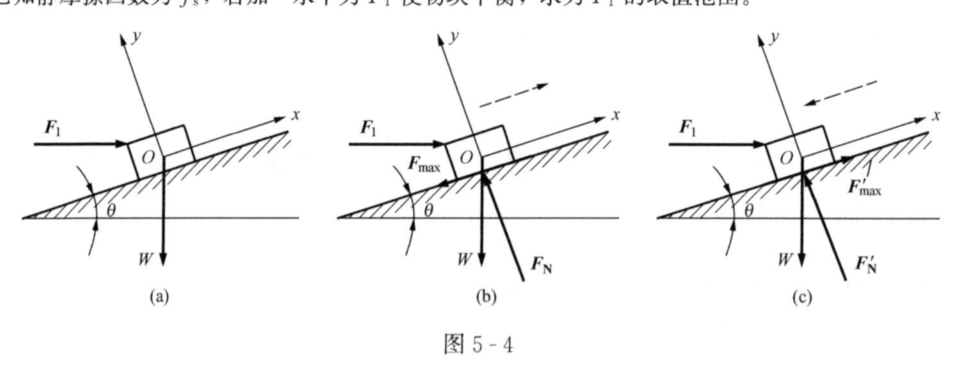

图 5 - 4

解　如果力 F_1 太小，物块将向下滑动，但如力 F_1 太大，又将使物块向上滑动。

先求力 F_1 的最大值。当力 F_1 达到此值时，物体处于将要向上滑动的临界状态。在此情形下，摩擦力沿斜面向下，并达到最大值 F_{max}。物体共受 4 个力作用：已知力 W，未知力 F_1、F_N、F_{max}，如图5 - 4（b)所示。列平衡方程

$$\Sigma F_x=0, F_1\cos\theta-W\sin\theta-F_{max}=0$$

$$\Sigma F_y=0, F_N-F_1\sin\theta-W\cos\theta=0$$

补充方程

$$F_{max}=f_sF_N$$

三式联立，可解得水平推力 F_1 的最大值为

$$F_{1max}=W\frac{\sin\theta+f_s\cos\theta}{\cos\theta-f_s\sin\theta}$$

再求 F_1 的最小值。当力 F_1 达到此值时，物体处于将要向下滑动的临界状态。在此情形下，摩擦力沿斜面向上，并达到另一最大值，用 F'_{max} 表示此力，物体的受力情况如图 5-4（c）所示。列平衡方程

$$\Sigma F_x = 0, F_1\cos\theta - W\sin\theta + F'_{max} = 0$$

$$\Sigma F_y = 0, F_N - F_1\sin\theta - W\cos\theta = 0$$

补充方程

$$F'_{max} = f_s F_N$$

三式联立，可解得水平推力 F_1 的最小值为

$$F_{1min} = W\frac{\sin\theta - f_s\cos\theta}{\cos\theta + f_s\sin\theta}$$

综合上述两个结果可知：为使物块静止，力 F_1 必须满足如下条件：

$$W\frac{\sin\theta - f_s\cos\theta}{\cos\theta + f_s\sin\theta} \leqslant F_1 \leqslant W\frac{\sin\theta + f_s\cos\theta}{\cos\theta - f_s\sin\theta}$$

本题也可以利用摩擦角的概念，使用全约束力来进行求解。当物块有向上滑动趋势且达临界状态时，全约束力 F_R 与法线夹角为摩擦角 φ_m，物块受力如图 5-5（a）所示。此时，W、F_{1max} 和全约束力 F_R 三力平衡。由力三角形可得

$$F_{1max} = W\tan(\theta + \varphi_m)$$

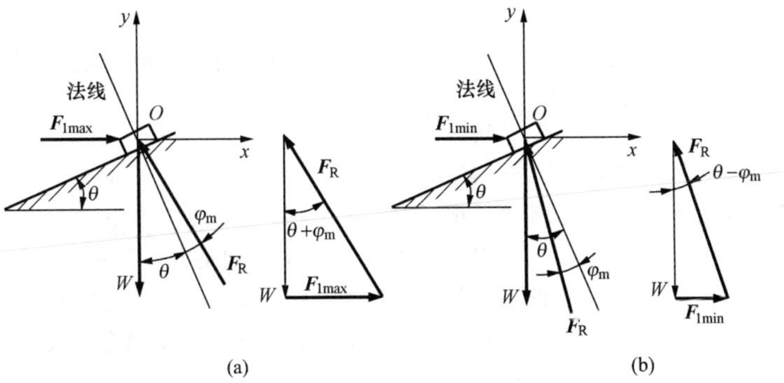

(a)　　(b)

图 5-5

同样，当物块有向下滑动趋势且达临界状态时，受力如图 5-5（b）所示，此时，W、F_{1min} 和全约束力 F_R 三力平衡。由力三角形可得

$$F_{1min} = W\tan(\theta - \varphi_m)$$

所以使物块静止，力 F_1 必须满足的条件为

$$W\tan(\theta - \varphi_m) \leqslant F_1 \leqslant W\tan(\theta + \varphi_m)$$

经整理可知，这一结果与用解析法计算的结果是相同的。

【例 5-2】 图 5-6（a）所示为凸轮机构。已知推杆（不计自重）与滑道间的摩擦因数为 f_s，滑道宽度为 b。设凸轮与推杆接触处的摩擦忽略不计。问 a 为多大，推杆才不致被卡住。

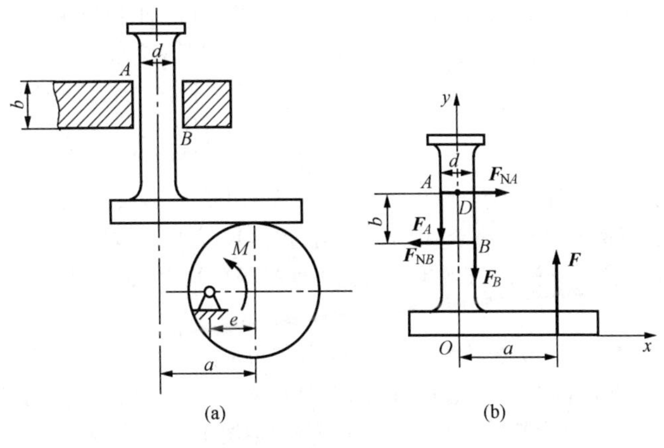

图 5-6

解 取推杆为研究对象。其受力图如图 5-6（b）所示，推杆除受凸轮推力 F 作用外，在滑道 A、B 处还受法向反力 F_{NA}、F_{NB}作用，由于推杆有向上滑动趋势，则摩擦力 F_A 与 F_B 的方向均向下。

列平衡方程

$$\Sigma F_x = 0, F_{NA} - F_{NB} = 0 \tag{a}$$

$$\Sigma F_y = 0, -F_A - F_B + F = 0 \tag{b}$$

$$\Sigma M_D(\boldsymbol{F}) = 0, Fa - F_{NB}b - F_B \frac{d}{2} + F_A \frac{d}{2} = 0 \tag{c}$$

考虑平衡的临界情况（即推杆将动而尚未动时），摩擦力都达最大值，可以列出两个补充方程

$$F_A = f_s F_{NA} \tag{d}$$

$$F_B = f_s F_{NB} \tag{e}$$

由式（a）得

$$F_{NA} = F_{NB} = F_N$$

代入式（d）、式（e）得

$$F_A = F_B = F_{max} = f_s F_N$$

代入式（b）得

$$F = 2F_{max}$$

最后代入式（c），解得

$$a_{极限} = \frac{b}{2f_s}$$

保持 F 和 b 不变，由式（c）可见，当 a 减小时，$F_{NB}(=F_{NA})$ 亦减小，因而最大静摩擦力减小，式（b）不能成立，因而当 $a < \dfrac{b}{2f_s}$ 时，推杆不能平衡，即推杆不会被卡住。

本题也可以用摩擦角及全约束力来进行求解。取推杆为研究对象，这时应将 A、B 处摩擦力和法向约束力分别合成为全约束力 F_{RA} 和 F_{RB}。于是，推杆受 F、F_{RA} 和 F_{RB} 三个力作用。

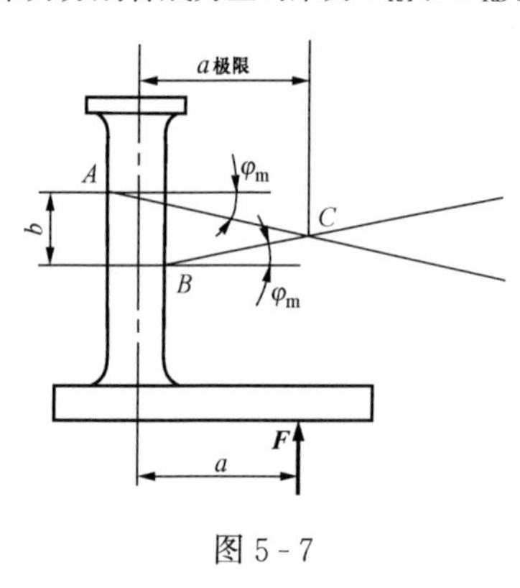

图 5-7

用比例尺在图上画出推杆的几何尺寸，并自 A、B 两点各作与法线成夹角 φ_m（摩擦角）的直线，两线交于点 C（如图 5-7 所示），点 C 至推杆中心线的距离即为所求的临界值 $a_{极限}$，用比例尺从图上量出或按下式计算，得

$$a_{极限} = \frac{b}{2}\cot\varphi_m = \frac{b}{2f_s}$$

由摩擦力的性质可知，A、B 处的全约束力只能在摩擦角以内，也就是两力的作用线的交点只可能在点 C 或点 C 的右侧。根据三力平衡的汇交条件可知，只有 F、F_{RA} 和 F_{RB} 三个力汇交于一点时推杆才能平衡。由于 F_{RA} 和 F_{RB} 在点 C 左侧不可能相交，因而当 $a < a_{极限}$ 或 $a < \dfrac{b}{2f_s}$ 时，三力不可能汇交，即推杆不能被卡住。而当 $a \geqslant \dfrac{b}{2f_s}$ 时，三力将汇交于一点而平衡，此时无论推力 F 多大也不能推动推杆，推杆将被卡住（自锁）。

【例 5-3】 梯子 AB 长为 $2a$，重为 W，其一端置于水平面上，另一端靠在铅垂墙上，见图 5-8（a）。设梯子与墙壁和梯子与地板间的静摩擦因数均为 f_s；问梯子与水平线所成的倾角 α 多大时，梯子能处于平衡？

解 梯子 AB 靠摩擦力作用才能保持平衡。

首先求出梯子平衡时倾角 α 的最小值 α_{min}。这时梯子处于临界平衡状态，有向下滑动的趋势，且 A、B 两处的摩擦力都达到最大值，梯子受力如图 4-5（b）所示。根据平衡条件可列出

$$\Sigma F_x = 0, F_{NB} - F_A = 0 \tag{a}$$

$$\Sigma F_y = 0, F_{NA} + F_B - W = 0 \tag{b}$$

$$\Sigma M_A(\boldsymbol{F}) = 0, W \cdot a\cos\alpha_{min} - F_B \cdot 2a\cos\alpha_{min} - F_{NB} \cdot 2a\sin\alpha_{min} = 0 \tag{c}$$

考虑平衡的临界情况（即梯子将动而尚未动时），摩擦力都达最大值，可以列出两个补充方程

$$F_A = f_s F_{NA} \tag{d}$$

$$F_B = f_s F_{NB} \tag{e}$$

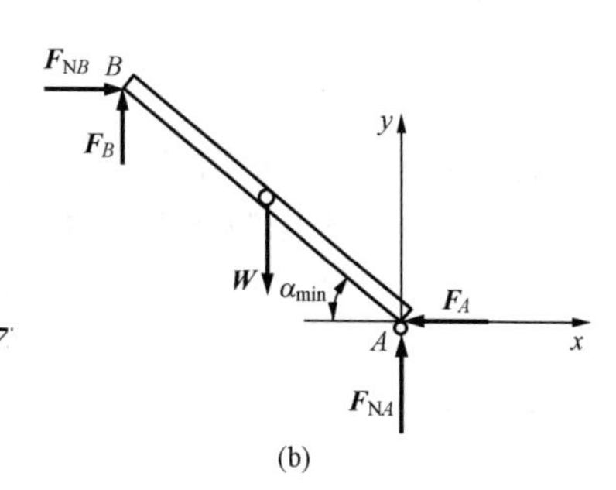

图 5-8

将式（d）、式（e）代入式（a）、式（b）得

$$F_{NB} = f_s F_{NA}$$

$$F_{NA} = W - f_s F_{NB}$$

由以上两式解出

$$F_{NA} = \frac{W}{1+f_s^2}, F_{NB} = \frac{f_s W}{1+f_s^2}$$

将所得 F_{NA}之值代入式（b）求出 F_B，将 F_{NB}和 F_B 之值代入式（c），并消去 W 及 α 得

$$\cos\alpha_{min} - f_s^2\cos\alpha_{min} - 2f_s\sin\alpha_{min} = 0$$

再将 $f_s = \tan\varphi_m$ 代入上式，解出

$$\tan\varphi_m = \frac{1-\tan^2\varphi_m}{2\tan\varphi_m} = \cot 2\varphi_m = \tan\left(\frac{\pi}{2} - 2\varphi_m\right)$$

可见

$$\alpha_{min} = \frac{\pi}{2} - 2\varphi_m$$

根据题意，倾角 α 不可能大于$\frac{\pi}{2}$，因此保证梯子平衡的倾角 α 应满足的条件是

$$\frac{\pi}{2} \geqslant \alpha \geqslant \frac{\pi}{2} - 2\varphi_m$$

不管梯子有多么重，只要倾角 α 在此范围内，梯子就能处于平衡，因此上述条件也就是梯子的自锁条件。

【例 5-4】 图 5-9（a）为小型起重机中的制动器。已知制动器摩擦块与滑轮表面间的静摩擦因数均为 f_s，作用在滑轮上的力偶其力偶矩为 m,A 与 O 都是铰链。几何尺寸如图所示，求制动滑轮所必须的最小力 F_{Pmin}。

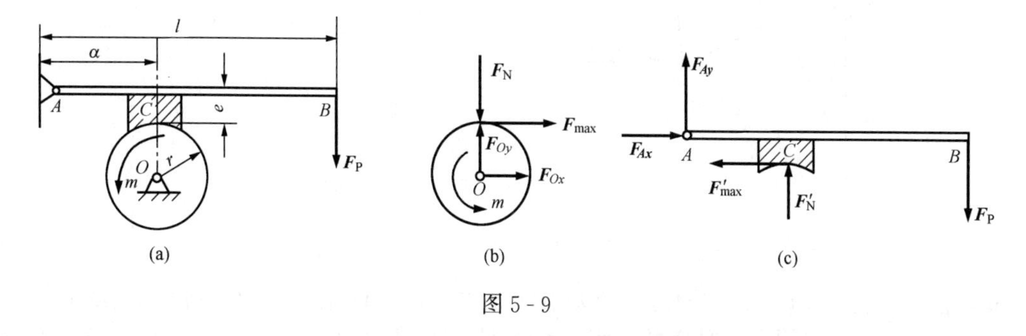

图 5-9

解 当滑轮刚能停止转动时，力 F_P 的值最小，制动块与滑轮的摩擦力达到最大值。以滑轮 O 为研究对象，分析受力情况，画出它的受力图如图 5-9（b）所示。因为滑轮平衡，故由平衡方程和滑动摩擦定律可列出：

$$\Sigma M_O(\boldsymbol{F}) = 0, m - F_{max} r = 0 \tag{a}$$

$$F_{max} = f_s F_N \tag{b}$$

由此可得

$$F_{max} = \frac{m}{r}$$

$$F_N = \frac{F_{max}}{f_s} = \frac{m}{f_s r}$$

其次，以制动杆 AB 为研究对象，分析受力情况，画出它的受力图如图 5-9（c）所示。因为制动杆平衡，同样由平衡方程及滑动摩擦定律可列出

$$\Sigma M_A(\boldsymbol{F}) = 0, F'_N a - F'_{max} e - F_{Pmin} l = 0 \tag{c}$$

$$F'_{max} = f_s F'_N \tag{d}$$

由此可得

$$F_{Pmin} = \frac{F'_N(a - f_s e)}{l}$$

将 $F'_N = F_N = \dfrac{m}{f_s r}$ 代入上式，则有

$$F_{Pmin} = \frac{m(a - f_s \cdot e)}{f_s \cdot rl}$$

平衡时应为

$$F_P \geqslant \frac{m(a - f_s \cdot e)}{f_s \cdot rl}$$

这就是平衡时力 F_P 的取值范围。

【例 5-5】 颚式破碎机的两颚板间的夹角为 α（当活动颚板摆动时，α 在某一范围内变化，但不显著，在近似计算中，略去其变化）。如图 5-10（a）所示。已知矿石与颚板间的摩擦角为 φ_m，不计矿石质量。要保证矿石能被夹住不致上滑，则咬入角 α 应等于多少？

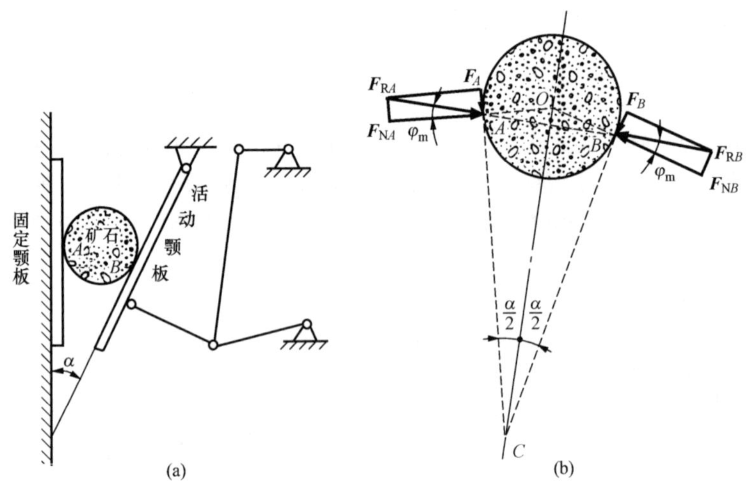

图 5-10

解 选取矿石为研究对象。它受两颚板的法向约束力 F_{NA}、F_{NB} 和摩擦力 F_A、F_B 的作用，因矿石自重相对于夹紧力 F_{RA}、F_{RB} 来说很小，可以略去不计。当在临界平衡状态时，$F_A = F_{Amax}$、$F_B = F_{Bmax}$，A 点的全约束力 F_{RA} 和 B 点的全约束力 F_{RB} 与其法线的夹角均为摩擦角 φ_m，受力图如图 5-10（b）所示。

当破碎矿石时，咬入角 α 应该保证矿石能被卡住，既不向上滑动也不从破碎机的给矿口中跳出来，即产生自锁。由于矿石仅受二力（F_{RA} 和 F_{RB}）的作用而处于平衡，根据二力平衡条件，此二力必须大小相等、方向相反、沿同一直线。因此，F_{RA} 和 F_{RB} 都在 AB 直线上，即 $\angle OAB = \angle OBA = \varphi_m$，由图 5-10（b）的

几何关系，可得

$$\angle OAB = \angle OBA = \frac{\alpha}{2}$$

所以

$$\frac{\alpha}{2} = \varphi_m$$

$$\alpha = 2\varphi_m$$

因为考虑的是临界情况，此 α 值是最大值，如使矿石能咬入而不致上滑，则必须满足

$$\alpha \leqslant 2\varphi_m$$

此即咬入条件，在设计时是需要考虑的一个参数。

§5-3　滚动摩阻的概念

摩擦不仅在物体滑动时存在，当物体滚动时也存在。但我们从实践经验知道，滚动比滑动省力。所以在工程中，为了提高效率，减轻劳动强度，常利用滚动代替滑动。例如，搬运重物，在下面垫上滚杆，就容易推动了；又如机器中多用滚动轴承代替滑动轴承，以减小摩擦力等。

在固定水平面上放置一重为 W、半径为 R 的圆轮，则圆轮在重力 W 和支承面的法向约束力 F_N 的作用下处于静止状态，由平衡条件可得 $F_N = W$，见图 5-11（a）。如在圆轮的中心点 O 加一水平力 F，则在支承面与圆轮的接触处产生静滑动摩擦力 F_s，见图 5-11（b）。若力 F 不大时，圆轮既不滑动也不滚动，仍能保持静止状态，由平衡条件可得，$F = F_s$，静摩擦力 F_s 阻止了圆轮的滑动，但与力 F 构成一使圆轮转动的力偶（$\boldsymbol{F}, \boldsymbol{F}_s$），其力偶矩大小为 FR。而实际上圆轮是静止的，可见支承面对圆轮除有法向约束力 F_N 和静摩擦力 F_s 外，还应存在一个阻碍圆轮转动的力偶，该力偶称为**滚动摩阻力偶**（简称**滚阻力偶**），其转向与圆轮的转动趋势相反，见图 5-11（b），其矩以 M_f 表示，由平衡条件可得，$M_f = F \cdot R$。

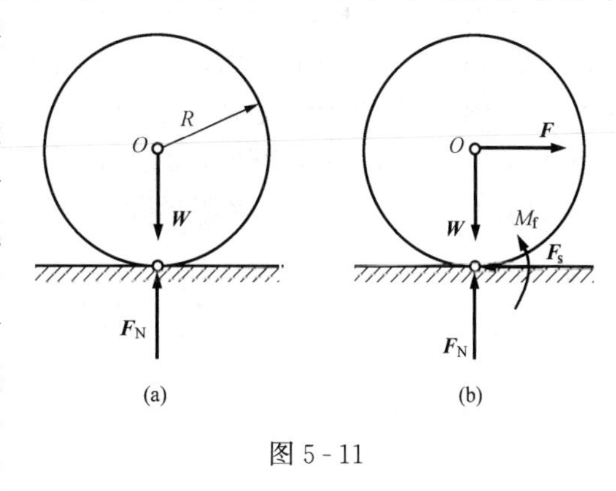

图 5-11

滚阻力偶的产生可以说明如下。

由于物体间的接触实际上不是刚性的，因此圆轮与支承面的接触处不可能是一条线，应是一部分面积，如图 5-12 所示。为了便于分析，我们假定圆轮是刚体，仅支承面发生变形。

在图 5-12（a）的情形下，相互作用的压力是对称分布的，其合力将通过轮心并与力 W 平衡。如果轮心还受有水平力 F 作用，这时压力的分布不再对称了，如图 5-12（b）所示。将分布在接触面上的约束反力向 A 点简化，可得作用于 A 点的一力和一力偶，即力 F_N 与 F_s 的合力及滚阻力偶，其力偶矩为 M_f。当转动力偶矩 FR 增大时，滚动摩阻力偶矩 M_f 也相应地增大，到某一极限数值 M_{max} 为止，如转动力偶矩再略微增大，圆轮即开始沿支承面滚动。因此滚动摩阻力偶矩 M_f 的大小介于零与最大值之间，即

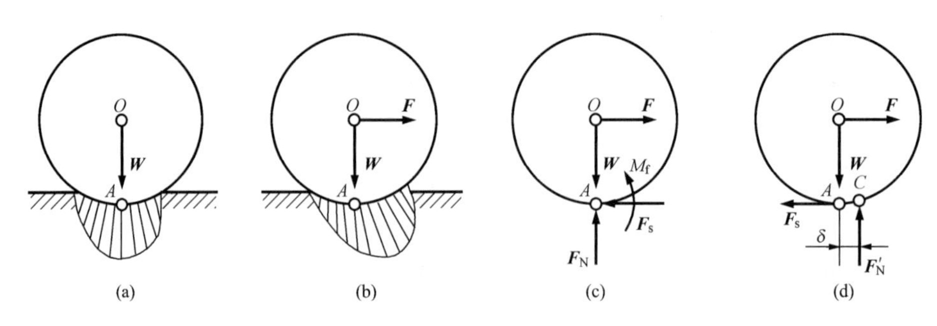

图 5 - 12

$$0 \leqslant M_f \leqslant M_{max} \tag{5 - 6}$$

根据实验确定：最大滚动摩阻力偶矩 M_{max} 与两个相互接触物体间的正压力（或法向约束力）成正比，即

$$M_{max} = \delta F_N \tag{5 - 7}$$

这就是库仑的滚动摩阻定律。式中量纲为长度的比例系数 δ 称为**滚动摩阻系数**，具有力偶臂的意义，其单位一般用 mm。该系数取决于相互接触物体表面的材料性质和表面状况（硬度、光洁度以及温度、湿度等），并与正压力、接触面的曲率半径以及相对滚动速度等有关，可由实验测定。

若将作用于 A 点的法向反力 F_N 及矩为 M_{max} 的滚动摩阻力偶合成为一个力 F'_N，这个力的作用线应在自 A 点向相对滚动的一方偏移距离 δ 之处，如图 5 - 12（d）所示。由此可见，滚动摩阻的作用相当于使支承面的法向反力的作用线朝相对滚动一方的偏移，当滚动摩阻力偶矩到达最大值 M_{max} 时，其偏移的距离即为滚动摩阻系数。

常用的几种材料的滚动摩阻系数见表 5 - 2。

表 5 - 2 **滚动摩阻系数 δ**

材 料 名 称	δ（mm）	材 料 名 称	δ（mm）
铸铁与铸铁	0.5	软钢与钢	0.5
钢质车轮与钢轨	0.05	有滚珠轴承的料车与钢轨	0.09
木与钢	0.3～0.4	无滚珠轴承的料车与钢轨	0.21
木与木	0.5～0.8	钢质车轮与木面	1.5～2.5
软木与软木	1.5	轮胎与路面	2～10
淬火钢珠与钢	0.01		

需要指出：滚动摩阻定律也是个近似关系式，远远没有反映出滚动摩擦的复杂性。由于有时与实际不符，该定律不如滑动摩擦定律那样得到广泛应用。

【例 5 - 6】 在搬运重物时，下面常垫以滚木。图 5 - 13（a）所示重物重 W，滚木重 W_1、半径为 r，滚木和重物与地面间的滚阻系数分别为 δ 和 δ'。求即将拉动时水平力的大小。

解 以滚木 A 为研究对象，如图 5 - 13（b）所示，依据滚木相对重物滚动的方向画出 F_{N3} 和 F_3，以两力交点 C 为矩心，列平衡方程如下：

$$\Sigma M_C(\boldsymbol{F}) = 0, F_{N1}(\delta + \delta') - F_1 \cdot 2r - W_1\delta = 0$$

再以滚木 B 为研究对象，见图 5 - 13（c），列平衡方程如下：

$$\Sigma M_D(\boldsymbol{F}) = 0, F_{N2}(\delta + \delta') - F_2 \cdot 2r - W_1\delta = 0$$

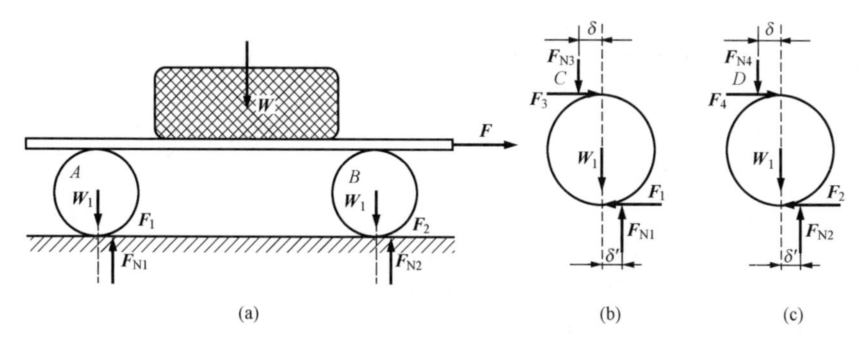

图 5 - 13

以上二式相加，得到

$$(F_{N1}+F_{N2})(\delta+\delta')-(F_1+F_2)2r-2W_1\delta=0 \quad \text{(a)}$$

最后以整体为研究对象，见图 5 - 13（a），列平衡方程如下：

$$\Sigma F_x=0, F-F_1-F_2=0$$

$$\Sigma F_y=0, F_{N1}+F_{N2}-W-2W_1=0$$

代入式（a），可得

$$F=\frac{1}{2r}[W(\delta+\delta')+2W_1\delta']$$

若设 $W=10\text{kN}$，$W_1=0.16\text{kN}$、$r=80\text{mm}$，$\delta=0.5\text{mm}$，$\delta'=2\text{mm}$，代入上式得 $F=0.16\text{kN}$。若将重物直接放在地面上拖拉，设静摩擦因数 $f_s=0.5$，求得 $F=5\text{kN}$。可见利用滚木搬运重物要省力得多。

当 $\delta=\delta'=0$ 时，$F=0$。说明若滚阻力偶忽略不计，则重物下垫以滚子相当于将重物放在理想光滑面上。因此，常在两个物体的接触面间画上滚子表示无滑动摩擦力。

思考讨论题

5 - 1　如图 5 - 14 所示，试比较用同样材料、在相同的光洁度和相同的胶带压力 F 作用下，平胶带与三角胶带所能传递的最大拉力。

5 - 2　重为 W_1 的物体置于斜面上（图 5 - 15），已知当斜面倾角 θ 小于摩擦角 φ_m 时，物体静止于斜面上。如欲使物体下滑，于其上另加一重为 W_2 的物体，并使两重物固结在一起，问能否达到下滑的目的？为什么？

5 - 3　在摩擦定律 $F_{max}=f_sF_N$ 中，F_N 代表什么？在图 5 - 16 中，重量均为 W 的两物体放在水平面上，摩擦因数也相同，问是拉动省力？还是推动省力？为什么？

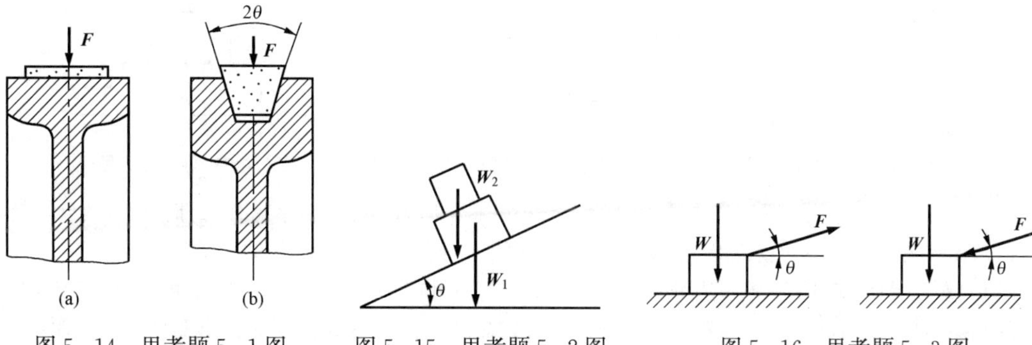

图 5 - 14　思考题 5 - 1 图　　图 5 - 15　思考题 5 - 2 图　　图 5 - 16　思考题 5 - 3 图

5-4 为什么传动螺纹多用方牙螺纹（如丝杠）？而锁紧螺纹多用三角螺纹（如螺钉）？

5-5 物块重W，一力F作用在摩擦角之外，如图5-17所示。已知$\theta=25°$，摩擦角$\varphi_m=20°$，$F=W$。问物块动不动？为什么？

5-6 如图5-18所示，用钢楔劈物，接触面间的摩擦角为φ_m。劈入后欲使楔不滑出，问钢楔两个平面间的夹角θ应该多大？楔重不计。

5-7 汽车匀速水平行驶时，地面对车轮有滑动摩擦也有滚动摩阻，而车轮只滚不滑。汽车前轮受车身施加的一个向前推力F如图5-19（a）所示，而后轮受一驱动力偶M，并受车身向后的反力F'如图5-19（b）所示。试画全前、后轮的受力图。在同样摩擦情况下，试画出自行车前、后轮的受力图。又如何求其滑动摩擦力？是否等于其动滑动摩擦力fF_N？是否等于其最大静摩擦力？

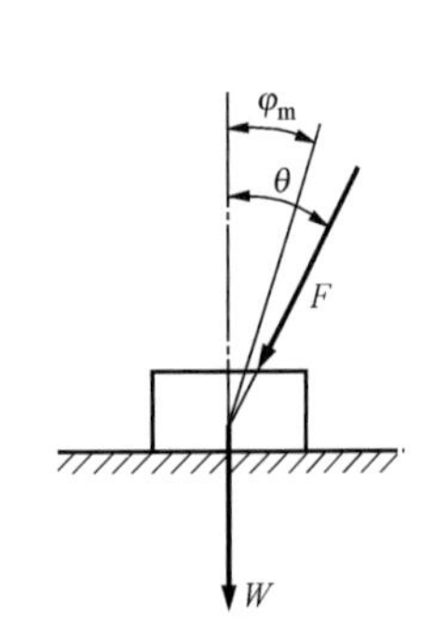

图5-17 思考题5-5图

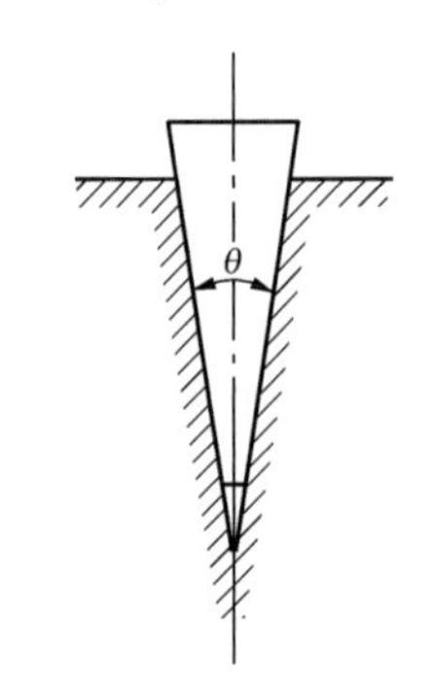

图5-18 思考题5-6图

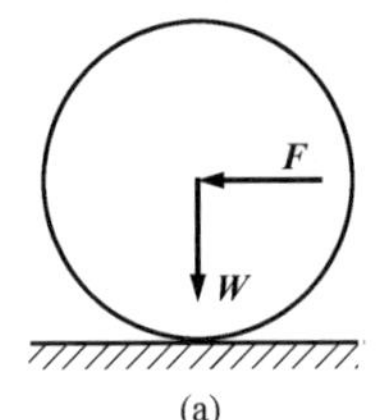

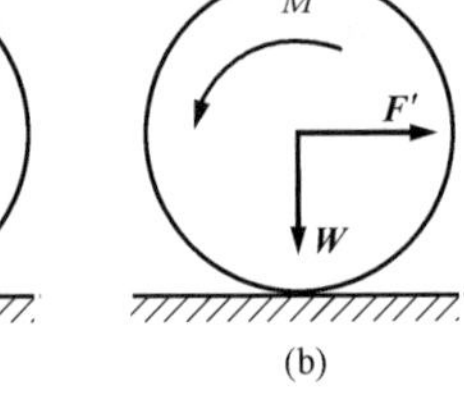

图5-19 思考题5-7图

5-1 判断图5-20中两物体能否平衡？并问这两个物体所受的摩擦力的大小和方向。已知：

（a）物体重$W=1000\text{N}$，$F=200\text{N}$，$f_s=0.3$；

（b）物体重$W=200\text{N}$，$F=500\text{N}$，$f_s=0.3$。

5-2 重为W的物体放在倾角为α的斜面上（图5-21），物体与斜面间的摩擦角为φ_m，且$\alpha>\varphi_m$。如在物体上作用一力F，此力与斜面平行。试求能使物体保持平衡的力F的最大值和最小值。

5-3 一端有绳子拉住重$W_A=100\text{N}$的物体A置于重$W_B=200\text{N}$的物体B上，如图5-22所示，B置于水平面上并作用一水平力F。若各接触面的静摩擦因数均为$f_s=0.35$，试求B即将向右运动时F的大小。

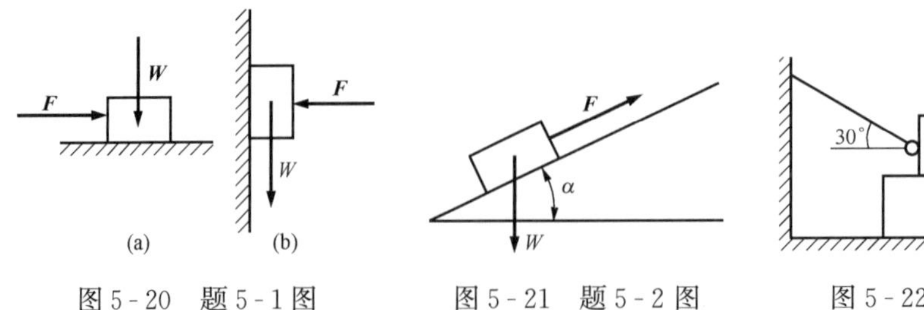

图5-20 题5-1图　　图5-21 题5-2图　　图5-22 题5-3图

5-4 如图5-23所示，置于V形槽中的棒料上作用一力偶，力偶的矩$M=15\text{N}\cdot\text{m}$时，刚好能转动此棒料。已知棒料重$W=400\text{N}$，直径$D=0.25\text{m}$，不计滚动摩阻。求棒料与V形槽间的静摩擦因数$f_s$。

5-5 梯子AB靠在墙上，其重为$W=200\text{N}$，如图5-24所示。梯长l，并与水平面交角$\theta=60°$。已知接触面间的摩擦因数均为$f_s=0.25$。今有一重650N的人沿梯上爬，问人所能达到的最高点C到A点的距离s应为多少？

5-6　重物 A 与 B 用一不计重量的连杆铰接后放置，如图 5-25 所示。已知 B 重 $W_B=1000\text{N}$，A 与水平面、B 与斜面间的摩擦角均为 $\varphi_m=15°$。不计铰链中的摩擦力，求平衡时 A 的最小重量 W_A。

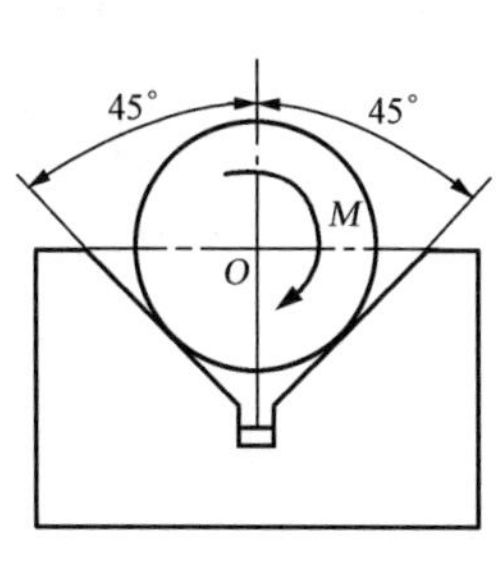

图 5-23　题 5-4 图

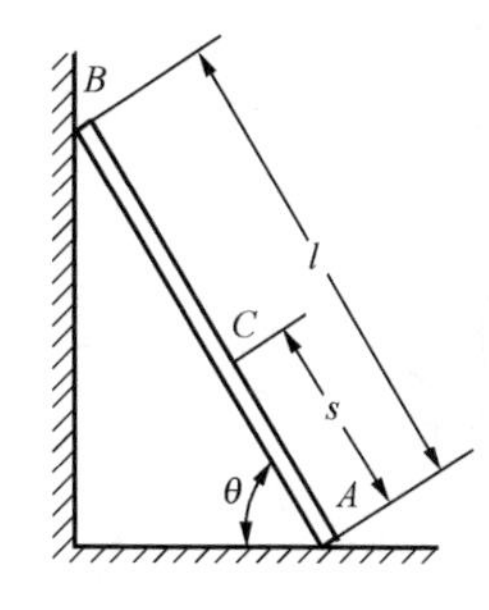

图 5-24　题 5-5 图

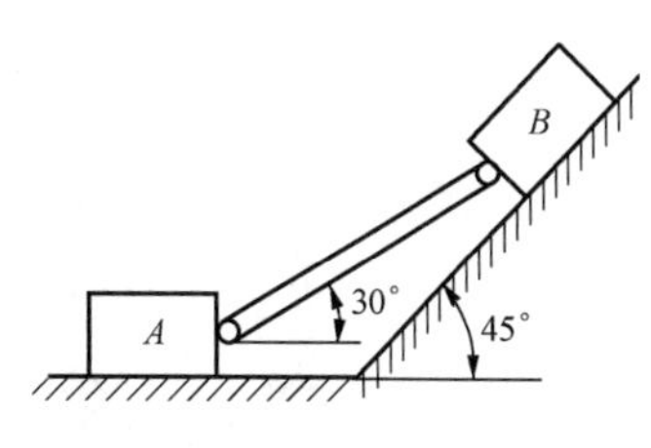

图 5-25　题 5-6 图

5-7　两根相同的匀质杆 AB 和 BC，在端点 B 用光滑铰链连接，A，C 端放在不光滑的水平面上，如图 5-26 所示。当 ABC 成等边三角形时，系统在铅直面内处于临界平衡状态。求杆端与水平面间的静摩擦因数。

5-8　平面曲柄连杆滑块机构如图 5-27 所示。已知 $OA=l$，在曲柄 OA 上作用有一矩为 M 的力偶，OA 水平。连杆 AB 与铅垂线的夹角为 θ，滑块与水平面之间的静摩擦因数为 f_s，不计重量，且 $\tan\theta>f_s$。求机构在图示位置保持平衡时 F 力的值。

5-9　一运货升降箱重 W_1，可在滑道间上下滑动。今有一重为 W_2 的货物，置于箱子的一边如图 5-28 所示。由于货物偏于一边而使升降箱的两角与滑道靠紧，设升降箱与滑道间静摩擦因数为 f_s。求箱子上升或下降而不被卡住时平衡重 W 的值。

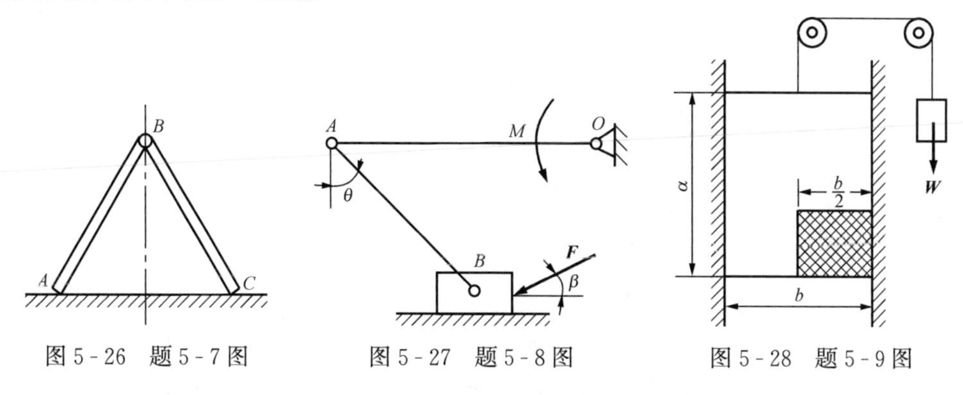

图 5-26　题 5-7 图　　图 5-27　题 5-8 图　　图 5-28　题 5-9 图

5-10　砖夹的宽度为 0.25m，曲杆 AGB 与 $GCED$ 在 G 点铰接，尺寸如图 5-29 所示。设砖重 $W=120\text{N}$，提起砖的力 F 作用在砖夹的中心线上，砖夹与砖间的静摩擦因数 $f_s=0.65$。求距离 b 为多大才能把砖夹起。

5-11　尖劈起重装置如图 5-30 所示。尖劈 A 的顶角为 α，B 块受力 F_1 的作用。A 块与 B 块之间的静摩擦因数为 f_s（有滚珠处摩擦力忽略不计）。如不计 A 块和 B 块的重量，求能保持平衡的力 F_2 的取值范围。

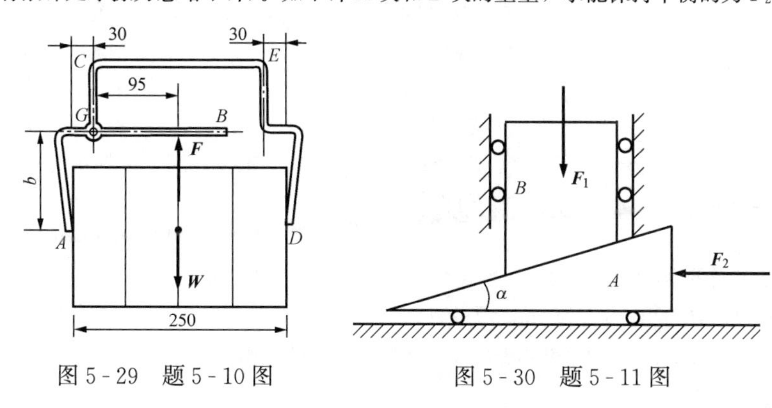

图 5-29　题 5-10 图　　图 5-30　题 5-11 图

5-12 半径为 $r=0.3\text{m}$、重为 $W=1000\text{N}$ 的两个相同的圆柱体放在倾角为30°的斜面上如图5-31所示。若各接触面的静摩擦因数均为 $f_s=0.2$，试求平衡时力 F 的大小。

5-13 图5-32所示圆柱重 $W=5\text{kN}$，半径 $r=0.06\text{m}$，在水平力 F 作用下登台阶。若在台阶棱边处无滑动，静摩擦因数为0.3，求所登台阶的最高高度。

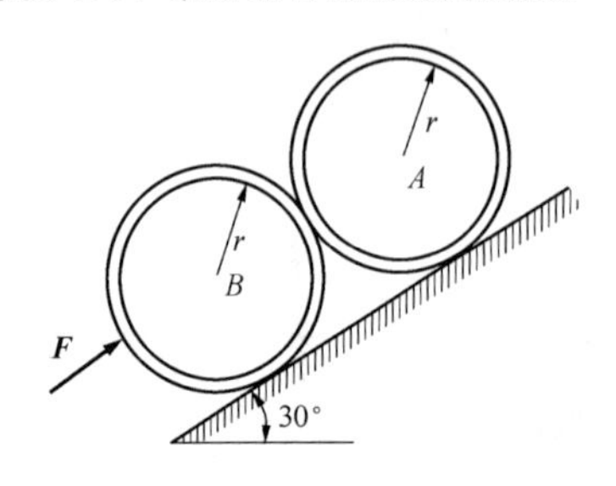

图5-31 题5-12图

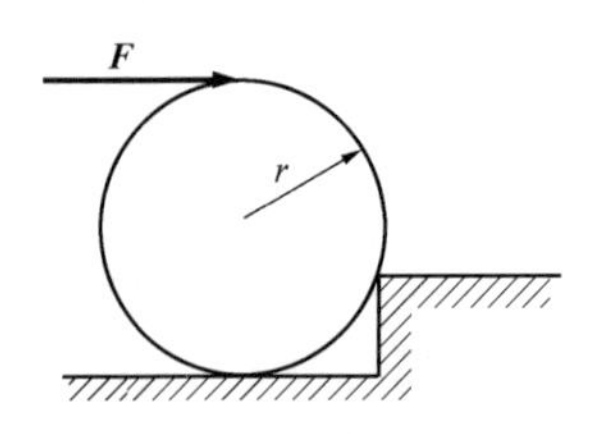

图5-32 题5-13图

5-14 图5-33所示为轧机的两个轧辊，其直径均为 $d=500\text{mm}$，辊面间开度为 $a=5\text{mm}$，两轧辊的转向相反，已知烧红的钢板与轧辊间的静摩擦因数为 $f_s=0.1$，试问能轧制的钢板厚度 b 是多少？（欲使轧机正常操作，则钢板必须被两个轧辊卷入，即作用在钢板 A、B 处的正压力与静摩擦力的合力方向须水平向右，才能使钢板进入轧辊）。

5-15 均质圆柱重 W、半径为 r，搁在不计自重的水平杆和固定斜面之间。杆端 A 为光滑铰链，D 端受一铅垂向上的力 F，圆柱上作用一力偶，如图5-34所示。已知 $F=W$，圆柱与杆和斜面间的静滑动摩擦因数皆为 $f_s=0.3$，不计滚动摩阻，当 $\theta=45°$时，$AB=BD$。求此时能保持系统静止的力偶矩 M 的最小值。

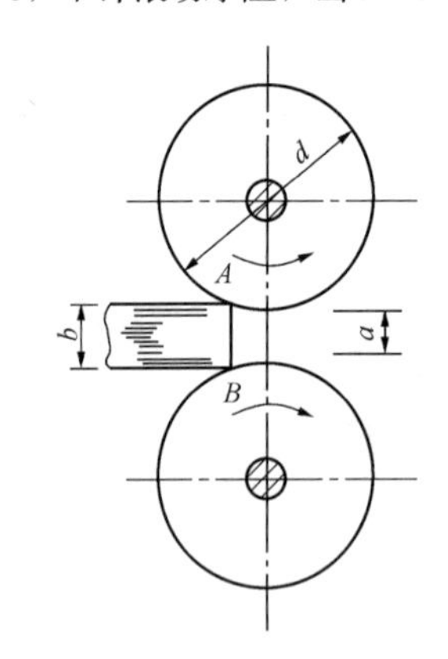

图5-33 题5-14图

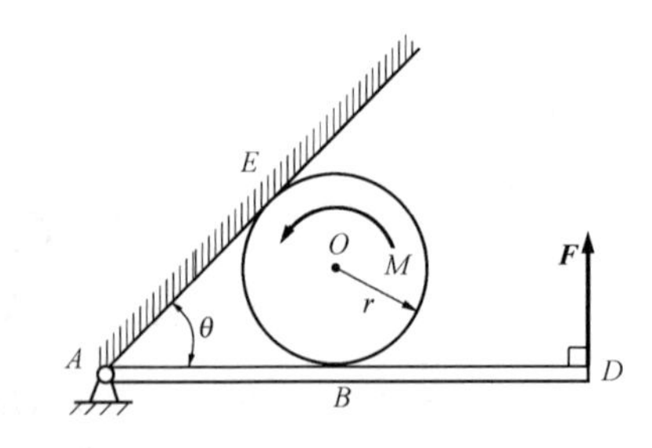

图5-34 题5-15图

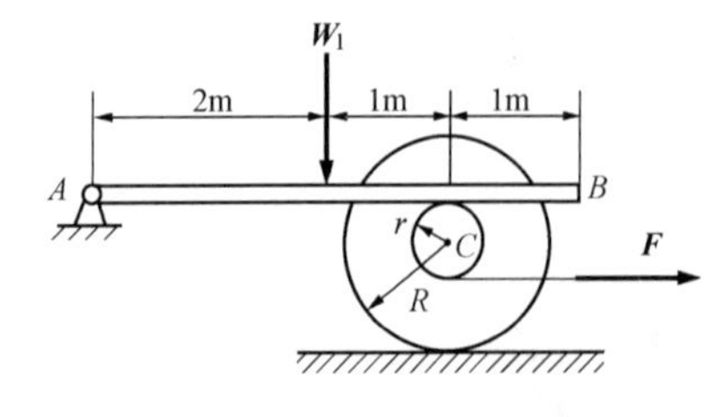

图5-35 题5-16图

5-16 如图5-35所示，重量为 $W_1=450\text{N}$ 的均质梁 AB，梁的 A 端为固定铰支座，另一端搁置在重为 $W_2=343\text{N}$ 的线圈架的芯轴上，轮心 C 为线圈架的重心。线圈架与 AB 梁和地面间的静滑动摩擦因数分别为 $f_{s1}=0.4$、$f_{s2}=0.2$，不计滚动摩阻，线圈架的半径 $R=0.3\text{m}$，芯轴的半径 $r=0.1\text{m}$。今在线圈架的芯轴上绕一不计重量的软绳，求使线圈架由静止而开始运动的水平拉力 F 的最小值。

5-17 如图5-36所示，构件1和2用楔块3连接，已知楔块与构件间的静滑动摩擦因数为 $f_s=0.1$，楔块自重不计。求能自锁的倾斜角 θ。

5-18 均质长板 AD 重 W，长为4m，用一短板 BC 支撑，如图5-37所示。若 $AC=BC=AB=3\text{m}$，BC 板的自重不计。求 A、B、C 处的摩擦角各为多大才能使之保持平衡。

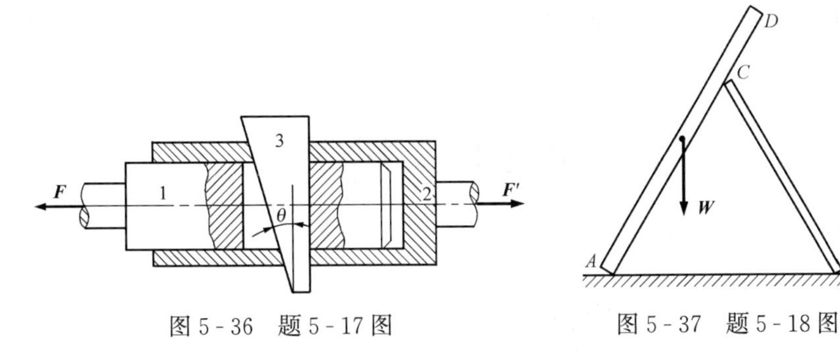

图 5-36　题 5-17 图　　　　图 5-37　题 5-18 图

5-19　图 5-38 所示汽车重 $W=14\text{kN}$，重心在 C 处。车轮直径为 $d=60\text{cm}$，重量不计。问发动机应给予后轮多大的力偶矩，方能使前轮越过高 6cm 的砖块？问此时后轮与地面间的静摩擦因数应有多大才不至于打滑？

5-20　均质棱柱体重 $W=4.8\text{kN}$，放置在水平面上，棱柱体与水平面间的静摩擦因数为 $f_s=\frac{1}{3}$，力 F 按图 5-39 所示的方向作用；试求力 F 的值逐渐增大时，该棱柱体是先滑动还是先倾倒？并计算运动刚发生时力 F 的值。

5-21　梯子重为 W、长为 l，上端靠在光滑的墙上（如图 5-40 所示），底端与水平面间的静摩擦因数为 f_s，求：

（1）已知梯子倾角 α，为使梯子保持静止，问重为 P 的人的活动范围有多大？

（2）倾角 α 多大时，不论人在什么位置梯子都保持静止？

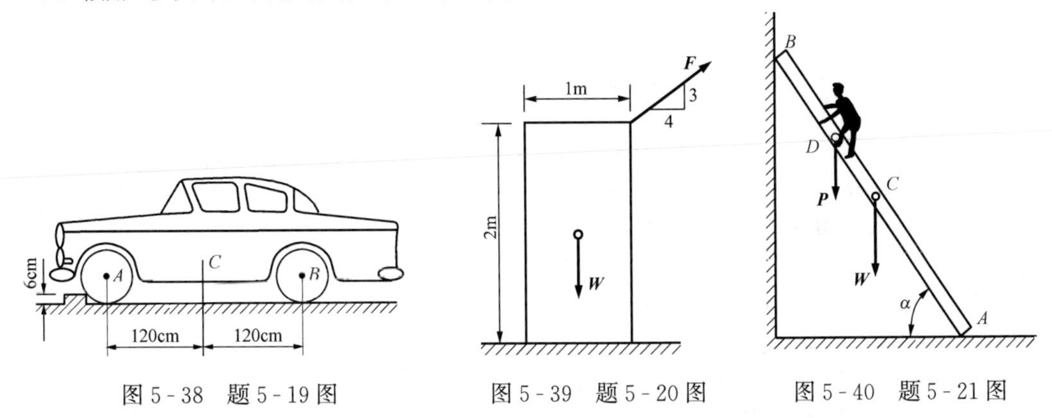

图 5-38　题 5-19 图　　图 5-39　题 5-20 图　　图 5-40　题 5-21 图

5-22　图 5-41 所示圆柱滚子重 $W=3\text{kN}$，半径为 $r=30\text{mm}$，放在水平面上；若滚动摩擦因数 $\delta=5\text{mm}$，求 $\alpha=0$ 及 $\alpha=30°$ 两种情况下，拉动滚子所需的力 F 之值。

5-23　胶带制动器如图 5-42 所示，胶带绕过制动轮而连接于固定点 C 及水平杠杆的 E 端。胶带绕于轮上的包角 $\theta=225°=1.25\pi$（弧度），胶带与轮间的静摩擦因数为 $f_s=0.5$，轮半径 $r=a=100\text{mm}$。如在水平杆 D 端施加一铅垂力 $F=100\text{N}$，求胶带对于制动轮的制动力矩 M 的最大值。

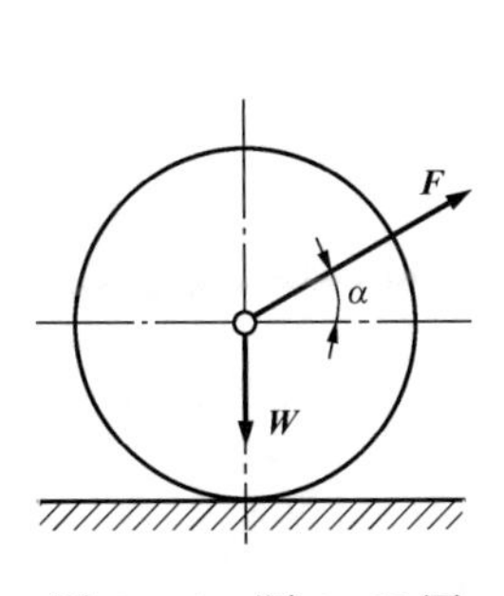

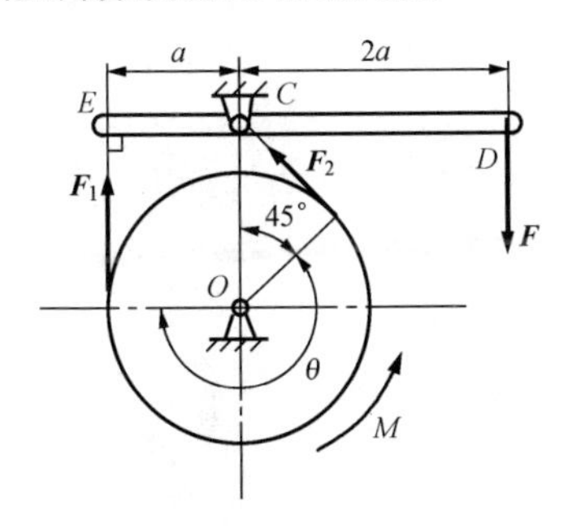

图 5-41　题 5-22 图　　　　图 5-42　题 5-23 图

提示：轮与胶带间将发生滑动时，胶带两端拉力的关系为 $F_2 = F_1 e^{f_s \theta}$。其中 θ 为包角，以弧度计，f_s 为摩擦因数。

习题答案

5-1 (a) 平衡，$F_s=200\text{N}$；

(b) 不平衡，$F_s=150\text{N}$

5-2 $W(\sin\alpha - f_s\cos\alpha) \leqslant F \leqslant W(\sin\alpha + f_s\cos\alpha)$

5-3 $F=128.23\text{N}$

5-4 $f_s=0.223$

5-5 $s=0.456l$

5-6 $W_{A,\min} = 1.37\text{kN}$

5-7 $f_s = \dfrac{1}{2\sqrt{3}}$

5-8 $\dfrac{M\sin(\theta-\varphi)}{l\cos\theta\cos(\beta-\varphi)} \leqslant F \leqslant \dfrac{M\sin(\theta+\varphi)}{l\cos\theta\cos(\beta+\varphi)}$

5-9 下降时 $W \leqslant W_1 + W_2\left(1-\dfrac{bf}{2a}\right)$；上升时 $W \geqslant W_1 + W_2\left(1+\dfrac{bf_s}{2a}\right)$

5-10 $b\leqslant 110\text{mm}$

5-11 $\dfrac{\sin\alpha + f_s\cos\alpha}{\cos\alpha - f_s\sin\alpha}F_1 \geqslant F_2 \geqslant \dfrac{\sin\alpha - f_s\cos\alpha}{\cos\alpha + f_s\sin\alpha}$

5-12 $0.83\text{kN}\leqslant F\leqslant 1.25\text{kN}$

5-13 0.99cm

5-14 $b\leqslant 7.5\text{mm}$

5-15 $M_{\min}=0.212P\cdot r$

5-16 $F_{\min}=240\text{N}$

5-17 $\theta\leqslant 11°25'(\theta = 2\varphi_f)$

5-18 $\varphi_A=16°16'$，$\varphi_B=\varphi_C=30°$

5-19 $M=1.44\text{kN}\cdot\text{m}$；$f_{\min}=0.63$

5-20 先倾倒，$F=1.5\text{kN}$

5-21 (1) $AD \leqslant \dfrac{2f_s(W+P)\tan\alpha - W}{2P}l$；(2) $\tan\alpha \geqslant \dfrac{2P+W}{2f_s(P+W)}$

5-22 50kN；57.2kN

5-23 $M=122.5\text{N}\cdot\text{m}$

第六章　空　间　力　系

空间力系是最一般的力系，平面汇交力系、平面任意力系等都是它的特殊情况。本章在研究平面力系的基础上，进一步研究物体在空间力系作用下的平衡问题。最后介绍物体重心的概念及求重心位置的方法。

§6-1　工程中的空间力系问题

作用在物体上的力系，其作用线分布在空间，而且也不能简化到某一平面上时，这种力系就称为**空间力系**。在工程实际中，常遇到物体在空间力系作用下的情况，如机器上的转轴以及空间桁架结构等均属空间力系问题。图 6-1（a）所示为一转轴，A 为止推轴承，其约束反力有 $\boldsymbol{F}_{Ax}$、$\boldsymbol{F}_{Ay}$ 和 $\boldsymbol{F}_{Az}$；B 为向心轴承，其约束反力有 $\boldsymbol{F}_{Bx}$、$\boldsymbol{F}_{Bz}$；C 为胶带轮，其上作用有柔性体约束反力 $\boldsymbol{F}_{T1}$ 和 $\boldsymbol{F}_{T2}$；D 为斜齿轮，受轴向力 $\boldsymbol{F}_n$、径向力 $\boldsymbol{F}_r$ 和圆周力 $\boldsymbol{F}_t$ 的作用，作用在转轴（包括轴上的胶带轮和斜齿轮）的这些力，就构成了空间力系，如图 6-1（b）所示。

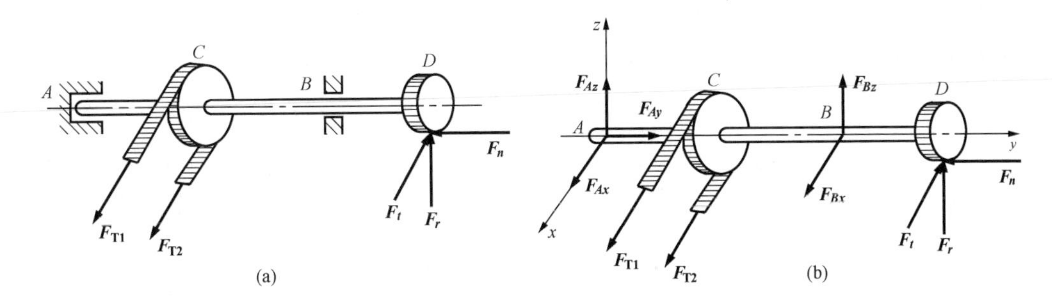

图 6-1

与平面力系一样，空间力系也可以分为空间汇交力系、空间平行力系和空间任意力系。本章着重研究空间任意力系的平衡问题。

§6-2　力在空间坐标轴上的投影

在研究平面力系时，需要计算力在坐标轴上的投影。在研究空间力系时，同样需要计算力在空间直角坐标轴上的投影。如图 6-2（a）所示，已知力 $\boldsymbol{F}$ 与三轴 x、y、z 正向间的夹角分别为 α、β、γ，根据力的投影定义可直接将力 $\boldsymbol{F}$ 向三个坐标轴上投影，得到

$$\left.\begin{aligned}F_x &= F\cos\alpha\\F_y &= F\cos\beta\\F_z &= F\cos\gamma\end{aligned}\right\}\tag{6-1a}$$

在求力 $\boldsymbol{F}$ 在坐标轴上的投影时，也可以采用二次投影法，即先将力投影到坐标平面上，

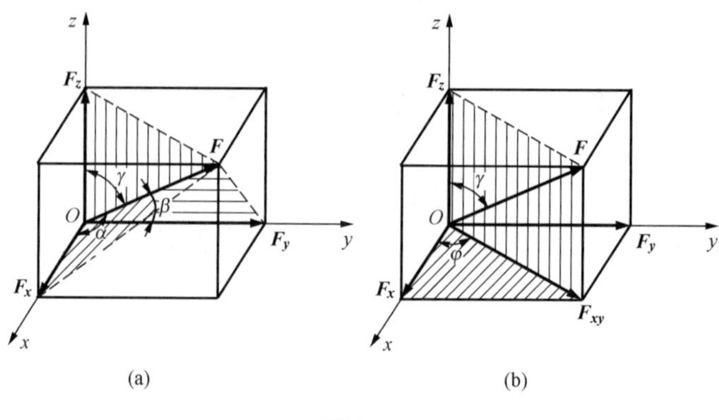

图 6-2

然后再投影到坐标轴上。如图 6-2（b）所示，设力 $\boldsymbol{F}$ 与 z 轴正向间的夹角为 γ，则力在面上的投影为矢量 $\boldsymbol{F}_{xy}$，其大小为

$$F_{xy}=F\sin\gamma$$

$\boldsymbol{F}_{xy}$ 力与 x 轴的夹角为 φ，于是，力在三个坐标轴上的投影分别为

$$\left.\begin{aligned}F_x&=F_{xy}\cos\varphi=F\sin\gamma\cos\varphi\\F_y&=F_{xy}\sin\varphi=F\sin\gamma\sin\varphi\\F_z&=F\cos\gamma\end{aligned}\right\}\tag{6-1b}$$

在具体计算时，究竟取哪种方法求投影，要看问题给出的条件来定。

反过来如果已知力在轴上的投影，也可求出力的大小的方向，即

$$F=\sqrt{F_x^2+F_y^2+F_z^2}$$

$$\cos(\boldsymbol{F},\boldsymbol{i})=\frac{F_x}{F},\cos(\boldsymbol{F},\boldsymbol{j})=\frac{F_y}{F},\cos(\boldsymbol{F},\boldsymbol{k})=\frac{F_z}{F}\tag{6-2}$$

§6-3　力对轴之矩

一、力对轴之矩的概念

在第三章中，我们建立了在平面内力对点之矩的概念。如图 6-3（a）所示，力在圆轮平面内，力 $\boldsymbol{F}$ 产生的是物体绕 O 点转动的作用，从而建立了在平面内力对点之矩的概念，即

$$M_O(\boldsymbol{F})=\pm Fd$$

从图 6-3 可以看出，平面里物体绕 O 点的转动，实际上就是空间里物体绕通过 O 点且与该平面垂直的轴转动，即物体绕 z 轴转动，图 6-3（b）。所以，平面里力对点之距，实际上就是空间里力对轴之矩。力 $\boldsymbol{F}$ 对 z 轴之矩用符号 $M_z(\boldsymbol{F})$ 表示。

在研究空间力系时，如力 $\boldsymbol{F}$ 不在垂直于轴的平面内，如图 6-3（c）所示，则仅仅知道上述有关力矩的概念还不够，尚需建立空间力对轴之矩的概念。

下面以开门动作为例来加以说明。如图 6-4（a）、（b）所示，当力 $\boldsymbol{F}$ 的作用线与门轴平行或相交时，根据经验可知，这些力不会使门产生转动。如图 6-4（c）所示的情况下，将力 $\boldsymbol{F}$ 分解为平行于 z 轴的分力 $\boldsymbol{F}_z$ 和垂直于 z 轴的分力 $\boldsymbol{F}_{xy}$，由经验可知，只有作用在垂直于

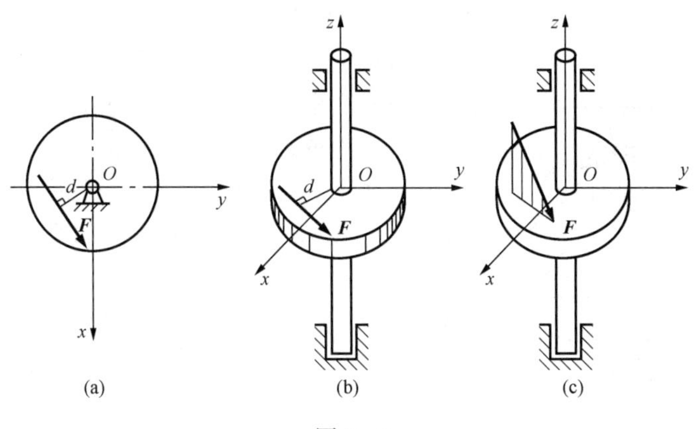

图 6-3

轴的平面内的分力 $\boldsymbol{F}_{xy}$ 才能使门绕 z 轴转动，分力 $\boldsymbol{F}_{xy}$ 对 z 轴之矩实际上就是它对平面内 O 点（轴与平面的交点）之矩，故

$$M_z(\boldsymbol{F}) = M_O(\boldsymbol{F}_{xy}) = \pm F_{xy}d \quad (6-3)$$

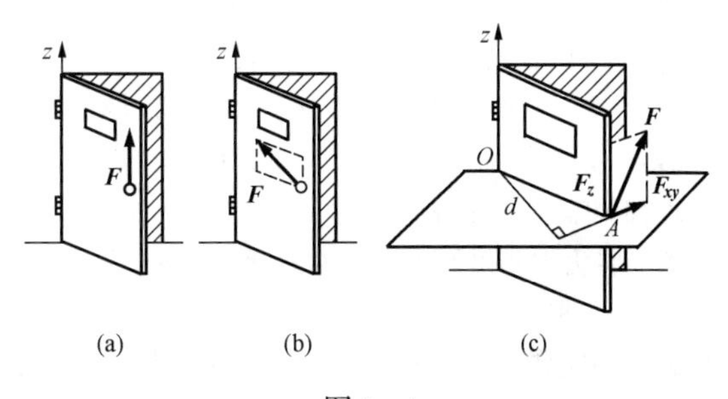

图 6-4

式中正负号表示力对轴之矩的转向。通常规定：从 z 轴的正向看去，力使物体绕该轴逆时针方向转动为正，顺时针方向转动为负，如图 6-5（a）所示。或用右手法则来判定：用右手握住 z 轴，使四个指头顺着力矩转动的方向，如果大拇指指向轴的正向则力矩为正；反之，如果大拇指指向 z 轴的负向则力矩为负，如图 6-5（b）所示。力对轴之矩是一个代数量，其单位与力对点之矩相同。

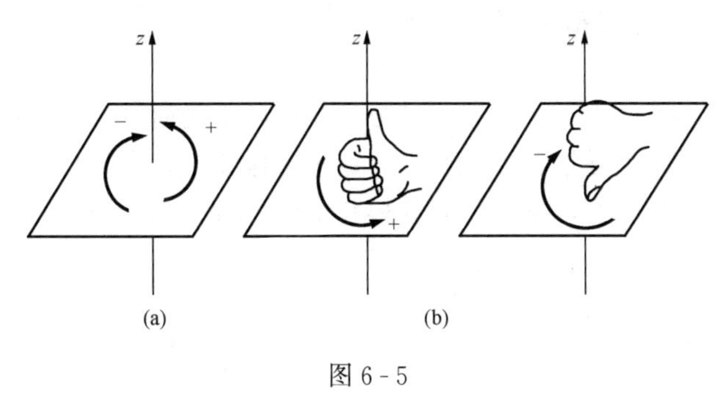

图 6-5

综上所述，可得如下结论：力 $\boldsymbol{F}$ 对 z 轴之矩 M_z（$\boldsymbol{F}$）的大小等于力 $\boldsymbol{F}$ 在垂直于 z 轴的平面内的投影 F_{xy} 与力臂 d（即轴与平面的交点 O 到力 $\boldsymbol{F}_{xy}$ 的垂直距离）的乘积，其正负按右手法则确定，或从 z 轴正向看逆时针方向转动时为正，顺时针方向转动时为负。显然，当力与轴平行或轴相交时，即力与轴共面时，力对该轴之矩等于零。

力对轴之矩是用来量度力使物体绕轴转动效应的物理量。

二、合力矩定理

在§4-3中讲过平面力系的合力矩定理，在空间力系中力对轴之矩也有类似关系。下面只叙述结论不作证明，即：空间力系的合力对某一轴之矩等于力系中各分力对同一轴之矩的代数和，此即称为空间力系的合力矩定理。用公式表示为

$$M_x(\boldsymbol{F}_{\mathrm{R}}) = M_x(\boldsymbol{F}_1) + M_x(\boldsymbol{F}_2) + \cdots + M_x(\boldsymbol{F}_n)$$

所以

$$M_x(\boldsymbol{F_R}) = \Sigma M_x(\boldsymbol{F_i}) \tag{6-4}$$

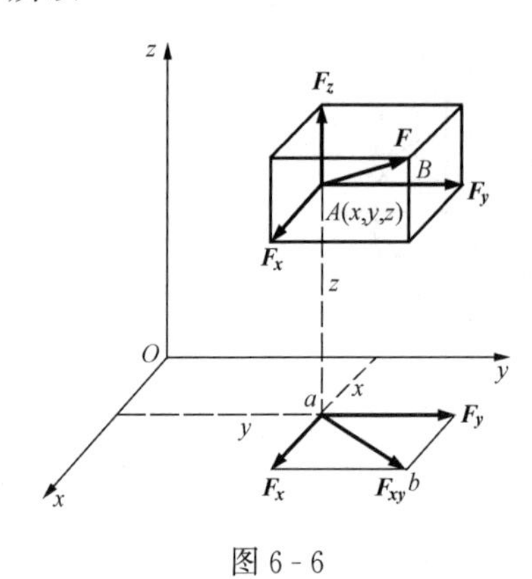

图 6-6

空间合力矩定理常常被用来确定物体的重心位置，并且也提供了用分力矩来计算合力矩的方法。

三、力对轴之矩的解析表示

设 $\boldsymbol{F}$ 在三个坐标轴上的投影分别为 F_x、F_y、F_z，力作用点 A 坐标为 $A(x、y、z)$，如图 6-6 所示，根据合力矩定理

$$M_z(\boldsymbol{F}) = M_O(\boldsymbol{F_{xy}}) = M_O(\boldsymbol{F_x}) + M_O(\boldsymbol{F_y}) = -F_x y + F_y x$$

同理可得 M_x（$\boldsymbol{F}$）、M_y（$\boldsymbol{F}$），将此三式合写为

$$\left.\begin{aligned} M_x(F) &= yF_z - zF_y \\ M_y(F) &= zF_x - xF_z \\ M_z(F) &= xF_y - yF_x \end{aligned}\right\} \tag{6-5}$$

此即计算力对轴之矩的解析表达式。

【例 6-1】 手柄 $ABCE$ 在平面 Axy 内，在 D 处作用一个力 $\boldsymbol{F}$，如图 6-7 所示，它在垂直于 y 轴的平面内，偏离铅垂直线的角度为 α。如果 $CD=a$，杆 BC 平行于 x 轴，杆 CE 平行于 y 轴，AB 和 BC 的长度都等于 l，求力 $\boldsymbol{F}$ 对 x、y 和 z 三轴的矩。

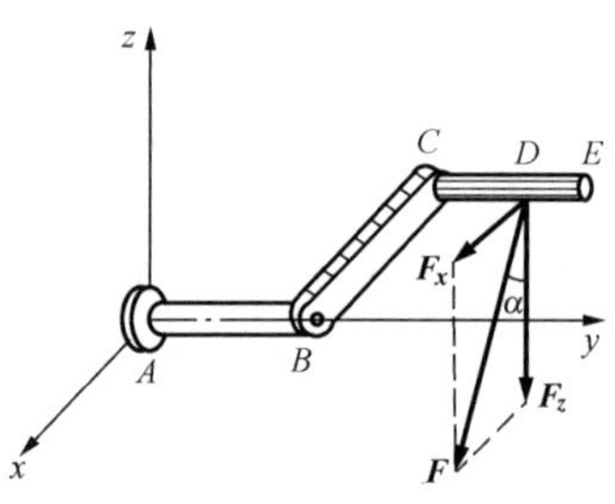

图 6-7

解 将力 $\boldsymbol{F}$ 沿坐标轴分解为 $\boldsymbol{F_x}$ 和 $\boldsymbol{F_z}$ 两个分力，其中 $F_x = F\sin\alpha$，$F_z = F\cos\alpha$。根据合力矩定理，力 $\boldsymbol{F}$ 对轴的矩等于分力 $\boldsymbol{F_x}$ 和 $\boldsymbol{F_z}$ 对同一轴的矩的代数和。注意力对平行于自身的轴的矩为零，于是有

$$M_x(\boldsymbol{F}) = M_x(\boldsymbol{F_z}) = -F_z(AB + CD) = -F(l + a)\cos\alpha$$

$$M_y(\boldsymbol{F}) = M_y(\boldsymbol{F_z}) = -F_z BC = -Fl\cos\alpha$$

$$M_z(\boldsymbol{F}) = M_z(\boldsymbol{F_x}) = -F_x(AB + CD) = -F(l + a)\sin\alpha$$

§6-4　空间力系的平衡方程

建立空间力系平衡条件的方法与建立平面力系平衡条件的方法相同，都是通过力系的简化得出的。对于空间力系来说，平衡条件的推导过程比较复杂，这里不作介绍。本节只用比较直观的方法介绍物体在空间力系作用下的平衡，从而得到物体在空间一般力系作用下的平衡方程。

某一物体上作用着一个空间任意力系 $\boldsymbol{F_1}$、$\boldsymbol{F_2}$、…、$\boldsymbol{F_n}$，见图6-8(a)，则力系既能产生使物体沿空间直角坐标 x、y、z 轴方向移动的效应，又能产生使物体绕 x、y、z 轴转动的效应。若物体在空间力系作用下保持平衡，则物体既不能沿 x、y、z 三轴移动，也不能绕 x、y、z 三轴转动。若物体沿 x 轴方向不移动，如图 6-8（b）所

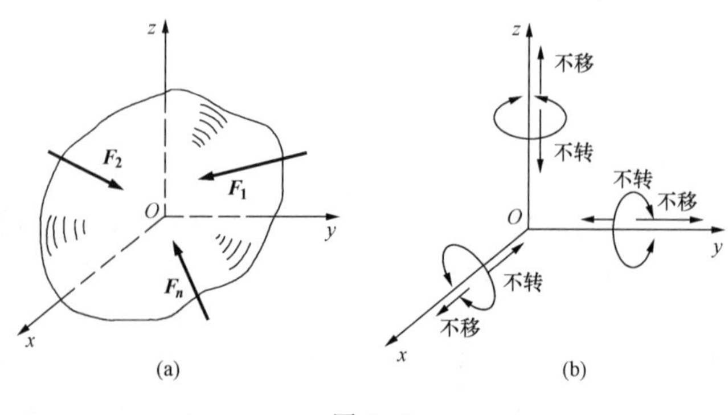

图 6-8

示，则此空间力系各力在 x 轴上投影的代数和为零（$\Sigma F_x=0$）；同理，如物体沿 y、z 轴方向不能移动，则力系各力在 y 轴、z 轴上投影的代数和亦必须为零（$\Sigma F_y=0$、$\Sigma F_z=0$）。若物体不能绕 x 轴转动，则空间力系各力对 x 轴之矩的代数和为零［$\Sigma M_x(\boldsymbol{F})=0$］；同理若物体不能绕 y 和 z 轴转动，则力系中各力对 y 和 z 轴之矩的代数和也必须为零［$\Sigma M_y(\boldsymbol{F})=0$、$\Sigma M_z(\boldsymbol{F})=0$］。由此得到空间力系的平衡方程为

$$\left.\begin{array}{l}\Sigma F_x=0,\Sigma F_y=0,\Sigma F_z=0\\ \Sigma M_x(\boldsymbol{F})=0,\Sigma M_y(\boldsymbol{F})=0,\Sigma M_z(\boldsymbol{F})=0\end{array}\right\}\tag{6-6}$$

式（6-6）表明，物体若平衡，则必须满足上述方程。反之，空间力系如满足上述六个方程，则物体必然保持平衡状态（即相对静止或做匀速运动）。所以式（6-6）表示了空间力系平衡的必要和充分条件，即空间力系各力在任意直角坐标系中的三个轴上投影的代数和分别等于零，各力对此三轴之矩的代数和也分别等于零。

方程组（6-6）中的六个方程是相互独立的。运用它，可以求解六个未知量。在求解具体问题时，直角坐标系的三个轴在空间的方向可任意选取，以易于列出平衡方程，其所含未知量最少为宜。

方程组（6-6）是解空间力系平衡问题的基本方程。它有三个力的投影方程和三个力对轴之矩方程。

空间任意力系是一个物体受力的最一般情况，其他类型的力系都可以认为是空间任意力系的特殊情况，因而它们的平衡方程都可从方程组（6-6）中推出。下面我们从空间任意力系的平衡方程，导出空间汇交力系和空间平行力系的平衡方程。

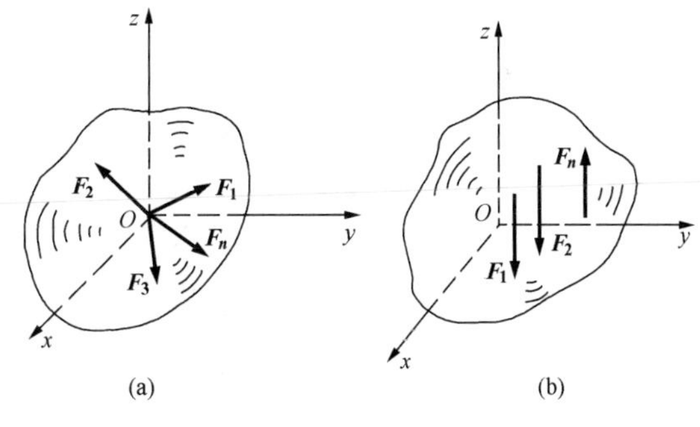

图 6-9

如图 6-9（a）所示，设物体受一空间汇交力系作用，如选择空间汇交力系的汇交点为坐标系 $Oxyz$ 的原点，则不论此力系是否平衡，各力对三轴之矩恒为零，即

$$\Sigma M_x(\boldsymbol{F})\equiv 0,\Sigma M_y(\boldsymbol{F})\equiv 0,\Sigma M_z(\boldsymbol{F})\equiv 0$$

因此，空间汇交力系的平衡方程为

$$\left.\begin{array}{l}\Sigma \boldsymbol{F_x}=0\\ \Sigma \boldsymbol{F_y}=0\\ \Sigma \boldsymbol{F_z}=0\end{array}\right\}\tag{6-7}$$

如图 6-9（b）所示，设物体受一空间平行力系作用。令 z 轴与这些力平行，则各力对于 z 轴的矩等于零；又由于 x 轴和 y 轴都与这些力垂直，所以各力在这两轴上的投影也等于零，即

$$\Sigma M_z(\boldsymbol{F})=0,\Sigma \boldsymbol{F_x}=0,\Sigma \boldsymbol{F_y}=0$$

三式成为恒等式。因此，空间平行力系的平衡方程为

$$\left.\begin{array}{l}\Sigma \boldsymbol{F_z}=0\\ \Sigma M_x(\boldsymbol{F})=0\\ \Sigma M_y(\boldsymbol{F})=0\end{array}\right\}\tag{6-8}$$

对于空间力系的平衡问题，求解的基本步骤仍然是首先确定研究对象，再画受力图，直接运用式（6-6）列平衡方程并求解。也可以将空间力系转化为在三个坐标平面内的平面力系来处理。后一种方法比较容易掌握，也便于运用平面力系平衡问题的解题技巧。因此，这种方法在工程实际中运用较多。举例说明如下：

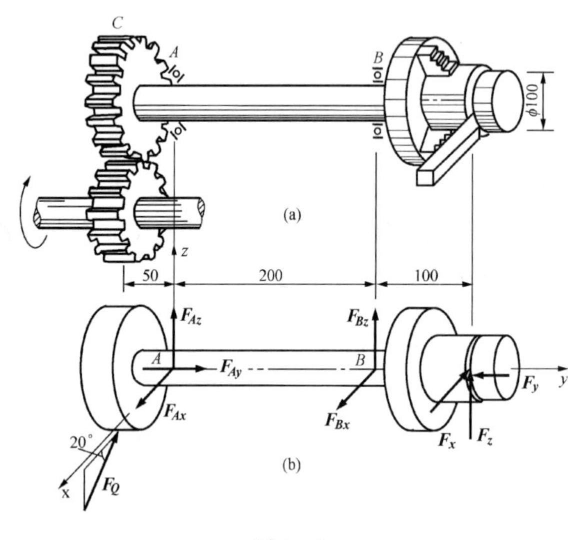

图 6-10

【例 6-2】 车床主轴装在轴承 A 和 B 上，如图 6-10（a）所示，其中 A 为止推轴承，B 为向心轴承。圆柱齿轮的节圆半径 $r_1=100\text{mm}$，其啮合点在齿轮节圆的下端，压力角 $\alpha=20°$。在轴的右端固连一直径 $d=2r_2=100\text{mm}$ 的圆柱形工件。当车外圆时，车刀给工件的切削力作用在点 H，其中切向力 $F_z=1400\text{N}$，轴向力 $F_y=352\text{N}$，径向力 $F_x=466\text{N}$。如果不计构件重量，试求齿轮所受的力 F_Q 和两轴承处的约束反力。

解 取主轴连同齿轮 C 和工件一起作为研究对象。以 A 为坐标原点，取轴 x 在水平面内，轴 y 与主轴轴线重合，轴 z 沿铅垂线，各轴的正向与受力情况如图 6-10（b）所示。系统的受力包括切削力 $\boldsymbol{F}_x$、$\boldsymbol{F}_y$、$\boldsymbol{F}_z$，轴承约束反力 $\boldsymbol{F}_{Ax}$、$\boldsymbol{F}_{Ay}$、$\boldsymbol{F}_{Az}$ 和 $\boldsymbol{F}_{Bx}$、$\boldsymbol{F}_{Bz}$，齿轮 C 所受的啮合力 $\boldsymbol{F}_Q$。这 9 个力构成空间任意力系，未知量有 6 个，由式（6-6）可列写系统平衡方程如下：

$$\Sigma \boldsymbol{F}_x=0, F_{Ax}+F_{Bx}-F_Q\cos\alpha-F_x=0$$

$$\Sigma \boldsymbol{F}_y=0, F_{Ay}-F_y=0$$

$$\Sigma \boldsymbol{F}_z=0, F_{Az}+F_{Bz}+F_Q\sin\alpha+F_z=0$$

$$\Sigma M_x(\boldsymbol{F})=0, F_{Bz}\times 200-F_Q\sin\alpha\times 50+F_z\times(200+100)=0$$

$$\Sigma M_y(\boldsymbol{F})=0, F_Q\cos\alpha\times 100-F_z\times 50=0$$

$$\Sigma M_z(\boldsymbol{F})=0, F_x\times(200+100)-F_{Bx}\times 200-F_Q\times\cos\alpha 50-F_y\times 50=0$$

联立求解以上 6 个方程可得 5 个未知约束反力和齿轮啮合力为

$$F_{Ax}=729\text{N}, F_{Ay}=352\text{N}, F_{Az}=385\text{N}$$

$$F_{Bx}=437\text{N}, F_{Bz}=-2040\text{N}, F_Q=746\text{N}$$

列空间力系平衡方程，关键在于正确计算出力对轴之矩。按照力对轴之矩的概念，它等于这个力在垂直于该轴平面上的投影对于轴与平面交点之矩，并按规定考虑正负号。

在工程计算中，有时将作用于物体上的各力投影到坐标平面上，把空间力系平衡问题转换为平面力系的平衡问题处理，可使求解得以简化。例如，将本例中图 6-10（b）所示的车床主轴的受力图向 3 个坐标平面上投影，可得 3 个平面任意力系的受力图，这样就把空间力系的平衡问题转化为平面力系平衡问题。

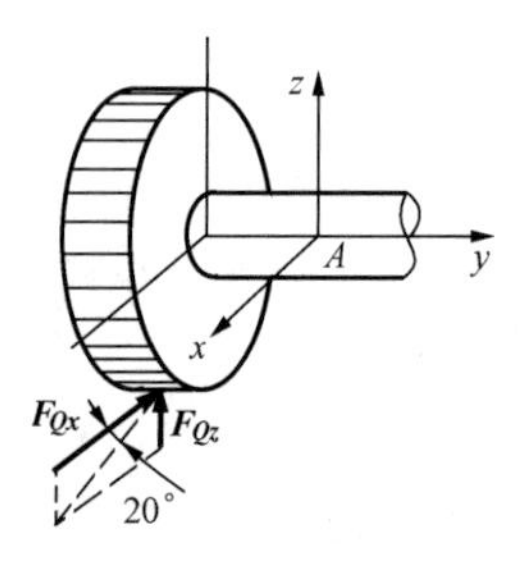

图 6-11

首先设坐标系 $Axyz$（图 6-11），将空间力系化为三个坐标平面内的平面力系，如图 6-12（a）、（b）、（c）所示。画投影图时，必须特别注意 3 个视图之间的关系，不要画错力的方向，径向力 $\boldsymbol{F}_{Qz}$ 和切向力 $\boldsymbol{F}_{Qx}$ 的方向如图 6-12（a）、（b）所示。其计算式为

$$F_{Qz}=F_Q\sin\alpha, F_{Qx}=F_Q\cos\alpha$$

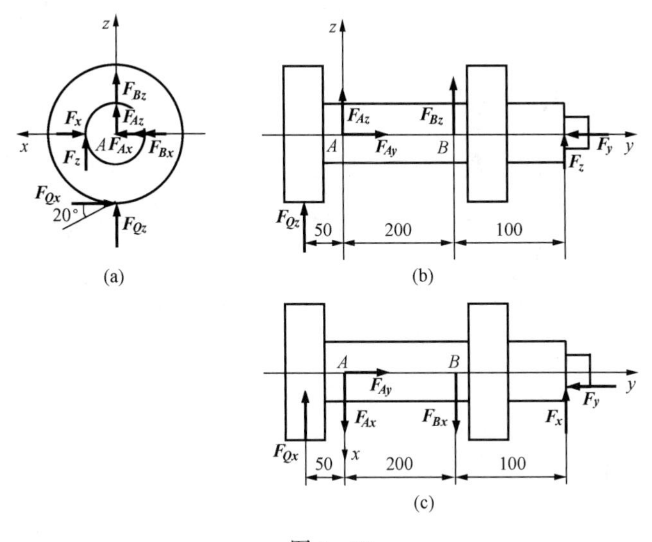

图 6-12

如图 6-12（a）所示，在 Axz 平面有

$$\Sigma M_A(\boldsymbol{F})=0, F_{Qx}\times 100-F_z\times 50=0$$

$$F_Q\cos 20^\circ\times 100-1400\times 50=0$$

得
$$F_Q=\frac{1400\times 50}{100\cos 20^\circ}=746\text{N}$$

如图 6-12（b）所示，在 Ayz 平面有

$$\Sigma M_A(\boldsymbol{F})=0, -F_{Qz}\times 50+F_{Bz}\times 200+F_z\times 300=0$$

$$-746\times\sin 20^\circ\times 50+F_{Bz}\times 200+1400\times 300=0$$

得
$$F_{Bz}=\frac{746\times\sin 20^\circ\times 50-1400\times 300}{200}=-2040\text{N}$$

$$\Sigma \boldsymbol{F}_z=0, F_{Qz}+F_{Az}+F_{Bz}+F_z=0$$

$$746\sin 20^\circ+F_{Az}-2040+1400=0$$

得
$$F_{Az}=385\text{N}$$

$$\Sigma \boldsymbol{F}_y=0, F_{Ay}-F_y=0$$

得
$$F_{Ay}=F_y=352\text{N}$$

如图 6-12（c）所示，在 Axy 平面有

$$\Sigma M_A(\boldsymbol{F})=0, -F_{Qx}\times 50-F_{Bx}\times 200+F_x\times 300-F_y\times 50=0$$

$$-746\cos 20^\circ\times 50-F_{Bx}\times 200+466\times 300-352\times 50=0$$

得
$$F_{Bx}=437\text{N}$$

$$\Sigma \boldsymbol{F}_x=0, -F_{Qx}+F_{Ax}+F_{Bx}-F_x=0$$

$$-746\cos 20^\circ+F_{Ax}+437-466=0$$

得
$$F_{Ax}=729\text{N}$$

用这种方法解题时，关键在于正确地将空间力系投影到三个坐标平面上，转化为平面力系，在列平面力系平衡方程中，可以运用平面力系的解题技巧。

对比上述两种解法，可以看出，两种方法没有原则上的差别。实际上后一方法中三个力矩方程 $\Sigma M_A(\boldsymbol{F})=0$，分别对应于前一方法中的 $\Sigma M_y(\boldsymbol{F})=0$、$\Sigma M_x(\boldsymbol{F})=0$ 和 $\Sigma M_z(\boldsymbol{F})=0$。后一种方法较易掌握，在工程中多采用这种方法。

【例 6-3】　如图 6-13（a）所示转轴 AB，已知胶带张力 $F_1=536\text{N}$，$F_2=64\text{N}$，圆柱齿轮节圆直径

$D=94.5\text{mm}$，压力角 $\alpha=20°$。求（1）齿轮 C 所受的力 $\boldsymbol{F}$；（2）轴承 A、B 处的约束反力。

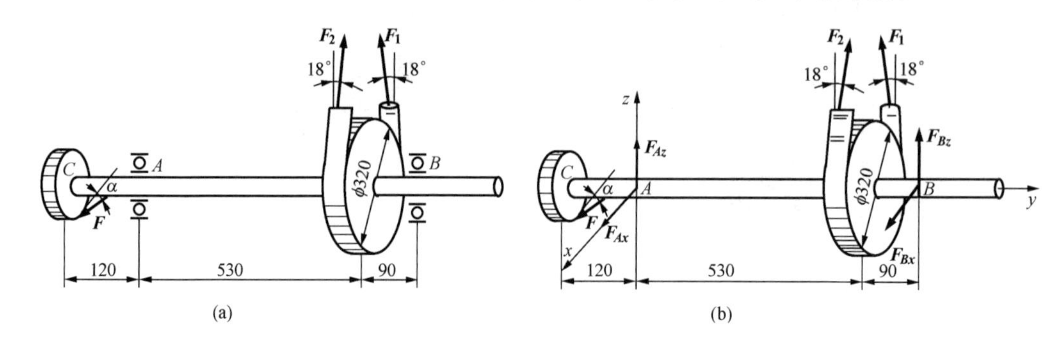

图 6 - 13

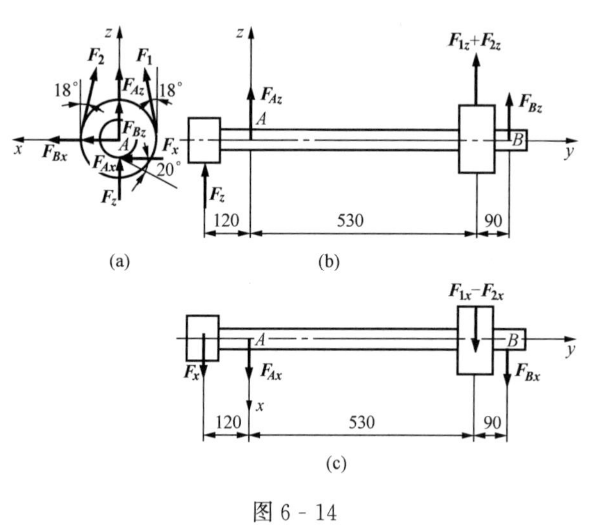

图 6 - 14

解 选取研究对象 取轴 AB、齿轮、胶带轮为研究对象。画受力图如图 6 - 13（b）所示。受有皮带张力 $\boldsymbol{F}_1$ 和 $\boldsymbol{F}_2$，齿轮作用力 $\boldsymbol{F}$，轴承反力 $\boldsymbol{F}_{Ax}$、$\boldsymbol{F}_{Az}$ 和 $\boldsymbol{F}_{Bx}$、$\boldsymbol{F}_{Bz}$。取坐标 $Axyz$，列出平衡方程，求解未知量。将空间力系投影到三个坐标平面上，转化为平面力系平衡问题求解。

如图 6 - 14（a）所示，在 Axz 平面有

$$\Sigma M_A(\boldsymbol{F})=0, F_1\times160-F_2\times160-F_x\times\frac{94.5}{2}=0$$

$$536\times160-64\times160-F\cos20°\times\frac{94.5}{2}=0$$

$$F=\frac{2\times160\times(536-64)}{94.5\cos20°}=1700\text{N}$$

如图 6 - 14（b）所示，在 Ayz 平面有

$$\Sigma M_A(\boldsymbol{F})=0, -F_z\times120+(F_{1z}+F_{2z})\times530+F_{Bz}\times620=0$$

$$-1700\sin20°\times120+(536+64)\cos18°\times530+F_{Bz}\times620=0$$

$$F_{Bz}=\frac{1700\sin20°\times120-(536+64)\cos18°\times530}{620}=-375\text{N}$$

$$\Sigma \boldsymbol{F}_z=0, F_{Az}+F_{Bz}+F_z+(F_{1z}+F_{2z})=0$$

$$F_{Az}-375+1700\sin20°+(536+64)\cos18°=0$$

$$F_{Az}=-777\text{N}$$

如图 6 - 14（c）所示，在 Axy 平面有

$$\Sigma M_A(\boldsymbol{F})=0, F_x\times120-(F_{1x}-F_{2x})\times530-F_{Bx}\times620=0$$

$$1700\cos20°\times120-(536-64)\sin18°\times530-F_{Bx}\times620=0$$

$$F_{Bx}=\frac{1700\cos20°\times120-(536-64)\sin18°\times530}{620}=186\text{N}$$

$$\Sigma \boldsymbol{F}_x=0, F_{Ax}+F_{Bx}+F_x+(F_{1x}-F_{2x})=0$$

$$F_{Ax}+186+1700\cos20°+(536-64)\sin18°=0$$

$$F_{Ax}=-1920\text{N}$$

求出的未知量有的是负值，说明实际反力与图示方向相反。

§6-5 物体的重心

在地球表面附近的空间内，任何物体的每一微小部分都受到铅垂向下的地球引力的作用，习惯上称之为重力。严格地说，这些力组成的力系是一个空间汇交力系（交于地球的中心）。但是，由于工程实际中的物体的尺寸与地球的半径相比小得多，因此可近似地认为这个力系是一空间平行力系，此平行力系的合力大小称为物体的重量，此平行力系的中心（即物体重力合力的作用点）称为物体的重心。如果把此物体看作为刚体，则此物体的重心对于物体本身来说是一个确定的点，不因物体的放置方位而变。

物体的重心是力学和工程中一个重要的概念，在许多工程问题中，物体重心的位置对物体的平衡或运动状态起着重要的作用。例如，当我们用手推车推重物时，只有将重物放在一定位置，也就是使重物的重心正好与车轮轴线在同一铅垂面内时，才能比较省力。骑自行车时，必须不断地调整重心的位置，才不致翻倒。起重机的重心若超出某一范围，就会引起严重的翻倒事故。机床中的一些高速旋转的构件，如重心的位置偏离转轴轴线，就会使机床产生强烈的振动而影响机器的寿命及精度，甚至引起破坏。而飞机、轮船及车辆的重心位置与它们运动的稳定性和可操纵性也有极大的关系。因此，测定或计算出物体重心的位置，在工程中有着重要的意义。下面介绍几种常用的确（测）定或计算重心的方法。

一、对称确定法

在工程实际中，经常遇到具有对称轴、对称面或对称中心的均质物体。这种物体的重心一定在对称轴、对称面或对称中心上。如图 6-15（a）的工字钢截面，具有对称轴 $O—O'$，则它的重心一定在 $O—O'$ 轴上；又如图 6-15（b），立方体具有对称中心 C，则 C 点就是它的重心。

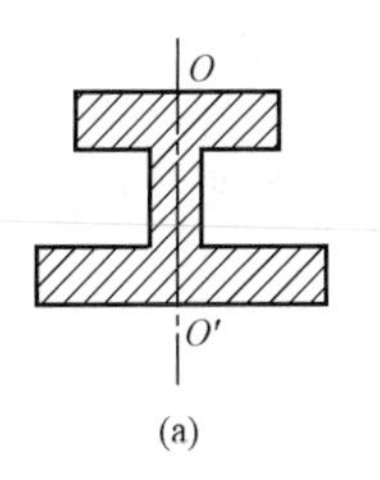

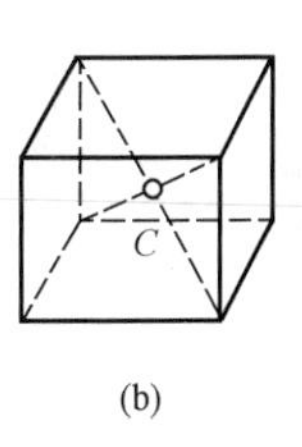

图 6-15

二、实验测定法

工程中经常遇到形状比较复杂或非均质的物体，此时其重心的位置可用实验的方法测定。这种方法比较简便，且具有足够的准确度。另外，虽然设计时重心的位置计算得很精确，但由于在制造和装配时产生误差等原因，待产品制成后，也可以用实验的方法来进行重心位置的测定。

1. 悬挂法

对于薄板形物体或具有对称面的薄零件，可采用此法测定其重心位置。例如装岩机设计时要求确定铲斗重心，铲斗具有对称面，根据对称性，其重心在此对称面内，只须确定对称平面的重心即可。可用一均质等厚的板按一定的比例尺做成铲斗对称面形状。先悬挂在任意一点 A，根据二力平衡原理，重心必在过悬挂点 A 的铅垂线上，标出此线 AB［图 6-16（a）］。然后再将它悬挂在任意点 D，同理，标出另一直线 DE。则 AB 与 DE 的交点 C 即为重心，如图 6-16（b）所示。有时也可悬挂二次以上，以提高精度。

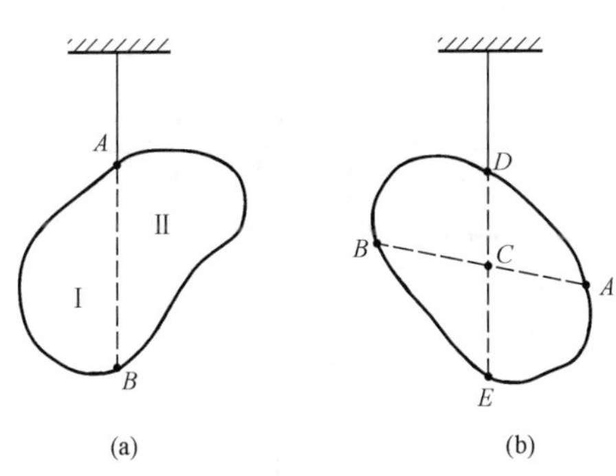

图 6-16

2. 称重法

对于形状复杂、体积庞大的物体或者由许多零部件构成的物体系，常用称重法测定重心的位置。这里以汽车为例，说明测定重心的称重法。首先称量出汽车的重量 F_P，测量出汽车前后轮距 l 和车轮半径 r。设汽车是左右对称的，则重心必在此对称面内，只需测定重心距后轮（或前轮）的距离 x_C 和距地面的高度 z_C。为了测定，将汽车后轮放在地面上，前轮放在磅秤上，使车身保持水平，如图 6 - 17（a）所示。这时磅秤上的读数为 F_{P1}，因汽车处于平衡状态，有

$$F_P x_C = F_{P1} l$$

于是得

$$x_C = \frac{F_{P1} l}{F_P}$$

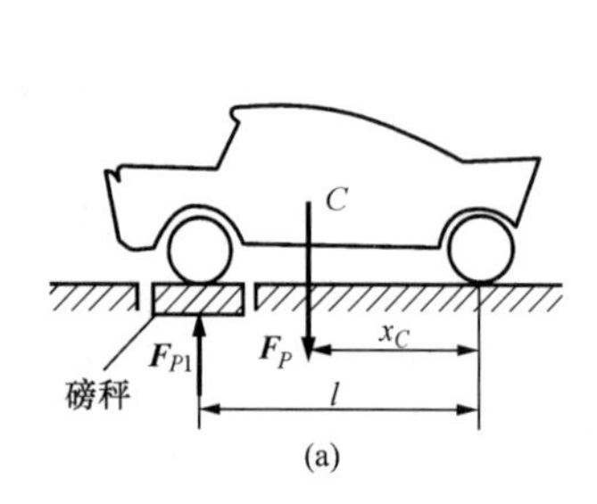

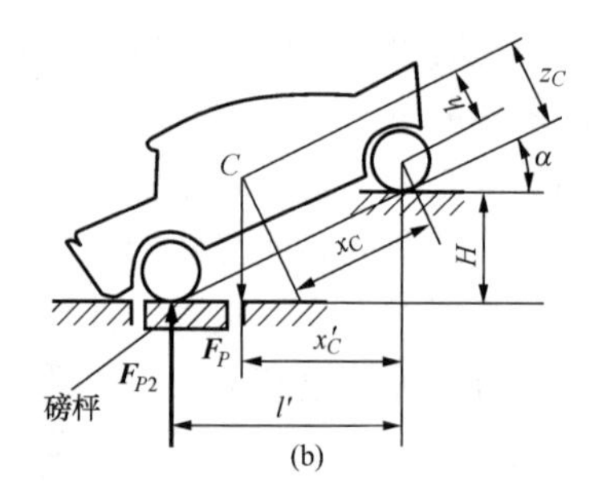

图 6 - 17

之后，将汽车后轮抬到任意高度 H，如图 6 - 17（b）所示，这时磅秤上的读数为 F_{P2}，同理得

$$x'_C = \frac{F_{P2} l'}{F_P}$$

由图中几何关系知

$$l' = \sqrt{l^2 - H^2}$$

$$x'_C = x_C \cos\alpha + h\sin\alpha = \frac{x_C}{l}\sqrt{l^2 - H^2} + (z_C - r)\cdot\frac{H}{l}$$

整理以后得

$$z_C = r + \frac{F_{P2} - F_{P1}}{F_P}\cdot\frac{1}{H}\sqrt{l^2 - H^2}$$

式中等号右边均为已测定的数据。

三、解析计算法

重心是空间中的一个点，在空间中确定一个点需要三个坐标。下面给出计算物体重心坐标的公式，这种方法称为解析计算法。

1. 重心坐标的计算公式

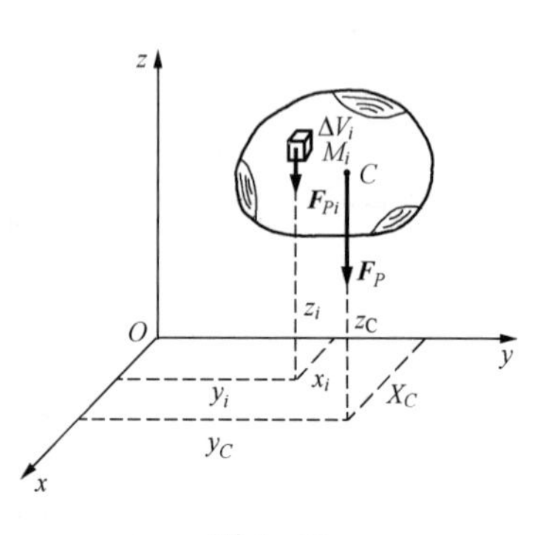

图 6 - 18

取固连在物体上的空间直角坐标系 $Oxyz$，如图 6 - 18 所示，使重力与 z 轴平行，设整个物体的重量为 F_P，重心坐标为 x_C、y_C、z_C，将物体分成若干微体，每个微体的重量分别为 F_{P1}、F_{P2}、…、F_{Pn}，各力作用点的坐标分别为

(x_1、y_1、z_1)，(x_2、y_2、z_2)，…，(x_n、y_n、z_n)。根据合力矩定理，对 y 轴取矩，有

$$F_P x_C = \Sigma F_{Pi} x_i$$

对 x 轴取矩有

$$-F_P y_C = \Sigma -F_{Pi} y_i$$

为求坐标 z_C，由于物体的重心相对于物体本身，也相对固连于物体上的坐标系的位置，不会因物体的放置方式而改变，因而将物体连同坐标系绕 x 轴逆时针转 90°，使 y 轴铅垂向上，此时，再对 x 轴取矩，得

$$F_P z_C = \Sigma F_{Pi} z_i$$

这样，即得到计算重心坐标的公式为

$$x_C = \frac{\Sigma F_{Pi} x_i}{F_P}, y_C = \frac{\Sigma F_{Pi} y_i}{F_P}, z_C = \frac{\Sigma F_{Pi} z_i}{F_P} \tag{6-9}$$

在式（6-9）中，如以 $F_{Pi} = m_i g$、$F_P = mg$ 代入，在分子和分母中消去 g，即得到如下公式

$$x_C = \frac{\Sigma m_i x_i}{m}, y_C = \frac{\Sigma m_i y_i}{m}, z_C = \frac{\Sigma m_i z_i}{m} \tag{6-10}$$

上式称为质心（质量中心）坐标公式，在均匀重力场内，质量中心与其重心的位置相重合。

如果物体是均质的，又有 $m_i = V_i \rho$，$m = V\rho$，式中 ρ 为物体的密度，V_i 为微体的体积，V 为物体的体积，代入式（6-10）中，则得

$$x_C = \frac{\Sigma V_i x_i}{V}, y_C = \frac{\Sigma V_i y_i}{V}, z_C = \frac{\Sigma V_i z_i}{V} \tag{6-11}$$

式（6-11）表明，对均质物体来说，物体的重心只与物体的形状有关，而与物体的重量无关，因此均质物体的重心也称为物体的形心。

如果物体为等厚均质板或薄壳，则有 $V_i = A_i h$，$V = Ah$，式中 h 为板或壳的厚度，A_i 为微体的面积，A 为物体的面积，代入式（6-11）中，得

$$x_C = \frac{\Sigma A_i x_i}{A}, y_C = \frac{\Sigma A_i y_i}{A}, z_C = \frac{\Sigma A_i z_i}{A} \tag{6-12}$$

在式（6-12）中，显然，$\Sigma y_i A_i = y_C A$。公式 $\Sigma y_i A_i = y_C A$ 称为截面图形对 x 轴的静矩。静矩的概念将在材料力学中用到。

在材料力学中，求平面图形形心的公式，就是求均质平面薄板的重心公式。

2. *积分法*

利用微积分的观点，把微体取为微元，物体的有限份变为无限份，则计算物体重心坐标的公式变为

$$x_C = \frac{\int_V x \mathrm{d}F_p}{F_P}, y_C = \frac{\int_V y \mathrm{d}F_P}{F_P}, z_C = \frac{\int_V z \mathrm{d}F_P}{F_P} \tag{6-13}$$

设物体的比重为 γ，则式中 $\mathrm{d}F_P = \gamma \mathrm{d}V$，$\mathrm{d}V$ 为微元的体积。

类似地可得到

$$x_C=\frac{\int_V x\,\mathrm{d}m}{m},y_C=\frac{\int_V y\,\mathrm{d}m}{m},z_C=\frac{\int_V z\,\mathrm{d}m}{m} \tag{6-14}$$

$$x_C=\frac{\int_V x\,\mathrm{d}V}{V},y_C=\frac{\int_V y\,\mathrm{d}V}{V},z_C=\frac{\int_V z\,\mathrm{d}V}{V} \tag{6-15}$$

等计算重心（质心、形心）坐标的公式。实际应用中，许多物体重心的位置可从工程手册中查到。工程中常用的型钢（如工字钢、角钢、槽钢等）的截面的形心，也可从型钢表中查到。此书对一些常见的简单图形物体的重心列表（表 6-1）给出，这些物体的重心位置，均可按积分法求得。

表 6-1　　简单形体的重心表

图　形	重心位置	图　形	重心位置
三角形 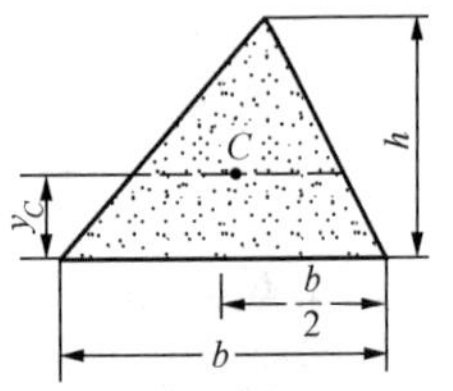	在中线的交点 $y_C=\frac{1}{3}h$	扇形 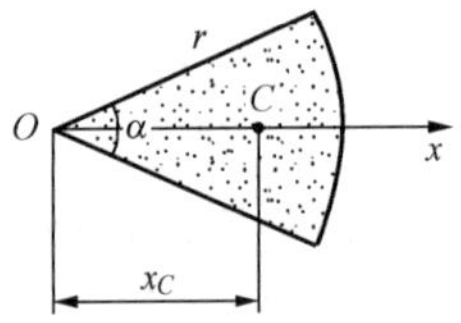	$x_C=\frac{2}{3}\frac{r\sin\alpha}{\alpha}$ 对于半圆 $x_C=\frac{4r}{3\pi}$
梯形 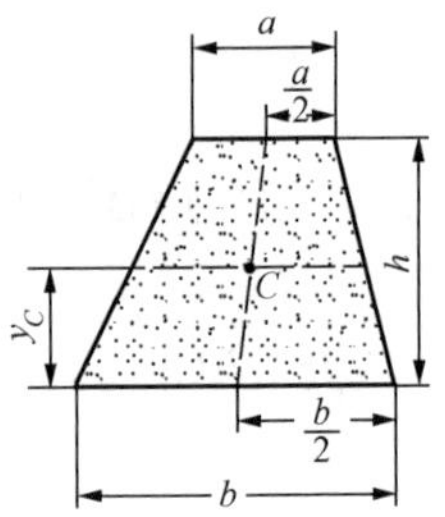	$y_C=\frac{h(2a+b)}{3(a+b)}$	部分圆环 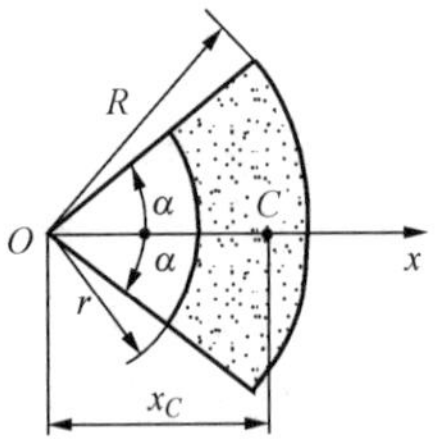	$x_C=\frac{2}{3}\frac{R^3-r^3}{R^2-r^2}\frac{\sin\alpha}{\alpha}$
圆弧 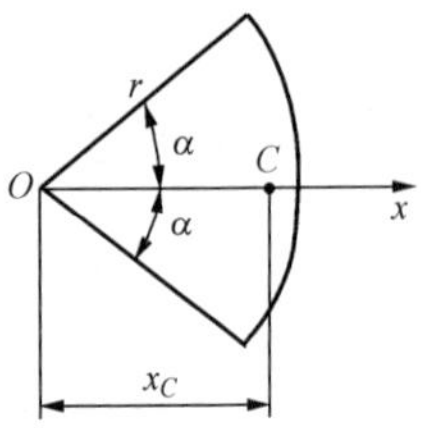	$x_C=\frac{r\sin\alpha}{\alpha}$ 对于半圆弧 $x_C=\frac{2r}{\pi}$	抛物线面 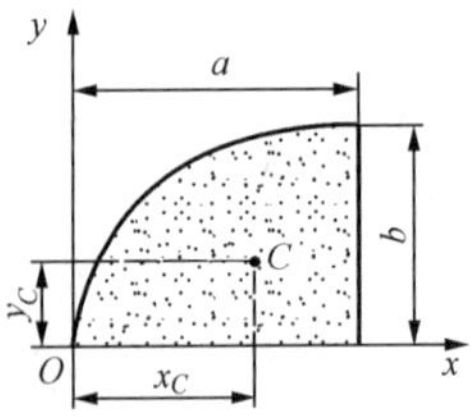	$x_C=\frac{3}{5}a$ $y_C=\frac{3}{8}b$
弓形 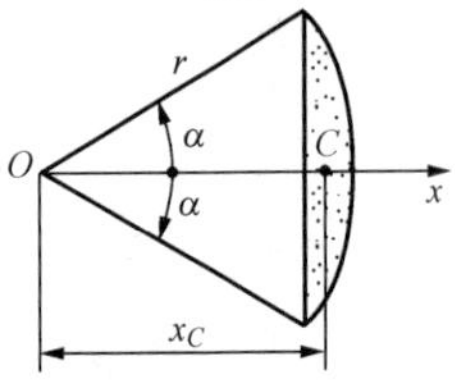	$x_C=\frac{2}{3}\frac{r^3\sin\alpha}{A}$ 面积 $A=\frac{r^2(2\alpha-\sin2\alpha)}{2}$	抛物线面 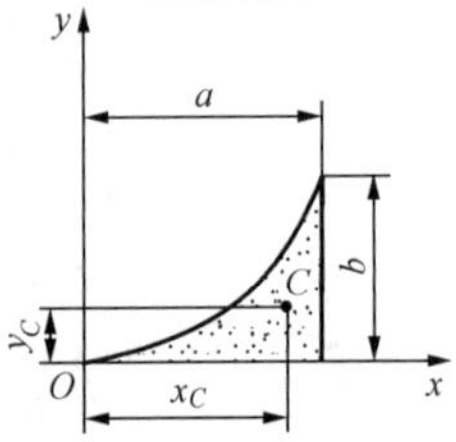	$x_C=\frac{3}{4}a$ $y_C=\frac{3}{10}b$

续表

图　形	重心位置	图　形	重心位置
半圆球 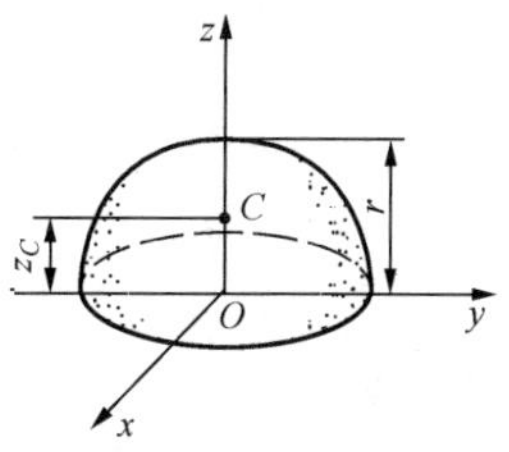	$z_C=\frac{3}{8}r$	正角锥体 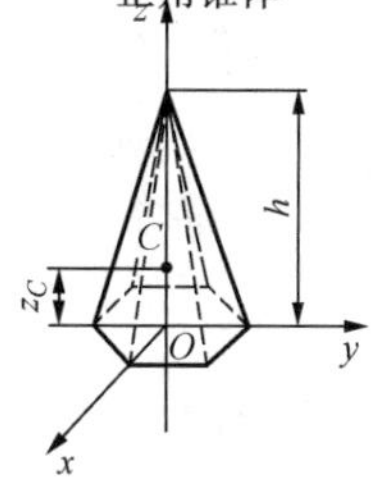	$z_C=\frac{1}{4}h$
正圆锥体 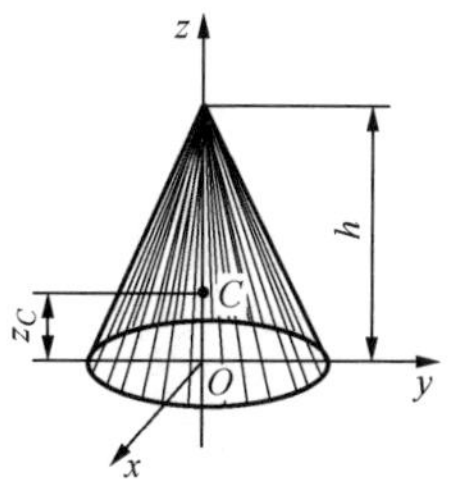	$z_C=\frac{1}{4}h$	锥形筒体 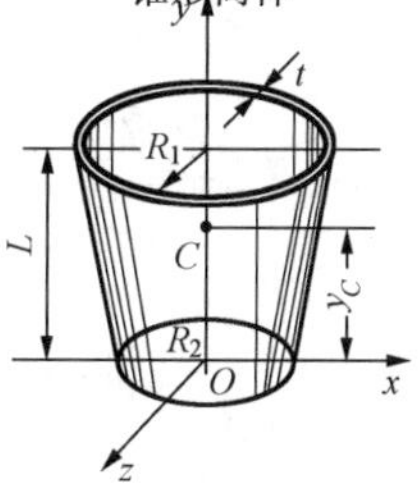	$y_C=\frac{4R_1+2R_2-3t}{6(R_1+R_2-t)}L$

3. 分割法

组合形体形状比较复杂，但它们大都可看成是由表 6-1 中给出的简单几何图形的物体组合而成。分割法是将形状比较复杂的物体分成几个部分，这些部分形状简单，其重心位置容易确定，然后，根据重心坐标公式求出组合形体的重心。下面以一例说明。

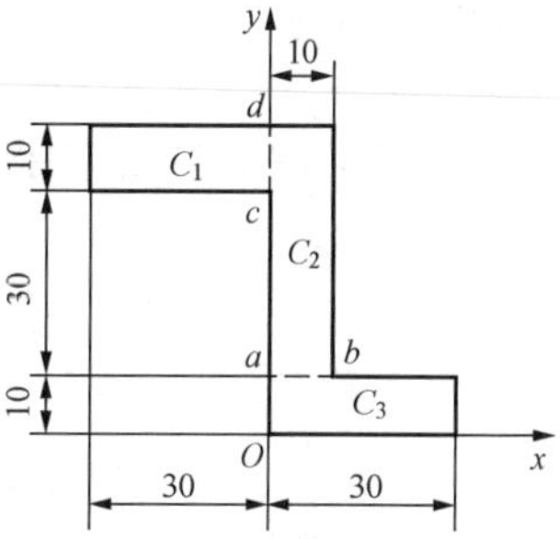

【例 6-4】 求 Z 字形均质等厚薄板重（形）心的位置，其尺寸如图 6-19 所示。

图 6-19

解 将该图形分割成三个矩形（例如以 ab 和 cd 线分割）。以 C_1、C_2、C_3 表示这些矩形的重（形）心，而以 A_1、A_2、A_3 表示它们的面积。以 x_1、y_1，x_2、y_2，x_3、y_3 表示 C_1、C_2、C_3 的坐标，由图得

$$x_1=-15\text{mm}, y_1=45\text{mm}, A_1=300\text{mm}^2$$

$$x_2=5\text{mm}, y_2=30\text{mm}, A_2=400\text{mm}^2$$

$$x_3=15\text{mm}, y_3=5\text{mm}, A_3=300\text{mm}^2$$

代入式（6-11）得

$$x_C=\frac{A_1x_1+A_2x_2+A_3x_3}{A_1+A_2+A_3}=\frac{300\times(-15)+400\times5+300\times15}{300+400+300}=2\text{mm}$$

$$y_C=\frac{A_1y_1+A_2y_2+A_3y_3}{A_1+A_2+A_3}=\frac{300\times45+400\times30+300\times5}{300+400+300}=27\text{mm}$$

4. 负面积法

若在物体或薄板内切去一部分（例如挖有空穴、槽或孔的物体），要求剩余部分物体的重心时，仍可应用与分割法相同的公式来求得，只是切去部分的面积（或体积）应取负值。

下面以一例说明。

【例 6 - 5】 求图 6 - 20 所示振动器的偏心块的重心，偏心块为一等厚度的均质体。已知：$R=100\text{mm}$，$r=17\text{mm}$，$b=13\text{mm}$。

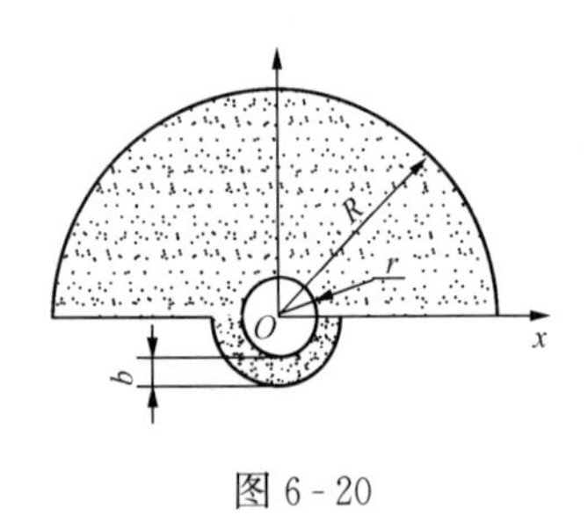

图 6 - 20

解 本题属于求均质等厚薄板的重心问题，也是求平面图形的形心问题。由于有挖去部分，所以用负面积法。

取坐标原点与圆心重合，且偏心块的对称轴为 y 轴（图 6 - 20），根据对称法，偏心块重心 C 在对称轴上，所以

$$x_C = 0$$

将偏心块分割成三部分：半径为 R 的半圆，半径为 $r+b$ 的半圆和半径为 r 的小圆。最后一部分是挖掉的部分，其面积为负值。查表可知这三部分的面积及其坐标为

$$y_1 = \frac{4R}{3\pi}, A_1 = \frac{\pi R^2}{2}$$

$$y_2 = -\frac{4(r+b)}{3\pi}, A_2 = \frac{\pi(r+b)^2}{2}$$

$$y_3 = 0, A_3 = \frac{\pi r^2}{2}$$

由式（6 - 11）得

$$y_C = \frac{A_1y_1+A_2y_2+A_3y_3}{A_1+A_2+A_3} = \frac{\frac{4R}{3\pi}\times\frac{\pi R^2}{2}-\frac{4(r+b)}{3\pi}\times\frac{\pi(r+b)^2}{2}+0\times(-\pi r^2)}{\frac{\pi R^2}{2}+\frac{\pi(r+b)^2}{2}-\pi r^2} = 39\text{mm}$$

偏心块重（形）心 C 的坐标 x_C、y_C 分别为

$$x_C = 0, y_C = 39\text{mm}$$

在这一例题中，综合运用了对称性、分割法和负面积法确定其重心位置。

6 - 1 设有一力 $\boldsymbol{F}$，试问在何种情况下有 $F_x=0$，M_x（$\boldsymbol{F}$）$=0$？在什么情况下有 $F_x=0$，M_x（$\boldsymbol{F}$）$\neq 0$？又在何种情况下有 $F_x\neq 0$，M_x（$\boldsymbol{F}$）$\neq 0$？

6 - 2 若：(1) 空间力系中各力的作用线平行于某一固定平面；(2) 空间力系各力的作用线垂直于某一固定平面；(3) 空间力系中各力的作用线分别汇交于两个固定点，试分析这三种力系最多各有几个独立的平衡方程。

6 - 3 传动轴用两个止推轴承支持，每个轴承有三个未知力，共六个未知量。而空间任意力系的平衡方程恰好有六个，问是否为静定问题？

6 - 4 用负面积法求物体重心时，应注意什么问题？

6 - 1 求图 6 - 21 所示力 $F=1000\text{N}$ 对于 z 轴的力矩 M_z。

6 - 2 水平圆盘的半径为 r，外缘 C 处作用有已知力 F。力 F 垂直于 OC，且与 C 处圆盘切线夹角为 60°，其他尺寸如图 6 - 22 所示。求力 F 对 x、y、z 轴的矩。

6 - 3 挂物架如图 6 - 23 所示，三杆的重量不计，用球铰链连接于 O 点，A、B 处也均为球铰链。平面 BOC 是水平面，且 $OB=OC$，角度如图。若在 O 点挂一重物 G，其重为 1000N，求三杆所受的力。

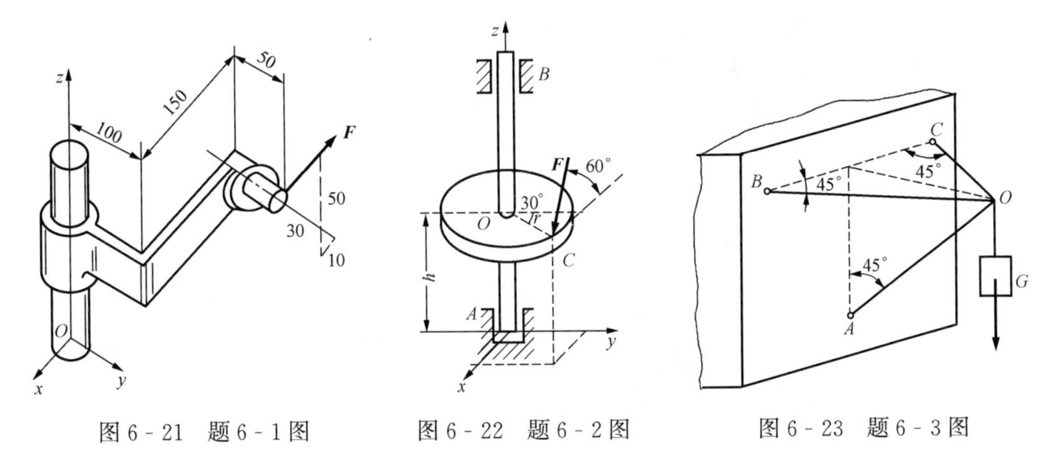

图 6-21 题 6-1 图　　图 6-22 题 6-2 图　　图 6-23 题 6-3 图

6-4 图 6-24 所示空间构架由三根无重直杆组成，在 D 端用球铰链连接，如图所示。A、B 和 C 端用球铰链固定在水平地板上。如果挂在 D 端的物重 $F=10$kN，求三杆所受的力。

6-5 在图 6-25 所示起重机中，已知：$AB=BC=AD=AE$；点 A、B、D 和 E 等均为球铰链连接，如三角形 ABC 的投影为 AF 线，AF 与 y 轴夹角为 α。求铅直支柱和各斜杆的内力与 α 角的关系。

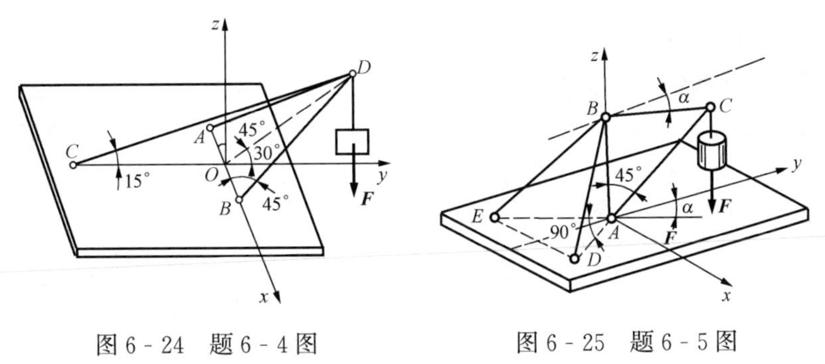

图 6-24 题 6-4 图　　图 6-25 题 6-5 图

6-6 如图 6-26 所示，均质长方形薄板 $P=200$N，用球铰 A 和蝶铰链 B 固定在墙上，并用绳子 CE 维持在水平位置，绳子 CE 缚在薄板上的点 C，并挂在钉子 E 上，钉子钉入墙内，并和点 A 在同一铅直线上。$\angle ECA=\angle BAC=30°$。求绳子的拉力 F 和支座反力。

6-7 图 6-27 所示六杆支撑一水平板，在板角处受铅直力 P 作用。求各杆的内力，设板和杆自重不计。

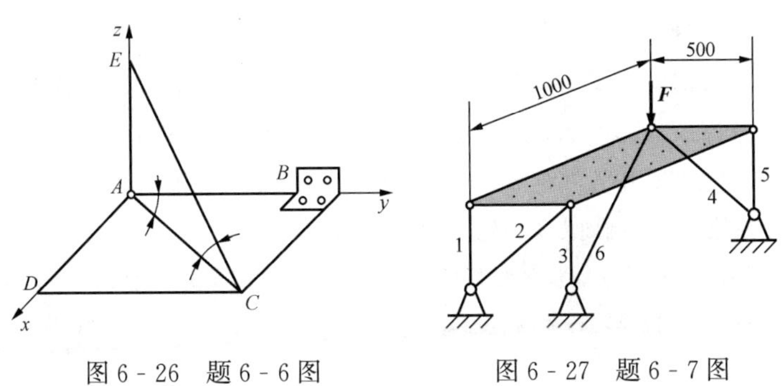

图 6-26 题 6-6 图　　图 6-27 题 6-7 图

6-8 两个均质杆 AB 和 BC 分别重 P_1 和 P_2，其端点 A 和 C 用球铰链固定在水平面上，另一端 B 由铰链相连接，靠在光滑的铅直墙上，墙面与 AC 平行，如图 6-28 所示。如 AB 与水平线交成 45°角，$\angle BAC=90°$，求 A 和 C 的支座反力以及墙上 B 点的反力。

6－9　起重机装在三轮小车 ABC 上。已知起重机的尺寸为：$AD=DB=1\text{m}$，$CD=1.5\text{m}$，$CM=1\text{m}$，$KL=4\text{m}$。机身连同平衡锤 F 共重 $P_1=100=\text{kN}$，作用在 G 点，G 点在平面 $LMNF$ 之内，到机身轴线 MN 的距离 $GH=0.5\text{m}$，如图 6－29 所示。所举重物 $P_2=30\text{kN}$。求当起重机的平面 LMN 平行于 AB 时车轮对轨道的压力。

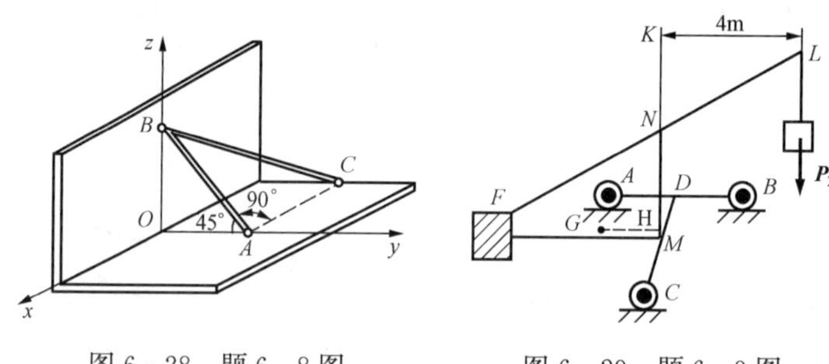

图 6－28　题 6－8 图　　　　图 6－29　题 6－9 图

6－10　水平传动轴装有两个皮带轮 C 和 D，可绕 AB 轴转动，如图 6－30 所示。皮带轮的半径各为 $r_1=200\text{mm}$ 和 $r_2=250\text{mm}$，皮带轮与轴承间的距离为 $a=b=500\text{mm}$。两皮带轮间的距离为 $c=1000\text{mm}$。套在轮 C 上的皮带是水平的，其拉力为 $F_1=2F_2=5000\text{N}$；套在轮 D 上的皮带与铅直线成角 $\alpha=30°$，其拉力为 $F_3=2F_4$。求在平衡情况下，拉力 F_3 和 F_4 的值，并求由皮带拉力所引起的轴承反力。

6－11　使水涡轮转动的力偶矩为 $M_z=1200\text{N}\cdot\text{m}$。在锥齿轮 B 处受到的力分解为 3 个分力：圆周力 F_t，轴向力 F_a 和径向力 F_r。这些力的比例为 $F_t:F_n:F_r=1:0.32:0.17$。已知水涡轮连同轴和锥齿轮的总重为 $P=12\text{kN}$，其作用线沿轴 Cz，锥齿轮的平均半径 $OB=0.6\text{m}$，其余尺寸如图 6－31 所示。试求止推轴承 C 和轴承 A 的反力。

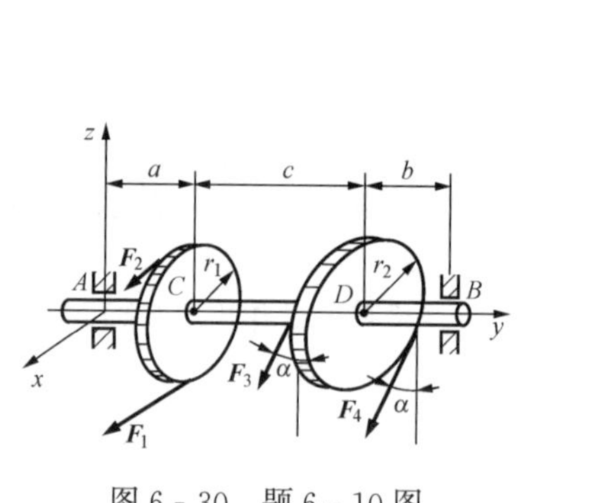

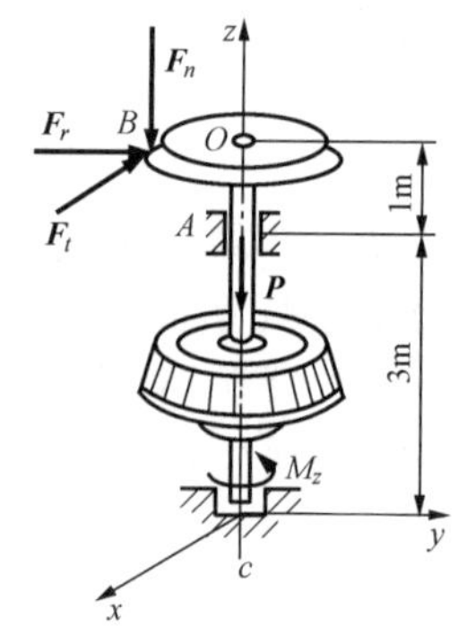

图 6－30　题 6－10 图　　　　图 6－31　题 6－11 图

6－12　有一齿轮传动轴如图 6－32 所示。大齿轮的节圆直径 $D=100\text{mm}$，小齿轮的节圆直径 $d=50\text{mm}$。如两齿轮都是直齿，压力角均为 $\alpha=20°$，已知作用在大齿轮上的圆周力 $P_1=1950\text{N}$，试求传动轴作匀速转动时，小齿轮所受的圆周力 P_2 的大小及两轴承的反力。

6－13　传动轴如图 6－33 所示。皮带轮直径 $D=400\text{mm}$，皮带拉力 $S_1=2000\text{N}$，$S_2=1000\text{N}$，皮带拉力与水平线夹角为 15°；圆柱直齿轮的节圆直径 $d=200\text{mm}$，齿轮压力 N 与铅垂线成 20°角。试求轴承反力及齿轮压力 N。

6－14　求图 6－34 所示截面重心的位置。

6－15　某单柱冲床床身截面 $m-m$ 如图 6－35 所示，试求该截面形心的位置。

6－16　斜井提升中，使用的箕斗侧板的几何尺寸如图 6－36 所示，试求其重心。

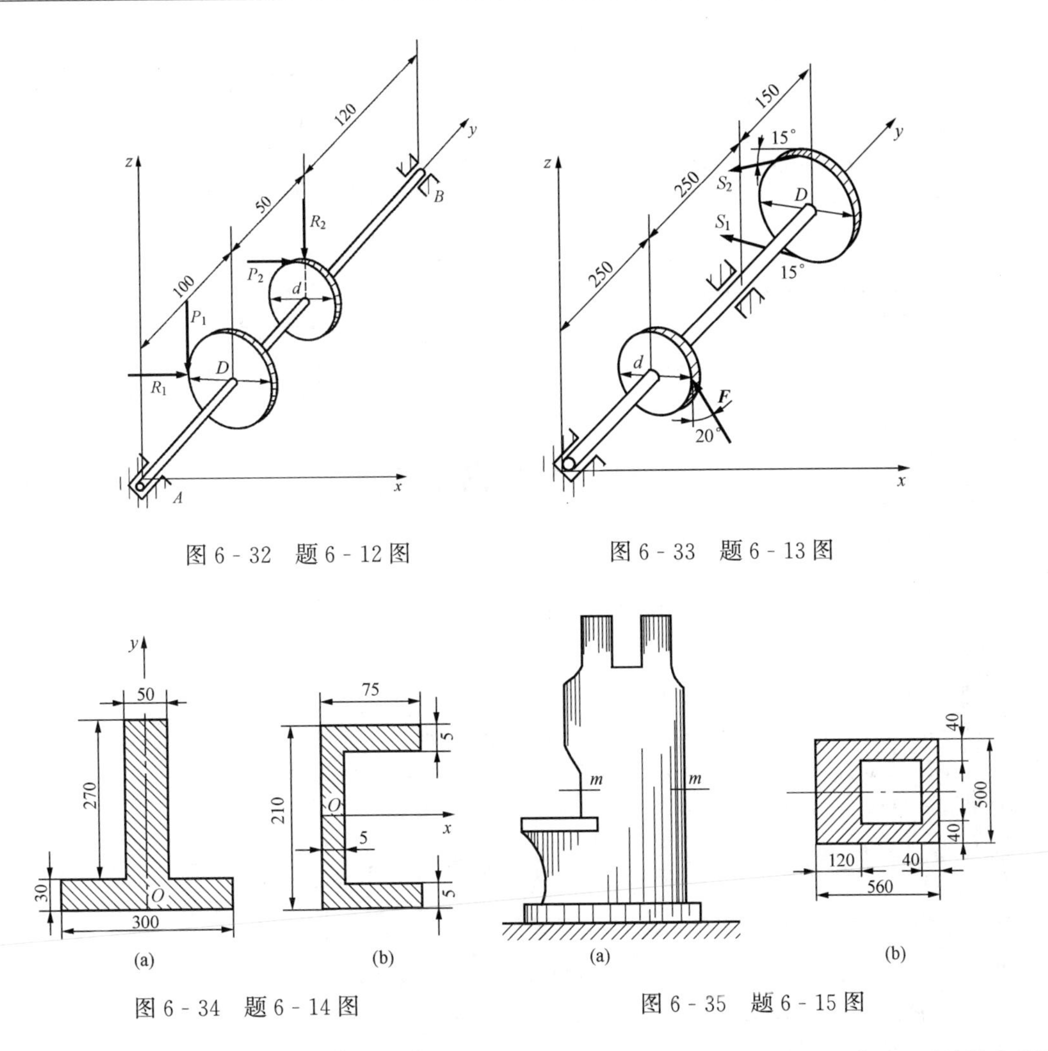

图 6－32　题 6－12 图

图 6－33　题 6－13 图

图 6－34　题 6－14 图

图 6－35　题 6－15 图

6－17　图 6－37 所示是一半径为 R 的均质薄圆板。在距圆心 a 处有一半径为 r 的小孔。试计算此薄圆板的重心位置。

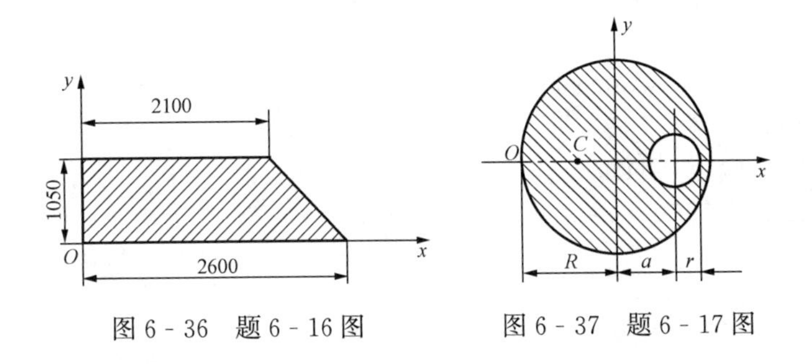

图 6－36　题 6－16 图

图 6－37　题 6－17 图

6－18　求图 6－38 所示薄板重心的位置。该薄板由形状为矩形、三角形和四分之一圆形的三块等厚薄板组成，尺寸如图所示。

6－19　图 6－39 所示等厚均质平板中每一方格的边长为 20mm，求挖去圆后剩余部分重心的位置。

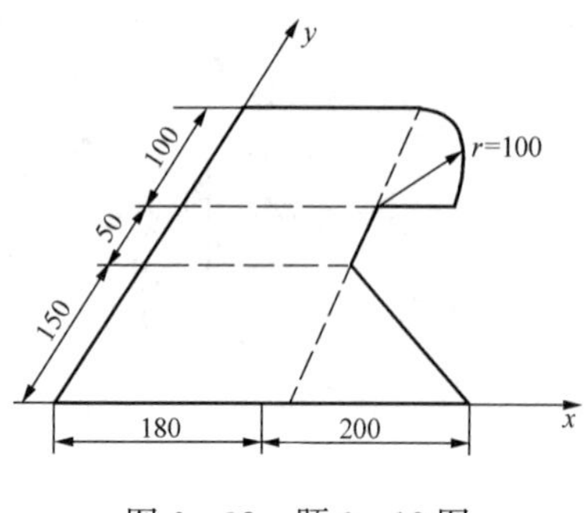

图 6-38 题 6-18 图

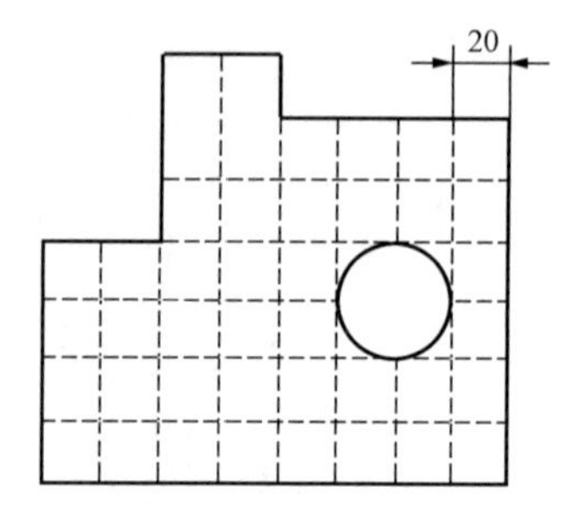

图 6-39 题 6-19 图

习题答案

6-1 $M_z(\boldsymbol{F})=-101.4\text{N}\cdot\text{m}$

6-2 $M_x(\boldsymbol{F})=\frac{F}{4}(h-3r)$，$M_z(\boldsymbol{F})=\frac{\sqrt{3}}{4}F(r+h)$，$M_z(\boldsymbol{F})=-\frac{1}{2}Fr$

6-3 $F_{OA}=-1414\text{N}$（压），$F_{OB}=F_{OC}=707\text{N}$（拉）

6-4 $F_{AD}=F_{BD}=-26.39\text{N}$（压），$F_{CD}=33.46\text{N}$（拉）

6-5 $F_{CA}=-\sqrt{2}F$（压），$F_{BD}=F(\cos\alpha-\sin\alpha)$，$F_{BE}=F(\cos\alpha+\sin\alpha)$，$F_{AB}=-\sqrt{2}F\cos\alpha$（压）

6-6 $F=200\text{N}$，$F_{Bx}=F_{By}=0$，$F_{Ax}=86.6\text{N}$，$F_{Ay}=150\text{N}$，$F_{Az}=100\text{N}$

6-7 $F_1=F_5=-F$（压），$F_3=F$（拉），$F_2=F_4=F_6=0$

6-8 $F_B=\frac{P_1+P_2}{2}$，$F_{Ax}=0$，$F_{Ay}=-\frac{P_1+P_2}{2}$，$F_{Az}=P_1+\frac{P_2}{2}$，$F_{Cx}=F_{Cy}=0$，$F_{Cz}=\frac{P_2}{2}$

6-9 $F_A=8\frac{1}{3}\text{kN}$，$F_B=78\frac{1}{3}\text{kN}$，$F_C=43\frac{1}{3}\text{kN}$

6-10 $F_3=4000\text{N}$，$F_4=2000\text{N}$，$F_{Ax}=-6375\text{N}$，$F_{Az}=1229\text{N}$，$F_{Bx}=-4125\text{N}$，$F_{Bz}=3897\text{N}$

6-11 $F_{Cx}=-666.7\text{N}$，$F_{Cy}=-14.7\text{N}$，$F_{Cz}=12640\text{N}$，$F_{Ax}=2667\text{N}$，$F_{Ay}=-325.3\text{N}$

6-12 $P_2=3900\text{N}$，$F_{Ax}=-2180\text{N}$，$F_{Az}=1860\text{N}$，$F_{Bx}=-2430\text{N}$，$F_{Bz}=1510\text{N}$

6-13 $F=3900\text{N}$，$F_{Ax}=-500\text{N}$，$F_{Az}=-919\text{N}$，$F_{Bx}=4130\text{N}$，$F_{Bz}=-1340\text{N}$

6-14 (a) $y_C=105\text{mm}$，(b) $x_C=17.5\text{mm}$

6-15 $x_C=220\text{mm}$

6-16 $x_C=1180\text{mm}$，$y_C=510\text{mm}$

6-17 $x_C=9.6\text{cm}$

6-18 $x_C=135\text{mm}$，$y_C=140\text{mm}$

6-19 重心距离下端为 59.53mm，距离右端为 78.26mm

第二篇 材 料 力 学

引 言

材料力学的特点之一，就是它与众多的工程技术如机械工程、土木工程、航空工程、航天工程等都有着密切的联系，它是这些工程技术的理论基础。

一、材料力学的任务

各种机械或工程结构都是由许多零件或结构元件所组成，这些不可再拆卸的零件或结构元件统称为**构件**。在正常工作中，每一构件都受到一定的外力，例如提升重物的钢丝绳承受重物的拉力，桥墩要承受桥梁及桥上物体的重力等，这些加在物体上的外力统称为**载荷**。为保证机械或工程结构在载荷作用下能正常工作，在工程设计中常常需要考虑下列五个问题，即强度设计、刚度设计、稳定性设计、振动设计及断裂设计。对于某一具体的工程而言，由于需要不同，并不一定全部考虑五个问题。一般而言，前三个问题是比较基本的。而前三个问题正是材料力学所要研究讨论的问题，是材料力学的主要研究任务。

1. 强度

构件的**强度**是指构件抵抗其破坏的能力。工程构件应具有足够的强度，即要求构件在规定的载荷作用下不发生破坏。例如提升重物的钢丝绳，不允许被重物拉断。

2. 刚度

构件的**刚度**是指构件抵抗其变形的能力。构件在外力作用下总是要发生变形的。当载荷完全卸除后，变形能随之消失，这种变形称为**弹性变形**；当载荷超过一定数值，变形不能随载荷的去除而完全消失，遗留的变形称为**塑性变形**，或**残余变形**。许多工程构件除满足强度要求外，还要求有足够的刚度，即要求构件在规定的载荷作用下不发生过大的弹性变形。如桥式吊车梁，工作时不允许过大的弹性下垂，否则吊车不能正常行驶；机床的主轴工作时如变形过大，则要影响到零件加工精度。

3. 稳定性

构件的**稳定性**是指构件维持其原有平衡形式的能力，有些构件在特定载荷作用下有可能出现不能保持它原有平衡形式的现象。如一根受压的细长直杆，当沿杆轴方向的压力增加到一定数值时，若受到微小的干扰，杆就会由原来的直线状态突然变弯，这种突然改变其平衡状态的现象，称为**丧失稳定**，这也是工程实际中所不允许的。

构件的强度、刚度和稳定性，统称为**构件**的**承载能力**。提高构件的承载能力，往往需要用优质材料并加大截面尺寸，这与降低材料消耗、减轻重量和节省资金有矛盾。为使构件既能满足强度、刚度、稳定性的要求，又能达到节省材料和减轻重量的目的，需要选择适宜的材料，确定合理的截面形状和尺寸，材料力学就是在解决上述矛盾的过程中产生发展起来的。它研究在载荷作用下材料和构件所表现出来的力学性能（外力与变形、内力与应力的关系），从而建立强度、刚度、稳定性条件，以保证构件达到安全、经济、适用的要求。

20 世纪以来，由于工业技术的高速发展，特别是航空和航天工业的崛起，各种新型材料（如高分子材料、纳米材料）的不断问世并应用于工程实际，导致新的学科如复合材料力学等应运而生。航天工业、原子能的和平利用及生产建设也提出了许多新的问题，随着实验设备的日趋完善，试验技术水平的不断提高以及应用计算机的新的计算方法层出不穷，材料力学所涉及领域更加宽阔、知识更加丰富，各种问题正在不断地解决，这不仅需要材料力学已有理论作基础，同时也需要我们在已有的基础上创造性地发展这些理论，应用到各种新出现的问题中去。

二、材料力学的基本假设

材料力学要研究构件在外力作用下的变形和破坏，为此须将物体视为可变形固体，并采用一些假设对其加以简化。

1. 连续均匀性假设

所谓**连续性假设**就是认为物体在其整个体积内毫无空隙地充满了物质。根据这一假设，物体内的应力、变形等物理量可以表示为各点坐标的连续函数，从而有利于建立相应的数学模型。所谓**均匀性假设**就是认为组成物体的粒子到处都是一样的，各点处所表现出来的力学性质也是完全相同的。这种性质在材料力学中就是假如物体各个部分所受的力是一样的，那么变形就要一致。由于构件的尺寸远远大于物质的基本粒子及粒子之间的间隙，这些间隙的存在以及由此而引起的性质上的差异，在宏观讨论中完全可以略去。

2. 各向同性假设

认为物体内任意点沿各个方向的力学性质是相同的。实际物体例如金属是由晶粒组成，沿不同方向晶粒的性质并不相同。但由于构件中包含的晶粒极多，晶粒排列又无规则，在宏观研究中，物体的性质并不显示出方向的差别，因此可以看成是各向同性的。

连续均匀、各向同性的可变形固体，是对实际物体的一种科学抽象。实践表明，在此假设下建立的材料力学理论，基本上符合真实构件在外力作用下的表现，因此假设得以成立。

3. 小变形假设

认为物体几何形状和尺寸的改变量与原始尺寸相比是非常小的。工程中的大多数构件正常工作中均满足此假设，所以在考察这些构件的平衡问题时，一般将变形略去，仍按变形前的原始尺寸来考虑，这样可极大地简化计算过程，计算精度也足可以满足工程要求。工程中也有些构件变形过大，须按变形后的形状和尺寸来考虑，这属于大变形问题，不在本书的讨论范围之内。

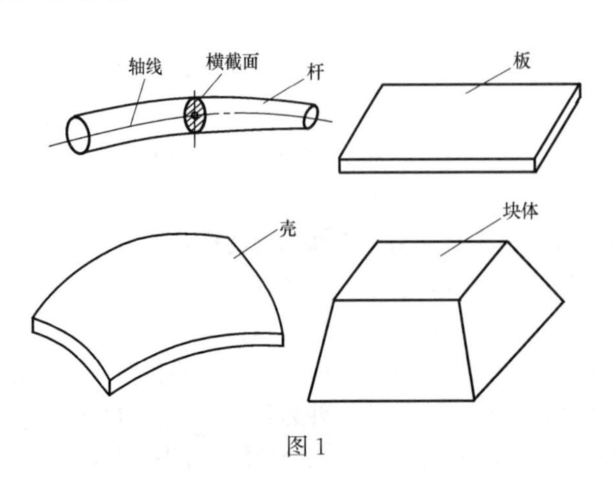

图 1

在材料力学中，一般情况下认为材料是连续、均匀、各向同性，且为小变形问题。若非特别说明，下面所叙述的材料均符合上述三个假定。

三、构件的分类及杆件变形的基本形式

构件的几何形状是各种各样的，大致可以归纳为 4 类，即杆、板、壳和块体（图 1）。凡是一个方向（长度）的尺寸远大于其他两个方向（宽度和高度）尺寸的构件称为**杆**。垂直于杆件长度方向的截面，称为**横截面**。杆件各横截面形心的连线，称为杆的**轴线**。如果杆的轴线是直线，称为**直杆**；轴线为曲线，称为**曲杆**。各横截面大小和形状均不变的杆，叫**等截面杆**，否则为**变截面杆**。工程中比较常见的是等截面直杆，简称**等直杆**，它是材料力学的主要研究对象。

如果构件两个方向（长度和宽度）的尺寸远大于第三个方向（厚度）的尺寸，就把平分这种构件厚度的面称为**中面**。中面为平面则称为**板**（或平板），中面为曲面则称为**壳**。板和壳在石油、化工容器、船舶、飞机和现代建筑中应用广泛。

三个方向（长、宽和高）尺寸相差不多（属同量级）的构件，称为**块体**，如机械上的短粗铸件。

杆件受各种外力作用下，可能发生各种各样的变形。根据外力作用的特点，可抽象为 4 种基本形式：

（1）轴向拉伸（或压缩）：如图2（a）所示简易吊车，在载荷 $\boldsymbol{F}$ 作用下，AC 杆受到拉伸，而 BC 杆受到压缩。

（2）剪切：如图 3（a）所示铆钉连接，在力 F 作用下，铆钉受到剪切。

（3）扭转：如图 4（a）所示的汽车转向轴 AB，在工作时发生扭转变形。

（4）弯曲：如图 5（a）所示的火车轮轴 AB 的变形，即为弯曲变形。

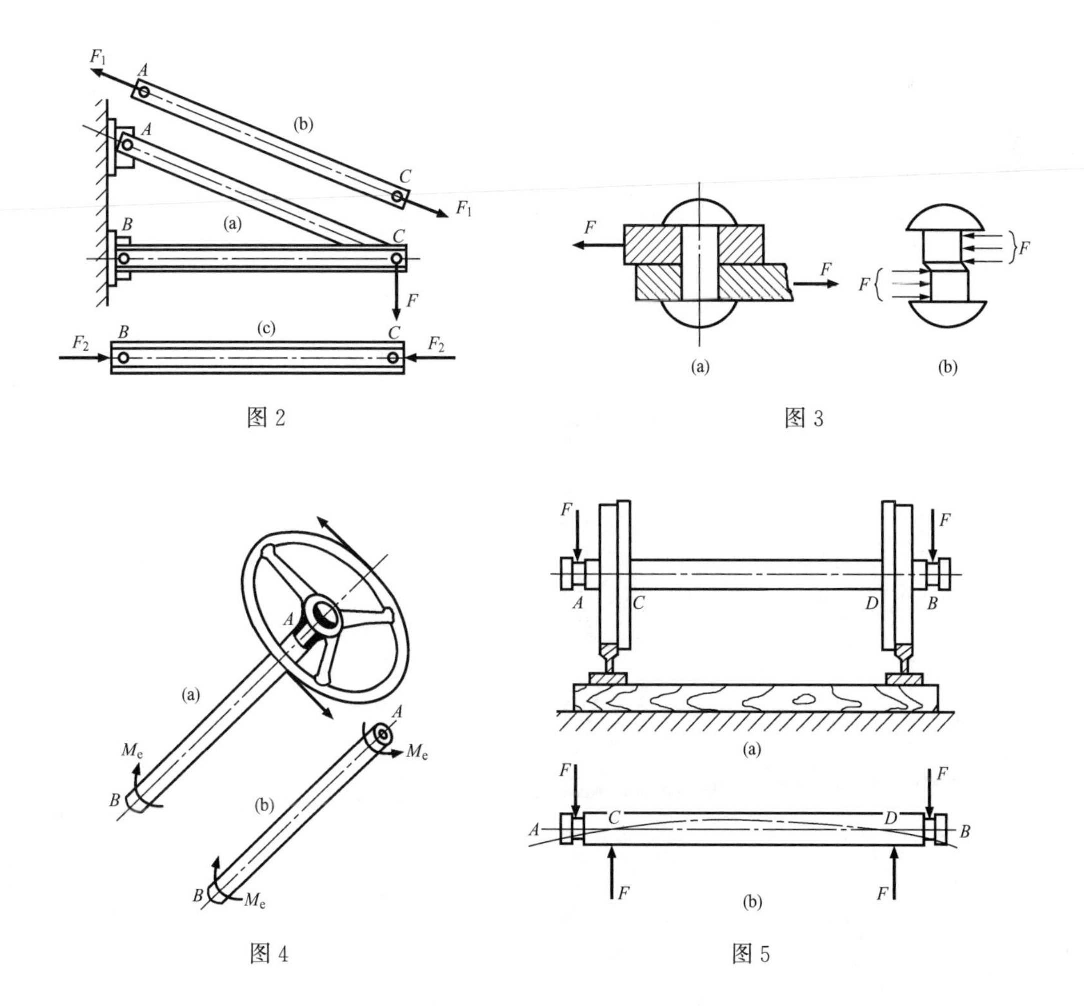

图 2　　图 3

图 4　　图 5

工程实践中，杆件的变形往往是复杂的。例如车床主轴工作时受到的是弯曲、扭转与压缩的组合，钻探机的钻杆受到的是扭转与压缩的组合等，对受力复杂的杆件总能抽象为几种基本变形的组合，这种情况称为组合变形。在本书中，首先将依次讨论 4 种基本变形的强度及刚度计算，然后再讨论组合变形。

第七章　轴向拉伸和压缩

§7-1　轴向拉伸和压缩的概念和实例

在工程结构和机械中，发生轴向拉伸或压缩变形的构件有很多，例如液压机传动机构中的活塞杆在油压和工作阻力的共同作用下、起重钢索在起吊重物时等，所承受均为拉伸；千斤顶的螺杆在顶起重物时，则受压缩。至于桁架中的杆件，则不是受拉便是受压。这类构件的受力简图如图7-1所示，图中用虚线表示变形后的形状。它们共同的受力特点是作用于杆件上的外力合力的作用线与杆件轴线重合，主要变形特点是杆件产生沿轴线方向的伸长或缩短。这种变形形式就称为**轴向拉伸**或**压缩**。

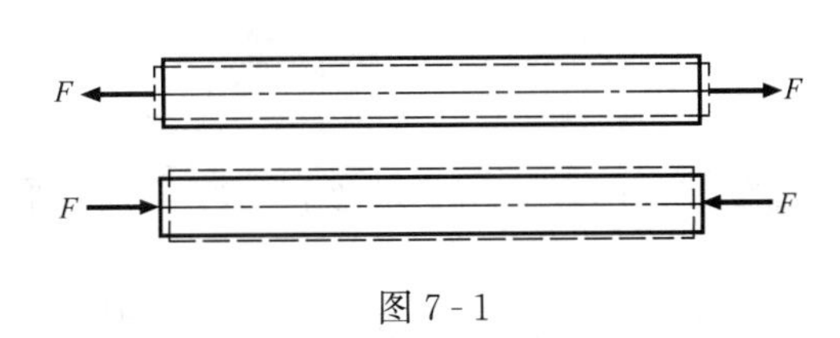

图7-1

§7-2　轴力和轴力图

材料力学在讨论强度和刚度等问题时，总是以某一构件作为研究对象，其他构件对此构件的作用力，就是它所受到的外力。在静力学中，已经讨论了外力的计算。但仅仅知道构件上的外力，仍不能解决构件的强度和刚度等问题，还需进一步了解构件的内力。为此，本节先介绍内力的概念，然后讨论内力的求法。

一、内力的概念

在构件没有受到外力作用时，其内部各质点之间就存在着相互作用的力，以保持物体各部分间的相互联系和原有形状。而当构件受到外力作用，例如受一对拉力作用而产生变形时，其内部相邻各质点间沿外力作用方向的相对位置就要远离，从而引起相互作用力的改变，这种因外力所引起的相互作用力的改变量叫**附加内力**，简称**内力**。由于物体是连续均匀的，因此在物体内部相邻部分之间相互作用的内力，实际上是一个连续分布的内力系，而内力就是这分布内力系的合成（力或力偶）。这种内力随外力增大而增大，但对任何一个构件，内力的增加总有一定限度（决定于构件材料、尺寸等因素），达到某一限度时，构件就要破坏。可以说构件的强度、刚度和稳定性等问题的分析离不开讨论内力与外力的关系以及内力的限度，内力的计算是材料力学的基础。

在这里必须注意，材料力学中的内力与静力学曾经介绍的内力有所不同。前者是物体内部各部分之间的相互作用力；后者则是在讨论物体系统平衡时，各个物体之间的相互作用力，它相对于物体系这个整体来说，是内力，但对于一个物体来说，就属于外力了。

二、截面法、轴力和轴力图

为了显示和计算构件的内力，假想地用截面把构件切开成两部分，这样内力就转化为外力而显示出来，并可用静力平衡方程将它求出，这种方法称为**截面法**。

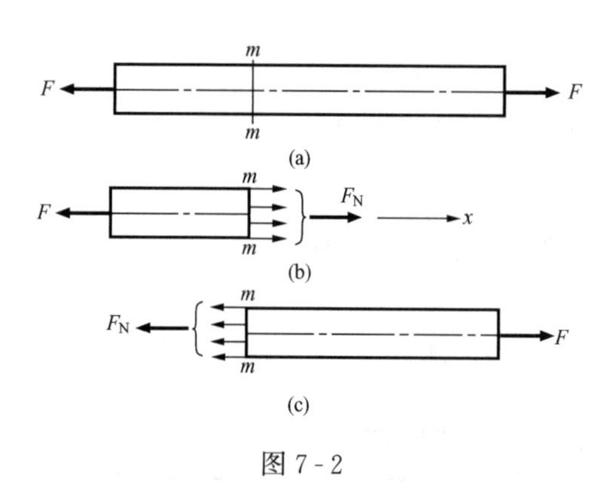

图 7-2

设一等直杆在两端受轴向拉力 F 作用下处于平衡，见图 7-2（a）。欲求杆件任意横截面 $m—m$ 上的内力，可以假想将构件沿 $m—m$ 截面切分为左、右两部分，任取一部分（如左半部分）为研究对象，弃去另一部分（如右半部分）。这时，由于左半部分仍然保持平衡，所以在 $m—m$ 截面上必然有一个力 F_N 作用，它就是右半部分对左半部分的作用力，也就是一个内力，见图 7-2（b）。这样，就将截面上的内力揭示了出来。由于物体的连续性，内力实际上是分布于整个横截面上的，这里的内力 F_N 是指这些分布内力的合力。

截面上的内力的大小和方向，可以利用平衡条件来确定，由于整个杆件处于平衡状态，故左半部分也应平衡，由其平衡方程 $\Sigma F_x=0$，得

$$F_N - F = 0, F_N = F$$

F_N 就是杆件任意截面 $m—m$ 上的内力。因为外力 F 的作用线与杆件轴线重合，内力系的合力 F_N 的作用线也必然与杆件的轴线重合，故将 F_N 称为**轴力**。

若取右半部分作研究对象，则由作用与反作用原理可知，右半部分在 $m—m$ 截面上的轴力与前述左半部分 $m—m$ 截面上的轴力数值相等而指向相反，见图 7-2（c），且由右半部分的平衡方程也可得到 $F_N=F$。

上述应用截面法的过程可归纳为以下四个步骤：

（1）切——在需要求内力的截面处，将构件假想地切开成两部分；

（2）取——任意地留下一部分作为研究对象，并弃去另一部分；

（3）代——以作用于截面上的内力代替弃去部分对留下部分的作用；

（4）平——根据留下部分的平衡方程求出该截面的内力。

截面法是求内力的一般方法，也是材料力学中的基本方法之一，今后将经常用到。

工程中常用内力图表示内力沿轴线变化情况。为了轴力图需要，区别拉伸和压缩，规定了轴力的正负号：当杆件轴向拉伸，轴力背离截面时，规定为正；当杆件轴向压缩，轴力指向截面时，规定为负。这样，无论取截面哪一侧为研究对象，求得的轴力符号都相同。

图 7-2（a）中的直杆只在两端受拉力，每个截面上的轴力都等于 F。如果直杆承受多于两个的轴向外力作用时，直杆的不同段的横截面上将有不同的轴力。对于产生轴向拉伸或压缩的等直杆作强度计算时，都要以杆的数值最大轴力作为依据，为此就必须知道杆的各个横截面上的轴力，以确定数值最大轴力。为了表明轴力随截面位置的变化，最好画出轴力沿杆轴线方向变化的图形，即**轴力图**，作法见下面例题。

【例 7-1】 试画出图 7-3（a）所示直杆的轴力图。

解 此直杆在 A、B、C、D 截面承受轴向外力，在 AB、BC、CD 三段中，截面上的轴力是不同的。现在用截面法，根据平衡方程计算各段轴力。先求 AB 段轴力，在 AB 段内用任意截面 1-1 截开，考察左段，在截面上设出正的轴力 F_{N1}［图 7-3（b）］。由此段的平衡方程 $\Sigma F_x=0$ 得

$$F_{N1}-6=0, F_{N1}=6\text{kN}$$

F_{N1}得正号说明原先假设F_{N1}为拉力是正确的，同时也表明轴力F_{N1}是正的。AB段内任意截面的轴力都等于$+6$kN。再求BC段轴力，在BC段内用任意截面2-2截开，仍考察左段，在截面上设出正的轴力F_{N2}［图7-3（c）］，由$\Sigma F_x=0$得

$$F_{N2}-6+18=0, F_{N2}=-12\text{kN}$$

F_{N2}得负号说明该截面上内力的方向应与所设方向相反（应为压力），同时又表明轴力F_{N2}是负的。BC段内任意截面的轴力都等于-12kN。同理，可以计算CD段的轴力。在CD段内用任意截面3-3截开，仍考察左段，在截面上设出正的轴力F_{N3}［图7-3（d）］，由$\Sigma F_x=0$得

$$-6+18-8+F_{N3}=0, F_{N3}=-4\text{kN}$$

如果研究截开后的右段［图7-3（e）］，在截面上仍设出正的轴力F_{N3}，由平衡方程$\Sigma F_x=0$得

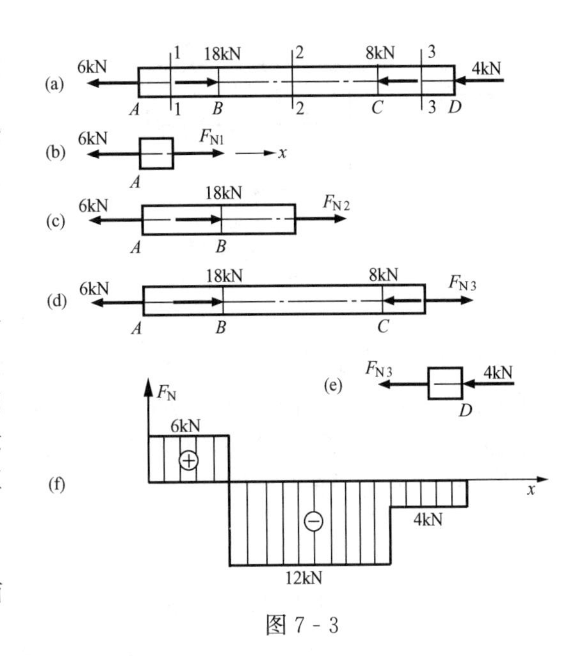

图7-3

$$-F_{N3}-4=0, F_{N3}=-4\text{kN}$$

所得的结果与前面相同，计算却比较简单，所以计算时应选取受力比较简单的一侧为研究对象。

下面绘制轴力图，用平行于杆轴线的坐标表示横截面的位置，用垂直于杆轴线的坐标表示横截面上的轴力，按适当比例画出轴力图［图7-3（f）］。在轴力图中，将正值轴力绘于横轴上侧，负值轴力绘于横轴下侧。从轴力图中容易看出，AB段受拉，BC和CD段受压，且F_{Nmax}发生在BC段内任意横截面，其大小为12kN。

注意在利用截面法画内力图时，我们一律使用设正法（总是先设所求截面的内力为正），再用平衡方程求解内力。如所得内力为正说明是正内力，如所得内力为负说明是负内力，这样就把平衡方程所得结果的正、负号和内力的正、负号统一起来了。

§7-3 横截面上的应力

应用截面法，可求出轴向拉压时任意横截面上的轴力，但只根据轴力还不能判断杆件是否有足够的强度。例如取同一材料制成粗细不同的两根杆件，在相同的拉力下，两杆的轴力自然是相同的。但当拉力逐渐增大时，细杆必定先拉断，这说明构件的强度取决于截面上分布内力的聚集程度，而不是取决于分布内力的总和。在上例中，同样的轴力，聚集在较小的横截面上时，就比较危险；而将其分散在较大的横截面上时，就比较安全。因此必须用横截面上的内力分布集度即应力来判别构件的危险程度。因此在讨论构件的强度问题时，还必须了解内力在截面上的聚集程度，以分布在单位面积上的内力来衡量它，称之为**应力**。

下面就来研究轴向拉伸和压缩时，等截面直杆横截面上的应力。

欲求应力，则必须知道横截面上的内力分布规律。内力是不能直接观察到的，但是构件在受力后引起内力的同时，总要发生变形，内力和变形之间是存在一定的物理关系的，因此可以通过观察变形的方法来了解内力的分布。

取一橡胶（或其他易于变形的材料）制的等直杆，在其侧面上画上垂直于轴线的横线

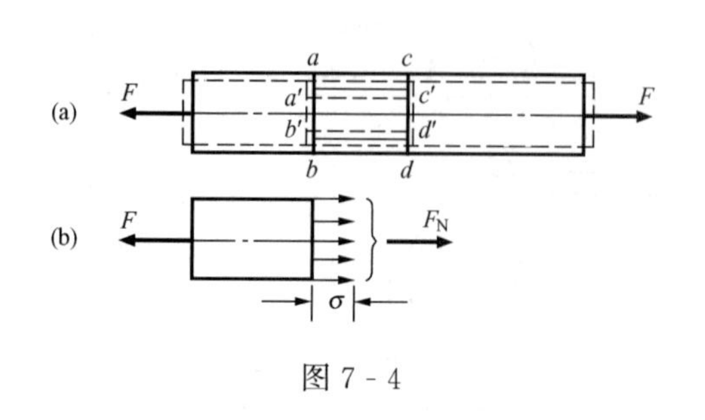

图 7 - 4

ab 和 cd，并在两横线间画几条平行于轴线的纵线［图 7 - 4（a）］。拉伸变形后，发现横线 ab 和 cd 分别平移至 $a'b'$ 和 $c'd'$，但仍为直线，且仍垂直于轴线；各纵线的伸长皆相等。根据这一现象，对杆内变形作如下假设：变形前原为平面的横截面，变形后仍保持为平面且仍垂直于轴线，只是各横截面沿杆轴作相对平移，这就是平面假设。如果把杆设想为由无数的纵向纤维组成，则在任意两横截面间各纵向纤维的变形相同。因材料是均匀的（基本假设之一），所有纵向纤维的力学性能相同。由它们的变形相等和力学性能相同，可以推想各纵向纤维的受力是一样的，也就是说横截面上的内力是均匀分布的，则横截面上的正应力 σ 也必然是均匀分布的［图 7 - 4（b）］，即等于常量

$$\sigma = \frac{F_N}{A} \tag{7 - 1}$$

上式即为轴向拉伸和压缩时横截面上应力的计算公式。由于分布在横截面上的内力皆垂直于截面，故此时应力也必然垂直于截面，这种垂直于截面的应力，称为**正应力**。当轴力为正号（拉伸）时，正应力也得正号，称为**拉应力**；当轴力为负号（压缩）时，正应力也得负号，称为**压应力**。用式（7 - 1）计算应力时可只用轴力绝对值代入，而根据观察判断正应力的符号。但应注意，对于细长杆受压时容易被压弯，属于稳定性问题，将在第十四章讨论。这里所指的是受压杆未被压弯的情况。

在国际制单位中，力的单位为牛顿（N 或 kN），$1\text{kN}=1\times10^3\text{N}$。应力的单位是 Pa［帕斯卡（Pascal），简称帕］，且有 $1\text{Pa}=1\text{N/m}^2$。由于这个单位太小，使用不便，通常使用 MPa（兆帕），有时还用 GPa（吉帕）。$1\text{MPa}=1\times10^6\text{Pa}$，$1\text{GPa}=1\times10^3\text{MPa}=1\times10^9\text{Pa}$。注意到

$$1\text{MPa}=1\times10^6\text{N/m}^2=1\times10^6\text{N/}(1\times10^6\text{mm}^2)=1\text{N/mm}^2$$

故 1MPa 与 1N/mm^2 是相当的。所以在材料力学的计算中，一般可用 N、mm、MPa 单位制或 N、m、Pa 单位制，前者使用更方便，本书采用 N、mm、MPa 单位制。

当集中力作用于杆件端截面上，在集中力作用点附近区域内的应力分布比较复杂。式（7 - 1）只能计算这个区域内横截面上的平均应力，不能描述作用点附近的真实情况。那么对杆端截面采取不同的加载方式对杆件横截面上应力分布的影响又有多大呢？研究表明，只要外力的大小一样，杆端加载方式的不同，只对杆端附近截面的应力分布有影响，受影响的长度不超出杆的横向尺寸。上述论断称为**圣维南（Saint - Venant）原理**，即杆端有不同的外力作用时，只要它们是静力等效，则对于离开杆端稍远截面上的应力分布没有影响。这一原理对于其他变形形式也适用。至于加力点附近的应力分布情况比较复杂，必须另行讨论。

§7 - 4 斜截面上的应力

以上讨论了拉、压杆件横截面上的正应力，它是今后强度计算的依据。但不同材料的实验表明，拉（压）杆的破坏并不总是沿横截面发生，有时是沿斜截面发生。为此，应进一步

讨论斜截面上的应力。对于斜截面上应力的研究，仍采用截面法。

（1）切：沿任意斜截面 $k-k$ 将受拉杆假想切开［图 7 - 5（a）］，将杆分成两部分［图 7 - 5（b）］。

（2）取：取左段为研究对象，弃去右段；设 $k-k$ 截面的外法线 n 与轴线 x 的夹角为 α，并规定自 x 轴逆时针方向转向 n 时 α 为正号，反之 α 为负号。这里，横截面面积设为 A，$k-k$ 截面的面积设为 A_α，则

$$A_\alpha = \frac{A}{\cos\alpha} \tag{a}$$

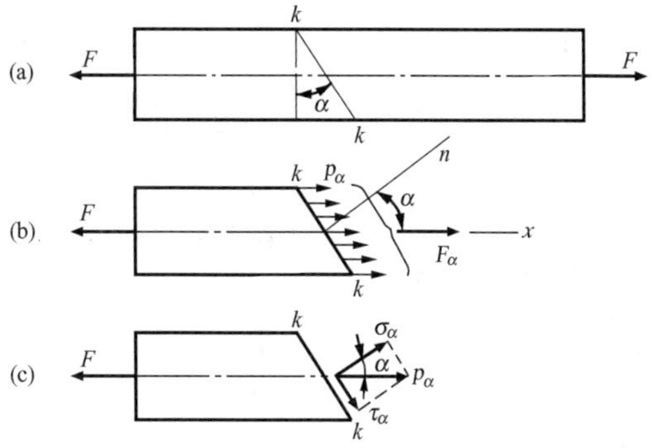

图 7 - 5

（3）代：仿照证明横截面上正应力均匀分布的方法，可知斜截面 $k-k$ 上有均匀分布的全应力 p_α，用 F_α 表示这一分布内力的合力。

（4）平：根据平衡求 p_α

$$\Sigma F_x = 0, F_\alpha - F = 0, F_\alpha = F \tag{b}$$

$$p_\alpha = \frac{F_\alpha}{A_\alpha} = \frac{F}{A}\cos\alpha = \sigma\cos\alpha \tag{c}$$

此处 $\sigma=\dfrac{F}{A}$ 是杆横截面上的应力。现在，将全应力 p_α 沿 $k-k$ 截面的法线和切线方向分解［图 7 - 5（c）］，垂直于截面的应力就是前面所定义的正应力 σ，而平行于截面的应力称为**切应力**，用符号 τ 表示，其单位与正应力一样。这样我们得到斜截面上的正应力和切应力的计算公式

$$\sigma_\alpha = p_\alpha\cos\alpha = \sigma\cos^2\alpha \tag{7 - 2}$$

$$\tau_\alpha = p_\alpha\sin\alpha = \sigma\sin\alpha\cos\alpha = \frac{\sigma}{2}\sin2\alpha \tag{7 - 3}$$

前面已经规定了正应力的符号（本章第 3 节），至于切应力的符号，按以下规则：若切应力对所在截面内侧任意点之矩为顺时针方向时，为正号，反之，则为负号。图 7 - 5（c）的正应力 σ_α 和切应力 τ_α 均为正的。从式（7 - 2）、式（7 - 3）可以看出，σ_α 和 τ_α 都是 α 的函数，即不同方位的斜截面上应力不同。当 $\alpha=0$ 时，斜截面 $k-k$ 成为垂直于轴线的横截面，σ_α 最大，且 $\sigma_{\alpha\max}=\sigma$；当 $\alpha=45°$时，τ_α 最大，且 $\tau_{\alpha\max}=\dfrac{\sigma}{2}$。故轴向拉、压杆件的最大正应力发生在横截面上，在与杆轴线成 45°的斜截面上，切应力为最大值，最大切应力在数值上等于最大正应力的一半，因此，只要横截面上的正应力强度条件得到满足，其他截面则不必考虑，其道理见第十二章强度理论。此外，当 $\alpha=90°$时，$\sigma_\alpha=\tau_\alpha=0$，这表明在与杆件轴线平行的纵向截面上无任何应力。

§7-5　变形和应变

直杆在轴向拉力作用下，将引起轴向尺寸的增大和横向尺寸的缩小。反之，在轴向压力

作用下，将引起轴向的缩短和横向的增大。工程结构中有些拉、压杆件，除强度应足够外，对变形也有限制。如图 7-6 所示，液压机立柱要求具有一定的刚度，如果锻压时伸长量过大，会影响锻件的精度，因此，必须研究拉、压杆件的变形。

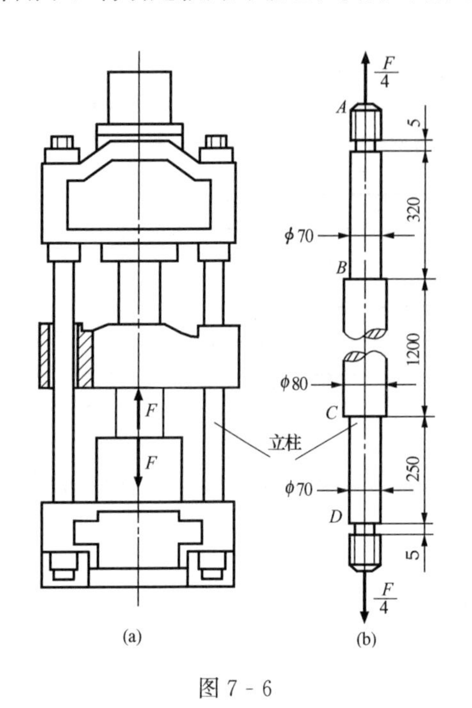

图 7-6

一、胡克定律

如图 7-7 所示，设等直杆原始长度为 l，横截面面积为 A，在轴向拉伸或压缩时，杆的长度变为 l_1，直杆的长度改变量 $\Delta l=l_1-l$ 称为**绝对伸长（或缩短）**，它与杆的原始尺寸有关。当 $l_1>l$，Δl 为正，反之，Δl 为负。

实验表明，工程上使用的材料都有一个弹性范围，在此范围内轴向拉、压杆件的绝对伸长或缩短量，与轴力 F_N 和杆长 l 成正比，与横截面面积 A 成反比，即 $\Delta l \propto F_N l/A$，引入比例常数 E，则得到

$$\Delta l = \frac{F_N l}{EA} \tag{7-4}$$

这是描述弹性范围内杆件承受轴向载荷时力与变形之间关系的**胡克（Hooke）定律**。式中比例常数 E 称为**弹性模量**或**杨氏（Young）模量**。由上式可看出，乘积 EA 越大，杆件的拉伸（或压缩）变形越小，所以 EA 称为杆件的**抗拉（压）刚度**。注意此式适用于杆件横截面面积 A 和轴力 F_N 皆为常量的情况。

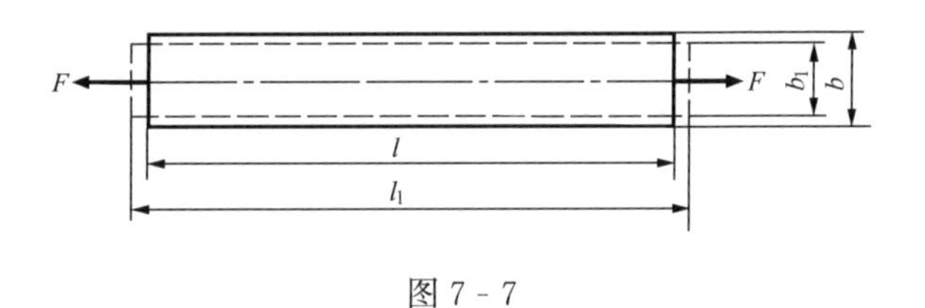

图 7-7

当拉压杆有两个以上的外力作用或为阶梯杆时，需要先画轴力图，然后按式（7-4）分段计算各段的变形，各段变形的代数和即为杆的总变形量

$$\Delta l = \sum_i \frac{F_{N_i} l_i}{E_i A_i}$$

将式（7-4）改写为 $\frac{F_N}{A}=E\,\frac{\Delta l}{l}$，其中 $\frac{F_N}{A}=\sigma$，在均匀伸长或缩短下 $\frac{\Delta l}{l}$ 表示杆件单位长度上的伸长或缩短，称为**纵向应变**或**线应变**（简称**应变**）ε，即 $\varepsilon=\frac{\Delta l}{l}$，则可得胡克定律的又一形式为

$$\sigma = E\varepsilon \tag{7-5}$$

式（7-5）表示，在弹性范围内，正应力与线应变成正比。由于应变 ε 是量纲为 1 的量，故弹性模量 E 的量纲与应力相同，E 值随材料而异。

二、泊松比

设杆件变形前横向尺寸为 b，变形后为 b_1，设横向应变为 ε_t，则

$$\varepsilon_t = \frac{b_1 - b}{b} = \frac{\Delta b}{b} \quad \text{(d)}$$

试验结果表明：在弹性范围内，横向应变 ε_t 与纵向应变 ε 之比的绝对值是一个常数，即

$$\mu = \left| \frac{\varepsilon_t}{\varepsilon} \right| \quad (7-6)$$

μ 称为**横向变形因数**或**泊松（Poisson）比**，它是一个量纲为 1 的量。

注意到杆件轴向伸长时横向缩小，而轴向缩短时横向增大，所以 ε_t 与 ε 的符号相反。在弹性范围内有

$$\varepsilon_t = -\mu\varepsilon \quad (7-7)$$

同弹性模量 E 一样，泊松比 μ 也是材料固有的弹性常数。表 7 - 1 中摘录了几种常用材料的 E、μ 值。

表 7 - 1　几种常用材料的 E 和 μ 的约值

材料名称	E（GPa）	μ	材料名称	E（GPa）	μ
碳钢	196～216	0.24～0.28	铜及其合金	72.6～128	0.31～0.42
合金钢	186～206	0.25～0.30			
灰铸铁	78.5～157	0.23～0.27	铝合金	70	0.33

§7 - 6　材料在拉伸时的力学性能

在构件的强度、刚度设计中，为了合理地选用材料，需要研究材料的力学性能。所谓**力学性能**，是指材料从受力开始直至破坏的过程中，在强度与变形方面表现出来的性能，也是材料的机械性能。如材料破坏时的应力极限值、弹性模量 E、泊松比 μ 都属于材料的力学性能。材料的力学性能决定于材料的成分及其结构组织（晶体或非晶体），还与温度和加载方式等有关，需通过试验方法获得。

为了便于不同材料的试验结果进行比较，试验前应按国家标准做成标准试样，标准试样分为圆截面和矩形截面。在作拉伸试验时，对于一般金属材料通常采用圆截面试样，如图 7 - 8 所示。在试样等直部分的中段划取长为 l 的一段作为试验段，l 称为**标距**。对圆截面试样，标距 l 与直径 d 有两种比例，即

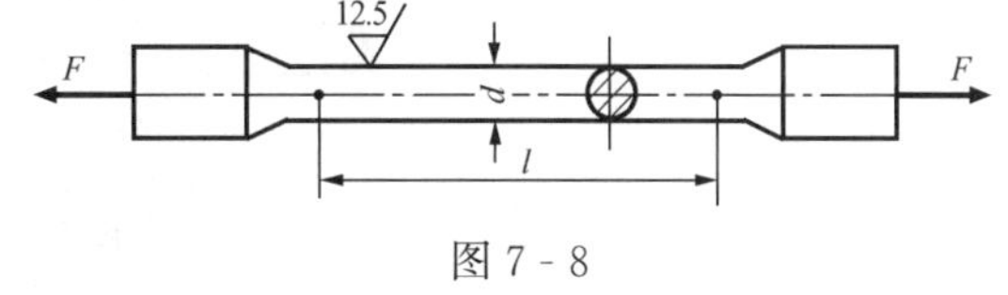

图 7 - 8

$$l = 10d \quad \text{或} \quad l = 5d \quad \text{(e)}$$

工程中对于常温下的材料，根据破坏前所发生的塑性变形的大小分为两类：塑性材料和脆性材料。前者指断裂前产生较大塑性变形的材料，如低碳钢及铜、铝等金属；后者指断裂前塑性变形很小的材料，如铸铁、石料、玻璃等。低碳钢和铸铁是工程中广泛使用的两种典型材料，下面主要介绍这两种材料在常温、静载（缓慢的加载速度）下的拉伸试验，及通过这些试验所得到的力学性能。

一、低碳钢拉伸时的力学性能

低碳钢是指含碳量在 0.3%以下的碳素钢。这类材料在工程中使用较广，在拉伸试验中

表现的力学性能也最为典型。

试验时将试样两端装入试验机夹头内，对试样加拉力 F，F 由零缓慢增加，直至将试样拉断。将拉伸过程中的载荷 F 和对应的标距段的绝对伸长 Δl 记录下来，就可画出如图 7 - 9 (a)所示的 $F-\Delta l$ 曲线，该曲线称为**拉伸图**。拉伸图中 F 与 Δl 的对应关系与试样尺寸有关，例如标距 l 加大，由同一载荷引起的伸长 Δl 也要变大。为消除试样尺寸的影响，把拉力除以试样横截面的原始面积 A 得出正应力：$\sigma=\dfrac{F}{A}$；同时，把伸长量 Δl 除以标距的原始长度 l，得到应变：$\varepsilon=\dfrac{\Delta l}{l}$。这样以 σ 为纵坐标，以 ε 为横坐标，由拉伸图改画出 $\sigma-\varepsilon$ 曲线[图7 - 9 (b)]，此曲线称为**应力－应变曲线**。

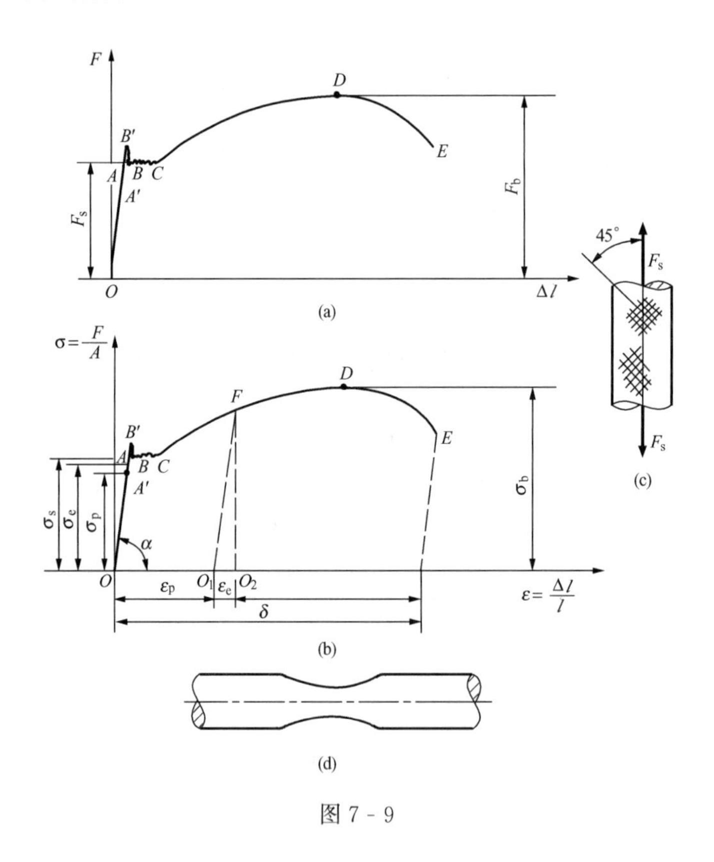

图 7 - 9

由低碳钢 $\sigma-\varepsilon$ 曲线可以看出，整个拉伸过程可分为以下四个阶段：

1. 弹性阶段

这一阶段可分为两部分：斜直线 OA' 和微弯曲线 $A'A$。斜直线 OA' 表示应力与应变成正比变化，此直线段的斜率为材料的弹性模量 E，即 $\tan\alpha=\dfrac{\sigma}{\varepsilon}=E$。直线部分的最高点 A' 所对应的应力 σ_p 称为**比例极限**。当应力不超过比例极限 σ_p 时，材料服从胡克定律，此时称材料是线弹性的。

当试样应力小于 A 点应力时，试样只产生弹性变形，A 点的应力 σ_e 是材料只产生弹性变形的最大应力，称为**弹性极限**。若应力超过 σ_e，则试样除弹性变形外还产生塑性变形，由于弹性极限与比例极限数值接近，工程上通常不作严格区分。

2. 屈服阶段

应力到达 B' 点后，$\sigma-\varepsilon$ 图上第一次出现倒退，由 B' 点倒退至 B 点，而后应力几乎不变，但此时的应变却显著增加，这种现象称为**屈服**或**流动**。曲线上的 $B'C$ 段称为**屈服阶段**，此阶段产生显著的塑性变形。B' 点应力值与试样形状、加载速度等因素有关，一般是不稳定的，而 B 点应力 σ_s 数值比较稳定，因此将它作为材料屈服时的应力，称为**屈服极限**。

表面磨光的试样屈服时，在试样表面将出现与轴线约成 45°的一系列迹线［图 7-9 (c)］。因为在 45°的斜截面上作用着数值最大的切应力，所以这些迹线是材料沿最大切应力作用面发生滑移的结果，这些迹线称为**滑移线**。

3. 强化阶段

过屈服阶段后，材料又恢复了抵抗变形的能力，要使试样继续变形，必须增加外力，这种现象称为**材料强化**。由屈服终止的 C 点到 D 点称为**强化阶段**，曲线的 CD 段向右上方倾斜。强化阶段的变形绝大部分是塑性变形，同时整个试样的横向尺寸明显缩小。D 点是 $\sigma-\varepsilon$ 图上的最高点，D 点的应力 σ_b 称为**强度极限**或**抗拉强度**。

如果将试样拉伸到强化阶段内的任意点，例如图 7-9（b）的 F 点，然后逐渐卸除拉力，在卸载过程中试样的应力-应变关系沿着与 OA' 近乎平行的直线返回到 O_1 点，这表明材料在卸载过程中应力增量与应变增量成直线关系，即 $\Delta\sigma=E\Delta\varepsilon$，这称为**卸载定律**。载荷全部卸掉后达到 O_1 点，这表明 O_1O_2 所代表的是可消失的弹性应变，OO_1 所代表的是不可消失的塑性应变。

对有残余应变的试样在短期内重新加载，则应力-应变关系基本上沿着方才的卸载直线 O_1F 上升，到 F 点后仍沿曲线 FDE 直到断裂。这里看到，当 $\sigma=\sigma_s$ 时并不发生屈服，而是达到了 F 点的应力后才出现塑性变形，所以，材料的比例极限提高了，但是断裂后的残余应变比原来的少了 OO_1 这一段。这种在常温下经过塑性变形后材料强度提高、塑性降低的现象，称为**冷作硬化**。冷作硬化现象经退火后又可消除。

当某些构件对塑性的要求不高时，可利用它来提高材料的比例极限与屈服极限，例如对起重机的钢丝绳采用冷拔工艺，对某些型钢采用冷轧工艺均可收到这种效果。但另一方面构件初加工后，由于冷作硬化使材料变脆变硬，给下一步加工造成困难，且容易产生裂纹，往往就需要在工序之间安排退火，以消除冷作硬化的影响。

4. 颈缩阶段

D 点过后，试样开始发生局部变形，局部变形区域内横截面尺寸急剧缩小，这种现象称为**颈缩**［图 7-9（d）］。由于在试样颈缩部分截面面积显著缩小，因此使试样继续变形所需的载荷反而减小。在 $\sigma-\varepsilon$ 图中用原始横截面面积（不是颈缩处的截面面积）计算出的名义应力 $\sigma=\dfrac{F}{A}$ 随之下降，降至 E 点时试样断裂。

由上述的试验现象可以看出，当应力到达屈服极限 σ_s 时，产生显著的塑性变形；当应力到达强度极限 σ_b 时，材料会由于局部变形而导致断裂。这都是工程实际中应当避免的。因此，屈服极限 σ_s 和强度极限 σ_b 是反映材料强度的两个性能指标，也是拉伸试验中需要测定的重要数据。

工程上用试样拉断后遗留的变形来表示材料的塑性性能，常用的塑性指标有两个：一个是伸长率 δ，即

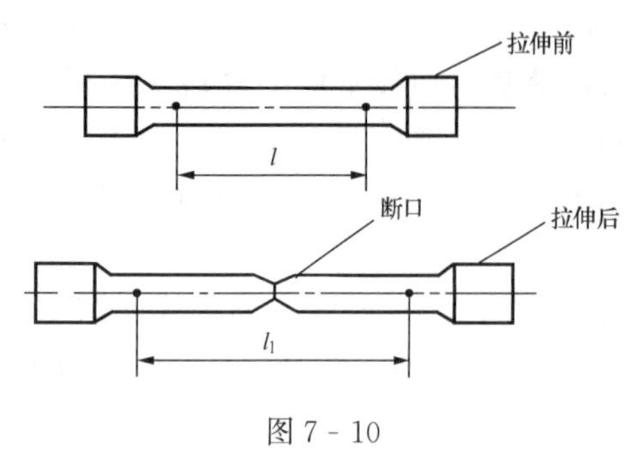

图 7 - 10

$$\delta = \frac{l_1 - l}{l} \times 100\% \qquad (7-8)$$

式中：l_1 为拉断后的标距长度（图 7 - 10）；l 为原标距长度。

另一个塑性指标为截面收缩率 ψ，即

$$\psi = \frac{A - A_1}{A} \times 100\% \qquad (7-9)$$

式中：A 为试件原横截面面积；A_1 为拉断后断口处横截面面积。

δ 和 ψ 都表示材料拉断时其塑性变形所能达到的最大程度。δ、ψ 愈大，说明材料的塑性愈好，故 δ、ψ 是衡量材料塑性的两个指标。

试验表明：δ 数值与 l/d 比值有关。所以，材料手册上在 δ 的右下方注出这一比值，如 δ_{10} 即是用 $l/d=10$ 的标准试样得出的伸长率。而 ψ 则与 l/d 比值无关。

一般认为 $\delta_{10} \geqslant 5\%$ 的材料为塑性材料，$\delta_{10} < 5\%$ 的材料为脆性材料。

二、其他塑性材料拉伸时的力学性能

工程上常用的塑性材料，除低碳钢外，还有中碳钢、某些高碳钢和合金钢、铝合金、青铜、黄铜等。它们的拉伸试验和低碳钢拉伸试验做法相同，但材料所显示的力学性能有很大差异。其中有些材料，如 16Mn 钢，和低碳钢一样，有明显的弹性阶段、屈服阶段、强化阶段和颈缩阶段；有些材料，如黄铜 H62（图 7 - 11），没有屈服阶段，但其他三个阶段却很明显；还有一些材料，如高碳钢 T10A 没有屈服阶段和缩颈阶段，只有弹性阶段和强化阶段。对于没有明显屈服阶段的塑性材料，通常用能产生 0.2% 塑性应变的应力 $\sigma_{0.2}$ 作为名义屈服极限，如图 7 - 12 的应力应变曲线中 B 点对应的应力。各类碳素钢中，随碳含量的增加，屈服极限和强度极限相应提高，但伸长率降低。例如合金钢、工具钢等高强度钢材，屈服极限较高，但塑性却较差。

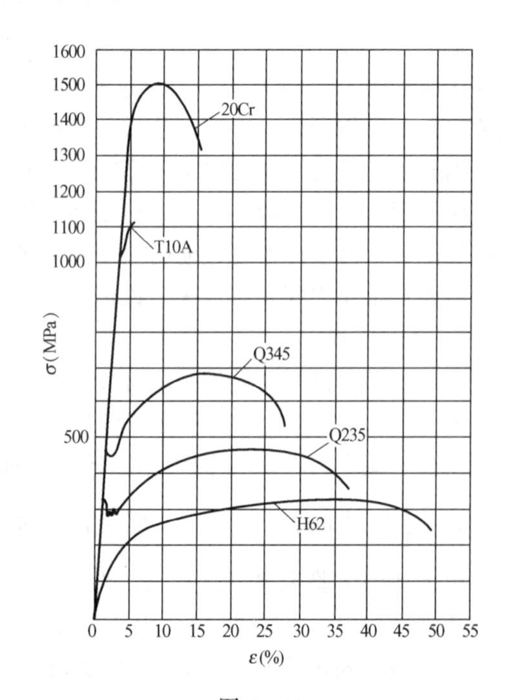

图 7 - 11

铸铁是一种典型的脆性材料。图 7 - 13 是灰铸铁拉伸时的应力 - 应变曲线。该曲线在很小的应力下就不是直线了，但由于工程中铸铁的拉应力不能很高，因而在较低的拉应力下，可近似地认为服从胡克定律。通常取曲线的割线代替曲线的开始部分，并以割线的斜率作为弹性模量，称为**割线弹性模量**。此外，铸铁无屈服和颈缩现象，在没产生明显的塑性变形时就突然断裂了，并且断口平齐，所以只能测得铸铁拉断时的最大应

力即强度极限 σ_b，铸铁拉伸时的伸长率 $\delta<1\%$。因为没有屈服现象，强度极限 σ_b 是衡量强度的唯一指标。

铸铁等脆性材料的强度极限很低，不宜作为抗拉构件的材料。但铸铁经球化处理成为球墨铸铁后，力学性能有显著变化，不但有较高的强度，还有较好的塑性性能。

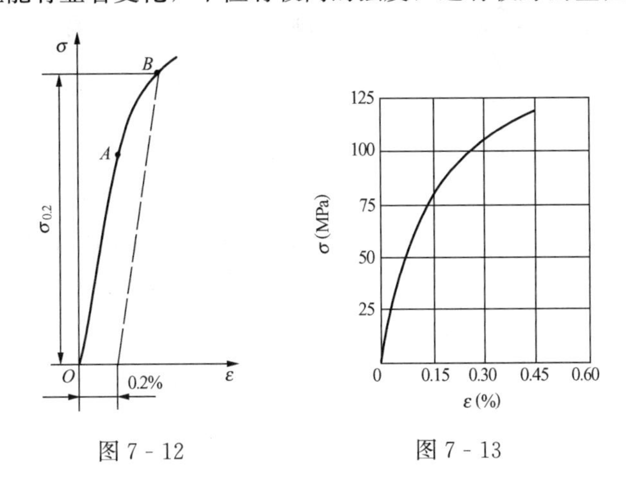

图 7 - 12　　图 7 - 13

§7-7　材料在压缩时的力学性能

金属材料的压缩试样一般都做成高度为直径的 1.5～3 倍的圆柱形状，以避免试样在试验过程中因失稳而变弯。混凝土、石料等则制成立方形的试块。图 7 - 14 是低碳钢压缩与拉伸时的应力 - 应变图。从图可知，在屈服阶段以前，拉伸与压缩时的 $\sigma—\varepsilon$ 曲线是重合的，因此低碳钢压缩时的弹性模量 E、屈服极限 σ_s 等都与拉伸试验的结果基本相同。进入强化阶段后，试样的长度明显缩短，截面变粗。由于试样两端与试验机压头之间的摩擦作用，使两端横向外胀受到阻碍，试样被压成鼓形，随着载荷增加，试样愈压愈扁，不可能压断，故得不到材料压缩时的强度极限。

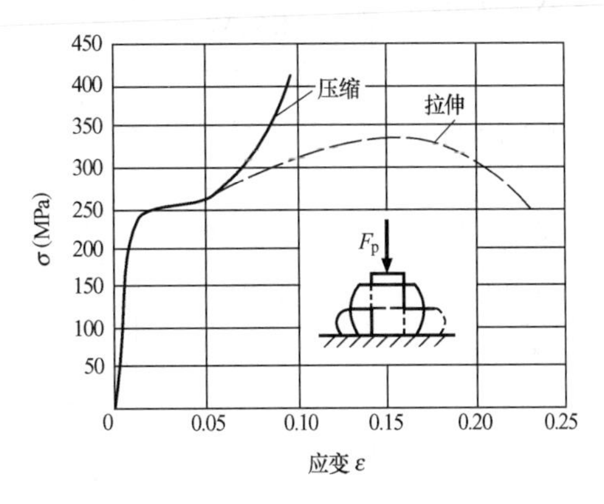

图 7 - 14

由此可见，低碳钢压缩时的一些性能指标，可通过拉伸试验测得，而不必做压缩试验了。类似情况在一般的塑性材料中也存在。但有些材料（例如铬钼硅合金钢）在拉伸和压缩时的屈服极限并不相同，因此，对这些材料需要做压缩试验，以确定其压缩屈服极限。

脆性材料在压缩时的力学性能与拉伸时有较大差别。图 7 - 15 是铸铁压缩时的应力 - 应变图，压缩时的图形与拉伸时相似，没有明显的直线部分，没有屈服阶段，但伸长率 δ 比拉伸时大，压缩时的强度极限是拉伸时的 4～5 倍。试样压缩破坏时，断面与轴线夹角约为 45°，表明试样沿斜截面因相对错动而破坏（切应力在起作用）。

铸铁等脆性材料强度极限低，塑性差，但抗压能力显著高于抗拉能力，且价格低廉，宜

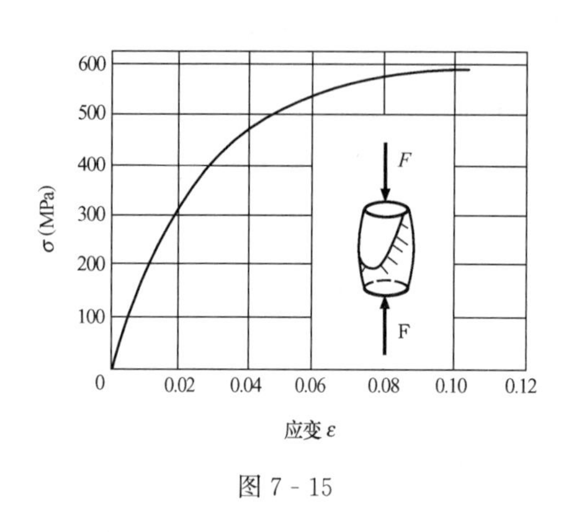

图 7 - 15

作为抗压构件。因此，其压缩试验比拉伸试验更为重要。

通过试验，我们得到了衡量材料力学性能的一些主要指标。其中，弹性模量 E 是反映材料抵抗弹性变形能力的指标，屈服极限 σ_s 和强度极限 σ_b 是反映材料强度的两个指标，伸长率 δ 和截面收缩率 ψ 则是反映材料塑性的指标。对很多金属来说，这些量往往受温度、热处理等条件的影响。表 7 - 2 中列出了几种我国常用工程材料在常温、静载下 σ_s、σ_b 和 δ_5 的数值。

表 7 - 2 **几种常用材料的主要力学性能**

材料名称	牌　号	σ_s（MPa）	σ_b（MPa）	δ_5（%）
普通碳素钢	Q235 Q275	216～235 255～275	373～461 490～608	25～27 19～21
优质碳素结构钢	40 45	333 353	569 598	19 16
普通低合金结构钢	16Mn 15MnV	274～343 333～412	471～510 490 ～549	19～21 17～19
合金结构钢	20Cr 40Cr	539 785	834 981	10 9
碳素铸钢	ZG270－500	275	490	16
可锻铸铁	KTZ450－06	275	441	5
球墨铸铁	QT450－5	324	441	5
灰铸铁	HT150		拉 98.1～274 压 637	

注 表中 δ_5 是指 $l=5d$ 的标准试样的伸长率。

§7 - 8 许用应力和强度条件

一、许用应力及安全因数

在工程实际中，构件不能安全、正常地工作，就称为**失效**。引起构件失效的原因很多，强度不足、刚度不足、稳定性不足及加载方式不当和工作环境影响等都将导致构件的失效。由上一节的试验可知，对于塑性材料，当正应力达到屈服极限 σ_s 时，会出现明显的塑性变形；对于脆性材料，当正应力达到强度极限 σ_b 时，就会引起断裂。若构件工作时发生明显塑性变形或断裂，就已失效，这是由于强度不足而引起的失效。构件失效前所能承受的最大应力称为**极限应力**或**危险应力**，用 σ^0 表示。

对于塑性材料

$$\sigma^0 = \sigma_s \tag{7-10}$$

对于脆性材料

$$\sigma^0 = \sigma_b \tag{7-11}$$

根据分析计算所得构件之应力，称为**工作应力**。在理想的情况下，为了充分利用材料，应使构件的工作应力接近于材料的极限应力。但实际上不是这样，原因很多：作用在构件上的外力常常估计不准确；构件的外形与所承受的外力往往很复杂，计算所得应力通常均带有近似性；实际材料的组成与品质等难免存在差异，不能保证构件所用材料与标准试样具有完全相同的力学性能（这种差别在脆性材料中尤为显著）等。所有这些因素，都有可能使构件的实际工作条件比设想的要偏于不安全的一面。此外，为了确保安全，构件还应有适当的强度储备，特别是对于因损坏将带来严重后果的构件，更要给予较大的强度储备。由此可见，构件工作应力的最大允许值，必须低于材料的极限应力。对于由一定材料制成的具体构件，工作应力的允许值，称为材料的**许用应力**，并用 $[\sigma]$ 表示。许用应力与极限应力的关系为

$$[\sigma] = \frac{\sigma^0}{n} \tag{7-12}$$

式中：n 为大于 1 的因数，称为**安全因数**。

如上所述，安全因数是由多种因素决定的。各种材料在不同工作条件下的安全因数或许用应力，可从有关规范或设计手册中查到。

二、拉（压）杆的强度条件

为了保证拉（压）杆在工作时不致因强度不足而失效，把许用应力 $[\sigma]$ 作为构件工作应力的最高限度，杆内的工作应力不得超过许用应力 $[\sigma]$。对于轴向拉伸或压缩的杆件，应满足的条件是

$$\sigma = \frac{F_N}{A} \leqslant [\sigma] \tag{7-13}$$

式中：σ 为杆件横截面上的工作应力；F_N 为横截面上的轴力；A 为横截面面积；$[\sigma]$ 为材料的许用应力。

式（7-13）就是轴向拉伸或压缩时的强度条件。对于等直杆，如其上同时作用几个轴向外力，全杆的最大正应力发生在数值最大轴力 F_{Nmax} 所在截面上的各点，故应选择此截面来计算；对于变截面杆，A 不是常量，σ_{max} 并不一定发生于轴力极值 F_{Nmax} 的截面上，这要综合考虑 A 和 F_{Nmax}，寻求 $\sigma = \frac{F_N}{A}$ 的极值。

应用强度条件可以解决以下三类问题：

1. 强度校核

已知构件横截面面积 A、材料的许用应力 $[\sigma]$ 以及所受载荷，校核是否满足式（7-13）。若能满足，说明构件的强度足够，否则，说明构件不安全。

2. 设计截面

已知载荷及许用应力 $[\sigma]$，确定构件的横截面面积或相应尺寸。这时强度条件可变换为

以下的形式：

$$A \geqslant \frac{F_N}{[\sigma]}$$

由此式算出需要的横截面面积，然后确定横截面尺寸。

3. 确定许可载荷

已知横截面面积 A 和许用应力 $[\sigma]$，确定构件或整个结构所能承担的最大载荷。这时可按下式计算构件所允许的最大轴力为

$$F_N \leqslant A[\sigma]$$

从而确定整个结构的许可载荷。

下面举例说明强度计算的方法。

【例 7-2】 在均布载荷作用下的结构如图 7-16（a）所示，$F=120\text{kN}$，斜杆 BC 为圆截面钢杆，直径 $d=30\text{mm}$，许用应力 $[\sigma]=160\text{MPa}$，校核 BC 杆强度。

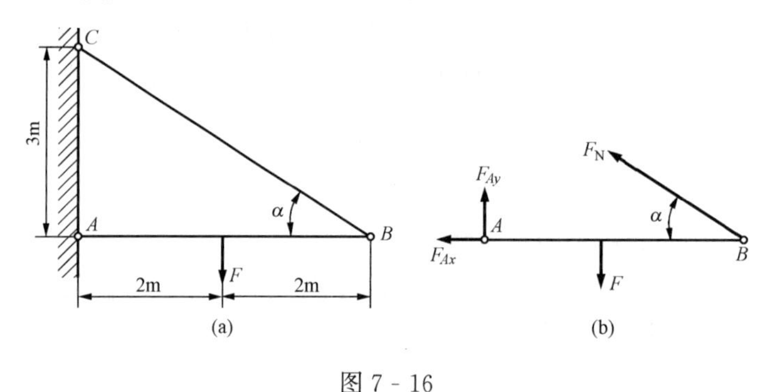

图 7-16

解 （1）受力分析，列平衡方程求解轴力。

将 A 处铰链拆开，并围绕 B 点将 BC 杆截开得分离体，如图 7-16（b）。在这里假设 F_N 为拉力，并设 $\alpha=\angle CBA$。列平衡方程如下

$$\Sigma M_A=0,\ F_N \times 4 \times \sin\alpha - F \times 2 = 0$$

注意到 $\sin\alpha=\frac{3}{5}$，则有 $F_N=100\text{kN}$。

（2）校核强度。

由式（7-13），得斜杆 BC 的工作应力为

$$\sigma=\frac{F_N}{A}=\frac{100\times 10^3}{\frac{\pi\times 30^2}{4}}\text{MPa}=141.5\text{MPa}<[\sigma]$$

工作应力小于许用应力，所以强度足够。

在强度计算中，原始数据多为 3 位有效数字，故计算结果一般也为 3 位有效数字（当第一位为 1 时，按有效数字计算规则，可取 4 位）。

【例 7-3】 在集中力作用下的结构如图 7-17（a）所示，$F=21\text{kN}$，BD 为圆截面钢杆，许用应力 $[\sigma]=160\text{MPa}$，试设计 BD 杆直径。

解 （1）受力分析，列平衡方程求解轴力。

将 C 处铰链拆开，并围绕 B 点将 BD 杆截开得分离体，如图 7-17（b）。在这里假设 F_N 为拉力。列平

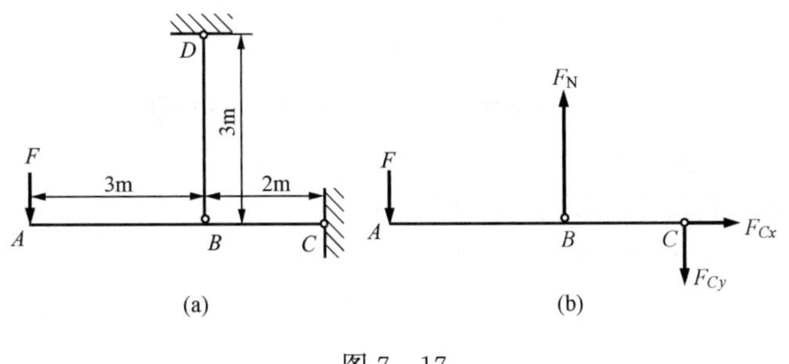

图 7 - 17

衡方程如下

$$\Sigma M_C = 0,\ F_N \times 2 - F \times 5 = 0$$

得 $F_N = 52.5\text{kN}$。

(2) 设计截面。

根据强度条件［式 (7 - 13)］，BD 杆横截面面积应满足以下要求

$$A = \frac{\pi d^2}{4} \geqslant \frac{F_N}{[\sigma]}$$

即

$$d \geqslant \sqrt{\frac{4F_N}{\pi[\sigma]}} = \sqrt{\frac{4 \times 52.5 \times 10^3}{\pi \times 160}}\text{mm} = 20.5\text{mm}$$

故 BD 杆直径取为 $d = 20.5\text{mm}$。

【例 7 - 4】　简易起重设备如图 7 - 18 (a) 所示，$\alpha = 30°$，斜杆 AB 由两根 80mm×80mm×7mm 等边角钢组成，横杆 AC 由两根 10 号槽钢组成。材料均为 Q235 钢，许用应力［σ］=120MPa。求最大起吊重量 F。

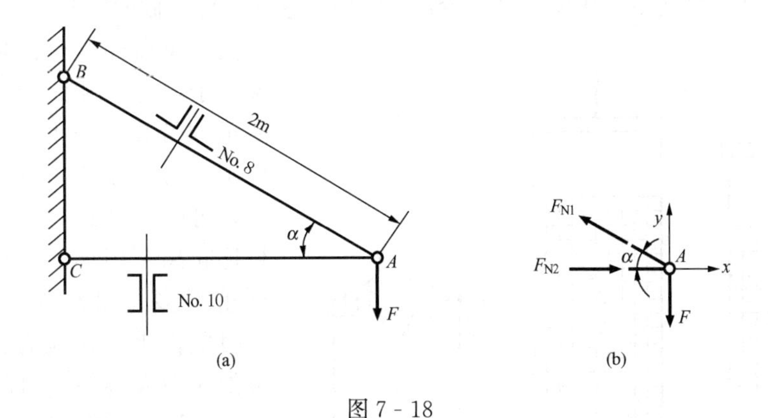

图 7 - 18

解　(1) 受力分析，列平衡方程求内力与外力关系。

围绕 A 点将 AB、AC 两杆截开得分离体，如图 7 - 18 (b)。在这里假设 F_{N1} 为拉力，F_{N2} 为压力。列平衡方程如下

$$\Sigma F_y = 0,\ F_{N1}\sin 30° - F = 0$$

$$\Sigma F_x = 0,\ F_{N2} - F_{N1}\cos 30° = 0$$

求得

$$F_{N1}=\frac{F}{\sin 30^\circ}=2F \tag{f}$$

$$F_{N2}=F_{N1}\cos 30^\circ=2F\cos 30^\circ=1.732F \tag{g}$$

（2）计算许可轴力 $[F_N]$。

由书末附录的型钢表查得斜杆 AB 横截面面积 $A_1=2\times 10.860\times 10^2=2172\text{mm}^2$，横杆 AC 横截面面积 $A_2=2\times 12.748\times 10^2=2549.6\text{mm}^2$，由式（7-13）得许可轴力

$$[F_N]=A[\sigma]$$

于是

$$[F_{N1}]=(2172\times 120)\text{N}=260.6\times 10^3\text{N}=260.6\text{kN}$$

$$[F_{N2}]=(2549.6\times 120)\text{N}=305.8\times 10^3\text{N}=306.0\text{kN}$$

（3）计算许可载荷 $[F]$

将 $[F_{N1}]$、$[F_{N2}]$ 分别代入式（f）、式（g），得到按斜杆 AB 和横杆 AC 强度计算的许可载荷

$$[F_1]=\frac{[F_{N1}]}{2}=\frac{260.6}{2}\text{kN}=130.3\text{kN}$$

$$[F_2]=\frac{[F_{N2}]}{1.732}=\frac{306.0}{1.732}\text{kN}=176.7\text{kN}$$

在 A 点的载荷如果是 176.6kN，则横杆 AC 内的应力恰好是许用应力，而斜杆 AB 内的应力超过许用应力，故此结构的许用载荷应取 $[F]=130.3\text{kN}$。

§7-9 应 力 集 中

等截面直杆受轴向拉伸或压缩时，在离加力处稍远的横截面上的应力是均匀分布的。但是在工程实际中，由于实际需要，有些零件必须有开孔、开槽、切口和螺纹等，导致在这些部位上截面尺寸急剧改变。由实验和理论研究证明，这些零件在截面突变处的应力数值骤然增大，而离开这个区域稍远，应力又趋于均匀。例如，在图 7-19（a）所示的带孔板条上，未受力前在表面画出许多细小方格。加轴向拉力后，可以看到 1-1 截面上，孔边方格比起离孔稍远的方格其变形程度严重得多［图 7-19（b）］，这表明 1-1 截面上孔边应力比同截面上其他处应力大得多［图 7-19（c）］，这种由于沿试样轴线截面急剧改变而引起的应力局部增大的现象称为**应力集中**。应力提高只是发生在孔边附近，在 1-1 截面上离孔稍远应力急剧下降而趋于平缓，所以应力集中表现出局部性质。对于有孔板条

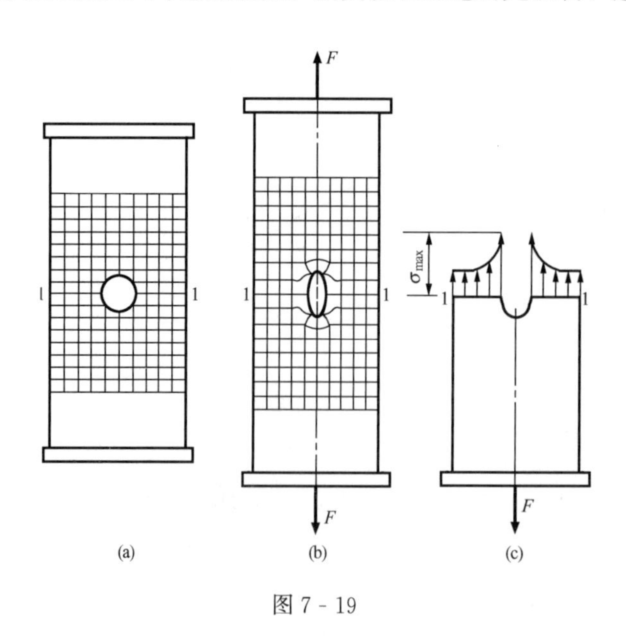

图 7-19

的拉伸，把 1-1 截面上孔边最大应力 σ_{max} 与同一截面上认为应力均匀分布时的应力值 σ 之比

$$K=\frac{\sigma_{max}}{\sigma} \tag{7-14}$$

称为**理论应力集中因数**。它反映了应力集中的程度，是一个大于 1 的因数。

对于大多数典型的应力集中情况（如键槽、开孔、圆角、螺纹等），在各种不同变形形式下的理论应力集中因数已经定出，可在一些手册中查得，它们的数值一般是在 1.2～3 这个范围内。实验结果表明：截面尺寸改变得越急剧、角越尖、孔越小，应力集中的程度就越严重。因此，零件上尽可能地避免带尖角的孔和槽，在阶梯轴的轴肩处要用圆角过渡，而且应尽量使圆角半径大一些。还应指出，应力集中对于塑性材料和脆性材料的强度产生截然不同的影响。脆性材料对局部应力的敏感甚强，即由脆性材料所制成的杆件在有局部应力集中时，容易毁坏或出现裂痕，所以对脆性材料必须考虑应力集中的影响，然而对铸铁材料，可以不考虑，因铸铁本身已经存在由气孔、砂眼、缩孔等铸造缺陷引起的应力集中。而塑性材料由于有屈服阶段，在有应力集中的地方，当最大局部应力的数值已达到屈服极限后，它将不再随载荷的增加而增大，只有尚未达到屈服极限的应力，才随载荷的增加而继续加大。这样，在危险截面上的应力就会逐渐趋于均匀，所以，局部应力对塑性材料的强度影响就很小。

当构件受周期性变化的应力或受冲击载荷作用时，不论是塑性材料还是脆性材料，应力集中对构件强度都有严重影响，往往是构件破坏的根源，这一问题将在第十五章中讨论。

§7-10　拉伸、压缩超静定问题

一、超静定问题及解法

在刚体静力学中已经介绍过静定和超静定的概念。如果所研究的问题中，作用在杆件上的外力或杆件横截面上的内力，都能由静力平衡方程直接确定，这类问题称为**静定问题**；但如果所研究问题中的未知力数目多于独立的平衡方程数目，仅由平衡方程不可能求出全部未知力，这一类问题称为**超静定问题**。在超静定问题中，未知力数目与独立平衡方程数目之差称为**超静定次数**。

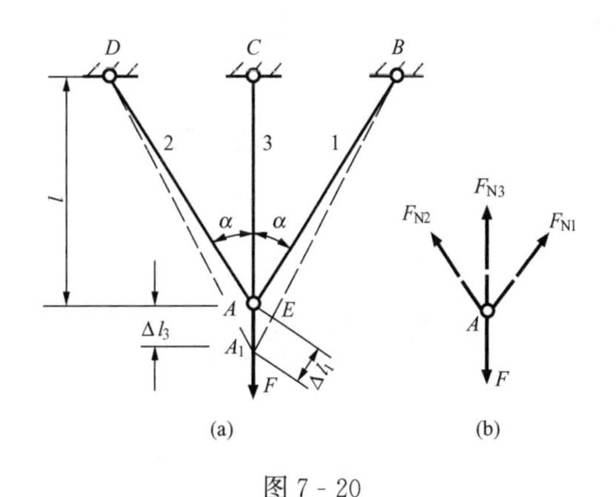

图 7-20

以图 7-20（a）所示三杆桁架为例，设三根杆的轴力分别为 F_{N1}、F_{N2}、F_{N3}，围绕 A 点将三杆截开得分离体［如图 7-20（b）］，列静力平衡方程如下：

$$\left.\begin{aligned}\Sigma F_x=0 \qquad & F_{N1}\sin\alpha-F_{N2}\sin\alpha=0\\ \Sigma F_y=0 \qquad & F_{N3}+F_{N1}\cos\alpha+F_{N2}\cos\alpha-F=0\end{aligned}\right\} \tag{a}$$

这里静力平衡方程有两个，但未知力有三个，单凭静力平衡方程不能求出全部轴力，是一个一次超静定问题。

为了求出三根杆的轴力，除静力平衡方程之外，还必须寻求补充方程。设杆 1、2 的横截面面积及材料均相同，即 $A_1=A_2$，$E_1=E_2$；杆 3 的横截面面积为 A_3，弹性模量为 E_3。桁架变形是对称的，节点 A 垂直地移动到 A_1，位移 AA_1 也就是杆 3 的伸长 Δl_3。由于所研究的是小变形问题，可用垂直于 A_1B 的直线 AE 代替弧线，则 BE 代表 AB 杆的原长度且仍可认为 $\angle AA_1B=\alpha$。于是

$$\Delta l_1 = \Delta l_3 \cos\alpha \tag{b}$$

这是杆 1、2、3 的变形必须满足的关系，只有满足了这一关系，它们才可在变形后仍然在节点 A_1 联系在一起，其变形才是协调的。所以，这种变形之间的几何关系称为**变形协调方程**。

另一方面，杆的伸长与轴力之间存在着物理关系，即由胡克定律得

$$\Delta l_1 = \frac{F_{N1} l}{E_1 A_1 \cos\alpha}, \Delta l_3 = \frac{F_{N3} l}{E_3 A_3} \tag{c}$$

将其带入式（b），得

$$\frac{F_{N1} l}{E_1 A_1 \cos\alpha} = \frac{F_{N3} l}{E_3 A_3} \cos\alpha \tag{d}$$

这是在静力平衡方程之外得到的补充方程。从式（a）、式（d）两式容易解出

$$F_{N1} = F_{N2} = \frac{F\cos^2\alpha}{2\cos^3\alpha + \dfrac{E_3A_3}{E_1A_1}}, F_{N3} = \frac{F}{1 + 2\dfrac{E_1A_1}{E_3A_3}\cos^3\alpha}$$

所得结果均为正，说明原先假定三杆轴力均为拉力是正确的。由这些结果可以看出，在超静定杆系中，各杆的轴力与该杆本身的刚度与其他杆的刚度之比有关。刚度越大的杆，其轴力也越大。

上述的求解方法对一般超静定问题都适用，可归纳如下几点：①根据静力学平衡条件列出应有的平衡方程；②根据构件各部分变形之间的关系列出变形协调方程；③根据力与变形间的物理关系将变形协调方程改写成所需的补充方程。

【例 7 - 5】 如图 7 - 21（a）所示，平行杆系 1、2、3 悬吊着刚性横梁 AB，在横梁上作用着载荷 F，假设三杆的横截面面积、长度、弹性模量均相同，分别为 A、l、E。试求 1、2、3 三杆的轴力 F_{N1}、F_{N2}、F_{N3}。

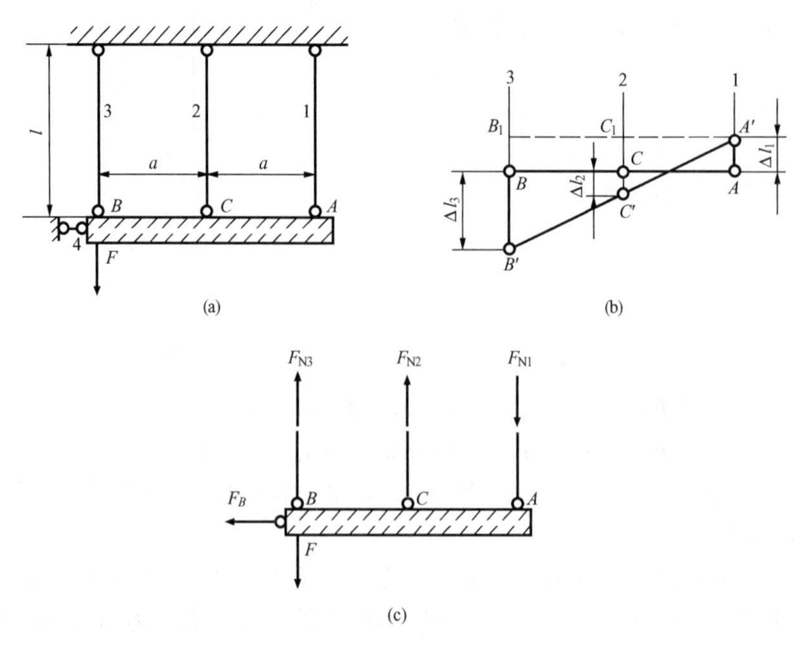

图 7 - 21

解　设在载荷 F 作用下，横梁移动到 $A'B'$ 位置［图 7-21（b）］，则杆 1 的缩短量为 Δl_1，而杆 2、3 的伸长量分别为 Δl_2、Δl_3。取横梁 AB 为分离体，如图 7-21（c）所示，其上除载荷 F 外，还有轴力 F_{N1}、F_{N2}、F_{N3} 以及 F_B。由于假设杆 1 缩短，杆 2、3 伸长，故应将 F_{N1} 设为压力，而 F_{N2}、F_{N3} 设为拉力。

（1）平衡方程。

$$\left.\begin{array}{ll}\Sigma F_x = 0 & F_B = 0 \\ \Sigma F_y = 0 & -F_{N1} + F_{N2} + F_{N3} - F = 0 \\ \Sigma M_B = 0 & -F_{N1} \cdot 2a + F_{N2} a = 0\end{array}\right\}$$

三个平衡方程中包含四个未知力，故为一次超静定问题。

（2）变形协调方程。

由变形关系图 7-21（b）可看出，$B_1B' = 2C_1C'$，即

$$\Delta l_3 + \Delta l_1 = 2(\Delta l_2 + \Delta l_1)$$

或

$$-\Delta l_1 + \Delta l_3 = 2\Delta l_2$$

（3）物理方程。

$$\Delta l_1 = \frac{F_{N1} l}{E_1 A_1}, \Delta l_2 = \frac{F_{N2} l}{E_2 A_2}, \Delta l_3 = \frac{F_{N3} l}{E_3 A_3}$$

将上三式联立求解，可得

$$F_{N1} = \frac{F}{6}, F_{N2} = \frac{F}{3}, F_{N3} = \frac{5F}{6}$$

由此例题可以看出：假定各杆的轴力是拉力、还是压力，要以变形关系图中各杆是伸长还是缩短为依据，两者之间必须一致。经计算三杆的轴力均为正，说明正如变形关系图中所设，杆 2、3 伸长，而杆 1 缩短。

二、装配应力

杆件制成后，其尺寸难免有微小误差，在静定结构中，这种误差只是引起结构的几何形状有微小改变，而不会在杆内引起应力。但在超静定结构中，加工误差却往往要引起应力。这种由于装配而引起的应力称为**装配应力**。装配应力是在载荷作用之前已经有的应力，因而是一种初应力，装配应力的计算方法与解超静定问题相同。如图 7-22 所示，两端固定杆 AB，由于其长度制造不准确，长了 $\Delta l = \delta$（δ 和正确长度 l 相比，是一极小量），但现仍要强行安装上去，这样就在杆中引起装配应力。要求出此装配应力，需先求出杆中的轴力，也就是先求约束力。

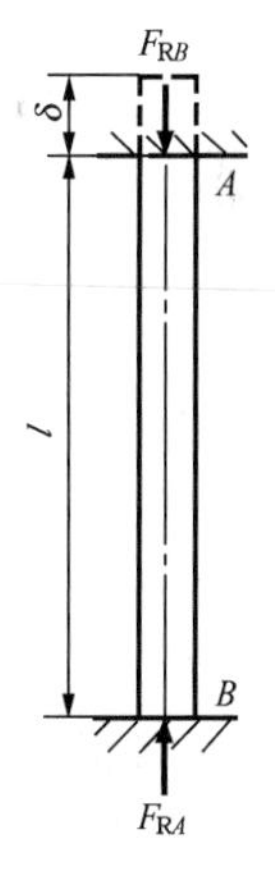

图 7-22

（1）平衡方程。

$$F_{RA} = F_{RB}$$

（2）变形协调方程。

$$\Delta l = \delta$$

（3）物理方程。

$$\Delta l = \frac{F_N l}{EA} = \frac{F_{RA} l}{EA} = \frac{F_{RB} l}{EA}$$

注意在计算 Δl 时，杆 AB 的原长为 $l + \delta$，但 $\delta \ll l$，故计算 Δl 时以 l 代替 $l + \delta$。联解上三式可得

$$F_N = \frac{EA}{l}\delta$$

这里 F_N 称为**装配内力**，则装配应力为

$$\sigma = \frac{F_N}{A} = \frac{E}{l}\delta$$

且是压应力。

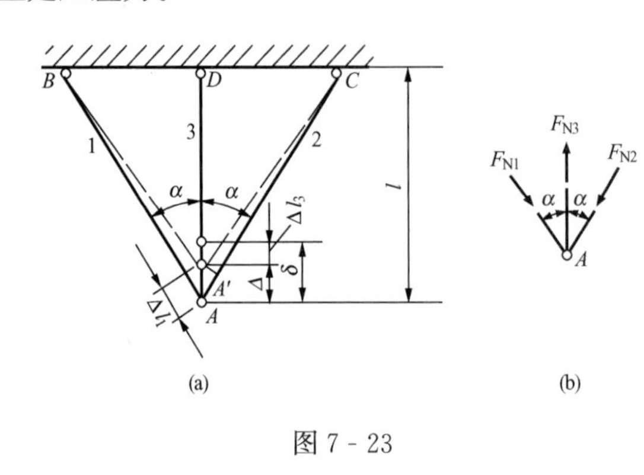

图 7 - 23

【例 7 - 6】 图 7 - 23（a）中超静定杆系，杆 3 有加工误差 δ，如将杆系强行铰在一起（节点为图中的 A' 点），求此时各杆的内力。设杆 1、2 的长度、横截面积及材料均相同，即 $l_1 = l_2$，$A_1 = A_2$，$E_1 = E_2$；杆 3 长度为 l，横截面面积为 A_3，弹性模量为 E_3。

解 强行铰接后，杆 3 将产生拉应力，而杆 1、2 将产生压应力。若设杆 1、2 的压力为 F_{N1}、F_{N2}，杆 3 的拉力为 F_{N3}，作出受力图，如图 7 - 23（b）所示。

（1）平衡方程。

$$\Sigma F_x = 0,\ F_{N1}\sin\alpha - F_{N2}\sin\alpha = 0$$

$$\Sigma F_y = 0,\ F_{N3} - F_{N1}\cos\alpha - F_{N2}\cos\alpha = 0$$

（2）变形协调方程。

从图 7 - 23（a）可以看出，$\Delta l_3 + \Delta = \delta$，其中 Δl_3 为杆 3 的伸长，Δ 为装配后 A 点的位移。此时，杆 1、2 的缩短 $\Delta l_1 = \Delta \cdot \cos\alpha$，故有 $\Delta = \Delta l_1 / \cos\alpha$，于是变形协调方程为

$$\Delta l_3 + \Delta l_1 / \cos\alpha = \delta$$

（3）物理方程。

$$\Delta l_1 = \frac{F_{N1} l}{E_1 A_1 \cos\alpha}, \Delta l_3 = \frac{F_{N3} l}{E_3 A_3}$$

将以上三式联立求解，得到

$$F_{N1} = F_{N2} = \frac{\delta E_3 A_3}{2l\cos\alpha\left(1 + \dfrac{E_3 A_3}{2E_1 A_1}\cos^3\alpha\right)}, F_{N3} = \frac{\delta E_3 A_3}{l\left(1 + \dfrac{E_3 A_3}{2E_1 A_1}\cos^3\alpha\right)}$$

将 F_{N1}、F_{N2}、F_{N3} 值分别除以该杆的横截面面积，即可得到三杆的装配应力。如果三根杆的材料、横截面面积都相同，$\delta / l = 1/1000$，弹性模量 $E = 200\text{GPa}$，$\angle\alpha = 30°$，可以算出 $\sigma_1 = \sigma_2 = 63.5\text{MPa}$（压），$\sigma_3 = 112.9\text{MPa}$（拉）。

从以上计算中可看出，制造误差 δ / l 虽很小，但装配后可引起相当大的初应力，杆的应力是初应力再与由外载荷引起的应力相叠加，因此，装配应力的存在对于结构往往是不利的，这就要求足够的加工精度以降低装配应力。但有时也可以利用它，机械上的紧配合就是根据需要使其产生适当的装配应力。

三、温度应力

在工程中，结构或其部分杆件会遇到温度变化（例如工作条件中温度的改变），从而杆件就要膨胀或缩短。在静定结构中，由于杆能自由变形，整个结构均匀的温度变化不会在杆内产生应力。但在超静定结构中，由于具有多重约束，温度变化将使杆内产生应力，即**温度应力**。温度应力的计算方法与解超静定问题相似，不同之处在于杆的变形包括由温度引起的变形和由力引起的弹性变形两部分。

如图 7 - 24（a）所示，AB 为一装在两个刚性支承间的杆件。设杆 AB 长为 l，横截面面积为 A，材料的弹性模量为 E，线胀系数为 α_l。当温度升高 ΔT 以后，杆将伸长［图 7 - 24（b）］，

但因刚性支承的阻挡，使杆不能伸长，这就相当于在杆的两端加了压力，设两端的压力为 F_{RA} 和 F_{RB}。

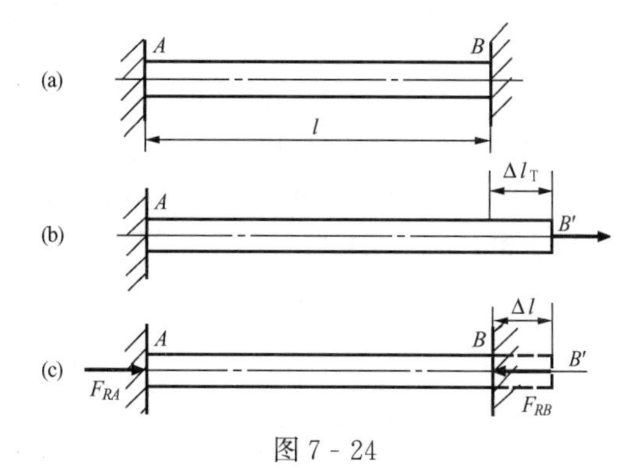

图 7 - 24

（1）平衡方程。

$$F_{RA} = F_{RB}$$

两端压力虽相等，但数值未知，故为一次超静定。

（2）变形协调方程。

因为支承是刚性的，故杆的总长度不变。杆的变形包括由温度引起的变形 Δl_{T} 和轴向压力引起的弹性变形 Δl 两部分，故变形协调方程为

$$\Delta l_{\mathrm{T}} + \Delta l = 0$$

（3）物理方程。

设想拆除右端约束，允许杆件自由胀缩，当温度变化为 ΔT 时，杆件的温度变形（伸长）应为

$$\Delta l_{\mathrm{T}} = \alpha_l \Delta T \cdot l$$

然后计算杆件因 F_{RB} 而产生的缩短

$$\Delta l = \frac{F_{RB} l}{EA}$$

联解以上三式可得

$$F_{RA} = F_{RB} = EA\alpha_l \Delta T$$

应力是

$$\sigma_{\mathrm{T}} = \frac{F_{\mathrm{N}}}{A} = \frac{F_{RB}}{A} = \alpha_l E \Delta T$$

设杆的材料是钢，$\alpha_l = 12.5 \times 10^{-6}$℃$^{-1}$，$E = 200$GPa，则温度应力

$$\sigma_{\mathrm{T}} = (12.5 \times 10^{-6} \times 200 \times 10^3 \Delta T)\mathrm{MPa}$$
$$= 2.5\Delta T\mathrm{MPa}$$

可见当 ΔT 较大时，σ_{T} 的数值便非常可观。所以在超静定结构中，温度应力是一个不容忽视的因素。在工程中常要考虑温度的影响：在铁路钢轨接头处，在混凝土路面中，通常都留有空隙；高温管道隔一段距离要设一个弯道，用以调节因温度变化而产生的伸缩等。

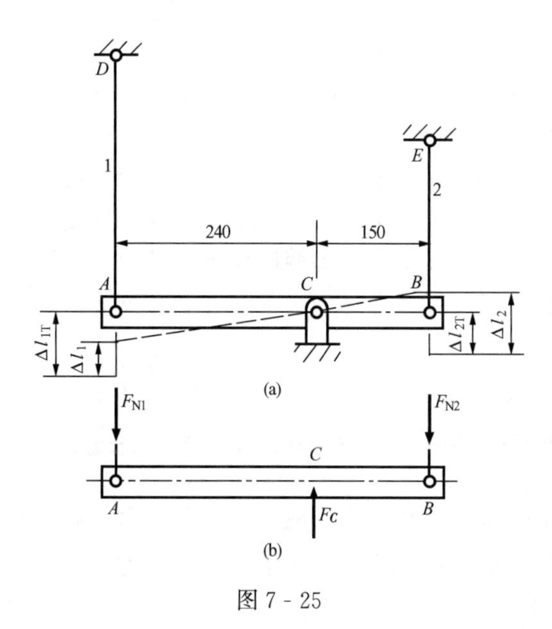

图 7 - 25

【例 7 - 7】　在图 7 - 25（a）中，设横梁的变形可忽略不计（即设为刚体）；钢杆的横截面面积

$A_1=100\text{mm}^2$，长度 $l_1=330\text{mm}$，弹性模量 $E_1=200\text{GPa}$，线胀系数 $\alpha_{l1}=12.5\times10^{-6}℃^{-1}$；铜杆的相应数据分别是 $A_2=200\text{mm}^2$，$l_2=220\text{mm}$，$E_2=100\text{GPa}$，$\alpha_{l2}=16.5\times10^{-6}℃^{-1}$。如果温度升高 30℃，试求两杆的轴力。

解 设想拆除钢杆和铜杆与横梁间的联系，允许其自由膨胀。这时钢杆和铜杆的温度变形分别为 Δl_{1T} 和 Δl_{2T}。当把已经伸长的杆件再与横梁相连接时，必将在两杆内分别引起轴力 F_{N1} 和 F_{N2}，并使两杆再次变形。设 F_{N1} 和 F_{N2} 的方向如图 7-25(b)所示；横梁的最终位置如图 7-25(a)中虚线表示，而图中的 Δl_1 和 Δl_2 分别是钢杆和铜杆因轴力引起的变形。这样得变形协调方程为

$$\frac{\Delta l_{1T}-\Delta l_1}{\Delta l_2-\Delta l_{2T}}=\frac{240}{150}$$

这里 Δl_1 和 Δl_2 皆为绝对值。求出上式中的各项变形分别为

$$\Delta l_{1T}=(330\times12.5\times10^{-6}\times30)\text{mm}=123.7\times10^{-3}\text{mm}$$

$$\Delta l_{2T}=(220\times16.5\times10^{-6}\times30)\text{mm}=108.9\times10^{-3}\text{mm}$$

$$\Delta l_1=\frac{F_{N1}l_1}{E_1A}=\frac{F_{N1}\times330}{200\times10^3\times100}\text{mm}=0.0165\times10^{-3}F_{N1}\text{mm}$$

$$\Delta l_2=\frac{F_{N2}l_2}{E_2A_2}=\frac{F_{N2}\times220}{100\times10^3\times200}\text{mm}=0.011\times10^{-3}F_{N2}\text{mm}$$

把以上数据代入变形协调方程，经整理后，得出

$$124-0.0165F_{N1}=\frac{8}{5}(0.011F_{N2}-109)$$

把作用在横梁上的力对 C 点取矩，得平衡方程

$$240F_{N1}-150F_{N2}=0$$

从以上两方程中接出钢杆和铜杆的轴力分别为

$$F_{N1}=6.68\times10^3\text{N}=6.68\text{kN},F_{N2}=10.7\times10^3\text{N}=10.7\text{kN}$$

求得的 F_{N1} 和 F_{N2} 皆为正号，表示所设方向是正确的，即两杆均受压。

§7-11 剪切和挤压的实用计算

剪切和挤压的实用计算，与轴向拉伸或压缩并无实质上的联系。附在本章之末，只是因为这两种实用计算方法在形式上与轴向拉伸（压缩）有些相似。

在工程机械中，经常需要将构件相互连接，例如柴油机的活塞销连接［图 7-26（a)］、轴与齿轮间的键连接［图 7-26（b)］、电瓶车挂钩处的销连接以及木结构中的榫齿连接和钢结构中的螺栓、铆钉连接等。在构件连接处起连接作用的部件，诸如铆钉、螺栓、键、销等，统称为**连接件**。这类构件的受力和变形情况可概括为如图 7-27 所示的简图，其受力特点是：**作用在构件某两相近截面**（图中的 $m—m$ 与 $n—n$ 截面）**的两侧面上的横向外力的合力大小相等，方向相反，且相互平行。**在这样的外力作用下，其变形特点是：**构件的两相邻截面发生相对错动，**这种变形形式称为**剪切**。

一、剪切的实用计算

下面以铆钉连接件为例来讨论一下剪切的内力和应力。设两块钢板用铆钉连接，如图 7-28（a）所示，当两钢板受拉时，铆钉的受力情况如图 7-28（b）所示。如果铆钉上作用的力 F 过大，铆钉可能沿着两力间的 $m—m$ 截面被剪断，这个截面称为**剪切面**。剪切面在两相邻外力作用线之间，与外力平行。现在利用截面法来研究铆钉在剪切面上的内力。将铆钉假想沿 $m—m$ 截面切开，考虑上部分的平衡［图 7-28（c)］，可知 $m—m$ 截面上的内力

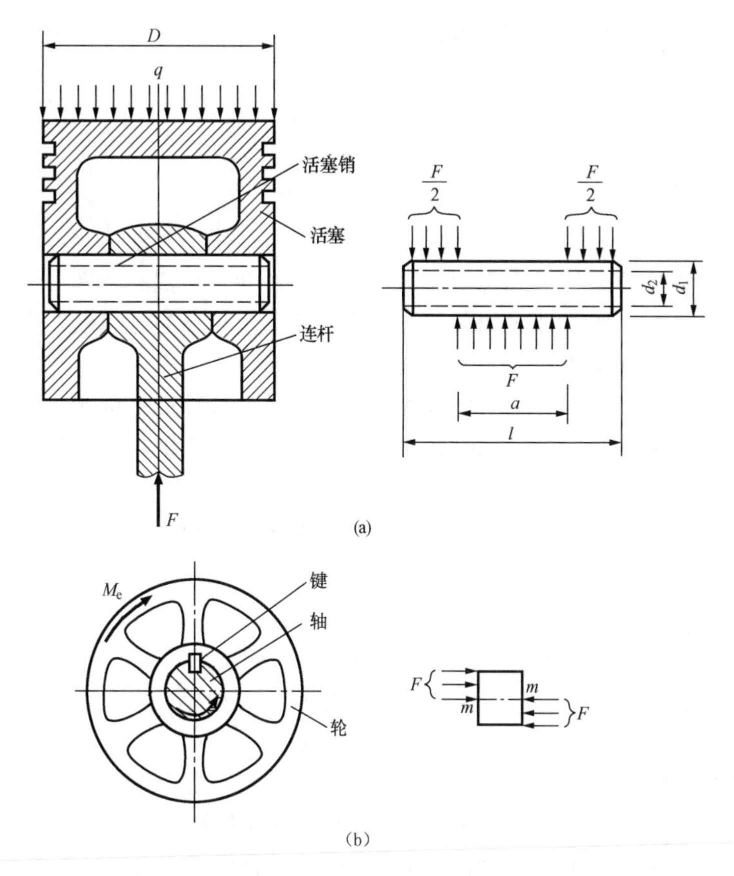

图 7 - 26

F_Q 与截面相切，称为**剪力**，此剪力是截面 $m—m$ 上切应力的合力，且由平衡方程容易求得

$$F_Q = F \tag{a}$$

铆钉这一类短粗连接件，在剪切面附近的变形极为复杂，切应力 τ 在截面上的分布规律很难确定，要作精确的分析是比较困难的。为了计算上的方便，在剪切实用计算中，假设切应力 τ 在剪切面上均匀分布。故应力可按下式计算

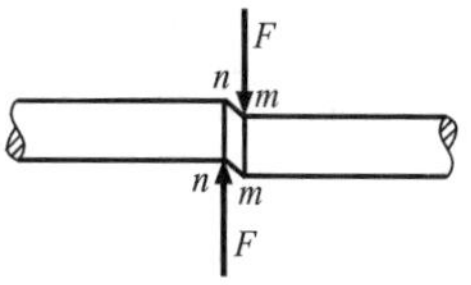

$$\tau = \frac{F_Q}{A} \tag{b}$$

图 7 - 27

式中：F_Q 为剪切面上的剪力；A 为剪切面的面积。

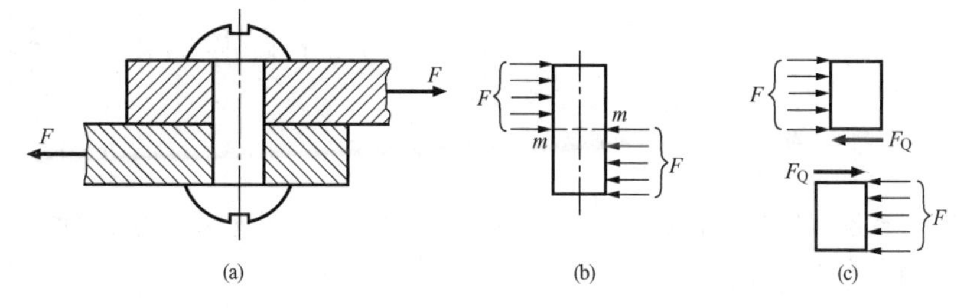

图 7 - 28

为保证铆钉安全可靠地工作，要求其工作时的切应力不应超过某一个许用值，因此铆钉的剪切强度条件为

$$\tau=\frac{F_Q}{A}\leqslant[\tau] \tag{7-15}$$

式中：$[\tau]$ 为材料的许用切应力。

剪切强度条件虽然是针对铆钉的情况得出的，但也适用于其他剪切构件。

在剪切强度条件中所采用的许用切应力是在与构件受力相似的条件下进行试验，同样按切应力均匀分布的假设，由破坏时的载荷计算出剪切面上相应的名义极限应力，除以安全系数即得该种材料的许用切应力 $[\tau]$。

由上所述，实用计算是一种带有经验性的强度计算。这种计算虽然比较粗略，但由于许用切应力的测定条件与实际构件的情况相似，而且其计算方法也相同，所以它基本上是符合实际情况的，在工程实际中得到广泛的应用。

二、挤压的实用计算

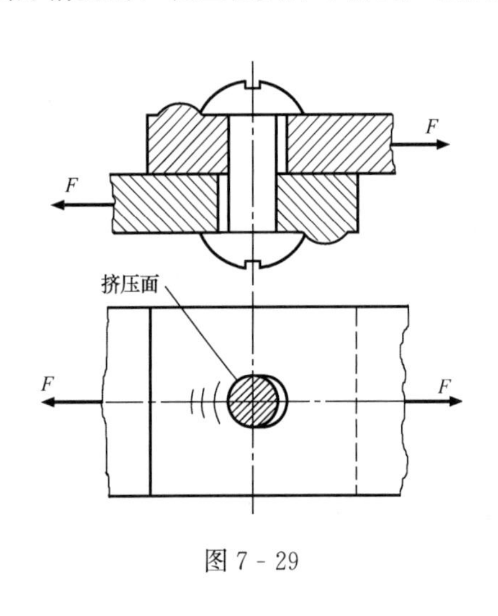

图 7 - 29

在外力作用下，连接件和被连接的构件之间，必将在接触面上相互压紧，这种现象称为**挤压**。作用在接触面上的压力称为**挤压力**，挤压力的作用面称为**挤压面**，挤压面与外力垂直。例如在图 7 - 28（a）所示的铆钉连接中，铆钉与钢板就相互压紧，这就可能把铆钉或钢板的铆钉孔压成局部塑性变形。图 7 - 29 就是铆钉孔被压成长圆孔的情况，当然，铆钉也可能被压成扁圆柱。挤压破坏会导致连接松动，影响构件的正常工作，所以对剪切构件应该进行挤压强度计算。对铆钉、螺栓、销钉类连接件而言，挤压应力分布一般比较复杂，在实用计算中，通常以圆孔或圆钉的直径平面面积 δd（即图 7 -30 中画阴影线的面积）作为计算挤压面积，并假设在计算挤压面上应力均匀分布，则所得应力大致上与实际最大应力接近。即

$$\sigma_{bs}=\frac{F_{bs}}{A_{bs}} \tag{c}$$

式中：σ_{bs}表示挤压应力（在挤压面上由挤压力而引起的应力），其方向垂直挤压面；F_{bs}表示挤压力；A_{bs}表示计算挤压面积。则相应的强度条件是：

$$\sigma_{bs}=\frac{F_{bs}}{A_{bs}}\leqslant[\sigma_{bs}] \tag{7-16}$$

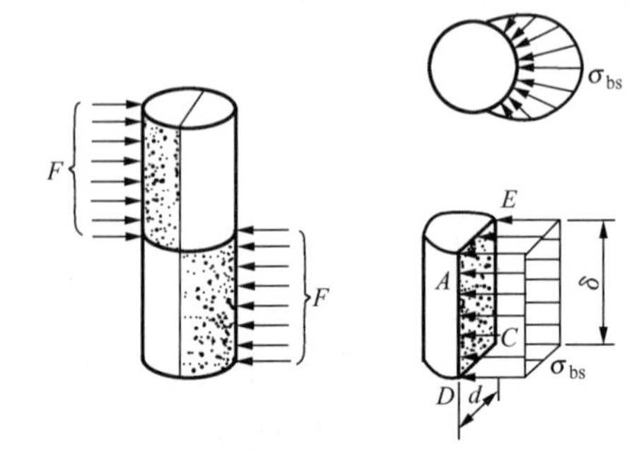

图 7 - 30

式中：$[\sigma_{bs}]$ 为材料的许用挤压应力。

当连接件和被连接的构件的接触面为平面时，如图 7 - 26（b）中的键连接，以上公式中的 A_{bs}就是接触面的面积。

若连接件和被连接的构件材料不同，$[\sigma_{bs}]$ 应按抵抗挤压能力较弱者选取。

【例 7-8】 电瓶车挂钩由插销联接［如图 7-31（a)］。插销材料为 20 钢，许用应力 $[\tau]=30\text{MPa}$，$[\sigma_{bs}]=100\text{MPa}$，直径 $d=20\text{mm}$。挂钩及被联接板件的厚度分别为 δ 和 1.5δ，其中 $\delta=8\text{mm}$，牵引力 $F=15\text{kN}$。试校核插销的强度。

解　(1) 校核插销的剪切强度。

插销受力如图 7-31（b）所示。根据受力情况，插销中段相对于上、下两段沿 $m-m$、$n-n$ 两个面错动。所以有两个剪切面，称为**双剪切**。这与前面的情况略有不同。由平衡方程容易求出

$$F_Q=\frac{F}{2}$$

插销剪切面上的切应力为

$$\tau=\frac{F_Q}{A}=\frac{\frac{F}{2}}{\frac{\pi d^2}{4}}=\frac{2F}{\pi d^2}$$

$$=\frac{2\times 15\times 10^3}{\pi\times 20^2}\text{MPa}$$

$$=23.9\text{MPa}<[\tau]$$

故插销满足剪切强度要求。

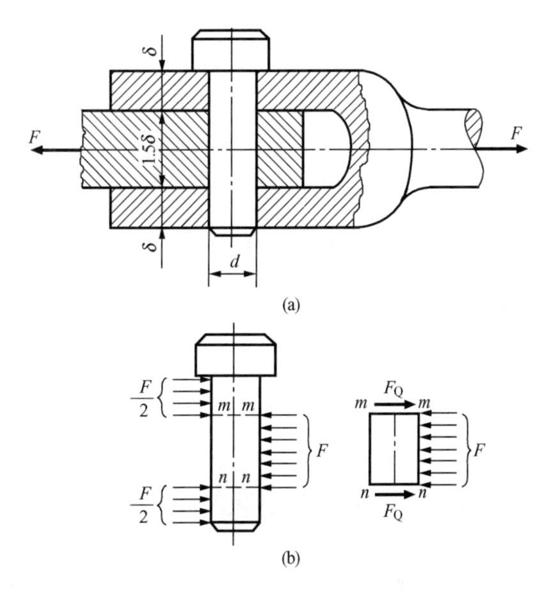

图 7-31

(2) 校核插销的挤压强度。

由受力图可看出，长度为 δ 的两段插销所承受的挤压力与长度为 1.5δ 的一段插销所承受的挤压力相同，而前者的挤压面积较后者大，所以应以后者来校核挤压强度。这时，挤压面上的挤压力

$$F_{bs}=F$$

计算挤压面积 $A_{bs}=1.5\delta d$，则挤压应力为

$$\sigma_{bs}=\frac{F_{bs}}{A_{bs}}=\frac{F}{1.5\delta d}=\frac{15\times 10^3}{1.5\times 8\times 20}\text{MPa}=62.5\text{MPa}<[\sigma_{bs}]$$

故插销也满足挤压强度要求。

【例 7-9】 如图 7-32 所示传动轴，轴的直径 $d=50\text{mm}$，键的尺寸为 $b=16\text{mm}$，$h=10\text{mm}$，键的材料为 40 钢，许用切应力 $[\tau]=80\text{MPa}$，许用挤压应力 $[\sigma_{bs}]=240\text{MPa}$，用轴传递的扭转力偶矩 $M_e=1600\text{N}\cdot\text{m}$。试求键的长度 l。

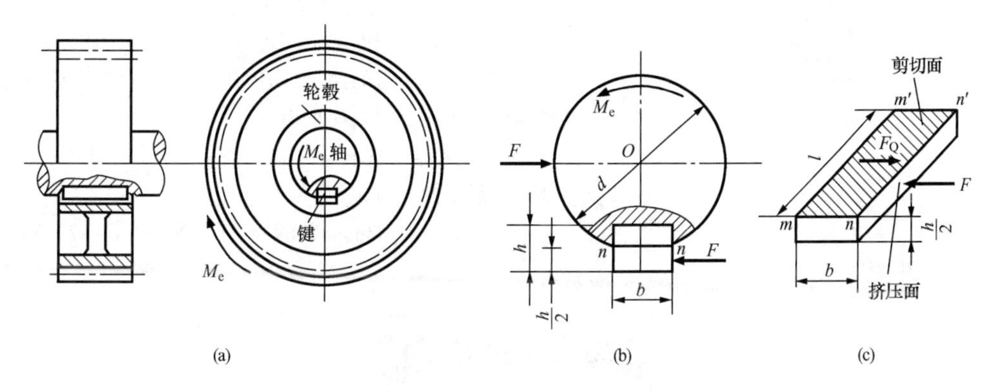

图 7-32

解　(1) 按键的剪切强度设计 l。

根据键与轴的受力图［图 7 - 32（b）］，可写出平衡方程

$$\Sigma M_o = 0, M_e - F \cdot \frac{d}{2} = 0$$

得 $F=\frac{2M_e}{d}$。键的剪切面 $mm'nn'$ 面的面积 $A=bl$，该面上的剪力 $F_Q=F=\frac{2M_e}{d}$，于是

$$\tau = \frac{F_Q}{A} = \frac{2M_e}{dbl} \leqslant [\tau]$$

即

$$l \geqslant \frac{2M_e}{db[\tau]} = \frac{2 \times 1600 \times 10^3}{50 \times 16 \times 80}\text{mm} = 50\text{mm}$$

（2）按键的挤压强度设计 l。

挤压力 $F_{bs}=F$，挤压面积 $A_{bs}=\frac{hl}{2}$［图 7 - 32（c）］，于是

$$\sigma_{bs} = \frac{F_{bs}}{A_{bs}} = \frac{4M_e}{dlh} \leqslant [\sigma_{bs}]$$

即

$$l \geqslant \frac{4M_e}{dh[\sigma_{bs}]} = \frac{4 \times 1600 \times 10^3}{50 \times 10 \times 240}\text{mm} = 53.3\text{mm}$$

两个长度中应选其中较大者，即键的长度不应小于 53.3mm。

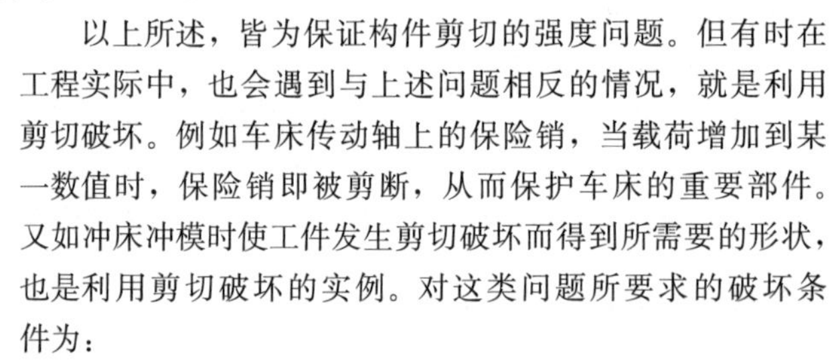
以上所述，皆为保证构件剪切的强度问题。但有时在工程实际中，也会遇到与上述问题相反的情况，就是利用剪切破坏。例如车床传动轴上的保险销，当载荷增加到某一数值时，保险销即被剪断，从而保护车床的重要部件。又如冲床冲模时使工件发生剪切破坏而得到所需要的形状，也是利用剪切破坏的实例。对这类问题所要求的破坏条件为：

$$\tau = \frac{F_Q}{A} \geqslant \tau_b \qquad (7-17)$$

式中：τ_b 为剪切强度极限。

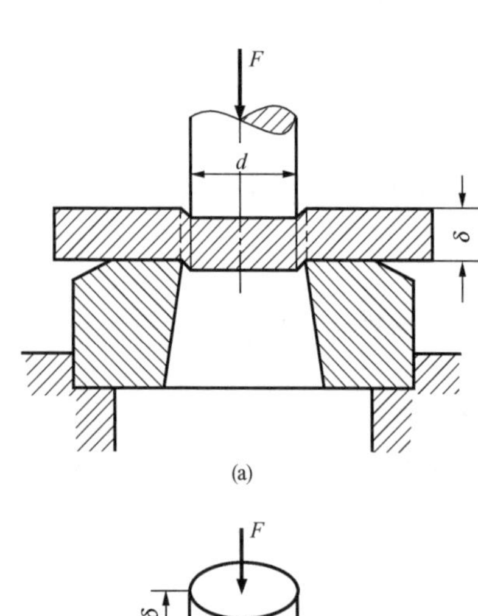

(a)

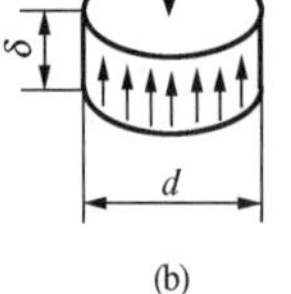

(b)

图 7 - 33

【例 7 - 10】 如图 7 - 33 所示，钢板厚度 $\delta=5$mm，其剪切强度极限 $\tau_b=320$MPa，如用冲床将钢板冲出直径 $d=15$mm 的孔，需要多大的冲力 F?

解 冲孔的过程就是发生剪切破坏的过程，故可由式（7 - 17）求出所需的冲力。剪切面是钢板内被冲头冲出的圆柱体的柱形侧面，其面积为

$$A = \pi d\delta = \pi \times 15 \times 5\text{mm}^2 = 236\text{mm}^2$$

冲孔所需要的冲力应为

$$F \geqslant A\tau_b = 236 \times 320\text{N} = 75.5 \times 10^3\text{N} = 75.5\text{kN}$$

故冲力 F 至少需要 75.5kN。

7 - 1 指出下列概念的区别：

（1）内力与应力；

（2）变形与应变；

（3）弹性与塑性；

（4）弹性变形与塑性变形；

（5）极限应力与许用应力。

7-2 相同尺寸的钢和橡皮在相同轴向拉力 F 作用下伸长，橡皮的伸长量比钢的伸长量大，由 $\sigma=E\varepsilon$ 可知，橡皮横截面上的应力 σ 比钢横截面上的应力大。这个结论是否正确？为什么？

7-3 钢的弹性模量 $E=200\text{GPa}$，铝的弹性模量 $E=71\text{GPa}$。试比较在同一应力作用下，哪种材料的应变大？在产生同一应变的情况下，哪种材料的应力大？

7-4 在低碳钢拉伸的应力—应变曲线上，试样断裂时的应力反而比颈缩时的应力低，为什么？

7-5 图 7-34 所示构件的剪切面面积和挤压面面积各为多少？

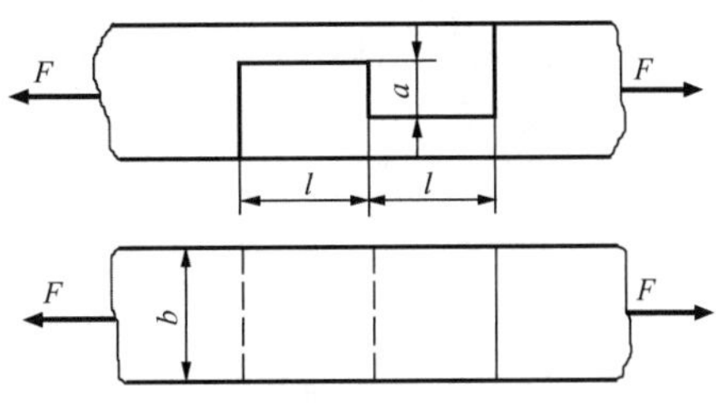

图 7-34 思考题 7-5 图

7-1 求图 7-35 所示各杆 1-1、2-2、3-3 截面上的轴力，并作出各杆轴力图。

7-2 在题 7-1（c）中，若 1-1、2-2、3-3 三个横截面的直径分别是：$d_1=15\text{mm}$，$d_2=20\text{mm}$，$d_3=24\text{mm}$，$F=8\text{kN}$，试求这三个横截面上的应力。

7-3 图 7-36 所示结构中，杆 1、2 的横截面直径分别为 10mm 和 20mm，试求两杆内的应力。设两根横梁皆为刚体。

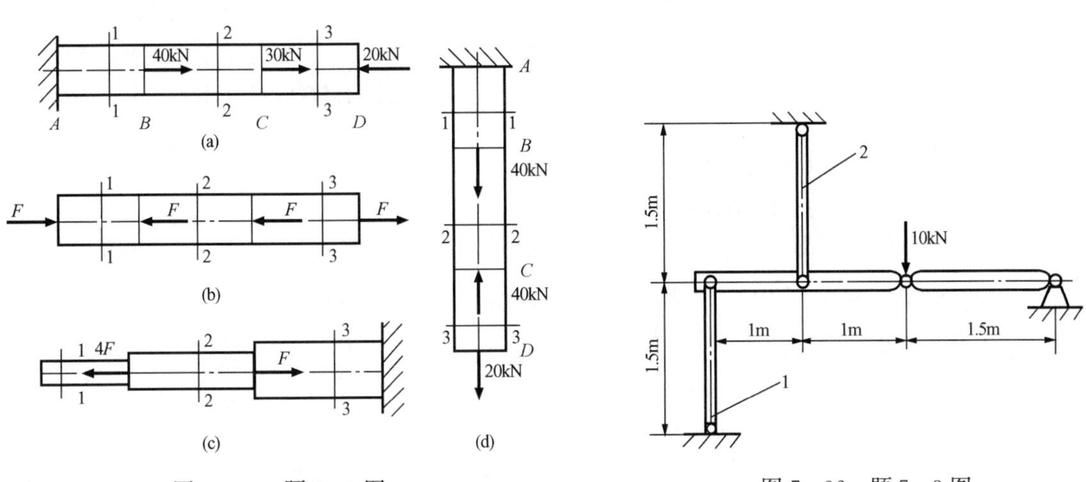

图 7-35 题 7-1 图

图 7-36 题 7-3 图

7-4 图 7-37 所示一悬臂吊车，斜杆 AB 为直径 $d=20\text{mm}$ 的圆截面钢杆，载荷 $F=15\text{kN}$。当 F 移至 A 点时，求斜杆 AB 横截面上的应力。

7-5 直径为 10mm 的圆杆在轴向拉力 $F=10\text{kN}$ 的作用下，试求外法线与杆轴成 30°及 45°的斜截面上的应力 σ_α 及 τ_α。

7-6 一受轴向拉伸的杆件，横截面上 $\sigma=50\text{MPa}$，某一斜截面 $\tau_\alpha=16\text{MPa}$。求 α 及 σ_α。

7-7 一正方形截面杆受 $F=160\text{kN}$ 轴向拉力，且任意截面切应力都不得超过 80MPa。试求此杆最小边长 a。

7 - 8 已知 $A=200\text{mm}^2$，$E=200\text{GPa}$。AB、BC、CD 各段长度均为 100mm。试求题 7 - 1 中（a）、（d）两图所示杆的总伸长 Δl。

7 - 9 直径 $d=25\text{mm}$ 的圆杆，受到正应力 $\sigma=240\text{MPa}$ 的拉伸，材料的弹性模量 $E=210\text{GPa}$，泊松比 $\mu=0.3$。试求其直径改变 Δd。

7 - 10 一直径为 $d=10\text{mm}$ 的试样，标距 $l=50\text{mm}$，拉伸断裂后，两标点间的长度 $l_1=63.2\text{mm}$，缩颈处的直径 $d_1=5.9\text{mm}$，试确定材料的伸长率和截面收缩率，并判断是塑性还是脆性材料。

7 - 11 某种材料的试样，直径 $d=10\text{mm}$，标距 $l_0=100\text{mm}$，由拉伸试验测得其拉伸曲线如图 7 - 38 所示，其中 d 为断裂点。试求：

（1）此材料的延伸率约为多少？

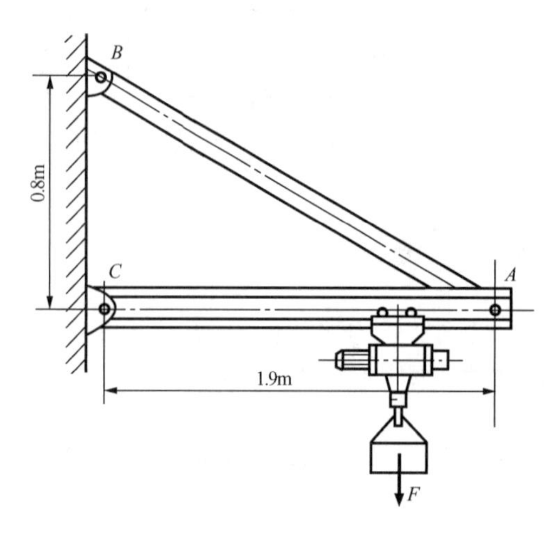

图 7 - 37 题 7 - 4 图

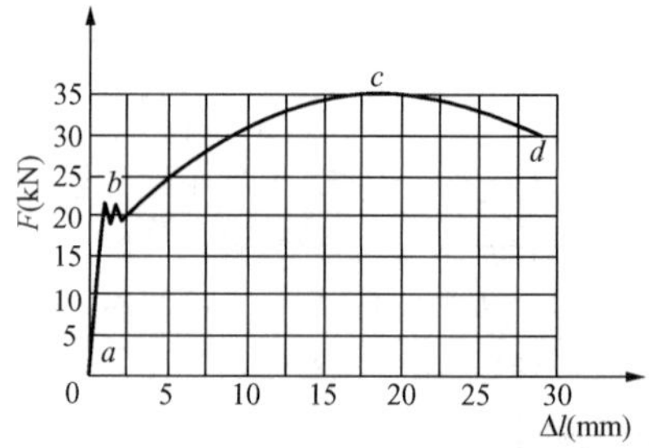

图 7 - 38 题 7 - 11 图

（2）由此材料制成的构件，承受拉力 $P=40\text{kN}$，若取安全系数 $n=1.2$，求构件所需的横截面面积。

7 - 12 见图 7 - 39，用绳索吊运一重为 $F=20\text{kN}$ 的重物。设绳索的横截面面积 $A=12.6\text{cm}^2$，许用应力 $[\sigma]=10\text{MPa}$，试问：

（1）当 $\alpha=45°$ 时，绳索强度是否够用？

（2）如改为 $\alpha=60°$，再校核绳索的强度。

7 - 13 冷镦机的曲柄滑块机构如图 7 - 40 所示。镦压工件时连杆接近水平位置，承受的镦压力 $P=1100\text{kN}$。连杆是矩形截面，高度 h 与宽度 b 之比为：$\dfrac{h}{b}=1.4$。材料为 45 钢，许用应力 $[\sigma]=58\text{MPa}$，试确定截面尺寸 h 及 b。

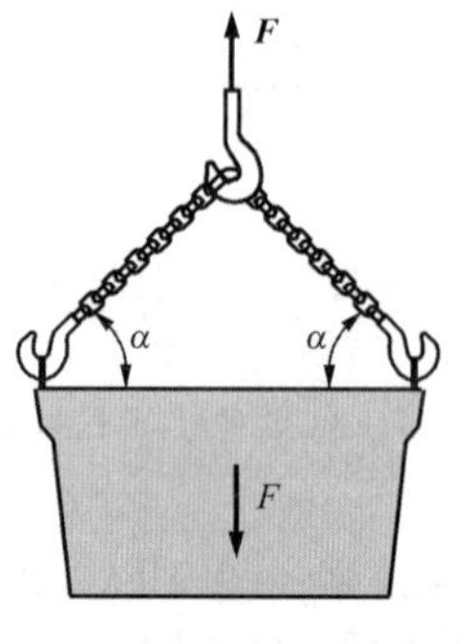

图 7 - 39 题 7 - 12 图

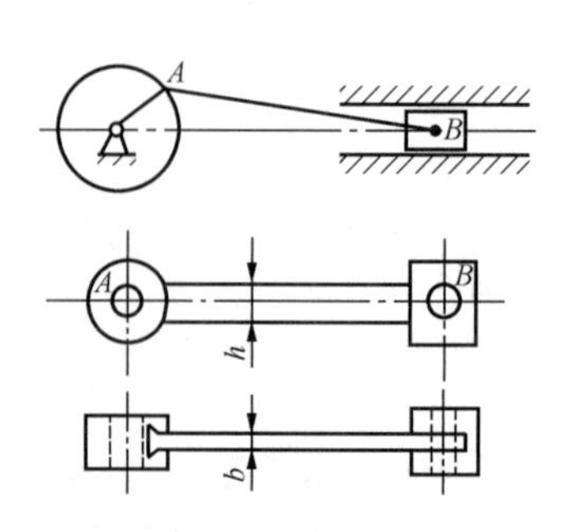

图 7 - 40 题 7 - 13 图

7 - 14　图 7 - 41 所示一手动压力机，在工件上所加的最大压力为 150kN。已知立柱和螺杆所用材料的屈服点 σ_s=240MPa，规定的安全系数 n=1.5。

(1) 试按强度要求选择立柱的直径 D；

(2) 若螺杆的内径 d=40mm，试校核其强度。

7 - 15　螺旋压紧装置如图 7 - 42 所示。现已知工件所受的压紧力为 P=4000N，旋紧螺栓螺纹内径 d_1=13.8mm，固定螺栓内径 d_2=17.3mm。两根螺栓材料相同，其许用应力 $[\sigma]$ =53MPa。试校核各螺栓之强度是否安全。

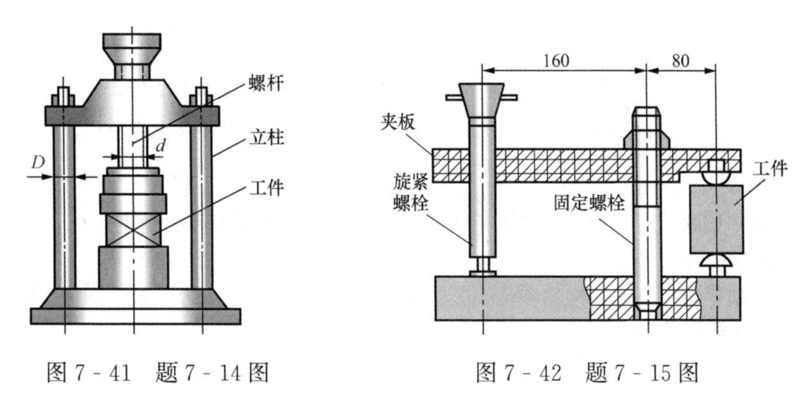

图 7 - 41　题 7 - 14 图　　　图 7 - 42　题 7 - 15 图

7 - 16　某拉伸试验机的结构示意图如图7 - 43 所示。设试验机的 CD 杆与试样 AB 材料同为低碳钢，其 σ_p=200MPa，σ_s=240MPa，σ_b=400MPa。试验机最大拉力为 100kN。(1) 用这一试验机作拉断试验时，试样直径最大可达多大？(2) 若设计时取试验机的安全因数 n=2，则 CD 杆的横截面面积为多少？(3) 若试样直径 d=10mm，今欲测弹性模量 E，则所加载荷最大不能超过多少？

7 - 17　某铣床工作台进给油箱如图 7 - 44 所示，已知油压 q=2MPa，油缸内径 D=75mm，活塞杆直径d=18mm，活塞杆材料的许用应力 $[\sigma]$ =50MPa，试校核活塞杆强度。(活塞杆对油压力作用面积的影响应计入)

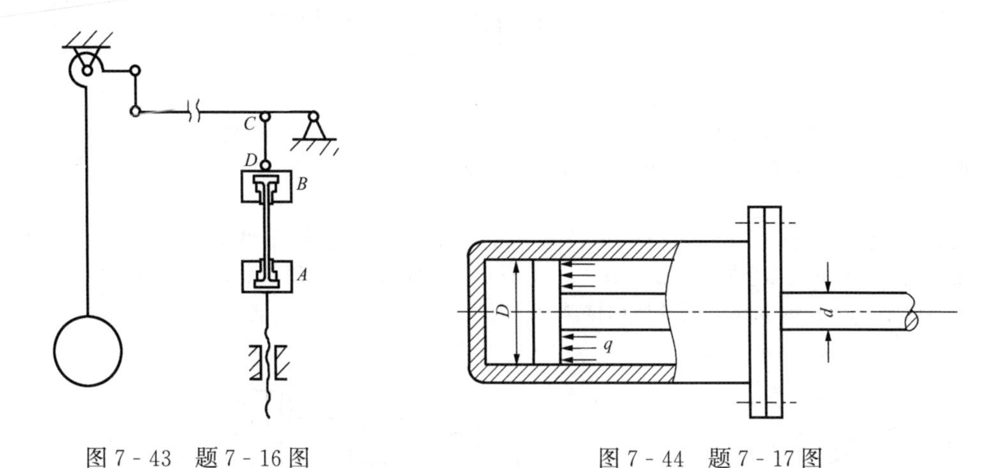

图 7 - 43　题 7 - 16 图　　　图 7 - 44　题 7 - 17 图

7 - 18　某金属矿矿井深 200m，井架高 18m，其提升系统简图如图 7 - 45 所示。设罐笼及其装载的矿石共重 F=45kN，钢丝绳自重为 q=23.8N/m，钢丝绳横截面面积 A = 2.51cm^2，强度极限 σ_b=1600MPa。设取安全因数 n=7.5，试校核钢丝绳的强度。

7 - 19　在均布载荷作用下的结构如图 7 - 46 所示，q=30kN/m，斜杆 BC 为圆截面钢杆，直径 d=30mm，许用应力 $[\sigma]$ =160MPa，校核 BC 杆强度。

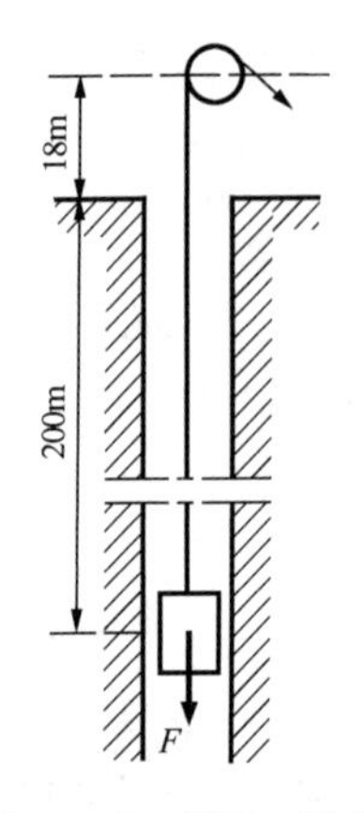

图 7-45 题 7-18 图

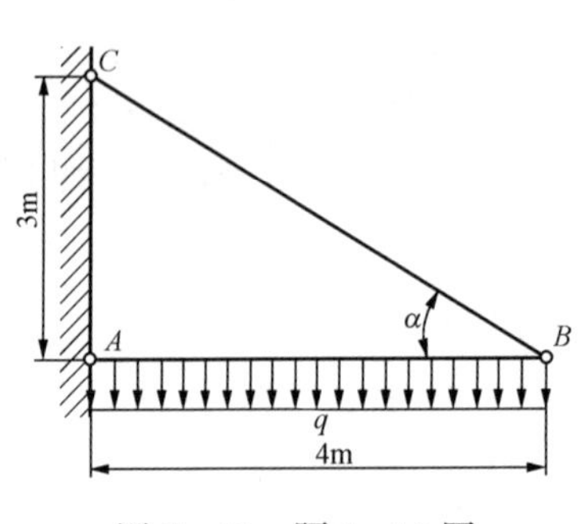

图 7-46 题 7-19 图

7-20 悬臂吊车如图 7-47 所示，起重量 $F=25kN$，AB 杆由两根等边角钢组成，许用应力 $[\sigma]=140MPa$。试选择角钢的型号。

7-21 在均布载荷作用下的结构如图 7-48 所示，$q=10kN/m$，BD 为圆截面钢杆，许用应力 $[\sigma]=160MPa$，试设计 BD 杆直径。

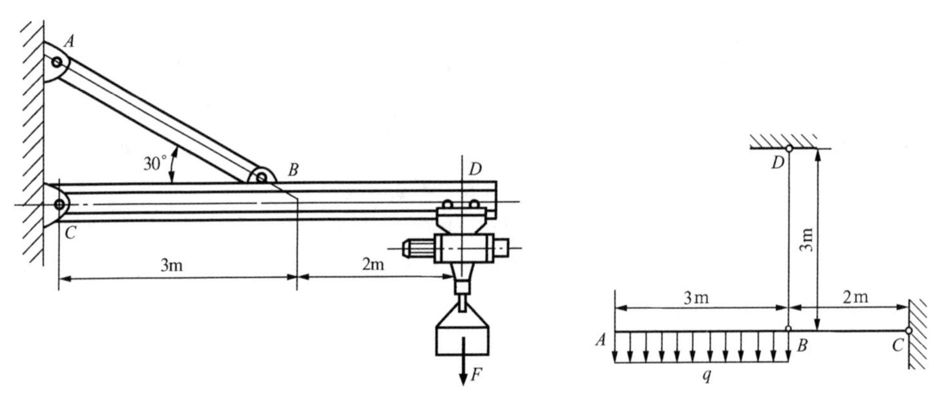

图 7-47 题 7-20 图　　图 7-48 题 7-21 图

7-22 图 7-49 所示简易吊车，BC 为圆截面钢杆，直径 $d=30mm$，许用应力 $[\sigma_{BC}]=100MPa$，AB 为正方形截面钢杆，许用应力 $[\sigma_{AB}]=160MPa$。(1) 试按 BC 杆确定许可载荷 $[F]$；(2) 按 $[F]$ 设计 AB 杆截面边长 a。

7-23 一汽缸如图 7-50 所示，其内径 $D=560mm$，汽缸内汽体压强 $q=2.5MPa$，活塞杆直径 $d=100mm$，所用材料的屈服极限 $\sigma_s=300MPa$。(1) 试求活塞杆的正应力和工作安全系数；(2) 若连接汽缸与汽缸盖的螺栓直径 $d_1=30mm$，螺栓所用材料的许用应力 $[\sigma]=60MPa$，试求所需的螺栓数。

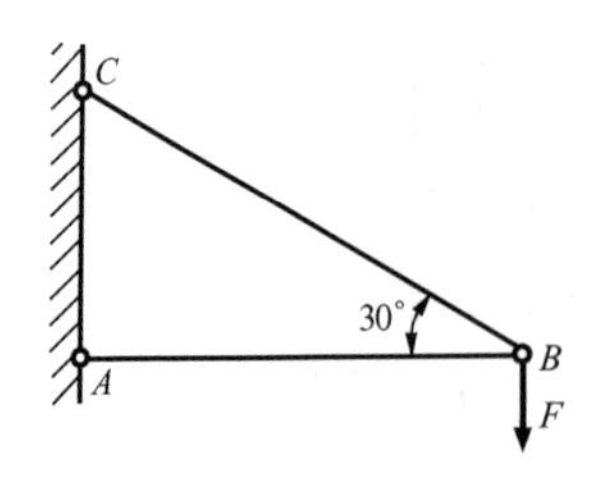

图 7-49 题 7-22 图

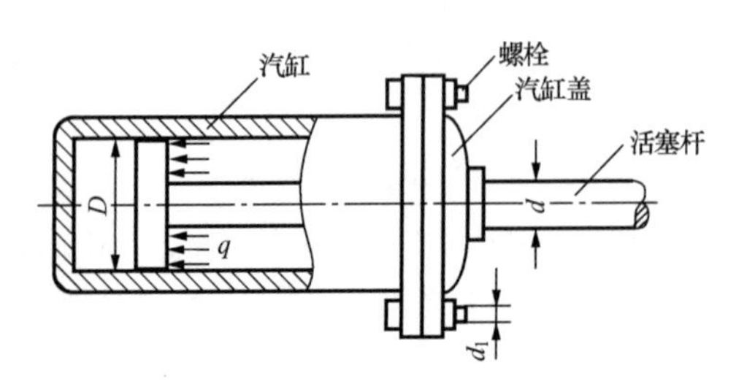

图 7-50 题 7-23 图

7 - 24　图 7 - 51 所示结构中，AB 杆直径 $d=30\text{mm}$，$a=1\text{m}$，$E=210\text{GPa}$。(1) 若测得 AB 杆应变 $\varepsilon=7.15\times10^{-4}$，试求载荷 F 值。(2) 设 CD 杆为刚杆，若 AB 杆 $[\sigma]=160\text{MPa}$。试求许可载荷 $[F]$。

7 - 25　如图 7 - 52 所示杆系中，AB 为圆截面钢杆，直径 $d=20\text{mm}$，$[\sigma_{AB}]=160\text{MPa}$，$BC$ 为方形木杆，尺寸为 $60\text{mm}\times60\text{mm}$，$[\sigma_{BC}]=12\text{MPa}$，$DE$ 绳绕在滑轮上。试求许可拉力 $[F]$。

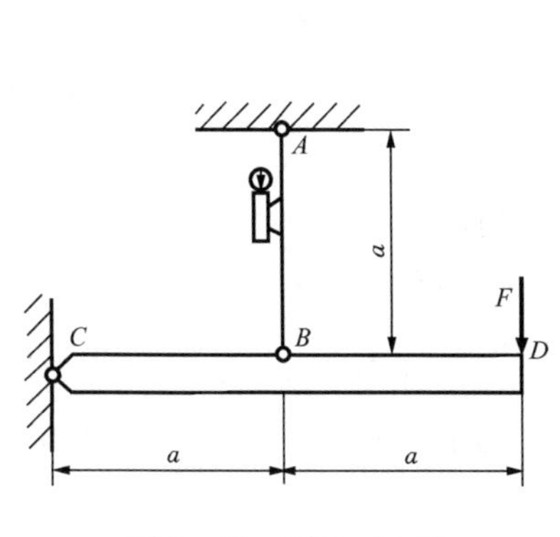

图 7 - 51　题 7 - 24 图

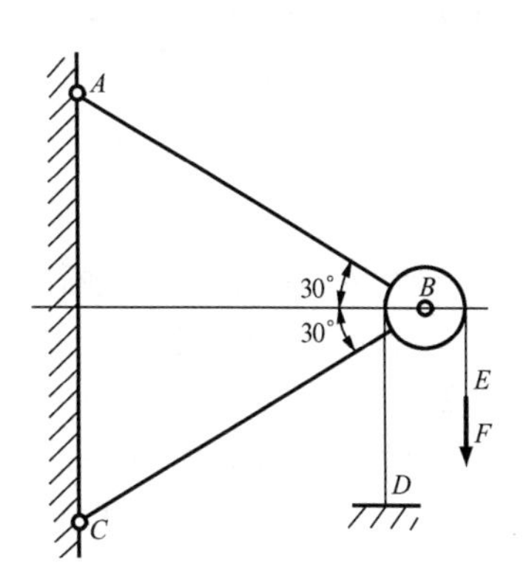

图 7 - 52　题 7 - 25 图

7 - 26　图 7 - 53 所示滑轮由 AB、AC 两圆截面杆支持，起重绳索的一端绕在卷筒上。已知 AB 杆为 Q235 钢，$[\sigma]=160\text{MPa}$，直径 $d=20\text{mm}$；AC 杆为铸铁，$[\sigma]=100\text{MPa}$，直径 $d=40\text{mm}$。试求可吊起的最大重量 $F_{\max}$。

7 - 27　图 7 - 54 所示两端固定等截面直杆，横截面的面积为 A，承受轴向载荷 F 作用，试计算杆内横截面上的最大拉应力与最大压应力。

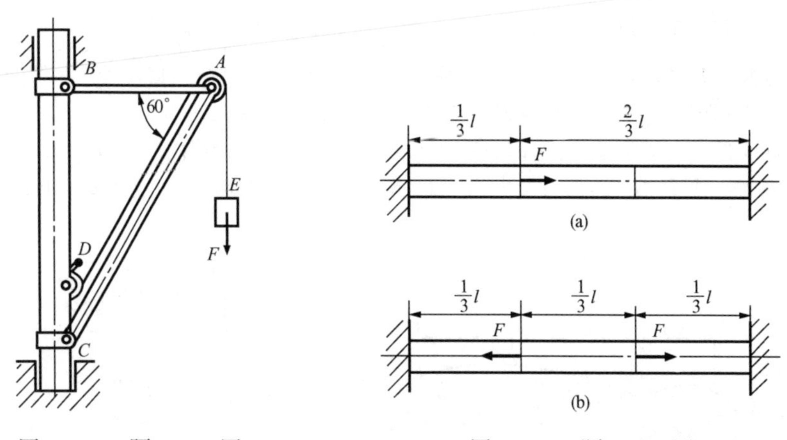

图 7 - 53　题 7 - 26 图　　图 7 - 54　题 7 - 27 图

7 - 28　水平刚性横梁 AB 上部由杆 1 和杆 2 悬挂，下部由铰支座 C 支承，如图 7 - 55 所示。由于加工误差，使杆 1 的长度做短了 $\delta=1.5\text{mm}$。已知两杆的材料和横截面面积均相等，且 $E_1=E_2=200\text{GPa}$，$A_1=A_2=200\text{mm}^2$，试求装配后两杆的应力。

7 - 29　在图 7 - 56 所示结构中，杆 1、2 的抗拉刚度同为 E_1A_1，杆 3 为 E_3A_3，杆 3 的长度为 $l+\delta$，其中 δ 为加工误差。试求杆 3 装入 AC 位置后，杆 1、2、3 的内力。

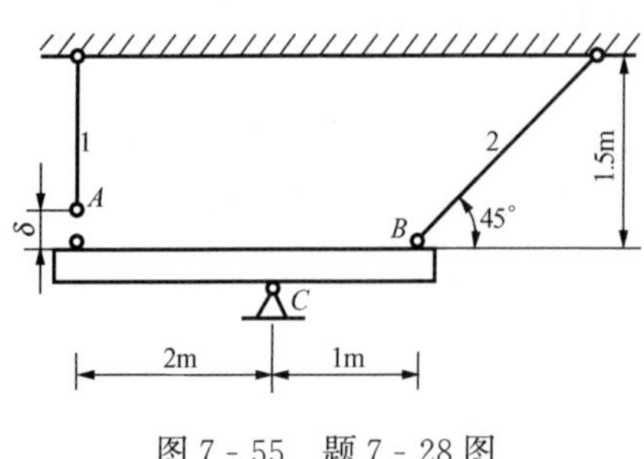

图 7 - 55　题 7 - 28 图

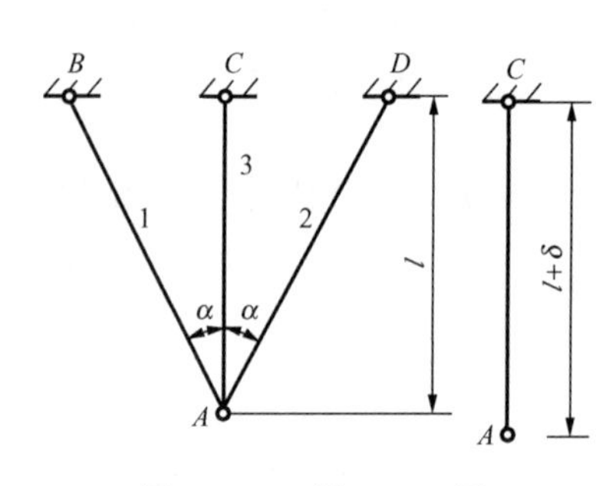

图 7 - 56　题 7 - 29 图

7 - 30　如图 7 - 57 所示，阶梯形钢杆的两端在 $T_1=5$℃时被固定，杆件上下两段的横截面面积分别是 $A_{上}=5\text{cm}^2$，$A_{下}=10\text{cm}^2$。当温度升高至 $T_2=25$℃时，试求杆内各部分的温度应力。钢材的弹性模量 $E=200\text{GPa}$，线胀系数 $\alpha_l=12.5\times10^{-6}$℃$^{-1}$。

7 - 31　图 7 - 58 所示杆系的两杆同为钢杆，弹性模量 $E=200\text{GPa}$，线胀系数 $\alpha_l=12.5\times10^{-6}$℃$^{-1}$。两杆的横截面面积 $A=10\text{cm}^2$。若 BC 杆的温度降低 20℃，而 BD 的温度不变，试求两杆的应力。

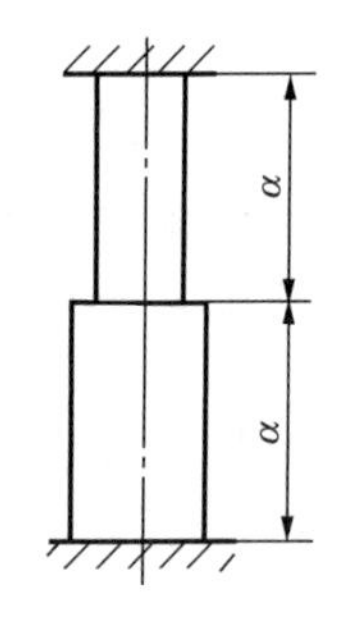

图 7 - 57　题 7 - 30 图

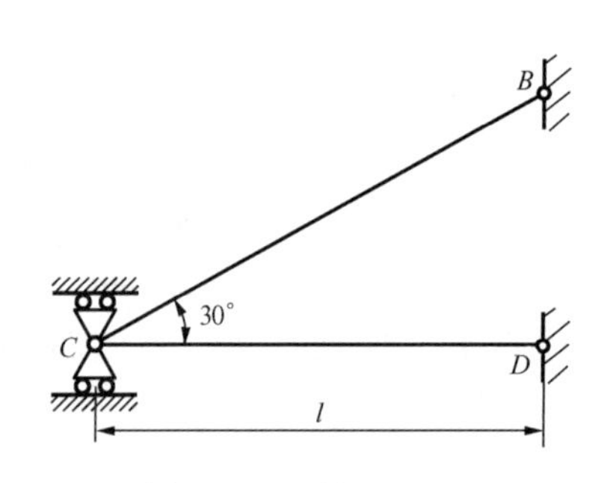

图 7 - 58　题 7 - 31 图

7 - 32　夹剪如图 7 - 59 所示。销子 C 的直径 $d=5\text{mm}$。当加力 $F=0.2\text{kN}$，剪直径与销子直径相同的铜丝时，求铜丝与销子横截面的平均切应力。已知 $a=30\text{mm}$，$b=150\text{mm}$。

7 - 33　试校核图 7 - 60 所示拉杆头部的剪切强度和挤压强度。已知图中尺寸 $D=32\text{mm}$，$d=20\text{mm}$ 和 $h=12\text{mm}$，$F=75\text{kN}$，材料的许用切应力 $[\tau]=100\text{MPa}$，许用挤压应力 $[\sigma_{bs}]=240\text{MPa}$。

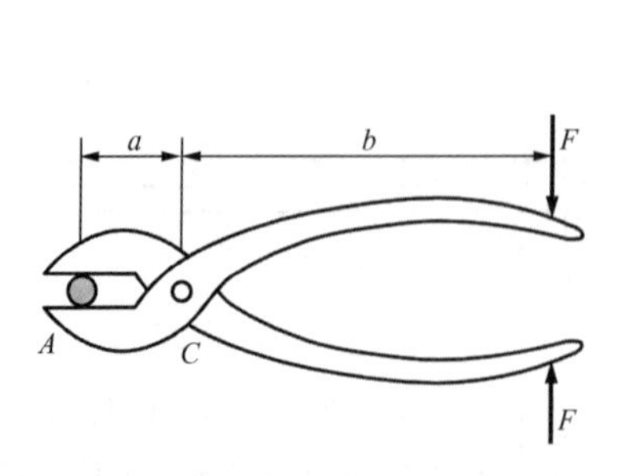

图 7 - 59　题 7 - 32 图

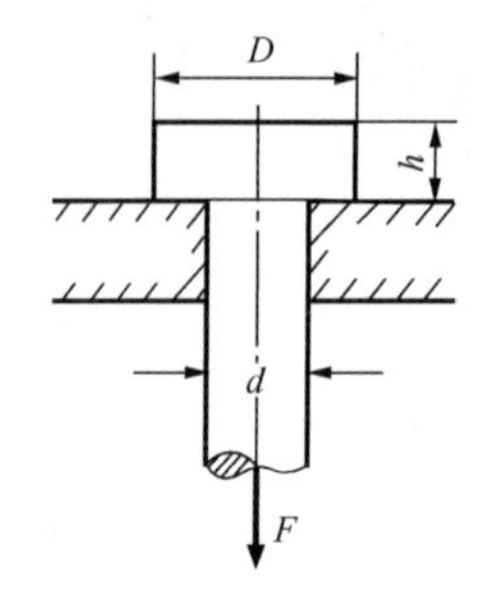

图 7 - 60　题 7 - 33 图

7 - 34　参看图 7 - 26（a），柴油机的活塞销材料为 20Cr，$[\tau]=70\text{MPa}$，$[\sigma_{bs}]=100\text{MPa}$。活塞销外径 $d_1=48\text{mm}$，内径 $d_2=26\text{mm}$，长度 $l=130\text{mm}$，$a=50\text{mm}$。活塞直径 $D=135\text{mm}$，气体爆发压力 $F_p=7.5\text{MPa}$。试对活塞销进行剪切和挤压强度校核。

7 - 35　参看图 7 - 32（a）所示传动轴，轴的直径 $d=70\text{mm}$，键的尺寸为 $b\times h\times l=20\text{mm}\times12\text{mm}\times100\text{mm}$，用平键传递的扭转力偶矩 $M_e=2\text{kN}\cdot\text{m}$，键的许用应力 $[\tau]=60\text{MPa}$，$[\sigma_{bs}]=100\text{MPa}$。试校核

键的强度。

7-36　水轮发电机组的卡环尺寸如图 7-61 所示。已知轴向荷载 F=1450kN，卡环材料的许用切应力 $[\tau]$=80MPa，许用挤压应力 $[\sigma_{bs}]$=150MPa。试对卡环进行强度校核。

7-37　测定材料剪切强度的剪切器的示意图如图 7-62 所示。设圆试件的直径 d=15mm，当压力 F=31.5kN 时，试件被剪断，试求材料的名义剪切极限应力。若取许用切应力为 $[\tau]$=80MPa，试问安全因数等于多大?

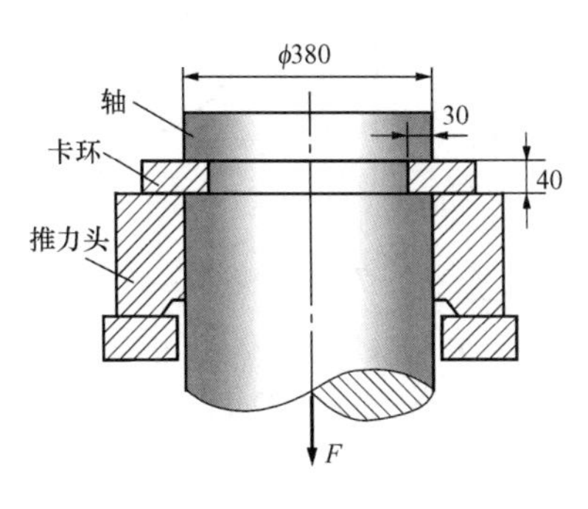

图 7-61　题 7-36 图

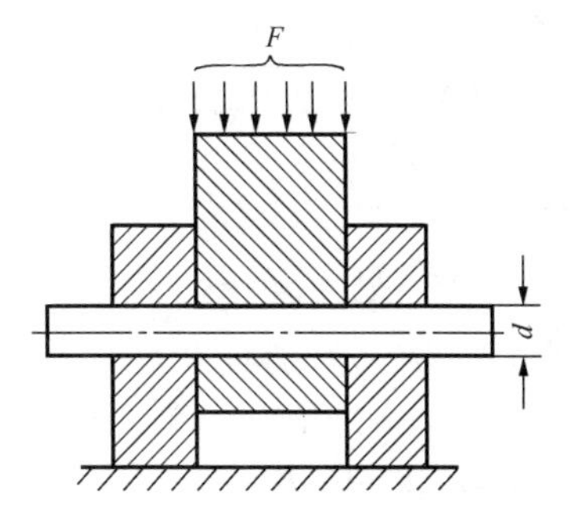

图 7-62　题 7-37 图

7-38　图 7-63 所示为测定剪切强度极限的试验装置。若已知低碳钢试件的直径 d=1cm，剪断试件时的外力 F=50.2kN，问材料的剪切强度极限为多少?

7-39　一冶炼厂使用的高压泵安全阀如图 7-64 所示。要求当活塞下高压液体的压强达 p=3.4MPa 时，使安全销沿 1-1 和 2-2 两截面剪断，从而使高压液体流出，以保证泵的安全。已知活塞直径 D=5.2cm，安全销采用 15 号钢，其剪切极限 τ_b=320MPa，试确定安全销的直径 d。

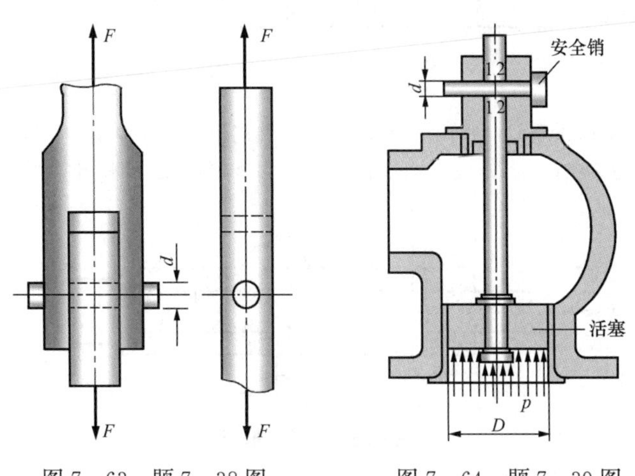

图 7-63　题 7-38 图　　图 7-64　题 7-39 图

7-40　如图 7-65 所示一螺栓将拉杆与厚为 8mm 的两块盖板相连接。各零件材料相同，许用应力均为 $[\sigma]$=80MPa，$[\tau]$=60MPa，$[\sigma_{bs}]$=160MPa。若拉杆的厚度 δ=15mm，拉力 F=120kN，试设计螺栓直径 d 及拉杆宽度 b。

7-41　如图 7-66 所示，两轴以凸缘相连接，沿直径 D=200mm 的圆周上用 4 个 M16 的螺栓连接(螺栓内径为 14.4mm) 来传递力偶矩 M_e。h=16mm，许用切应力 $[\tau]$=70MPa，许用挤压应力 $[\sigma_{bs}]$=200MPa。试根据螺栓强度求此联轴节能传递的最大力偶矩。

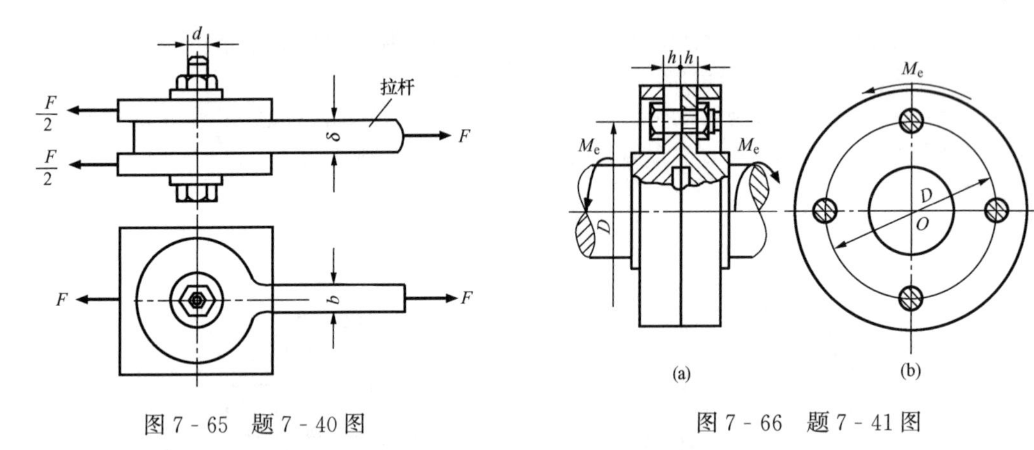

图 7 - 65 题 7 - 40 图　　图 7 - 66 题 7 - 41 图

7 - 42 如图 7 - 67 所示，厚度为 $\delta_2=20\text{mm}$ 的钢板，上、下用两块厚度为 $\delta_1=10\text{mm}$ 的盖板和直径为 $d=26\text{mm}$ 的铆钉联接，每边有三个铆钉。若钢的 $[\tau]=100\text{MPa}$，$[\sigma_{bs}]=280\text{MPa}$，$[\sigma]=160\text{MPa}$，试求该接头所能承受的最大许用拉力。

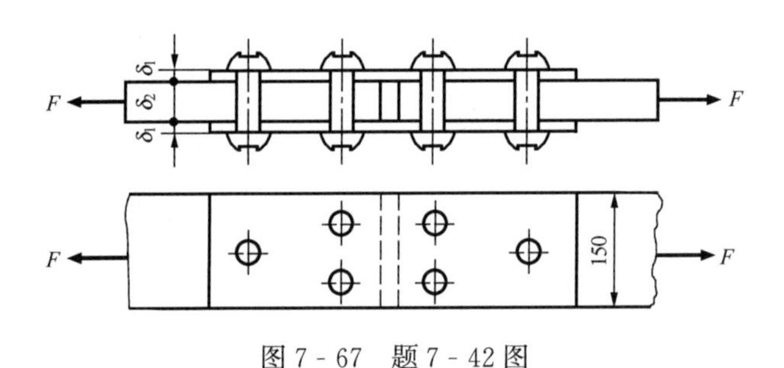

图 7 - 67 题 7 - 42 图

7 - 43 用直径为 20mm 的铆钉，将两块厚度为 5mm 的钢板和一块厚度为 12mm 的钢板连接起来，如图 7 - 68 所示，已知拉力 $F=180\text{kN}$，$[\tau]=100\text{MPa}$，$[\sigma_{bs}]=280\text{MPa}$，试计算所需铆钉的个数。

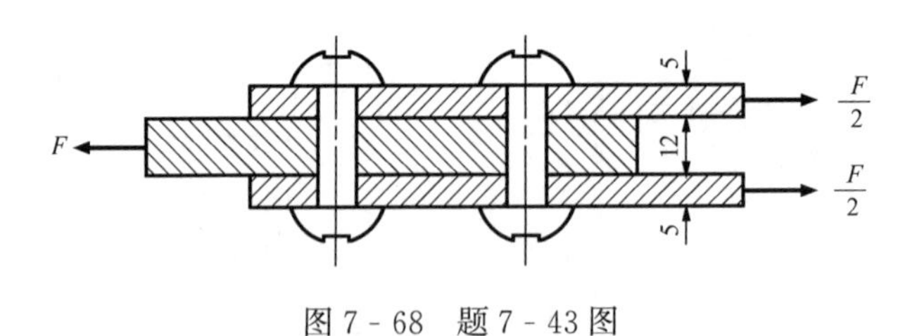

图 7 - 68 题 7 - 43 图

习题答案

7 - 1 (a) $F_{N1}=50\text{kN}$，$F_{N2}=10\text{kN}$，$F_{N3}=-20\text{kN}$；(b) $F_{N1}=-F$，$F_{N2}=0$，$F_{N3}=F$；(c) $F_{N1}=0$，$F_{N2}=4F$，$F_{N3}=3F$；(d) $F_{N1}=20\text{kN}$，$F_{N2}=-20\text{kN}$，$F_{N3}=20\text{kN}$

7 - 2 $\sigma_1=0$，$\sigma_2=102\text{MPa}$，$\sigma_3=53\text{MPa}$

7 - 3 $\sigma_1=127\text{MPa}$，$\sigma_2=63.7\text{MPa}$

7 - 4 $\sigma=123\text{MPa}$

7-5 $\sigma_{30°}=95.5\text{MPa}$，$\tau_{30°}=55.2\text{MPa}$，$\sigma_{45°}=63.7\text{MPa}$，$\tau_{45°}=63.7\text{MPa}$

7-6 $\alpha=19.9°$及$70.1°$，$\sigma_{19.9°}=44.2\text{MPa}$，$\sigma_{70.1°}=5.79\text{MPa}$

7-7 $a_{min}=31.6\text{mm}$

7-8 (a) $\Delta l=0.1\text{mm}$；(d) $\Delta l=0.05\text{mm}$

7-9 $\Delta d=8.57\times10^{-3}$ (—)

7-10 $\delta=26.4\%$，$\psi=65.2\%$，塑性材料

7-11 $\sigma=28.75\%$，$A=188\text{mm}^2$

7-12 (1) $\sigma=11.2\text{MPa}>[\sigma]$，不安全；(2) $\sigma=9.16\text{MPa}<[\sigma]$

7-13 $b=116.4\text{mm}$，$h=162.9\text{mm}$

7-14 (1) $D=24.4\text{mm}$；(2) $\sigma_{螺杆}=119.5\text{MPa}<[\sigma]=160\text{MPa}$

7-15 $\sigma(A)=13.37\text{MPa}<[\sigma]$，$\sigma(B)=25.53\text{MPa}<[\sigma]$，安全

7-16 (1) $d_{max}\leqslant17.8\text{mm}$；(2) $A_{CD}\geqslant833\text{mm}^2$；(3) $F_{max}\leqslant15.7\text{kN}$

7-17 $\sigma=32.7\text{MPa}<[\sigma]$，安全

7-18 $\sigma=200\text{MPa}<[\sigma]$，安全

7-19 $\sigma=141.5\text{MPa}<[\sigma]$，安全

7-20 选 L50×50×3

7-21 $d\geqslant20.5\text{mm}$

7-22 (1) $[F]=35.4\text{kN}$；(2) $a\geqslant19.5\text{mm}$

7-23 (1) $\sigma=7.84\text{MPa}$，$n_{工}=3.83$；(2) 15 个

7-24 (1) $F=53.1\text{kN}$；(2) $[F]=56.5\text{kN}$

7-25 $[F]=21.6\text{kN}$

7-26 $[F]=58.3\text{kN}$

7-27 (a) $\sigma_{tmax}=\dfrac{2F}{3A}$，$\sigma_{cmax}=\dfrac{F}{3A}$；(b) $\sigma_{tmax}=0$，$\sigma_{cmax}=\dfrac{F}{A}$

7-28 $\sigma_1=16.25\text{MPa}$，$\sigma_2=45.9\text{MPa}$

7-29 $F_{N1}=F_{N2}=\dfrac{\delta E_1A_1E_3A_3\cos^2\alpha}{2E_1A_1\cos^3\alpha+E_3A_3}\cdot\dfrac{1}{l}$，$F_{N3}=\dfrac{2\delta E_1A_1E_3A_3\cos^3\alpha}{2E_1A_1\cos^3\alpha+E_3A_3}\cdot\dfrac{1}{l}$

7-30 $\sigma_{上}=-66.7\text{MPa}$，$\sigma_{下}=-33.3\text{MPa}$

7-31 $\sigma_{BC}=30.3\text{MPa}$，$\sigma_{BD}=-26.2\text{MPa}$

7-32 铜丝 $\tau=50.9\text{MPa}$，销子 $\tau=61.1\text{MPa}$

7-33 $\tau=99.5\text{MPa}<[\tau]$，$\sigma_{bs}=153\text{MPa}<[\sigma_{bs}]$，安全

7-34 $\tau=41.8\text{MPa}<[\tau]$，$\sigma_{bs}=44.6\text{MPa}<[\sigma_{bs}]$，安全

7-35 $\tau=23.9\text{MPa}<[\tau]$，$\sigma_{bs}=62.5\text{MPa}<[\sigma_{bs}]$，安全

7-36 $\tau=30.3\text{MPa}<[\tau]$，$\sigma_{bs}=44\text{MPa}<[\sigma_{bs}]$，安全

7-37 $\tau_u=89.1\text{MPa}$；$n=1.1$

7-38 $\tau_b=320\text{MPa}$

7-39 $d=5.36\text{mm}$

7-40 $d\geqslant50\text{mm}$，$b\geqslant100\text{mm}$

7-41 $M_{emax}=4.56\text{kN}\cdot\text{m}$

7-42 $F_{max}=238\text{kN}$

7-43 6 个

第八章　扭　　转

§8-1　扭转的概念和实例

扭转变形是杆件变形的又一种基本形式。工程中，主要是机械工程中的许多构件，其主要变形是扭转。如机器中的传动轴［图 8-1（a)］、汽车方向盘的转向轴［图 8-1（b)］等。如图 8-2 所示，它们的受力特点是：**在杆件上作用两个大小相等、转向相反且作用面与杆轴线垂直的外力偶**；其变形特点是：**两力偶作用面之间的各横截面绕轴线发生相对转动**，这种变形形式就称为**扭转**。扭转变形时任意两横截面间有相对的角位移，这种角位移称为**扭转角**。图 8-2 中的 φ 即为 B 截面相对于 A 截面（假设 A 截面相对固定）的扭转角。习惯上把扭转变形为主的杆件称为轴。按轴的横截面形状，可分为圆截面轴扭转和非圆截面轴扭转。圆截面轴扭转问题在工程中最为常见，也是本章讨论的主要内容。

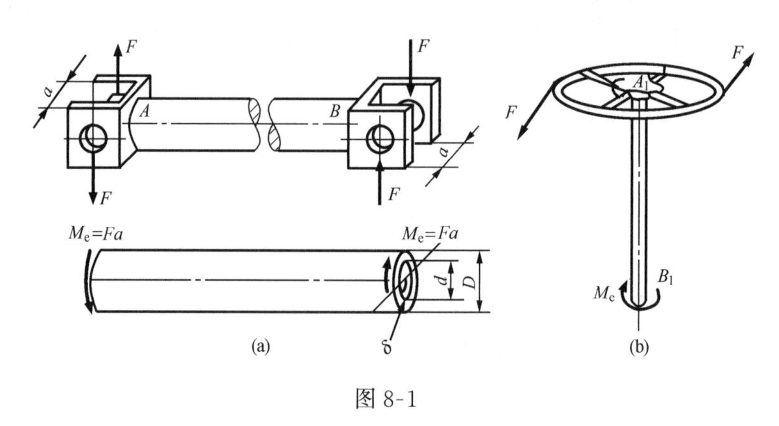

图 8-1

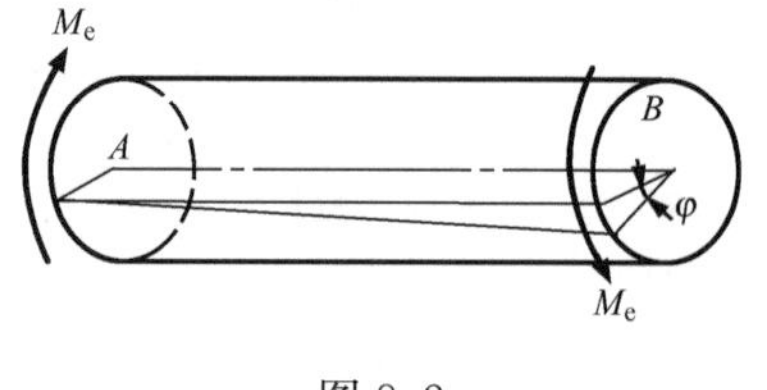

图 8-2

§8-2　扭矩和扭矩图

与拉压、剪切等问题一样，研究扭转构件的应力和变形问题时，首先必须计算出构件上的外力，分析截面上的内力。

一、外力偶矩的计算

在工程实际中，作用于轴上的外力偶矩往往不直接给出，常常是给出轴所传递的功率和轴的转速，需要根据功率和转速计算轴所承受的外力偶矩大小。由理论力学知识可得出计算外力偶矩的公式，见式（8-1）

$$M_e = 9549\,\frac{P}{n} \tag{8-1}$$

式中：M_e 为作用在轴上的扭转外力偶矩，牛顿米（N·m）；P 为轴所传递的功率，千瓦（kW）；n 为轴的转速，转/分（r/min）。

二、扭矩

在作用于轴上的所有外力偶矩都求出后，就可用截面法研究横截面上的内力。如图 8-3（a）所示圆轴，在一对大小相等、转向相反的外力偶矩作用下发生扭转变形，现分析任意横截面 $m—m$ 上的内力。假想地将圆轴沿 $m—m$ 截面分成Ⅰ、Ⅱ两部分，并取Ⅰ部分作为研究对象［图 8-3（b）］，由于整个轴是平衡的，所以Ⅰ部分也应处于平衡状态，且其外力只有一个外力偶矩 M_e，这就要求截面 $m—m$ 上的内力系必须合成为一个内力偶矩 M_x，由Ⅰ部分的平衡方程 $\Sigma M_x=0$ 有

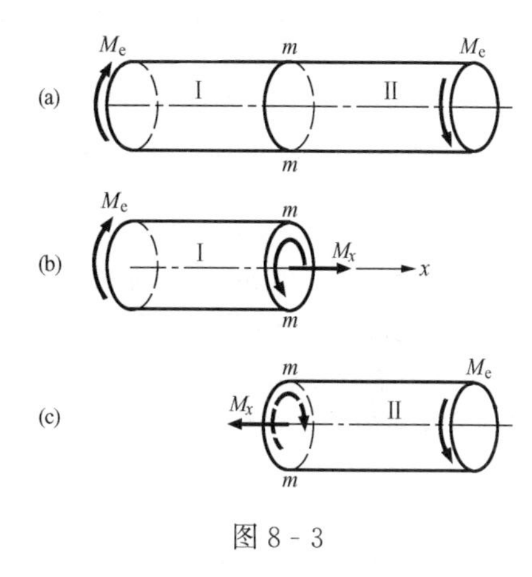

图 8-3

$$M_x - M_e = 0$$
$$M_x = M_e$$

式中：M_x 为 $m—m$ 截面上的内力，称为**扭矩**，它是左右两部分在 $m—m$ 截面上相互作用的分布内力系的合力偶矩。

取Ⅱ部分作为研究对象［图 8-3（c）］，也可求得 $m—m$ 截面上的扭矩，其数值与研究Ⅰ部分求得的相同，但转向相反。工程中常用扭矩图表示扭矩沿轴线变化的情况。为了使得不管由Ⅰ部分还是Ⅱ部分求出的同一截面上的扭矩不仅数值相同，而且符号也相同，对扭矩 M_x 的符号作如下规定：按右手螺旋法则将扭矩 M_x 表示为矢量，若矢量离开截面则对应扭矩为正；若矢量指向截面则对应扭矩为负。根据这一规则，图 8-3 中 $m—m$ 截面上的扭矩无论就Ⅰ部分还是Ⅱ部分来说，都是正的。

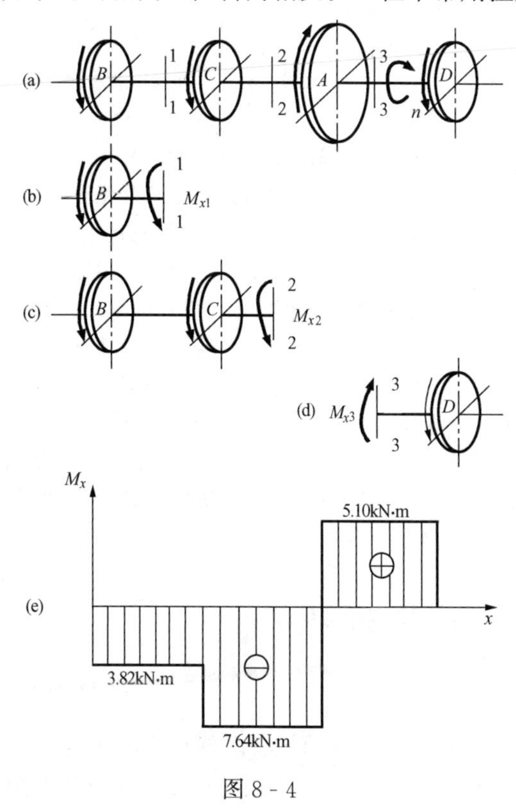

图 8-4

三、扭矩图

若作用于圆轴上的外力偶矩多于两个，则各横截面上的扭矩沿轴线方向有变化，类似于拉压问题中的轴力图一样，可用扭矩图来表示这种变化情况。下面举例说明扭矩的计算和扭矩图的绘制。

【例 8-1】 图 8-4（a）所示的传动轴，主动轮 A 输入的功率 $P_A=400\text{kW}$，若不计轴承摩擦损耗的功率，从动轮 B、C、D 输出功

率分别为 $P_B=P_C=120\text{kW}$，$P_D=160\text{kW}$，轴的转速 $n=300\text{r/min}$，试画轴的扭矩图。

解　(1) 按公式计算外力偶矩。

$$M_{eA}=9549\times\frac{400}{300}\text{N}\cdot\text{m}=1.274\times10^4\text{N}\cdot\text{m}=12.74\text{kN}\cdot\text{m}$$

$$M_{eB}=M_{eC}=9549\times\frac{120}{300}\text{N}\cdot\text{m}=3.82\times10^3\text{N}\cdot\text{m}=3.82\text{kN}\cdot\text{m}$$

$$M_{eD}=9459\times\frac{160}{300}\text{N}\cdot\text{m}=5.10\times10^3\text{N}\cdot\text{m}=5.10\text{kN}\cdot\text{m}$$

(2) 计算轴各段的扭矩。

由于轴受四个外力偶矩作用，所以在 BC、CA、AD 三段中，截面上的扭矩是不同的。现在用截面法，根据平衡方程计算各段内的扭矩，计算时我们还是使用设正法（总是先设所求截面上的内力为正）。

在 BC 段，沿任意截面 1 - 1 将轴截开，取左半部分作研究对象，设 1 - 1 截面上的扭矩为 M_{x1}，如图 8 - 4 (b) 所示，由平衡方程 $\Sigma M_x=0$ 得

$$M_{x1}+M_{eB}=0$$

$$M_{x1}=-M_{eB}=-3.82\text{kN}\cdot\text{m}$$

数值前面的负号表示 1 - 1 截面上假设的扭矩方向与实际方向相反，即该截面上的扭矩为负的。在 BC 段内用各截面上的扭矩相等，都为 3.82kN・m。

同理，在 CA 段内用任意截面 2 - 2 将轴截开，取左半部分作研究对象，设 2 - 2 截面上的扭矩为 M_{x2}，如图 8 - 4 (c) 所示，由平衡方程得

$$M_{x2}+M_{eB}+M_{eC}=0$$

$$M_{x2}=-M_{eB}-M_{eC}=-3.82-3.82=-7.64\text{kN}\cdot\text{m}$$

在 AD 段内用任意截面 3 - 3 将轴截开，取右半部分作研究对象，设 3 - 3 截面上的扭矩为 M_{x3}，如图 8 - 4 (d) 所示，由平衡方程得

$$M_{eD}-M_{x3}=0$$

$$M_{x3}=M_{eD}=5.10\text{kN}\cdot\text{m}$$

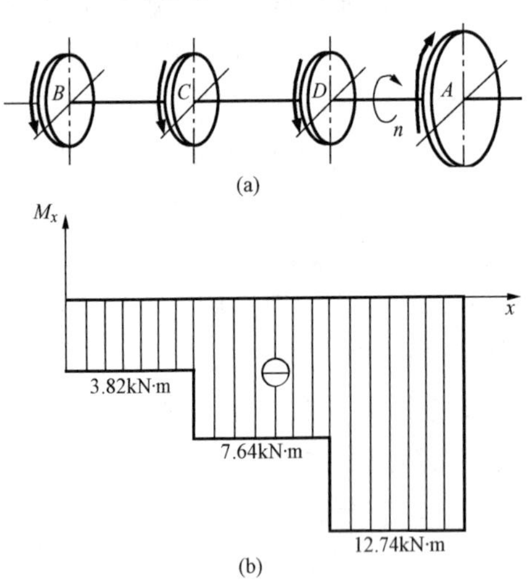

图 8 - 5

(3) 绘制扭矩图。

以横坐标表示横截面的位置，纵坐标表示相应截面上的扭矩，按选定的比例尺作出扭矩图。注意将正的扭矩画在横轴的上方，负的扭矩画在横轴的下方。由于在每一段内各截面上的扭矩相同，所以在每一段内扭矩图为一水平线，整根轴的扭矩图如图 8 - 4 (e) 所示。从图中看出，最大扭矩发生在 CA 段内，其数值为 7.64kN・m。

对同一根轴，若把主动轮 A 安置在轴的一端，例如放在右端，则轴的扭矩图如图 8 - 5 (b) 所示。这时，轴的最大扭矩为 12.74kN・m。可见，传动轴上主动轮和从动轮安置的位置不同，轴所承受的最大扭矩也就不同。两者相比，显然图 8 - 4 所示布局比较合理。

§8-3　薄壁圆筒扭转

一、薄壁圆筒扭转时的切应力

因为应力与变形有联系，为此我们通过变形研究薄壁圆筒扭转时横截面上的应力。

图 8 - 6 (a) 所示一左端固定的等厚薄壁圆筒，在受扭前，在筒表面画出许多由圆周线

与纵向线形成的小矩形，然后在筒的右端加外力偶矩，使其产生扭转变形。我们可观察到如下实验现象［图 8 - 6（b）］并推测：

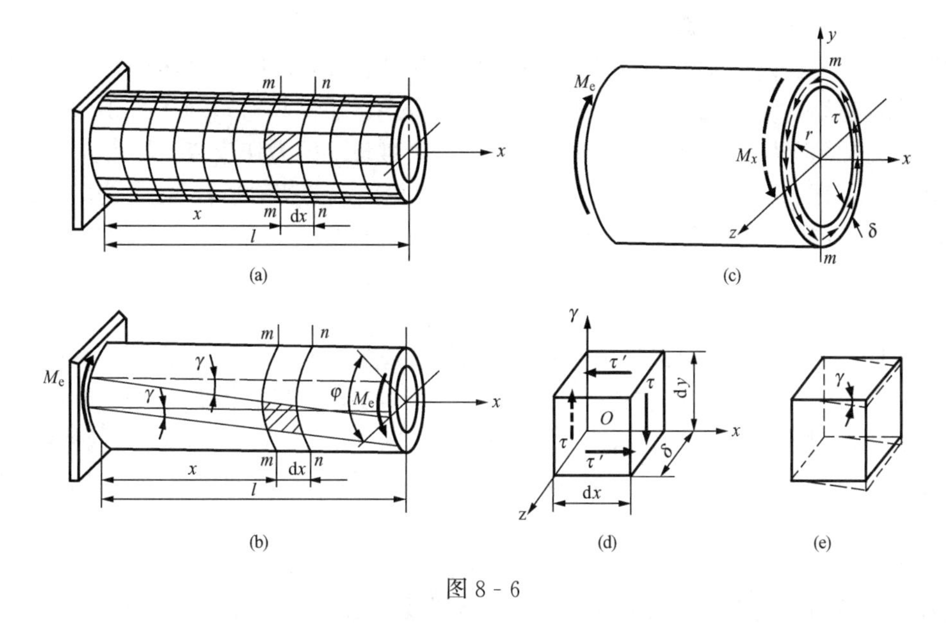

图 8 - 6

（1）各圆周线绕轴线有相对转动，但形状、大小及相邻两圆周线之间的距离均不变，这说明横截面上没有正应力。

（2）在小变形下，各纵向线倾斜了同一角度 γ，但仍为直线，表面的小矩形变形成平行四边形，这说明横截面上有切应力 τ，且切应力的方向与径向垂直。由于筒壁厚度 δ 很小，可以认为沿筒壁厚度切应力不变。又由于在同一圆周上各点的情况完全相同，应力也就相同［图 8 - 6（c）］。这样，横截面上由切应力引起的内力系对 x 轴的力矩为 $2\pi r\delta \cdot \tau \cdot r$，$r$ 为圆筒的平均半径，由 $m—m$ 截面以左的部分圆筒的平衡方程 $\Sigma M_x=0$ 得

$$M_e=2\pi r\delta \cdot \tau \cdot r$$

$$\tau=\frac{M_e}{2\pi r^2\delta} \tag{a}$$

二、切应力互等定理

用相距很近的两个横截面、两个径向截面，从薄壁圆筒上切出一个边长分别为 dx、dy 及 δ 的微小正六面体，称之为**单元体**，并放大如图 8 - 6（d）所示，现研究这个单元体各侧面上的应力。单元体的左、右两侧面是圆筒横截面的一部分，故其上并无正应力，只有切应力。两个面上的切应力由式（a）计算，数值相等但方向相反，这两个面上的剪力均为 $\tau\delta dy$，它们组成一力偶矩为（$\tau\delta dy$）dx 的力偶使这个单元体有转动的趋向。因此必有另一等值反向的力偶作用在这个单元体上，以保持其平衡。因此单元体的上、下两个侧面上必须有切应力，并也应组成力偶以便与（$\tau\delta dy$）dx 力偶相平衡。由 $\Sigma F_x=0$ 知，上、下两个面上存在大小相等、方向相反的切应力 τ'，组成力偶矩（$\tau'\delta dx$）dy 的力偶，由平衡方程 $\Sigma M_z=0$ 得

$$(\tau\delta dy)dx=(\tau'\delta dx)dy$$

$$\tau=\tau' \tag{8 - 2}$$

上式表明，在单元体相互垂直的两个平面上，切应力必然成对存在，且数值相等，两者

都垂直于两个平面的交线，方向则共同指向或共同背离这一交线。这就是**切应力互等定理**，又称**切应力双生定理**。

三、切应变剪切胡克定律

在图 8 - 6（d）所示的单元体的上、下、左、右四个面上，只有切应力而无正应力，这种情况称为**纯剪切**。纯剪切单元体的相对两侧面将发生微小的相对错动［图 8 - 6（e）］，使原来互相垂直的两个棱边的夹角（直角）改变了一个微量 γ 即为**切应变**。从图 8 - 6（b）可看出，γ 也就是表面纵向线变形后的倾角。若 φ 为圆筒两端的相对扭转角，l 为圆筒的长度，r 为圆筒的平均半径，则切应变 γ 应为

$$\gamma=\frac{r\varphi}{l} \tag{b}$$

通过薄壁圆筒扭转试验可以得到材料在纯剪切下应力与应变间的关系，从零逐渐增加外力偶矩 M_e，并且记录对应的扭转角 φ，如图 8 - 7（a）所示，然后根据式（a）和式（b）两式即可求出一系列的 τ 与 γ 的对应值，这样即可画出图 8 - 7（b）所示的低碳钢材料的 τ - γ 曲线，此曲线与图 7 - 9（b）的 σ - ε 曲线相似。在 τ - γ 曲线中 OA 为一直线，这表明切应力不超过的材料的剪切比例极限 τ_p 时，切应力 τ 与切应变 γ 成正比，即

$$\tau=G\gamma \tag{8 - 3}$$

此关系称为**剪切胡克定律**，比例常数 G 称为**切变模量**，因 γ 是量纲为 1 的量，G 的量纲与 τ 相同。钢材的 G 值约为 80GPa 左右。

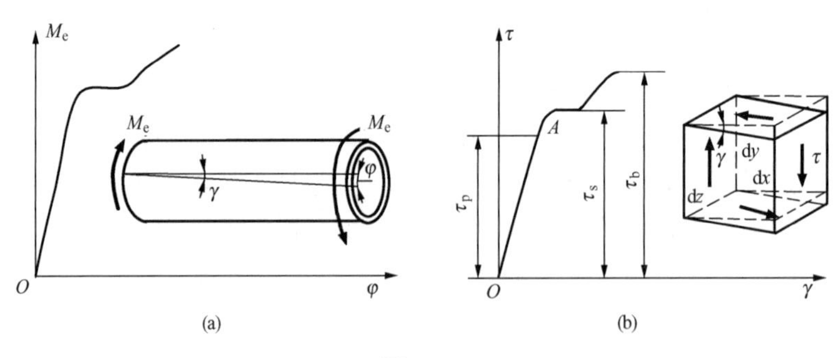

图 8 - 7

在 τ - γ 曲线上过了 A 点以后，当切应力达到剪切屈服极限 τ_s 时也出现屈服现象，即扭矩几乎不变而扭转角继续增大。对于碳钢等塑性材料，由试验可得剪切屈服极限 τ_s 与拉伸屈服极限 σ_s 之间的关系为 $\tau_s=(0.55\sim0.60)\sigma_s$。屈服终止后，也出现强化现象（试验时应设法阻止薄壁发生皱折）。

至此，我们已经引用了材料的三个弹性常量，即弹性模量 E、泊松比 μ 和切变模量 G。对各向同性材料，三者之间存在下列数值关系：

$$G=\frac{E}{2(1+\mu)} \tag{8 - 4}$$

§8-4 圆轴扭转时的应力

与薄壁圆筒相似，在小变形条件下，等直圆杆在扭转时横截面上也只有切应力，为求此

切应力，必须综合研究几何、物理和静力等三方面的关系。

对于实心圆轴，不能像薄壁筒扭转那样，认为截面上各处切应力数值相等，所以只用静力学条件（即横截面上的内力组成扭矩）不可能求出应力分布规律，因此我们所研究的问题性质是超静定的，需要首先通过试验观察圆轴扭转变形，并对其内部变形作出假设。与薄壁圆筒相似，在圆轴表面上用许多圆周线和纵向线形成许多小矩形，在两端施加一对外力偶矩，使其产生扭转变形，观察到与薄壁圆筒扭转时相似的变形现象［如图 8 - 8（a）］。根据表层现象可以作出关于内部变形的假设。由各圆周线的大小、形状及间距均不变，可以假设，在扭转过程中圆轴的各个横截面像刚性圆盘一样绕轴线发生不同角度的转动，即变形前轴的圆形横截面，在变形后仍保持为相同大小的圆形平面，且半径仍为直线，这个假设就是圆轴扭转的平面假设。根据此假设得到的应力、变形公式已为试验所证实，所以这一假设是正确的。

下面，综合考虑变形、物理和静力学这三方面来建立受扭圆轴的应力和变形公式。

一、变形协调关系

从圆轴中用两相邻横截面 $m-m$、$n-n$ 取出长为 dx 的一个小微段，放大如图 8 - 8（b）所示，若截面 $n-n$ 对 $m-m$ 的相对扭转角为 $d\varphi$（在此，假设 $m-m$ 截面相对固定不动），即横截面 $n-n$ 像刚性平面一样，相对于 $m-m$ 绕轴线旋转了一个角度，半径 OA 转到了 OA' 位置。如果将圆轴看成由无数薄壁圆筒组成，则在此微段中，组成圆轴的所有薄壁筒的扭转角 $d\varphi$ 均相同，所不同的只是各筒半径不同。设其中任意筒的半径为 ρ，切应变为 γ_ρ，则可得 γ_ρ 与 ρ 的关系式为

$$\gamma_\rho = \frac{BB'}{DB} = \rho\frac{d\varphi}{dx} = \rho\varphi' \quad (a)$$

显然切应变 γ_ρ 发生在垂直于半径 OA 的平面内。式中 $\varphi' = \frac{d\varphi}{dx}$ 是扭转角 φ 沿 x 轴的变化率，即为相距为 1 单位长度的两截面的相对扭转角。在常扭矩段内，φ' 是常量。故式（a）表明，切应变 γ_ρ 随着半径 ρ 的增加而成比例增大，最外层（$\rho=R$）的切应变达到最大值 γ_{max}。

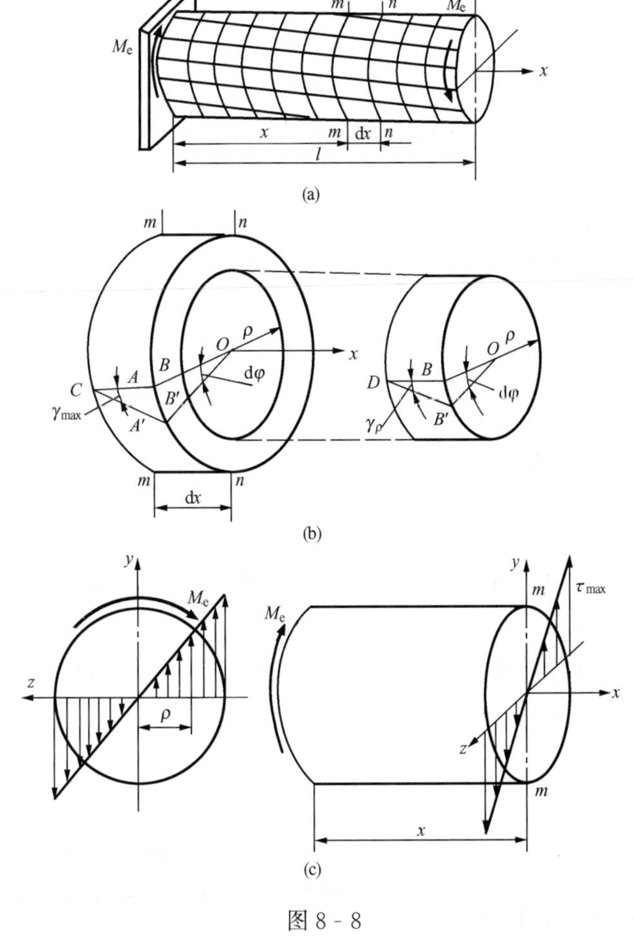

图 8 - 8

二、物理关系

以 τ_ρ 表示横截面上任意半径 ρ 处的切应力，由剪切胡克定律知

$$\tau_\rho = G\gamma_\rho = G\rho\varphi' \tag{b}$$

这表明，横截面上任意点的切应力 τ_ρ 与该点到圆心的距离 ρ 成正比，在横截面的周边各点处切应力最大。因为 γ_ρ 发生在垂直于半径的平面内，所以 τ_ρ 也与半径垂直。沿任意半径切应力 τ_ρ 的分布如图 8-8（c）所示。

因为式（b）中的 φ'未知，所以仍不能用它计算切应力，这还要用静力关系来解决。

三、静力学关系

设在距圆心为 ρ 处取一微面积 $\mathrm{d}A$，$\mathrm{d}A$ 上的微内力 $\tau_\rho \mathrm{d}A$ 对圆心的力矩为 $\tau_\rho \mathrm{d}A \cdot \rho$，其中 τ_ρ 用式（b）代入，积分得到整个横截面上由切应力所引起的内力系对圆心的合力矩为 $\int_A \rho\tau_\rho \mathrm{d}A$（如图8-9所示，任意直径上距圆心等远的两点处的微内力 $\tau_\rho \mathrm{d}A$ 等值反向，故在整个横截面上合力为零）。根据扭矩的定义，该合力矩就是横截面上的扭矩，并考虑 G、φ'为常数，则得

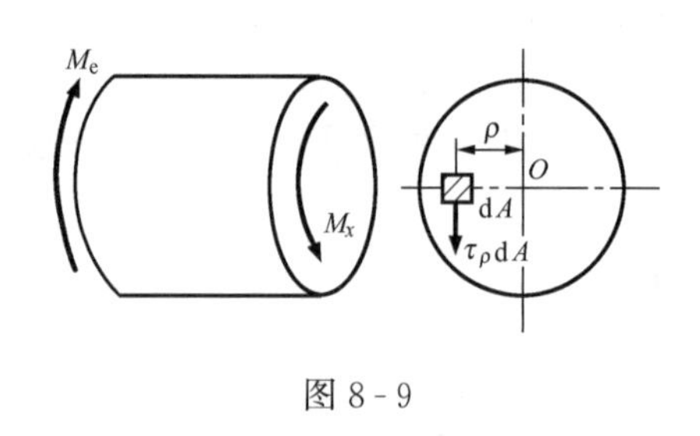

图 8-9

$$M_x = \int_A \rho\tau_\rho \mathrm{d}A = G\varphi' \int_A \rho^2 \mathrm{d}A \tag{c}$$

式中：$\int_A \rho^2 \mathrm{d}A$ 为与横截面有关的一个几何量，以符号 I_p 表示，即

$$I_\mathrm{p} = \int_A \rho^2 \mathrm{d}A \tag{8-5}$$

I_p 为横截面对圆心 O 点的极惯性矩，则上式变为

$$M_x = GI_\mathrm{p}\varphi' \tag{d}$$

从而得单位长度扭转角

$$\varphi' = \frac{M_x}{GI_\mathrm{p}} \tag{8-6}$$

φ'的单位为 rad/m（弧度/米）。将上式代入式（b）得横截面上任一点处的切应力为

$$\tau_\rho = \frac{M_x \rho}{I_\mathrm{p}} \tag{8-7}$$

式中：M_x 为横截面上的扭矩，可由截面法求出；ρ 为横截面上任一点到圆心的距离；I_p 为横截面对形心的极惯性矩。

在横截面上的最大切应力发生在截面周边各点处，ρ 达最大值 $\rho_{\max}$，即

$$\tau_{\max} = \frac{M_x \rho_{\max}}{I_\mathrm{p}} \tag{8-8}$$

令

$$W_\mathrm{p} = \frac{I_\mathrm{p}}{\rho_{\max}} \tag{8-9}$$

W_p 称为**抗扭截面系数**，则式（c）变为

$$\tau_{\max} = \frac{M_x}{W_\mathrm{p}} \tag{8-10}$$

推导以上切应力计算公式时的主要依据是平面假设和材料符合胡克定律，所以这些公式

只适用于符合平面假设的等直圆杆在线弹性范围内的情形。

在上述公式中，引进了截面极惯性矩 I_p 和抗扭截面系数 W_p，下面就来计算这两个量。

在实心圆轴的情况下，在圆截面上距圆心为 ρ 处取厚度为 $d\rho$ 的环形面积作微面积，如图 8-10（a）所示，其上各点的 ρ 可视为相等，且 $dA=2\pi\rho d\rho$，则有

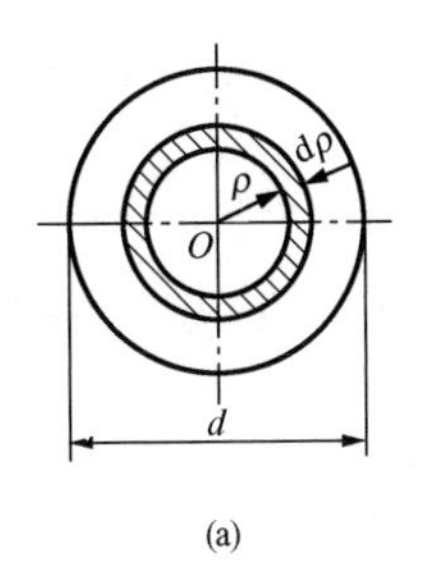

(a)

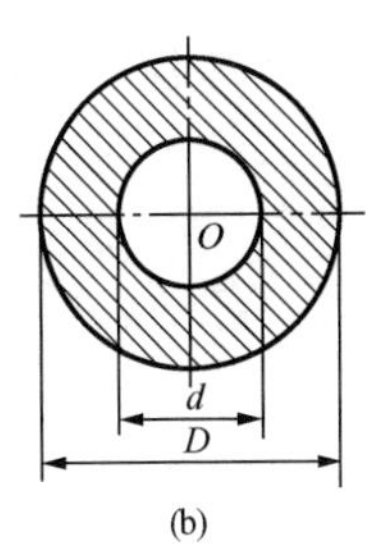

(b)

图 8-10

$$I_p=\int_A \rho^2 dA=\int_0^{\frac{d}{2}} \rho^2 \cdot 2\pi\rho d\rho=2\pi\int_0^{\frac{d}{2}} \rho^3 d\rho=\frac{\pi d^4}{32} \tag{8-11}$$

$$W_p=\frac{I_p}{\rho_{max}}=\frac{\frac{\pi d^4}{32}}{\frac{d}{2}}=\frac{\pi d^3}{16} \tag{8-12}$$

式中：d 为圆截面直径。

在空心圆轴的情况下，如图 8-10（b）所示，类似地

$$I_p=\int_A \rho^2 dA=\int_{\frac{d}{2}}^{\frac{D}{2}} \rho^2 \cdot 2\pi\rho d\rho=2\pi\int_{\frac{d}{2}}^{\frac{D}{2}} \rho^3 d\rho$$

$$=\frac{\pi}{32}(D^4-d^4)=\frac{\pi D^4}{32}(1-\alpha^4) \tag{8-13}$$

$$W_p=\frac{I_p}{\rho_{max}}=\frac{\frac{\pi D^4}{32}(1-\alpha^4)}{\frac{D}{2}}=\frac{\pi D^3}{16}(1-\alpha^4) \tag{8-14}$$

式中：D 和 d 分别为空心圆截面的外径和内径，$\alpha=\frac{d}{D}$。

§8-5　圆轴扭转时的变形

圆轴扭转时的变形是用两个横截面绕轴线的相对转角即相对扭转角 φ 来度量的。与拉压杆相似，计算变形的主要目的一是进行刚度计算，二是求解扭转超静定问题。

将 $\varphi'=\frac{d\varphi}{dx}$ 代入式（8-6）并积分，得相距为 l 的两个横截面间的扭转角

$$\varphi=\int d\varphi=\int \frac{M_x}{GI_p}dx \tag{8-15}$$

如果相距为 l 两个横截面之间的 M_x、G、I_p 均不变，则有

$$\varphi=\frac{M_x l}{GI_p} \tag{8-16}$$

φ 的单位为弧度（rad）。上式表明，GI_p 越大，则扭转角 φ 越小，故 GI_p 称为圆轴的**抗扭刚度**，它反映了圆轴扭转变形的难易程度。式（8-16）的形式完全与等直杆拉压时的胡克定律 $\Delta l=\frac{F_N l}{EA}$ 相似，因此它又称为**等直圆轴扭转时的胡克定律**。

有时，轴在各段内的扭矩 M_x 并不相同，或者各段内的 I_p 不同。例如阶梯轴，这就应该分段计算各段的相对扭转角，然后按代数相加，得两端截面的相对扭转角为

$$\varphi = \sum_{i=1}^{n} \frac{M_{xi} l_i}{G I_{pi}} \tag{8-17}$$

应该注意，以上计算公式都只适用于材料在线弹性范围内的等直圆轴。

§8-6 圆轴扭转时的强度与刚度条件

一、圆轴扭转的强度条件

对于等直圆轴，全轴的最大切应力发生在扭矩最大截面的周边各点，以 $M_{x\max}$ 代入式（8-10），使求出的 $\tau_{\max}$ 不超过材料的许用切应力［τ］，即圆轴扭转时的强度条件为

$$\tau_{\max} = \frac{M_{x\max}}{W_p} \leqslant [\tau] \tag{8-18}$$

对于变截面轴，如阶梯轴、圆锥形轴等，W_p 不是常量，$\tau_{\max}$ 并不一定发生于扭矩极值 $M_{x\max}$ 的截面上，这要综合考虑 M_x 和 W_p，寻求 $\tau = \dfrac{M_x}{W_p}$ 的极值。

式中［τ］可根据静载下薄壁筒扭转试验来确定。根据试验数据，钢材的［τ］和［σ］间有如下关系：［τ］=（0.55～0.60）［σ］，对于铸铁：［τ］=0.8［σ］。对于像传动轴之类的构件，由于其上的载荷并非静载，故许用切应力值较静载时低。

二、圆轴扭转的刚度条件

为了能正常工作，有些轴除应满足强度要求外，一般还要求不应有过大的扭转变形，也就是应满足刚度要求。例如机床主轴的扭转角过大会影响加工的精度，内燃机曲轴的扭转角过大容易引起强烈振动。一般说来，凡是有精度要求或限制振动的机械，都需要考虑轴的刚度。式（8-16）表明扭转角和轴的长度有关，为消除长度的影响，在工程中，对于轴的刚度要求通常限定最大的单位长度扭转角 $\varphi'_{\max}$ 不得超过许用单位长度扭转角［φ'］，即 $\varphi'_{\max} \leqslant$［$\varphi'$］。通常［$\varphi'$］的单位为°/m（度/米）。$\varphi'_{\max}$ 可通过式（8-6）计算，其中 M_x 应代以 $M_{x\max}$。$\varphi'_{\max}$ 的单位为 rad/m（弧度/米），乘以 180/π，则换算成度/米。这样，刚度条件为

$$\varphi'_{\max} = \frac{M_{x\max}}{G I_p} \times \frac{180}{\pi} \leqslant [\varphi'] \tag{8-19}$$

许用单位长度扭转角，是根据载荷性质和工作条件等因素决定的。因此对于不同的机械，［φ'］也不同。例如：精密机床，［φ'］=（0.25～0.5）°/m；一般传动轴，［φ'］=（0.5～1）°/m；精度要求低的传动轴，［φ'］=（2～4）°/m。

【例 8-2】 设［例 8-1］的传动轴为钢实心轴，材料的许用切应力［τ］=30MPa，切变模量 G=80GPa，许用扭转角［φ'］=0.3°/m。试按强度条件和刚度条件设计直径 d。

解 首先应根据传递的功率求出扭转外力偶矩 M_e，作出扭矩图，确定最大扭矩。已得到了 $M_{x\max}$ = 7.64kN·m。

根据强度条件式（8-18）

$$\tau_{\max} = \frac{M_{x\max}}{W_p} = \frac{M_{x\max}}{\dfrac{\pi d^3}{16}} \leqslant [\tau]$$

得出

$$d \geqslant \sqrt[3]{\frac{16M_{x\max}}{\pi[\tau]}} = \sqrt[3]{\frac{16 \times 7.64 \times 10^6}{\pi \times 30}}\text{mm} = 109\text{mm}$$

再根据刚度条件式（8-19）设计直径。将已知的 $[\varphi']$、$M_{x\max}$、G 等值代入刚度条件式（8-19）。注意：如运算中以 N，mm 作为单位，则 $[\varphi']$ 乘以 10^{-3} 化为“度/毫米”。

$$\varphi'_{\max} = \frac{M_{x\max}}{GI_p} \times \frac{180}{\pi} = \frac{M_{x\max}}{G\dfrac{\pi d^4}{32}} \times \frac{180}{\pi} \leqslant [\varphi']$$

于是

$$d \geqslant \sqrt[4]{\frac{M_{x\max} \times 32 \times 180}{G\pi^2[\varphi]}} = \sqrt[4]{\frac{7.64 \times 10^6 \times 32 \times 180}{80 \times 10^3 \times \pi^2 \times 0.3 \times 10^{-3}}}\text{mm} = 117\text{mm}$$

两个直径中应选其中较大者，即实心轴直径不应小于 117mm，说明刚度条件控制设计。

【例 8-3】　汽车的主传动轴用钢管制成，外径 D=76mm，壁厚 δ=2.5mm，传递的转矩 1.98 kN·m，许用切应力 $[\tau]$ =100MPa，切变模量 G=80GPa，许用扭转角 $[\varphi']$ =2°/m。试校核轴的强度和刚度。

解　这里轴的扭矩等于轴传递的扭转外力偶矩，即 $M_x=M_e=1.98\text{kN}\cdot\text{m}$。

轴的内、外径之比为 $\alpha = \dfrac{d}{D} = \dfrac{D-2\delta}{D} = \dfrac{76-2\times 2.5}{76} = 0.934$。由式（8-13）、式（8-14）得

$$I_p = \frac{\pi D^4}{32}(1-\alpha^4) = \frac{\pi}{32} \times 76^4 \times (1-0.934^4)\text{mm}^4 = 7.82 \times 10^5\text{mm}^4$$

$$W_p = \frac{\pi D^3}{16}(1-\alpha^4) = \frac{\pi}{16} \times 76^3 \times (1-0.934^4)\text{mm}^3 = 2.06 \times 10^4\text{mm}^3$$

由强度条件式（8-18），得

$$\tau_{\max} = \frac{M_{x\max}}{W_p} = \frac{1.98 \times 10^6}{2.06 \times 10^4}\text{MPa} = 96.1\text{MPa} < [\tau]$$

由刚度条件式（8-19）得

$$\varphi'_{\max} = \frac{M_{x\max}}{GI_p} \times \frac{180}{\pi} = \frac{1.98 \times 10^6}{80 \times 10^3 \times 7.82 \times 10^5} \times \frac{180}{\pi}°/\text{mm}$$

$$= 1.81 \times 10^{-3}°/\text{mm} = 1.81°/\text{m} < [\varphi']$$

所以此轴的强度和刚度都满足要求。

如果将本例的空心轴改为同一材料的实心轴。仍使 $\tau_{\max}$=96.1MPa，则由

$$\tau_{\max} = \frac{M_{x\max}}{W_p} = \frac{1.98 \times 10^6}{\dfrac{\pi d^3}{16}} = 96.1\text{MPa}$$

得实心轴的轴直径 d=47.2mm。空心轴和实心轴的截面面积分别是 $A_{空} = \dfrac{\pi(76^2-71^2)}{4}\text{mm}^2 = 577\text{mm}^2$，$A_{空} = \dfrac{\pi \times 47.2^2}{4}\text{mm}^2 = 1750\text{mm}^2$，可见实心轴的截面积约为空心轴的 3 倍，即空心轴比实心轴节省三分之二的材料。空心轴之所以节省材料，考察图 8-8（c）的应力分布图可以看出，对于实心截面，当边缘处切应力达许用值时，靠近圆心处的切应力数值很小，这部分材料没有充分发挥作用。若把心部材料外移做成空心轴，这部分材料就能承担较大的应力，同时因为材料离圆心远了，其对极惯矩 I_p 的贡献也大为增加，结果轴的强度和刚度有较大提高。空心截面轴的合理截面，在机械中广泛采用。但在工程实际中，空心轴是用实心轴通过钻孔得到的，因此，除非减轻重量为主要考虑因素（如飞机中的各种轴），或有使用要求（如机床主轴）要采用空心轴，否则，制造空心轴并不总是值得的。

【例 8-4】　实心圆轴直径为 d=40mm，材料的许用切应力 $[\tau]$ =60MPa，G=80GPa，许用扭转角 $[\varphi']$ =2°/m。当轴以 n=200r/min 的速度做匀速转动时，轴所传递的最大功率。

解 根据强度条件式（8-18）确定轴所允许的扭矩：

$$\tau_{max}=\frac{M_x}{W_p}=\frac{M_x}{\frac{\pi d^3}{16}}\leqslant[\tau]$$

$$M_x\leqslant\frac{\pi d^3}{16}[\tau]=\frac{\pi\times40^3}{16}\times60=753.6\times10^3\text{N}\cdot\text{mm}=753.6\text{N}\cdot\text{m}$$

再根据刚度条件式（8-19）确定轴所允许的扭矩：

$$\varphi'_{max}=\frac{M_x}{GI_p}\times\frac{180}{\pi}=\frac{M_x}{G\frac{\pi d^4}{32}}\times\frac{180}{\pi}\leqslant[\varphi']$$

$$M_x\leqslant G\frac{\pi d^4}{32}\times\frac{\pi}{180}[\varphi']=80\times10^3\times\frac{\pi\times40^4}{32}\times\frac{\pi}{180}\times2\times10^{-3}=701.8\times10^3\text{N}\cdot\text{mm}=701.8\text{N}\cdot\text{m}$$

故轴所允许的最大扭矩为 $M_x=701.8\text{N}\cdot\text{m}$。轴的扭矩等于轴传递的扭转外力偶矩，即 $M_e=M_x=701.8\text{N}\cdot\text{m}$。由式（8-1）

$$M_e=9549\frac{P}{n}$$

得

$$P=\frac{M_e\times n}{9549}=\frac{701.8\times200}{9549}=14.7\text{kW}$$

即轴所传递的最大功率为 14.7kW。

思考讨论题

8-1 当单元体上同时存在切应力 τ 和正应力 σ 时，切应力互等定理是否仍然成立？为什么？

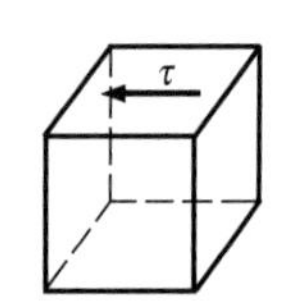

图 8-11 思考题 8-2 图

8-2 如图 8-11 所示的单元体，已知其一个面上的切应力 τ，问其他几个面上的切应力是否可以确定？怎样确定？

8-3 在切应力作用下单元体将发生怎样的变形？剪切胡克定律说明什么？它在什么条件下成立？

8-4 为什么求解应力的问题必须考虑几何、物理、静力学三方面问题？

8-5 直径 d 和长度 l 都相同，而材料不同的两根轴，在相同扭矩的作用下，它们的最大切应力 τ_{max} 是否相同？扭转角 φ 是否相同？为什么？

8-6 为什么减速器传动轴的直径从输出到输入是由粗变细？汽车上坡时为什么换低速？

8-7 提高圆轴扭转的刚度有哪些措施？

习 题

8-1 绘出图 8-12 所示各轴的扭矩图并求 $|M_x|_{max}$。注意（e）图的 AB 段上承受的是均匀分布力偶矩 m，它表示的是沿圆轴轴线每单位长度上的扭转力偶矩值（N·m/m）。

8-2 直径 $d=50$mm 的圆轴，受到扭转力偶矩 $M_e=2.15$kN·m 的作用。若材料的切变模量 $G=80$GPa，试求在距离轴心 10mm 处的切应力和切应变，并求轴横截面上的最大切应力及最大切应变。

8-3 空心圆轴，外径 $D=8$cm，内径 $d=6.25$cm，受到扭转力偶矩 $M_e=1$kN·m。（1）求 τ_{max}，τ_{min}；（2）绘出横截面上的切应力分布图；（3）求单位长度扭转角，已知材料的切变模量 $G=80$GPa。

8-4 图 8-13 中所画切应力分布图是否正确？其中 M_x 为截面扭矩。

8-5 如图 8-14 所示，从承受扭转的空心圆轴上切出实线所示的部分，试画出该部分各截面上的切应

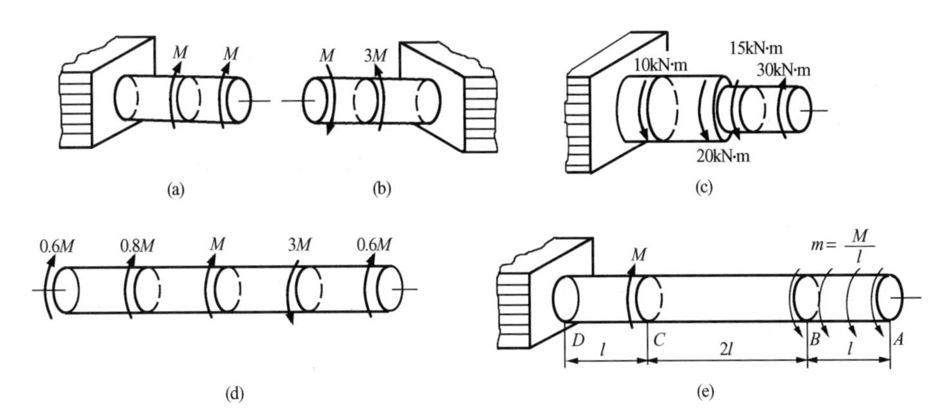

图 8-12　题 8-1 图

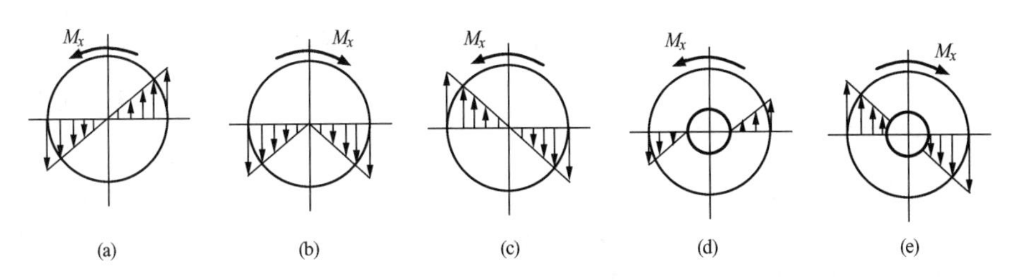

图 8-13　题 8-4 图

力分布图。

8-6　图 8-15 所示传动轴的直径 $d=100\mathrm{mm}$，材料的切变模量 $G=80\mathrm{GPa}$，$a=0.5\mathrm{m}$。(1) 画扭矩图；(2) 求 τ_{max} 值，并指出发生在何处？(3) 求 C、D 二截面的扭转角 φ_{CD} 与 A、D 二截面间的扭转角 φ_{AD}。

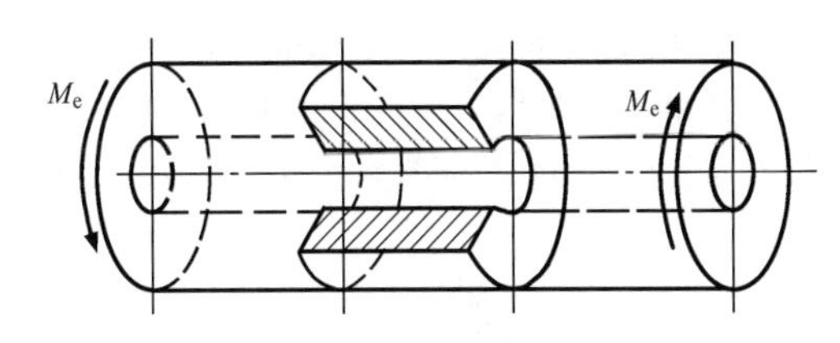

图 8-14　题 8-5 图

8-7　图 8-16 所示一钢制圆轴 DE，E 端固支，D 端有轴承支承，轴径 $d=20\mathrm{mm}$。在紧靠轴承的 C 截面处有一刚性杆 AB 与轴固联并且与 DE 轴垂直。当在杆的 A 端加载荷 $F=49\mathrm{N}$ 时，由于 DE 轴扭转带动 AB 转动，B 端向上移动 Δ，测得 $\Delta=0.46\mathrm{mm}$。已知 $a=200\mathrm{mm}$，$b=120\mathrm{mm}$，$l=500\mathrm{mm}$。试求钢轴的切变模量 G。

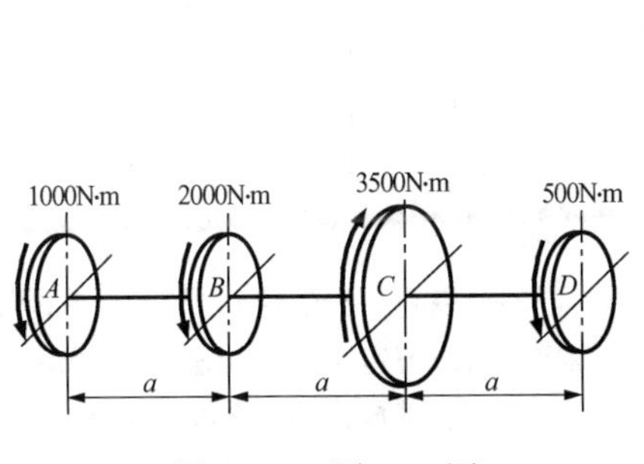

图 8-15　题 8-6 图

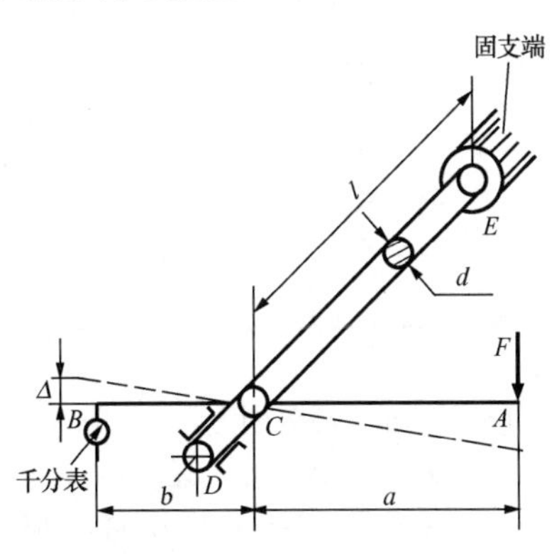

图 8-16　题 8-7 图

8-8　一受扭圆管，外径 $D=32\text{mm}$，内径 $d=30\text{mm}$，材料的弹性模量 $E=200\text{GPa}$，泊松比 $\mu=0.25$，设圆管表面纵向线的倾斜角 $\gamma=1.25\times10^{-3}\text{rad}$，试求管所承受的扭转力偶矩 M_e。

8-9　空心钢轴的外径 $D=100\text{mm}$，内径 $d=50\text{mm}$。已知间距为 $l=2.7\text{m}$ 之两横截面的相对扭转角 $\varphi=1.8°$，材料的切变模量 $G=80\text{GPa}$。求：(1) 轴内的最大切应力；(2) 当轴以 $n=80\text{r/min}$ 的速度旋转时，轴传递的功率（kW）。

8-10　图 8-17 所示一变截面圆轴，由直径 d_1 按线性规律变至直径 d_2，试导出该轴的扭转角公式。

提示：假设轴的锥度很小，对于 $\mathrm{d}x$ 段轴可以用公式 $\mathrm{d}\varphi=\dfrac{M_x\mathrm{d}x}{GI_p(x)}$ 近似计算该轴的扭转角。

8-11　如图 8-18 所示，圆截面杆 AB 的左端固定，承受一集度为 m 的均布力偶矩作用。试导出计算截面 B 的扭转角的公式。

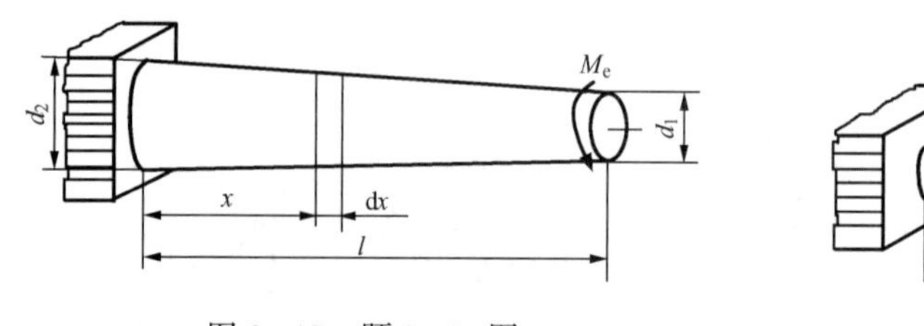

图 8-17　题 8-10 图

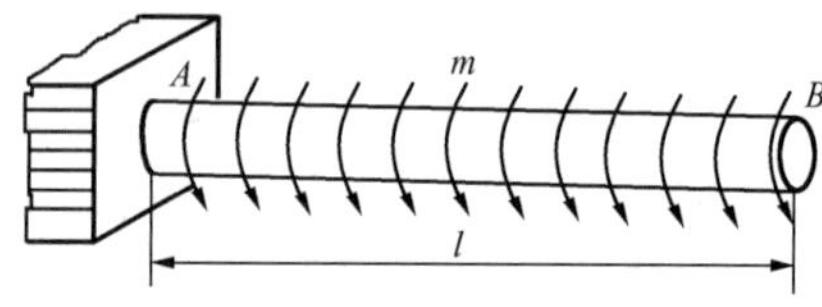

图 8-18　题 8-11 图

8-12　某空心轴所传递的功率为 15000kW，轴的外径 $D=550\text{mm}$，轴的内径 $d=300\text{mm}$，轴的转速 $n=250\text{r/min}$。材料的许用切应力 $[\tau]=50\text{MPa}$。试校核该轴的强度。

8-13　如图 8-19 所示，一钻探机钻杆的外径 $D=60\text{mm}$，轴的内径 $d=50\text{mm}$，功率为 7.36kW，转速 $n=180\text{r/min}$。钻杆钻入土层的深度 $l=40\text{m}$，材料的许用切应力 $[\tau]=40\text{MPa}$。如土壤对钻杆的阻力可看作是均匀分布的力偶，试求此分布力偶的集度 m，并作出钻杆的扭矩图，并进行强度校核。

8-14　如图 8-20 所示，AB 轴的转速 $n=120\text{r/min}$，从 B 轮输入功率 $P=40\text{kW}$，此功率的一半通过锥形齿轮传给垂直轴Ⅱ，另一半由水平轴Ⅰ输出。已知锥形齿轮的节圆直径 $D_1=600\text{mm}$，$D_2=240\text{mm}$，各轴直径 $d_1=100\text{mm}$，$d_2=80\text{mm}$，$d_3=60\text{mm}$，许用切应力 $[\tau]=20\text{MPa}$。试对各轴进行强度校核。

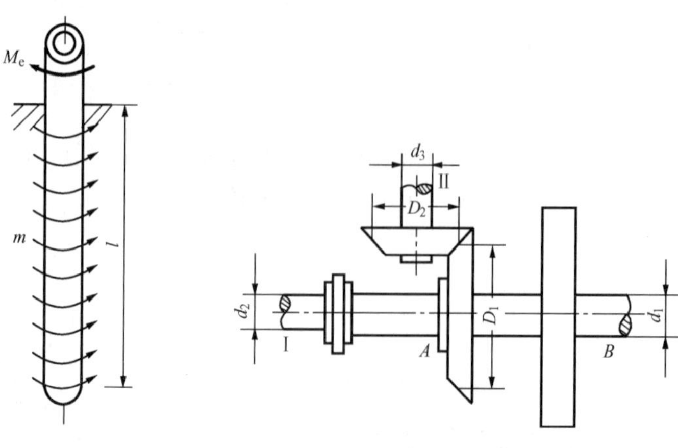

图 8-19　题 8-13 图　　　图 8-20　题 8-14 图

8-15　阶梯形圆轴直径分别为 $d_1=40\text{mm}$，$d_2=70\text{mm}$，轴上装有三个带轮，如图 8-21 所示。已知由轮 3 输出的功率为 $P_3=30\text{kW}$，轮 1 输出的功率为 $P_1=13\text{kW}$，轴作匀速转动，转速 $n=200\text{r/min}$，材料的许用切应力 $[\tau]=60\text{MPa}$，$G=80\text{GPa}$，许用扭转角 $[\varphi']=2°/\text{m}$。试校核轴的强度和刚度。

8-16　某起重机传动轴如图 8-22 所示。已知传动轴转速 $n=27\text{r/min}$，传动功率 $P=3\text{kW}$。材料的许

用切应力 $[\tau]=40MPa$，切变模量 $G=80GPa$，许用扭转角 $[\varphi']=1°/m$，试按强度条件和刚度条件选择轴径 d。

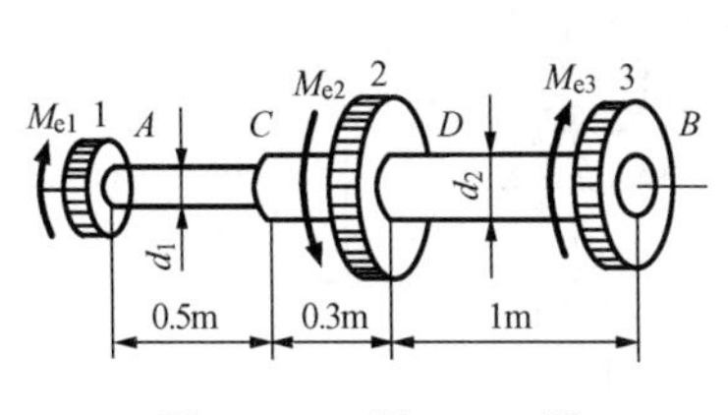

图 8-21 题 8-15 图

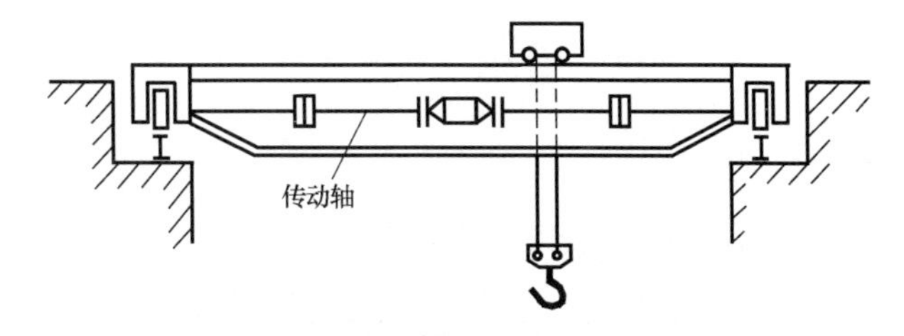

图 8-22 题 8-16 图

8-17 图 8-23 所示实心轴 1 与空心轴 2 通过离合器相连，已知轴的转速 $n=96r/min$，传递功率 $P=7.5kW$，材料的许用切应力 $[\tau]=40MPa$，$d_2/D_2=1/2$。试选择 d_1 和 D_2，并比较两轴的截面面积。

8-18 已知等截面轴输入与输出功率如图 8-24 所示。转速 $n=900r/min$，材料的许用切应力 $[\tau]=40MPa$，切变模量 $G=80GPa$，许用扭转角 $[\varphi']=0.3°/m$，试按强度条件和刚度条件设计直径 d。

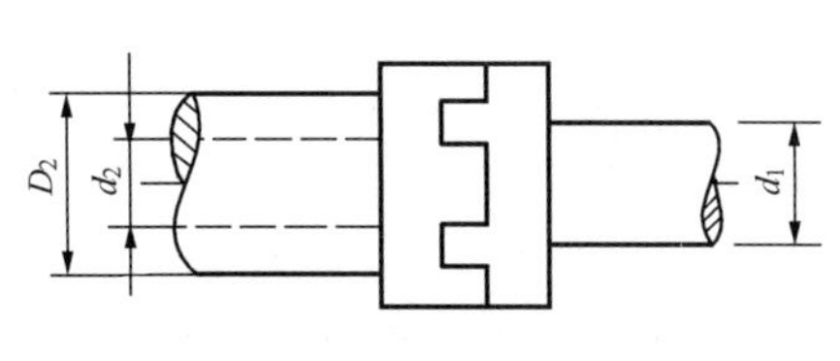

图 8-23 题 8-17 图

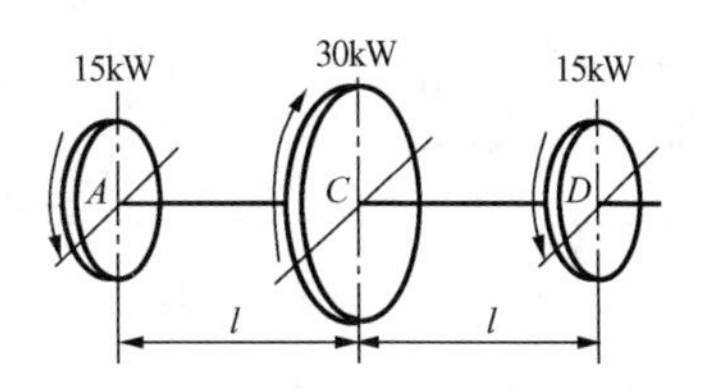

图 8-24 题 8-18 图

8-19 图 8-25 所示传动轴，主动轮Ⅰ输入功率 $P_1=368kW$，从动轮Ⅱ、Ⅲ的输出功率分别为 $P_2=147kW$，$P_3=221kW$。试求：(1) 当 AB 和 BC 两段轴内的最大切应力相等时，两段轴的直径 d_1 和 d_2 之比和单位扭转角 φ_1' 和 φ_2' 之比；(2) 主动轮和从动轮应如何安排比较合理。若轴的转速 $n=500r/m$，材料的 $[\tau]=70MPa$，$[\varphi']=1°/m$，$G=80GPa$，并把轴设计成等截面，这时轴的直径应为多大。

8-20 四辊轧机的传动机构如图 8-26 所示，已知万向接轴的直径 $d=11cm$，材料为 40Cr，其剪切屈服极限 $\tau_s=450MPa$，转速 $n=16.4r/min$，轧机电动机的功率 $P=60kW$。试求此轴的安全系数。

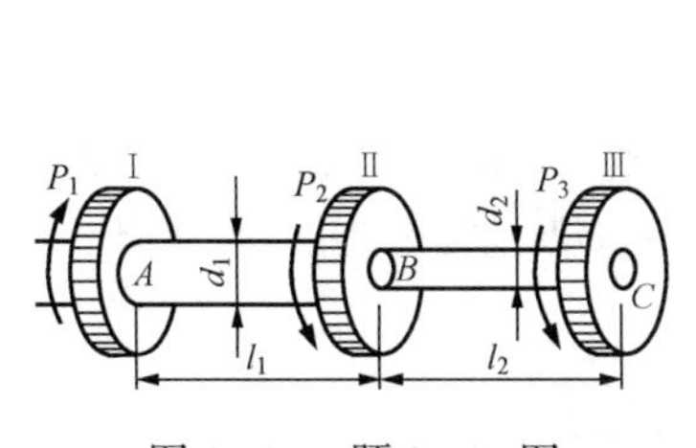

图 8-25 题 8-19 图

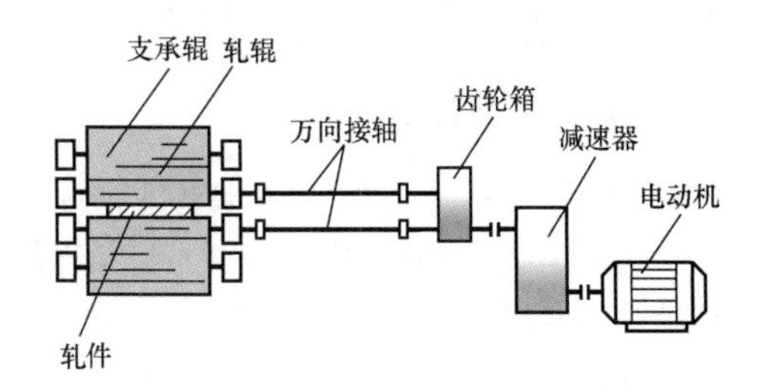

图 8-26 题 8-20 图

8-21 如图 8-27 所示，直径均为 d 的二铜制圆轴，用一外径为 D 的钢套筒将它们对接成一整体。设钢和铜的许用应力为 $[\tau_S]$ 和 $[\tau_C]$，且 $[\tau_S]=2[\tau_C]$，在转矩 M_e 作用下使钢套筒与铜轴具有相同的强度。试求 d 与 D 之比值。

8-22 图 8-28 所示手摇绞车同时由两人摇动，若每人加在手柄上的力均为 $F=200N$，已知驱动轴 AB 的许用切应力 $[\tau]=40MPa$，试按校核强度条件初步估算 AB 轴的直径，并确定最大起重量。

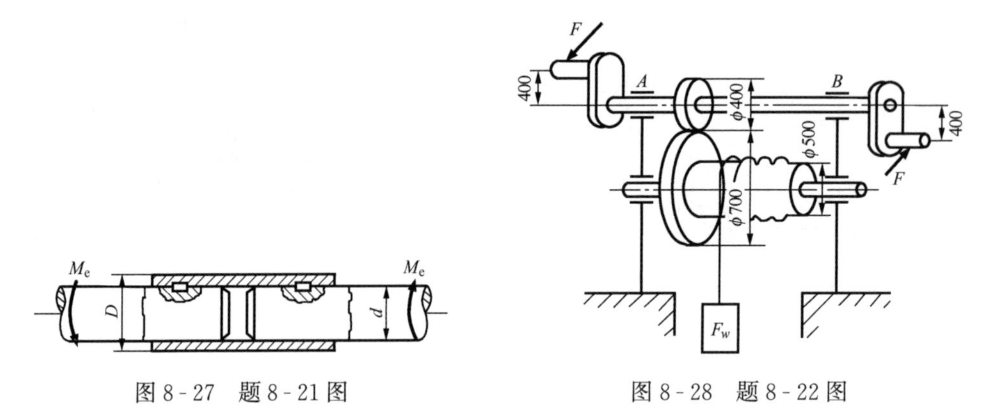

图 8-27　题 8-21 图　　　　图 8-28　题 8-22 图

8-23　由厚度 $\delta=8\text{mm}$ 的钢板卷制成的圆筒，平均直径为 $D=200\text{mm}$。接缝处用铆钉铆接（见图 8-29）。若铆钉直径 $d=20\text{mm}$，许用切应力 $[\tau]=60\text{MPa}$，许用挤压应力 $[\sigma_{bs}]=160\text{MPa}$，筒的两端受扭转力偶矩 $M_e=30\text{kN}\cdot\text{m}$ 作用，试求铆钉的间距 s。

8-24　图 8-30 所示一两端固支的圆轴，在 B 截面处受扭转外力偶矩 M_e 作用，试求固支端处反力偶。

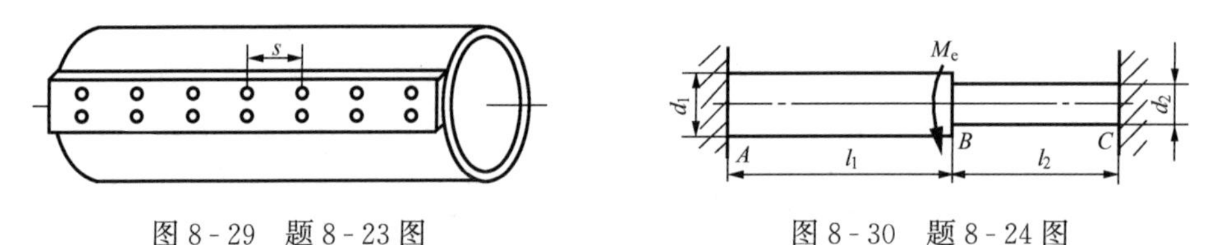

图 8-29　题 8-23 图　　　　图 8-30　题 8-24 图

8-25　图 8-31 所示一两端固支的圆截面杆，在它的三分点处各作用方向相反的扭转外力偶矩 M_e。(1) 试求 A、B 端处反力偶。(2) 如果 $a=800\text{mm}$，$M_e=10\text{kN}\cdot\text{m}$，材料的许用切应力 $[\tau]=40\text{MPa}$，试求杆的直径 d。如果切变模量 $G=80\text{GPa}$，试求杆的最大扭转角并指出发生在哪个截面。

8-26　图 8-32 所示直径为 d 的圆轴，两端固支，且在 AB 段承受均布力偶矩 m（力偶矩/长度）。试求固支端处反力偶。

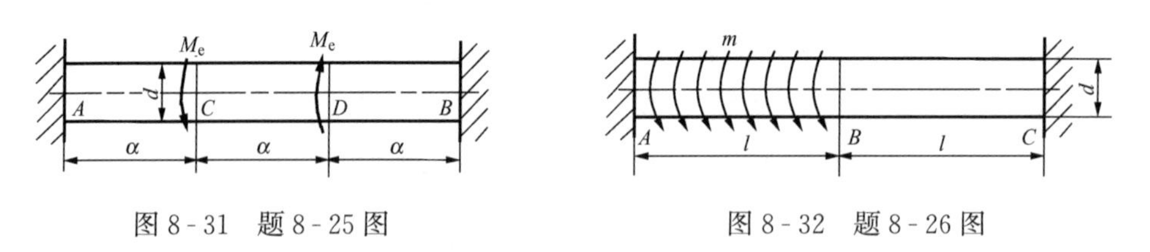

图 8-31　题 8-25 图　　　　图 8-32　题 8-26 图

8-27　如图 8-33 所示，一直径为 d 的铜制圆轴，外套以钢套筒，在转矩 M_e 作用下二者如同一整体承受扭转。若钢和铜的切变模量分别为 G_s 和 G_c。试求：(1) 钢套筒及铜轴横截面上的切应力；(2) 此组合轴两端面的相对扭转角 φ。

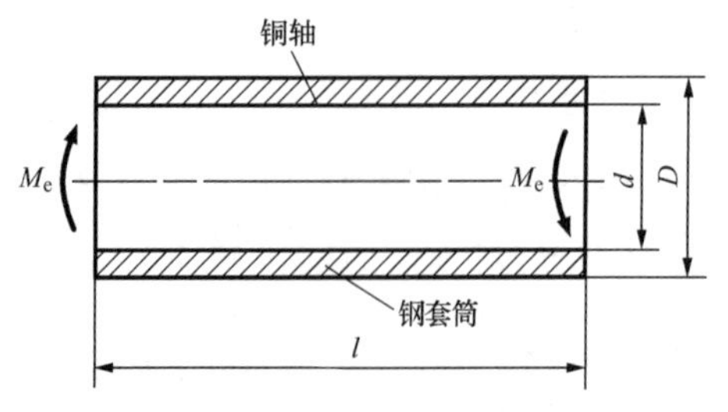

图 8-33　题 8-27 图

习题答案

8-1 (a) $|M_x|_{max}=2M$

(b) $|M_x|_{max}=2M$

(c) $|M_x|_{max}=30kN\cdot m$

(d) $|M_x|_{max}=2.4M$

(e) $|M_x|_{max}=M$

8-2 $\tau_\rho=35MPa$，$\tau_{max}=87.6MPa$，$\gamma_\rho=4.38\times10^{-4}$，$\gamma_{max}=1.096\times10^{-3}$

8-3 (1) $\tau_{max}=15.9MPa$，$\tau_{min}=12.35MPa$；(3) $\varphi'=0.284°/m$

8-4 (a)、(e) 是正确的

8-6 (1) $|M_x|_{max}=3kN\cdot m$； (2) $\tau_{max}=15.3MPa$； (3) $\varphi_{CD}=3.18\times10^{-3}rad$，$\varphi_{AD}=2.22\times10^{-3}rad$

8-7 $G=81.5GPa$

8-8 $M_e=146.3N\cdot m$

8-9 (1) $\tau_{max}=46.5MPa$；(2) $P=71.8kW$

8-10 $\varphi=\dfrac{32ml}{3\pi G(d_2-d_1)}\left(\dfrac{1}{d_1^3}-\dfrac{1}{d_2^3}\right)$

8-11 $\varphi_B=\dfrac{ml^2}{2GI_p}$

8-12 $\tau_{max}=19.2MPa<[\tau]$，安全

8-13 $m=9.75N\cdot m/m$，$\tau_{max}=17.7MPa<[\tau]$，安全

8-14 $\tau_{AB max}=17.9MPa<[\tau]$，安全

$\tau_{\text{I} max}=17.5MPa<[\tau]$，安全

$\tau_{\text{II} max}=16.6MPa<[\tau]$，安全

8-15 $\tau_{AC max}=49.4MPa<[\tau]$，$\tau_{DB}=21.3MPa<[\tau]$，$\varphi'_{max}=1.77°/m<[\varphi]$，安全

8-16 $d\geqslant52.7mm$

8-17 $d_1=45.6mm$，$D_2=46.6mm$，$d_2=23.3mm$，横截面面积之比$\dfrac{A_实}{A_空}=1.28$

8-18 $d\geqslant44.4mm$

8-19 (1) $\dfrac{d_1}{d_2}=\sqrt[3]{\dfrac{5}{3}}$，$\dfrac{\varphi_1}{\varphi_2}=\sqrt[3]{\dfrac{3}{5}}$；(2) $d=74.5mm$

8-20 $n=6.73$

8-21 $\dfrac{d}{D}=0.895$

8-22 $d\geqslant21.7mm$，$F_W=1120N$

8-23 $s\leqslant39.5mm$

8-24 $M_{eA}=\dfrac{M_e}{\left(\dfrac{d_2}{d_1}\right)^4\dfrac{l_1}{l_2}+1}$，$M_{eB}=\dfrac{M_e}{\left(\dfrac{d_1}{d_2}\right)^4\dfrac{l_2}{l_1}+1}$

8-25 (1) $M_{eA}=M_{eB}=\dfrac{M_e}{3}$；(2) $d\geqslant82.7mm$，$\varphi=7.26\times10^{-3}rad$

8-26 $M_{eA}=\frac{3}{4}ml$，$M_{eC}=\frac{1}{4}ml$

8-27 (1) $\tau_s=\frac{G_s\rho m}{G_s I_{ps}+G_c I_{pc}}\quad\left(\frac{d}{2}\leqslant\rho\leqslant\frac{D}{2}\right)$

$\tau_c=\frac{G_c\rho m}{G_s I_{ps}+G_c I_{pc}}\quad\left(0\leqslant\rho\leqslant\frac{d}{2}\right)$

(2) $\varphi=\frac{ml}{G_s I_{ps}+G_c I_{pc}}$

第九章　弯曲内力

§9-1　弯曲　平面弯曲的概念和实例

当杆件承受垂直于杆轴线的外力（即横向力）或受到位于轴线所在平面内的外力偶（即力偶矩矢垂直于轴线的力偶）时，杆的轴线会变为曲线，这种变形称为**弯曲变形**。以弯曲为主要变形的杆件习惯上称为**梁**。

在工程实际中，梁是最常见的杆件，如车间中桥式起重机的横梁［图 9-1（a)］、建筑物中的大梁、平面钢闸门［图 9-1（b)］等；生活中的跳板、举起的杠铃、阳台的挑梁等。还有一些结构本身不是梁，但是在载荷作用下发生弯曲变形，在计算其强度和刚度时，也认为是梁，如风力作用下高耸入云的建筑物、火车车厢的轮轴等。

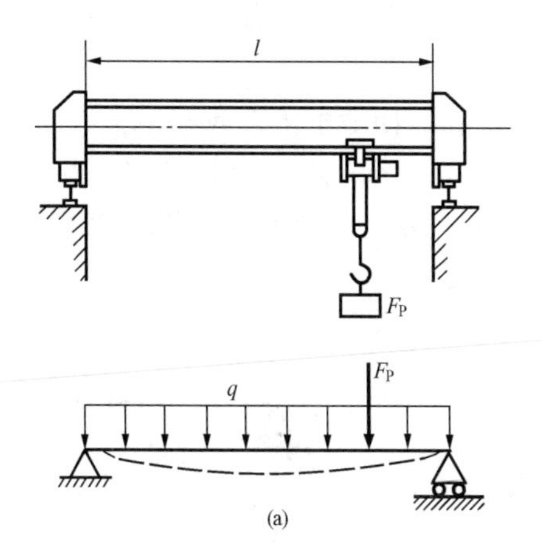

(a)

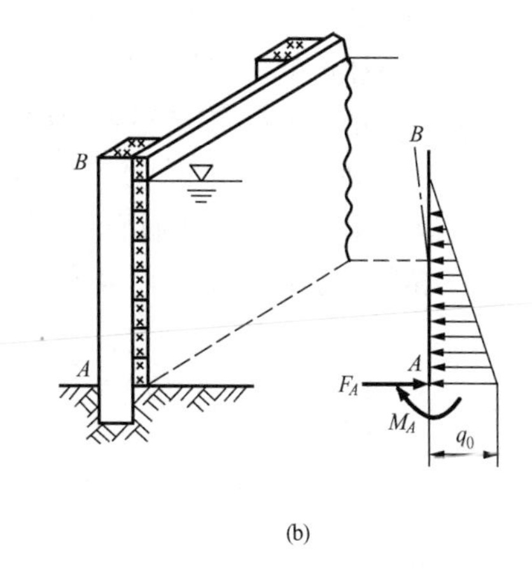

(b)

图 9-1

工程中常用的梁，其横截面通常具有对称形状，如矩形、工字形、T 形及圆形等。它们大多有一个纵向对称面（各横截面的纵向对称轴所组成的平面），当外力作用在该对称面内时，由变形的对称性可知，梁的轴线将在此平面内弯成一条平面曲线，这种弯曲称为**对称弯曲**。对称弯曲时，由于梁变形后的轴线所在平面与外力所在平面重合，因此也称为**平面弯曲**，如图 9-2 所示。平面弯曲是弯曲变形中最简单和最基本的情况，本章及以后两章将讨论平面弯曲的问题。

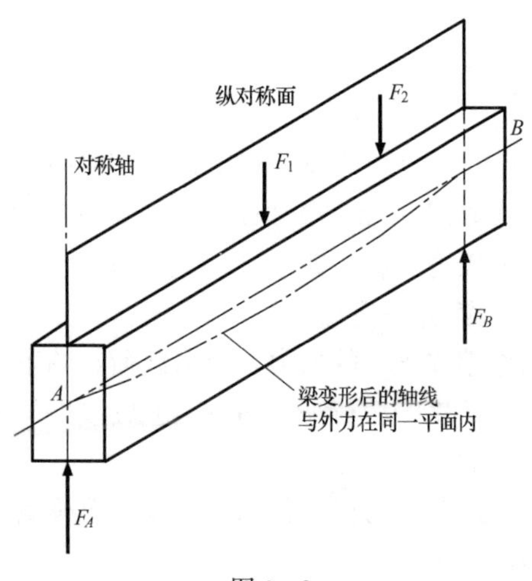

图 9-2

如果梁不具有纵向对称面，或虽有纵向对

称面但外力不作用在该面内，这种弯曲统称为**非对称弯曲**。在一定条件下，非对称弯曲的梁也会发生平面弯曲。

§9-2 静定梁的分类

实际工程中，梁上所受载荷、梁的支承情况都比较复杂。在计算梁的内力、应力和变形之前，应将载荷、支承等进行合理的简化，得到梁的力学计算简图。由于所研究的主要是等截面的直梁，且外力是作用在梁的纵向对称面内的平面力系，因此，在梁的力学计算简图中不考虑构件截面的具体形状，将其简化为一直杆，以梁的轴线代表梁。下面就支承和载荷的简化分别进行讨论。

1. 支座约束或支承

梁的支座按照其对梁的位移的约束情况，可简化为以下三种基本形式。

（1）固定端。固定端支承限制梁根部端截面沿两个方向的线位移和绕根部的角位移，其简化形式如图 9-3（a）所示。因此，固定端支承对梁的端截面有三个约束力，即水平约束力 F_{Ax}、铅垂约束力 F_{Ay} 和矩为 M_{RA} 的约束力偶［图 9-3（d）］。如阳台挑梁端的支座、烟囱、水塔根部及游泳池的跳水板支座等，一般可简化为固定端。

（2）固定铰支座。固定铰支座限制梁在支座所在截面沿水平方向和铅垂方向的相对移动，但不限制梁绕铰链中心的转动与沿轴向的位移，其简化形式如图 9-3（b）所示。因此，固定铰支座对梁在支座所在截面有两个约束力，即水平约束力 F_{Ax} 和铅垂约束力 F_{Ay}［图 9-3（e）］。如桥梁下的固定支座，可简化为固定铰支座。

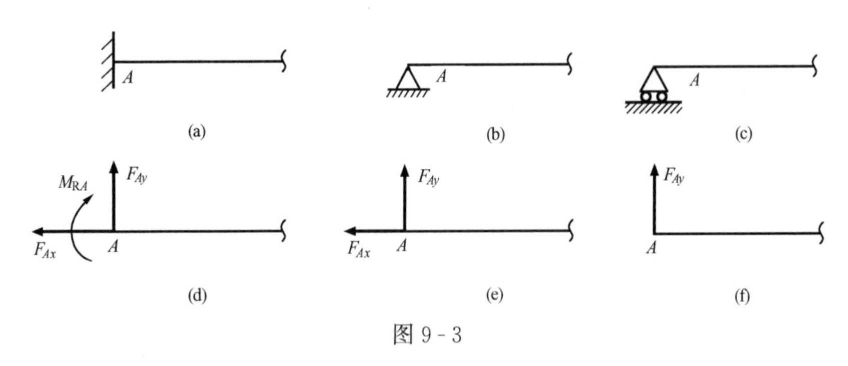

图 9-3

（3）可动铰支座。可动铰支座只限制梁在支座处的截面沿垂直于支承面方向移动，其简化形式如图 9-3（c）所示。因此。它对梁在支座处的截面仅有一个约束力，即垂直于支承面的约束力 F_{Ay}［图 9-3（f）］。如桥梁下的辊轴支座，可简化为可动铰支座。

2. 载荷的简化

作用在梁上的外力，包括载荷与约束力。一般可简化为以下 3 种：

（1）集中载荷。作用在梁上微段内的横向力。例如图 9-1（a）所示，作用在起重机的大梁上的外力 F_P。

（2）集中力偶。作用在梁纵向对称面内微段上的外力偶。如图 9-3（d）所示，固定端的约束力偶矩 M_{RA}。

（3）分布载荷。沿梁某段长度连续分布的横向力。如图 9-1（a）所示桥式起重机大梁的重力。

分布载荷的大小用载荷集度来表示。分布在单位长度的载荷称为**载荷集度**，一般用 q 来表示，常用单位为 N/mm 或 kN/m。

3. 静定梁的基本形式

工程上根据支承条件的不同，梁可分为静定梁和超静定梁。其中，静定梁分为以下三种形式。

(1) 简支梁。梁的一端为固定铰支座，另一端为可动铰支座。如图 9-4 (a) 所示。

(2) 外伸梁。梁的支承与简支梁相同，但是，至少有一个铰支座不在梁的端部，而在梁的中部某处，或者说，梁具有外伸部分，如图 9-4 (b) 所示。

(3) 悬臂梁。梁的一端固定，另一端自由。如图 9-4 (c) 所示。

在实际问题中，梁的支承应当简化为哪种支座形式，应视具体情况而定。

上述三种梁的支座约束力均可利用静力学平衡方程求出，称为**静定梁**。梁在两个支座之间的部分称为**跨**，跨的长度称为**跨度**，常用 l 来表示。跨度与梁的强度、刚度有密切关系，工程中为了提高梁的强度和刚度，常常采用增加支承的方法来减小跨度。当一根梁设置了较多的支承后，约束力的个数将大于独立的平衡方程的个数，仅仅利用平衡方程不能求出梁的全部未知约束力，这类梁称为**超静定梁**。图 9-5 (a) 所示的悬臂梁右端加一个可动铰支座，9-5 (b) 所示的简支梁中间加两个可动铰支座就成为超静定梁。简单超静定梁的计算在第十一章介绍。

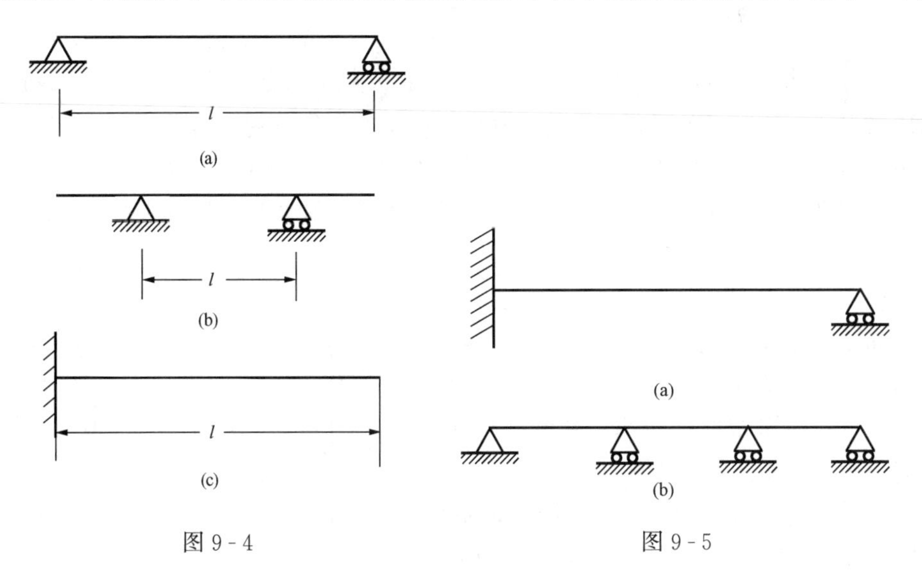

图 9-4　　图 9-5

§9-3　剪力和弯矩

为了计算梁的应力和变形，首先应确定梁在外力作用下任一横截面上的内力。求内力的基本方法是截面法。现以图9-6所示简支梁为例，说明如何用截面法求梁的内力。简支梁 AB 上作用有集中力 F_1 和 F_2，根据静力学平衡方程，可求得梁两端的支座约束力 F_A 和 F_B，如图 9-6 (a) 所示。现计算距左支座为 x 处$m—m$横截面上的内力。利用截面法假想沿 $m—m$ 截面把梁 AB 截开，一分为二，取左段梁为研究对象，如图 9-6 (b) 所示。在该段梁上

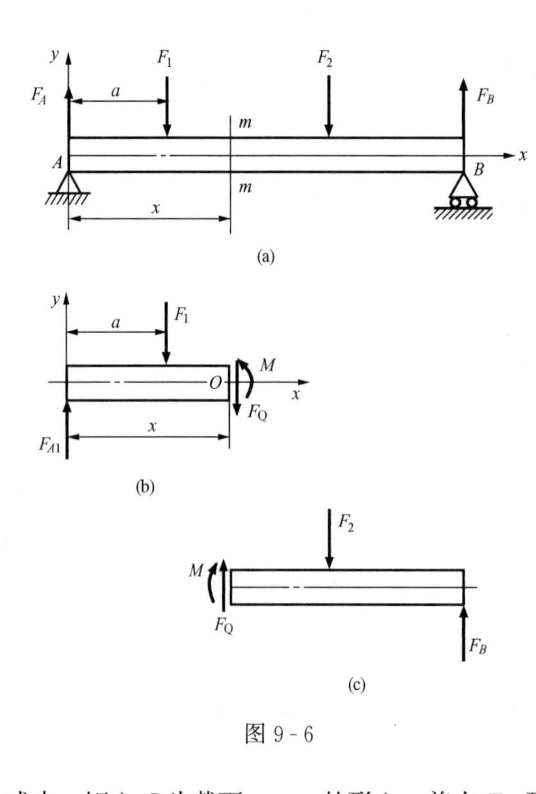

图 9-6

作用有支座约束力 F_A 和集中力 F_1 两个横向外力。同时，横截面 $m—m$ 上还有右段梁对左段梁的内力。由左段梁在 y 方向的力平衡可知，横截面 $m—m$ 上一定存在与该截面平行的内力，用 F_Q 表示，称为**剪力**（当 $F_A=F_1$ 时，$F_Q=0$）。此外，由左段梁对横截面 $m—m$ 的形心 O 的力矩平衡可知，横截面 $m—m$ 上一定存在对横截面 $m—m$ 的形心 O 的内力偶，其矩用 M 表示，称为**弯矩**（当 F_A 和 F_1 对 O 的矩大小相等时，$M=0$）。因此，由左段梁的平衡方程

$$\sum F_y = 0,\ F_A - F_1 - F_Q = 0$$

$$\sum M_O = 0,\ M - F_A x + F_1(x-a) = 0$$

可以求得横截面 $m—m$ 上的剪力和弯矩，即

$$F_Q = F_A - F_1$$
$$M = F_A x - F_1(x-a)$$

式中：矩心 O 为截面 $m—m$ 的形心。剪力 F_Q 及弯矩 M 是平面弯曲时梁横截面上的两种内力。

当取右段梁为研究对象时，同样可以利用右段梁的平衡方程求得剪力 F_Q 与弯矩 M。其大小与由左段梁求得的结果相同，但方向相反，如图［9-6（c）］所示。这也可以由作用力与反作用力原理得到，因为左段梁横截面 $m—m$ 上的剪力和弯矩，实际上就是右段梁对左段梁的作用。

为了使用方便，使得由左段梁或右段梁求得同一截面上的剪力与弯矩，不仅数值相等而且正负号也相同，结合常见梁的变形情况，在截面 $m—m$ 处，从梁中取出微段，如图 9-7 所示。并对剪力、弯矩的符号规定如下：

剪力符号：当剪力 F_Q 使微段梁绕微段内任一点沿顺时针方向转动时规定为正号，反之为负。

弯矩符号：当弯矩 M 使微段梁弯曲变形向下凸（即该段的下部受拉）时规定为正号，反之为负。显然，在正弯矩作用下，微段梁底部纵向伸长，顶部纵向缩短，相应地，横截面下部受拉，上部受压。在图 9-6（b）、（c）中所示的横截面 $m—m$ 上的剪力和弯矩都是正的。

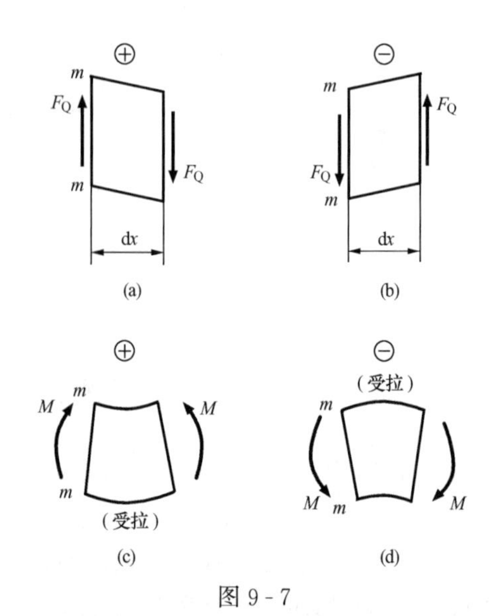

图 9-7

因为剪力和弯矩是由横截面一侧的外力计算得到的，所以在实际计算中，也可以直接根据外力的方向规定剪力和弯矩的符号。当横截

面左侧的外力向上或右侧的外力向下时，该横截面的剪力为正，反之为负，即“左上右下，剪力为正”。当外力向上时（不论横截面的左侧或右侧），横截面上的弯矩为正，反之为负，即“左顺右逆，弯矩为正”。当梁上作用外力偶时，由它引起的横截面上的弯矩的符号，需要由梁段的变形来决定。

下面举例说明利用截面法来计算梁在所指定截面上的剪力和弯矩。

【例 9-1】 图 9-8（a）所示一悬臂梁，承受集中力 F 及集中力偶 M_O 作用，试确定截面 C 及截面 D 上的剪力和弯矩。

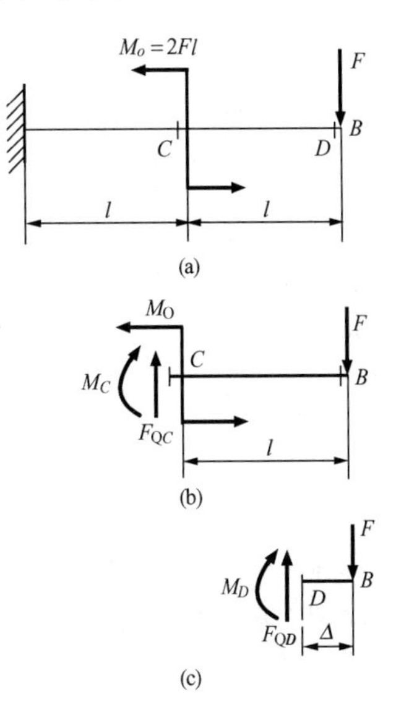

图 9-8

解　(1) 求截面 C 上的剪力和弯矩。

假想从截面 C 处将梁截开一分为二，取右段为研究对象，在截开面上标出剪力 F_{QC} 和弯矩 M_C 的正方向（采用设正法，总是设所求截面上的内力为正），如图 9-8（b）所示。

由平衡方程

$$\Sigma F_y=0, F_{QC}-F=0$$

$$\Sigma M_C=0, M_C-M_O+Fl=0$$

得

$$F_{QC}=F$$

$$M_C=M_O-Fl=Fl$$

(2) 求截面 D 上的剪力和弯矩。

假想从截面 D 处将梁截开一分为二，取右段为研究对象。假设 D、B 两截面之间的距离为 Δ，由于截面 D 与截面 B 无限接近，且位于截面 B 的左侧，故 $\Delta\approx0$。在截开面上标出剪力 F_{QD} 和弯矩 M_D 的正方向，如图 9-8（c）所示。

由平衡方程

$$\Sigma F_y=0, F_{QD}-F=0$$

$$\Sigma M_D=0, M_D+F\times\Delta=0$$

得

$$F_{QD}=F$$

$$M_D=-F_P\times\Delta=0$$

计算结果为正，说明假定的截面上的剪力和弯矩的指向和转向正确，即均为正值。正确地判定剪力和弯矩的符号，在设计中有着十分重要的实用意义。例如钢筋混凝土梁中，由于混凝土的抗拉性能很差，所以在受拉区配置抗拉性能好的钢筋来承担拉力。而截面的受拉区和受压区由弯矩的符号来决定，如果因为弯矩符号错了，导致钢筋配错，轻则影响工程质量，重则发生工程事故。

根据上述分析，我们可以将计算剪力和弯矩的方法概括为：

(1) 在需要求内力的横截面处，假想地将梁切开，并选切开后的任一梁段为研究对象。

(2) 画所选梁段的受力图，图中假设截开面上剪力 F_Q 与弯矩 M 为正。

(3) 由平衡方程 $\sum F_y=0$ 计算剪力 F_Q。

(4) 由平衡方程 $\sum M_C=0$ 计算弯矩 M（C 为所切截面的形心）。

【例 9-2】 一简支梁受力情况如图 9-9 所示，$M=4Fa$。求 1—1、2—2、3—3、4—4 及 5—5 截面上的

内力（2—2 截面表示力 F 作用点的左侧非常靠近力 F 作用点的截面，3—3 截面表示力 F 作用点的右侧非常靠近力 F 作用点的截面，4—4 及 5—5 截面类推）。

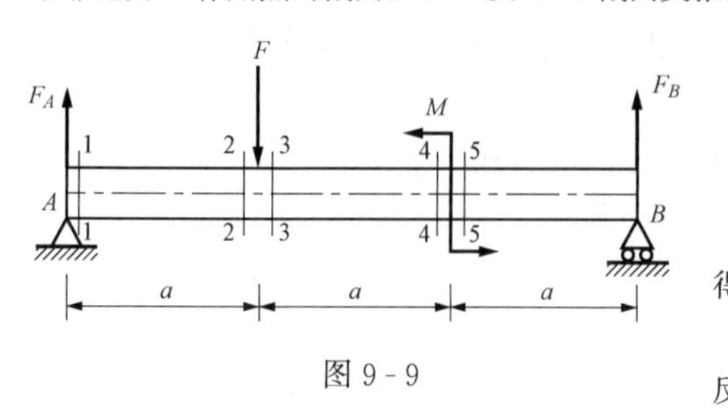

图 9 - 9

解 （1）求支座约束力。

梁两端的支座约束力为 F_A 和 F_B，由静力学平衡方程

$$\sum F_y = 0,\ F_A - F + F_B = 0$$

$$\sum M_B = 0,\ 3a \cdot F_A - 2a \cdot F - M = 0$$

得

$$F_A = 2F,\ F_B = -F$$

计算结果 F_B 为负值，表示假设方向与实际方向相反，F_B 的方向应该铅垂向下。

（2）求各个指定截面上的内力。

假想沿 1—1 截面将梁截开一分为二，取左段为研究对象，由截面左侧的外力得

$$F_{Q1} = F_A = 2F, M_1 = 0$$

同理，可求得

2—2 截面上的内力为 $F_{Q2} = F_A = 2F$，$M_2 = F_A \cdot a = 2Fa$

3—3 截面上的内力为 $F_{Q3} = F_A - F = F$，$M_3 = F_A \cdot a = 2Fa$

4—4 截面上的内力为 $F_{Q4} = F_A - F = F$，$M_4 = F_A \cdot 2a - F \cdot a = 3Fa$

5—5 截面上的内力为 $F_{Q5} = F_A - F = F$，$M_5 = F_A \cdot 2a - F \cdot a - M = -Fa$

由计算发现，在集中力 F 作用点左侧和右侧截面的剪力有一突变，突变值为该集中力 F 的大小，但弯矩无变化；在集中力偶 M 作用点左侧和右侧截面的弯矩有一突变，突变值为该集中力偶 M 的大小，但剪力无变化。

从上述计算过程中，可以总结出求剪力和弯矩的一般法则：任一截面的剪力，在数值上等于该截面左侧（或右侧）梁段上所有横向外力的代数和；任一截面的弯矩，在数值上等于该截面左侧（或右侧）梁段上所有外力（包括外力偶）对该截面形心力矩的代数和。符号规定可按梁段上的外力考虑："左上右下，剪力为正"；"左顺右逆，或向上的外力，弯矩为正"。

对上述剪力和弯矩的一般法则熟练掌握之后，在实际计算中，就可以不再截取梁段画分离体图，也可以不再写出平衡方程，而直接根据截面左侧或右侧梁段上的外力来计算剪力和弯矩。

§9-4 剪力图与弯矩图

一、梁的剪力图和弯矩图

从上一节对悬臂梁和简支梁指定截面内力的计算可知，一般情况下，梁横截面上的剪力和弯矩随截面位置不同而变化。若以横坐标 x 表示横截面在梁轴线上的位置，则各横截面上的剪力和弯矩皆可表示为 x 的函数，即

$$F_Q = F_Q(x)$$

$$M = M(x)$$

称为梁的**剪力方程**和**弯矩方程**。

与绘制轴力图或扭矩图一样，根据剪力方程和弯矩方程，以平行于梁轴线的坐标轴为横轴，其上各点表示横截面的位置，以垂直于轴线的纵坐标表示横截面上的剪力或弯矩，画出的图线分别称为**剪力图**和**弯矩图**。绘图时将正的剪力画在横坐标轴的上侧，而正的弯矩则画

在横坐标轴的下侧（即画在梁受拉的一侧）。

由剪力图和弯矩图可以直观地看出梁的各横截面上剪力和弯矩的变化情况，同时可以确定梁的最大剪力和最大弯矩及其所在的截面位置，从而进行梁的强度和刚度计算。下面举例说明列剪力方程和弯矩方程以及绘制剪力图和弯矩图的方法。

【例 9-3】 图 9-10（a）所示悬臂梁在自由端 B 受到集中力 F 作用。试列出它的剪力方程和弯矩方程，并绘制剪力图和弯矩图。

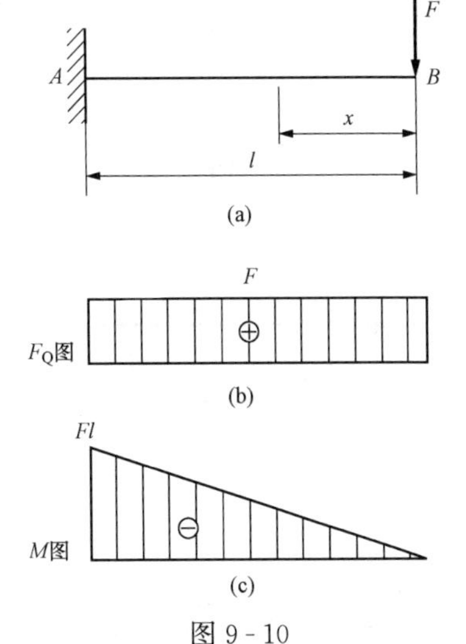

图 9-10

解 （1）列剪力方程和弯矩方程。

将坐标原点取在梁的自由端，取任意截面 x 的右侧梁段来计算，剪力方程和弯矩方程分别为

$$F_Q(x) = F \quad (0 < x < l)$$

$$M(x) = -Fx \quad (0 \leqslant x \leqslant l)$$

（2）绘制剪力图和弯矩图。

由剪力方程可知，整个梁的剪力图是一条水平直线［图 9-10（b）］。由弯矩方程可知，梁的弯矩图是一条倾斜直线［图 9-10（c）］，只要确定直线上的两点，如 $x=0$ 时，$M=0$，$x=l$ 时，$M=-Fl$，就可以绘出梁的弯矩图。

由图可见，在固定端（极左侧）截面上弯矩绝对值最大，$|M|_{\max}=Fl$。

【例 9-4】 图 9-11（a）所示的悬臂梁，在整个梁上作用有集度为 q 的均布载荷。试列出它的剪力方程和弯矩方程，并作剪力图和弯矩图。

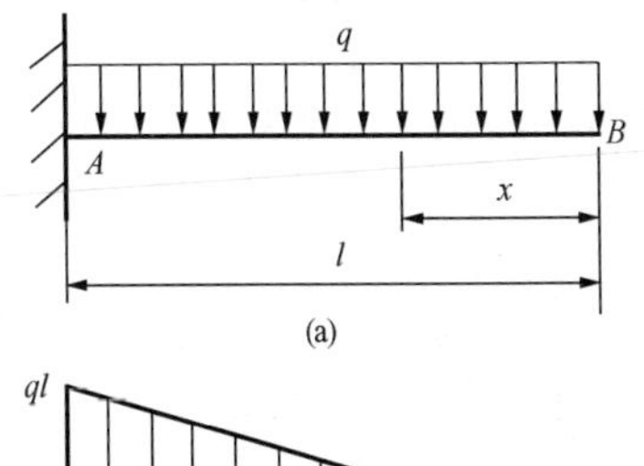

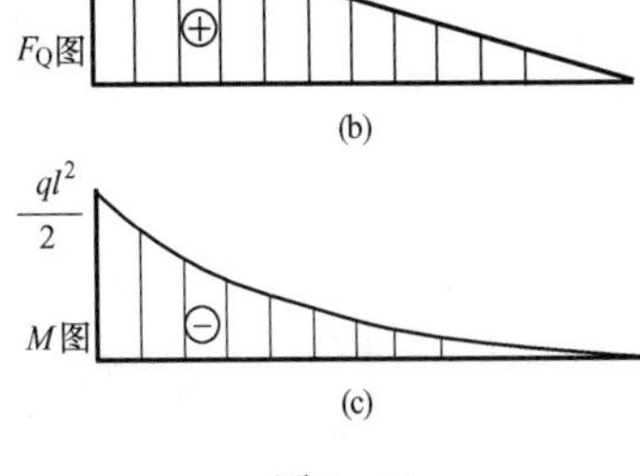

图 9-11

解 （1）列剪力方程和弯矩方程。

将坐标原点取在梁的自由端，取任意截面 x 的右侧梁段来计算，剪力方程和弯矩方程分别为

$$F_Q(x) = qx \quad (0 < x < l)$$

$$M(x) = -\frac{qx^2}{2} \quad (0 \leqslant x \leqslant l)$$

（2）绘制剪力图和弯矩图。

由剪力方程可知，整个梁的剪力图是一条倾斜直线［图 9-11（b）］。只要确定两点。如 $x=0$ 时，$F_Q=0$；$x=l$ 时，$F_Q=ql$，就可以确定这条直线。由弯矩方程可知，梁的弯矩图是一条二次抛物线。定出图上必要的点（一般至少需要三个点），如 $x=0$ 时，$M=0$；$x=l$ 时，$M=-\frac{q}{2}l^2$；考虑到 $x=0$ 是 $M(x)=-\frac{q}{2}x^2$ 的对称轴，连成一条光滑曲线就是梁的弯矩图［图 9-11（c）］。

由图可见，在固定端的极左侧横截面上弯矩绝对值最大，$|M|_{\max}=\frac{ql^2}{2}$。

【例 9-5】 图 9-12（a）所示简支梁，在整个梁上作用有集度为 q 的均布载荷。试列出它的剪力方程和弯矩方程，并作剪力图和弯矩图。

解 （1）求约束力。

由于载荷及约束力均关于梁跨中对称，因此两个约束力相等，由静力学平衡方程

$$\Sigma F_y = 0, F_A - ql + F_B = 0$$

$$\Sigma M_A = 0, -\frac{1}{2}ql^2 + lF_B = 0$$

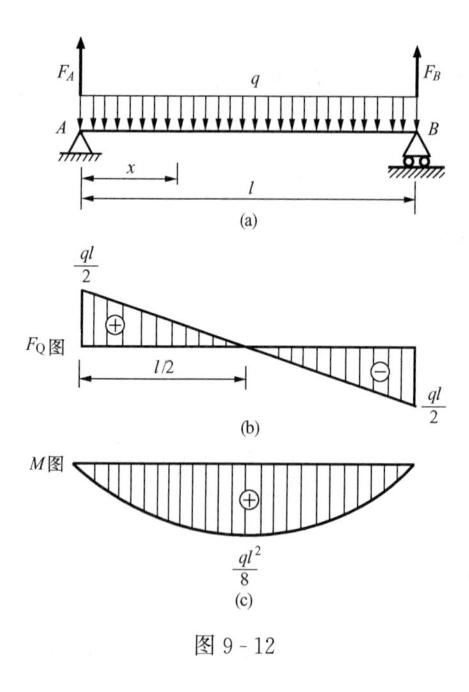

图 9-12

得 $$F_A = F_B = \frac{ql}{2}$$

(2) 列剪力方程和弯矩方程。

以梁的左端（A 截面）为坐标原点，距原点为 x 的任意截面上的剪力和弯矩分别为

$$F_Q(x) = F_A - qx = \frac{ql}{2} - qx \quad (0 < x < l)$$

$$M(x) = F_A x - qx \cdot \frac{x}{2} = \frac{qlx}{2} - \frac{qx^2}{2} \quad (0 \leqslant x \leqslant l)$$

(3) 绘制剪力图和弯矩图。

由剪力方程可知，剪力图是一斜直线，只要确定线上的两点，如 $x=0$ 时，$F_Q=\frac{ql}{2}$；$x=l$ 时，$F_Q=-\frac{ql}{2}$，就可以确定这条直线。连接这两点就得梁的剪力图［图 9-12（b）］。由弯矩方程可知，弯矩图为一条二次抛物线，就需要至少定三个点，如 $x=0$ 和 $x=l$ 时，$M=0$；$x=\frac{l}{2}$时，$M=\frac{ql^2}{8}$；$x=\frac{l}{4}$和 $x=\frac{3l}{4}$时，$M=\frac{3ql^2}{32}$。将这些点连成一光滑曲线即得到弯矩图［图 9-12（c）］。

由图 9-12（c）可见，此梁在跨中截面上的弯矩值达到最大，$M_{max}=ql^2/8$，此截面上 $F_Q=0$；而两支座内侧横截面上的剪力值最大，$|F_Q|_{max}=ql/2$。同时，由于梁的结构及载荷关于跨中对称，所以，剪力图反对称，弯矩图正对称。

【例 9-6】 图 9-13（a）所示简支梁在 C 点受集中力 F 作用。试列出剪力方程和弯矩方程，并作剪力图和弯矩图。

解 (1) 求约束力。

由静力学平衡方程

$$\Sigma M_B = 0, Fb - F_A l = 0$$
$$\Sigma M_A = 0, F_B l - Fa = 0$$

得 $$F_A = \frac{Fb}{l}, F_B = \frac{Fa}{l}$$

(2) 分段列剪力方程和弯矩方程。

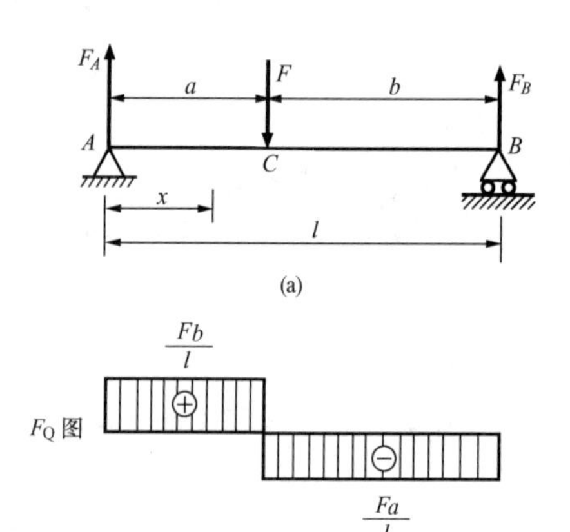

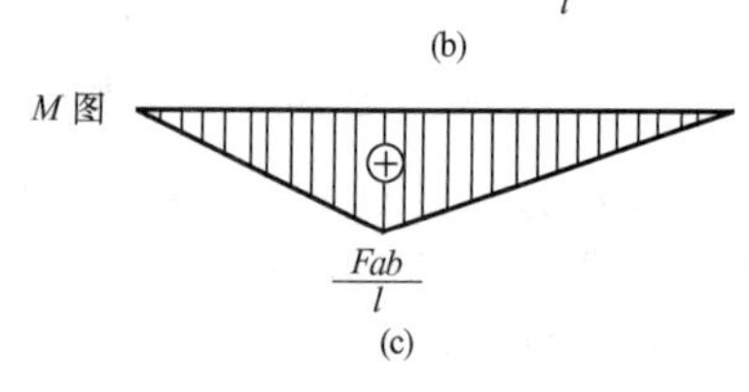

图 9-13

以梁的左端（A 截面）为坐标原点，集中力 F 作用于 C 点，梁在 AC 和 CB 两段内的剪力或弯矩不能用同一方程来表示，应分段考虑。在 AC 段内取距原点为 x 的任意截面的左段梁研究，其上只有 F_A，则该截面上的剪力 F_Q 和弯矩 M 分别为

$$F_Q(x) = \frac{Fb}{l} \quad (0 < x < a) \tag{a}$$

$$M(x) = \frac{Fb}{l}x \quad (0 \leqslant x \leqslant a) \tag{b}$$

这就是 AC 段内的剪力方程和弯矩方程。下面考虑 CB 段内的剪力方程和弯矩方程。在 CB 段内取距左端为 x 的任意截面，该截面的左段梁上有 F_A 和 F 两个外力，则该截面上的剪力 F_Q 和弯矩 M 分别为

$$F_Q(x)=\frac{Fb}{l}-F=-\frac{Fa}{l}\quad(a<x<l)\tag{c}$$

$$M(x)=\frac{Fb}{l}x-F(x-a)=\frac{Fa}{l}(l-x)\quad(a\leqslant x\leqslant l)\tag{d}$$

这就是 CB 段内的剪力方程和弯矩方程。

(3) 绘制剪力图和弯矩图。

由式 (a) 可知，在 AC 段内梁的任意横截面的剪力皆为 Fb/l，且符号为正，所以在 AC 段 ($0<x<a$) 内，剪力图是在横轴上方的水平线［图 9-13 (b)］。同理，可根据式 (c) 作 CB 段的剪力图。从剪力图看出，当 $a<b$ 时，最大剪力为 $F_{Q\max}=Fb/l$。

由式 (b) 可知，在 AC 段内梁的任意横截面的弯矩是 x 的一次函数，所以弯矩图是一条斜直线。只要确定线上的两点，就可以确定这条直线。如 $x=0$ 时，$M=0$；$x=a$ 时，$M=Fab/l$。连接这两点就得到 AC 段的弯矩图［图 9-13 (c)］。同理，可以根据式 (d) 作 CB 段的弯矩图。从弯矩图看出，最大弯矩发生于截面 C 上，且 $M_{\max}=Fab/l$。

【例 9-7】 图 9-14 (a) 所示的简支梁在 C 处受集中力偶 M 的作用。试列出剪力方程和弯矩方程，并作剪力图和弯矩图。

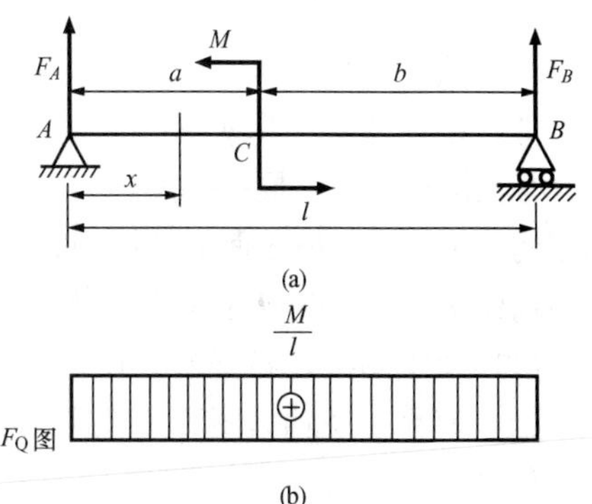

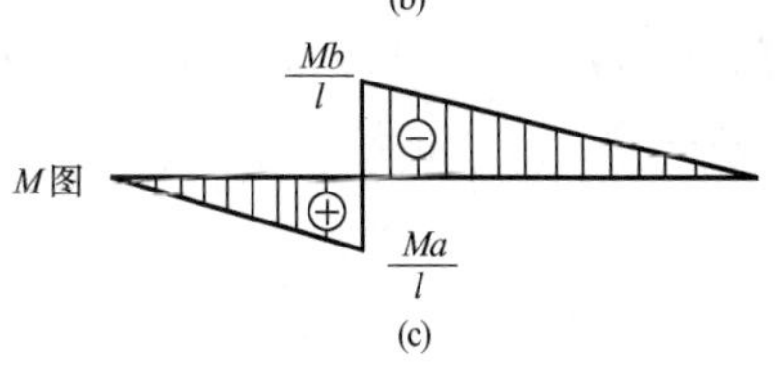

图 9-14

解　(1) 求约束力。

由静力学平衡方程

$$\Sigma M_A=0, M+F_Bl=0$$

$$\Sigma M_B=0, M-F_Al=0$$

分别得约束力为

$$F_A=\frac{M}{l}, F_B=-\frac{M}{l}$$

(2) 列剪力方程和弯矩方程。

此简支梁上的载荷只有一个在两支座之间的力偶而没有横向外力，故全梁的剪力方程为

$$F_Q(x)=\frac{M}{l}\quad(0<x<l)$$

但 AC 和 CB 两梁段的弯矩方程则不同，AC 段梁的弯矩方程为

$$M(x)=\frac{M}{l}x\quad(0\leqslant x<a)$$

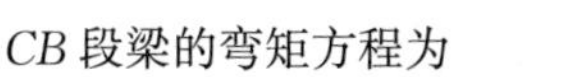

CB 段梁的弯矩方程为

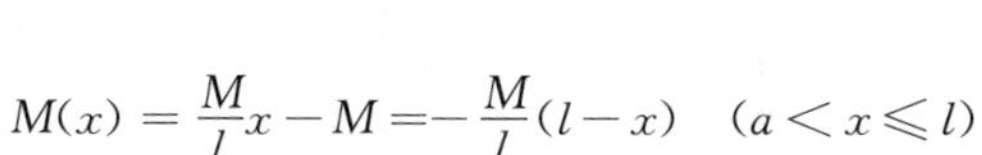

$$M(x)=\frac{M}{l}x-M=-\frac{M}{l}(l-x)\quad(a<x\leqslant l)$$

(3) 绘制剪力图和弯矩图。

由剪力方程可知，整个梁的剪力图是一条平行于横轴上方的水平线［图 9-14 (b)］。由两个弯矩方程可知，左、右两段梁的弯矩图各是一条斜直线。在定出图上必要的点后，根据各方程的定义域，就可以绘出梁的弯矩图［图 9-14 (c)］。

由图可见，在 $b>a$ 的情况下，集中力偶作用处的右侧横截面上弯矩绝对值最大，$|M|_{\max}=Mb/l$。

由以上各例题可知，绘制剪力图和弯矩图的步骤为：

(1) 根据静力学平衡方程求解未知约束力。

(2) 根据受力情况，分段列剪力方程和弯矩方程。一般在集中力或集中力偶作用处和分布载荷开始或结束处将梁分段。

(3) 根据剪力和弯矩方程的特点定出图形的关键点再连成图形。

从上述例题中发现，在梁上集中力作用处，其左、右两侧横截面上的剪力数值有骤然的变化，两者的代数差等于此集中力的值，在剪力图上相应于集中力作用处有一个突变；与此类似，梁上集中力偶作用处左、右两侧横截面上的弯矩数值也有骤然的变化，两者的代数差也等于此集中力偶矩的值，在弯矩图上相应于力偶作用处也有一个突变。至于在剪力图和弯矩图上的这种突变，从表面上看，在集中力和力偶作用处的横截面上，剪力和弯矩似无定值。但事实并非如此。集中力实际上是作用在很短的一段梁（其长为 Δx）上的分布力的简化，若将此分布力看作是在长为 Δx 的范围内均匀分布的［图 9-15（a）］，则在此段梁上实际的剪力图将是按斜直线规律连续变化的［图9-15（b）］。与此类似，由于集中力偶实际上也是一种简化的结果，所以按其实际分布情况绘出的弯矩图，在集中力偶作用处长为 Δx 的一段梁上也是连续变化的。

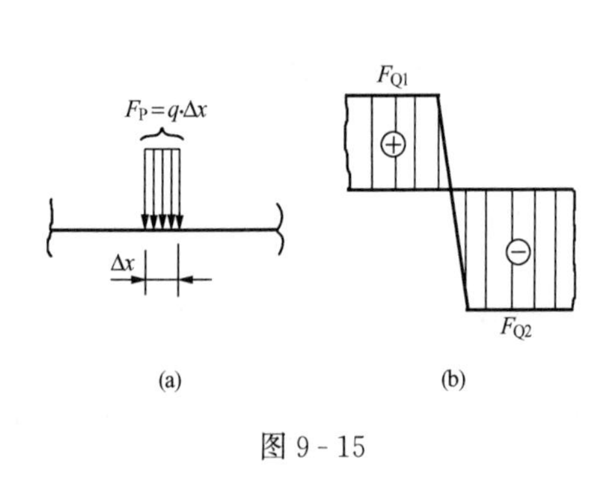

图 9-15

二、平面刚架的弯矩图

平面刚架是由在同一平面内、不同取向的杆件，通过杆端相互刚性连接（刚节点）而组成的结构。刚架任意横截面上的内力，一般有剪力、弯矩和轴力。作内力图的步骤与前述相同，但因刚架是由不同取向的杆件组成，为了能表示内力沿各杆轴线的变化规律，习惯上约定：

（1）弯矩图画在各杆的受拉一侧，不注明正、负号；

（2）剪力图及轴力图可画在刚架轴线的任一侧（通常正值画在刚架的外侧），但须注明正、负号。

【例 9-8】 图 9-16（a）所示为下端固定的刚架，在其轴线平面内受集中荷载 F_1 和 F_2 作用。试作此刚架的内力图。

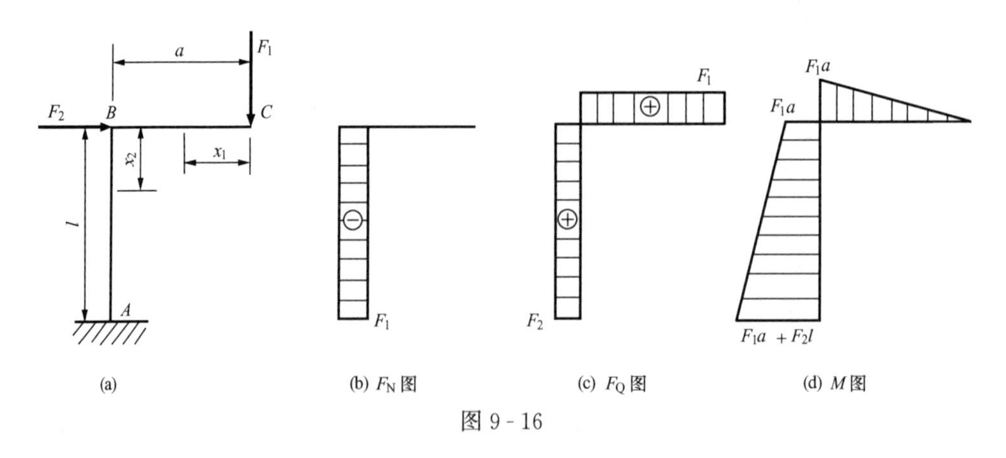

图 9-16

解 计算内力时，一般应先求出刚架的约束力。但本题中刚架的 C 点是自由端，故对水平杆可将坐标原点取在 C 点，而竖直杆可将坐标原点取在 B 点，并分别取水平杆的截面右侧杆段和竖直杆的截面以上部分作为研究对象［图 9-16（a）］，这样就可不必求出约束力。下面分别列出各段杆的内力方程为

CB 段

$$F_N(x_1)=0$$

$$F_Q(x_1)=F_1$$

$$M(x_1)=-F_1x_1\quad(0\leqslant x_1\leqslant a)$$

BA 段

$$F_N(x_2)=-F_1$$

$$F_Q(x_2)=F_2$$

$$M(x_2)=-F_1a-F_2x_2\quad(0\leqslant x_2<l)$$

根据各段杆的内力方程，即可绘出轴力、剪力和弯矩图，分别如图 9-16（b）、（c）、（d）所示。

【例 9-9】　图 9-17（a）所示刚架，各杆段的长度均为 a，承受均布载荷 q 与矩为 qa^2 的集中力偶作用，试画出刚架的弯矩图。

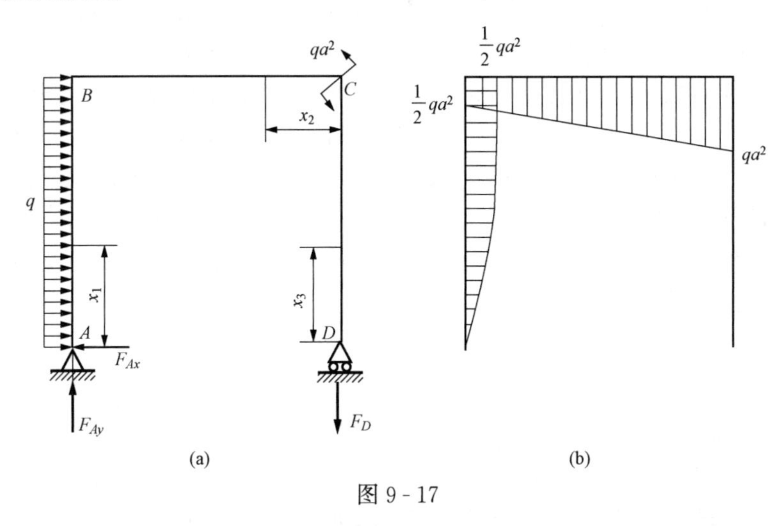

图 9-17

解　（1）求约束力。

由静力学平衡方程

$$\sum M_A=0,-aF_D-\frac{1}{2}qa^2+qa^2=0$$

$$\sum F_x=0,qa-F_{Ax}=0$$

$$\sum F_y=0,F_{Ay}-F_D=0$$

$$F_D=\frac{1}{2}qa,F_{Ax}=qa,F_{Ay}=\frac{1}{2}qa$$

得支座 A 与 D 的约束力分别为

$$F_{Ax}=qa,F_D=\frac{1}{2}qa,F_{Ay}=\frac{1}{2}qa$$

（2）列弯矩方程。

将刚架划分为 AB，BC 与 CD 三段，并选 A、C 和 D 分别为三段的坐标原点，如图 9-17（a）所示。下面列出各段的弯矩方程。

AB 段

$$M(x_1)=-\frac{1}{2}qx_1^2+F_{Ax}x_1=qax_1-\frac{1}{2}qx_1^2$$

BC 段

$$M(x_2)=qa^2-F_Dx_2=qa^2-\frac{1}{2}qax_2$$

CD 段

$$M(x_3)=0$$

根据各段杆的弯矩方程，即可绘出弯矩图，如图 9-17（b）所示。

§9-5　剪力、弯矩、载荷集度之间的微分关系

一、剪力、弯矩、载荷集度之间的微分关系

这里将要讨论两种内力——剪力 $F_Q(x)$ 和弯矩 $M(x)$ 之间以及它们与梁上分布载荷 $q(x)$ 之间的关系。由于内力是由梁上的载荷引起的，而剪力和弯矩及分布载荷集度又都是 x 的函数，因此，它们三者之间一定存在着某种联系，如果能找到反映弯矩、剪力和载荷集度三者联系的关系式，将有利于内力的计算和内力图的绘制与校核。

下面推导三者间的关系。设在图 9-18（a）所示梁上作用有任意的分布载荷 $q(x)$，$q(x)$ 以向上为正，向下为负。我们取梁中的微段来研究，在距左端为 x 处，截取长度为 $\mathrm{d}x$ 的微段梁［图 9-18（b）］。设该微段梁左侧横截面上的剪力和弯矩分别为 $F_Q(x)$ 和 $M(x)$，微段梁右侧横截面上的剪力和弯矩分别为 $F_Q(x)+\mathrm{d}F_Q(x)$ 和 $M(x)+\mathrm{d}M(x)$。此微段梁除两侧存在剪力、弯矩外，在上面还作用有分布载荷 $q(x)$。由于 $\mathrm{d}x$ 很微小，可不考虑 $q(x)$ 沿 $\mathrm{d}x$ 的变化而看成是均布的。

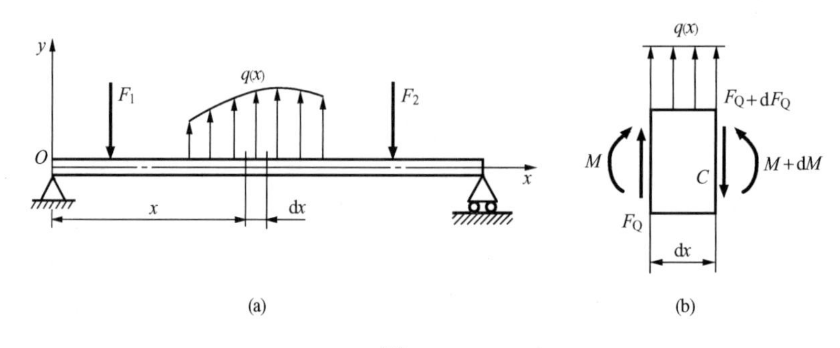

图 9-18

根据平衡方程 $\Sigma F_y=0$，$\Sigma M_C=0$，得到

$$F_Q+q(x)\mathrm{d}x-F_Q-\mathrm{d}F_Q=0$$

$$-M-F_Q\mathrm{d}x-q(x)\mathrm{d}x\left(\frac{\mathrm{d}x}{2}\right)+M+\mathrm{d}M=0$$

略去上述方程中的二阶微量，得到

$$\left.\begin{aligned}\frac{\mathrm{d}F_Q}{\mathrm{d}x}&=q(x)\\ \frac{\mathrm{d}M}{\mathrm{d}x}&=F_Q\\ \frac{\mathrm{d}^2M}{\mathrm{d}x^2}&=q(x)\end{aligned}\right\}\qquad(9-1)$$

由上述微分关系式（9-1）可知，剪力对 x 的一阶导数等于梁上相应位置分布载荷的集度；弯矩对 x 的一阶导数等于相应截面上的剪力。

二、剪力图、弯矩图的规律

根据上述各关系式及其几何意义，说明剪力图和弯矩图的几何形状与作用在梁上的载荷集度有关：

（1）剪力图的斜率等于作用在梁上的均布载荷集度；弯矩图在某一点处斜率等于对应截面处剪力的数值。

（2）如果某段梁上没有分布载荷作用，即 $q(x)=0$，该段梁上剪力的一阶导数等于零，弯矩的一阶导数等于常数，因此，该段梁的剪力图为平行于 x 轴的水平直线；弯矩图为斜直线。

（3）如果某段梁上作用有均布载荷，即 $q(x)=$常数，该段梁上剪力的一阶导数等于常数，弯矩的一阶导数为 x 的线性函数，因此，该段梁的剪力图为斜直线；弯矩图为二次抛物线。

（4）弯矩图二次抛物线的凸凹性与载荷集度 $q(x)$ 的正负有关：当 $q(x)$ 为正（向上）时，抛物线为向上凸的曲线（即开口向朝下的抛物线）；当 $q(x)$ 为负（向下）时，抛物线为向下凸的曲线（即开口向朝上的抛物线）。

（5）在梁的某一截面上，若 $F_Q(x)=\dfrac{\mathrm{d}M(x)}{\mathrm{d}x}=0$，则在这一截面上弯矩有一极值（极大或极小，不一定是最大或最小），即剪力为零的截面上有弯矩的极值发生。

（6）在集中力作用截面的左、右两侧，剪力 F_Q 有一突然变化，突变的值恰好等于集中力的数值，而弯矩图的斜率也发生突然变化，成为一个转折点。在集中力偶作用截面的左、右两侧，弯矩发生突然变化，突变值也恰好等于集中力偶的数值，将出现弯矩的极值，而剪力图不发生变化。

（7）利用微分关系式（9-1），经过积分得

$$F_Q(x_2)-F_Q(x_1)=\int_{x_1}^{x_2}q(x)\mathrm{d}x \tag{9-2}$$

$$M(x_2)-M(x_1)=\int_{x_1}^{x_2}F_Q(x)\mathrm{d}x \tag{9-3}$$

以上两式表明，在 $x=x_2$ 和 $x=x_1$ 两截面上的剪力差，等于两截面间载荷图的面积；当两截面间无集中力偶作用时，两截面上的弯矩之差，等于两截面间剪力图的面积。

应用上述平衡微分关系以及这些微分关系所描述的几何图形，可以不必写出剪力和弯矩方程，即可在 F_Q-x 和 $M-x$ 坐标系中相应于控制面的点之间绘出剪力图和弯矩图的图线。

下面举例说明应用微分关系绘制剪力图和弯矩图的方法。

【例 9-10】 一简支梁，尺寸及载荷如图 9-19(a) 所示。画此梁的剪力图和弯矩图。

解 (1) 求约束力。

由静力学平衡方程

$$\sum M_A=0,-M-4q\times4+6F_C=0$$

$$\sum M_C=0,-M+4q\times2-6F_A=0$$

可得支座约束力为

$$F_A=6\text{kN},F_C=18\text{kN}$$

根据梁上的外力，将梁分为 AB 和 BC 两段，需分段作剪力图和弯矩图。

(2) 绘制剪力图。

AB 段上无均布荷载，该段的剪力图为水平线，通过

$$F_Q=F_A=6\text{kN}$$

画出。

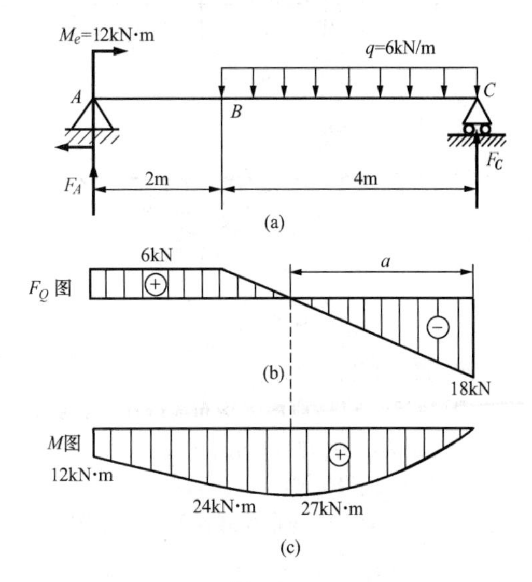

图 9-19

由于 BC 段有均布荷载，剪力图为斜直线，

$$\left.\begin{aligned} F_{QB} &= 6\text{kN} \\ F_{QC左} &= -F_C = -18\text{kN} \end{aligned}\right\}$$

两点连线画出剪力图，如图 9-19（b）所示。

（3）绘制弯矩图。

AB 段上无均布荷载，弯矩图为斜直线，$M_{A右}=12\text{kN}\cdot\text{m}$，$M_B=M_e+F_A\times2\text{m}=24\text{kN}\cdot\text{m}$，两点连线画出。

由于 BC 段作用有向下的均布荷载，弯矩图为向下凸的抛物线

$$\left.\begin{aligned} M_{B右} &= M_{B左}+M = 24\text{kN}\cdot\text{m} \\ M_C &= 0 \end{aligned}\right\}$$

由剪力图可知，剪力为零的截面弯矩取得极值。设弯矩距右端的距离为 a，由该截面上剪力等于零的条件得：

$$F_Q = F_C - qa = 0$$

$$a = \frac{F_C}{q} = 3\text{m}$$

弯矩极值为

$$M_{max}=a\cdot F_C-\frac{1}{2}qa^2=3\text{m}\times18\text{kN}-\frac{6\text{kN/m}\times3^2\text{m}^2}{2}=27\text{kN}\cdot\text{m}$$

三点连成光滑的抛物线，弯矩图如图 9-19（c）所示。

【例 9-11】 图 9-20（a）所示的外伸梁，载荷如图所示。已知 $l=4\text{m}$，画此梁的剪力图和弯矩图。

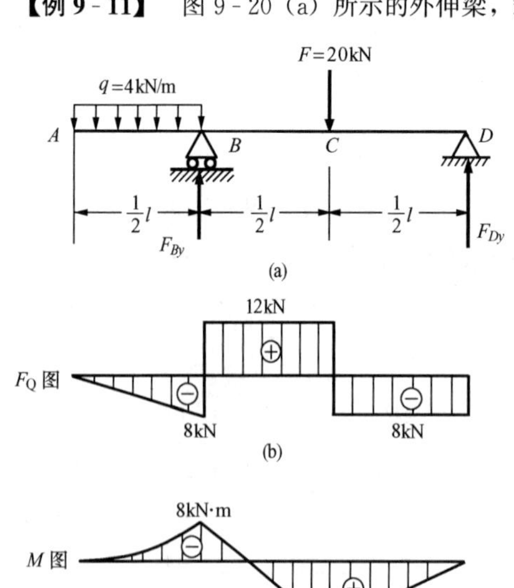

图 9-20

解 （1）求约束力。

由静力平衡方程

$$\sum M_B = 0, \frac{1}{2}q\times\left(\frac{l}{2}\right)^2-\frac{l}{2}\times F+lF_{Dy}=0$$

$$\sum M_D = 0, q\times\frac{l}{2}\times\frac{5}{4}l+\frac{l}{2}\times F-lF_{By}=0$$

求得约束力为

$$F_{By} = 20\text{kN}, F_{Dy} = 8\text{kN}$$

根据梁上的外力，将梁分为 AB、BC 和 CD 三段，需分段作剪力图和弯矩图。

（2）绘制剪力图。

AB 段上有均布荷载，该段的剪力图为斜直线，通过

$$\left.\begin{aligned} F_{QA} &= 0 \\ F_{QB左} &= -\frac{1}{2}ql = -8\text{kN} \end{aligned}\right\}$$

两点连线画出。

由于 BC 和 CD 两段内无均布荷载作用，剪力图为水平线，$F_{QB右}=F_{QB左}+F_{By}=12\text{kN}$，$F_{QD左}=-F_{Dy}=-8\text{kN}$，分别画出剪力图，如图 9-20（b）所示。

（3）绘制弯矩图。

AB 段上有向下的均布荷载作用，弯矩图为向下凸的曲线（即开口向朝上的抛物线），且在 A 截面弯矩取得极值，由 $M_A=0, M_B=-\frac{1}{2}ql\cdot\left(\frac{l}{2}\right)^2=-8\text{kN}\cdot\text{m}$，可画出这一抛物线。

由于 BC 和 CD 两段内无均布荷载作用，且无集中力偶作用，弯矩图为斜直线，由

$$M_B = -8\text{kN}\cdot\text{m}$$

$$M_C = F_{Dy}\cdot\frac{l}{2} = 16\text{kN}\cdot\text{m}$$

$$M_D = 0$$

画出两条直线，弯矩图如图 9-20（c）所示。

【例 9-12】 如图 9-21（a）所示外伸梁上均布载荷集度为 $q=2\text{kN/m}$，集中力偶矩为 $M=10\text{kN}\cdot\text{m}$，集中力为 $F=2\text{kN}$，画出此梁的剪力图和弯矩图。

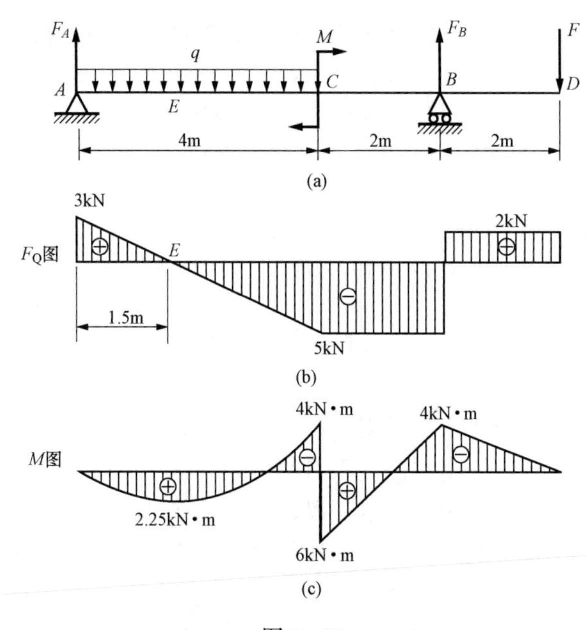

图 9-21

解　（1）求约束力。

由静力学平衡方程

$$\sum M_B = 0, 4q\times 4 - 6F_A - M - 2F = 0$$

$$\sum M_A = 0, -\frac{q}{2}\times 4^2 - M + 6F_B - 8F = 0$$

求得约束力

$$F_A = 3\text{kN}, F_B = 7\text{kN}$$

根据梁上的外力，将梁分为 AC、CB 和 BD 三段，分段作剪力图和弯矩图。

（2）绘制剪力图。

AC 段上有均布荷载，该段的剪力图为斜直线，通过 $F_{QA右}=3\text{kN}$，$F_{QC左}=F_A-q\times 4=3-8=-5\text{kN}$，两点连线画出。

由于 CB 和 BD 两段无均布荷载作用，剪力图为水平直线。截面 B 上有一集中力 F_B，从截面 B 的左侧到截面 B 的右侧，剪力图发生突变，变化的数值等于 F_B。由

$$F_{QC右} = F_{QC左} = -5\text{kN}$$

$$F_{QB右} = F_D = 2\text{kN}$$

分别画出剪力图，如图 9-21（b）所示。

（3）绘制弯矩图。

AC 段上有向下的均布荷载作用，弯矩图为向下凸的曲线（即开口向朝上的抛物线），在 E 截面弯矩取得极值，且 E 截面到 A 截面的距离为$\frac{3\text{kN}}{2\text{kN/m}}=1.5\text{m}$，由

$$M_A = 0$$

$$M_{E极} = 1.5F_A - \frac{1}{2}q \times (1.5)^2 = 2.25\text{kN} \cdot \text{m}$$

$$M_{C左} = 4F_A - \frac{1}{2}q \times 4^2 = -4\text{kN} \cdot \text{m}$$

可画出这一抛物线。

由于 CB 和 BD 两段无均布荷载作用，弯矩图为斜直线，但 C 截面上有集中力偶矩作用，从截面 C 的左侧到截面 C 的右侧，弯矩图发生突变，变化的数值等于 M。由

$$M_{C右} = M_{C右} + 10 = 6\text{kN} \cdot \text{m}$$

$$M_B = -2 \times 2 = -4\text{kN} \cdot \text{m}$$

$$M_D = 0$$

画出两条直线，弯矩图如图 9-21（c）所示。

在截面 B 上，剪力突然变化，因此弯矩图的斜率也突然变化。即在集中力作用的截面上，弯矩图出现尖角。

从上面三个例题看到，根据剪力图和弯矩图的变化规律来作图很简便，画内力图的步骤如下：

（1）由静力学平衡方程求出未知约束力。

（2）根据梁上的外力情况确定控制截面将梁分段。

（3）根据各段梁上的外力情况，确定各段内力图的形状。

（4）根据各段内力图的形状，算出有关控制截面的内力值，逐段画出内力图。

9-1 如何计算剪力与弯矩？如何确定其正负号？

9-2 如何建立剪力与弯矩方程？如何绘制剪力图与弯矩图？

9-3 试证明，在横向集中力 F 作用处，其左右两侧横截面上的梁内力满足下列关系：

$$|F_Q^R - F_Q^L| = F, M^R = M^L$$

在力矩 M_e 的集中力偶作用处，则恒有

$$|M^R - M^L| = M_e, F_Q^R = F_Q^L$$

9-4 如何建立剪力、弯矩与载荷集度间的微分关系？它们的力学与数学意义是什么？在建立上述关系时，对于载荷集度 q 与坐标轴 x 的选取有何规定？

9-5 如果将坐标轴 x 的正向设定为自右向左，或将载荷集度 q 规定为向下为正，则剪力、弯矩与载荷集度间的微分关系的表达式将如何变化？

9-6 如何确定最大弯矩？最大弯矩是否一定发生在剪力为零的横截面上？

9-7 在无载荷作用与均布载荷作用的梁段，剪力与弯矩图各有何特点？如何利用这些特点绘制剪力与弯矩图？

9-8 如何计算非均布载荷的合力及其作用位置？在线性分布载荷作用的梁段，梁的剪力与弯矩图有何特点？

9-9 如何建立刚架的内力方程？如何绘制刚架的内力图？在刚性接头处，内力有何特点？

9-1 试求图 9-22 所示各梁中截面 1—1、2—2、3—3 上的剪力和弯矩，这些截面无限接近于截面 C 或截面 D。设 F_P、q、a 均为已知。

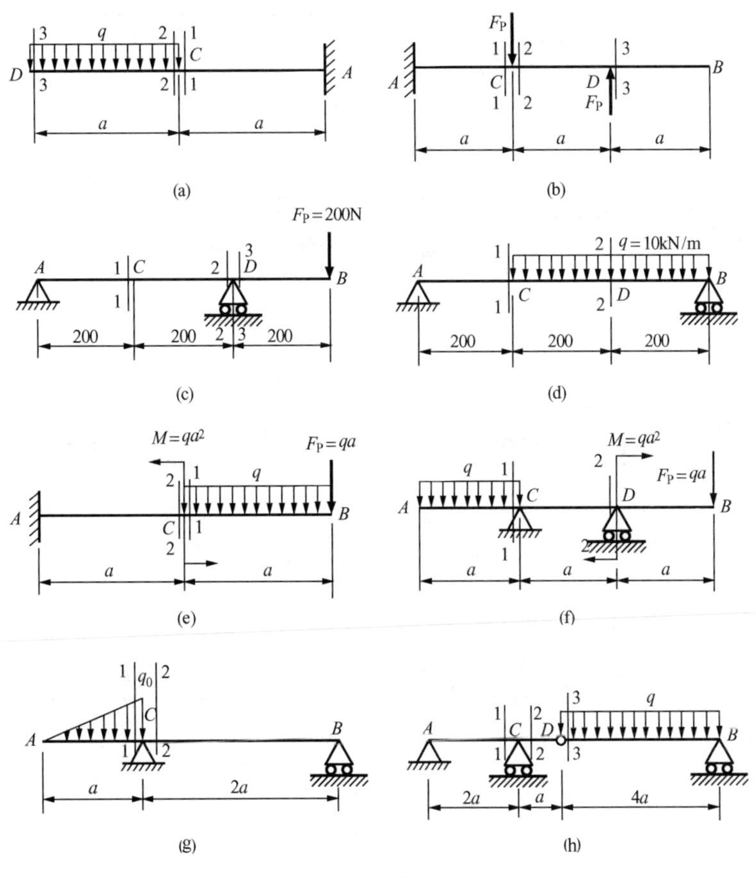

图 9-22 题 9-1 图

9-2 试列出图 9-23 所示各梁的剪力方程和弯矩方程，并作剪力图和弯矩图。

9-3 如图 9-24 所示，用简便方法画下列各梁的剪力图和弯矩图。

9-4 如图 9-25 所示，试利用载荷、剪力和弯矩间的关系检查下列剪力图和弯矩图，并将错误处加以改正。

9-5 已知简支梁的剪力图如图 9-26 所示，试根据剪力图画出梁的弯矩图和载荷图（已知梁上无集中力偶作用）。

9-6 已知梁的弯矩图如图 9-27 所示，试求出梁的载荷图和剪力图。

9-7 试画出图 9-28 所示各刚架的内力图。

9-8 如图 9-29 所示，起吊一根单位长度重量为 q（单位为 kN/m）的等截面钢筋混凝土梁，要想在起吊中使梁内产生的最大正弯矩与最大负弯矩的绝对值相等，应将吊点 A、B 放在何处（即 $a=?$）?

9-9 试作图 9-30 所示斜梁的剪力图、弯矩图和轴力图。

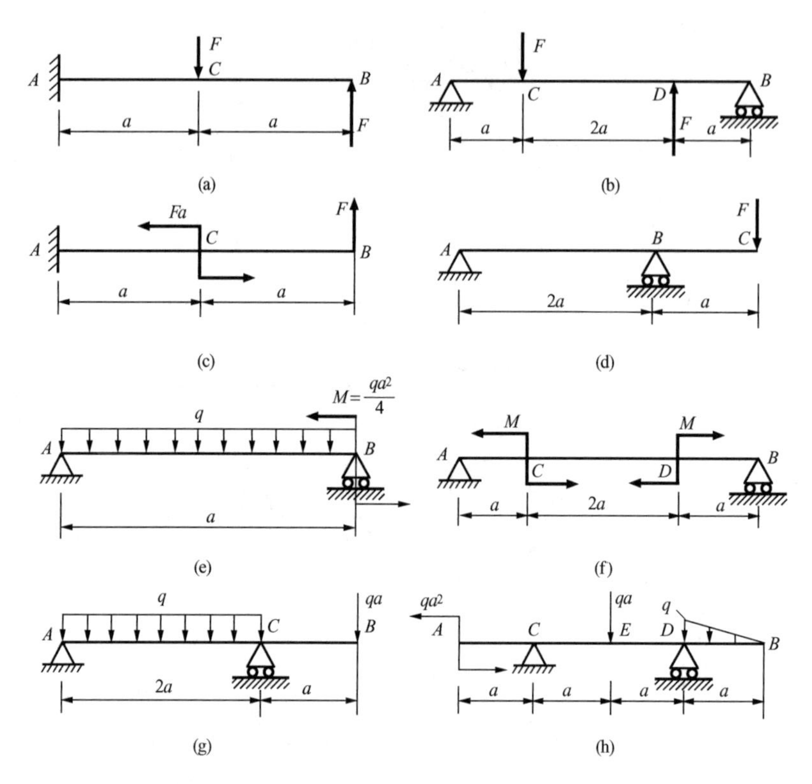

图 9-23　题 9-2 图

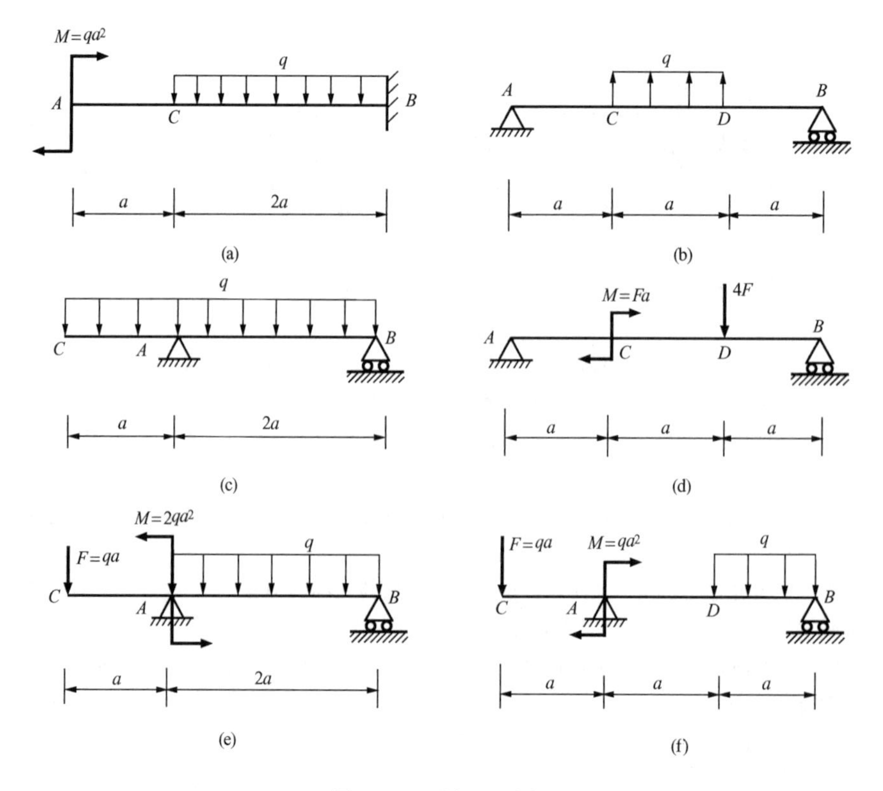

图 9-24　题 9-3 图

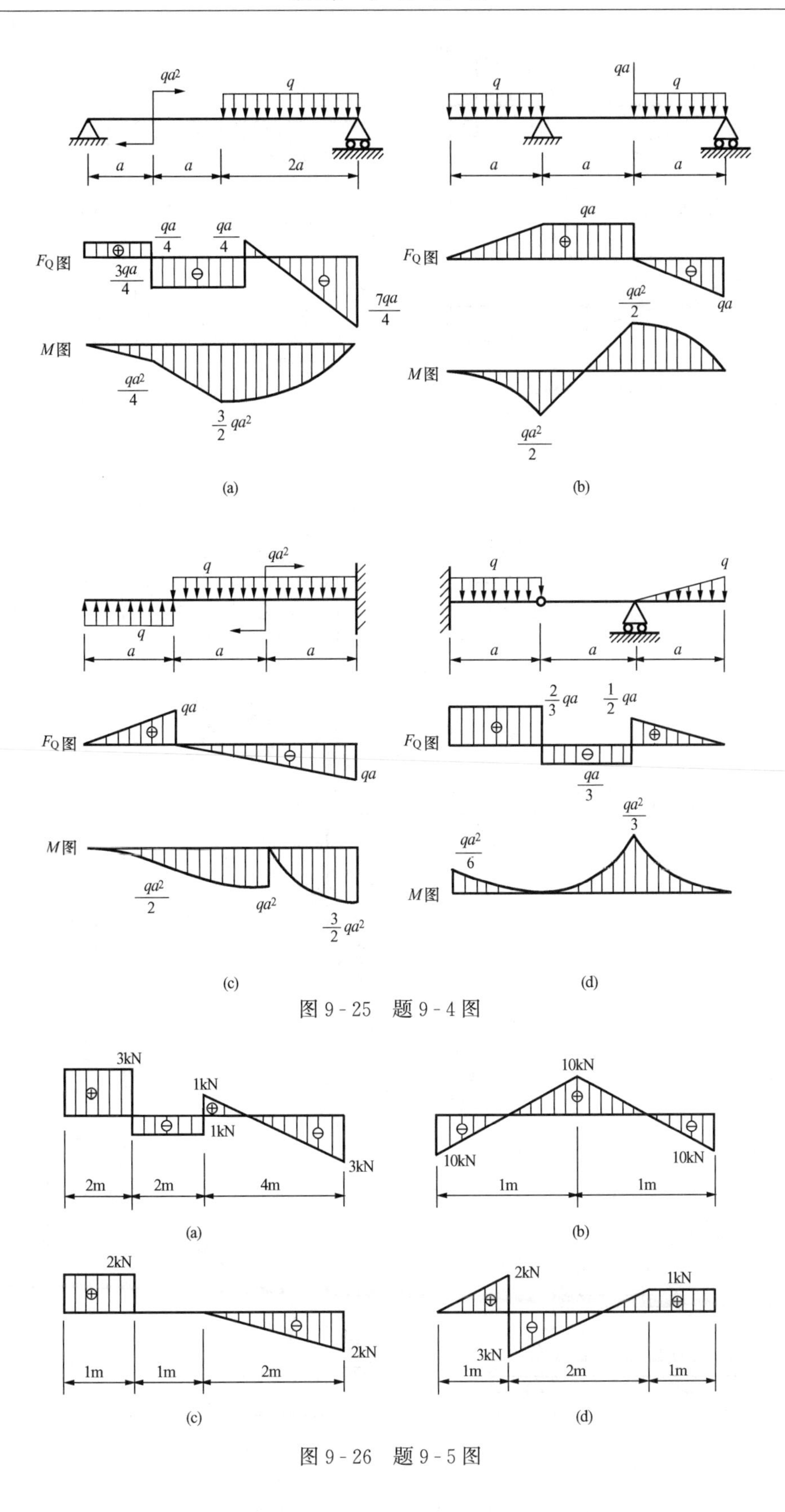

图 9-25 题 9-4 图

图 9-26 题 9-5 图

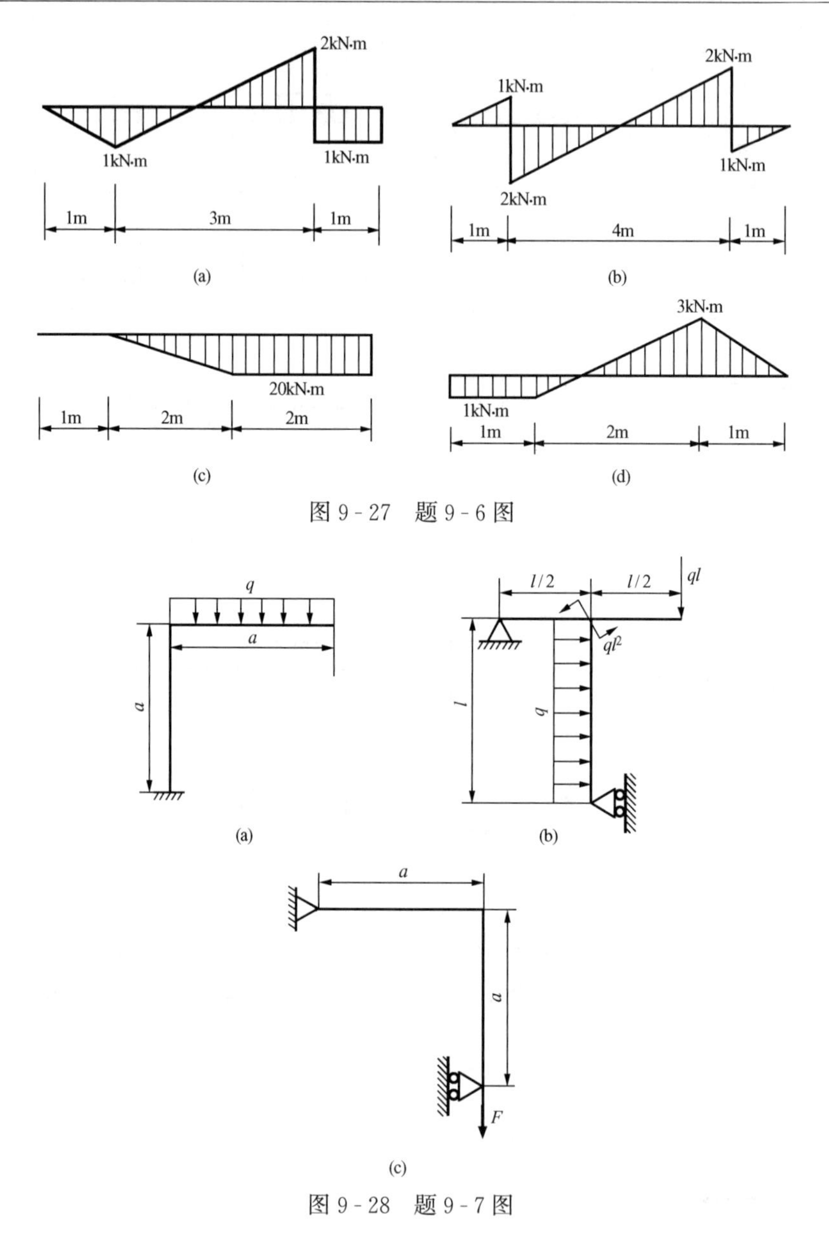

图 9-27　题 9-6 图

图 9-28　题 9-7 图

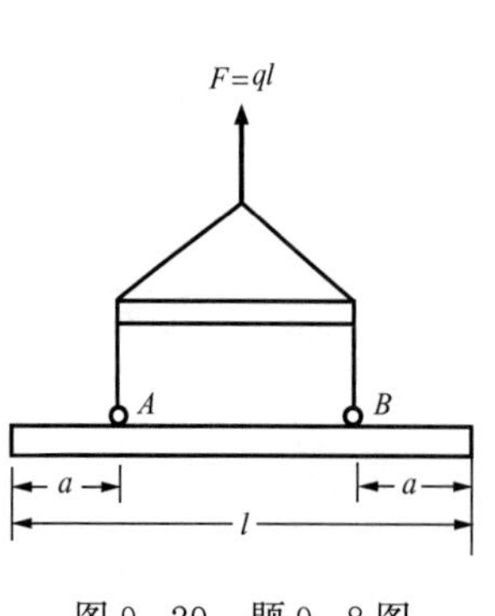

图 9-29　题 9-8 图

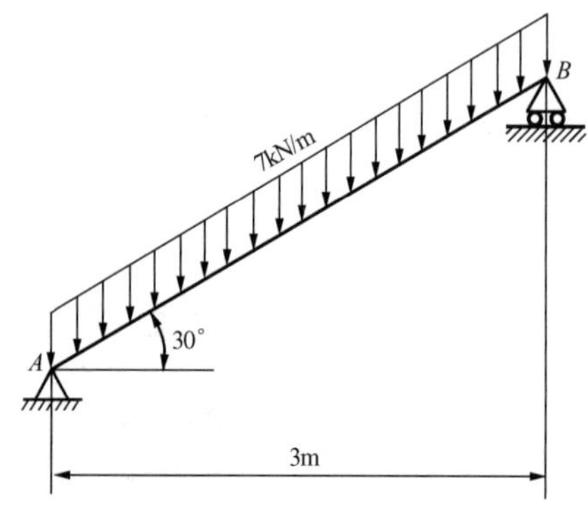

图 9-30　题 9-9 图

第十章　弯　曲　应　力

§10-1　引　　言

由第九章分析可知，在一般情况下，梁在弯曲时横截面上存在两种内力——剪力和弯矩。剪力是相切于横截面的内力系的合力，而弯矩是垂直于横截面的内力系的合力偶矩。因此，剪力 F_Q 只与横截面上的切应力 τ 有关，弯矩 M 只与横截面上的正应力 σ 有关。本章将分别研究梁上各点的正应力与切应力的计算和分布规律及梁的强度条件。

§10-2　弯曲时的正应力

一、纯弯曲梁的正应力

由前述讨论可知，梁弯曲时的正应力只与横截面上的弯矩有关，而与剪力无关。因此，以横截面上只有弯矩而无剪力作用的弯曲情况来讨论弯曲正应力问题。

在梁的各横截面上只有弯矩，而剪力为零的弯曲，称为**纯弯曲**。如图 10-1 所示，火车轮轴在两个车轮之间的一段就是纯弯曲。如果在梁的各横截面上，同时存在剪力和弯矩，这种弯曲称为**横力弯曲或剪切弯曲**。例如在图 10-2（a）所示的简支梁上，两个横向外力作用于梁的纵向对称面内。其计算简图、剪力图和弯矩图分别如图 10-2（b）、（c）和（d）所示。由图可知，CD 段内梁各个横截面的剪力为零，弯矩为常量，故 CD 段为纯弯曲；而 AC 段和 DB 段内梁各个横截面既有剪力又有弯矩，故 AC 段和 DB 段为横力弯曲。

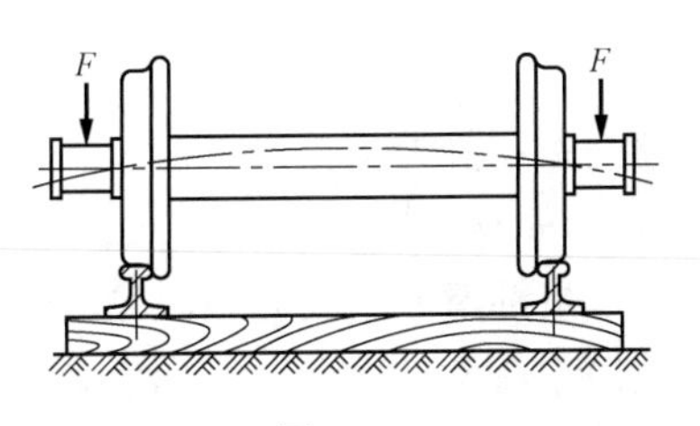

图 10-1

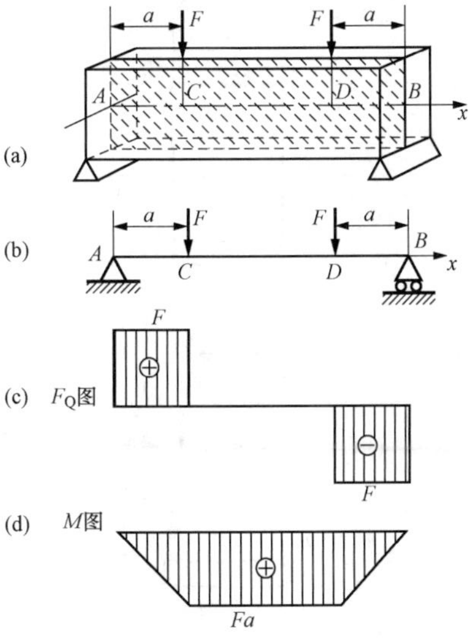

图 10-2

在材料试验机上容易实现纯弯曲，以此来观察变形规律。取一根具有纵向对称面的等直梁，如图 10-3（a）所示的矩形截面梁，在梁的侧面上画出垂直于轴线的横向线 mm、nn 和平行于轴线的纵向线 aa、bb。然后在梁的两端施加一对大小相等、方向相反的力偶 M，使梁产生纯弯曲变形。可以发现：

（1）纵向线 aa、bb 在梁变形后弯成了弧线，靠顶面的 aa 线缩短，靠底面的 bb 线伸长。

（2）横向线 mm、nn 在梁变形后仍为直线，但相对转过了一定角度，且仍然与变形后的纵向线保持正交，如图 10-3（b）所示。

梁内部的变形显然无法直接观察，根据梁表面的

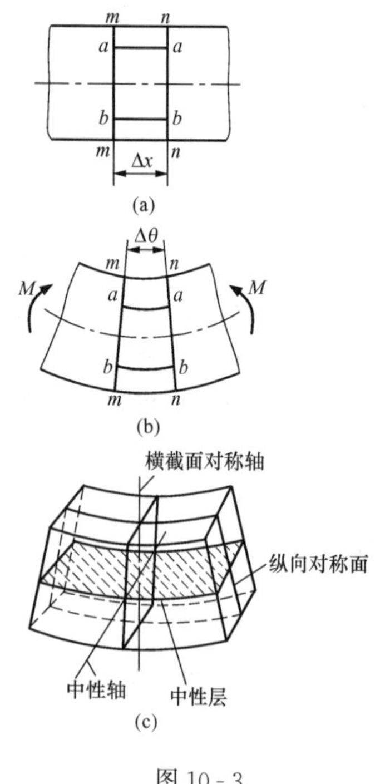

图 10-3

变形结果，对梁内部的变形作出假设：变形前为平面的梁的所有横截面，变形后仍为平面，且仍垂直于变形后的梁的轴线。这就是弯曲变形的**平面假设**。

单向受力假设认为梁由许许多多根纵向纤维组成，各纤维之间没有相互挤压（即无正应力），每一根纤维均处于拉伸或压缩的单向受力状态。

假想梁由一束平行于轴线的纵向纤维组成。梁在纯弯曲变形时，由平面假设可知，横截面保持平面并作相对转动，靠近上面部分的纵向纤维缩短，靠近下面部分的纵向纤维伸长，如图 10-3（b）所示。由于变形的连续性，沿横截面高度方向，由下面纤维的伸长连续过渡到上面纤维的缩短，中间必有一层既不伸长也不缩短的纵向纤维，这层纤维称为**中性层**。中性层与横截面的交线称为**中性轴**。由于外力偶作用在梁的纵向对称面内，因此梁的变形也应该对称于此平面，在横截面上就是对称于对称轴。所以中性轴必然垂直于对称轴。

分析纯弯曲变形梁横截面上的正应力，与分析圆轴扭转时横截面上的切应力一样，需要综合考虑变形几何关系、物理关系和静力学关系。

1. 变形几何关系

考察纯弯曲梁某一微段 $\mathrm{d}x$ 的变形（图 10-4）。根据平面假设，纯弯曲变形前相距为 $\mathrm{d}x$ 微段的左右两横截面，变形后各自绕中性轴相对转了一个角度 $\mathrm{d}\theta$，则距中性层为 y 处的任一层纵向纤维 bb 变形后的弧长为

$$\widehat{b'b'} = (\rho + y)\mathrm{d}\theta$$

式中：ρ 为中性层的曲率半径。

该层纤维变形前的长度与中性层处纵向纤维 OO 长度相等，又因为变形前、后，中性层内纤维 OO 的长度不变，故有

$$bb = \mathrm{d}x = \widehat{O_1O_2} = \rho\mathrm{d}\theta$$

由此得距中性层为 y 处的 bb 层纵向纤维的线应变为

$$\varepsilon = \frac{\widehat{b'b'} - bb}{bb} = \frac{(\rho + y)\mathrm{d}\theta - \rho\mathrm{d}\theta}{\rho\mathrm{d}\theta} = \frac{y}{\rho} \quad (10-1)$$

可见，纵向纤维的线应变 ε 与它到中性层的距离 y 成正比例关系。

2. 物理关系

根据单向受力假设，且材料在拉伸及压缩时的弹性模量 E 相等，当应力小于比例极限时，由胡克（Hooke）定律

$$\sigma = E\varepsilon \quad (10-2)$$

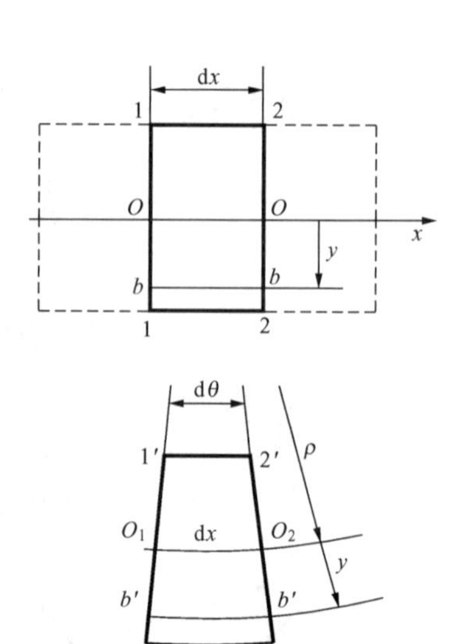

图 10-4

得

$$\sigma = E\frac{y}{\rho} \tag{10-3}$$

式（10-3）表明，纵向纤维的正应力与它到中性层的距离成正比。在横截面上，任意点的正应力与该点到中性轴的距离成正比。在横截面上中性轴处，$y=0$，因而$\sigma=0$，中性轴两侧，一侧受拉应力，另一侧受压应力，与中性轴距离相等各点的正应力数值相等。

3. 静力学关系

如图 10-5（a）所示，以梁横截面的对称轴为 y 轴，且向下为正，以中性轴为 z 轴，过 z、y 轴的交点并沿横截面外法线方向的轴为 x 轴。

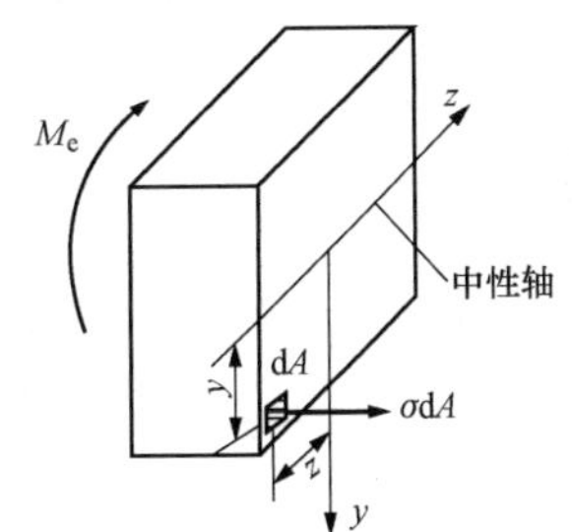

(a)

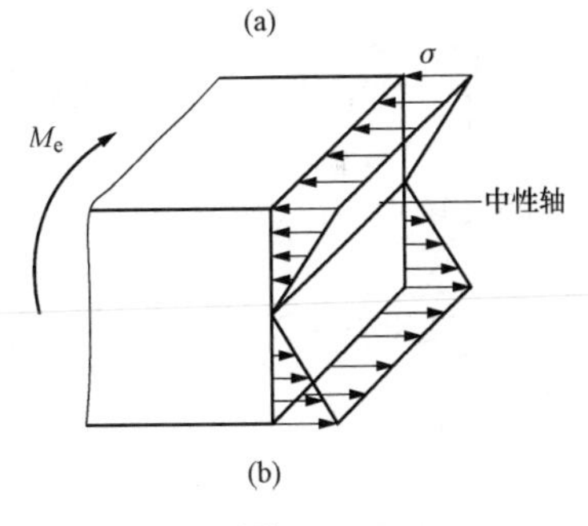

(b)

图 10-5

虽然已经求得了由式（10-3）表示的正应力分布规律，但因曲率半径 ρ 和中性轴的位置尚未确定，所以，需要由静力学关系来解决。

在图 10-5（a）中，作用于微面积 dA 上的微内力为 σdA，在整个截面上的微内力构成一个垂直于横截面的空间平行力系［图 10-5（a）中只画出了微内力 σdA］。这一力系只可能简化成三个内力分量，即平行于 x 轴的轴力 F_N，分别对 y 轴和 z 轴的力偶矩 M_y 和 M_z，它们是

$$F_N=\int_A \sigma dA,\ M_y=\int_A z\sigma dA,\ M_z=\int_A y\sigma dA$$

横截面上的内力应与截面左侧的外力平衡。在纯弯曲情况下，截面左侧的外力只有对 z 轴力偶矩 M_e［见图 10-5（a）］。由于内、外力必须满足平衡方程$\sum F_x=0$和$\sum M_y=0$，故有 $F_N=0$ 和 $M_y=0$，即

$$F_N=\int_A \sigma dA=0 \tag{10-4}$$

$$M_y=\int_A z\sigma dA=0 \tag{10-5}$$

这样，横截面上的内力系最终只归结为一个力偶矩 M_z，即弯矩 M

$$M_z=M=\int_A y\sigma dA \tag{10-6}$$

根据平衡方程，弯矩 M 与外力偶矩 M_e 大小相等，方向相反。

下面分别讨论式（10-4）～式（10-6）。首先，将式（10-3）代入式（10-4）得

$$\int_A \sigma dA=\int_A E\frac{y}{\rho}dA=\frac{E}{\rho}\int_A y dA=0 \tag{10-7}$$

式中：$\frac{E}{\rho}$=常量，不等于零，故必须有$\int_A y dA=S_z=0$，即横截面对 z 轴的静矩必须等于零，即 z 轴（中性轴）通过截面形心（参见附录 A-1）。这就完全确定了 z 轴和 x 轴的位

置。中性轴通过截面形心又包含在中性层内，所以梁截面的形心连线（轴线）也在中性层内，其长度不变。

其次，将式（10-3）代入式（10-5）得

$$\int_A z\sigma \mathrm{d}A = \frac{E}{\rho}\int_A yz\,\mathrm{d}A = 0 \tag{10-8}$$

式中：$\int_A yz\,\mathrm{d}A = I_{yz}$ 是横截面对 y 和 z 轴的惯性积。由于 y 轴是横截面的对称轴，必然有 $I_{yz}=0$（参见附录 A-2）。所以式（10-8）是自然成立的。

最后，将式（10-3）代入式（10-6）得

$$M = \int_A y\sigma \mathrm{d}A = \frac{E}{\rho}\int_A y^2 \mathrm{d}A \tag{10-9}$$

式中：$\int_A y^2 \mathrm{d}A = I_z$ 是横截面对 z 轴（中性轴）的惯性矩。

于是，式（10-9）可以写成

$$\frac{1}{\rho} = \frac{M}{EI_z} \tag{10-10}$$

式中：$\frac{1}{\rho}$是梁轴线变形后的曲率。

式（10-10）表明，EI_z 越大，则曲率$\frac{1}{\rho}$越小，故 EI_z 称为梁的**抗弯刚度**。将式（10-10）代入式（10-3），消去$\frac{1}{\rho}$，得

$$\sigma = \frac{M}{I_z}y \tag{10-11}$$

这就是梁纯弯曲时正应力的计算公式。对图［10-5（a）］所取坐标系，在弯矩 M 为正的情况下，y 为正时 σ 为拉应力；y 为负时 σ 为压应力。某点的应力是拉应力还是压应力，也可由弯曲变形或弯矩图直接判定，不一定借助于坐标 y 的正或负。因为，以中性层为界，弯矩图画在梁受拉侧，或梁在凸出的一侧受拉，凹入的一侧受压。这样，就可把 y 看作是该点到中性轴的距离的绝对值。

推导式（10-10）和式（10-11）时，为了简便，把梁的横截面设成矩形，但在推导过程中，并未用过矩形的几何特性。所以，不管梁的横截面是什么形状，只要具有纵向对称面且载荷作用于这个平面内，上述公式就适用。

二、横力弯曲时的正应力

式（10-11）是纯弯曲情况下，以两个假设（平面假设和单向受力假设）为基础导出的。而工程实际中常见的弯曲问题多为横力弯曲。这时，梁的横截面上不仅有与弯矩对应的正应力，还有与剪力对应的切应力。由于切应力的存在，横截面不能再保持为平面。同时，在横力弯曲时，往往也不能保证纵向纤维之间没有挤压。虽然横力弯曲与纯弯曲存在这些差异，但进一步的分析表明，当跨度与高度之比 l/h 大于 5 时，纯弯曲正应力计算公式（10-11）对横力弯曲时仍然是适用的，并不会引起很大误差，能够满足工程问题所需要的精度。

等直梁横力弯曲时，弯矩随截面位置变化。一般情况下，最大正应力 σ_{max} 发生在弯矩最大的截面上，且离中性轴最远处。于是，由式（10-11）得

$$\sigma_{max}=\frac{M_{max}}{I_z}y_{max} \tag{10-12}$$

令

$$W_z=\frac{I_z}{y_{max}} \tag{10-13}$$

则式（10-12）写为

$$\sigma_{max}=\frac{M_{max}}{W_z} \tag{10-14}$$

W_z 称为**抗弯截面系数**或**抗弯截面模量**。它是仅与截面的几何形状及尺寸有关的几何量，量纲为长度的三次方。

若截面是高为 h，宽为 b 的矩形，则

$$W_z=\frac{I_z}{y_{max}}=\frac{bh^3/12}{h/2}=\frac{bh^2}{6}$$

若截面是直径为 D 的圆形，则

$$W_z=\frac{I_z}{y_{max}}=\frac{\pi D^4/64}{D/2}=\frac{\pi D^3}{32}$$

若截面是外径为 D、内径为 d 的环形截面，则

$$W_z=\frac{I_z}{y_{max}}=\frac{\pi(D^4-d^4)/64}{D/2}=\frac{\pi D^4(1-\alpha^4)/64}{D/2}=\frac{\pi D^3(1-\alpha^4)}{32}$$

式中：$\alpha=d/D$。

【例 10-1】 图 10-6（a）所示矩形截面简支梁，在整个梁上作用有集度 $q=60\text{kN/m}$ 的均布载荷。试求：①C 截面上 K 点的正应力；②C 截面上最大正应力；③全梁最大正应力。

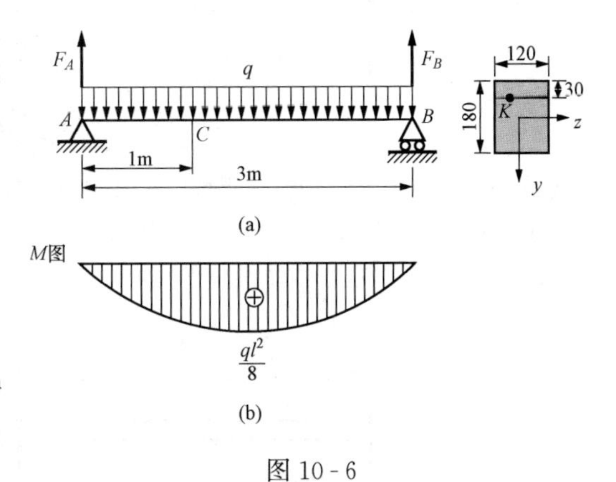

图 10-6

解 由静力学平衡方程可求得支座 A 和 B 处约束力为

$$F_A=90\text{kN},F_B=90\text{kN}$$

C 截面的弯矩为

$$M_C=F_A\times 1\text{kN}\cdot\text{m}-\frac{1}{2}q\times 3^2\text{kN}\cdot\text{m}=60\text{kN}\cdot\text{m}$$

截面的惯性矩为

$$I_z=\frac{bh^3}{12}=\frac{120\times 180^3}{12}\text{m}^4=5.832\times 10^7\text{m}^4$$

（1）C 截面上 K 点的正应力为

$$\sigma_K=\frac{M_C\cdot y_K}{I_z}=\frac{60\times 10^6\times\left(\frac{180}{2}-30\right)}{5.832\times 10^7}\text{MPa}=61.7\text{MPa(压应力)}$$

（2）C 截面上最大正应力为

$$\sigma_{max}^C=\frac{M_C}{W_z}=\frac{M_C}{\frac{bh^2}{6}}=\frac{60\times 10^6}{\frac{120\times 180^2}{6}}\text{MPa}=92.55\text{MPa}$$

（3）全梁最大正应力为

$$\sigma_{max}=\frac{M_{max}}{W_z}=\frac{\frac{ql^2}{8}}{\frac{bh^2}{6}}=\frac{\frac{60\times 3^2}{8}\times 10^6}{\frac{120\times 180^2}{6}}\text{MPa}=104.2\text{MPa}$$

矩形截面中性轴是对称轴，因此，同一截面上最大拉应力和最大压应力数值相等。

【例 10 - 2】 求图 10 - 7（a）所示悬臂梁的最大拉应力和最大压应力，载荷集度 $q=6\text{kN/m}$。

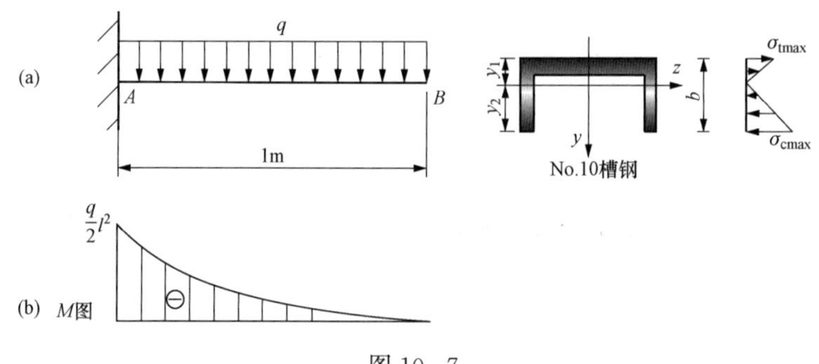

图 10 - 7

解 （1）求全梁最大弯矩。

$$M_{max}=\frac{1}{2}ql^2=\frac{1}{2}\times 6\times 1^2\text{kN}\cdot\text{m}=3\text{kN}\cdot\text{m}$$

（2）查型钢表。

$$b=4.8\text{cm},I_z=25.6\text{cm}^4,y_1=1.52\text{cm},y_2=(4.8-1.52)\text{cm}=3.28\text{cm}$$

（3）求应力。

由变形情况可知，中性轴以上部分承受拉应力，中性轴以下部分承受压应力，最大拉应力和最大压应力作用点分别为到中性轴最远的上边缘和下边缘的各点。其值分别为

$$\sigma_{tmax}=\frac{M_{max}}{I_z}y_1=\frac{3\times 10^6\times 15.2}{25.6\times 10^4}\text{MPa}=178\text{MPa}$$

$$\sigma_{cmax}=\frac{M_{max}}{I_z}y_2=\frac{3\times 10^6\times 32.8}{25.6\times 10^4}\text{MPa}=384\text{MPa}$$

【例 10 - 3】 图 10 - 8 所示悬臂梁，自由端承受集中载荷 $F=15\text{kN}$，形心坐标 $y_C=0.045\text{m}$，横截面对 z 轴的惯性矩 $I_z=8.84\times 10^{-6}\text{m}^4$，$l=0.400\text{m}$，$b=0.120\text{m}$，$\delta=0.020\text{m}$。试求此梁 B 截面上的最大弯曲拉应力与最大弯曲压应力。

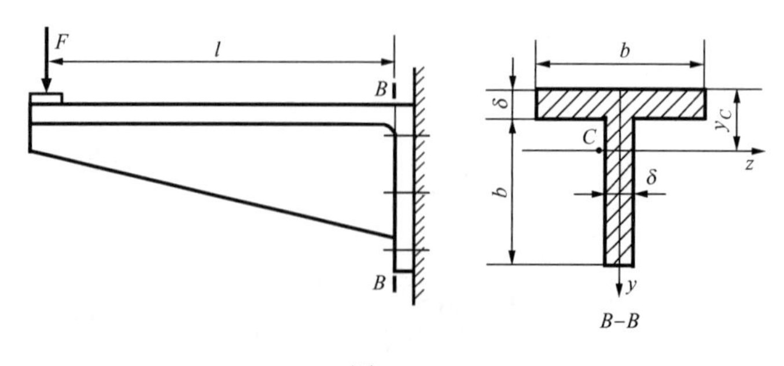

图 10 - 8

解 截面 B 的弯矩为

$$|M_B|=Fl=15\times 10^3\times 400\text{N}\cdot\text{mm}=6\times 10^6\text{N}\cdot\text{mm}$$

中性轴通过截面形心并且垂直于对称轴，图 10 - 8 中的 z 轴就是中性轴。

由变形情况可知，中性轴以上部分承受拉应力，中性轴以下部分承受压应力，最大拉应力和最大压应力作用点分别为到中性轴最远的上边缘和下边缘的各点。其值分别为

$$\sigma_{tmax} = \frac{6 \times 10^6 \times 45}{8.84 \times 10^6} \text{MPa} = 30.5\text{MPa}$$

$$\sigma_{cmax} = \frac{6 \times 10^6 \times (120 + 20 - 45)}{8.84 \times 10^6} \text{MPa} = 64.5\text{MPa}$$

§10-3 弯曲正应力的强度条件及其应用

由上节可知，等直梁最大正应力 σ_{max} 发生于弯矩最大的截面上，且离中性轴最远的各点处。横力弯曲时，梁在上下边缘处各点的切应力为零（见§10-5），处于简单拉伸或压缩的状态。这样，如果限制梁的最大工作应力，使其不超过材料的许用弯曲正应力，就可以保证梁的安全。因此，梁弯曲正应力强度条件为

$$\sigma_{max} \leqslant [\sigma]$$

式中：$[\sigma]$ 为弯曲时材料的许用正应力，其值随材料的不同而不同，在有关规范中均有具体规定。

塑性材料的抗拉和抗压强度相等，等直梁弯曲正应力强度条件为

$$\sigma_{max} = \frac{M_{max}}{W_z} \leqslant [\sigma] \tag{10-15}$$

脆性材料的抗拉和抗压强度不相等，等直梁弯曲正应力强度条件为

$$\sigma_{tmax} = \frac{M_{max}}{I_z} y_1 \leqslant [\sigma_t] \tag{10-16}$$

$$\sigma_{cmax} = \frac{M_{max}}{I_z} y_2 \leqslant [\sigma_c] \tag{10-17}$$

式中：σ_{tmax} 为最大工作拉应力；σ_{cmax} 为最大工作压应力；y_1 为受拉边缘各点到中性轴的距离；y_2 为受压边缘各点到中性轴的距离；$[\sigma_t]$ 为材料的许用拉应力；$[\sigma_c]$ 为材料的许用压应力。

利用弯曲正应力强度条件，可解决工程中常见的下列三类问题。

（1）强度校核。当已知梁的截面形状和尺寸，梁所用的材料及梁上荷载时，可校核梁是否满足强度要求。

（2）选择截面。当已知梁所用的材料及梁上荷载时，可根据强度条件，先算出所需的弯曲截面系数，依据所选的截面形状，由 W_z 值确定截面的尺寸。

（3）计算梁所能承受的最大荷载。当已知梁所用的材料、截面的形状和尺寸时，根据强度条件，先算出梁所能承受的最大弯矩，再由 M_{max} 与外荷载的关系，算出梁所能承受的最大荷载。

下面举例说明正应力强度条件的具体应用。

【例 10-4】 T形截面的铸铁梁受力如图 10-9（a）所示，铸铁的 $[\sigma_t]=30\text{MPa}$，$[\sigma_c]=60\text{MPa}$。其截面形心位于 C 点，$y_1=52\text{mm}$，$y_2=88\text{mm}$，$I_z=763\text{cm}^4$，试校核此梁的强度。

解 （1）求约束力。

由静力学平衡方程

$$\sum M_A = 0, -9 \times 1 + 2F_B - 3 \times 4 = 0$$

$$\sum M_B = 0, 9\times 1 - 2F_A - 1\times 4 = 0$$

求得支座 A 和 B 处约束力为

$$F_A = 2.5\text{kN}, F_B = 10.5\text{kN}$$

（2）绘制弯矩图。

如图［10-9（b）］所示，最大正弯矩在 C 截面上，且 $M_C = 2.5\text{kN}\cdot\text{m}$；最大负弯矩在 B 截面上，且 $M_B = -4\text{kN}\cdot\text{m}$。

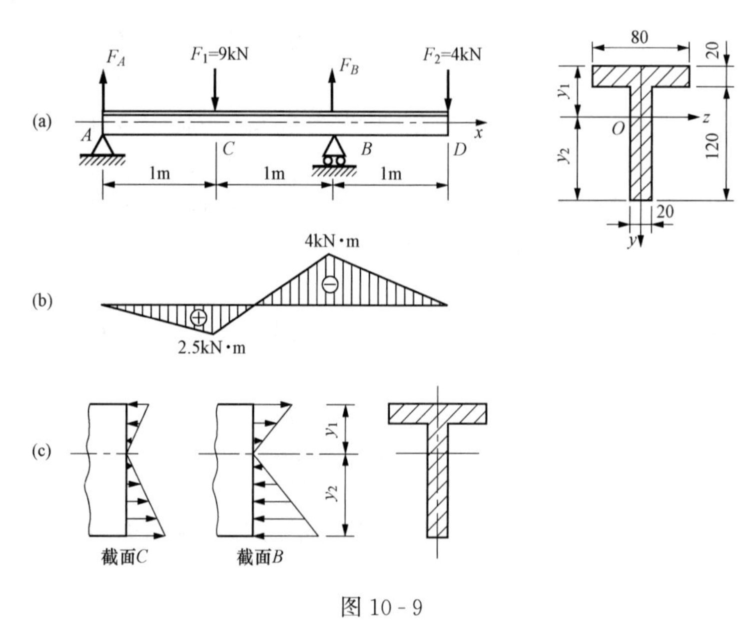

图 10-9

（3）求全梁最大正应力。

T 形截面中性轴不是对称轴，因此，同一截面上最大拉应力和最大压应力并不相等。计算最大正应力时，应将 y_1 和 y_2 分别代入式（10-11）。

由弯矩图可知，在 B 截面上，以中性轴为界，上拉下压，即最大拉应力作用点在上边缘各点，且

$$\sigma_{\text{tmax}}^{B} = \frac{|M_B|}{I_z}y_1 = \frac{4\times 10^6\times 52}{763\times 10^4}\text{MPa} = 27.3\text{MPa}$$

最大压应力作用点在下边缘各点，且

$$\sigma_{\text{cmax}}^{B} = \frac{|M_B|}{I_z}y_2 = \frac{4\times 10^6\times 88}{763\times 10^4}\text{MPa} = 46.1\text{MPa}$$

而在 C 截面上，虽然弯矩 M_C 的绝对值小于 M_B，但是 M_C 为正弯矩，因此，以中性轴为界，下拉上压，即最大拉应力作用点在下边缘各点，且

$$\sigma_{\text{tmax}}^{C} = \frac{M_C}{I_z}y_2 = \frac{2.5\times 10^6\times 88}{763\times 10^4}\text{MPa} = 28.8\text{MPa}$$

最大压应力作用点在上边缘各点，且

$$\sigma_{\text{cmax}}^{C} = \frac{M_C}{I_z}y_1 = \frac{2.5\times 10^6\times 52}{763\times 10^4}\text{MPa} = 17.04\text{MPa}$$

综上，全梁最大拉应力为

$$\sigma_{\text{tmax}} = \max\{\sigma_{\text{tmax}}^{B}, \sigma_{\text{tmax}}^{C}\} = 28.8\text{MPa}$$

全梁最大压应力为

$$\sigma_{\text{cmax}} = \max\{\sigma_{\text{cmax}}^{B}, \sigma_{\text{cmax}}^{C}\} = 46.1\text{MPa}$$

（4）强度校核。

$$\sigma_{tmax}=28.8\text{MPa}<[\sigma_t]=30\text{MPa}$$
$$\sigma_{cmax}=46.1\text{MPa}<[\sigma_c]=60\text{MPa}$$

从结果可知，全梁的最大拉应力和最大压应力都未超过许用应力，满足强度条件。

事实上，在计算 C 截面上的最大压应力时，由于弯矩 M_C 的绝对值小于 M_B，且 $y_1<y_2$，所以可判定 $\sigma_{cmax}^C<\sigma_{cmax}^B$，不必再计算 σ_{cmax}^C 的值。习惯上，将这类问题称为"两点三值"问题。

【例 10-5】 图 10-10 所示为一铸铁制成的 Π 字形截面梁，横截面对 z 轴的惯性矩 $I_z=45\times10^{-6}\text{m}^4$，$y_1=0.05\text{m}$，$y_2=0.140\text{m}$，材料的许用拉应力及许用压应力分别为 $[\sigma_t]=30\text{MPa}$，$[\sigma_c]=140\text{MPa}$。试按正应力强度条件校核梁的强度。

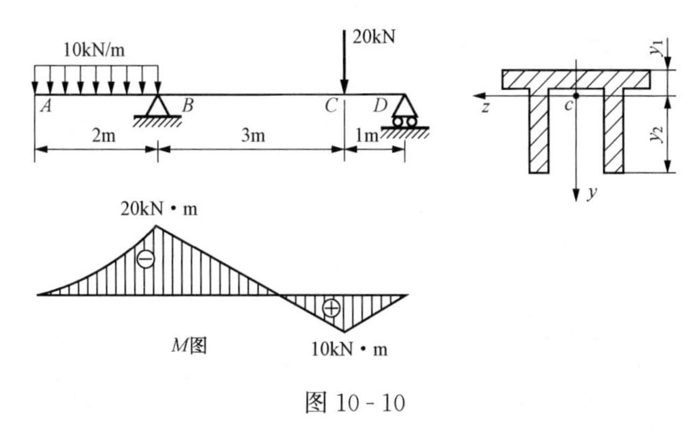

图 10-10

（1）校核最大拉应力。由于截面中性轴不是对称轴，又存在正弯矩和负弯矩，因此，最大拉应力不一定发生在弯矩绝对值最大的截面上。应该对最大正弯矩和最大负弯矩两个弯矩取极值的截面上的拉应力进行分析比较（即"两点三值"问题）。

在最大正弯矩的 C 截面上，最大拉应力发生在截面的下边缘，且

$$\sigma_{tmax}^C=\frac{M_C}{I_z}y_2$$

在最大负弯矩的 B 截面上，最大拉应力发生在截面的上边缘，且

$$\sigma_{tmax}^B=\frac{M_B}{I_z}y_1$$

在上面两式中，$M_B>M_C$，$y_1<y_2$，而

$$M_By_1=20\times10^6\times50\text{N}\cdot\text{mm}^2=1\times10^9\text{N}\cdot\text{mm}^2$$
$$M_Cy_2=10\times10^6\times140\text{N}\cdot\text{mm}^2=1.4\times10^9\text{N}\cdot\text{mm}^2$$

于是，$M_Cy_2>M_By_1$。所以，最大拉应力发生在 C 截面上，即

$$\sigma_{tmax}=\sigma_{tmax}^C=\frac{M_C}{I_z}y_2=\frac{1.4\times10^9}{45\times10^6}\text{MPa}=31.1\text{MPa}$$

σ_{tmax} 虽然大于 $[\sigma_t]$，但未超过 5%，因此满足强度要求。

（2）校核最大压应力。与前述分析最大拉应力一样，要比较 C、B 两个弯矩取得极值但符号相反的截面上的压应力。B 截面上最大压应力发生在下边缘，C 截面上的最大压应力发生在上边缘。因为 $M_B>M_C$，$y_2>y_1$，所以，最大压应力发生在 B 截面上。即

$$\sigma_{cmax}=\sigma_{cmax}^B=\frac{M_B}{I_z}y_2=\frac{20\times10^6\times140}{45\times10^6}\text{MPa}=62.22\text{MPa}<[\sigma_c]$$

故满足强度要求。

【例 10-6】 图 10-11（a）所示工字钢制成的梁，其计算简图可取为简支梁。钢的许用弯曲正应力 $[\sigma]=152\text{MPa}$。试选择工字钢的型号。

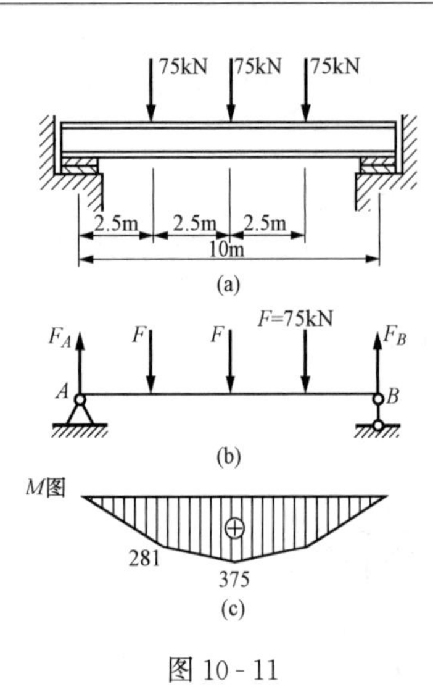

图 10 - 11

解　在不计梁自重的情况下，计算简图和弯矩图，如图 10 - 11 (b)、(c) 所示。

$$M_{max} = 375\text{kN} \cdot \text{m}$$

由弯曲正应力强度条件

$$\sigma_{max} = \frac{M_{max}}{W_z} \leqslant [\sigma]$$

得

$$W_z \geqslant \frac{M_{max}}{[\sigma]} = \frac{375 \times 10^6}{152}\text{mm}^3 = 2460 \times 10^3\text{mm}^3 = 2460\text{cm}^3$$

在工程实际中，最大工作应力大于许用应力，但不超过 5%，设计规范是允许的。

由型钢表查得 56b 号工字钢的抗弯截面系数 $W_z = 2447\text{cm}^3$，该值虽小于所要求的 W_z，但是相差不超过 1%，故可选用 56b 号工字钢。

【例 10 - 7】　螺栓压板夹紧装置如图 10 - 12 (a) 所示。已知板长 $3a = 150\text{mm}$，压板材料的弯曲许用应力 $[\sigma] = 150\text{MPa}$。试计算压板传给工件的最大允许压紧力 F。

解　压板可简化为图 10 - 12 (b) 所示的外伸梁。作出弯矩图，如图 10 - 12 (c) 所示。

$$M_{max} = M_B = Fa$$

根据截面 B 的尺寸可求得对中性轴 z 的惯性矩为

$$I_z = \frac{30 \times 20^3}{12}\text{mm}^4 - \frac{14 \times 20^3}{12}\text{mm}^4 = 1.07 \times 10^4\text{mm}^4$$

抗弯截面系数为

$$W_z = \frac{I_z}{y_{max}} = \frac{1.07 \times 10^4}{10}\text{mm}^3 = 1.07 \times 10^3\text{mm}^3$$

由弯曲正应力强度条件

$$\sigma_{max} = \frac{M_{max}}{W_z} = \frac{Fa}{W_z} \leqslant [\sigma]$$

得

$$F \leqslant \frac{W_z[\sigma]}{a} = \frac{1.07 \times 10^3 \times 150}{50}\text{N} = 3.21\text{kN}$$

所以最大压紧力不应超过 3.21kN。

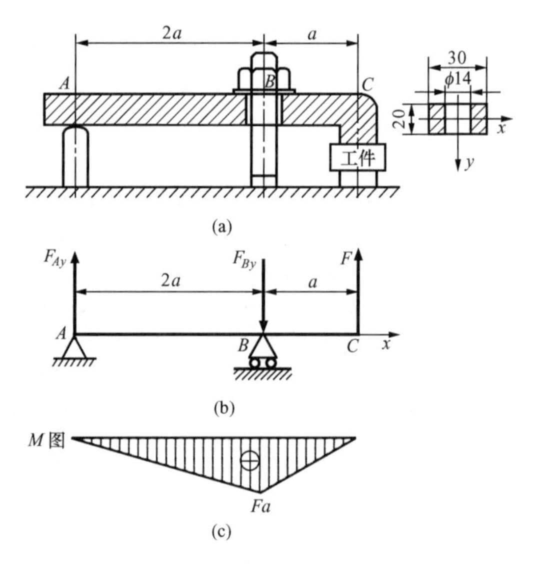

图 10 - 12

§10 - 4　弯曲切应力、剪切中心、切应力强度条件及应用

梁在横力弯曲时，横截面上除了由弯矩引起的正应力以外，还存在着由剪力引起的切应力。在一般情况下，正应力是支配梁强度的主要因素，按弯曲正应力强度计算即可满足工程要求。但在某些情况下，例如跨度较短的梁，载荷较大又靠近支座的梁，腹板高而窄的组合截面梁，焊接、铆接、胶合的梁等，有可能因梁的剪切强度不足而发生破坏，需要对梁进行弯曲切应力强度计算。

分析弯曲切应力不同于分析弯曲正应力，切应力的分布规律与其横截面的形状有密切关系，下面讨论几种工程常见截面梁的弯曲切应力。

一、矩形截面梁的切应力

在图 10-13（a）所示矩形截面梁的任意截面上，剪力 F_Q 皆与截面的对称轴 y 重合［图 10-13（b）］。现分析横截面内距中性轴为 y 处的某一横线 cd 上的切应力分布情况。

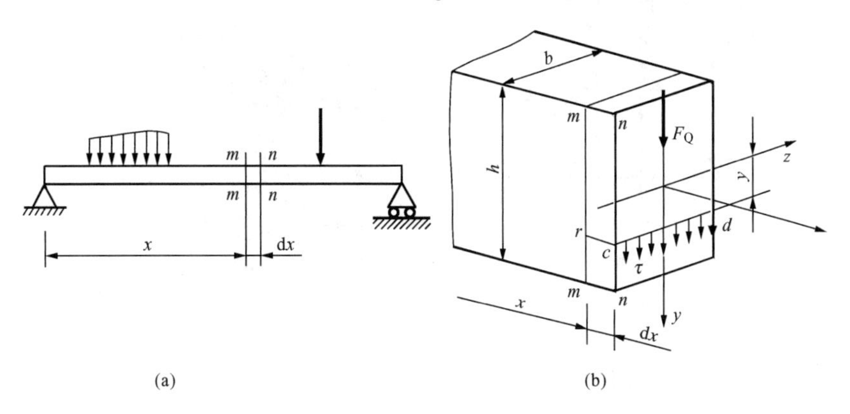

图 10-13

根据切应力互等定理可知，在截面两侧边缘的 c 和 d 处，切应力的方向一定与截面的边相切，即与剪力 F_Q 的方向一致。而由对称关系知，横线中点处切应力的方向，也必然与剪力 F_Q 的方向相同。因此可认为横线 cd 上各点处切应力都平行于剪力 F_Q，又因梁截面的高 h 大于宽度 b，所以还可以认为，沿横线 cd 各点切应力大小相等。

由以上分析，对切应力的分布规律做以下两点假设：

（1）横截面上各点切应力的方向均平行于剪力 F_Q。

（2）切应力沿截面宽度均匀分布，即离中性轴等距的各点切应力相等。

现以横截面 $m—m$ 和 $n—n$，从图 10-13（a）所示梁中取出长为 $\mathrm{d}x$ 的微段，如图 10-14（a）所示。设作用于微段左、右两侧横截面上的剪力为 F_Q，弯矩分别为 M 和 $M+\mathrm{d}M$。再用距中性层为 y 的截面 cd 取出一部分 $mncr$，如图 10-14（b）所示。该部分的左右两个侧面 mr 和 nc 上分别作用有由弯矩 M 和 $M+\mathrm{d}M$ 引起的正应力。除此之外，两个侧面上还作用有切应力 τ。根据切应力互等定理，截出部分顶面 rc 上作用有切应力 τ'，其值与距中性层为 y 处横截面上的切应力 τ 数值相等［图 10-14（b）］。以上三种应力（即两侧正应力和顶面切应力 τ'）都与 x 轴平行。设截出部分 $mncr$ 的右侧截面［图 10-14（b）］nc 上，由法向微内力 $\sigma\mathrm{d}A$ 组成的在 x 轴方向的法向内力系的合力是

$$F_{N2}=\int_{A_1}\sigma\mathrm{d}A$$

式中：A_1 为侧面 cn 的面积，于是

$$F_{N2}=\int_{A_1}\sigma\mathrm{d}A=\int_{A_1}\frac{M+\mathrm{d}M}{I_z}y_1\mathrm{d}A=\frac{M+\mathrm{d}M}{I_z}\int_{A_1}y_1\mathrm{d}A=\frac{M+\mathrm{d}M}{I_z}S_z^*$$

式中：$S_z^*=\int_{A_1}y_1\mathrm{d}A$ 为面积 A_1 对中性轴的静矩，即距中性轴为 y 的横线 cd 以下的面积对中性轴的静矩。

同理，左侧面 mr 内力系的合力为

$$F_{N1}=\frac{M}{I_z}S_z^*$$

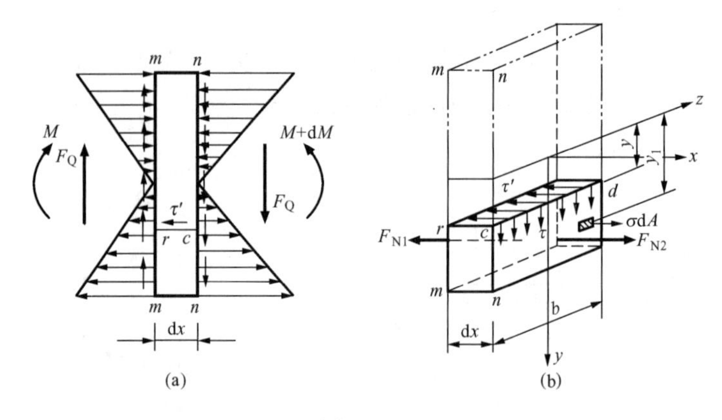

图 10 - 14

在顶面 rc 上，与顶面相切的内力系的合力为

$$\mathrm{d}F'_{\mathrm{Q}} = \tau' b\,\mathrm{d}x$$

F_{N2}、F_{N1} 和 $\mathrm{d}F'_{\mathrm{Q}}$ 的方向均平行于 x 轴，由 $\sum F_x=0$，得

$$-F_{\mathrm{N1}} + F_{\mathrm{N2}} - \tau' b\,\mathrm{d}x = 0 \tag{10 - 18}$$

将式 F_{N2}、F_{N1} 和 $\mathrm{d}F'_{\mathrm{Q}}$ 的表达式代入式（10 - 18），化简后得

$$\tau' = \frac{\mathrm{d}M}{\mathrm{d}x} \times \frac{S_z^*}{I_z b}$$

由于 $\frac{\mathrm{d}M}{\mathrm{d}x}=F_{\mathrm{Q}}$，并且 τ' 与 τ 数值相等，于是矩形截面梁横截面上的切应力计算公式为

$$\tau = \frac{F_{\mathrm{Q}} S_z^*}{I_z b} \tag{10 - 19}$$

式中：F_{Q} 为横截面上的剪力；b 为截面宽度；I_z 为整个截面对中性轴 z 的惯性矩；S_z^* 为截面上距中性轴为 y 的横线以外部分面积对中性轴 z 的静矩。

式（10 - 19）是矩形截面梁弯曲切应力的计算公式。

对于矩形截面（图 10 - 15），可取 $\mathrm{d}A=b\mathrm{d}y_1$，于是

$$S_z^* = \int_{A_1} y_1 \mathrm{d}A = \int_y^{\frac{h}{2}} b y_1 \mathrm{d}y_1 = \frac{b}{2}\left(\frac{h^2}{4} - y^2\right)$$

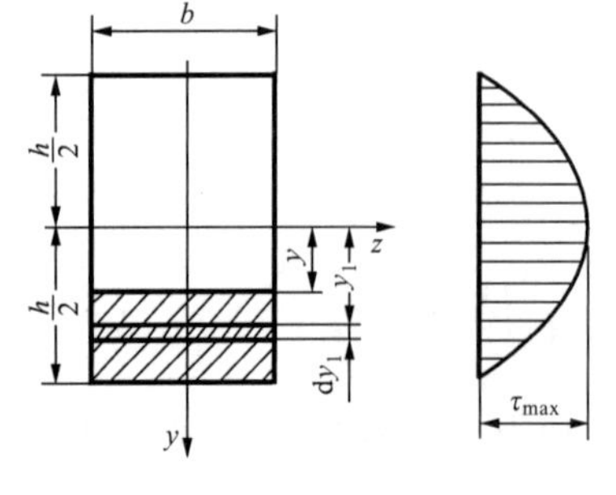

图 10 - 15

这样，式（10 - 19）可以写成

$$\tau = \frac{F_{\mathrm{Q}}}{2I_z}\left(\frac{h^2}{4} - y^2\right) \tag{10 - 20}$$

从式（10 - 20）看出，沿截面高度切应力 τ 按抛物线规律变化。当 $y=\pm\frac{h}{2}$ 时，$\tau=0$。这表明在截面上、下边缘的各点处，切应力等于零。随着离中性轴的距离 y 的减小，τ 逐渐增大。当 $y=0$ 时，τ 为最大值，即最大切应力发生在中性轴上，且

$$\tau_{\max} = \frac{F_{\mathrm{Q}} h^2}{8I_z}$$

将 $I_z=\frac{bh^3}{12}$代入上式，即可得出

$$\tau_{\max}=\frac{3F_Q}{2bh}=\frac{3F_Q}{2A} \tag{10-21}$$

式中：A 为横截面的面积，可见矩形截面梁的最大切应力为平均切应力的 1.5 倍，并发生在中性轴上各点处。

二、工字形截面梁

首先讨论工字形截面梁腹板上的切应力。腹板截面是一个狭长矩形，关于矩形截面上切应力分布的两个假设仍然适用，由式（10-19）直接求得

$$\tau=\frac{F_Q S_z^*}{I_z d}$$

式中：d 为腹板的宽度；S_z^* 为距中性轴为 y 的横线以外部分的横截面面积［图 10-16（a）中阴影部分的面积］对中性轴的静矩，即

$$\begin{aligned}S_z^*&=b\left(\frac{h}{2}-\frac{h_0}{2}\right)\left[\frac{h_0}{2}+\frac{1}{2}\left(\frac{h}{2}-\frac{h_0}{2}\right)\right]+d\left(\frac{h_0}{2}-y\right)\left[y+\frac{1}{2}\left(\frac{h_0}{2}-y\right)\right]\\&=\frac{b}{8}(h^2-h_0^2)+\frac{d}{2}\left(\frac{h_0^2}{4}-y^2\right)\end{aligned}$$

式中：$h_0=h-2t$。于是

$$\tau=\frac{F_Q}{I_z d}\left[\frac{b}{8}(h^2-h_0^2)+\frac{d}{2}\left(\frac{h_0^2}{4}-y^2\right)\right] \tag{10-22}$$

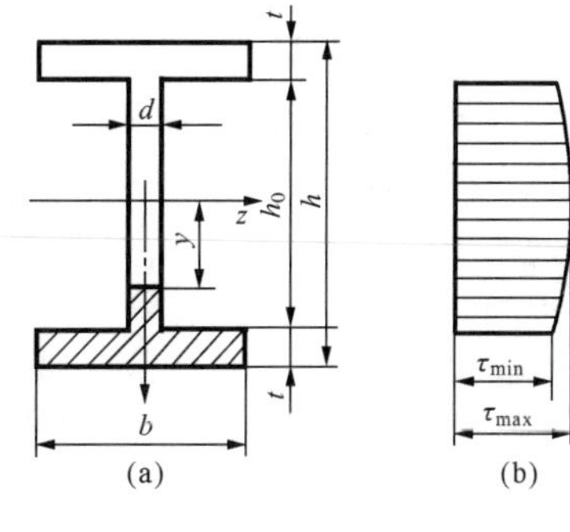

图 10-16

式（10-22）表明，腹板部分的切应力 τ 沿腹板高度是按抛物线规律变化的［图 10-16（b）］。当 $y=0$ 时，腹板上的最大切应力为

$$\tau_{\max}=\frac{F_Q}{I_z d}\left[\frac{bh^2}{8}-(b-d)\frac{h_0^2}{8}\right]$$

当 $y=\pm\frac{h_0}{2}$时，腹板上的最小切应力为

$$\tau_{\min}=\frac{F_Q}{I_z d}\left(\frac{bh^2}{8}-\frac{bh_0^2}{8}\right)$$

由此可见，因为腹板的宽度 d 远小于翼缘的宽度 b，所以 $\tau_{\max}$和 $\tau_{\min}$实际相差不大。因此，可以近似认为在腹板上切应力呈均匀分布。若以图 10-16（b）中的应力分布图的面积乘以腹板的宽度 d，即得腹板上的总剪力 F_{Q1}。计算结果表明，F_{Q1} 等于（0.95～0.97）F_Q。即横截面上的剪力 F_Q 的绝大部分由腹板承担。既然腹板几乎负担了截面上的全部剪力，且腹板上的切应力近似于均匀分布，于是，近似得出腹板上的切应力为

$$\tau=\frac{F_Q}{h_0 d} \tag{10-23}$$

在具体计算 $\tau_{\max}$时，对轧制工字钢截面，其值为

$$\tau_{\max}=\frac{F_Q S_{z\max}^*}{I_z d} \tag{10-24}$$

式中：$S_{z\max}^*$为中性轴任一边的半个横截面面积对中性轴的静矩。

式（10-24）中的 $I_z/S_{z\max}^*$ 就是型钢表中给出的比值 I_x/S_x。

工字形截面翼缘上的切应力分布复杂，除平行于 y 轴的切应力外，还有与翼缘长边平行的切应力。但翼缘上的最大切应力小于腹板上的最大切应力，所以在一般情况下不必计算。

工字梁翼缘的全部面积都在离中性轴最远处，每一点的正应力都比较大，所以翼缘负担了截面上的大部分弯矩。

三、圆形截面梁的 $\tau_{\max}$ 简介

对图 10-17 的实心圆截面，根据工程应用，只需知道其 $\tau_{\max}$ 就可以了。$\tau_{\max}$ 产生于中性轴处，其方向与 F_Q 一致，且有

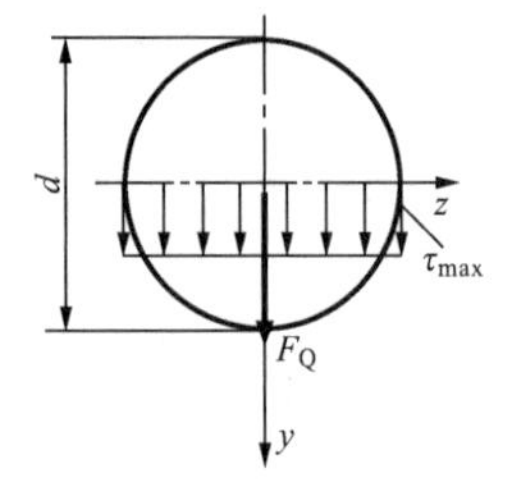

图 10-17

$$\tau_{\max}=\frac{4F_Q}{\frac{3\pi d^2}{4}}=\frac{4F_Q}{3A} \tag{10-25}$$

上式为圆形截面梁的最大弯曲切应力，约为其平均切应力的 1.33 倍。

四、薄壁环形截面梁

图 10-18（a）所示一段薄壁环形截面梁，壁厚为 δ，平均半径为 r_0，由于 δ 远小于 r_0，故可假设：①横截面上切应力的大小沿壁厚无变化；②切应力的方向与圆周相切，如图 10-18（a）所示。最大切应力 $\tau_{\max}$ 仍然发生在中性轴上，且可用式（10-19）来计算，式中的 b 应为 2δ，而 S_z^* 则为半个圆环［图 10-18（b）］的面积对中性轴的静矩，其值为

$$S_z^*=\pi r_0\delta\times\frac{2r_0}{\pi}=2r_0^2\delta$$

且 $I_z=\pi r_0^3\delta$，代入式（10-19）得

$$\tau_{\max}=\frac{F_QS_z^*}{I_zb}=\frac{F_Q\times 2r_0^2\delta}{\pi r_0^3\delta\times 2\delta}=2\,\frac{F_Q}{2\pi r_0\delta}=2\,\frac{F_Q}{A} \tag{10-26}$$

式中：A 为环形截面的面积，可见最大切应力 $\tau_{\max}$ 为平均切应力的 2 倍。

最后来讨论计算等直梁上的最大切应力的一般公式。对于等直梁，其最大切应力 $\tau_{\max}$ 一定出现在剪力最大值 $F_{Q\max}$ 的截面上，且一般是位于该截面的中性轴上。由以上各种形状的横截面上的最大切应力计算公式可知，整个梁各横截面中最大切应力 $\tau_{\max}$ 可统一表达为

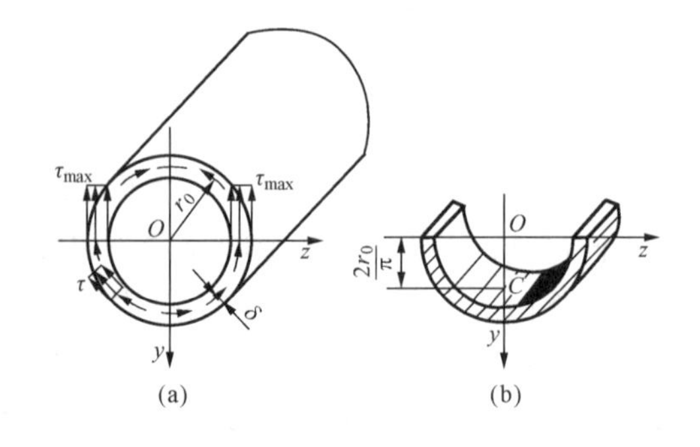

图 10-18

$$\tau_{\max}=\frac{F_{Q\max}S_{z\max}^*}{I_zb} \tag{10-27}$$

式中：$S_{z\max}^*$ 为中性轴以下（或以上）截面面积对中性轴的静矩；b 为横截面在中性轴处的宽度；$F_{Q\max}$ 为全梁最大的切应力；I_z 为整个截面对中性轴 z 的惯性矩。

五、弯曲中心的概念

横力弯曲时，梁上一定作用有与梁的轴线相垂直的横向力。只有当此横向力通过截面的

某一点的纵向平面内，才可使梁只弯而不扭。如对图 10-19（a）、（b）所示的圆形及矩形截面，只有横向力 F 的作用面均通过截面的形心主轴，才能使梁只弯曲而不扭转；我们把梁只弯而不扭时横向力应通过的纵向平面内截面某点称为**弯曲中心**，也称**剪心**。图 10-19（a）、（b）截面的弯曲中心是和截面形心相重合的，但对于图 10-19（c）、（d）所示的横截面，若横向力 F 通过截面形心，则由实验及理论分析均表明，这时的梁是既弯又扭的，可见截面形心不一定是截面的弯曲中心。对于工程中常用的开口薄壁截面，因其抗扭能力很差，而且弯曲中心位置离形心一般都比较远，因此确定其弯曲中心的位置是一个很重要的问题。

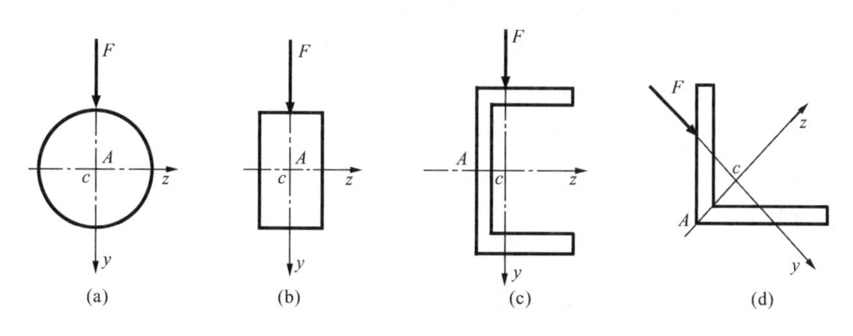

图 10-19

通过上述分析，只有当横向力 F 作用在通过弯曲中心纵向平面内时，梁才只产生弯曲而不产生扭转，而弯曲中心的位置只决定于截面的几何特征（截面的形状与尺寸），确定弯曲中心的位置，常是比较复杂的。表 10-1 给出了工程中常见的几种截面的弯曲中心位置。

表 10-1　　工程中常见的几种截面弯曲中心的位置

截面形状	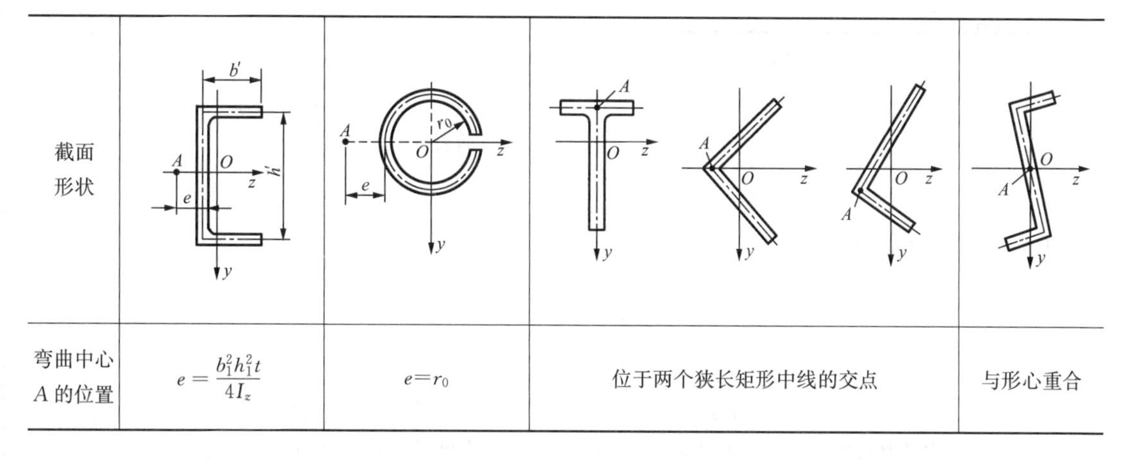			
弯曲中心 A 的位置	$e=\dfrac{b_1^2h_1^2t}{4I_z}$	$e=r_0$	位于两个狭长矩形中线的交点	与形心重合

六、梁的切应力强度条件

一般来说，梁横截面上的最大切应力发生在中性轴处，而该处的正应力为零。因此，梁内的最大弯曲切应力作用点处于纯剪切状态。这时弯曲切应力强度条件为

$$\tau_{\max}=\left(\frac{F_QS_z^*}{I_zb}\right)_{\max}\leqslant[\tau] \tag{10-28}$$

对等截面梁，最大切应力发生在最大剪力所在的截面上，弯曲切应力强度条件为

$$\tau_{max}=\frac{F_{Qmax}S_{zmax}^{*}}{I_z b}\leqslant[\tau] \tag{10-29}$$

即要求梁内的最大弯曲切应力 τ_{max} 不超过材料在纯剪切时的许用切应力 $[\tau]$。

在选择梁的截面时，必须同时满足正应力和切应力强度条件。通常是先按正应力选出截面，再按切应力进行强度校核。由于梁的强度大多由正应力控制，故按正应力强度条件选好截面后，在一般情况下并不需要再按切应力进行强度校核。只在以下几种特殊情形下，还应校核梁的切应力：

（1）梁的最大弯矩较小，而最大剪力却很大时。

（2）在焊接或铆接的组合截面（例如工字形）钢梁中，当其横截面腹板部分的宽度与梁高之比小于型钢截面的相应比值时。

（3）木梁，由于木材在其顺纹方向的抗剪强度较差，在横力弯曲时可能因中性层上的切应力过大而使梁沿中性层发生剪切破坏。因此，需要按木材在顺纹方向的许用切应力 $[\tau]$ 对木梁进行强度校核。

【例 10-8】　图 10-20 所示为一外伸工字型钢梁，工字型钢的型号为 22a，梁上载荷如图所示，已知 $l=6\text{m}$，$F=30\text{kN}$，$q=6\text{kN/m}$，材料的许用应力为 $[\sigma]=170\text{MPa}$，$[\tau]=100\text{MPa}$。试校核梁的强度。

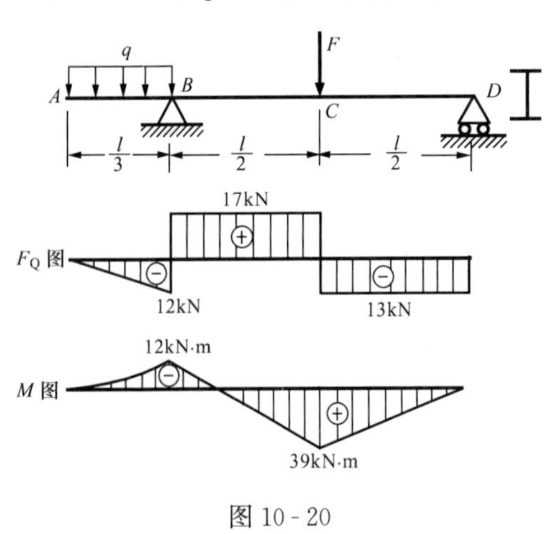

图 10-20

解　（1）求未知约束力。

由静力学平衡方程

$$\sum M_D=0,\frac{ql}{3}\times\frac{7l}{6}-lF_B+\frac{l}{2}F=0$$

$$\sum M_B=0,\frac{ql}{3}\times\frac{l}{6}+lF_D-\frac{l}{2}F=0$$

得支座 B 和 D 处的约束力为

$$F_B=29\text{kN},F_D=13\text{kN}$$

（2）绘制剪力图和弯矩图，如图 10-20 所示。最大正应力和切应力分别发生在最大弯矩与最大剪力的截面上，且

$$M_{max}=39\text{kN}\cdot\text{m},F_{Qmax}=17\text{kN}$$

查型钢表得

$$W_z=309\text{cm}^3=309\times10^3\text{mm}^3,\frac{I_z}{S_{zmax}}=18.9\text{cm}=189\text{mm},b=d=7.5\text{mm}$$

于是，全梁最大正应力为

$$\sigma_{max}=\frac{M_{max}}{W_z}=\frac{39\times10^6}{309\times10^3}\text{MPa}=126.2\text{MPa}<[\sigma]$$

最大切应力为

$$\tau_{max}=\frac{F_{Qmax}S_{zmax}}{I_z b}=\frac{17\times10^3}{189\times7.5}\text{MPa}=11.53\text{MPa}<[\tau]$$

无论是最大正应力还是最大切应力，都未超过许用应力，所以强度条件是满足的。

§10-5　提高梁抗弯强度的一些措施

在工程实际中，常提出这样的问题：要保证梁具有足够的强度，使梁在载荷作用下能安全地工作；同时应使设计的梁充分发挥材料的潜能，以节省材料或减轻梁的自重。由于平面

弯曲时，弯曲正应力是控制梁强度的主要因素。所以，弯曲正应力的强度条件为

$$\sigma_{\max} = \frac{M_{\max}}{W_z} \leqslant [\sigma]$$

该条件为设计梁的主要依据。从这个条件可知，要提高弯曲强度，应该从两方面着手：①合理安排受力情况以减小 $M_{\max}$；②合理设计截面形状以提高 W。下面分别进行讨论。

一、合理安排梁的受力情况

1. 合理设计和布置支座

改善梁的受力情况，尽量降低梁内的最大弯矩，相对来说，就是提高了梁的强度。以图 10-21（a）所示长度为 l 在均布载荷作用下的简支梁为例，

$$M_{\max} = \frac{1}{8}ql^2 = 0.125ql^2$$

若将两端支座都向里移动 $0.2l$ [图 10-21（b）]，成为外伸梁，此时最大弯矩为

$$M_{\max} = \frac{1}{40}ql^2 = 0.025ql^2$$

可见，两端伸出 $0.2l$ 的外伸梁的最大弯矩是简支梁的 $\frac{1}{5}$，即载荷可提高 4 倍。因此，合理设计支座并恰当安排支座的位置，便可有效地提高梁的承载能力。图 10-22（a）所示门式起重机的大梁，图 10-22（b）所示锅炉筒体，其支座均设置为外伸梁形式，就是应用了以上分析的道理。

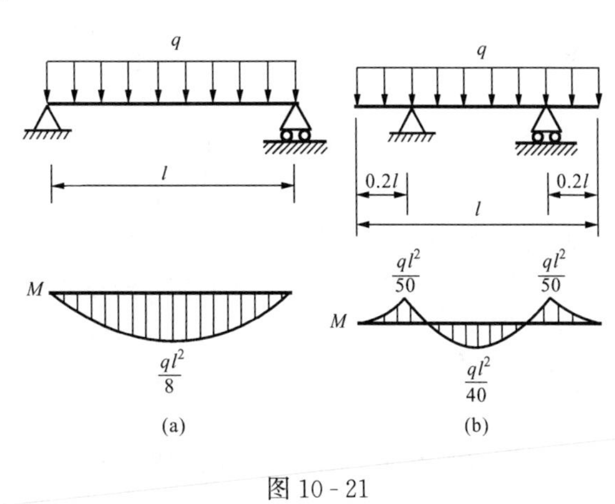

图 10-21

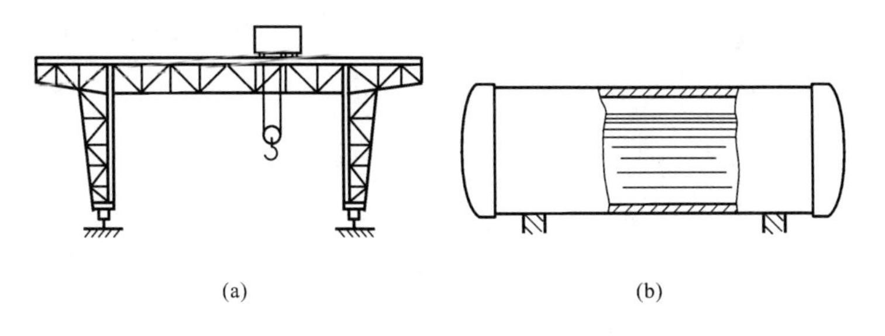

图 10-22

2. 尽量将集中载荷分散作用

如图 10-23（a）所示，在梁中点受集中力 F 作用的简支梁，其最大弯矩为 $M_{\max} = Fl/4$。若在梁上增加一根副梁，将 F 分为距离支座为 $l/4$ 的两个集中力 [见图 10-23（b）]，则其最大弯矩仅为 $M_{\max} = Fl/8$，仅为原来的 50%。

3. 将集中载荷移近支座作用

如将图 10-23（a）所示的作用在梁中点的集中力 F 安置在距左端为 $l/8$ 处 [见图 10-23（c）]，则其最大弯矩减小到 $7Fl/64$，因而也就提高了梁的抗弯强度。

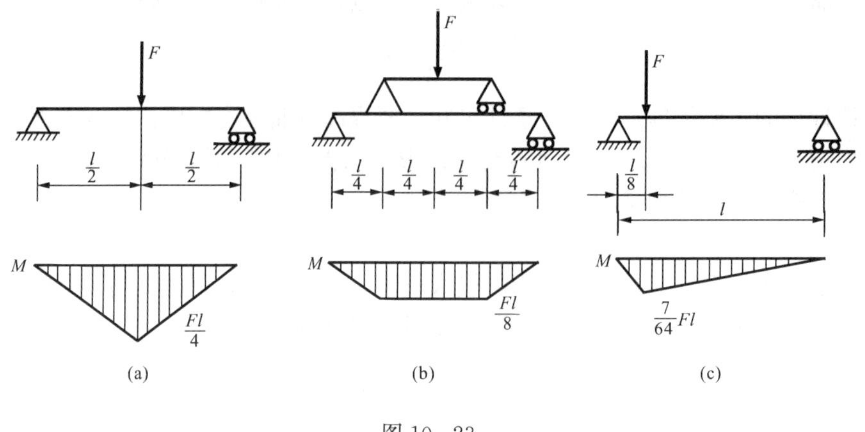

图 10-23

二、合理选取截面形状

由正应力强度条件可知，梁可能承受的 M_{max} 与弯曲截面系数 W 成正比，W 越大越有利。另一方面，使用材料的多少和自重的大小，则与截面面积 A 成正比，面积越小越经济、越轻。因而合理的截面形状应该是截面面积 A 较小，而弯曲截面系数 W 较大。例如，房屋和桥梁等建筑物中的矩形截面梁，一般都是竖放的，如图 10-24（a）所示。这是因为，矩形截面梁抵抗垂直平面内的弯曲变形时，截面竖放［图 10-24（a）］时，抗弯截面系数 $W_{z1}=\dfrac{bh^2}{6}$；截面横放［图 10-24（b）］时，抗弯截面系数 $W_{z2}=\dfrac{hb^2}{6}$。两者的比值 $\dfrac{W_{z1}}{W_{z2}}=\dfrac{h}{b}>1$（$h>b$），所以竖放比平放具有更高的抗弯刚度。

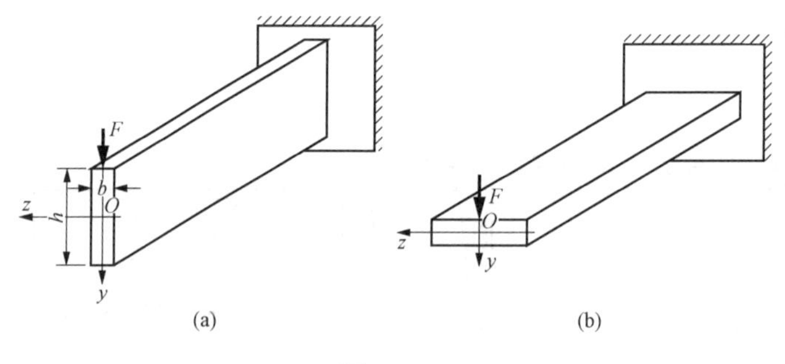

图 10-24

截面形状不同，其抗弯截面系数也不同。可以用 $\dfrac{W_z}{A}$ 来衡量截面形状的合理性。比值 $\dfrac{W_z}{A}$ 越大，则截面的形状越合理。表 10-2 列出几种常用截面在面积相等的情况下的 $\dfrac{W_z}{A}$ 值。由表看出，工字形截面和槽形截面最为合理，而圆形截面是其中最差的一种。所以，桥式吊车梁以及其他钢结构中的抗弯构件，经常采用工字形截面、槽形截面或箱形截面。从弯曲正应力的分布规律来看，也容易理解这一事实。以截面面积及高度均相等的矩形截面及工字形截面为例说明如下：梁横截面上的正应力是按线性规律分布的，离中性轴越远，正应力越大。工字形截面有较多面积分布在距中性轴较远处，作用着较大的应力；而矩形截面有较多面积分布在中性轴附近，作用着较小的应力。因此，当两种截面上的最大应力相同时，工字形截面上的应力所形成的弯矩将大于矩形截面上的弯矩。即在许用应力相同的条件下，工字形截面抗弯能力较强。同理，圆形截面由于大部分面积分布在中性轴附近，其抗弯能力就更差了。

表 10-2　几种常用截面的 W_z/A 值

截面形状	矩形	圆形	槽钢	工 字 钢
$\frac{W_z}{A}$	$0.167h$	$0.125d$	$(0.27\sim0.31)\ h$	$(0.27\sim0.31)\ h$

以上是仅从抗弯强度的角度讨论问题。工程实际中选用梁的合理截面，还必须综合考虑刚度、稳定性以及结构、工艺等方面的要求，才能最后确定。例如，将实心圆杆加工成空心圆杆，会因工艺复杂而增加成本，并且空心杆体积大，需占用较大空间。

在讨论截面的合理形状时，还应考虑材料的特性。对于抗拉和抗压强度相等的材料，如各种碳钢，宜采用对称于中性轴的截面，如圆形、矩形和工字形等截面。这种横截面上、下边缘最大拉应力和最大压应力数值相同，可同时达到许用应力值。对抗拉和抗压强度不相等的材料，如铸铁，则宜采用非对称于中性轴的截面，如图 10-25 所示。铸铁之类的脆性材料，抗拉能力低于抗压能力，所以在设计梁的截面时，应使中性轴偏于受拉应力一侧，通过调整截面尺寸，如能使 y_1 和 y_2 之比接近下列关系

$$\frac{\sigma_{\mathrm{tmax}}}{\sigma_{\mathrm{cmax}}}=\left(\frac{M_{\max}y_1}{I_z}\right)/\left(\frac{M_{\max}y_2}{I_z}\right)=\frac{y_1}{y_2}=\frac{[\sigma_{\mathrm{t}}]}{[\sigma_{\mathrm{c}}]}$$

式中：$[\sigma_{\mathrm{t}}]$和$[\sigma_{\mathrm{c}}]$分别为拉伸和压缩的许用应力，则最大拉应力和最大压应力便可同时接进许用应力。

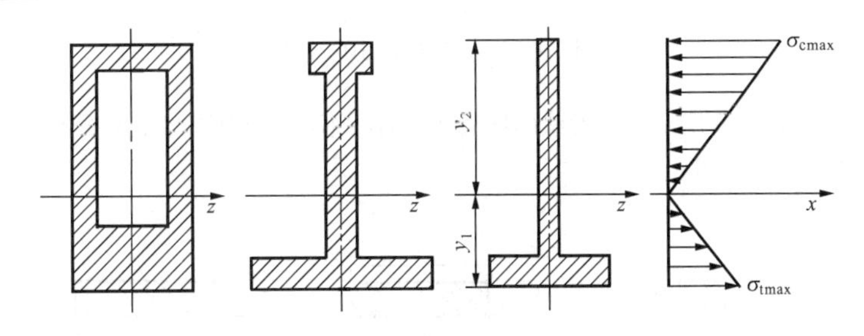

图 10-25

三、采用变截面梁和等强度梁

前面讨论的梁都是等截面的，W_z＝常数，但梁在各截面上的弯矩却随截面的位置而变化。由式（10-15）可知，对于等截面梁来说，只有在弯矩为最大值 $M_{\max}$的截面上，最大应力才有可能接近许用应力。其余各截面上弯矩较小，应力也就较低，材料没有充分利用。为了节约材料，减轻自重，可改变截面尺寸，使抗弯截面系数随弯矩而变化。在弯矩较大处采用较大截面，而在弯矩较小处采用较小截面。这种截面尺寸沿轴线变化的梁，称为**变截面梁**。例如机械设备中的阶梯梁（图 10-26）。变截面梁的正应力计算仍可近似地用等截面梁的公式。如变截面梁各横截面上的最大正应力

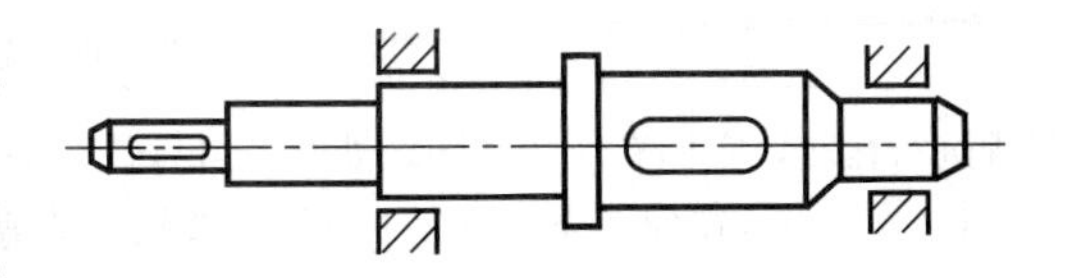

图 10-26

都相等，且都等于许用应力，就成了**等强度梁**。如图 10 - 27 所示的工业厂房中的“鱼腹梁”和图 10 - 28 所示汽车及其他车辆中经常使用的叠板弹簧都是等强度梁。

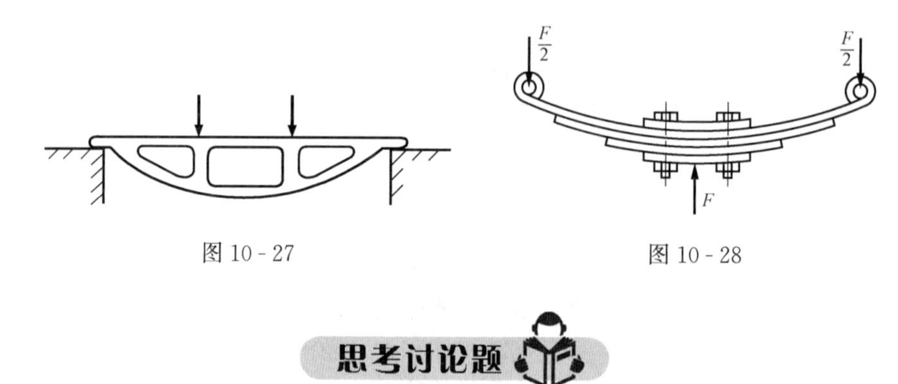

图 10 - 27　　图 10 - 28

思考讨论题

10 - 1　惯性矩及抗弯截面系数各表示什么特性？试计算图 10 - 29 所示各截面对中性轴 z 的惯性矩 I_z 及抗弯截面系数 W_z。

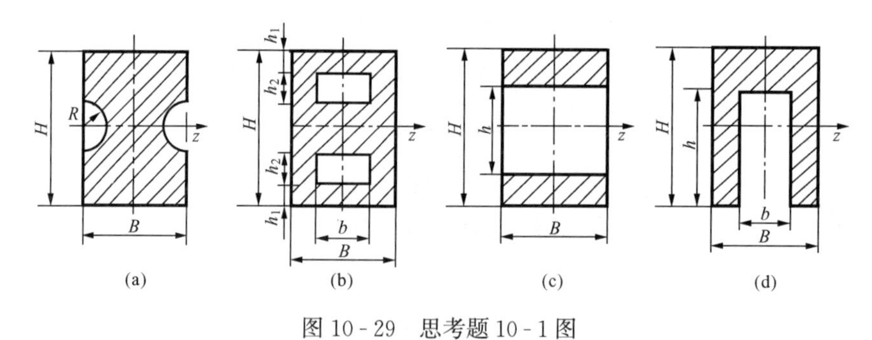

图 10 - 29　思考题 10 - 1 图

10 - 2　当梁具有图 10 - 30 所示几种形状的横截面，若在平面弯曲下，受正弯矩作用，试分别画出各横截面上的正应力沿高度的变化图。

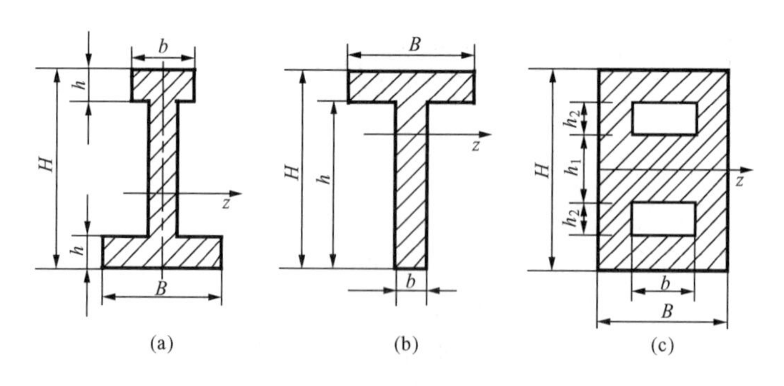

图 10 - 30　思考题 10 - 2 图

10 - 3　试对梁横截面上的正应力、受扭圆轴横截面上的切应力和拉压杆横截面上的正应力公式的推导过程进行比较，它们有什么共同之处？各自有什么特点？

10 - 4　通常在什么样的情况下可以不校核梁的剪切强度？为什么？

10 - 5　确定梁的合理截面应考虑哪些因素？一个矩形截面梁，设其截面的两个边长之比为 1∶2，当把它横放和竖放时，所能承受的荷载之比是多少？

10-6 如图10-31所示，两个尺寸相同的矩形截面梁叠放在一起承受荷载，如果把两个梁在叠合面处焊接成一体，则所能承受的荷载将会比原来增加多少倍？

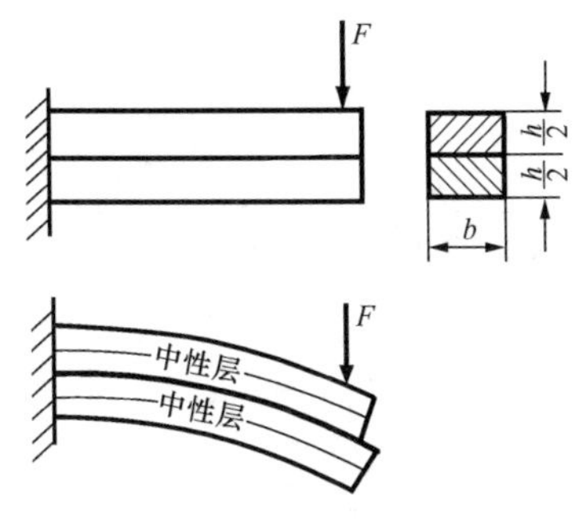

图10-31 思考题10-6图

10-7 对称截面梁和非对称截面梁发生平面弯曲的条件有什么不同？这种不同是由于什么原因引起的？

10-1 把直径 $d=1$mm 的钢丝绕在直径为 2m 的卷筒上，试计算钢丝中产生的最大应力。设 $E=200$GPa。

10-2 如图10-32所示，一工字钢梁，在跨中作用集中力 F，已知 $l=6$m，$F=20$kN，工字钢的型号为20a，求梁中最大正应力。

10-3 一对称T型截面外伸梁，梁上作用均布载荷，尺寸如图10-33所示，已知 $l=1.5$m，$q=8$kN/m，求梁中横截面上的最大拉应力和最大压应力。

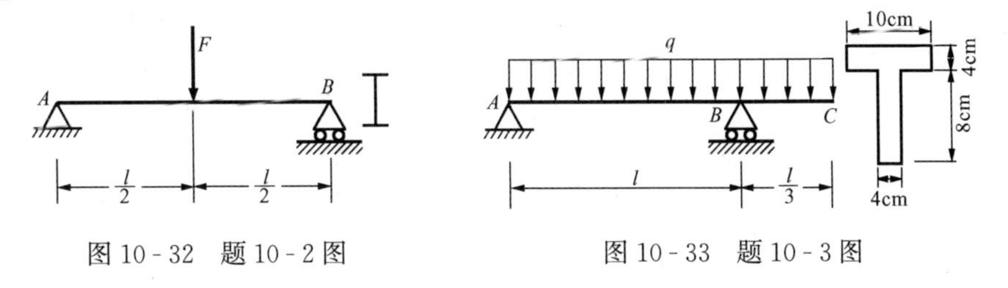

图10-32 题10-2图　　图10-33 题10-3图

10-4 截面形状和所有尺寸完全相同的一根钢梁和一根木梁，如果所受外力也相同，则内力图是否相同？它们的横截面上的正应力变化规律是否相同？对应点处的正应力及纵向线应变是否相同？

10-5 梁在纵向对称面内受外力作用而弯曲，当梁具有图10-34所示各种不同形状的横截面时，试分别画出各横截面上正应力沿高度的分布图。

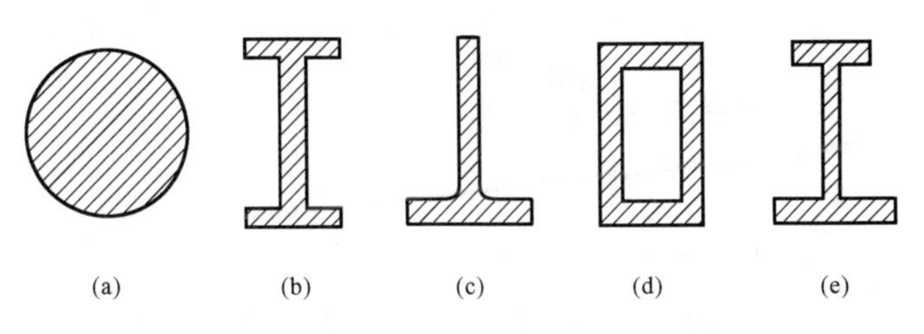

图10-34 题10-5图

10-6 简支梁承受均布载荷如图 10-35 所示。若分别采用截面面积相等的实心和空心圆截面，且 $D_1=40mm$，$d_2/D_2=3/5$，$q=2kN/m$，$l=2m$。试分别计算它们的最大正应力。并问空心截面比实心截面的最大正应力减小了百分之几？

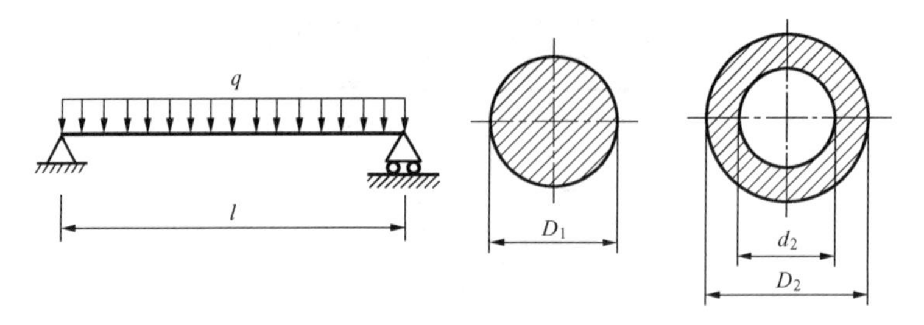

图 10-35 题 10-6 图

10-7 如图 10-36 所示，一矩形截面简支梁，跨中作用集中力 F，已知 $l=4m$，$b=120mm$，$h=180mm$，弯曲时材料的许用应力 $[\sigma]=10MPa$，求梁能承受的最大载荷 F_{max}。

10-8 由两个 16a 号槽钢组成的外伸梁，梁上荷载如图 10-37 所示，已知 $l=6m$，钢材的许用应力 $[\sigma]=170MPa$，求梁能承受的最大荷载 F_{max}。

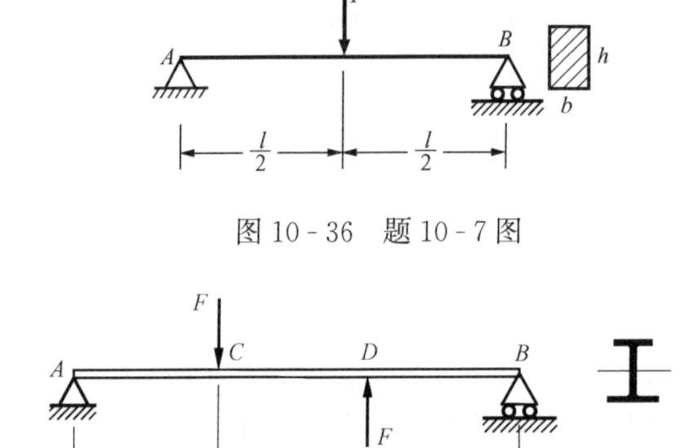

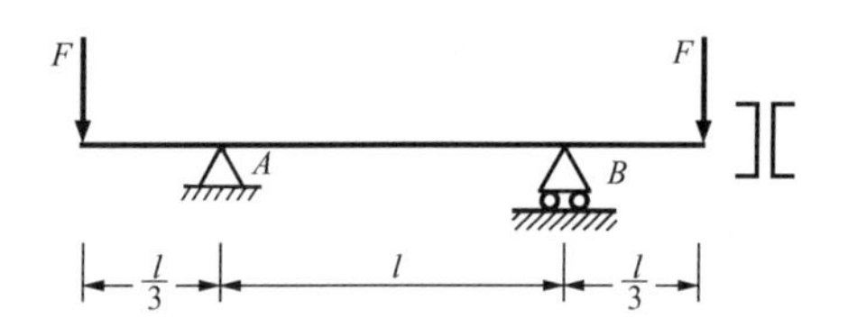

图 10-36 题 10-7 图

图 10-37 题 10-8 图

图 10-38 题 10-9 图

10-9 工字钢梁的支承和受力情况如图 10-38 所示。若集中力 $F=55kN$，材料的许用应力 $[\sigma]=160MPa$，试确定工字钢型号。

10-10 简支梁上作用两个集中力，如图 10-39 所示，如果梁采用热轧普通工字钢，钢的许用应力已知：$l=6m$，$F_1=15kN$，$F_2=21kN$，$[\sigma]=170MPa$，试选择工字钢的型号。

10-11 矩形截面悬臂梁如图 10-40 所示，已知 $l=4m$，$\frac{b}{h}=\frac{2}{3}$，$q=10kN/m$，材料的许用应力 $[\sigma]=10MPa$。试确定此梁横截面的尺寸。

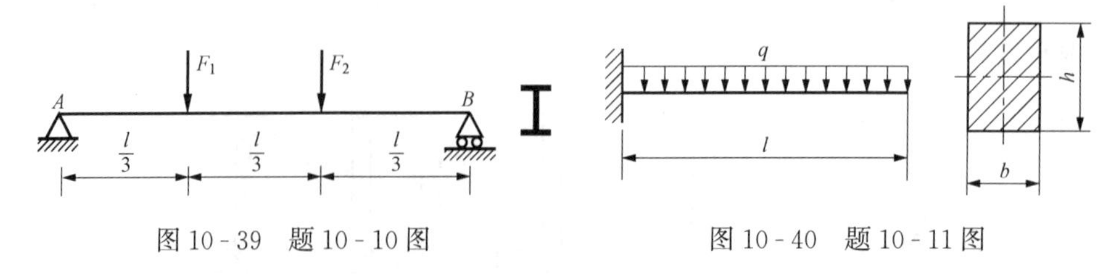

图 10-39 题 10-10 图

图 10-40 题 10-11 图

10-12 求题 10-2 中梁的横截面上的最大切应力。

10-13 由 50a 工字钢制成的简支梁如图 10-41 所示，$q=30kN/m$，已知 $[\sigma]=80MPa$，$[\tau]=50MPa$，试校核其弯曲强度。

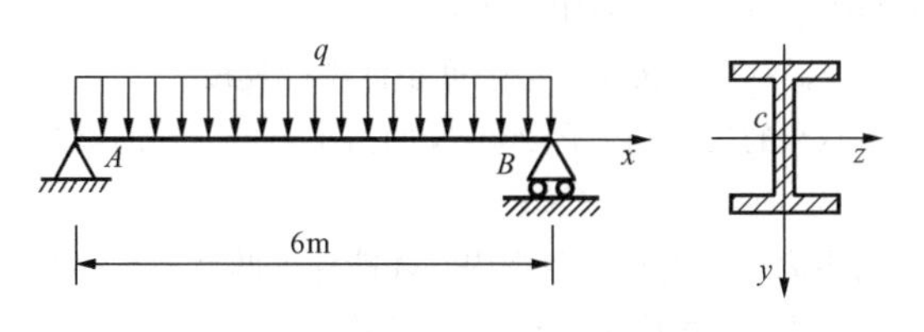

图 10-41 题 10-13 图

10-14 图 10-42 所示为一承受纯弯曲的铸铁梁，其截面为⊥型，材料的拉伸和压缩许用应力之比 $[\sigma_t]/[\sigma_c]=1/4$。求水平翼板的合理宽度 b。

10-15 截面为⊥型的铸铁悬臂梁，尺寸及载荷如图 10-43 所示。若材料的拉伸许用应力 $[\sigma_t]=40$MPa，压缩许用应力 $[\sigma_c]=160$MPa，$I_z=10180\text{cm}^4$，$h_1=9.64$cm，求梁能承受的最大荷载 F_{max}。

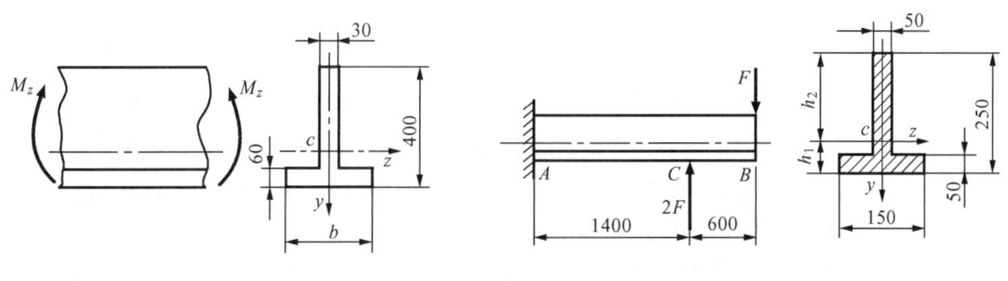

图 10-42 题 10-14 图　　图 10-43 题 10-15 图

10-16 图 10-44 所示槽形截面铸铁梁，该截面对于中性轴 z 的惯性矩 $I_z=5493\times10^4\text{mm}^4$。已知 $b=2$m。铸铁的许用拉应力 $[\sigma_t]=30$MPa，许用压应力 $[\sigma_c]=90$MPa。试求梁的许可荷载 $[F]$。

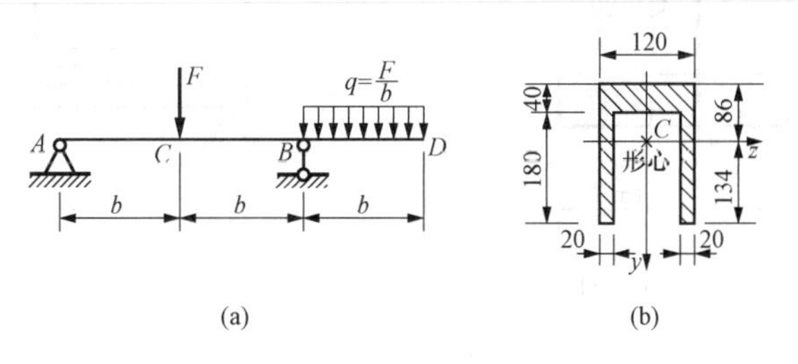

图 10-44 题 10-16 图

10-17 如图 10-45 所示，欲从直径为 d 的圆木中截取一矩形截面梁，试从强度角度求出矩形截面最合理的高、宽尺寸。

10-18 一简支工字型钢梁，梁上荷载如图 10-46 所示，已知 $l=6$m，$q=6$kN/m，$F=20$kN 钢材的许用应力 $[\sigma]=170$MPa，$[\tau]=100$MPa，试选择工字钢的型号。

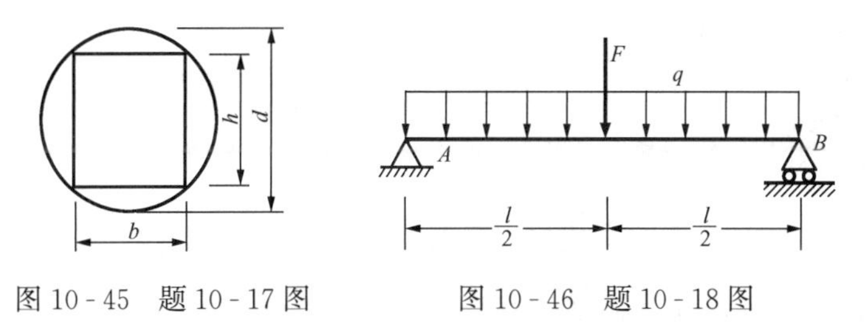

图 10-45 题 10-17 图　　图 10-46 题 10-18 图

10-19 如图 10-47 所示，起重机下的梁由两根工字钢组成，起重机自重 $G=50$kN，起重量 $F=$

10kN。许用应力 $[\sigma]=160\text{MPa}$，$[\tau]=100\text{MPa}$，$l=10\text{m}$，$a=4\text{m}$，$b=1\text{m}$。若暂不考虑梁的自重，试按正应力强度条件选择工字钢型号，然后再按切应力强度条件进行校核。

10-20 某车间用一台 150kN 的吊车和一台 200kN 的吊车，借一辅助梁共同起吊一重量 $F=300\text{kN}$ 的设备，如图 10-48 所示。

（1）重量距 150kN 吊车的距离 x 应在什么范围内，才能保证两台吊车都不致超载；

（2）若用工字钢作辅助梁，已知许用应力 $[\sigma]=160\text{MPa}$，试选择工字钢型号。

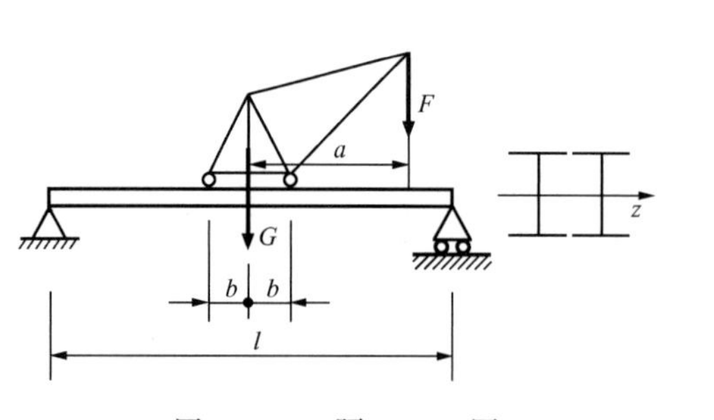

图 10-47 题 10-19 图

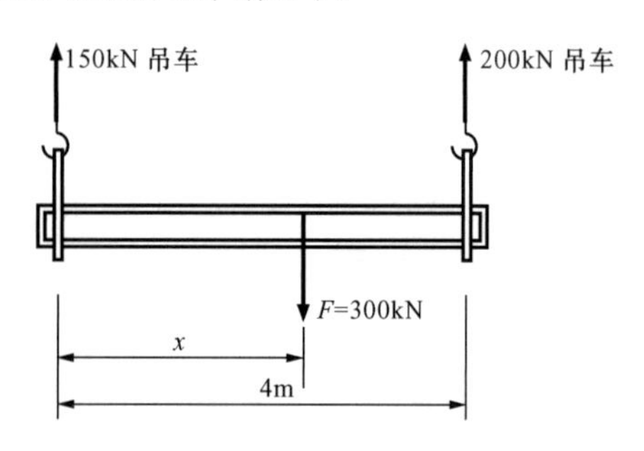

图 10-48 题 10-20 图

10-21 如图 10-49 所示，由 10 号工字钢制成的 ABD 梁，左端 A 处为固定铰链支座，B 点处用铰链与钢制圆截面杆 BC 连接，BC 杆在 C 处用铰链悬挂。已知圆截面杆直径 $d=20\text{mm}$，梁和杆的许用应力均为 $[\sigma]=160\text{MPa}$。试求：结构的许用均布载荷集度 q。

10-22 图 10-50 所示简支梁 AB，若载荷 F 直接作用于梁的中点，梁的最大正应力超过了许可值的 30%。为避免这种过载现象，配置了副梁 CD，试求此副梁所需的长度 a。

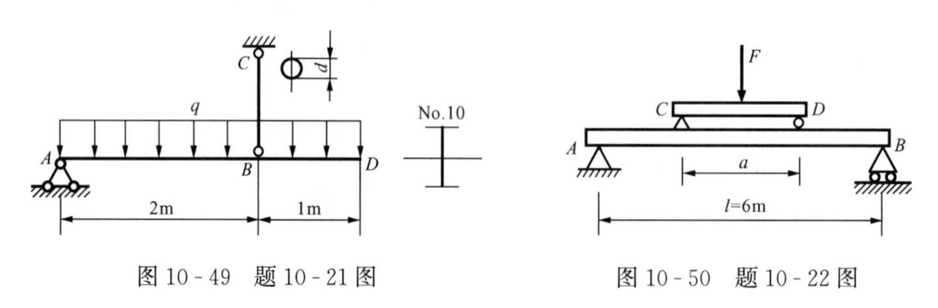

图 10-49 题 10-21 图

图 10-50 题 10-22 图

10-1 $\sigma_{max}=100\text{MPa}$

10-2 $\sigma_{max}=127\text{MPa}$

10-3 $\sigma_{tmax}=15.1\text{MPa}$ $\sigma_{cmax}=9.6\text{MPa}$

10-6 实心轴 $\sigma_{max}=159\text{MPa}$

空心轴 $\sigma_{max}=93.6\text{MPa}$

10-7 $F_{max}=6.48\text{kN}$

10-8 $F_{max}=18.4\text{kN}$

10-9 No. 20a

10-10 No. 20a

10-11 $b\geqslant 277\text{mm}$，$h\geqslant 416\text{mm}$

10-12 7.56MPa

10-13 $\sigma_{max}=72.6\text{MPa}<[\sigma]$

$\tau_{max}=17.5\text{MPa}<[\tau]$

10-14 $b=510\text{mm}$

10-15 $[F]=44.3\text{kN}$

10-16 $[F]=19.2\text{kN}$

10-17 $b=\frac{\sqrt{3}}{3}d \quad h=\frac{\sqrt{6}}{3}d$

10-18 No. 22b

10-19 No. 28a $\tau_{max}=13.9\text{MPa}<[\tau]$

10-20 (1) $2\text{m}\leqslant x\leqslant 2.67\text{m}$

(2) $W_z\geqslant 1875\times 10^3\text{mm}^3$ 选 I50a

10-21 $q=15.68\text{kN/m}$

10-22 $a=1.385\text{m}$

第十一章　弯曲变形　超静定梁

§11-1　引　　言

一、工程中弯曲变形问题

在工程设计中，对某些受弯构件除强度要求外，往往还要求其具有足够的刚度，即要求它的变形不能过大，才能保证其正常工作。图 11-1 所示齿轮传动轴，如果轴的弯曲变形过大，会影响齿轮间的正常啮合和轴承的配合，加速齿轮和轴承的磨损，使齿轮产生噪声和振动，影响加工精度。又如吊车梁，当其弯曲变形过大时，也会影响吊车的平稳行驶，在起吊重物时，将引起梁的振动，破坏起吊工作的平稳性。因此，在很多情况下都必须对梁的弯曲变形加以限制，进行刚度计算。

另外，工程中也有一些受弯构件，在满足强度要求的条件下，希望它产生较大的弯曲变形，如车辆的叠板弹簧梁（图 11-2），采用板条叠合结构，正是利用它的弯曲变形，吸收车辆受到振动和冲击时的动能，起到了缓冲振动的作用。

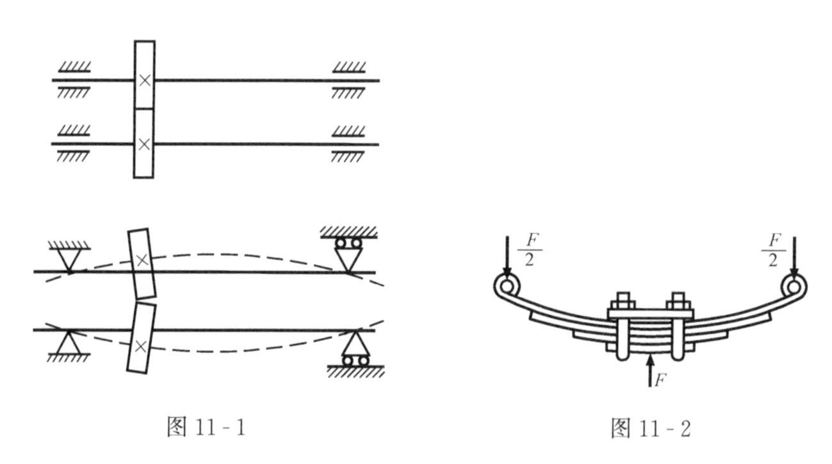

图 11-1　　　　图 11-2

本章研究梁的变形，不仅为了解决梁弯曲刚度问题和解静不定系统，同时还为研究压杆稳定以及振动计算提供有关基础。

二、梁的挠度与转角

图 11-3 所示简支梁，在横向力 F 的作用下，变形前为直线的梁轴线，变形后成为一条连续而光滑的曲线，这条曲线就称为**挠曲线**或**弹性曲线**。为了描述梁的变形，以变形前的梁轴线为 x 轴，铅垂向下的轴为 y 轴，xy 平面为梁的纵向对称面。在对称弯曲的情况下，变形后梁的轴线将成为 xy 面内的一条光滑曲线。坐标为 x 的任意横截面的形心沿 y 方向的位移，称为**挠度**，用 v 来表示，截面的挠度 v 是截面位置 x 的函数，即

$$v = f(x) \tag{11-1a}$$

式（11-1a）称为**挠曲线方程**。横截面形心沿水平方向也存在位移，但是在小变形情况下，水平位移远远小于横向位移（挠度），故可忽略不计。同时，在弯曲变形中横截面绕其中性

轴转过的角度 θ，称为截面的**转角**。同样，不同截面的转角也是不同的，故

$$\theta = \theta(x) \tag{11-1b}$$

式（11-1b）称为**转角方程**。

根据平面假设，弯曲变形前垂直于轴线（x 轴）的横截面，变形后仍垂直于挠曲线。因此，截面转角 θ 就是 y 轴与挠曲线法线的夹角。它等于挠曲线的倾角，即 x 轴与挠曲线切线的夹角，于是过挠曲线上任一点的斜率可表示为

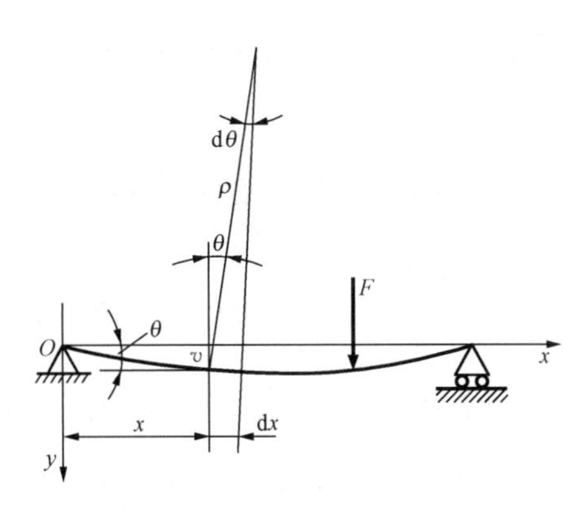

图 11-3

$$\tan\theta = \frac{\mathrm{d}v}{\mathrm{d}x} = f'(x)$$

基于小变形假设，梁的挠曲线为一条很平缓的曲线，θ 角很小（一般不超过 1°），从而

$$\theta \approx \tan\theta = \frac{\mathrm{d}v}{\mathrm{d}x} = f'(x) \tag{11-2}$$

此式反映了挠度与转角间的关系。

在图 11-3 所示坐标系中，挠度向下为正，反之为负；转角 θ 顺时针转为正，反之为负。

§11-2　梁的挠曲线的近似微分方程

梁发生平面弯曲时，其轴线由直线变成一条平面曲线（即挠曲线）。纯弯曲情况下，曲率与梁的弯曲刚度及弯矩 M 的关系为

$$\frac{1}{\rho} = \frac{M}{EI_z} \tag{11-3}$$

而横力弯曲时，梁截面上既有弯矩又有剪力，对跨度远大于截面高度的细长梁（$l/h \geqslant 10$），根据较精确的理论研究发现，剪力对梁的弯曲变形的影响很小，可忽略不计。因此，式（11-3）也适用于有剪力存在的横力弯曲情况。在横力弯曲情况下，弯矩和曲率都随截面位置 x 变化，都是 x 的函数，此时式（11-3）可写为

$$\frac{1}{\rho(x)} = \frac{M(x)}{EI_z} \tag{11-4}$$

另外，从几何关系上看，平面曲线上任一点的曲率公式为

$$\frac{1}{\rho(x)} = \pm \frac{\dfrac{\mathrm{d}^2 v}{\mathrm{d}x^2}}{\left[1+\left(\dfrac{\mathrm{d}v}{\mathrm{d}x}\right)^2\right]^{3/2}} \tag{11-5}$$

于是，**挠曲线微分方程**为

$$\frac{M(x)}{EI_z} = \pm \frac{\dfrac{\mathrm{d}^2 v}{\mathrm{d}x^2}}{\left[1+\left(\dfrac{\mathrm{d}v}{\mathrm{d}x}\right)^2\right]^{3/2}} \tag{11-6}$$

为了求解方便，在小变形的情况下，可以将式（11-6）线性化。在一般的工程问题中，梁的挠度都远小于其跨度，梁的挠曲线非常平缓。因此，$\dfrac{\mathrm{d}v}{\mathrm{d}x}$ 的数值很小，$\left(\dfrac{\mathrm{d}v}{\mathrm{d}x}\right)^2$ 与 1 相比

可忽略不计。从而，式（11-6）可近似地写为

$$\pm\frac{d^2v}{dx^2}=\frac{M(x)}{EI_z} \tag{11-7}$$

上式左边的正负号按数学中曲率的符号规定，它与坐标系的选取有关。根据第九章规定的弯矩正负号的意义可知，当 $M(x)$ 为正时，梁的曲线向下凸，如图 11-4（a）所示。对于本章所取的坐标系，曲线向下凸时，其二阶导数 $v''<0$，即$\frac{d^2v}{dx^2}<0$，是负值；同理，当 $M(x)$为负时，梁的曲线向上凸，如图 11-4（b）所示，此时，$\frac{d^2v}{dx^2}>0$，是正值。由此可见，根据弯矩的正负号规定及本章所取的坐标系，上式两端的正负号是不一致的，所以公式左边应取负号，即

$$\frac{d^2v}{dx^2}=-\frac{M(x)}{EI_z} \tag{11-8}$$

式中：EI_z 为抗弯刚度。

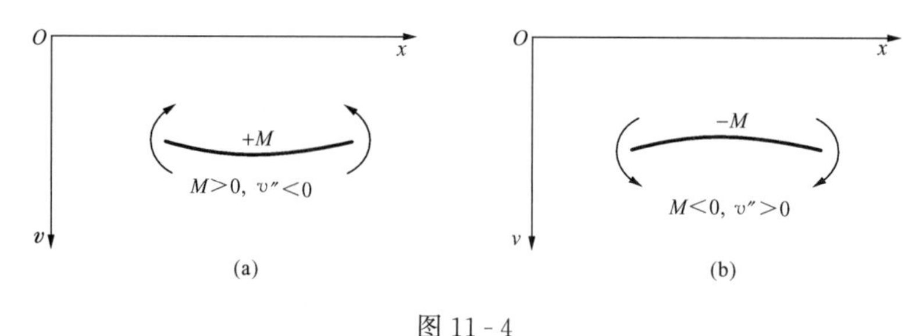

图 11-4

式（11-8）称为**挠曲线近似微分方程**。它的近似性是由于在推导式（11-8）时，略去了剪力对变形的影响，并用$\frac{d^2v}{dx^2}$近似地代替了曲率。但是，对于小挠度梁，根据这一公式得到的结果，在工程应用中是足够精确的。

如果取与图 11-4 不同的坐标系，挠曲线近似微分方程将与式（11-8）有所不同。

对于 EI 为常数的等截面直梁（将 I_z 简写为 I），挠曲线近似微分方程［式（11-8)］又可写为

$$EIv''=-M(x) \tag{11-9}$$

§11-3 用积分法求梁的变形

对于等直梁，可以通过对式（11-9）直接积分，计算梁的挠度和转角。

将式（11-9）两边各乘以 dx，积分一次，得

$$EIv'=EI\theta=-\int M(x)dx+C \tag{11-10}$$

再积分一次，又得

$$EIv=-\iint M(x)dxdx+Cx+D \tag{11-11}$$

上两式中的积分常数 C 和 D，可通过梁支承处或某些截面的已知位移条件来确定，这

些条件称为**边界条件**。图 11 - 5（a）所示悬臂梁固定端的挠度和转角均为零，即边界条件为在 $x=0$ 处，$v_A=0$ 和 $\theta_A=0$；图 11 - 5（b）所示简支梁在两端支座处的挠度为零，即边界条件为在 $x=0$ 处，$v_A=0$，在 $x=l$ 处，$v_A=0$。同时，梁的挠曲线是一条连续光滑的平面曲线，不应该出现图 11 - 6 所示的不连续和不光滑的情形。即在梁的中间，挠曲线的任意点上，其左、右极限截面的挠度和转角相等，这种条件称为**光滑连续性条件**。将这些已知的边界条件和光滑连续性条件代入式（11 - 10）和式（11 - 11），就可确定积分常数 C 和 D。

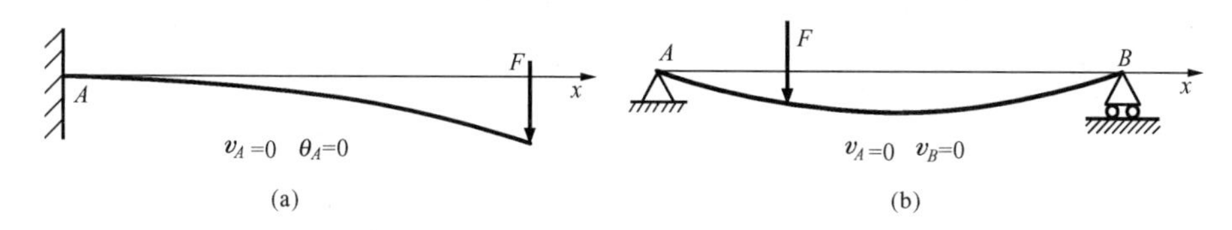

图 11 - 5

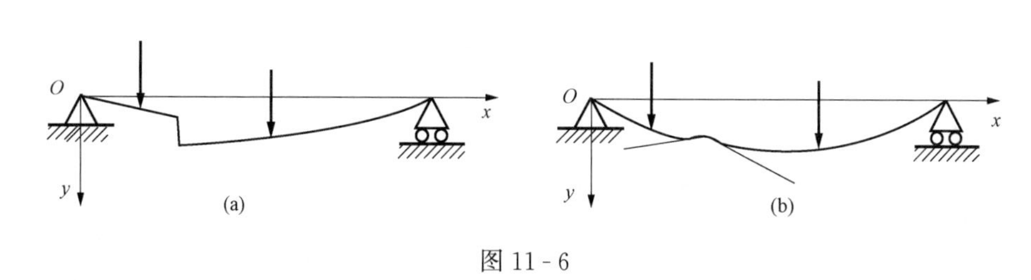

图 11 - 6

根据边界条件和光滑连续性条件就可以确定积分常数。这种求梁的变形的方法称为**积分法**。下面举例说明。

【例 11 - 1】　图示 11 - 7 所示均布载荷作用下的悬臂梁，梁的抗弯刚度 EI 为常数。试求此梁的转角方程和挠度方程，以及最大挠度和最大转角。

解　（1）求未知约束力。由静力学平衡方程求得支座 A 处约束力为

$$F_A=ql,\quad M_A=\frac{1}{2}ql^2$$

（2）列弯矩方程。建立如图 11 - 7 所示的坐标系 xAy，

$$M(x)=-\frac{ql^2}{2}+qlx-\frac{qx^2}{2}$$

（3）列挠曲线微分方程并积分。

$$EIv''=\frac{ql^2}{2}-qlx+\frac{qx^2}{2}$$

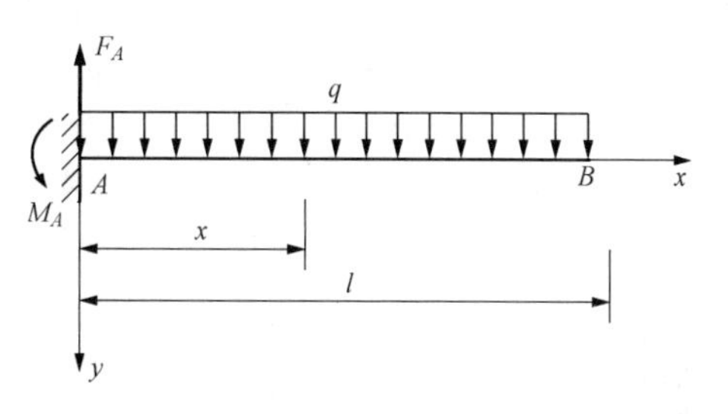

图 11 - 7

积分一次，得

$$EI\theta=\frac{ql^2}{2}x-\frac{1}{2}qlx^2+\frac{qx^3}{6}+C \tag{a}$$

再积分一次，得

$$EIv=\frac{ql^2}{4}x^2-\frac{1}{6}qlx^3+\frac{qx^4}{24}+Cx+D \tag{b}$$

（4）确定积分常数。悬臂梁的边界条件是截面 A 处挠度和转角均等于零，即

$$x=0\text{ 时},\theta=0$$

$$x=0\text{ 时},v=0$$

将上述两个边界条件代入式（a）和式（b），得

$$C=0,D=0$$

(5) 确定转角方程和挠度方程。将求得的积分常数 C 和 D 代入式 (a) 和式 (b)，得转角方程为

$$EI\theta=\frac{ql^2}{2}x-\frac{1}{2}qlx^2+\frac{qx^3}{6} \tag{c}$$

挠度方程为

$$EIv=\frac{ql^2}{4}x^2-\frac{1}{6}qlx^3+\frac{qx^4}{24} \tag{b}$$

(6) 求最大挠度和最大转角。根据梁的受力条件和边界条件，可知 θ_{max} 和 v_{max} 发生在自由端 B 处，将 $x=l$ 代入式 (c) 和式 (d)，得

$$\theta_{max}=\frac{ql^3}{6EI},\ v_{max}=\frac{ql^4}{8EI}$$

根据挠度和转角的符号规定，上述结果表明转角为顺时针，挠度方向为向下。

注意到，在上述求解的第 (2) 步中，若取 x 截面右段梁，列弯矩方程为 $M(x)=-\frac{q}{2}(l-x)^2$，积分一次，得

$$EI\theta=-\frac{q}{6}(l-x)^3+C_1 \tag{e}$$

再积分一次，得

$$EIv=\frac{q}{24}(l-x)^4+C_1x+D_1 \tag{f}$$

将前述两个边界条件代入式 (e) 和式 (f)，得

$$C_1=\frac{1}{6}ql^3,\ D_1=-\frac{1}{24}ql^4$$

此时，转角方程和挠度方程分别为

$$EI\theta=-\frac{q}{6}(l-x)^3+\frac{1}{6}ql^3$$

$$EIv=\frac{q}{24}(l-x)^4+\frac{1}{6}ql^3x-\frac{1}{24}ql^4$$

当 $x=l$ 时，也可求得最大挠度和最大转角。

【例 11-2】 如图 11-8 所示，一悬臂梁在自由端受集中力 F 作用，求梁的转角方程和挠度方程，并求最大转角和最大挠度（梁的抗弯刚度为 EI）。

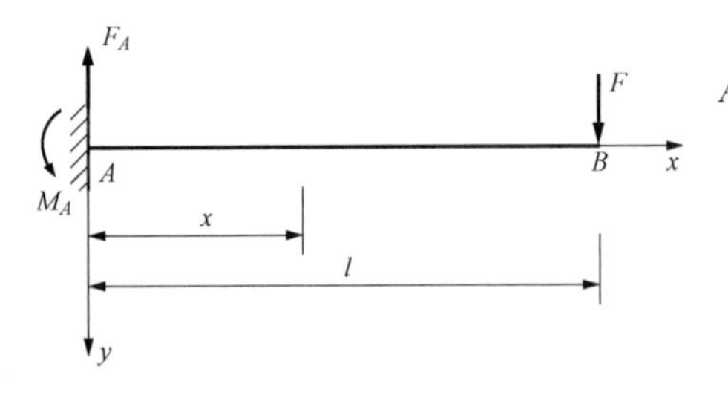

图 11-8

解 (1) 求未知约束力。由静力学平衡方程求得支座 A 处约束力为

$$F_A=F,\ M_A=Fl$$

(2) 列弯矩方程。建立如图 11-8 所示的坐标系 xAy，

$$M(x)=-Fl+Fx$$

(3) 列挠曲线微分方程并积分。

$$EIv''=Fl-Fx$$

积分一次，得

$$EI\theta=Flx-\frac{1}{2}Fx^2+C \tag{a}$$

再积分一次，得

$$EIv=\frac{1}{2}Flx^2-\frac{1}{6}Fx^3+Cx+D \tag{b}$$

(4) 确定积分常数。悬臂梁的边界条件是截面 A 处挠度和转角均等于零，即

$$x=0\ 时,\theta=0$$

$$x=0\text{时},v=0$$

将上述两个边界条件代入式（a）和式（b），得

$$C=0,D=0$$

（5）确定转角方程和挠度方程。将求得的积分常数 C 和 D 代入式（a）和式（b），得转角方程为

$$EI\theta=Flx-\frac{1}{2}Fx^2 \tag{c}$$

挠度方程为

$$EIv=\frac{1}{2}Flx^2-\frac{1}{6}Fx^3 \tag{b}$$

（6）求最大挠度和最大转角。根据梁的受力条件和边界条件，可知 $\theta_{\max}$ 和 $v_{\max}$ 发生在自由端 B 处，将 $x=l$ 代入式（c）和式（d），得

$$\theta_{\max}=\frac{Fl^2}{2EI},\ v_{\max}=\frac{Fl^3}{3EI}$$

根据挠度和转角的符号规定，上述结果表明转角为顺时针，挠度方向为向下。

如果 $F=50\text{kN}$，$l=3\text{m}$，$E=200\text{GPa}$，查附录C型钢表，热轧工字钢 No. 36a 的惯性矩 $I=15800\text{cm}^4$，代入上式，得

$$\theta_B=\frac{50000\times(3\times10^3)^2}{2\times2\times10^5\times15800\times10^4}\text{rad}=0.00711\text{rad}$$

$$v_B=\frac{50000\times(3\times10^3)^3}{3\times2\times10^5\times15800\times10^4}\text{mm}=14.3\text{mm}$$

可见变形是很小的，在 $\left[1+\left(\frac{\mathrm{d}v}{\mathrm{d}x}\right)^2\right]$ 中略去 $\left(\frac{\mathrm{d}v}{\mathrm{d}x}\right)^2$ 是可以的。

值得指出，在计算挠度和转角的具体数值时，应注意单位的统一。

【例 11-3】 桥式吊车梁和建筑工程中的一些梁都可以简化为简支梁。试讨论图 11-9 所示简支梁在均布载荷作用下的弯曲变形。

解　（1）列弯矩方程。由对称性可知，梁的支座约束力相等，且为

$$F_A=F_B=\frac{ql}{2}$$

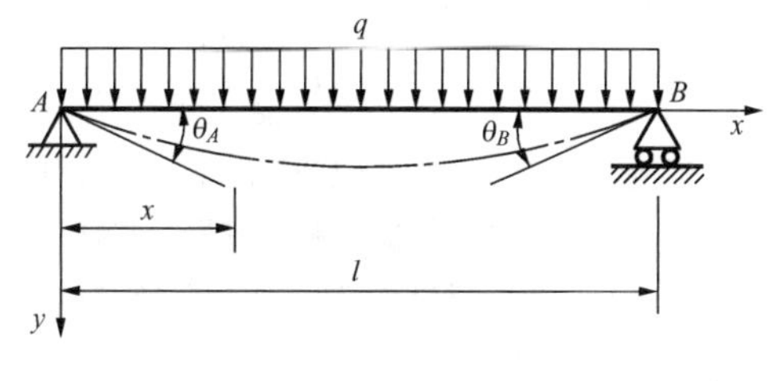

图 11-9

则任意横截面上的弯矩为

$$M(x)=\frac{qlx}{2}-\frac{qx^2}{2}$$

（2）列挠曲线微分方程并积分，得

$$EIv''=-\frac{qlx}{2}+\frac{qx^2}{2}$$

积分一次得

$$EI\theta=-\frac{1}{4}qlx^2+\frac{1}{6}qx^3+C \tag{a}$$

再积分一次得

$$EIv=-\frac{1}{12}qlx^3+\frac{1}{24}qx^4+Cx+D \tag{b}$$

（3）确定积分常数。简支梁的边界条件为两端支座上的挠度都等于零，即

$$x=0\text{时},v=0$$
$$x=l\text{时},v=0$$

将上述两个边界条件代入式（a）和式（b），得

$$C=\frac{ql^3}{24},D=0$$

(4) 确定转角方程和挠度方程。将求得的积分常数 C 和 D 代入式 (a) 和式 (b)，得转角方程和挠度方程分别为

$$EI\theta=-\frac{1}{4}qlx^2+\frac{1}{6}qx^3+\frac{ql^3}{24}$$

$$EIv=-\frac{1}{12}qlx^3+\frac{1}{24}qx^4+\frac{ql^3}{24}x$$

(5) 求最大挠度和最大转角。由于梁上的外力和边界条件都关于跨度中点对称。因此，在梁的跨中，挠曲线切线的斜率 v' 应等于零，即跨中截面的转角为零 $\left(\left.\frac{\mathrm{d}v}{\mathrm{d}x}\right|_{x=\frac{l}{2}}=0\right)$。所以，$v_{\max}$ 发生在梁跨中，将 $x=\frac{l}{2}$ 代入式 (d) 得

$$v_{\max}=\frac{5ql^4}{384EI}$$

最大转角发生在 A、B 两截面，它们的数值相等，符号相反，即

$$\theta_{\max}=\theta_A=-\theta_B=\frac{ql^3}{24EI}$$

【例 11-4】 简支梁在集中力作用下，如图 11-10 所示。试求这一简支梁的转角方程和挠度方程，并求梁的最大挠度和最大转角的值及其所在位置。

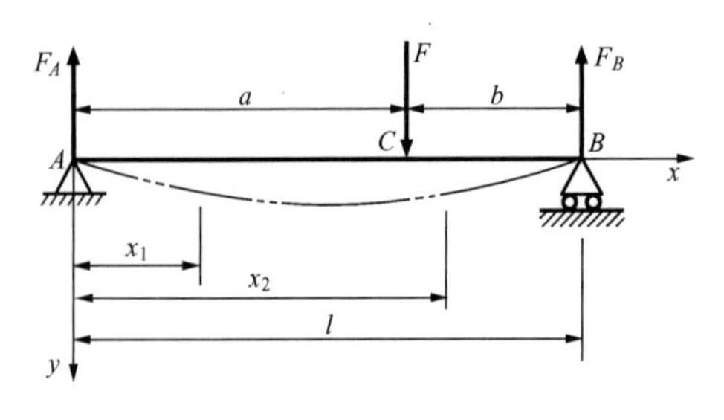

图 11-10

解 (1) 求未知约束力。由静力学平衡方程求得支座 A 和 B 处约束力为

$$F_A=\frac{Fb}{l},F_B=\frac{Fa}{l}$$

(2) 分段列弯矩方程。建立如图 11-10 所示坐标系 xAy，AC 段弯矩方程为

$$M_1(x_1)=\frac{Fb}{l}x_1\quad(0\leqslant x_1\leqslant a)$$

CB 段弯矩方程为

$$M_2(x_2)=\frac{Fb}{l}x_2-F(x_2-a)\quad(a\leqslant x_2\leqslant l)$$

(3) 列挠曲线微分方程并积分。由于 AC 段和 CB 段内的弯矩方程不同，挠曲线的微分方程也就不同。所以，应当分段分别列出挠曲线微分方程，并分别进行积分。在 CB 段内积分时，对含有 (x_2-a) 的项就以 (x_2-a) 为自变量，这样，确定积分常数的运算会得到简化。

AC 段挠曲线方程为

$$EIv_1''=-\frac{Fb}{l}x_1\quad(0\leqslant x_1\leqslant a)$$

积分一次，得

$$EI\theta_1=-\frac{Fb}{l}\frac{x_1^2}{2}+C_1\quad(0\leqslant x_1\leqslant a)\tag{a}$$

再积分一次，得

$$EIv_1=-\frac{Fb}{l}\frac{x_1^3}{6}+C_1x+D_1\quad(0\leqslant x_1\leqslant a)\tag{b}$$

CB 段挠曲线方程为

$$EIv_2''=-\frac{Fb}{l}x_2+F(x_2-a)\quad(a\leqslant x_2\leqslant l)$$

积分一次，得

$$EI\theta_2=-\frac{Fb}{l}\frac{x_2^2}{2}+F\frac{(x_2-a)^2}{2}+C_2\quad(a\leqslant x_2\leqslant l)\tag{c}$$

再积分一次，得

$$EIv_2 = -\frac{Fb}{l}\frac{x_2^3}{6} + F\frac{(x_2-a)^3}{6} + C_2x + D_2 \quad (a \leqslant x_2 \leqslant l) \tag{d}$$

（4）确定积分常数。以上积分中出现四个积分常数，需要四个条件来确定。由支撑处的边界条件和 AC、CB 两段梁交接处的连续条件来确定。由于挠曲线是一条连续光滑的平面曲线，因此，在 AC 和 CB 两段的交界截面 C 处挠度和转角必须相等，即由式（a）确定的转角等于由式（c）确定的转角；且式（b）确定的挠度等于式（d）确定的挠度，即

$$x_1 = x_2 = a, \theta_1 = \theta_2, v_1 = v_2$$

在（a）、（b）、（c）、（d）各式中，令 $x_1=x_2=a$，利用上述连续性条件，得

$$C_1 = C_2, D_1 = D_2$$

同时，梁的边界条件为

$$x_1 = 0 \text{ 时}, v_1 = 0$$

$$x_2 = l \text{ 时}, v_2 = 0$$

将上述两个边界条件代入式（b）和式（d），得

$$D_1 = D_2 = 0$$

$$C_1 = C_2 = \frac{Fb}{6l}(l^2 - b^2)$$

（5）确定转角方程和挠度方程。将求得的四个积分常数代入式（a）～式（d），得 AC 段的转角方程和挠度方程分别为

$$EI\theta_1 = \frac{Fb}{6l}(l^2 - b^2 - 3x_1^2) \quad (0 \leqslant x_1 \leqslant a) \tag{e}$$

$$EIv_1 = \frac{Fbx_1}{6l}(l^2 - b^2 - x_1^2) \quad (0 \leqslant x_1 \leqslant a) \tag{f}$$

CB 段的转角方程和挠度方程分别为

$$EI\theta_2 = \frac{Fb}{6l}\left[(l^2 - b^2 - 3x_2^2) + \frac{3l}{b}(x_2 - a)^2\right](a \leqslant x_2 \leqslant l) \tag{g}$$

$$EIv_2 = \frac{Fb}{6l}\left[(l^2 - b^2 - x_2^2)x_2 + \frac{l}{b}(x_2 - a)^3\right](a \leqslant x_2 \leqslant l) \tag{h}$$

先求梁的最大转角。将 $x_1=0$ 和 $x_2=l$ 分别代入式（e）和式（g），得梁在支座 A、B 截面的转角为

$$\theta_A = \theta_1\big|_{x_1=0} = \frac{Pb(l^2 - b^2)}{6EIl} = \frac{Pab(l+b)}{6EIl} \tag{i}$$

$$\theta_B = \theta_2\big|_{x_2=l} = -\frac{Pab(l+a)}{6EIl} \tag{j}$$

当 $a>b$ 时，可以确定 θ_B 为最大转角。

下面求梁的最大挠度。当 $\theta=\dfrac{dv}{dx}=0$ 时，v 取得极值。当 $a>b$ 时，由式（i）知，$\theta_A=\theta_1\big|_{x_1=0}>0$；而在式（g）中，令 $x_2=a$，有 $\theta_C=\theta_2\big|_{x_2=a}=-\dfrac{Fab}{3EIl}(b-a)<0$。可见，由截面 A 到截面 C，转角由正变负，又因为挠曲线为光滑连续曲线，所以，$\theta=0$ 的截面一定在 AC 段内。为此，令

$$\theta_1 = \frac{dv_1}{dx} = 0$$

得

$$x_1 = \sqrt{\frac{l^2 - b^2}{3}} \tag{k}$$

将此值代入式（f），得最大挠度为

$$v_{max} = v_1\Bigg|_{x_1=\sqrt{\frac{l^2-b^2}{3}}} = \frac{Fb}{9\sqrt{3}EIl}\sqrt{(l^2 - b^2)^3} \tag{l}$$

可见，最大挠度的截面位置将随集中力 F 的作用位置而发生改变。当 $b\to0$ 时，即集中力 F 无限地接近于右端支座，于是由式（k）和式（l）得

$$x_1=\frac{l}{\sqrt{3}}=0.577l$$

$$v_{\max}=v_1\Big|_{x_1=\frac{l}{\sqrt{3}}}=\frac{Fbl^2}{9\sqrt{3}EI}$$

当 $a=b=\dfrac{l}{2}$ 时，$x_1=0.5l$，跨中点的挠度为

$$v_{\frac{l}{2}}=v_1\Big|_{x_1=0.5l}=\frac{Fl^3}{48EI}$$

若用 $v_{\frac{l}{2}}$ 代替 $v_{\max}$ 所引起的误差为

$$\frac{v_{\max}-v_{\frac{l}{2}}}{v_{\max}}=2.65\%$$

综上所述，集中力 F 的作用位置对于最大挠度所在位置的影响并不明显。为了实用上的简便，在简支梁中，只要挠曲线上无拐点，不论集中力 F 的作用位置如何，总可用跨度中点的挠度代替最大挠度，其精确度是能够满足工程计算要求的。

由上例看出，如梁上的载荷复杂，写出弯矩方程时分段越多，积分常数也就越多，确定积分常数会比较冗繁。

积分法的优点是可以求得转角和挠度的普遍方程。但当只需确定某些特定的截面的转角和挠度，而并不需求出转角和挠度的普遍方程时，可以采用其他方法，比如共轭梁法、叠加法。

§11-4 按叠加原理求梁的变形

由上节四个例题的结果可以看出，转角、挠度都与作用的载荷成正比，这是因为在推导挠曲线近似微分方程［式（11-8）］时，是在小变形及材料服从胡克定律的前提下，则方程

$$\frac{d^2v}{dx^2}=-\frac{M(x)}{EI_z}$$

是线性方程，而 $M(x)$ 是根据初始尺寸计算的，因此 $M(x)$ 与外载荷间也是线性关系。所以，梁上同时作用几个载荷产生的内力、变形，等于每一个载荷单独作用产生的内力、变形的代数和（也适用于其他的基本变形），这就是**叠加原理**。

当梁上同时作用几个载荷，而且只需求出某几个特定截面的转角和挠度（不需要知道挠曲线方程）时，用积分法显得烦琐。这时用叠加法要方便得多。

工程上为方便起见，将常见梁在简单载荷作用下的变形计算结果制成表格，供随时查用。附录B给出了简单载荷作用下几种梁的挠曲线方程，最大挠度及端截面的转角。

【例 11-5】 简支梁上作用集度为 q 的均布载荷及集中力，如图 11-11 所示。EI=常数，试用叠加法求梁跨度中点的挠度和 A 截面的转角。

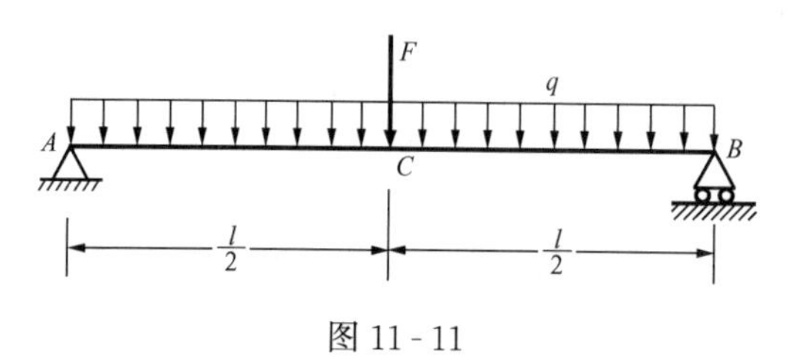

图 11-11

解 （1）在集度为 q 的均布载荷单独作用下，梁跨度中点的挠度和 A 截面的转角查附录B得

$$(v_C)_q=\frac{5ql^4}{384EI},(\theta_A)_q=\frac{ql^3}{24EI}$$

（2）在集中力 F 单独作用下，梁跨度中点的挠度和 A 截面的转角查附录B得

$$(v_C)_F=\frac{Fl^3}{48EI},(\theta_A)_F=\frac{Fl^2}{16EI}$$

(3) 将均布载荷 q 和集中力 F 单独作用下引起的变形叠加，求得在均布载荷 q 和集中力 F 共同作用下梁跨度中点的挠度和 A 截面的转角分别为

$$v_C=(v_C)_q+(v_C)_F=\frac{5ql^4}{384EI}+\frac{Fl^3}{48EI}$$

$$\theta_A=(\theta_A)_q+(\theta_A)_F=\frac{ql^3}{24EI}+\frac{Fl^2}{16EI}$$

§11-5　梁的刚度校核和提高梁刚度的途径

一、刚度条件

梁的刚度校核，就是按梁的刚度条件检查梁的变形是否在设计条件所容许的范围内。所以，梁的刚度条件为

$$\begin{aligned}|v|_{\max}&\leqslant[v]\\|\theta|_{\max}&\leqslant[\theta]\end{aligned}\qquad(11-12)$$

式中：$[v]$ 为梁的许用挠度，在工程中常以梁的跨长的若干分之一表示。例如在土建工程方面 $\left[\frac{v}{l}\right]$ 的值通常限制在 $\frac{1}{250}\sim\frac{1}{1000}$ 的范围内；在机械制造工程方面，对主要轴，$\left[\frac{v}{l}\right]$ 的值则限制在 $\frac{1}{5000}\sim\frac{1}{10000}$ 范围内。$[\theta]$ 为梁的许用转角，在机械工程中一般规定为 0.001～0.005 弧度。

【例 11-6】　如图 11-12 (a) 所示，车床主轴工作时径向切削力 $F_1=2\text{kN}$，齿轮啮合处的径向力 $F_2=1\text{kN}$；主轴外径 $D=80\text{mm}$，内径 $d=40\text{mm}$；$l=400\text{mm}$，$a=200\text{mm}$，C 处的许用挠度 $[v]=0.0001l$，轴承 B 处的许用转角 $[\theta]=0.001\text{rad}$，轴材料的弹性模量 $E=210\text{GPa}$，试校核其刚度。

解　将主轴简化为如图 11-12 (b) 所示的外伸梁，外伸部分的抗弯刚度近似地视为与主轴相同。

(1) 计算变形。主轴横截面的惯性矩为

$$I=\frac{\pi}{64}(D^4-d^4)=\frac{\pi}{64}(80^4-40^4)\text{mm}^4=1.885\times10^6\text{mm}^4$$

由附录 B 查得，在集中力 F_1 单独作用下，如图 11-12 (c) 所示，梁 C 端的挠度和 B 截面的转角分别为

$$\begin{aligned}(v_C)_{F_1}&=\frac{F_1a^2}{3EI}(l+a)\\&=\frac{2000\times200^2}{3\times210\times10^3\times1.885\times10^6}(400+200)\text{mm}\\&=4.04\times10^{-2}\text{mm}\end{aligned}$$

$$\begin{aligned}(\theta_B)_{F_1}&=\frac{F_1al}{3EI}=\frac{2000\times200\times400}{3\times210\times10^3\times1.885\times10^6}\text{rad}\\&=0.1347\times10^{-3}\text{rad}\end{aligned}$$

在集中力 F_1 单独作用下，梁 C 端的挠度和 B 截面的转角［图 11-10 (d)］分别为

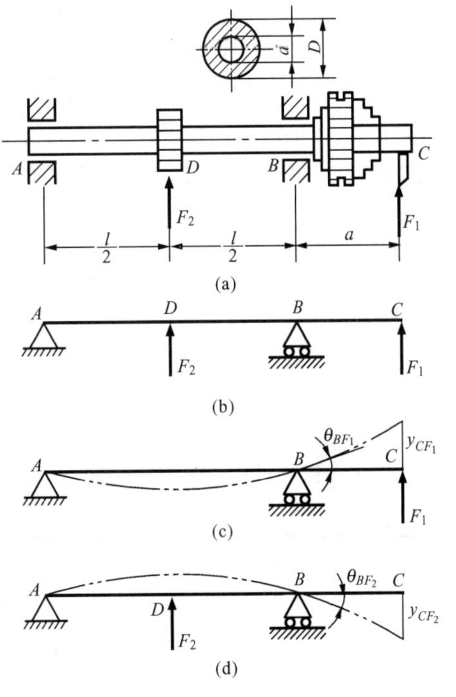

图 11-12

$$(\theta_B)_{F_2}=\frac{F_2l^2}{16EI}=-\frac{1000\times400^2}{16\times210\times10^3\times1.885\times10^6}\text{rad}=-0.0253\times10^{-3}\text{rad}$$

$$(v_C)_{F_2}=(\theta_B)_{F_2}\cdot a=-0.0253\times10^{-3}\times200\text{mm}=-5.06\times10^{-3}\text{mm}$$

由叠加法可知，C 端的总挠度为

$$v_C=(v_C)_{F_1}+(v_C)_{F_2}=4.04\times10^{-2}-5.06\times10^{-3}\text{mm}=0.0353\text{mm}$$

B 截面的总转角为

$$\theta_B=(\theta_B)_{F_1}+(\theta_B)_{F_2}=0.1347\times10^{-3}-0.0253\times10^{-3}\text{rad}=0.1094\times10^{-3}\text{rad}$$

（2）校核刚度。主轴的许用挠度和许用转角为

$$[v]=0.0001l=0.0001\times400=0.04\text{mm}$$

$$[\theta]=0.001\text{rad}$$

因此有

$$v_C=0.0353\text{mm}<[v]=0.04\text{mm}$$

$$\theta_B=0.1094\times10^{-3}\text{rad}<[\theta]=0.001\text{rad}$$

故主轴满足刚度条件。

二、提高梁刚度的途径

梁的弯曲变形与梁的受力、支撑条件及截面的弯曲刚度 EI 有关。所以，以前所述提高弯曲强度的某些措施，例如合理安排梁的约束、改善梁的受力情况等，对于提高梁的刚度仍然是非常有效的。但也应看到，提高梁的刚度与提高梁的强度，是属于两种不同性质的问题。因此，解决的办法也不尽相同。

1. 尽量缩小跨度

缩小跨度是减少弯曲变形的有效方法。以上例子表明，在集中力作用下，挠度与跨度 l 的三次方成正比。如跨度缩小一半，则挠度减为原来的 1/8。可见，减小梁的跨度，刚度的提高是非常显著的。所以工程上对镗刀杆的外伸长度都有一定的规定，以保证锉孔的精度要求。在跨度不能减小的情况下，可采取增加支承的方法提高梁的刚度。例如前面提到的镗刀杆，若外伸部分过长，可在端部加装尾架（图 11-13），以减小镗刀杆的变形，提高加工精度。车削细长工件时，除用尾顶针外，有时还加用中心架（图 11-14）或跟刀架，以减小工件的变形，提高加工精度。对较长的传动轴，有时采用三支承以提高轴的刚度。应该指出，为提高镗刀杆、细长工件和传动轴的弯曲刚度而增加支承，都将使这些杆件由原来的静定梁变为超静定梁。

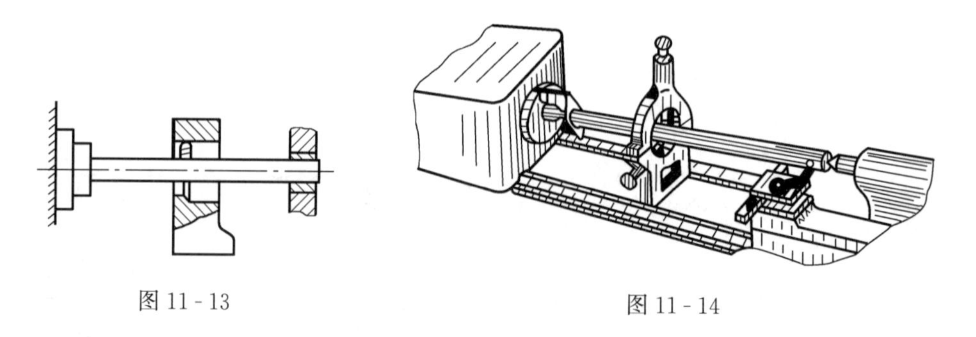

图 11-13　　图 11-14

2. 调整加载方式、改善结构设计

通过调整加载方式，改善结构设计，来降低梁的弯矩值，也可以提高梁的弯曲刚度。例

如图 11 - 15（a）所示简支梁，使 $F=ql$ 时最大挠度为 $v_{\max}=\frac{8ql^4}{384EI}$；若将集中力分散成作用于全梁上的均布载荷［图 11 - 15（b）］，则此时最大挠度仅为 $v_{\max}=\frac{5ql^4}{384EI}$，是集中力 F 作用时的 62.5%。如果将该简支梁的支座内移，改为外伸梁［图 11 - 15（c）］，则梁的最大挠度进一步减小，最大挠度为 $v_{\max}=\frac{0.11ql^4}{384EI}$。

3. 选择合理的截面形状

各种不同形状的截面，尽管其截面面积相等，但惯性矩却并不一定相等。所以选取合理的截面形状，增大截面惯性矩的数值，也是提高弯曲刚度的有效措施。例如工字形、槽形和 T 形截面都比面积相等的矩形截面有更大的惯性矩。所以起重机大梁一般采用工字形或箱形截面，而机器的箱体采用加筋的办法提高箱壁的抗弯刚度，却不采取增加壁厚的方法。一般来说，提高截面惯性矩 I 的数值，往往也同时提高了梁的强度。在强度问题中，更准确地说，是提高弯矩较大的局部范围内的抗弯截面模量。而弯曲变形与全长内各部分的刚度都有关系，往往要考虑提高杆件全长的弯曲刚度。

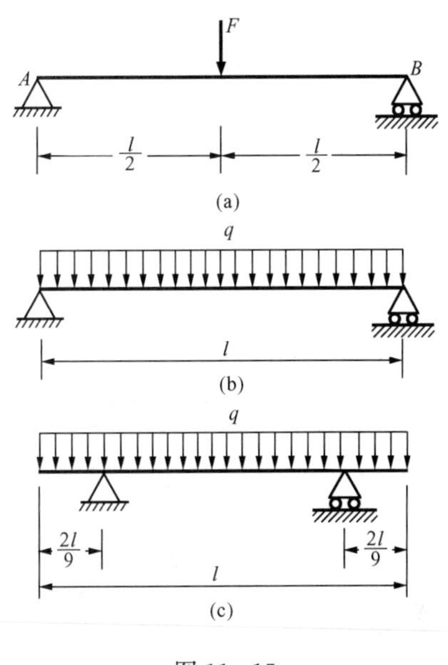

图 11 - 15

最后指出，弯曲变形还与材料的弹性模量 E 有关。对于 E 值不同的材料来说，E 值越大弯曲变形越小。因为各种钢材的弹性模量 E 大致相同，所以为提高弯曲刚度而采用高强度钢材，并不会达到预期的效果。

§11 - 6　简单超静定梁

前面讨论过的梁均为静定梁，即由独立的静力平衡方程就可以求出所有未知力。但是，在工程实际中，为了提高梁的强度和刚度，或由于构造的需要，往往给静定梁再增加约束，于是，梁的约束力的个数超过了静力平衡方程数目，即成为超静定梁。

在超静定梁中，凡是多于维持平衡所必需的约束称为**多余约束**，与其相应的约束力称为**多余约束力**。多余约束力的数目就是超静定的次数。例如图 11 - 14（a）所示的超静定梁为一次超静定梁。

为了求解超静定梁，除了建立外力平衡方程外，还应利用变形协调条件及力与位移之间的关系，建立补充方程，求解超静定梁的方法不止一种，这里介绍一种比较简单的方法——**变形比较法**。

在图 11 - 16（a）所示超静定梁中，固定端 A 有三个约束，将支座 B 视为多余约束，解除 B 支座并用约束力 F_{By} 代替它。这样就得到了一作用载荷 F_P 和未知约束力 F_{By} 的静定的悬臂梁［图 11 - 16（b）］。多余约束解除后，得到的受力与原超静定梁相同的梁，称为原超静定梁的**相当系统**。所谓“相当”，就是指在原载荷 F_P 和未知约束力 F_{By} 的作用下，相当系统的受力和发生变形与原超静定梁的变形是完全一致的。

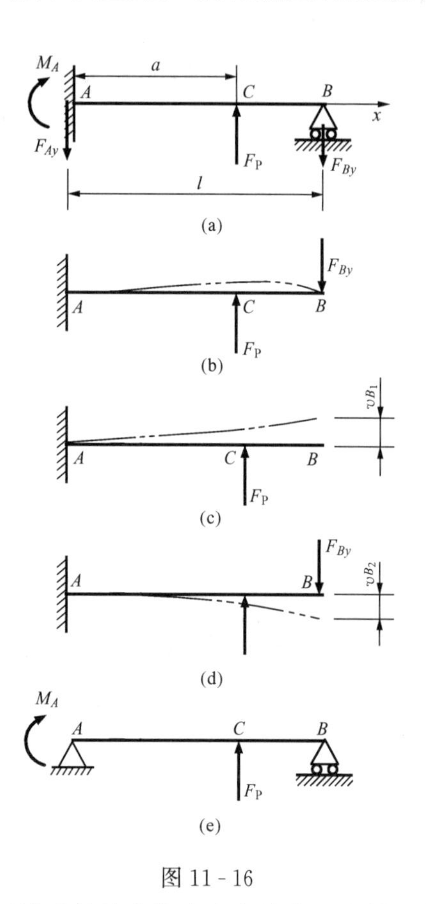

图 11-16

若以 v_{B1} 和 v_{B2} 分别表示 F_P 和 F_{By} 各自单独作用时 B 端的挠度［图 11-16（c）、（d）］，相当系统在多余约束处的变形必须符合原超静定梁的约束条件，即要求

$$v_B=0 \tag{a}$$

由叠加法和积分法可知，在 F_P 和 F_{By} 作用下，相当系统 B 端的挠度为

$$v_B=-\frac{F_Pa^2}{6EI}(3l-a)+\frac{F_{By}l^3}{3EI} \tag{b}$$

将式（b）代入式（a），得补充方程为

$$-\frac{F_Pa^2}{6EI}(3l-a)+\frac{F_{By}l^3}{3EI}=0$$

解得
$$F_{By}=\frac{F_P}{2}\left(3\frac{a^2}{l^2}-\frac{a^3}{l^3}\right)$$

解得超静定梁的多余约束力 F_{By} 后，其余内力、应力及变形的计算与静定梁完全相同。

上面的解题方法关键是比较基本静定系统与原超静定系统在多余约束处的变形，由此写出变形协调条件。因此，称为**变形比较法**。

应该指出，只要不是维持梁的平衡所必需的约束均可作为多余约束。所以，对于图 11-16（a）所示超静定梁来说，也可将固定端处限制 A 截面转动的约束作为多余约束。这样，如果将该约束解除，并以多余约束力偶 M_A 代替其作用，则原梁的基本静定系统如图 11-16（e）所示。而相应的变形协调条件是截面 A 的转角为零，即

$$\theta_A=0$$

由此求得的支座约束力与上述解答完全相同。

思考讨论题

11-1　何谓挠曲轴？何谓挠度与转角？挠度与转角之间有何关系？该关系成立的条件是什么？

11-2　挠曲轴近似微分方程是如何建立的？应用条件是什么？该方程与坐标轴 x 与 v 的选取有何关系？

11-3　如何绘制挠曲轴的大致形状？根据是什么？如何判断挠曲轴的凹、凸与拐点的位置？

11-4　如何利用积分法计算梁位移？如何根据挠度与转角的正负判断位移的方向？最大挠度处的横截面转角是否一定为零？

11-5　何谓叠加法？成立的条件是什么？如何利用该方法分析梁的位移？

11-6　何谓多余约束与多余支反力？何谓相当系统？如何求解超静定梁？如何分析超静定梁的应力与位移？

11-7　试述提高弯曲刚度的主要措施有哪些？提高梁的刚度与提高其强度的措施有何不同？

习　题

11-1　写出图 11-17 所示各梁的边界条件（K 为弹簧刚度）。

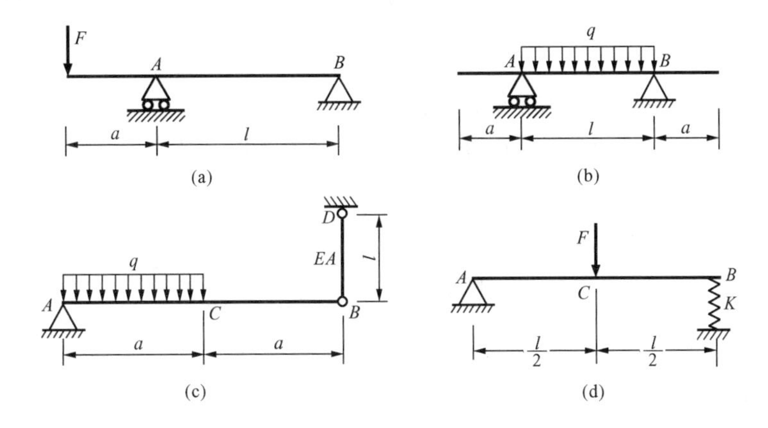

图 11-17　题 11-1 图

11-2　图 11-18 所示各梁的弯曲刚度 EI 均为常数。试根据梁的弯矩图画出挠曲线的大致形状。

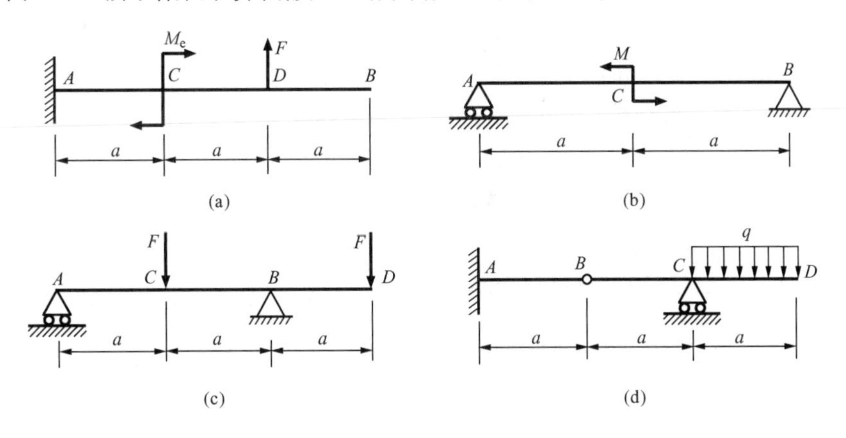

图 11-18　题 11-2 图

11-3　用积分法求图 11-19 所示各梁的挠曲线方程及自由端的挠度和转角。设 EI=常数。

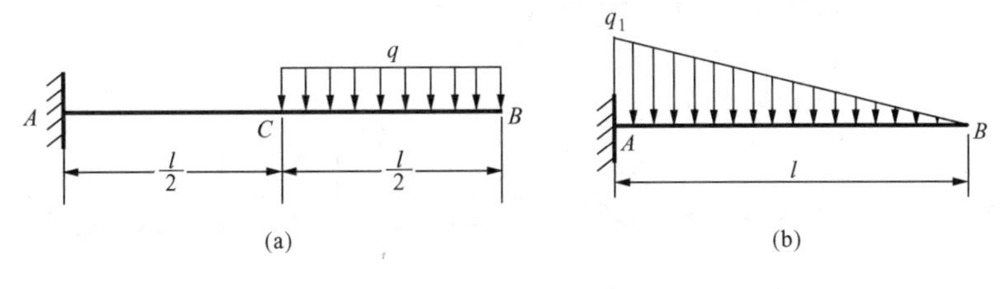

图 11-19　题 11-3 图

11-4　用积分法求图 11-20 所示各梁的挠曲线方程、A 截面转角 θ_A 及跨度中点挠度和最大挠度。设 EI=常数。

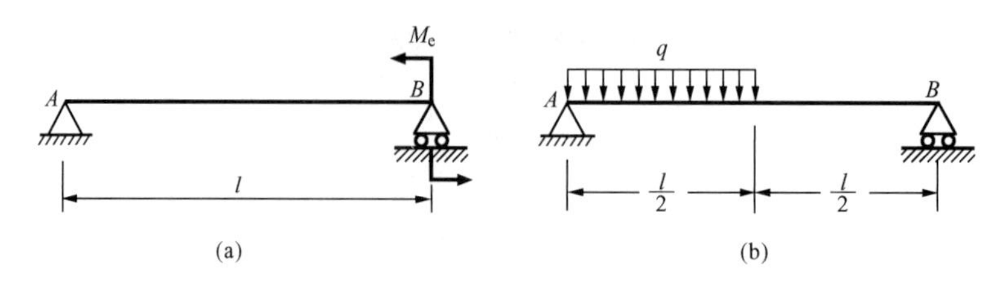

图 11 - 20 题 11 - 4 图

11 - 5 如图 11 - 21 所示，用叠加法求外伸梁在外伸端 A 处的挠度和转角。设 EI=常数。

11 - 6 图 11 - 22 所示为阶梯状变截面的外伸梁，试用叠加法求外伸端的挠度。

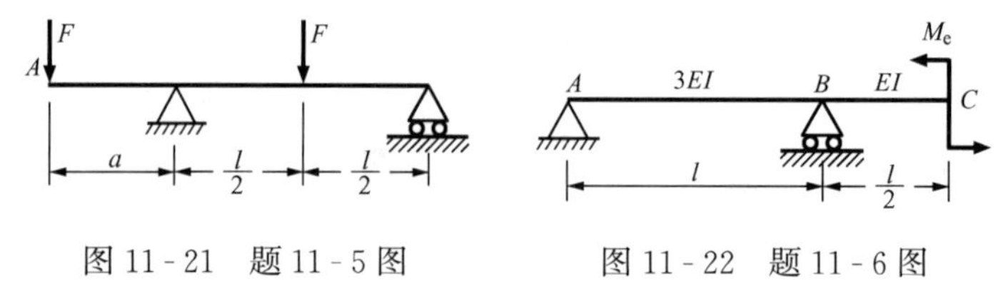

图 11 - 21 题 11 - 5 图　　图 11 - 22 题 11 - 6 图

11 - 7 用叠加法求图 11 - 23 所示梁的最大挠度和转角。

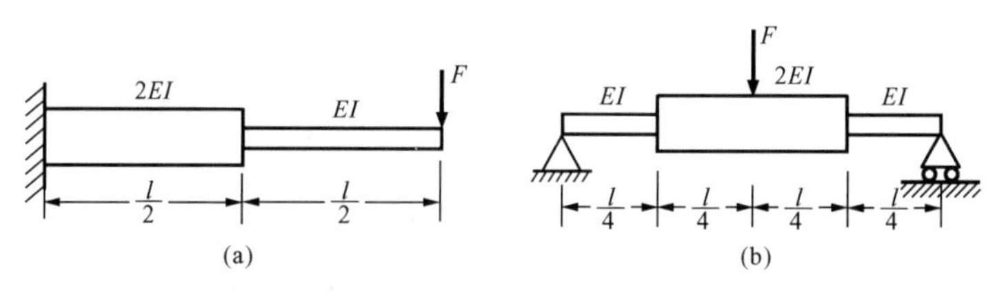

图 11 - 23 题 11 - 7 图

11 - 8 用叠加法求图 11 - 24 所示梁截面 A 的挠度和截面 B 的转角。设 EI=常数，$M=ql^2/2$。

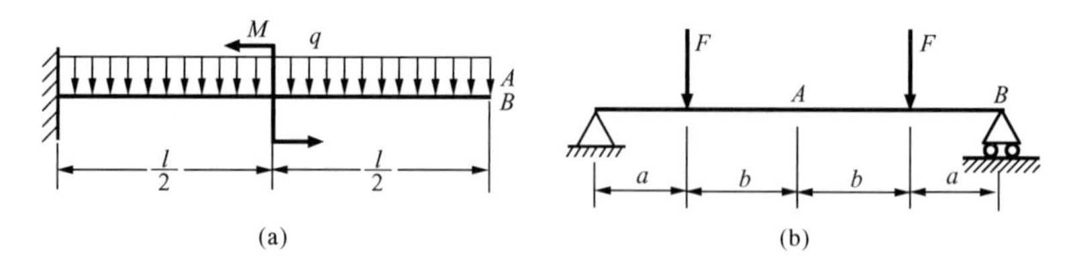

图 11 - 24 题 11 - 8 图

11 - 9 一直角拐如图 11 - 25 所示。AB 段横截面为圆形，BC 段为矩形。A 端固定，B 端为一滑动轴承，C 端作用一集中力 F=60N，有关尺寸如图中所示。已知材料的弹性模量 E=210GPa，剪切弹性模量 $G=0.4E$。试求 C 端的挠度 v_C。

11 - 10 试求如图 11 - 26 所示各超静定梁的支座约束力。

11 - 11 求图 11 - 27 所示结构中 AB 梁 B 截面的挠度（二梁的弯曲刚度均为 EI）。

11 - 12 如图 11 - 28 所示，三个水平放置的悬臂梁，其自由端处自由叠置在一起，已知各梁的弯曲刚度均为

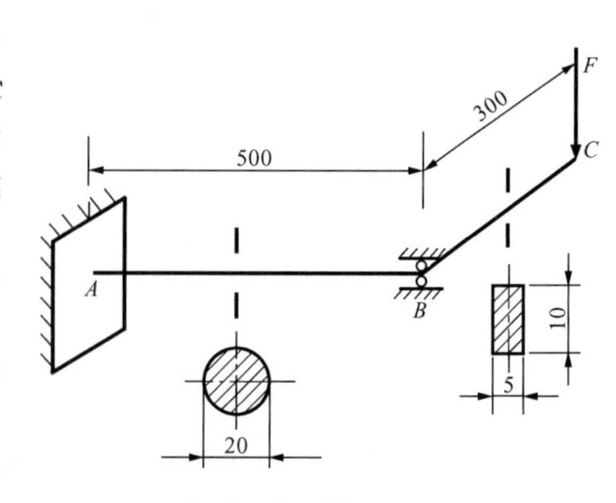

图 11 - 25 题 11 - 9 图

EI。①分析该超静定结构的超静定次数；②画各梁的受力图；③列出求解未知力的补充方程式。

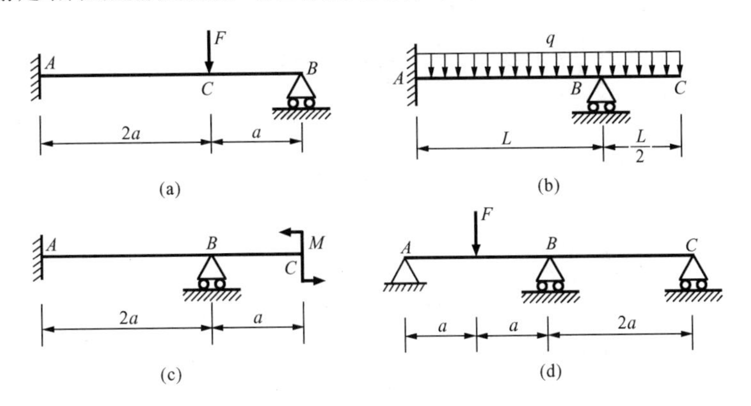

图 11-26　题 11-10 图

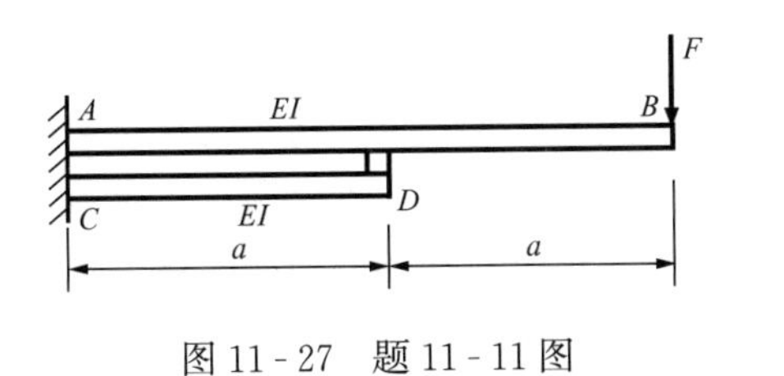

图 11-27　题 11-11 图

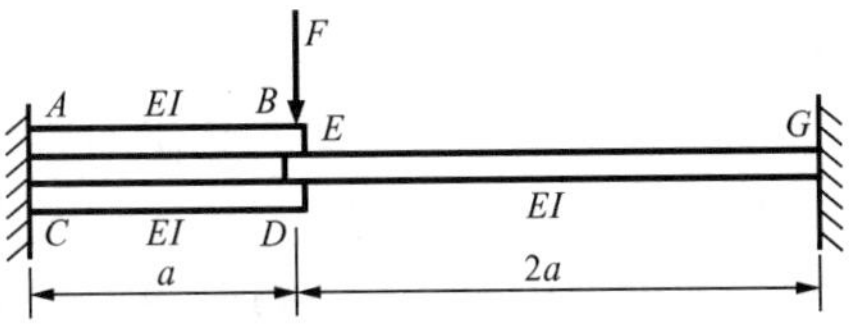

图 11-28　题 11-12 图

习题答案

11-3　(a) $v_B = \dfrac{41ql^4}{384EI}$　$\theta_B = \dfrac{7ql^3}{48EI}$

(b) $v_B = \dfrac{q_1 l^4}{30EI}$　$\theta_B = \dfrac{q_1 l^3}{24EI}$

11-4　(a) $\theta_A = \dfrac{Ml}{6EI}$　$v_{1/2} = \dfrac{Ml^2}{16EI}$　$f_{\max} = \dfrac{Ml^2}{9\sqrt{3}EI}$

(b) $\theta_A = \dfrac{3ql^3}{128EI}$　$v = \dfrac{5ql^4}{768}$

11-5　$v_A = \dfrac{Fa}{48EI}(3l^2 - 16al - 16a^2)$　$\theta_A = \dfrac{-F}{48EI}(-3l^2 + 16al + 24a^2)$

11-6　$v_C = \dfrac{13M_e l^2}{72EI}$

11-7　(a) $\theta_{\max} = \dfrac{5Fl^2}{16EI}$　$f_{\max} = \dfrac{3Fl^3}{16EI}$

(b) $\theta_{\max} = \dfrac{5Fl^2}{128EI}$　$f_{\max} = \dfrac{3Fl^3}{256EI}$

11-8　(a) $v_A = -\dfrac{ql^4}{16EI}$　$\theta_B = -\dfrac{ql^3}{12EI}$

(b) $v_A = \dfrac{Fa}{6EI}(3b^2 + 6ab + 2a^2)$　$\theta_B = -\dfrac{Fa}{2EI}(2b + a)$

11-9　$v_C = 8.21\text{mm}$

11-11　$v_B = \dfrac{13Fa^3}{8EI}$

第十二章　应力状态和强度理论

§12-1　应力状态的基本概念

一、一点处的应力状态

前面对构件的强度分析，主要研究构件横截面上的应力分布规律。对扭转和弯曲的研究表明，同一横截面上不同位置的点通常具有不同的应力。所以，一点处应力是该点坐标的函数。就一点而言，截面上的应力也是随截面的方位而变化的。对于轴向拉压和对称弯曲中的正应力，由于杆件危险点处横截面上的正应力是通过该点各方位截面上正应力的最大值，且处于单向应力状态，故可将其与材料在单向拉伸（压缩）时的许用应力相比较来建立强度条件。同样，对于圆轴扭转和对称弯曲中的切应力，由于杆件危险点处横截面上的切应力是通过该点各方位截面上切应力的最大值，且处于纯剪切应力状态，故可将其与材料在纯剪切下的许用应力相比较来建立强度条件。一般情况下，受力构件内的一点处既有正应力，又有切应力。若对这类点的应力进行强度计算，则需综合考虑正应力和切应力的影响。这时，要研究通过该点不同方位截面上应力的变化规律，来确定该点处的最大正应力和最大切应力及其所在截面的方位。受力构件内一点处不同方位截面上应力的集合，称为**一点处的应力状态**。

实践证明，工程中许多构件是沿横截面破坏的，例如铸铁的拉断，低碳钢圆轴扭断等。但是，铸铁的压断和扭断却是沿着与轴线呈某一角度的斜面破坏。此外，工程上许多构件的受力形式较为复杂，如机械中的齿轮轴受到弯曲与扭转的组合作用，危险截面上的危险点处同时存在最大正应力和最大切应力。为了建立复杂受力构件的强度条件，必须研究构件内一点处各不同方位截面上的应力情况。

二、单元体

为了描述一点处的应力状态，可围绕所考察的点取一个三对面互相垂直的六面体，当各边边长足够小时，六面体便趋于宏观上的“点”。这种六面体称为**单元体**。因单元体的边长极其微小，可认为单元体各面上的应力均匀分布，且相互平行的一对面上的应力大小相等、符号相同。

如图 12-1（a）所示的直杆拉伸，围绕 A 点截取单元体［图 12-1（b）］，单元体的左右两侧面是杆横截面的一部分，其上的应力为 $\sigma=\dfrac{F_N}{A}$；单元体上、下、前、后四个面都是平行于轴线的纵向面，其上没有应力，单元体平面图如图 12-1（c）所示。图 12-1（d）所示单元体，四个侧面虽与纸面垂直，但与杆轴线既不平行也不垂直，则在这四个面上既有正应力

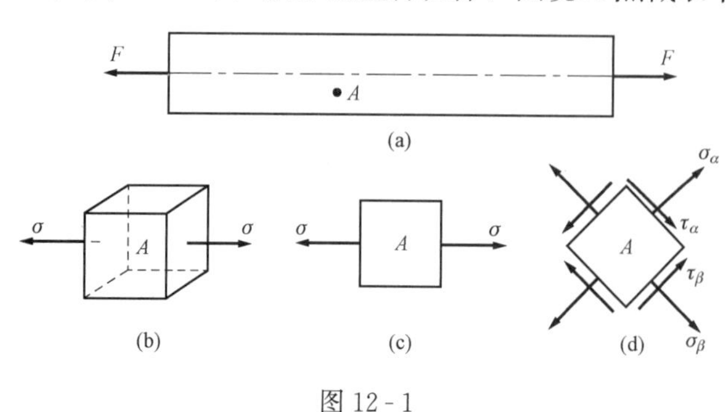

图 12-1

也有切应力。

图 12-2（a）所示矩形截面简支梁，若在距梁的中性层为 y 的 A 点处截取单元体，其各面上的应力如图 12-2（b）所示。在左右两侧面上有正应力和切应力，可按弯曲正应力公式 $\sigma=\frac{M_z y}{I_z}$ 和切应力公式 $\tau=\frac{F_Q S_z^*}{I_z b}$ 求得。由切应力互等定理可知，在上下两平面上有相等的切应力；而在前后两个平面上均无应力作用。单元体平面图如图 12-2（c）所示。同理，从 B、C 点处截取出来的单元体如图 12-2（d）、（e）所示。

在图 12-1（c）和图 12-2（d）中，单元体的三对相互垂直的面上都无切应力，这种切应力等于零的面称为**主平面**。主平面上的正应力称为**主应力**。一般说，通过受力构件的任意点皆可找到三对相互垂直的主平面，因而每一点都有三个主应力，通常用 σ_1、σ_2、σ_3 代表该点三个主应力，并以 σ_1 代表代数值最大的主应力，σ_3 代表代数值最小的主应力，按照代数值从大到小列出，即 $\sigma_1 \geqslant \sigma_2 \geqslant \sigma_3$。对简单拉伸（或压缩），三个主应力中只有一个不等于零，称为**单向应力状态**。若三个主应力中有两个不等于零，称为**二向或平面应力状态**。当三个主应力皆不等于零时，称为**三向或空间应力状态**。单向应力状态也称为**简单应力状态**，二向和三向应力状态统称为**复杂应力状态**。

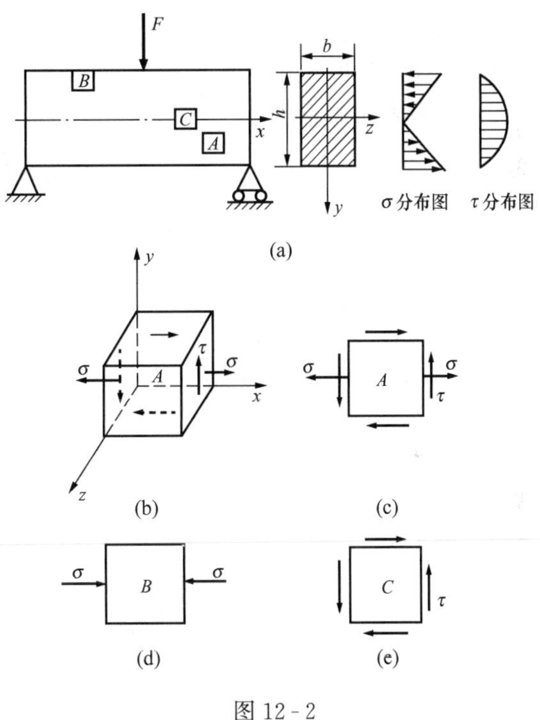

图 12-2

本章由分析平面应力状态开始，先讨论受力构件内一点处的应力状态，然后研究关于材料破坏规律的强度理论。

§12-2　平面应力状态分析

一、平面应力状态的实例

锅炉或其他圆筒形压力容器壁内任意点的应力状态是平面应力状态。设容器承受内压力为 p，容器内直径为 D，厚度为 δ，且 $\delta \ll D$［壁厚 δ 远小于内径 D 的圆筒称为**薄壁圆筒**，如图 12-3（a）所示］，则沿圆筒轴线作用于筒底的总压力［见图 12-3（b）］为 F，且

$$F = p\,\frac{\pi D^2}{4}$$

在力 F 作用下，圆筒横截面上应力 σ' 的计算，属于第七章的轴向拉伸问题。薄壁圆筒的横截面面积是 $A=\pi D\delta$，故

$$\sigma' = \frac{F}{A} = \frac{p\,\frac{\pi D^2}{4}}{\pi D\delta} = \frac{pD}{4\delta} \tag{12-1}$$

用相距为 l 的两个横截面和包含直径的纵向平面，从圆筒中截取一部分［见图 12－3(c)］。若在筒壁的纵向截面上应力为 σ''（认为沿壁厚方向 σ'' 为常量），则内力为

$$F_N = \sigma''\delta l$$

在这一部分圆筒内壁的微分面积 $l \cdot \frac{D}{2}\mathrm{d}\varphi$ 上，压力为 $pl \cdot \frac{D}{2}\mathrm{d}\varphi$。它在 y 方向的投影为 $pl \cdot \frac{D}{2}\mathrm{d}\varphi \cdot \sin\varphi$。通过积分求出上述投影的总和为

$$\int_0^{\pi} pl \cdot \frac{D}{2}\mathrm{d}\varphi \cdot \sin\varphi = plD$$

积分结果表明，截出部分的内表面在纵向平面上的投影面积 lD 与 p 的乘积，就等于内压作用于截出段内表面上的合力。由平衡方程 $\sum F_y = 0$，得

$$2\sigma''\delta l - plD = 0$$

$$\sigma'' = \frac{pD}{2\delta} \tag{12-2}$$

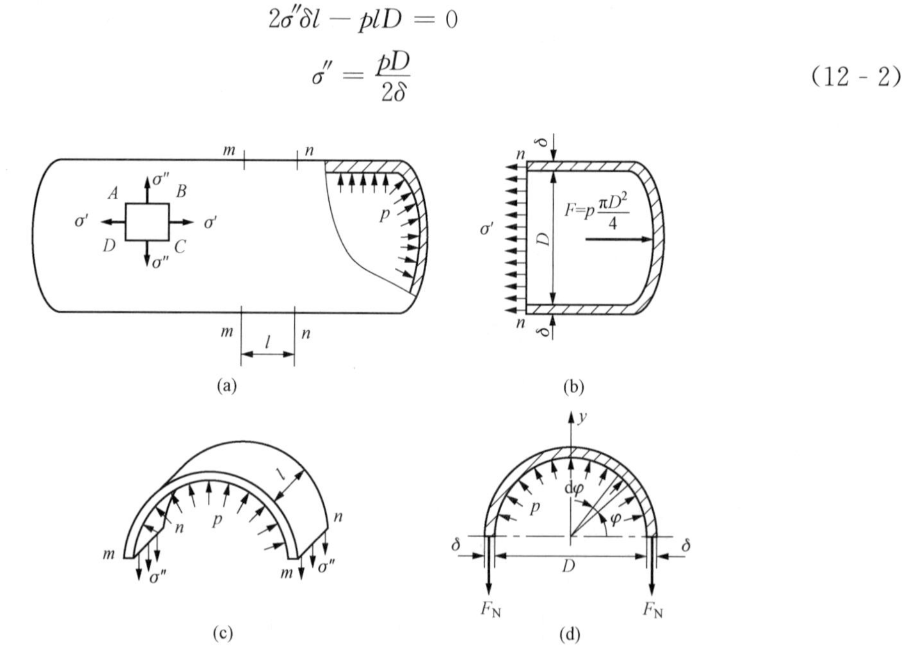

图 12－3

从式（12－1）和式（12－2）看出，纵向截面上的应力 σ'' 是横截面上应力 σ' 的两倍。

σ' 作用的截面就是直杆轴向拉伸的横截面，这类截面上没有切应力。又因内压力是轴对称载荷，所以在 σ'' 作用的纵向截面上也没有切应力。这样，通过壁内任意点的纵横两截面皆为主平面，σ' 和 σ'' 皆为主应力。此外，在单元体的第三个方向上，有作用于内壁的内压力 p 和作用于外壁的大气压力，它们都远小于 σ' 和 σ''，可以认为等于零。于是，三个主应力分别为

$$\sigma_1 = \sigma'' = \frac{pD}{2\delta}, \sigma_2 = \sigma' = \frac{pD}{4\delta}, \sigma_3 = 0$$

由于三个主应力中有两个不等于零，因此得到了平面应力状态。

此外，从前面扭转和弯曲的研究中发现，最大应力通常发生在构件的表层。构件表面一般为自由表面。自由表面上的正应力和切应力均为零。所以，自由表面对应其中一个主平

面，且该主平面上的主应力为零。因此，从构件表层取出的单元体属于平面应力状态，这是最具有实际意义的。

二、平面应力状态分析的解析法

圆轴扭转时，横截面上除了圆心以外，任一点都有切应力。由此可见，对于这些点而言，横截面不是主平面。横力弯曲时，横截面上除了上、下边缘和中性轴上的点以外，任一点上既有正应力也有切应力。由此可见，横截面也不是这些点的主平面，横截面上的弯曲正应力也不是主应力。下面讨论：已知过一点的某些截面上的应力，如何确定过该点其他截面上的应力以及主应力和主平面。

已知一平面应力状态单元体上的应力分量为σ_x、σ_y、τ_{xy}和τ_{yx}，如图 12-4（a）所示。图 12-4（b）为单元体的正投影。其中，σ_x 和τ_{xy}是法线与 x 轴平行的面上的正应力和切应力；σ_y 和τ_{yx}是法线与 y 轴平行的面上的正应力和切应力。切应力 τ_{xy}（或 τ_{yx}）有两个下角标，第一个下角标 x（或 y）表示切应力作用面的法线方向；第二个下角标 y（或 x）表示切应力的方向平行于 y 轴（或 x 轴）。应力的符号规定为：正应力以拉应力为正，而压应力为负；切应力对单元体内任意点的矩为顺时针转向时，规定为正，反之为负。按照上述规定，图 12-4（a）中 σ_x、σ_y 和 τ_{xy} 为正，而 τ_{yx} 为负。

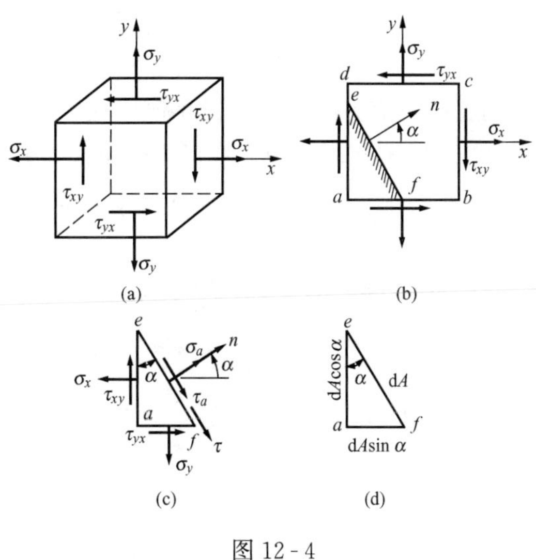

图 12-4

取与该单元体前、后两平面垂直的任意斜截面 ef，其外法线 n 与 x 轴的夹角为 α，规定：由 x 轴转到外法线 n 为逆时针转向时，α 为正，反之为负。截面 ef 把单元体分成两部分，研究 aef 部分的平衡［见图 12-4（c)］。斜截面 ef 上的应力有正应力 σ_α 和切应力 τ_α。若 ef 面的面积为 $\mathrm{d}A$［见图 12-4（d)］，则 af 面和 ae 面的面积应分别是 $\mathrm{d}A\sin\alpha$ 和 $\mathrm{d}A\cos\alpha$。把作用于 aef 部分上的力投影于 ef 面的外法线 n 和切线 τ 的方向，所得平衡方程是

$$\sigma_\alpha \mathrm{d}A-(\sigma_x \mathrm{d}A\cos\alpha)\cos\alpha+(\tau_{xy}\mathrm{d}A\cos\alpha)\sin\alpha$$
$$-(\sigma_y \mathrm{d}A\sin\alpha)\sin\alpha+(\tau_{yx}\mathrm{d}A\sin\alpha)\cos\alpha=0$$
$$\tau_\alpha \mathrm{d}A-(\sigma_x \mathrm{d}A\cos\alpha)\sin\alpha-(\tau_{xy}\mathrm{d}A\cos\alpha)\cos\alpha$$
$$+(\sigma_y \mathrm{d}A\sin\alpha)\cos\alpha+(\tau_{yx}\mathrm{d}A\sin\alpha)\sin\alpha=0$$

根据切应力互等定理，τ_{xy}和τ_{yx}在数值上相等，简化上述平衡方程，得

$$\sigma_\alpha=\frac{\sigma_x+\sigma_y}{2}+\frac{\sigma_x-\sigma_y}{2}\cos2\alpha-\tau_{xy}\sin2\alpha \tag{12-3}$$

$$\tau_\alpha=\frac{\sigma_x-\sigma_y}{2}\sin2\alpha+\tau_{xy}\cos2\alpha \tag{12-4}$$

式（12-3）和式（12-4）表明，斜截面上的正应力 σ_α 和切应力 τ_α 随 α 角的改变而变化，即 σ_α 和 τ_α 都是 α 的函数。

下面利用式（12-3）和式（12-4）求正应力和切应力的极值，并确定其所在平面位置。

将式（12-3）对变量 α 取一阶导数，得

$$\frac{\mathrm{d}\sigma_\alpha}{\mathrm{d}\alpha}=-2\left(\frac{\sigma_x-\sigma_y}{2}\sin 2\alpha+\tau_{xy}\cos 2\alpha\right) \tag{12-5}$$

若 $\alpha=\alpha_0$ 时，能使导数 $\frac{\mathrm{d}\sigma_\alpha}{\mathrm{d}\alpha}=0$，则在方位角为 α_0 的截面上，正应力取得极值。以 α_0 代入式（12-5），并令其等于零，即

$$\frac{\sigma_x-\sigma_y}{2}\sin 2\alpha_0+\tau_{xy}\cos 2\alpha_0=0 \tag{12-6}$$

由此得出

$$\tan 2\alpha_0=-\frac{2\tau_{xy}}{\sigma_x-\sigma_y} \tag{12-7}$$

由式（12-7）可以求得相差90°的两个角 α_0，它们确定两个互相垂直的平面，一个是正应力的极大值所在的平面，另一个是正应力的极小值所在的平面。比较式（12-4）和式（12-6）发现，满足式（12-6）的 α_0 的值恰好使 τ_α 等于零。也就是说，正应力取得极值的平面上切应力为零，而切应力为零的平面是主平面，主平面上的正应力就是主应力，所以，主应力就是正应力的极大或极小值（最大或最小值）。由式（12-7）求出 $\sin 2\alpha_0$ 和 $\cos 2\alpha_0$，代入式（12-3），求得极大和极小的正应力分别为

$$\left.\begin{matrix}\sigma_{\max}\\ \sigma_{\min}\end{matrix}\right\}=\frac{\sigma_x+\sigma_y}{2}\pm\sqrt{\left(\frac{\sigma_x-\sigma_y}{2}\right)^2+\tau_{xy}^2} \tag{12-8}$$

对式（12-5）求 α 的一阶导数，得

$$\frac{\mathrm{d}^2\sigma_\alpha}{\mathrm{d}\alpha^2}=-2[(\sigma_x-\sigma_y)\cos 2\alpha-2\tau_{xy}\sin 2\alpha] \tag{12-9}$$

由式（12-7）有

$$\sigma_x-\sigma_y=-\frac{2\tau_{xy}}{\tan 2\alpha_0} \tag{12-10}$$

或

$$2\tau_{xy}=-(\sigma_x-\sigma_y)\tan 2\alpha_0 \tag{12-11}$$

式（12-10）代入式（12-9）（$\alpha=\alpha_0$），得

$$\frac{\mathrm{d}^2\sigma_\alpha}{\mathrm{d}\alpha^2}=\frac{4\tau_{xy}}{\sin 2\alpha_0} \tag{12-12}$$

式（12-11）代入式（12-9）（$\alpha=\alpha_0$），得

$$\frac{\mathrm{d}^2\sigma_\alpha}{\mathrm{d}\alpha^2}=-\frac{2(\sigma_x-\sigma_y)}{\cos 2\alpha_0} \tag{12-13}$$

现在考虑 $|\alpha_0|\leqslant\frac{\pi}{4}$ 所确定的主平面，即其外法线距 x 轴较近的主平面。由于 $\cos 2\alpha_0>0$，显然由式（12-13）知，$\frac{\mathrm{d}^2\sigma_\alpha}{\mathrm{d}\alpha^2}$ 的正负由 $\sigma_x-\sigma_y$ 确定。

若 $\sigma_x>\sigma_y$，则 $\frac{\mathrm{d}^2\sigma_\alpha}{\mathrm{d}\alpha^2}<0$，这表明 α_0 所确定的主平面上的正应力取极大值，即最大正应力 $\sigma_{\max}$ 所在的主平面靠近 σ_x。

若 $\sigma_x<\sigma_y$，则$\dfrac{d^2\sigma_\alpha}{d\alpha^2}>0$，这表明 α_0 所确定的主平面上的正应力取极小值，即最小正应力 σ_{min}所在的主平面靠近 σ_x，也就是最大正应力 σ_{max}所在的主平面靠近 σ_y。

综上所述，最大正应力 σ_{max}所在的主平面靠近 σ_x 和 σ_y 中的数值较大者。由切应力 τ_{xy} 确定 σ_{max}所在的主平面留给读者讨论。

下面用完全相似的方法，确定最大和最小切应力以及它们所在的平面。将式（12 - 4）对 α 取一阶导数，得

$$\frac{d\tau_\alpha}{d\alpha}=(\sigma_x-\sigma_y)\cos2\alpha-2\tau_{xy}\sin2\alpha \tag{12 - 14}$$

若 $\alpha=\alpha_1$ 时，能使导数$\dfrac{d\tau_\alpha}{d\alpha}=0$，则在方位角为 α_1 的截面上，切应力取得极值。以 α_1 代入式（12 - 14），并令其等于零，即

$$(\sigma_x-\sigma_y)\cos2\alpha_1-2\tau_{xy}\sin2\alpha_1=0$$

于是

$$\tan2\alpha_1=\frac{\sigma_x-\sigma_y}{2\tau_{xy}} \tag{12 - 15}$$

由式（12 - 15）可以求得相差 90°的两个角 α_1，它们确定两个互相垂直的平面，分别作用着最大和最小的切应力。由式（12 - 15）求出 $\sin2\alpha_1$ 和 $\cos2\alpha_1$，代入式（12 - 4），求得切应力的极大和极小值分别为

$$\left.\begin{matrix}\tau_{max}\\ \tau_{min}\end{matrix}\right\}=\pm\sqrt{\left(\frac{\sigma_x-\sigma_y}{2}\right)^2+\tau_{xy}^2} \tag{12 - 16}$$

比较式（12 - 7）和式（12 - 15），得

$$\tan2\alpha_0=-\frac{1}{\tan2\alpha_1}$$

所以

$$2\alpha_1=2\alpha_0+\frac{\pi}{2},\alpha_1=\alpha_0+\frac{\pi}{4} \tag{12 - 17}$$

即最大和最小切应力所在平面与主平面的夹角为 45°。

【例 12 - 1】　处于平面应力状态的单元体各面上的应力如图 12 - 5 所示。试求主应力并确定主平面方位。

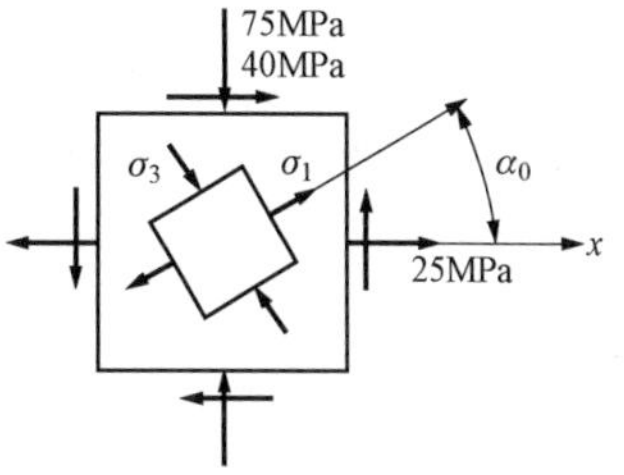

解　按照应力的符号规则，$\sigma_x=25\text{MPa}$，$\sigma_y=-75\text{MPa}$，$\tau_{xy}=-40\text{MPa}$，由式（12 - 7），得

$$\tan2\alpha_0=-\frac{2\tau_{xy}}{\sigma_x-\sigma_y}=-\frac{2\times(-40)}{25-(-75)}=0.8$$

$$\alpha_0=19.33°\text{ 或 }\alpha_0=109.33°$$

图 12 - 5

将 $\alpha_0=19.33°$或 $\alpha_0=109.33°$分别代入式（12 - 3），求出主应力为

$$\sigma_{19.3°}=\frac{25+(-75)}{2}+\frac{25-(-75)}{2}\cos38.66°-(-40)\sin38.66°=39\text{MPa}$$

$$\sigma_{109.3°}=\frac{25+(-75)}{2}+\frac{25-(-75)}{2}\cos218.66°-(-40)\sin218.66°=-89\text{MPa}$$

可见，在由 $\alpha_0=19.33°$确定的主平面上，作用着最大主应力 $\sigma_{max}=39\text{MPa}$；在由 $\alpha_0=109.33°$确定的主平面上，作用着最小主应力 $\sigma_{min}=-89\text{MPa}$。按照主应力的记号规定，即 $\sigma_1\geqslant\sigma_2\geqslant\sigma_3$，单元体的三个主应力分别为

$$\sigma_1 = 39\text{MPa},\ \sigma_2 = 0\text{MPa},\ \sigma_3 = -89\text{MPa}$$

主应力的数值也可以由式（12-8）求得

$$\left.\begin{matrix}\sigma_{\max}\\ \sigma_{\min}\end{matrix}\right\} = \frac{25+(-75)}{2} \pm \sqrt{\left(\frac{25-(-75)}{2}\right)^2 + (-40)^2} = \begin{cases}-89\text{MPa}\\ 39\text{MPa}\end{cases}$$

按照主应力的记号规定，单元体的三个主应力分别为

$$\sigma_1 = 39\text{MPa},\ \sigma_2 = 0\text{MPa},\ \sigma_3 = -89\text{MPa}$$

由于 $\sigma_x > \sigma_y$，故在由 $\alpha_0 = 19.33°$确定的主平面上，作用着最大主应力 $\sigma_{\max} = 39\text{MPa}$；在由 $\alpha_0 = 109.33°$确定的主平面上，作用着最小主应力 $\sigma_{\min} = -89\text{MPa}$。

【例 12-2】 分析圆轴扭转时最大切应力的作用面，说明铸铁圆试样扭转破坏的主要原因。

解 圆轴扭转时，横截面的边缘切应力最大，其值为

$$\tau = \frac{M_x}{W_p} = \frac{M_e}{W_p}$$

在圆轴的表面，由横截面、纵截面以及圆柱面截取的单元体如图 12-6（b）所示，六面体与横截面和纵截面对应的面上都只有切应力作用，即 $\sigma_x = \sigma_y = 0$，$\tau_{xy} = \tau$。因此，圆轴扭转时，其上任意一点的应力状态都是纯剪应力状态。

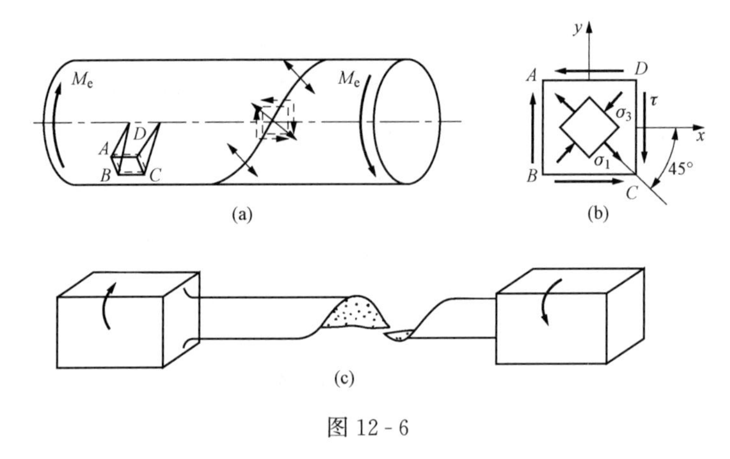

图 12-6

根据式（12-3）和式（12-4），得到任意斜截面上的正应力和切应力分别为

$$\sigma_\alpha = -\tau_{xy}\sin 2\alpha$$

$$\tau_\alpha = \tau_{xy}\cos 2\alpha$$

根据这一结果，当 $\alpha = \pm 45°$时，斜截面上只有正应力，没有切应力。$\alpha = 45°$时（自 x 轴逆时针方向转过 45°），压应力最大；$\alpha = -45°$时（自 x 轴顺时针方向转过 45°），拉应力最大

$$\sigma_{45°} = -\tau_{xy}$$

$$\tau_{45°} = 0$$

$$\sigma_{-45°} = \tau_{xy}$$

$$\tau_{-45°} = 0$$

按照主应力的记号规定，即 $\sigma_1 \geqslant \sigma_2 \geqslant \sigma_3$，单元体的三个主应力分别为

$$\sigma_1 = \sigma_{\max} = \tau, \sigma_2 = 0, \sigma_3 = \sigma_{\min} = -\tau$$

铸铁圆试样扭转实验时，表面各点 $\sigma_{\max}$所在的主平面连成倾角为 45°的螺旋面。由于铸铁抗拉强度较低，试样正是沿着最大拉应力作用面（即 $\alpha = -45°$螺旋面）而发生断裂，如图 12-6（c）所示。因此，可以认为这种破坏是由最大拉应力引起的。

三、平面应力状态分析的图解法

平面应力状态下，在法线倾角为 α 的斜面上，应力由式（12-3）和式（12-4）来计算。

式（12-3）和式（12-4）可认为是关于 α 的参数方程，为了消去参数 α，将两式改写为

$$\sigma_\alpha - \frac{\sigma_x + \sigma_y}{2} = \frac{\sigma_x - \sigma_y}{2}\cos 2\alpha - \tau_{xy}\sin 2\alpha$$

$$\tau_\alpha = \frac{\sigma_x - \sigma_y}{2}\sin 2\alpha + \tau_{xy}\cos 2\alpha$$

以上两式等号两边平方后相加，得

$$\left(\sigma_\alpha - \frac{\sigma_x + \sigma_y}{2}\right)^2 + \tau_\alpha^2 = \left(\frac{\sigma_x - \sigma_y}{2}\right)^2 + \tau_{xy}^2 \tag{12-18}$$

由于平面应力状态单元体各面上的应力 σ_x、σ_y 和 τ_{xy} 为已知量，于是，式（12-18）是一个以 σ_α 和 τ_α 为变量的圆方程。当斜截面随方位角 α 变化时，其圆心位于横坐标轴（σ 轴）上，横坐标为 $\frac{\sigma_x + \sigma_y}{2}$，圆周的半径为 $\sqrt{\left(\frac{\sigma_x - \sigma_y}{2}\right)^2 + \tau_{xy}^2}$，如图 12-7 所示。该圆称为**应力圆，或莫尔（O. Mohr）应力圆**。

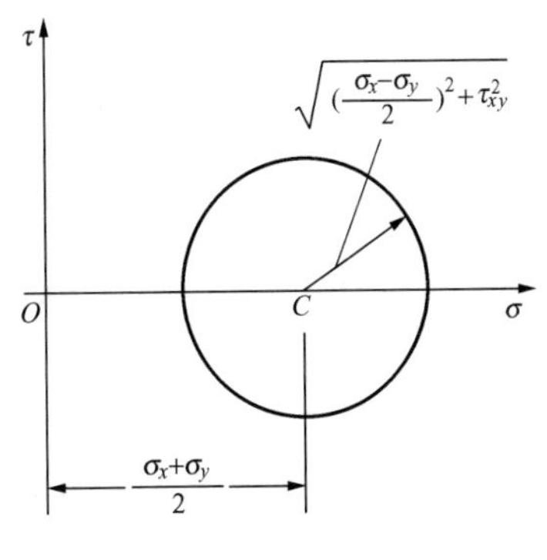

图 12-7

现以图 12-8（a）所示平面应力状态的单元体为例说明应力圆的画法。按一定比例尺量取 $OA=\sigma_x$，$AD=\tau_{xy}$，确定 D 点［见图 12-8（b）］。D 点的坐标代表以 x 为法线的面上的应力。量取 $OB=\sigma_y$，$BD'=\tau_{yx}$，确定 D' 点。D' 点的坐标代表以 y 为法线的面上的应力。连接 D 和 D'，与 σ 轴交于 C 点。若以 C 点为圆心，CD 为半径作圆，由于圆心 C 的纵坐标为零，横坐标 OC 和圆半径 CD 又分别为

$$OC = OB + \frac{1}{2}(OA - OB) = \frac{1}{2}(OA + OB) = \frac{\sigma_x + \sigma_y}{2}$$

$$CD = \sqrt{CA^2 + AD^2} = \sqrt{\left(\frac{\sigma_x - \sigma_y}{2}\right)^2 + \tau_{xy}^2}$$

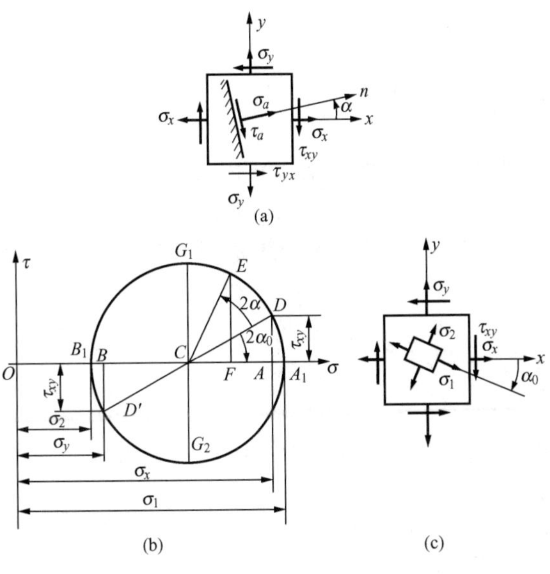

图 12-8

所以，这一圆周就是相应于该单元体应力状态的应力圆。

可以证明，单元体内任意斜截面上的应力都对应着应力圆上的一个点。例如，由 x 轴到任意斜截面法线 n 的夹角为逆时针的 α 角。在应力圆上，从 D 点（它代表以 x 轴为法线的面上的应力）也按逆时针方向沿圆周转到 E 点，且使 DE 弧所对的圆心角为 α 的两倍，则 E 点的坐标就代表以 n 为法线的斜截面上的应力。这时，E 点的坐标是

$$\begin{aligned} OF &= OC + CF \\ &= OC + CE\cos(2\alpha_0 + 2\alpha) \\ &= OC + CE\cos 2\alpha_0 \cos 2\alpha - CE\sin 2\alpha_0 \sin 2\alpha \end{aligned}$$

$$FE = CE\sin(2\alpha_0 + 2\alpha) = CE\sin 2\alpha_0 \cos 2\alpha + CE\cos 2\alpha_0 \sin 2\alpha \qquad (12-19)$$

由于 CE 和 CD 同为圆周的半径，故

$$CE\cos 2\alpha_0 = CD\cos 2\alpha_0 = CA = \frac{\sigma_x - \sigma_y}{2}$$

$$CE\sin 2\alpha_0 = CD\sin 2\alpha_0 = AD = \tau_{xy}$$

将上两式代入（12 - 19），得

$$OF = \frac{\sigma_x + \sigma_y}{2} + \frac{\sigma_x - \sigma_y}{2}\cos 2\alpha - \tau_{xy}\sin 2\alpha = \sigma_\alpha$$

$$FE = \frac{\sigma_x - \sigma_y}{2}\sin 2\alpha + \tau_{xy}\cos 2\alpha = \tau_\alpha$$

此即式（12 - 3）和式（12 - 4）。

这就证明了 E 点的坐标代表方位角为 α 的斜截面上的应力。

从以上作图及证明可以看出，应力圆上的点与单元体上的面之间的一一对应关系。单元体某一面上的应力，必对应于应力圆上某一点的坐标，单元体上任意 A、B 两个面的外法线之间的夹角若为 β，则在应力圆上代表该两个面上应力的两点之间的圆弧段所对的圆心角必为 2β，且两者的转向一致（图 12 - 9）。实质上，这种对应关系是应力圆的参数表达式（12 - 3）和式（12 - 4）以两倍方位角为参变量的必然结果。

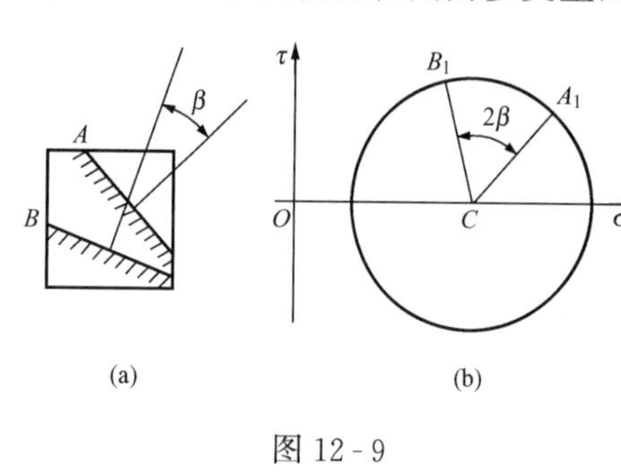

图 12 - 9

利用应力圆可以确定主应力的数值和主平面的方位。由于应力圆上 A_1 点的横坐标（正应力）大于所有其他点的横坐标，而纵坐标（切应力）等于零，所以，应力圆上 A_1 点与最大主应力对应，即

$$\sigma_1 = OA_1 = OC + CA_1$$

应力圆上 B_1 点与最小主应力对应，即

$$\sigma_2 = OB_1 = OC - CB_1$$

注意到，$OC = \frac{\sigma_x + \sigma_y}{2}$，而 CA_1 和 CB_1 都是应力圆的半径，所以

$$\left.\begin{matrix}\sigma_1\\ \sigma_2\end{matrix}\right\} = \frac{\sigma_x + \sigma_y}{2} \pm \sqrt{\left(\frac{\sigma_x - \sigma_y}{2}\right)^2 + \tau_{xy}^2}$$

与式（12 - 8）一致。在应力圆上由 D 点（代表法线为 x 轴的平面，简称 x 面）到 A_1 点所对圆心角为顺时针的 $2\alpha_0$，在单元体中［图 12 - 8（c）］由 x 轴顺时针量取 α_0，这就确定了 σ_1 所在的主平面的法线的位置。按照方位角 α 的符号规定，顺时针的 α_0 是负的，$\tan 2\alpha_0$ 为负值。由图 12 - 8（b）得

$$\tan 2\alpha_0 = -\frac{AD}{CA} = -\frac{2\tau_{xy}}{\sigma_x - \sigma_y}$$

与式（12 - 7）一致。

此外，应力圆上的 G_1 和 G_2 两点的纵坐标分别是最大和最小值，分别代表最大和最小切应力。由于 CG_1 和 CG_2 都是应力圆的半径，所以

$$\left.\begin{matrix}\tau_{\max}\\ \tau_{\min}\end{matrix}\right\} = \pm\sqrt{\left(\frac{\sigma_x - \sigma_y}{2}\right)^2 + \tau_{xy}^2}$$

此即式（12-16）。又因为应力圆的半径为$\frac{\sigma_1-\sigma_2}{2}$，则

$$\left.\begin{matrix}\tau_{max}\\ \tau_{min}\end{matrix}\right\}=\pm\frac{\sigma_1-\sigma_2}{2}$$

在应力圆上，由 A_1 点转到 G_1 点所对圆心角为逆时针的$\frac{\pi}{2}$；在单元体内，由 σ_1 所在主平面的法线到 τ_{max}所在平面的法线应为逆时针的$\frac{\pi}{4}$。

【例 12-3】 图 12-10（a）所示单元体，试用解析法和图解法求 $\alpha=30°$的截面上的应力。

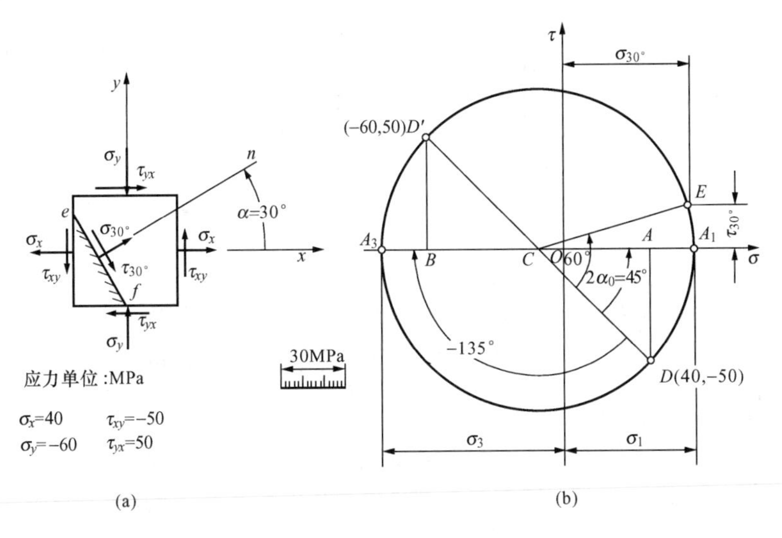

图 12-10

解　（1）解析法。按照应力的符号规则，$\sigma_x=40\text{MPa}$，$\sigma_y=-60\text{MPa}$，$\tau_{xy}=-50\text{MPa}$，$\tau_{yx}=50\text{MPa}$，由式（12-3）和式（12-4）可得

$$\sigma_{30°}=\frac{40-60}{2}+\frac{40+60}{2}\cos60°+50\sin60°=58.3\text{MPa}$$

$$\tau_{30°}=\frac{40+60}{2}\sin60°-50\cos60°=18.3\text{MPa}$$

（2）图解法。按选定的比例尺在坐标系 $\sigma-\tau$ 上量 $OA=\sigma_x=40\text{MPa}$，$AD=\tau_{xy}=-50\text{MPa}$，得 D 点；再量取 $OB=\sigma_y=-60\text{MPa}$，$BD'=\tau_{yx}=50\text{MPa}$，确定 D' 点。根据这两点画出应力圆，如图 12-10（b）所示。要求 $\alpha=30°$的截面上的应力，就由 D 点沿圆周逆时针转过 $2\alpha=60°$的角至 E 点，按比例尺量出 E 点的横坐标和纵坐标，得出

$$\sigma_{30°}=58.3\text{MPa},\tau_{30°}=18.3\text{MPa}$$

【例 12-4】 图 12-11（a）所示单元体，试用应力圆求主应力并确定主平面位置。

解　按选定的比例尺在坐标系 $\sigma-\tau$ 上，以 $\sigma_x=80\text{MPa}$、$\tau_{xy}=-60\text{MPa}$ 为坐标确定 D 点；再以 $\sigma_y=-40\text{MPa}$、$\tau_{yx}=60\text{MPa}$ 为坐标确定 D'点。根据这两点画出应力圆，如图 12-11（b）所示。按比例尺量出

$$\sigma_1=OA_1=105\text{MPa},\sigma_3=OB_1=-65\text{MPa}$$

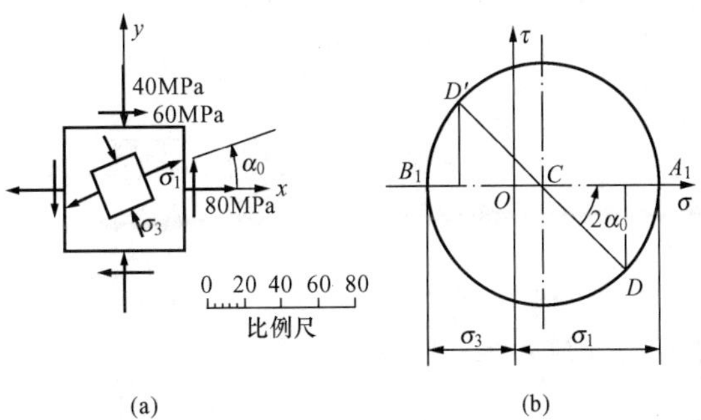

图 12-11

在这里，另一个主应力 $\sigma_2=0$。在应力圆上由 D 到 A_1 为逆时针转向，且 $\angle A_1CD=2\alpha_0=45°$，所以，在单元体中从 x 以逆时针方向量取 $\alpha_0=22.5°$，确定 σ_1 所在主平面的法线，如图 12-11（a）所示。

【例 12-5】 薄壁圆管受扭转和拉伸同时作用，如图 12-12（a）所示。已知圆管的平均直径 $d=50\text{mm}$，壁厚 $\delta=2\text{mm}$。外加力偶的力偶矩 $M=600\text{N}\cdot\text{m}$，轴向载荷 $F=20\text{kN}$。薄壁管截面的扭转截面系数可近似取为 $W_p=\dfrac{\pi d^2\delta}{2}$。试求：

（1）圆管表面上过 D 点与圆管母线夹角为 30°的斜截面上的应力；

（2）D 点主应力和最大切应力。

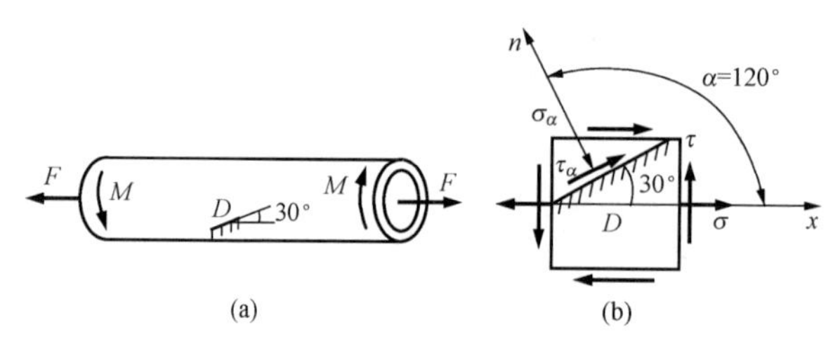

图 12-12

解 （1）确定圆管表面上过 D 点与圆管母线夹角为 30°的斜截面上的应力。

围绕 D 点用横截面、纵截面和圆柱面截取一单元体，如图 12-12（b）所示。利用拉伸时横截面上的正应力公式 $\sigma=\dfrac{F}{A}$ 和圆轴扭转时横截面上的切应力公式 $\tau=\dfrac{M}{W_p}$，单元体各面上的应力为

$$\sigma=\frac{F}{A}=\frac{F}{\pi d\delta}=\frac{20\times10^3}{\pi\times50\times2}\text{MPa}=63.7\text{MPa}$$

$$\tau=\frac{M}{W_p}=\frac{2M}{\pi d^2\delta}=\frac{2\times600\times10^3}{\pi\times50^2\times2}\text{MPa}=76.4\text{MPa}$$

则图 12-12（b）所示的应力状态中，各应力值为

$$\sigma_x=63.7\text{MPa},\sigma_y=0,\tau_{xy}=-76.4\text{MPa}$$

当 $\alpha=120°$时，将这些数据代入式（12-3）和式（12-4），求得过 D 点与圆管母线夹角为 30°的斜截面上的应力为

$$\begin{aligned}\sigma_{120°}&=\frac{\sigma_x+\sigma_y}{2}+\frac{\sigma_x-\sigma_y}{2}\cos2\alpha-\tau_{xy}\sin2\alpha\\&=\frac{63.7+0}{2}+\frac{63.7-0}{2}\cos(2\times120°)-(-76.4)\sin(2\times120°)\\&=-50.3\text{MPa}\end{aligned}$$

$$\begin{aligned}\tau_{120°}&=\frac{\sigma_x-\sigma_y}{2}\sin2\alpha+\tau_{xy}\cos2\alpha\\&=\frac{63.7-0}{2}\sin(2\times120°)+(-76.4)\cos(2\times120°)\\&=10.7\text{MPa}\end{aligned}$$

二者的方向均示于图 12-12（b）中。

（2）确定主应力与最大切应力。

根据式（12-8）可得

$$\left.\begin{matrix}\sigma_{\max}\\\sigma_{\min}\end{matrix}\right\}=\frac{\sigma_x+\sigma_y}{2}\pm\sqrt{\left(\frac{\sigma_x-\sigma_y}{2}\right)^2+\tau_{xy}^2}$$

$$=\frac{63.7+0}{2}\pm\sqrt{\left(\frac{63.7-0}{2}\right)^2+(-76.4)^2}=\begin{cases}114.6\text{MPa}\\-50.9\text{MPa}\end{cases}$$

按照关于主应力的记号规定

$$\sigma_1=114.6\text{MPa},\sigma_2=0,\sigma_3=-50.9\text{MPa}$$

D 点的最大切应力为

$$\tau_{max}=\frac{\sigma_1-\sigma_3}{2}=\frac{114.6-(-50.9)}{2}=82.75\text{MPa}$$

§12-3　三向应力状态的应力圆

设从受力物体的某一点处取出一主单元体，如图 12-13（a）所示，在它的六个面上有主应力 $\sigma_1>\sigma_2>\sigma_3$，我们首先讨论与 σ_2 平行的某一截面 dee_1d_1 上的应力情况。此截面上的应力只取决于 σ_1 和 σ_3，而与 σ_2 无关。因为单元体上、下面上的应力 σ_2 与此截面平行，所以只利用图 12-13（b）就可找出 de 面上的应力。图 12-13（b）所示平面应力状态的单元体，相应的应力圆为图 12-13（c）中的 A_1A_3 圆（由 σ_1、σ_3 画出）。与 σ_2 平行的所有截面上的应力情况都由 A_1A_3 圆上的点来代表。

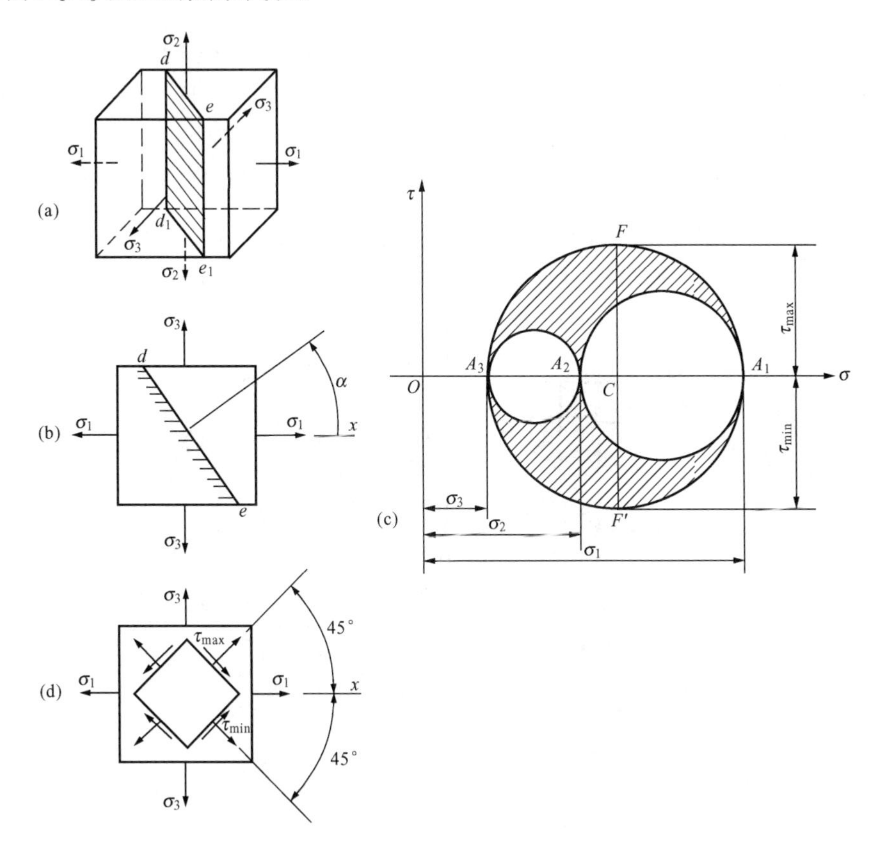

图 12-13

与此类似，与 σ_1 平行的诸截面上的应力将由圆 A_2A_3（由 σ_2、σ_3 画出）上的点来代表；与 σ_3 平行的诸截面上的应力将由圆 A_1A_2（由 σ_1、σ_2 画出）上的点来代表。

由进一步的研究结果得知：与 σ_1、σ_2 和 σ_3 三个主应力方向均不平行的斜截面上的应力情况，由图 12-13（c）上的阴影范围内的点来表示。

由以上的讨论可知，对于图 12-13（a）的三向应力状态，可以画出三个应力圆（简称**三向应力圆**），最大应力作用的截面必然和最大的应力圆 A_1A_3 上的点对应。显然，跟 A_1、A_3 对应的主应力 σ_1、σ_3 分别代表单元体中的最大正应力和最小正应力，即

$$\sigma_{\max}=\sigma_1,\sigma_{\min}=\sigma_3 \qquad (12-20)$$

从最大应力圆的圆心 C 作 σ 轴的垂直线，交 A_1A_3 圆于 F 和 F' 两点。这两点是最大应力圆上与横坐标轴距离最远的两点，所以 F 和 F' 的纵坐标分别代表单元体的最大切应力和最小切应力，它们的数值相等（均等于最大应力圆的半径）而符号相反。于是，三向应力状态下切应力的极值为

$$\left.\begin{matrix}\tau_{\max}\\ \tau_{\min}\end{matrix}\right\}=\pm\frac{\sigma_1-\sigma_3}{2} \qquad (12-21)$$

从 A_1 点沿 A_1A_3 圆逆时针转 90°到 F 点，顺时针转 90°到 F' 点。所以在图 12 - 13（d），从 σ_1 方向逆时针和顺时针各旋转 45°分别转到 $\tau_{\max}$ 和 $\tau_{\min}$ 所在截面的外法线方向。故三向应力状态下切应力为极值的作用面和 σ_2 方向平行而平分 σ_1 和 σ_3 两方向的夹角，切应力的极值等于三向应力圆中最大应力圆的半径。

上面对于三向应力状态的说明同样适用于二向应力状态。因为二向应力状态只不过是有一个主应力为零的三向应力状态，所以应该画出三个应力圆来研究二向应力状态。如图 12 - 14（a）所示的二向应力状态，根据三个主应力 σ_1、σ_2 和 $\sigma_3=0$ 可画出三个应力圆［图 12 - 14（b）］，其中 A_1A_0 圆和 A_2A_0 圆都与纵坐标轴相切（因为 $\sigma_3=0$）。此情况下的最大切应力为 $\tau_{\max}=\frac{\sigma_1-0}{2}=\frac{\sigma_1}{2}$，作用面和 σ_2 方向平行，而作用面的法线 n 与 σ_1 方向呈 45°角，如图 12 - 14（c）所示。

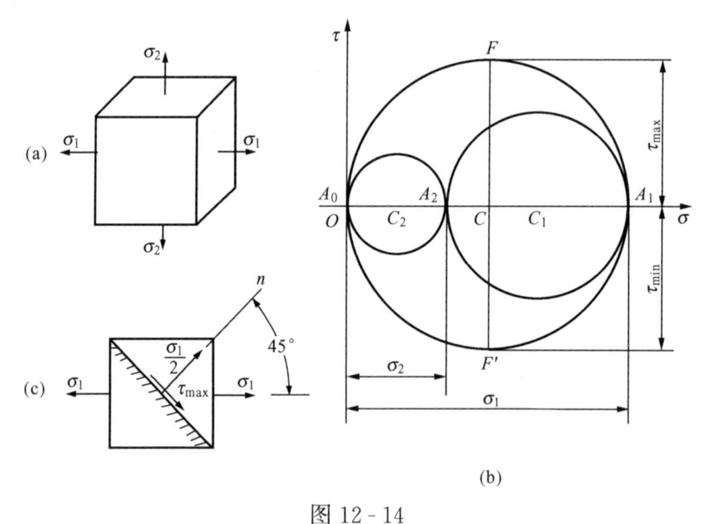

图 12 - 14

§12-4 广义胡克定律

在讨论单向拉伸和压缩时，根据实验结果曾得到线弹性范围内应力与应变的关系是

$$\sigma=E\varepsilon \text{ 或 } \varepsilon=\frac{\sigma}{E} \qquad (a)$$

这就是胡克定律。此外，轴向的变形还将引起横向尺寸的变化，横向应变 ε_t 可表示为

$$\varepsilon_t=-\mu\varepsilon=-\mu\frac{\sigma}{E} \qquad (b)$$

在纯剪切的情况下，实验结果表明，当切应力不超过剪切比例极限时，切应力和切应变之间的关系服从剪切胡克定律。即

$$\tau = G\gamma \text{ 或 } \gamma = \frac{\tau}{G} \tag{c}$$

在最普遍的情况下，描述一点的应力状态需要 9 个应力分量，如图 12 - 15 所示。考虑到切应力互等定理，τ_{xy} 和 τ_{yx}，τ_{yz} 和 τ_{zy}，τ_{zx} 和 τ_{xz} 数值分别相等。这样，原来的 9 个应力分量中独立的就只有 6 个。这种普遍情况，可以看作是三组单向应力和三组纯剪切的组合。对于各向同性材料，当变形很小且在线弹性范围内时，线应变只与正应力有关，而与切应力无关；切应变只与切应力有关，而与正应力无关。于是，就可利用式（a），式（b），式（c）求出各应力分量各自对应的应变，然后再进行叠加。

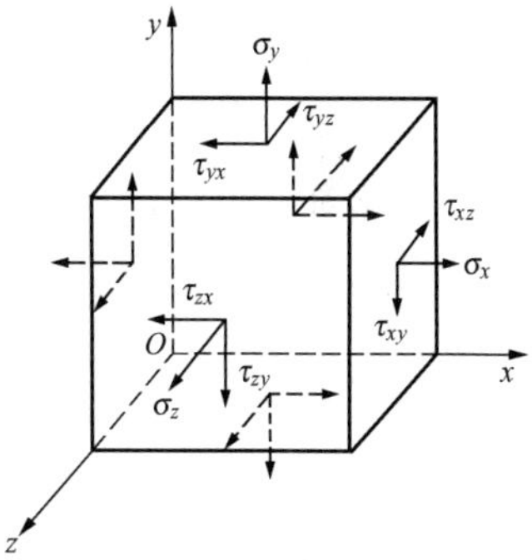

图 12 - 15

例如，由于 σ_x 单独作用，在 x 方向引起的线应变为 $\frac{\sigma_x}{E}$；由于 σ_y 和 σ_z 单独作用，在 x 方向引起的线应变则分别是 $-\mu\frac{\sigma_y}{E}$ 和 $-\mu\frac{\sigma_z}{E}$。三个切应力分量皆与 x 方向的线应变无关。叠加以上结果，得

$$\varepsilon_x = \frac{\sigma_x}{E} - \mu\frac{\sigma_y}{E} - \mu\frac{\sigma_z}{E} = \frac{1}{E}[\sigma_x - \mu(\sigma_y + \sigma_z)]$$

同理，可以求出沿 y 和 z 方向的线应变 ε_y 和 ε_z，最后得到

$$\left.\begin{aligned} \varepsilon_x &= \frac{1}{E}[\sigma_x - \mu(\sigma_y + \sigma_z)] \\ \varepsilon_y &= \frac{1}{E}[\sigma_y - \mu(\sigma_z + \sigma_x)] \\ \varepsilon_z &= \frac{1}{E}[\sigma_z - \mu(\sigma_x + \sigma_y)] \end{aligned}\right\} \tag{12 - 22}$$

切应变和切应力之间，仍然是式（c）所表示的关系，且与正应力分量无关。这样，在 xy、yz、zx 三个面内的切应变分别是

$$\gamma_{xy} = \frac{\tau_{xy}}{G}, \gamma_{yz} = \frac{\tau_{yz}}{G}, \gamma_{zx} = \frac{\tau_{zx}}{G} \tag{12 - 23}$$

式（12 - 22）和式（12 - 23）称为**广义胡克定律**。

当单元体六个面皆为主平面时，使 x，y，z 的方向分别与 σ_1、σ_2 和 σ_3 的方向一致。这时

$$\sigma_x = \sigma_1, \sigma_y = \sigma_2, \sigma_z = \sigma_3$$
$$\tau_{xy} = 0, \tau_{yz} = 0, \tau_{zx} = 0$$

广义胡克定律化为

$$\left.\begin{aligned} \varepsilon_1 &= \frac{1}{E}[\sigma_1 - \mu(\sigma_2 + \sigma_3)] \\ \varepsilon_2 &= \frac{1}{E}[\sigma_2 - \mu(\sigma_3 + \sigma_1)] \\ \varepsilon_3 &= \frac{1}{E}[\sigma_3 - \mu(\sigma_1 + \sigma_2)] \end{aligned}\right\} \tag{12 - 24}$$

$$\gamma_{xy}=0,\gamma_{yz}=0,\gamma_{zx}=0 \tag{d}$$

式（d）表明，在三个坐标平面内的切应变等于零，故坐标 x、y、z 的方向就是主应变的方向。也就是说主应变和主应力的方向是重合的。式（12-24）中的 ε_1、ε_2 和 ε_3 即为主应变。所以，用实测的方法求出主应变后，将其代入广义胡克定律，即可解出主应力。当然，这只适用于各向同性的线弹性材料。

现在讨论体积变化与应力间的关系。设图 12-16 所示矩形六面体的周围六个面皆为主平面，边长分别是 dx，dy 和 dz。变形前六面体的体积为

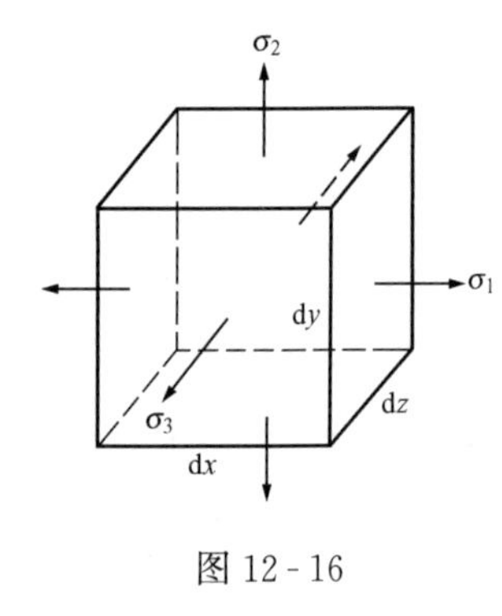

图 12-16

$$V=dxdydz$$

变形后六面体三个棱边分别变为

$$dx+\varepsilon_1 dx=(1+\varepsilon_1)dx$$
$$dy+\varepsilon_2 dy=(1+\varepsilon_2)dy$$
$$dz+\varepsilon_3 dz=(1+\varepsilon_3)dz$$

于是变形后的体积为

$$V_1=(1+\varepsilon_1)(1+\varepsilon_2)(1+\varepsilon_3)dxdydz$$

展开上式，并略去高阶微量可得

$$V_1=(1+\varepsilon_1+\varepsilon_2+\varepsilon_3)dxdydz$$

单位体积的体积改变为

$$\theta=\frac{V_1-V}{V}=\varepsilon_1+\varepsilon_2+\varepsilon_3$$

θ 也称为**体应变**。将式（12-24）代入上式，经整理后得

$$\theta=\varepsilon_1+\varepsilon_2+\varepsilon_3=\frac{1-2\mu}{E}(\sigma_1+\sigma_2+\sigma_3) \tag{12-25}$$

把式（12-25）写成以下形式

$$\theta=\frac{3(1-2\mu)}{E}\cdot\frac{\sigma_1+\sigma_2+\sigma_3}{3}=\frac{\sigma_m}{K} \tag{12-26}$$

$$K=\frac{E}{3(1-2\mu)},\sigma_m=\frac{\sigma_1+\sigma_2+\sigma_3}{3}$$

K 称为**体积弹性模量**，σ_m 是三个主应力的平均值。式（12-26）说明，单位体积的体积改变 θ 只与三个主应力之和有关，至于三个主应力之间的比例，对 θ 并无影响。所以，无论是作用三个不相等的主应力，还是代以它们的平均应力 σ_m，单位体积的体积改变仍然是相同的。式（12-26）还表明，体应变 θ 与平均应力 σ_m 成正比，此即**体积胡克定律**。

【例 12-6】 图 12-17 所示钢质立方体块，其各个面上都承受均匀静水压力 p。已知边长 AB 的改变量 $\Delta_{AB}=-24\times10^{-3}$mm，材料的弹性模量为 $E=200$GPa，泊松比为 $\mu=0.29$。试求：

（1）BC 和 BD 边的长度改变量；

（2）静水压力值 p。

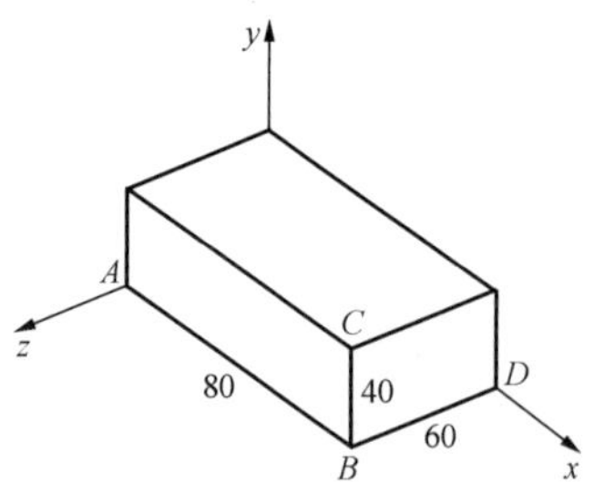

图 12-17

解 （1）计算 BC 和 BD 边的长度改变量。

在静水压力 p 作用下，弹性体各方向发生均匀变形，因而任意一点均处于三向等压应力状态，且

$$\sigma_x=\sigma_y=\sigma_z=-p \tag{a}$$

应用广义胡克定律，得

$$\varepsilon_x = \varepsilon_y = \varepsilon_z = -\frac{p}{E}(1-2\mu) \tag{b}$$

由已知条件，有

$$\varepsilon_x = \frac{\Delta_{AB}}{AB} = \frac{-24\times10^{-3}}{80} = -0.3\times10^{-3} \tag{c}$$

即

$$\varepsilon_x = \varepsilon_y = \varepsilon_z = -0.3\times10^{-3}$$

于是，得

$$\Delta_{BC} = \varepsilon_y \cdot BC = -0.3\times10^{-3}\times40\text{mm} = -12\times10^{-3}\text{mm}$$
$$\Delta_{BD} = \varepsilon_z \cdot BD = -0.3\times10^{-3}\times60\text{mm} = -18\times10^{-3}\text{mm}$$

(2) 确定静水压力值 p。

将式 (c) 中的结果及 $E=200\text{GPa}$，$\mu=0.29$ 代入式 (b)，解得

$$p = -\frac{E\varepsilon_x}{1-2\mu} = \frac{-200\times10^3\times(-0.3\times10^{-3})}{1-2\times0.29}\text{MPa} = 142.9\text{MPa}$$

§12-5　空间应力状态下的应变能密度

物体受外力作用而产生弹性变形时，在物体内部将积蓄有应变能，每单位体积物体内所积蓄的应变能称为**应变能密度**。在单向应力状态下，物体内所积蓄的应变能密度为

$$v_\varepsilon = \frac{1}{2}\sigma\varepsilon = \frac{\sigma^2}{2E} = \frac{E}{2}\varepsilon^2 \tag{a}$$

对于在线弹性范围内、小变形条件下受力的物体，所积蓄的应变能只取决于外力的最后数值，而与加力顺序无关。为便于分析，假设物体上的外力按同一比例由零增至最后值，因此，物体内任一单元体各面上的应力也按同一比例由零增至其最后值。现按此比例加载的情况，来分析已知三个主应力值的空间应力状态下单元体［图 12-18 (a)］的应变能密度。对应于每一主应力，其应变能密度等于该主应力在与之相应的主应变上所做的功，而其他两个主应力在该主应变上并不做功。因此，同时考虑三个主应力在与其相应的主应变上所做的功，单元体的应变能密度应为

$$v_\varepsilon = \frac{1}{2}(\sigma_1\varepsilon_1 + \sigma_2\varepsilon_2 + \sigma_3\varepsilon_3) \tag{b}$$

将由主应力与主应变表达的广义胡克定律，式 (12-24) 代入上式，得

$$v_\varepsilon = \frac{1}{2E}[\sigma_1^2 + \sigma_2^2 + \sigma_3^2 - 2\mu(\sigma_1\sigma_2 + \sigma_2\sigma_3 + \sigma_3\sigma_1)] \tag{12-27}$$

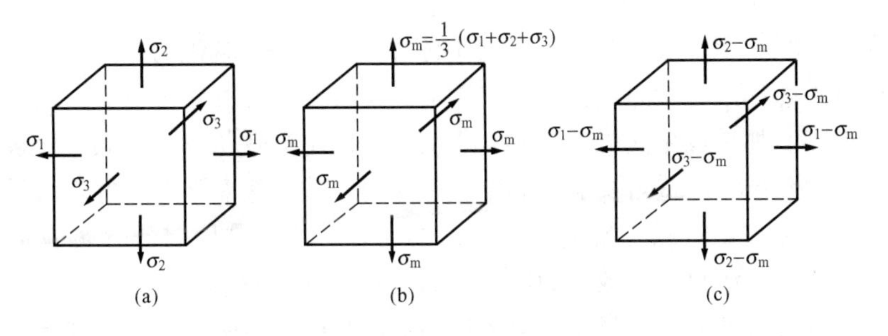

图 12-18

在一般情况下，单元体将同时发生体积改变和形状改变。若将主应力单元体［图 12 - 18 (a)］分解为图 12 - 18 (b)、图 12 - 18 (c) 所示两种单元体的叠加。在平均应力 $\sigma_m = \frac{\sigma_1+\sigma_2+\sigma_3}{3}$ 的作用下［图 12 - 18 (b)］，单元体的形状不变，仅发生体积改变，且其三个主应力之和与图 12 - 18 (a) 所示单元体的三个主应力之和相等，故其应变能密度就等于图 12 - 18 (a) 所示单元体的体积改变能密度，即

$$\begin{aligned} \upsilon_V &= \frac{1}{2E}[\sigma_m^2+\sigma_m^2+\sigma_m^2-2\mu(\sigma_m^2+\sigma_m^2+\sigma_m^2)] \\ &= \frac{3(1-2\mu)}{2E}\sigma_m^2 = \frac{1-2\mu}{6E}(\sigma_1+\sigma_2+\sigma_3)^2 \end{aligned} \tag{12 - 28}$$

图 12 - 18 (c) 所示单元体的三个主应力之和等于零，故其体积不变，仅发生形状改变，其应变能密度就等于图 12 - 18 (a) 所示单元体的形状改变能密度，即

$$\upsilon_d = \upsilon_\varepsilon - \upsilon_V = \frac{1+\mu}{6E}[(\sigma_1-\sigma_2)^2+(\sigma_2-\sigma_3)^2+(\sigma_3-\sigma_1)^2] \tag{12 - 29}$$

由式 (12 - 27)、式 (12 - 28) 与式 (12 - 29)，可以证明

$$\upsilon_\varepsilon = \upsilon_V + \upsilon_d \tag{c}$$

即应变能密度 υ_ε 等于体积改变能密度 υ_V 与形状改变能密度 υ_d 之和。

对于一般空间应力状态下的单元体［图 12 - 18 (c)］，其应变能密度可用 6 个应力分量 σ_x、σ_y、σ_z、τ_{xy}、τ_{yz}、τ_{zx} 来表达。由于在小变形条件下，对应于每个应力分量的应变能密度均为该应力分量与相应的应变分量的乘积的一半，故有

$$\upsilon_\varepsilon = \frac{1}{2}(\sigma_x\varepsilon_x+\sigma_y\varepsilon_y+\sigma_z\varepsilon_z+\tau_{xy}\gamma_{xy}+\tau_{yz}\gamma_{yz}+\tau_{zx}\gamma_{zx}) \tag{d}$$

§12 - 6 强度理论及其应用

一、强度理论概述

各种材料因强度不足引起的失效现象是不同的。根据前面的讨论，塑性材料（如普通碳钢），以发生屈服现象、出现塑性变形为失效的标志。脆性材料（如铸铁），失效现象则是突然断裂。在单向受力情况下，出现塑性变形时的屈服极限 σ_s 和发生断裂时的强度极限 σ_b 可由实验测定。σ_s 和 σ_b 可统称为**极限应力**。以安全因数除极限应力，便得到许用应力 $[\sigma]$，于是，强度条件为

$$\sigma \leqslant [\sigma]$$

可见，在单向应力状态下，失效状态或强度条件都是以实验为基础的。

实际构件危险点的应力状态往往不是单向的。实现复杂应力状态下的实验，要比单向拉伸或压缩困难得多。如果像单向拉伸一样，靠实验来确定失效状态，建立强度条件，则必须对各式各样的应力状态一一进行实验，确定极限应力，然后建立强度条件。由于技术上的困难和工作的繁重，往往是难以实现的。解决这类问题，经常是依据部分实验结果，经过推理，提出一些假说，推测材料失效的原因，从而建立强度条件。

事实上，尽管失效现象比较复杂，但经过归纳，强度不足引起的失效现象主要还是屈服和断裂两种类型。同时，衡量受力和变形程度的量又有应力、应变和应变能密度等。人们在

长期的生产活动中，综合分析材料的失效现象和资料，对强度失效提出各种假说。这类假说认为，材料之所以按某种方式（断裂或屈服）失效，是应力、应变或应变能密度等因素中某一因素引起的。按照这类假说无论是简单或复杂应力状态，引起失效的因素是相同的。亦即，造成失效的原因与应力状态无关。这类假说称为**强度理论**。利用强度理论，便可由简单应力状态的实验结果，建立复杂应力状态的强度条件。

强度理论既然是推测强度失效原因的一些假说，它是否正确，适用于什么情况，必须由生产实践来检验。通常，适用于某种材料的强度理论，并不适用于另一种材料；在某种条件下适用的理论，却又不适用于另一种条件。

这里只介绍了四种常用强度理论。这些都是在常温、静载荷下，适用于均匀、连续、各向同性材料的强度理论。而且，现有的各种强度理论并不能圆满地解决所有强度问题。这方面仍然有待发展。

前面已经提到，强度失效的主要形式有两种，即屈服与断裂。相应地，强度理论也分成两类：一类是解释断裂失效的，其中有最大拉应力理论和最大伸长线应变理论；另一类是解释屈服失效的，其中有最大切应力理论和形状改变能密度理论。

二、四种常用强度理论

最大拉应力理论（第一强度理论） 这一理论的假说是：最大拉应力是引起材料脆断破坏的因素，也就是认为不论在什么样的应力状态下，只要构件内一点处的最大拉应力 σ_1 达到材料的极限应力 σ_b，材料就发生脆性断裂。至于材料的极限应力 σ_b，则可通过单向拉伸试样发生脆性断裂的实验来确定。于是，按照这一强度理论，脆性断裂的判据是

$$\sigma_1 = \sigma_b \tag{a}$$

将式（a）右边的极限应力除以安全因数，就得到材料的许用拉应力 $[\sigma]$，因此，按第一强度理论所建立的强度条件为

$$\sigma_1 \leqslant [\sigma] \tag{12-30}$$

应该指出，上式中的 σ_1 为拉应力。在没有拉应力的三向压缩应力状态下，显然不能采用第一强度理论来建立强度条件。而式中的 $[\sigma]$ 为试样发生脆性断裂的许用拉应力，也不能单纯地理解为材料在单向拉伸时的许用应力。

最大伸长线应变理论（第二强度理论） 这一理论的假说是：最大伸长线应变是引起材料脆性断裂的因素，也就是认为不论在什么样的应力状态下，只要构件内一点处的最大伸长线应变 ε_1 达到了材料的极限值 ε_u，材料就会发生脆断破坏。同理，材料的极限值同样可通过单向拉伸试样发生脆性断裂的实验来确定。如果这种材料直到发生脆性断裂时都可近似地看作线弹性，即服从胡克定律，则

$$\varepsilon_u = \frac{\sigma_u}{E} \tag{b}$$

式中：σ_u 为单向拉伸试样在拉断时其横截面上的正应力。于是，按照这一强度理论，脆性断裂的判据是

$$\varepsilon_1 = \varepsilon_u = \frac{\sigma_u}{E} \tag{c}$$

而由广义胡克定律可知，在线弹性范围内工作的构件，处于复杂应力状态下一点处的最大伸长线应变为

$$\varepsilon_1 = \frac{1}{E}[\sigma_1 - \mu(\sigma_2 + \sigma_3)]$$

于是，式（c）可改写为

$$\varepsilon_1 = \frac{1}{E}[\sigma_1 - \mu(\sigma_2 + \sigma_3)] = \frac{\sigma_u}{E}$$

即

$$[\sigma_1 - \mu(\sigma_2 + \sigma_3)] = \sigma_u \tag{d}$$

将上式右边的 σ_u 除以安全因数即得材料的许用拉应力 $[\sigma]$，故按第二强度理论所建立的强度条件为

$$\sigma_1 - \mu(\sigma_2 + \sigma_3) \leqslant [\sigma] \tag{12-31}$$

在上述分析中引用了广义胡克定律，所以，按照这一强度理论所建立的强度条件应该只适用于以下情况，即构件直到发生脆断前都应服从胡克定律。

必须注意，在式（12-31）中所用的 $[\sigma]$ 是材料在单向拉伸时发生脆性断裂的许用拉应力，像低碳钢一类的塑性材料，是不可能通过单向拉伸实验得到材料在脆断时的极限值 ε_u 的。所以，对低碳钢等塑性材料在三轴拉伸应力状态下，该式右边的 $[\sigma]$ 不能理解为材料在单向拉伸时的许用拉应力。

实验表明，这一理论与石料、混凝土等脆性材料在压缩时纵向开裂的现象是一致的。这一理论考虑了其余两个主应力 σ_2 和 σ_3 对材料强度的影响，在形式上较最大拉应力理论更为完善。但实际上并不一定总是合理的，如在二向或三向受拉情况下，按这一理论反比单向受拉时不易断裂，显然与实际情况并不相符。一般地说，最大拉应力理论适用于脆性材料以拉应力为主的情况，而最大伸长线应变理论适用于压应力为主的情况。由于这一理论在应用上不如最大拉应力理论简便，故在工程实践中应用较少，但在某些工业部门（如在炮筒设计中）应用较为广泛。

最大切应力理论（第三强度理论） 这一理论的假说是：最大切应力 τ_{max} 是引起材料塑性屈服的因素，也就是认为不论在什么样的应力状态下，只要构件内一点处的最大切应力 τ_{max} 达到了材料屈服时的极限值 τ_u，该点处的材料就会发生屈服。至于材料屈服时切应力的极限值 τ_u，同样可以通过单向拉伸试样发生屈服的实验来确定。对于像低碳钢一类的塑性材料，在单向拉伸实验时材料就是沿最大切应力所在的 45°斜截面发生滑移而出现明显的屈服现象的。这时试样在横截面上的正应力就是材料的屈服极限 σ_s。于是，对于这一类材料，可得材料屈服时切应力的极限值 τ_u 为

$$\tau_u = \frac{\sigma_s}{2} \tag{e}$$

所以，按照这一强度理论，屈服判据为

$$\tau_{max} = \tau_u = \frac{\sigma_s}{2} \tag{f}$$

在复杂应力状态下，一点处的最大切应力为

$$\tau_{max} = \frac{1}{2}(\sigma_1 - \sigma_3)$$

式中：σ_1、σ_3 分别为该应力状态中的最大、最小主应力。于是，屈服判据可改写为

$$\tau_{max} = \frac{1}{2}(\sigma_1 - \sigma_3) = \frac{1}{2}\sigma_s$$

或

$$\sigma_1 - \sigma_3 = \sigma_s \tag{g}$$

将上式右边的 σ_s 除以安全因数即得材料的许用拉应力 $[\sigma]$，故按第三强度理论所建立的强度条件为

$$\sigma_1 - \sigma_3 \leqslant [\sigma] \tag{12-32}$$

应该指出，在上式右边采用了材料在单向拉伸时的许用拉应力，这只对于在单向拉伸时发生屈服的材料才适用。像铸铁、大理石这一类脆性材料，不可能通过单向拉伸实验得到材料屈服时的极限值 τ_u。因此，对于这类材料在三向不等值压缩的应力状态下，以式（12-32）作为强度条件时，该式右边的 $[\sigma]$ 就不能理解为材料在单向拉伸时的许用拉应力。

形状改变能密度理论（第四强度理论） 这一理论的假说是：形状改变能密度 υ_d 是引起材料屈服的因素，也就是认为不论在什么样的应力状态下，只要构件内一点处的形状改变能密度 υ_d 达到了材料的极限值 υ_{du}，该点处的材料就会发生塑性屈服。对于像低碳钢一类的塑性材料，因为在拉伸实验时当正应力达到 σ_s 时就出现明显的屈服现象，故可通过拉伸实验来确定材料的 υ_{du} 值。为此，可将 $\sigma_1 = \sigma_s$，$\sigma_2 = \sigma_3 = 0$ 代入式（12-29），从而求得材料的极限值 υ_{du} 为

$$\upsilon_{du} = \frac{(1+\mu)}{6E} \times 2\sigma_s^2 \tag{h}$$

所以，按照这一强度理论的观点，屈服判据 $\upsilon_d = \upsilon_{du}$，即

$$\frac{1+\mu}{6E}[(\sigma_1-\sigma_2)^2+(\sigma_2-\sigma_3)^2+(\sigma_3-\sigma_1)^2] = \frac{(1+\mu)}{6E}2\sigma_s^2$$

并简化为

$$\sqrt{\frac{1}{2}[(\sigma_1-\sigma_2)^2+(\sigma_2-\sigma_3)^2+(\sigma_3-\sigma_1)^2]} = \sigma_s$$

再将上式右边的 σ_s 除以安全因数得到材料的许用拉应力 $[\sigma]$。于是，按第四强度理论所建立的强度条件为

$$\sqrt{\frac{1}{2}[(\sigma_1-\sigma_2)^2+(\sigma_2-\sigma_3)^2+(\sigma_3-\sigma_1)^2]} \leqslant [\sigma] \tag{12-33}$$

同理，式（12-33）右边采用材料在单向拉伸时的许用拉应力。因而，只对于在单向拉伸时发生屈服的材料才适用。

实验表明，在平面应力状态下，一般地说，形状改变能密度理论较最大切应力理论更符合实验结果。由于最大切应力理论是偏于安全的，且使用较为简便，故在工程实践中应用较为广泛。

从式（12-30）～式（12-33）的形式来看，按照四个强度理论所建立的强度条件可统一写作

$$\sigma_r \leqslant [\sigma] \tag{12-34}$$

式中：σ_r 为根据不同强度理论所得到的构件危险点处三个主应力的某些组合。

从式（12-34）的形式上来看，这种主应力的组合 σ_r 和单向拉伸时的拉应力在安全程度上是相当的。因此，通常 σ_r 称为**相当应力**。按照从第一强度理论到第四强度理论的顺序，相当应力分别为

$$\left.\begin{aligned}\sigma_{r1} &= \sigma_1 \\ \sigma_{r2} &= \sigma_1 - \mu(\sigma_2 + \sigma_3) \\ \sigma_{r3} &= \sigma_1 - \sigma_3 \\ \sigma_{r4} &= \sqrt{\frac{1}{2}[(\sigma_1 - \sigma_2)^2 + (\sigma_2 - \sigma_3)^2 + (\sigma_3 - \sigma_1)^2]}\end{aligned}\right\} \quad (12-35)$$

以上介绍了四种常用的强度理论。铸铁、石料、混凝土、玻璃等脆性材料常以断裂的形式失效，宜采用第一和第二强度理论。碳钢、铜、铝等塑性材料常以屈服的形式失效，宜采用第三和第四强度理论。应该指出，不同材料固然可以发生不同形式的失效，但即使是同一材料，在不同应力状态下也可能有不同的失效形式。例如，碳钢在单向拉伸下以屈服的形式失效，但碳钢制成的螺钉受拉时，螺纹根部因应力集中引起三向拉伸，就会出现断裂。这是因为当三向拉伸的三个主应力数值接近时，屈服将很难出现。又如，铸铁单向受拉时以断裂的形式失效，但如以淬火钢球压在铸铁板上，接触点附近的材料处于三向受压状态，随着压力的增大，铸铁板会出现明显的凹坑，这表明已出现屈服现象。以上例子说明材料的失效形式与应力状态有关。无论是塑性或脆性材料，在三向拉应力相近的情况下，都将以断裂的形式失效，宜采用最大拉应力理论。在三向压应力相近的情况下，都可引起塑性变形，宜采用第三或第四强度理论。

三、强度理论的应用

【例 12-7】 圆筒形薄壁压力容器承受内压力为 p，容器内直径为 D，厚度为 δ，且 $\delta \ll D$。试按第四强度理论写出容器壁内的相当应力。

解 由平面应力状态分析实例可知

$$\sigma_1 = \sigma'' = \frac{pD}{2\delta}, \sigma_2 = \sigma' = \frac{pD}{4\delta}, \sigma_3 = 0$$

将 σ_1、σ_2 及 σ_3 代入第四强度理论的相当应力表达式，即可得相当应力 σ_{r4} 为

$$\begin{aligned}\sigma_{r4} &= \sqrt{\frac{1}{2}[(\sigma_1 - \sigma_2)^2 + (\sigma_2 - \sigma_3)^2 + (\sigma_3 - \sigma_1)^2]} \\ &= \sqrt{\frac{1}{2}\left[\left(\frac{pD}{4\delta}\right)^2 + \left(\frac{pD}{4\delta}\right)^2 + \left(-\frac{pD}{2\delta}\right)^2\right]} \\ &= \frac{\sqrt{3}pD}{4\delta}\end{aligned}$$

【例 12-8】 试按强度理论建立纯剪切应力状态的强度条件，并寻求塑性材料许用切应力 $[\tau]$ 与许用拉应力 $[\sigma]$ 之间的关系。

解 纯剪切是平面应力状态，且

$$\sigma_1 = \tau, \sigma_2 = 0, \sigma_3 = -\tau$$

对塑性材料，按最大切应力理论得强度条件为

$$\sigma_{r3} = \sigma_1 - \sigma_3 = \tau - (-\tau) = 2\tau \leqslant [\sigma]$$

$$\tau \leqslant \frac{[\sigma]}{2} \quad (a)$$

另一方面，剪切强度条件为

$$\tau \leqslant [\tau] \quad (b)$$

比较式（a）和式（b）可见

$$[\tau] = \frac{[\sigma]}{2} = 0.5[\sigma]$$

即$[\tau]$为$[\sigma]$的$\frac{1}{2}$。这是按最大切应力理论求得的$[\tau]$与$[\sigma]$之间的关系。

按形状改变能密度理论，纯剪切强度条件为

$$\sqrt{\frac{1}{2}[(\sigma_1-\sigma_2)^2+(\sigma_2-\sigma_3)^2+(\sigma_3-\sigma_1)^2]}$$
$$=\sqrt{\frac{1}{2}[(\tau-0)^2+[0-(-\tau)]^2+(-\tau-\tau)^2]}=\sqrt{3}\tau\leqslant[\sigma]$$

与剪切强度条件（b）比较得

$$[\tau]=\frac{[\sigma]}{\sqrt{3}}=0.577[\sigma]\approx 0.6[\sigma]$$

即$[\tau]$为$[\sigma]$的0.6倍。这是按形状改变能密度理论求得的$[\tau]$与$[\sigma]$之间的关系。

【例 12-9】 两端简支的工字钢梁承受载荷，如图 12-19（a）所示。已知材料 Q235 钢的许用应力为$[\sigma]=170\text{MPa}$和$[\tau]=100\text{MPa}$。试按强度条件选择工字钢的号码。

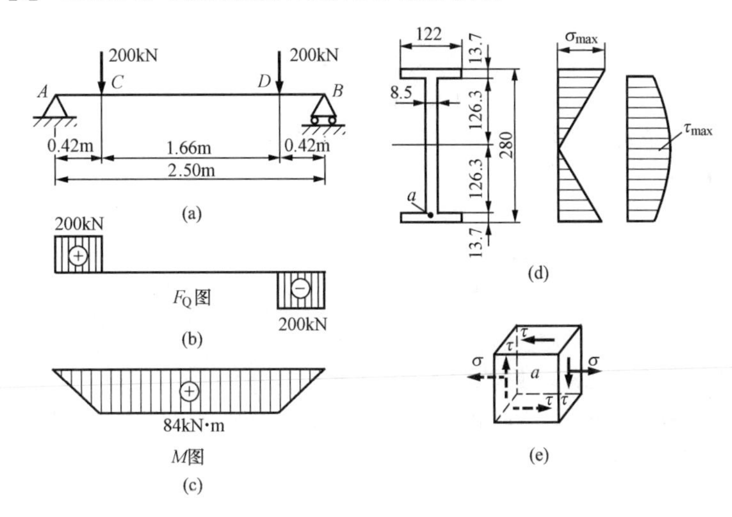

图 12-19

解 首先确定钢梁的危险截面，在算得支座约束力后，作梁的剪力图和弯矩图，如图 12-19（b）、（c）所示。由图可见，梁的 C、D 两截面上弯矩和剪力均为最大值，所以这两个截面是危险截面。现取截面 C 计算，其剪力和弯矩分别为

$$F_Q=F_{Q\max}=200\text{kN}$$
$$M_C=M_{\max}=84\text{kN}\cdot\text{m}$$

先按正应力强度条件选择截面。最大正应力发生在截面 C 的上、下边缘各点处，其应力状态为单向应力状态，由强度条件求出所需的截面系数为

$$W=\frac{M_{\max}}{[\sigma]}=\frac{84\times10^3\times10^3}{170}\text{mm}^3=494\times10^3\text{mm}^3$$

如选用 28a 号工字钢，则其截面的$W=508\text{cm}^3$。显然，这一截面满足正应力强度条件要求。

再按切应力强度条件进行校核。对于 28a 号工字钢的截面，由型钢规格表查得

$$I=7114\text{cm}^4,\frac{I}{S}=24.62\text{cm},d=8.5\text{mm}$$

危险截面上的最大切应力发生在中性轴处，且为纯剪切应力状态，其最大切应力为

$$\tau_{\max}=\frac{F_{Q,\max}}{\frac{I}{S}\times d}=\frac{200\times10^3}{24.62\times10\times8.5}\text{MPa}=95.5\text{MPa}<[\tau]=100\text{MPa}$$

由此可见，选用 28a 号工字钢满足切应力的强度条件。

以上计算考虑了危险截面上的最大正应力和最大切应力。但是，对于工字形截面，在腹板与翼缘交界处，正应力和切应力都相当大，且为平面应力状态。因此，须对这些点进行强度校核。为此，截取腹板与下翼缘交界的 a 点处的单元体，如图 12 - 19（e）所示。根据 28a 号工字钢截面简化后的尺寸［图 12 - 19（e）］和上面查得的 I，求得横截面上 a 点处的正应力 σ 和切应力 τ 分别为

$$\sigma = \frac{M_{max} \cdot y}{I_z} = \frac{(84 \times 10^3) \times (126.3)}{7114 \times 10^4} \text{MPa} = 149.1\text{MPa}$$

$$\tau = \frac{F_{Qmax} S_z^*}{I_z d} = \frac{200 \times 10^3 \times 223 \times 10^3}{7114 \times 10^4 \times 8.5} \text{MPa} = 73.8\text{MPa}$$

第二式中的 S_z^* 是横截面的下翼缘面积对中性轴的静矩，其值为

$$S_z^* = 122 \times 13.7 \times \left(126.3 + \frac{13.7}{2}\right) \text{mm}^3 = 223 \times 10^3 \text{mm}^3$$

在图 12 - 19（e）所示的应力状态下，该点的三个主应力为

$$\left.\begin{matrix}\sigma_1 \\ \sigma_3\end{matrix}\right\} = \frac{\sigma}{2} \pm \sqrt{\left(\frac{\sigma}{2}\right)^2 + \tau^2}$$

$$\sigma_2 = 0$$

由于材料是 Q235 钢，按形状改变能密度理论（第四强度理论）进行强度校核。以上述主应力代入式（12 - 33）后，得强度条件为

$$\sqrt{\sigma^2 + 3\tau^2} \leqslant [\sigma]$$

将上述 a 点处的正应力 σ 和切应力 τ 值代入上式，得

$$\sigma_{r4} = \sqrt{149.1^2 + 3 \times 73.8^2} \text{MPa} = 196.4\text{MPa}$$

σ_{r4} 较［σ］大了 15.5%，所以应另选较大的工字钢。若选用 28b 号工字钢，再按上述方法，算得 a 点处的 σ_{r4}＝173.2MPa，较［σ］大 1.88%，故选用 28b 号工字钢。

若按照最大切应力理论（第三强度理论）对 a 点进行强度校核，则可将上述三个主应力的表达式代入式（12 - 32），可得强度条件为

$$\sqrt{\sigma^2 + 4\tau^2} \leqslant [\sigma]$$

然后将上述 a 点处的正应力 σ 和切应力 τ 值代入上式进行计算。

应该指出，［例 12 - 9］中对于点 a 的强度校核，是根据工字钢截面简化后的尺寸（即看作由三个矩形组成）计算的。实际上，对于符合国家标准的型钢（工字钢、槽钢）来说，并不需要对腹板与翼缘交界处的点进行强度校核。因型钢截面在腹板与翼缘交界处有圆弧，且工字钢翼缘的内边又有 1∶6 的斜度，从而增加了交界处的截面宽度，这就保证了在截面上、下边缘处的正应力和中性轴上的切应力都不超过许用应力的情况下，腹板与翼缘交界处的各点一般不会发生强度不够的问题。但是，对于自行设计的由三块钢板焊接而成的组合工字梁（又称**钢板梁**），就要按例题中的方法对腹板与翼缘交界处的邻近各点进行强度校核。

思考讨论题

12 - 1　什么叫主平面和主应力？主应力与正应力有什么区别？

12 - 2　一单元体中，在最大正应力所作用的平面上有无切应力？在最大切应力所作用的平面上有无正应力？

12 - 3　一梁如图 12 - 20 所示，图中给出了单元体 A、B、C、D、E 的应力情况。试指出并改正各单元体上所给应力的错误。

12-4　试问在何种情况下，平面应力状态下的应力圆符合以下特征：①一个点圆；②圆心在原点；③与 τ 轴相切。

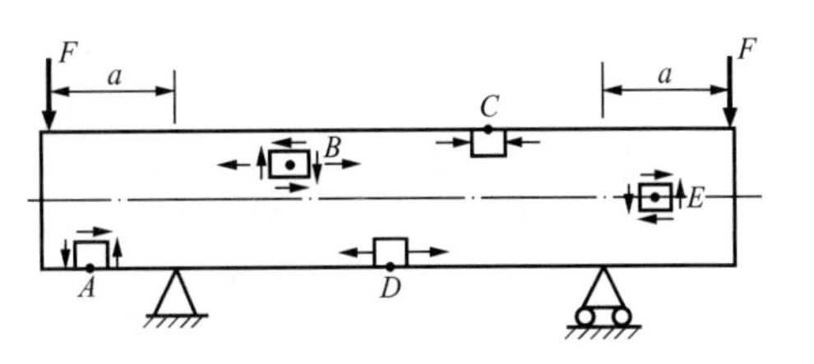

图 12-20　思考题 12-3 图

12-5　从某压力容器表面上一点处取出的单元体如图 12-21 所示。已知 $\sigma_1=2\sigma_2$，试问是否存在 $\varepsilon_1=2\varepsilon_2$ 这样的关系？

12-6　材料及尺寸均相同的三个立方块，其竖向压应力均为 σ_0，如图 12-22 所示。已知材料的弹性常数分别为 $E=200\text{GPa}$，$\mu=0.3$。若三立方块都在线弹性范围内，试问哪一立方块的体应变最大？

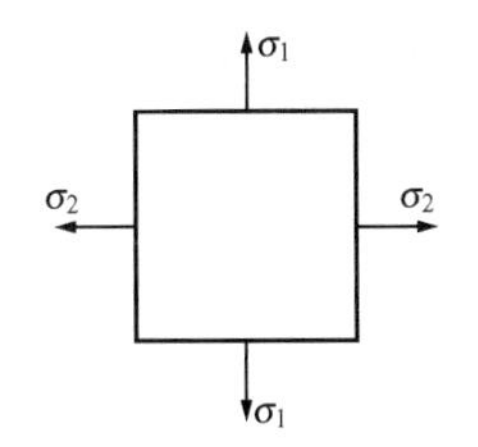

图 12-21　思考题 12-5 图

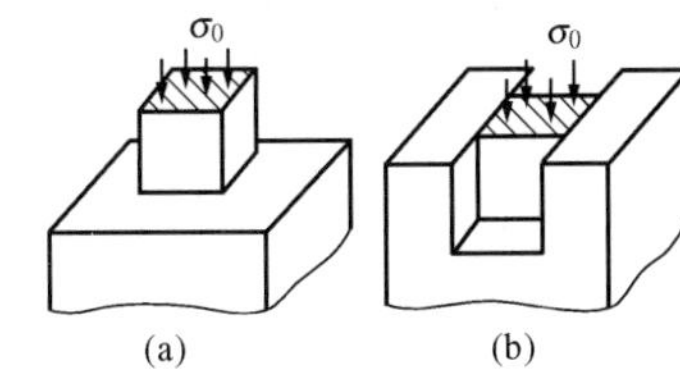
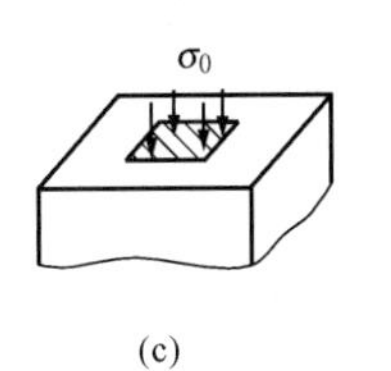

图 12-22　思考题 12-6 图

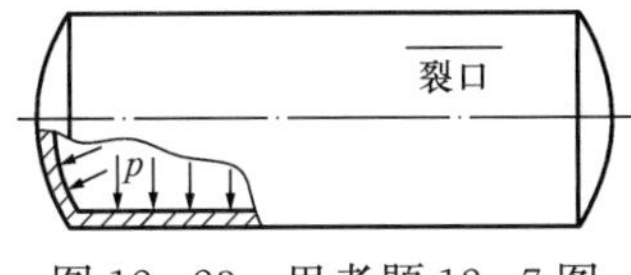

图 12-23　思考题 12-7 图

12-7　薄壁圆筒容器如图 12-23 所示，在均匀内压作用下，筒壁出现了纵向裂纹。试分析这种破坏形式是由什么应力引起的？

12-8　冬天自来水管因其中的水结冰而被胀裂，冰为什么不会因受水管的反作用压力而被压碎呢？

12-1　试从图 12-24 所示各构件中的 A 点和 B 点处取出单元体，并表明单元体各面上的应力。

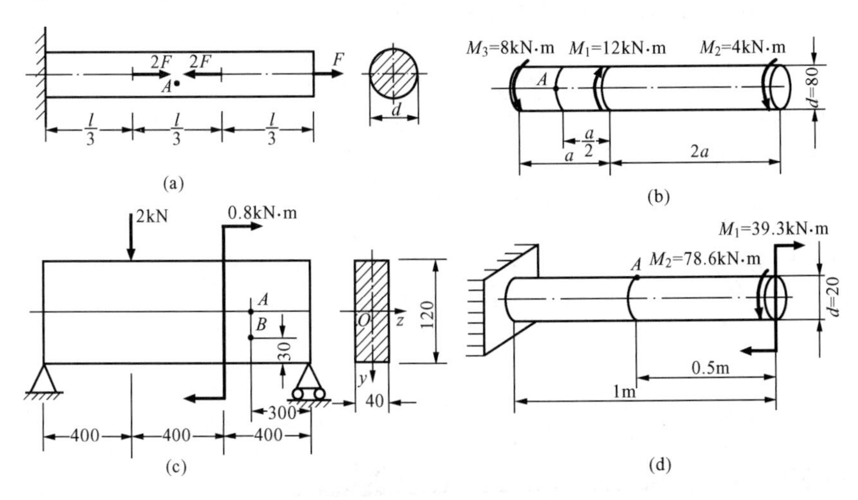

图 12-24　题 12-1 图

12-2　直径 $d=20\text{mm}$ 的拉伸试件，当与杆轴线成 45°斜截面上的切应力 $\tau=150\text{MPa}$ 时，杆表面上将出现滑移线。求此时试件的拉力 F。

12-3　在拉杆的某一斜截面上，正应力为 50MPa，切应力为 50MPa。试求最大正应力和最大切应力。

12-4　在图 12-25 所示各单元体中，试用解析法和图解法求斜截面 ab 上的应力。应力单位为 MPa。

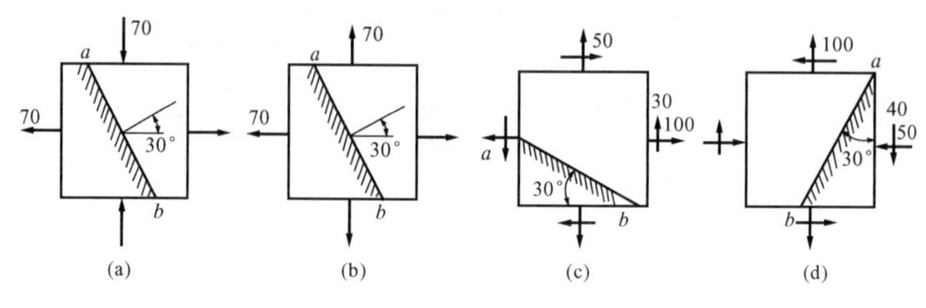

图 12-25　题 12-4 图

12-5　已知应力状态如图 12-26 所示，图中应力单位皆为 MPa。试用解析法及图解法求：

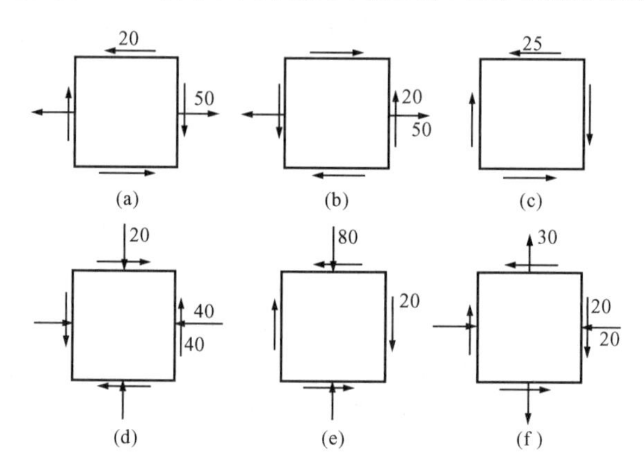

图 12-26　题 12-5 图

（1）主应力大小，主平面位置；

（2）在单元体上绘出主平面位置及主应力方向；

（3）最大切应力。

12-6　已知一点为平面应力状态，过该点两平面上的应力如图 12-27 所示，求 σ_α、主应力及主平面方位。

12-7　一圆轴受力如图 12-28 所示，已知固定端横截面上的最大弯曲应力为 40MPa，最大扭转切应力为 30MPa，因剪力而引起的最大切应力为 6×10^{-3}MPa：

（1）用单元体画出 A、B、C、D 各点处的应力状态；

（2）求 A 点的主应力及其作用面的方位。

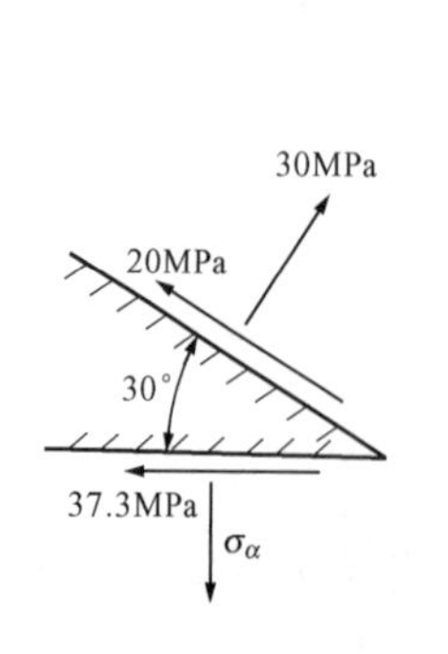

图 12-27　题 12-6 图

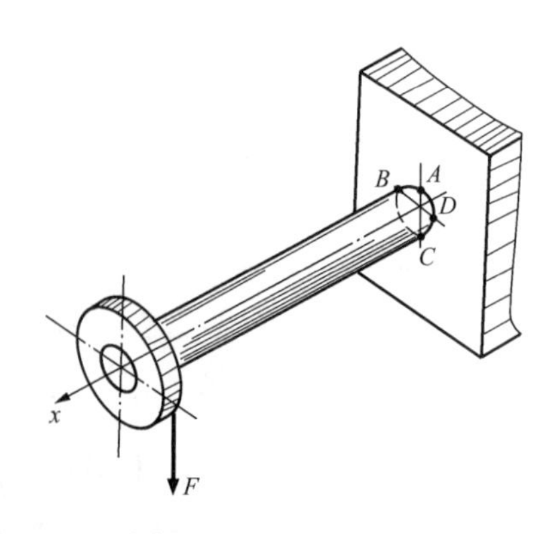

图 12-28　题 12-7 图

12-8　试用应力圆的几何关系求图 12-29 所示悬臂梁距离自由端为 0.72m 的截面上，在顶面以下 40mm 的一点处的最大及最小主应力，并求最大主应力与 x 轴之间的夹角。

12-9　如图 12-30 所示，锅炉直径 $D=1\text{m}$，壁厚 $\delta=10\text{mm}$，内受蒸汽压力 $p=3\text{MPa}$。试求：

(1) 壁内主应力 σ_1、σ_2 及最大切应力 τ_{max}；

(2) 斜截面 ab 上的正应力及切应力。

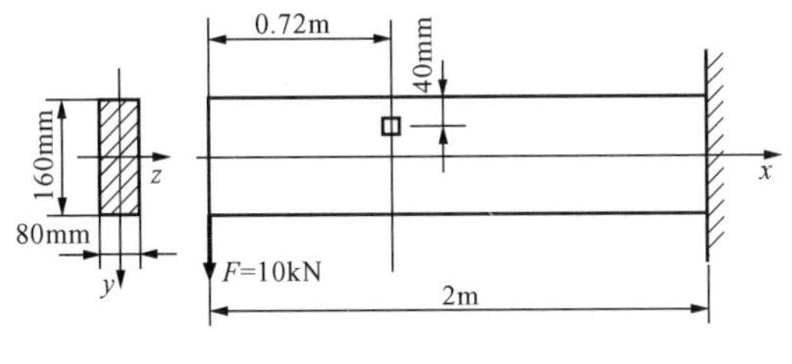

图 12-29　题 12-8 图

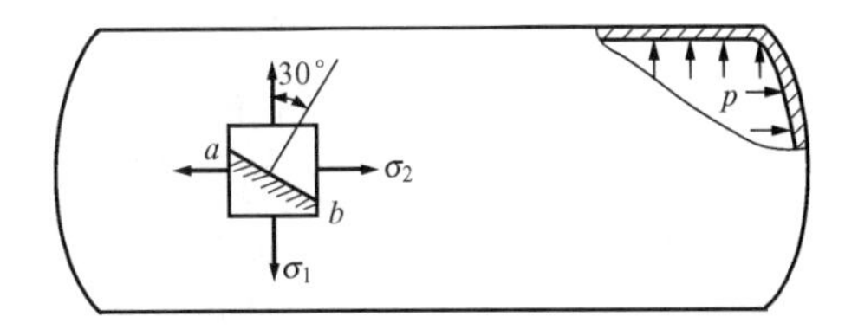

图 12-30　题 12-9 图

12-10　图 12-31 (a) 为一横力弯曲下的梁，求得截面 $m-m$ 上的弯矩 M 及剪力 F_q 后，计算出截面上一点 A 处的弯曲正应力和切应力分别为：$\sigma=-70\text{MPa}$，$\tau=50\text{MPa}$，见图 12-31 (b)。试确定 A 点的主应力及主平面的方位，并讨论同一横截面上的上、下边缘点 B、D 及中性轴上的 C 点的应力状态。

12-11　已知一受力构件表面上某点处的 $\sigma_x=80\text{MPa}$，$\sigma_y=-160\text{MPa}$，$\sigma_z=0$，单元体三个面上都没有切应力。试求该点处的最大正应力和最大切应力。

12-12　以绕带焊接成的圆管，焊缝为螺旋线如图 12-32 所示。管的内径为 300mm，壁厚为 1mm，内压 $p=0.5\text{MPa}$。求沿焊缝斜面上的正应力和切应力。

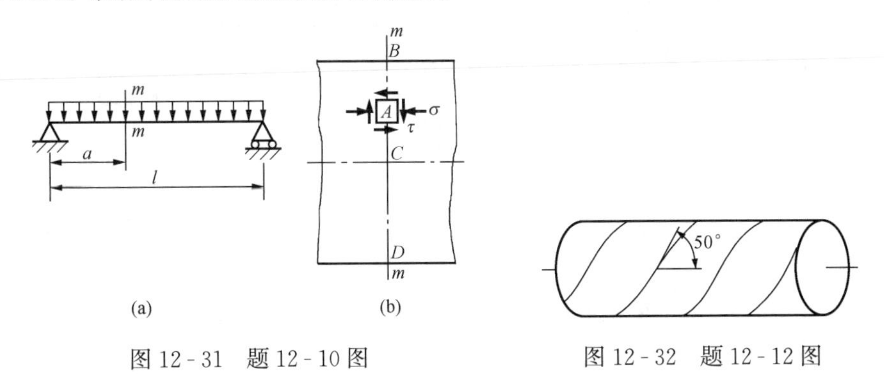

图 12-31　题 12-10 图　　图 12-32　题 12-12 图

12-13　试求图 12-33 所示各应力状态的主应力和最大切应力（应力单位为 MPa）。

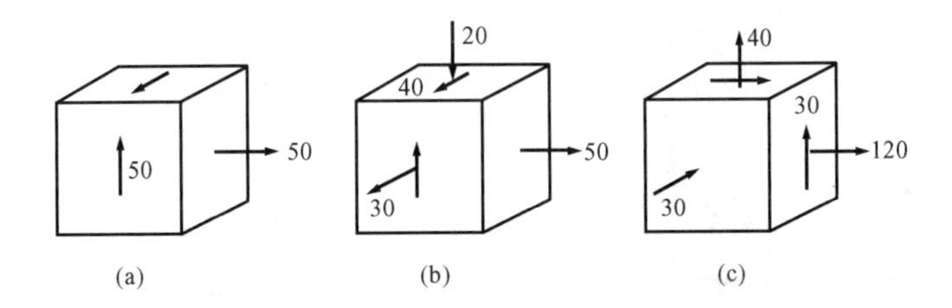

图 12-33　题 12-13 图

12-14　图 12-34 所示一钢制圆截面轴，直径 $d=60\text{mm}$，材料的弹性模量 $E=210\text{GPa}$。泊松比 $\mu=0.28$，用电测法测得 A 点与水平线成 45°方向的线应变 $\varepsilon_{45^\circ}=431\times10^{-6}$，求轴受的外力偶矩 M_e。

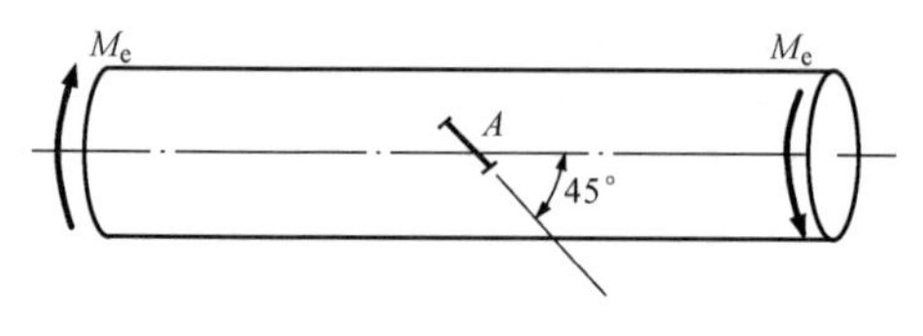

图 12-34 题 12-14 图

12-15 列车通过钢桥时，在大梁侧表面某点测得 x 和 y 向的线应变 $\varepsilon_x=400\times10^{-6}$，$\varepsilon_y=-120\times10^{-6}$，材料的弹性模量 $E=200\text{GPa}$，泊松比 $\mu=0.3$，求该点 x、y 面的正应力 σ_x 和 σ_y。

12-16 有一厚度为 6mm 的钢板在两个垂直方向受拉，拉应力分别为 150MPa 及 55MPa。钢材的弹性常数为 $E=210\text{GPa}$，$\mu=0.25$。试求钢板厚度的减小值。

12-17 边长为 20mm 的钢立方体置于钢模中，在顶面上受力 $F=14\text{kN}$ 作用。已知，$\mu=0.3$，假设钢模的变形以及立方体与钢模之间的摩擦力可略去不计。试求立方体各个面上的正应力。

12-18 在一块钢板上先画上直径 $d=300\text{mm}$ 的圆，然后在板上加上应力，如图 12-35 所示。试问所画的圆将变成何种图形？并计算其尺寸。已知钢板的弹性常数 $E=206\text{GPa}$，$\mu=0.28$。

12-19 用广义胡克定律，证明弹性常数 E，G，μ 间的关系。

12-20 如图 12-36 所示，在受集中力偶矩 M_e 作用的矩形截面简支梁中，测得中性层上 k 点处沿 45° 方向的线应变 ε_{45°。已知材料的弹性常数 E，μ 和梁的横截面及长度尺寸 b、h、a、d、l。试求集中力偶矩 M_e。

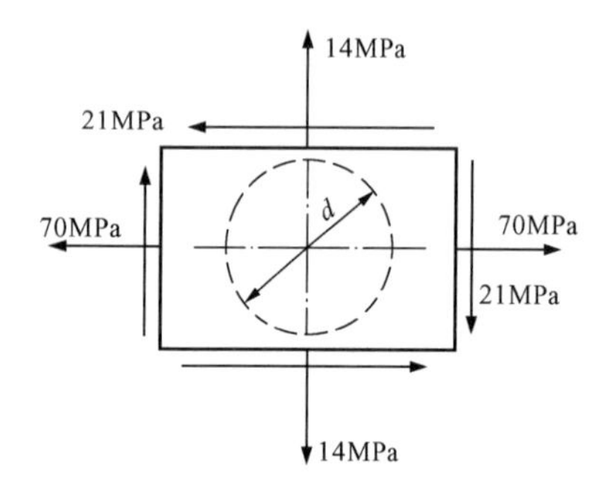

图 12-35 题 12-18 图

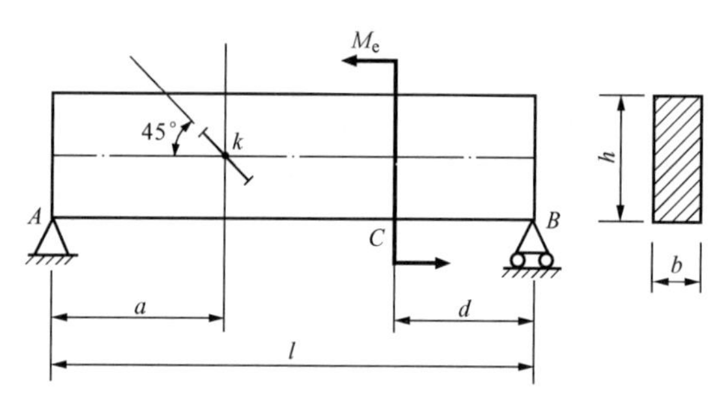

图 12-36 题 12-20 图

12-21 已知图 12-37 所示单元体材料的弹性常数 $E=200\text{GPa}$，$\mu=0.30$。试求该单元体的形状改变能密度。

12-22 如图 12-38 所示，方块 $ABCD$ 尺寸是 70mm×70mm×70mm，通过专用的压力机在其四个面上作用均匀分布的压力。若 $F=50\text{kN}$，$E=200\text{GPa}$，$\mu=0.30$，试求方块的体应变 θ。

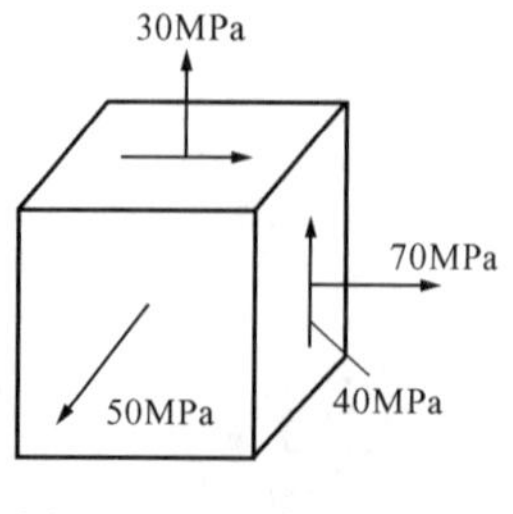

图 12-37 题 12-21 图

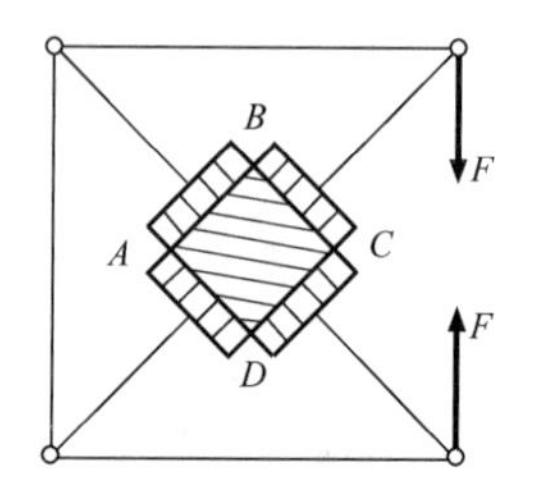

图 12-38 题 12-22 图

12-23 车轮与钢轨接触点处的主应力为 −800MPa，−900MPa，−1100MPa。若 $[\sigma]=300\text{MPa}$，试对接触点作强度校核。

12-24 铸铁薄壁管如图 12-39 所示。管的外径为 200mm，壁厚 $\delta=15\text{mm}$，内压 $p=4\text{MPa}$，$F=200\text{kN}$。铸铁的抗拉及抗压许用应力分别为 $[\sigma_t]=30\text{MPa}$，$[\sigma_c]=120\text{MPa}$，$\mu=0.25$。试用第二强度理

论校核薄壁管的强度。

12-25　从某铸铁构件内的危险点处取出的单元体，各面上的应力分量如图 12-40 所示。已知铸铁材料的泊松比 $\mu=0.25$，许用拉应力 $[\sigma_t]=30\text{MPa}$，许用压应力 $[\sigma_c]=90\text{MPa}$。试按第一和第二强度理论校核其强度。

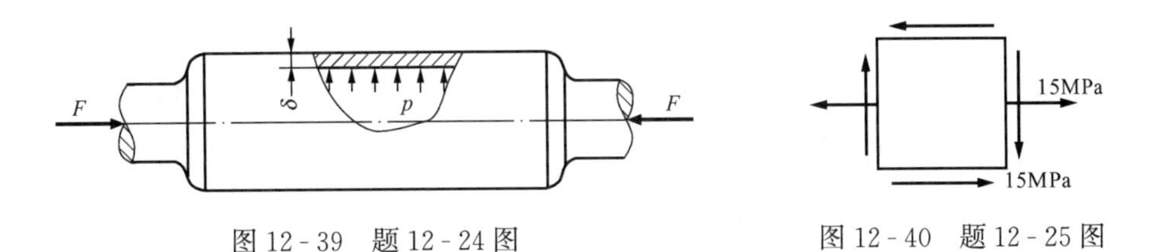

图 12-39　题 12-24 图　　　　图 12-40　题 12-25 图

12-26　用 Q235 钢制成的实心圆截面杆，受轴向拉力 F 及扭转力偶矩 M_e 共同作用，且 $M_e=\frac{1}{10}Fd$。今测得圆杆表面 k 点处沿图 12-41 所示方向的线应变 $\varepsilon_{30^\circ}=14.33\times10^{-5}$。已知杆直径 $d=10\text{mm}$，材料的弹性常数 $E=200\text{GPa}$，$\mu=0.3$。试求荷载 F 及扭转力偶矩 M_e。若其许用应力 $[\sigma]=160\text{MPa}$，试按第四强度理论校核杆的强度。

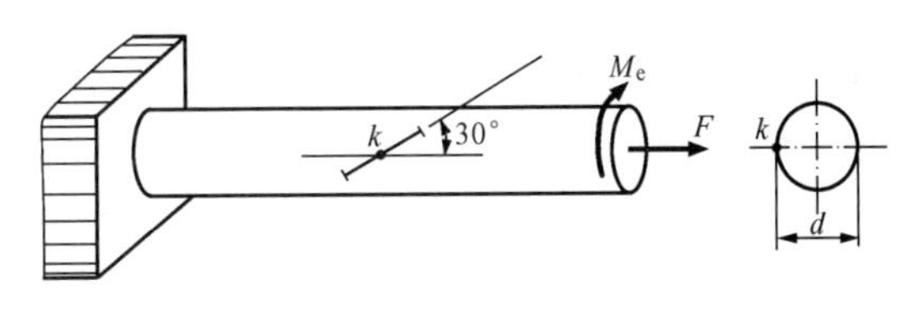

图 12-41　题 12-26 图

12-27　一简支钢板梁承受荷载如图 12-42（a）所示，其截面尺寸见图 12-42（b）。已知钢材的许用应力为 $[\sigma]=170\text{MPa}$，$[\tau]=100\text{MPa}$。试校核梁内的最大正应力和最大切应力，并按第四强度理论校核危险截面上的 a 点的强度。（注：通常在计算 a 点处的应力时近似地按 a' 点的位置计算。）

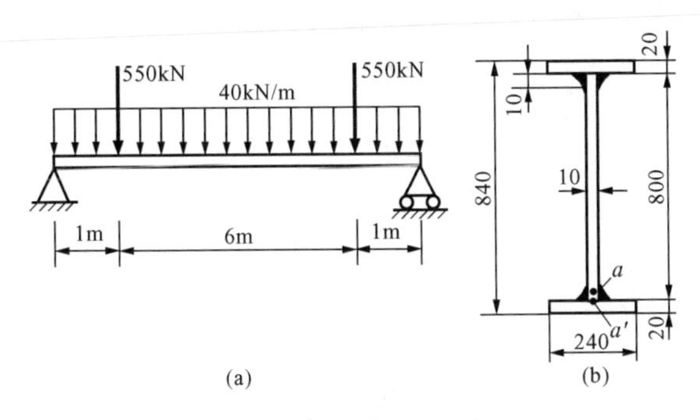

图 12-42　题 12-27 图

12-28　钢制圆柱形薄壁容器，直径为 800mm，壁厚 $\delta=4\text{mm}$，$[\sigma]=120\text{MPa}$。试用强度理论确定可能承受的内压力 p。

12-2　$F=94.2\text{kN}$

12-3　$\sigma_{max}=100\text{MPa}$，$\tau_{max}=50\text{MPa}$

12-4　(a) $\sigma_\alpha=35\text{MPa}$，$\tau_\alpha=60.6\text{MPa}$

(b) $\sigma_\alpha=70\text{MPa}$，$\tau_\alpha=0$

(c) $\sigma_\alpha=88.5\text{MPa}$，$\tau_\alpha=36.6\text{MPa}$

(d) $\sigma_\alpha=-12.5\text{MPa}$，$\tau_\alpha=65\text{MPa}$

12-5 (a) $\sigma_1=57\text{MPa}$，$\sigma_3=-7\text{MPa}$，$\alpha_0=-19°20'$，$\tau_{max}=32\text{MPa}$

(b) $\sigma_1=57\text{MPa}$，$\sigma_3=-7\text{MPa}$，$\alpha_0=19°20'$，$\tau_{max}=32\text{MPa}$

(c) $\sigma_1=25\text{MPa}$，$\sigma_3=-25\text{MPa}$，$\alpha_0=-45°$，$\tau_{max}=25\text{MPa}$

(d) $\sigma_1=11.2\text{MPa}$，$\sigma_3=-71.2\text{MPa}$，$\alpha_0=-37°59'$，$\tau_{max}=41.2\text{MPa}$

(e) $\sigma_1=4.7\text{MPa}$，$\sigma_3=-84.7\text{MPa}$，$\alpha_0=-13°17'$，$\tau_{max}=44.7\text{MPa}$

(f) $\sigma_1=37\text{MPa}$，$\sigma_3=-27\text{MPa}$，$\alpha_0=19°20'$，$\tau_{max}=32\text{MPa}$

12-6 $\sigma_\alpha=20\text{MPa}$，$\sigma_1=33.5\text{MPa}$，$\sigma_2=0$，$\sigma_3=-82.7\text{MPa}$，由$\sigma=30\text{MPa}$作用线逆时针转$10°4'$至$\sigma_1$

12-7 $\sigma_1=56.1\text{MPa}$，$\sigma_2=0$，$\sigma_3=-16.1\text{MPa}$

12-8 $\sigma_1=10.66\text{MPa}$，$\sigma_3=-0.06\text{MPa}$，$\alpha=4.73°$

12-9 (1) $\sigma_1=150\text{MPa}$，$\sigma_2=75\text{MPa}$，$\tau_{max}=75\text{MPa}$；

(2) $\sigma_\alpha=131\text{MPa}$，$\tau_\alpha=-32.5\text{MPa}$

12-10 $\sigma_1=26\text{MPa}$，$\sigma_2=0$，$\sigma_3=-96\text{MPa}$，$\alpha_0=-27.5°$

12-11 $\sigma_{max}=80\text{MPa}$，$\tau_{max}=120\text{MPa}$

12-12 $\sigma_\alpha=53\text{MPa}$，$\tau_\alpha=18.5\text{MPa}$

12-13 (a) $\sigma_1=50\text{MPa}$，$\sigma_2=50\text{MPa}$，$\sigma_3=-50\text{MPa}$，$\tau_{max}=50\text{MPa}$；

(b) $\sigma_1=52.2\text{MPa}$，$\sigma_2=50\text{MPa}$，$\sigma_3=-42.2\text{MPa}$，$\tau_{max}=47.2\text{MPa}$；

(c) $\sigma_1=130\text{MPa}$，$\sigma_2=30\text{MPa}$，$\sigma_3=-30\text{MPa}$，$\tau_{max}=80\text{MPa}$

12-14 $M_e=3\text{kN}\cdot\text{m}$

12-15 $\sigma_x=80\text{MPa}$，$\sigma_y=0$

12-16 $\Delta h=1.46\times10^{-3}\text{mm}$

12-17 纵向（力F方向）：$\sigma_y=-35\text{MPa}$，横向：$\sigma_x=\sigma_z=-15\text{MPa}$

12-18 长轴300.109mm，短轴299.979mm

12-20 $M_e=\dfrac{2Elbh}{3(1+\mu)}\varepsilon_{45°}$

12-21 $v_d=12.99\text{kN/m}^3$

12-22 $\theta=-57.8\times10^{-6}$

12-23 $\sigma_{r3}=300\text{MPa}=[\sigma]$，$\sigma_{r4}=264\text{MPa}$

12-24 $\sigma_{r2}=26.8\text{MPa}<[\sigma_t]$，$\sigma_{rM}=25.8\text{MPa}<[\sigma_t]$，安全

12-25 $\sigma_{r1}=24.3\text{MPa}$，$\sigma_{r2}=26.6\text{MPa}$

12-26 $F=2\text{kN}$，$M_e=2\text{kN}\cdot\text{m}$，$\sigma_{r4}=26.9\text{MPa}$

12-27 集中荷载作用截面上点a处$\sigma_{r4}=176\text{MPa}$

12-28 按第三强度理论$p=1.2\text{MPa}$；按第四强度理论$p=1.38\text{MPa}$

第十三章　组　合　变　形

§13-1　概　　述

前面分别讨论了杆件的拉伸（或压缩）、剪切、扭转和弯曲。而在工程实际中的许多构件，往往同时存在两种或两种以上的基本变形。例如，烟囱［图 13-1（a）］除自重引起的轴向压缩外，还有水平风力引起的弯曲；机械中的齿轮传动轴［图 13-1（b）］在外力作用下，将同时发生扭转变形及在水平平面和垂直平面内的弯曲变形；厂房中吊车立柱除受轴向压力 F_1 外，还受到偏心压力 F_2 的作用［图 13-1（c）］，立柱将同时发生轴向压缩和弯曲变形。构件同时产生两种或两种以上基本变形的情况，称为**组合变形。**

在线弹性范围内、小变形条件下，可以认为各载荷的作用彼此独立，互不影响，即任一载荷所引起的应力或变形不受其他载荷的影响。因此，对组合变形构件进行强度计算，可以应用**叠加原理**，采取先分解而后综合的方法。其基本步骤是：①将作用在构件上的载荷进行分解，得到与原载荷等效的几组载荷，使构件在每组载荷作用下，只产生一种基本变形；②分别计算构件在每种基本变形情况下的应力；③将各基本变形情况下的应力叠加，然后进行强度计算。当构件危险点处于单向应力状态时，可将上述应力进行代数相加；若处于复杂应力状态，则需求出其主应力，按强度理论来进行强度计算。需要指出，若构件的组合变形超出了线弹性范围，或虽在线弹性范围内但变形较大，则不能按其初始形状或尺寸进行计算，必须考虑各基本变形之间的相互影响，而不能应用叠加原理。

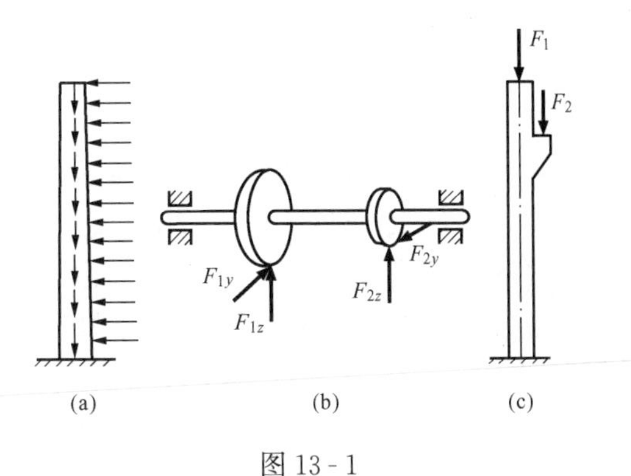

图 13-1

本章将讨论工程中经常遇到的几种组合变形问题。

§13-2　斜　弯　曲

当外力施加在梁的对称面（或主轴平面）内时，梁产生平面弯曲。但如果所有外力都作用在同一平面内，而这一平面不是对称面（或主轴平面），例如图 13-2（a）所示的情形，梁也将会产生弯曲，但不是平面弯曲，这种弯曲称为**斜弯曲**。还有一种情形也会产生斜弯曲，这就是所有外力都作用在对称面（或主轴平面）内，但不是同一对称面（梁的截面具有两个或两个以上对称轴）或主轴平

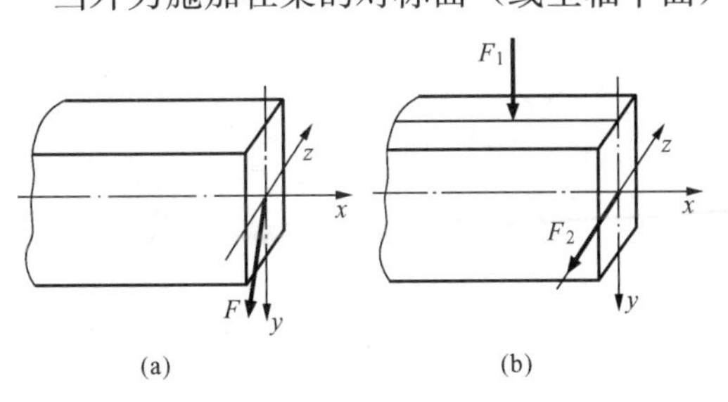

图 13-2

面内，如图 13-2（b）所示。

为了确定斜弯曲时梁横截面上的应力，在小变形的条件下，可以将斜弯曲分解成两个互相垂直的纵向对称面内（或主轴平面）的平面弯曲，然后将两个平面弯曲引起的同一点应力的代数值相加，便得到斜弯曲在该点的应力值。

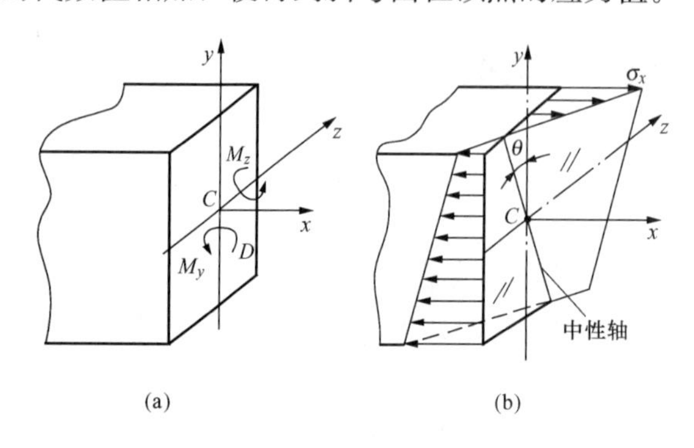

图 13-3

以矩形截面为例，如图 13-3（a）所示，当梁的横截面上同时作用两个弯矩 M_y 和 M_z（二者分别都作用在梁的两个主轴平面内）时，对于梁任一横截面上的任一点 $D(y,z)$ 处，由弯矩 M_y 和 M_z 引起的正应力分别为

$$\sigma' = \frac{M_y}{I_y}z \text{ 和 } \sigma'' = -\frac{M_z}{I_z}y$$

于是，由叠加原理，在 M_y 和 M_z 同时作用下，D（y，z）点处的正应力为

$$\sigma = \sigma' + \sigma'' = \frac{M_y}{I_y}z - \frac{M_z}{I_z}y \tag{13-1}$$

式中：I_y、I_z 为横截面对于两对称轴 y 和 z 的惯性矩；M_y、M_z 为截面上位于水平和铅垂对称平面内的弯矩［见图 13-3（b）］。

为确定横截面上最大正应力点的位置，先求截面上的中性轴位置。由于中性轴上各点处的正应力均为零，令 y_0，z_0 代表中性轴上任一点的坐标，则由式（13-1）可得中性轴方程为

$$\frac{M_y}{I_y}z_0 - \frac{M_z}{I_z}y_0 = 0 \tag{13-2}$$

由上式可见，中性轴是一条通过横截面形心的直线。其与 y 轴的夹角 θ 为

$$\tan\theta = \frac{z_0}{y_0} = \frac{M_z}{M_y} \cdot \frac{I_y}{I_z} = \frac{I_y}{I_z}\tan\varphi \tag{13-3}$$

式中：φ 为横截面上合成弯矩 $M = \sqrt{M_y^2 + M_z^2}$ 的矢量与 y 轴间的夹角。

一般情况下，由于截面的 $I_y \neq I_z$，因而中性轴与合成弯矩所在的平面并不相互垂直，而截面的挠度垂直于中性轴，所以挠曲线将不在合成弯矩所在的平面内。对于圆形、正方形等 $I_y = I_z$ 的截面，有 $\varphi = \theta$，因而，正应力也可用合成弯矩按平面弯曲的公式进行计算。但是，梁各横截面上的合成弯矩所在平面的方位一般并不相同，所以，虽然每一截面的挠度都发生在该截面的合成弯矩所在平面内，梁的挠曲线一般仍是一条空间曲线。于是，梁的挠曲线方程仍应分别按两垂直平面内的弯曲来计算，不能直接用合成弯矩进行计算。

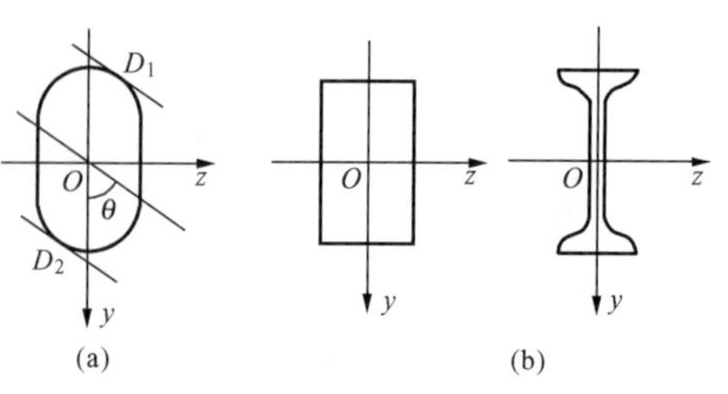

图 13-4

在确定中性轴的位置后，作平行于中性轴的两直线，分别与横截面周边相切于 D_1、D_2 两点［图 13-4（a）］，这两点上分别作用着横截面上最大拉应力和最大压应力。将两点的坐标（y，z）代入式（13-1），就可得到横截面上的

最大拉、压应力。对于工程中常用的矩形、工字形等截面梁，其横截面都有两个相互垂直的对称轴，且截面的周边具有棱角［图 13-4（b）］，故横截面上的最大正应力必发生在截面的棱角处。于是，可根据梁的变形情况，直接确定截面上最大拉、压应力点的位置，而无需定出其中性轴。

在确定了梁的危险截面和危险点的位置，并算出危险点处的最大正应力后，由于危险点处是单向应力状态，可将最大正应力与材料的许用正应力相比较来建立强度条件，进行强度计算。至于横截面上的切应力，对于一般实心截面梁，因其数值较小，故在强度计算中可不必考虑。

【例 13-1】　一般生产车间所用的吊车大梁，两端由钢轨支撑，可以简化为简支梁，如图 13-5（a）所示。图中 $l=4\text{m}$。大梁由 32a 热轧普通工字钢制成，许用应力 $[\sigma]=160\text{MPa}$。起吊的重物重量 $F=80\text{kN}$，并且作用在梁的中点，作用线与 y 轴之间的夹角 $\theta=5°$，试校核吊车大梁是否安全。

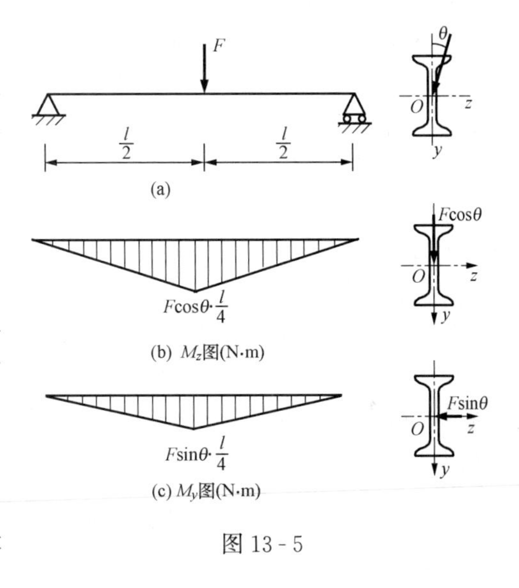

图 13-5

解　首先，将力 F 沿两主轴分解为

$$F_y = F\cos\alpha, F_z = F\sin\alpha$$

作梁的计算简图，分别绘出两个主轴平面内的弯矩图如图 13-5（b）、（c）所示。得到两个平面弯曲情形下的最大弯矩

$$M_{y\max} = F\sin\theta \cdot \frac{l}{4}, M_{z\max} = F\cos\theta \cdot \frac{l}{4}$$

从型钢表中可查到 32a 热轧普通工字钢的 $W_y = 70.758\text{cm}^3$，$W_z=692.2\text{cm}^3$，按叠加原理计算出梁的最大拉伸应力为

$$\sigma_{\max} - \frac{M_y}{W_y} + \frac{M_z}{W_z} = \frac{80\times10^3\times\sin5°\times4\times10^3}{4\times70.758\times10^3}\text{MPa} + \frac{80\times10^3\times\cos5°\times4\times10^3}{4\times692.2\times10^3}\text{MPa} = 217.8\text{MPa}$$

$$\sigma_{\max} > [\sigma]$$

因此，梁在斜弯曲情形下的强度是不安全的。

如果令上述计算中的 $\theta=0$，也就是载荷沿着 y 轴方向，这时产生平面弯曲，上述结果中的第一项变为 0。于是梁内的最大正应力为

$$\sigma_{\max} = \frac{M_z}{W_z} = \frac{80\times10^3\times\cos5°\times4\times10^3}{4\times692.2\times10^3}\text{MPa} = 115.6\text{MPa}$$

这一数值远远小于斜弯曲时的最大正应力。可见，在本例中载荷偏离对称轴很小的角度，最大正应力就会有很大的增加，这对于梁的强度是一种很大的威胁，实际工程中应当尽量避免这种现象的发生。

§13-3　拉伸（压缩）与弯曲的组合

一、横向力与轴向力共同作用

当杆件同时承受垂直于轴线的横向力和沿着轴线方向的纵向力时（图 13-6），杆件的横截面上将同时产生轴力、弯矩和剪力。忽略剪力的影响，轴力和弯矩都将在横截面上产生正应力。根据轴力图和弯矩图，可以确定杆件的危险截面以及危险截面上的轴力 F_N 和弯矩 $M_{\max}$。

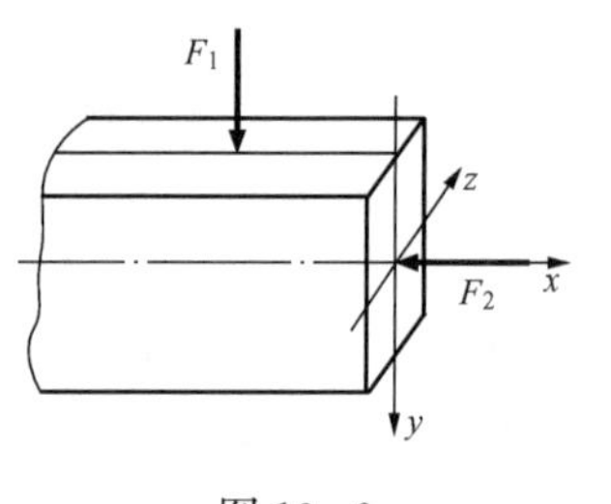

图 13-6

轴力 F_N 引起的正应力沿整个横截面均匀分布，轴力为正时，产生拉应力；轴力为负时产生压应力

$$\sigma' = \pm \frac{F_N}{A}$$

弯矩 M_{max} 引起的正应力沿横截面高度方向线性分布

$$\sigma'' = \frac{M_{max}}{I_z} y$$

应用叠加法，将二者分别引起同一点的正应力相加，所得到的应力就是二者在同一点引起的总应力。图 13-7（a）所示起重机横梁，其受力简图如图 13-7（b）所示。轴向力 F_{Ax} 和 F_x 引起压缩，横向力 F_{Ay}、W 和 F_y 引起弯曲，所以 AB 杆即产生压缩和弯曲的组合变形。若 AB 杆的抗弯刚度较大，弯曲变形很小，轴向力因弯曲变形而产生的弯矩可以忽略，计算中可以使用原始尺寸。这样，轴向力就只引起压缩变形，外力与杆件内力和应力的关系仍为线性，叠加原理成立。

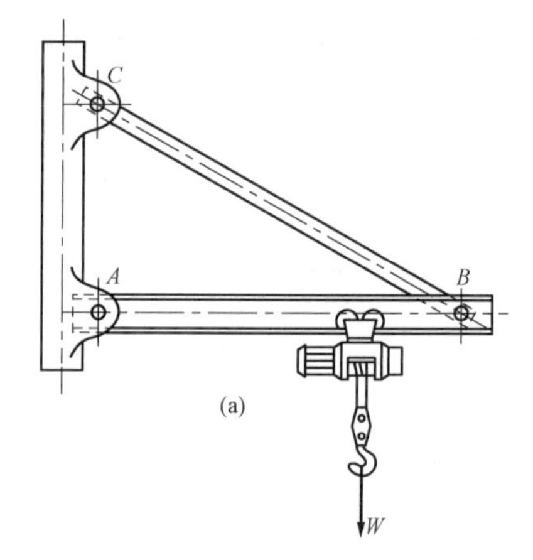

(a)

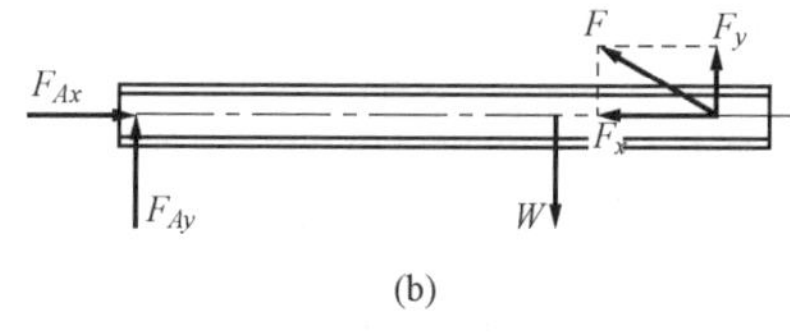

(b)

图 13-7

由于危险点的应力状态为简单应力状态（单向拉伸或压缩），对于低碳钢等塑性材料，拉伸和压缩时的屈服极限基本相同，所以，拉弯组合时强度条件为

$$\sigma_{max} = \left| \frac{F_N}{A} + \frac{M}{W_z} \right| \leqslant [\sigma] \qquad (13-4)$$

压弯组合时强度条件为

$$\sigma_{max} = \left| -\frac{F_N}{A} - \frac{M}{W_z} \right| \leqslant [\sigma] \qquad (13-5)$$

对于铸铁等脆性材料，拉伸和压缩时的强度极限有较大差别，所以，拉弯组合时强度条件为

$$\sigma_{tmax} = \left| \frac{F_N}{A} + \frac{M}{W_z} \right| \leqslant [\sigma_t], \sigma_{cmax} = \left| \frac{F_N}{A} - \frac{M}{W_z} \right| \leqslant [\sigma_c] \qquad (13-6)$$

压弯组合时强度条件为

$$\sigma_{tmax} = \left| -\frac{F_N}{A} + \frac{M}{W_z} \right| \leqslant [\sigma_t], \sigma_{cmax} = \left| -\frac{F_N}{A} - \frac{M}{W_z} \right| \leqslant [\sigma_c] \qquad (13-7)$$

【例 13-2】 最大吊重 W=8kN 的起重机如图 13-8（a）所示。若已知 AB 杆为工字钢，材料为 Q235 钢，许用应力为 $[\sigma]$ =100MPa，试选择工字钢型号。

解 先求出 CD 杆的长度为

$$l = \sqrt{2500^2 + 800^2} = 2620\text{mm}$$

AB 杆的受力简图如图 13-8（b）所示。设 CD 杆的拉力为 F，由平衡方程 $\Sigma M_A = 0$，得

$$F \times \frac{800}{2620} \times 2500 - 8000 \times (2500 + 1500) = 0$$

$$F = 42000\text{N}$$

把 F 分解为沿 AB 杆轴线的分量 F_x 和垂直于 AB 杆轴线的分量 F_y，可见 AB 杆在 AC 段内产生压缩与弯曲

的组合变形。

$$F_x = F \times \frac{2500}{2620} = 40\text{kN}$$

$$F_y = F \times \frac{800}{2620} = 12.8\text{kN}$$

作 AB 杆的弯矩图和 AC 段的轴力图如图 13-8（c）所示。从图中看出，在 C 点左侧的截面上弯矩为最大值，而轴力与其他截面相同，故为危险截面。

开始试算时，先不考虑轴力 F_N 的影响，只根据弯曲强度条件选取工字钢。由

$$\sigma = \frac{M_{max}}{W_z} \leqslant [\sigma]$$

得
$$W \geqslant \frac{M_{max}}{[\sigma]} = \frac{12 \times 10^6}{100}\text{mm}^3 = 120 \times 10^3\text{mm}^3 = 120\text{cm}^3$$

查型钢表，选取 16 号工字钢，$W = 141\text{cm}^3$，$A = 26.1\text{cm}^2$。选定工字钢后，同时考虑轴力 F_N 及弯矩 M_z 的影响，再进行强度校核。在危险截面 C 的下边缘各点上发生最大压应力，且为

$$|\sigma_{max}| = \left|-\frac{F_N}{A} - \frac{M_{max}}{W_z}\right| = \left|-\frac{40 \times 10^3}{26.1 \times 10^2} - \frac{12 \times 10^6}{141 \times 10^3}\right| = 100.5\text{MPa}$$

结果表明，最大压应力与许用应力接近相等，故无须重新选择截面的型号。

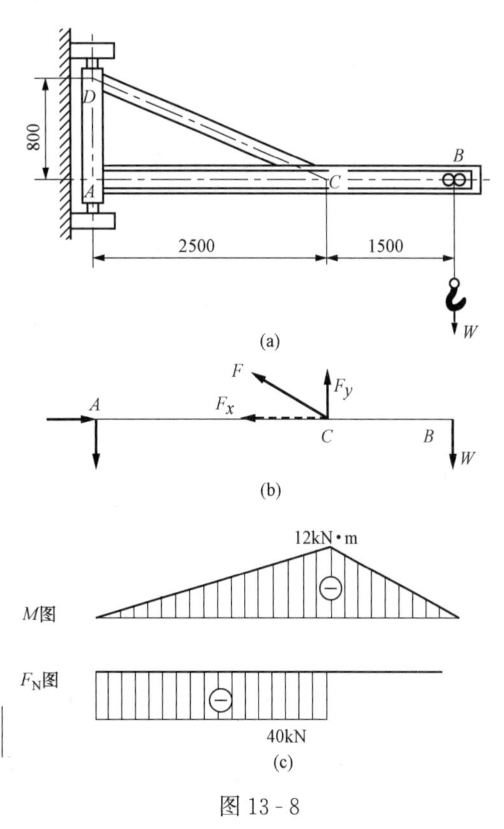

图 13-8

二、偏心拉伸与偏心压缩

当作用在短直杆上的外力作用线与杆的轴线平行而不重合时，将引起偏心拉伸或偏心压缩。工程实际中的砖（桥）墩、厂房的柱子以及冲床立柱等，都会受到这种载荷。此时杆件横截面上的内力，只有轴力和弯矩，实质上也是拉压与弯曲的组合。

以横截面具有两对称轴的等直杆承受距离截面形心为 e（称为**偏心距**）的偏心拉力 F［图 13-9（a）］为例，来说明偏心拉伸杆件的强度计算。先将作用在杆端截面上 A 点处的拉力 F 向截面形心 O 点简化，得到轴向拉力 F 和力偶矩 Fe，其矢量如图 13-9（b）所示。然后，将力偶矩 Fe 分解为 M_y 和 M_z，计算可得

$$M_y = Fe\sin\alpha = Fz_F$$

$$M_z = Fe\cos\alpha = Fy_F$$

式中：坐标轴 y，z 为截面的两个对称轴（亦即形心主惯性轴）；y_F、z_F 为偏心拉力 F 作用点（A 点）的坐标。于是，得到一个包含轴向拉力和两个在纵向对称面内的力偶［图 13-9（c）］的静力等效力系。当杆的弯曲刚度较大时，同样可按叠加原理求解。

在上述力系作用下任一横截面上的任一点 $C(y,z)$［图 13-9（c）］处，对应于轴力 $F_N = F$ 和两个弯矩 $M_y = Fz_F$，$M_z = Fy_F$ 的正应力分别为

$$\sigma' = \frac{F_N}{A} = \frac{F}{A}, \sigma'' = \frac{M_y \cdot z}{I_y} = \frac{F \cdot z_F \cdot z}{I_y},$$

$$\sigma''' = \frac{M_y \cdot y}{I_z} = \frac{F \cdot y_F \cdot y}{I_z}$$

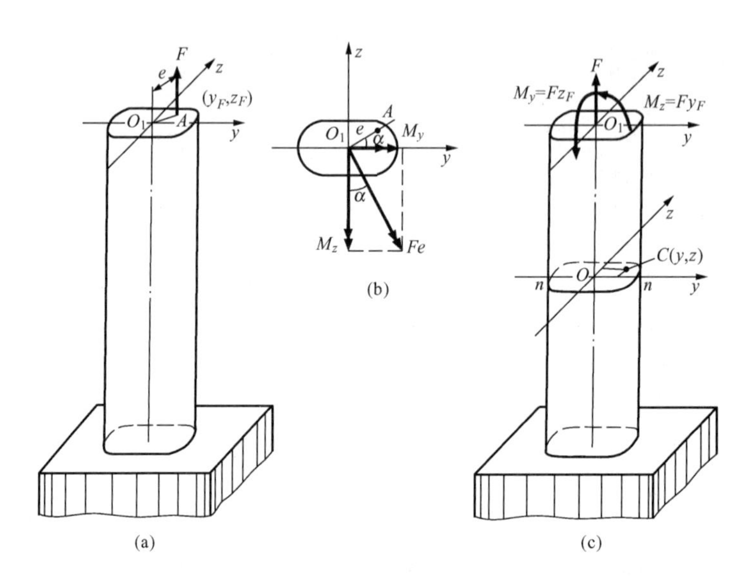

图 13-9

根据杆件的变形可知，σ'，σ''和σ'''均为拉应力。于是，由叠加原理得 C 点处的正应力为

$$\sigma=\sigma'+\sigma''+\sigma'''=\frac{F}{A}+\frac{F\cdot z_F\cdot z}{I_y}+\frac{F\cdot y_F\cdot y}{I_z} \tag{a}$$

式中：A 为横截面面积；I_y、I_z 为横截面对于两对称轴 y 和 z 的惯性矩。利用惯性矩与惯性半径间的关系

$$I_y=A\cdot i_y^2, I_z=A\cdot i_z^2$$

式（a）可改写为

$$\sigma=\sigma'+\sigma''+\sigma'''=\frac{F}{A}\left(1+\frac{z_F\cdot z}{i_y^2}+\frac{y_F\cdot y}{i_z^2}\right) \tag{b}$$

上式是一个平面方程，这表明正应力在横截面上按线性规律变化，而应力平面与横截面相交的直线（沿该直线 $\sigma=0$）就是中性轴［图 13-10（a）］。令 y_0，z_0 代表中性轴上任一点的坐标，则由式（b）可得中性轴方程为

$$1+\frac{z_F}{i_y^2}z_0+\frac{y_F}{i_z^2}y_0=0 \tag{13-8}$$

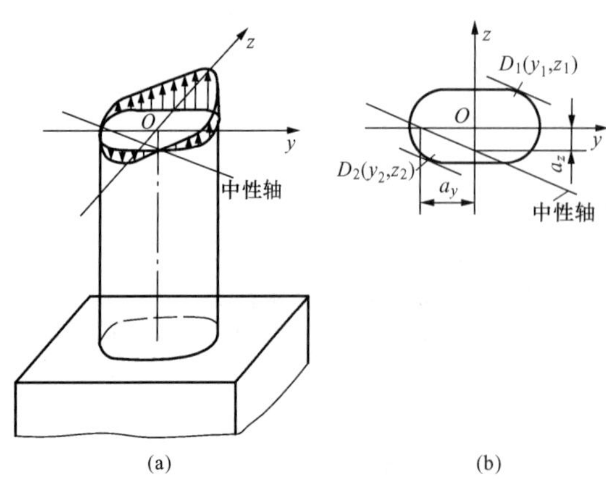

图 13-10

可见，在偏心拉伸（或压缩）情况下，中性轴是一条不通过截面形心的直线。为定出中性轴的位置，可利用其在 y、z 两轴上的截距 a_y 和 a_z［图 13-10（b）］。在上式中，令 $z_0=0$ 相应的 y_0 即为 a_y，而令 $y_0=0$ 相应的 z_0 则为 a_z。由此求得

$$a_y=-\frac{i_z^2}{y_F}, a_z=-\frac{i_y^2}{z_F} \tag{13-9}$$

因为 A 点在第一象限内，y_F、z_F 都是正

值，由此可见，a_y 和 a_z 均为负值。即中性轴与外力作用点分别处于截面形心的相对两侧[图 13-10（a）、（b）]。

对于周边无棱角的截面，可作两条与中性轴平行的直线与横截面的周边相切，两切点 D_1 和 D_2 即为横截面上最大拉应力和最大压应力所在的危险点［图 13-10（b）］。将危险点 D_1 和 D_2 的坐标分别代入式（a），即可求得最大拉应力和最大压应力的值。

对于周边具有棱角的截面，其危险点必定在截面的棱角处，并可根据杆件的变形来确定。例如，矩形截面杆受偏心拉力 F 作用时，若杆任一横截面上的内力分量为 $F_N=F$ 和 $M_y=Fz_F, M_z=Fy_F$，则与各内力分量相对应的正应力变化规律分别如图 13-11（a）、（b）、（c）所示。由叠加原理，即得杆在偏心拉伸时横截面上正应力的变化规律［图13-11（d）］。可见，最大拉应力 σ_{tmax} 和最大压应力 σ_{cmax} 分别在截面的棱角 D_1 和 D_2 处，其值为

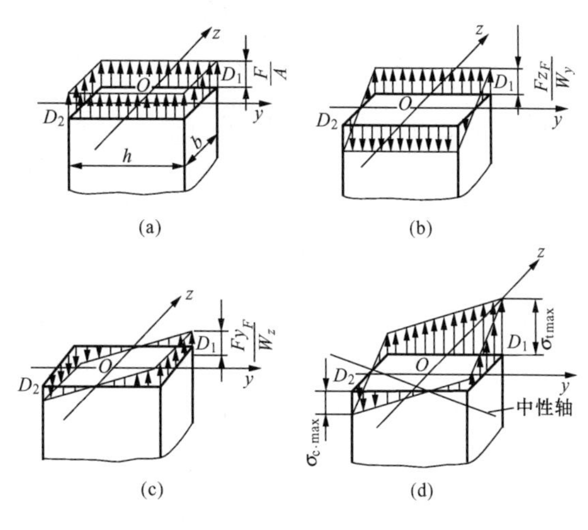

图 13-11

$$\left.\begin{matrix}\sigma_{tmax}\\ \sigma_{cmax}\end{matrix}\right\}=\frac{F}{A}\pm\frac{Fz_F}{W_y}\pm\frac{Fy_F}{W_z} \quad (13-10)$$

显然，式（13-10）对于箱形、工字形等具有棱角的截面都是适用的。此外，当外力的偏心距（即 y_F，z_F 值）较小时，横截面上就可能不出现压应力，即中性轴不一定与横截面相交。

【例 13-3】 小型压力机的铸铁框架如图 13-12（a）所示。已知材料的许用拉应力 $[\sigma_t]=30\text{MPa}$，许用压应力 $[\sigma_c]=160\text{MPa}$。试按立柱的强度确定压力机的最大许可压力 $[F]$。立柱的截面尺寸如图 13-12（b）所示。

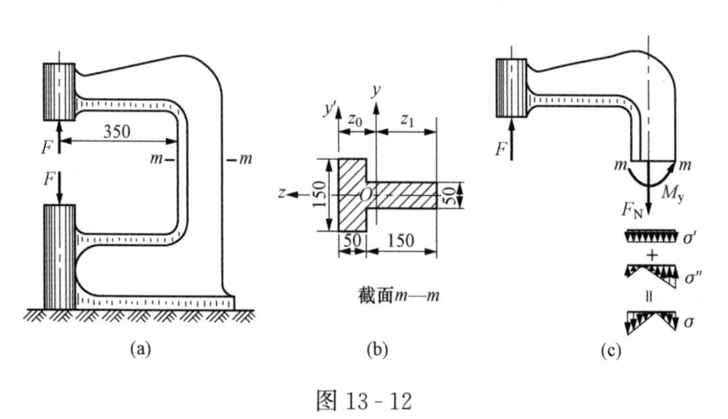

图 13-12

解 根据截面尺寸，计算横截面面积，确定截面形心位置，求出截面对形心主惯性轴 y 的主惯性 I_y。计算结果为

$$A=15\times10^{-3}\text{m}^2, z_0=7.5\text{cm}, I_y=5312.5\text{cm}^4$$

将外力向立柱的轴线简化，立柱产生拉弯组合变形。

其次，分析立柱的内力和应力。根据任意截面 m—m 以上部分的平衡［图 13-12（c）］，求得截面 m—m 上的轴力 F_N 和弯矩 M_y 分别为

$$F_N = F, M_y = (35+7.5)\times 10^{-2}F = 42.5\times 10^{-2}F$$

上式中，F 的单位是 N。横截面上由轴力 F_N 引起的拉应力为

$$\sigma' = \frac{F_N}{A} = \frac{F}{15\times 10^{-3}}\text{Pa}$$

由弯矩 M_y 引起的拉应力和压应力分别为

$$\sigma''_{tmax} = \frac{M_y}{I_y}z_0 = \frac{(42.5\times 10^{-2}\text{m})F\times(7.5\times 10^{-2}\text{m})}{5312.5\times 10^{-8}\text{m}^4}$$

$$\sigma''_{cmax} = \frac{M_y}{I_y}z_1 = \frac{(42.5\times 10^{-2}\text{m})F\times[(20-7.5)\times 10^{-2}\text{m}]}{5312.5\times 10^{-8}\text{m}^4}$$

由图 13 - 12（c）可知，在截面内侧边缘上发生最大拉应力，且由抗拉强度条件

$$\sigma_{tmax} = \sigma' + \sigma''_{tmax} \leqslant [\sigma_t]$$

得 $F\leqslant 45.0$kN。

在截面外侧边缘上发生最大压应力，且由抗压强度条件

$$|\sigma_{cmax}| = |\sigma' + \sigma''_{cmax}| \leqslant [\sigma_c]$$

得 $F\leqslant 171.4$kN。

为使立柱同时满足抗拉强度条件和抗压强度条件，$[F]=45.0$kN。

【例 13 - 4】 一带槽钢板受力如图 13 - 13（a）所示，已知钢板宽度 $b=8$cm，厚度 $\delta=1$cm，边缘上半圆形槽的半径 $r=1$cm，已知拉力 $F=80$kN，钢板许用应力 $[\sigma]=140$MPa。试校核此钢板的强度。

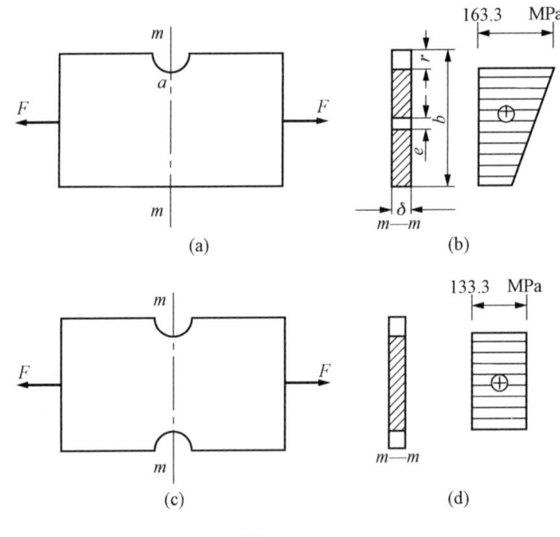

图 13 - 13

解 由于钢板在截面 $m—m$ 处有一半圆形槽，因而外力 F 对此截面为偏心拉伸，其偏心距值为

$$e = \frac{b}{2} - \frac{b-r}{2} = \frac{r}{2} = 5\text{mm}$$

截面 $m—m$ 的轴力和弯矩分别为

$$F = 80000\text{N}$$

$$M = F\cdot e = 400\times 10^3\text{N}\cdot\text{mm}$$

轴力和弯矩在半圆槽底部的 a 点处都引起拉应力［图 13 - 13（b）］，此处即为危险点。由式（13 - 4）得最大拉应力为

$$\sigma_{tmax} = \frac{F}{\delta(b-r)} + \frac{M}{\frac{\delta(b-r)^2}{6}} = \frac{80000}{10\times(80-10)}\text{MPa} + \frac{6\times 400\times 10^3}{10\times(80-10)^2}\text{MPa} = 163.6\text{MPa} > [\sigma]$$

计算结果表明，钢板在截面 $m—m$ 处的强度不够。

从上面的分析可知，造成钢板强度不够的原因，是由于偏心拉伸引起的弯矩使截面 $m—m$ 的应力显著增加。为了保证钢板强度足够，在条件允许时，可在槽的对称位置再开一槽［图 13-13（c）］。这样来避免偏心拉伸。钢板为轴向拉伸，此时截面 $m—m$ 上的应力［图 13-13（d）］为

$$\sigma_{\text{tmax}}=\frac{F}{\delta(b-2r)}=\frac{80000}{10\times(80-2\times10)}=133.3\text{MPa}<[\sigma]$$

由此可知，虽然钢板被两个槽所削弱，使横截面面积减少了，但由于避免了载荷的偏心，因而使截面 $m—m$ 的实际应力比只有一个槽时大为降低，保证了钢板的强度。但须注意，开槽时应使截面变化缓和些，以减小应力集中。

三、截面核心

在建筑工程中，常用砖、石、混凝土和生铁等脆性材料作受压构件，如砖柱、混凝土墩、石拱等，这些材料耐压不耐拉，在这类构件的设计计算中，往往认为其拉伸强度为零。这就要求构件在受偏心压力作用时，其横截面上不出现拉应力。从偏心压缩的分析中知道，当中性轴穿过截面（与截面相割）时，截面上的应力分成拉、压两个区域。若偏心压力 F 向截面形心移近，偏心距较小时，中性轴可以移到截面外面，使截面上不出现拉应力。当外力作用点位于截面形心附近的一个区域内时，就可以保证中性轴不与横截面相交，这个区域称为**截面核心**。

现在来研究求截面核心的方法。设有任意形状截面如图 13-14 所示。为确定截面核心边界，可将与截面周边相切的任一直线（过 A 点）看作是中性轴，其在 y、z 两个形心主惯性轴上的截距分别为 a_{y1} 和 a_{z1}，据此由式（13-9）确定与该中性轴对应的外力作用点 a，亦即截面核心边界上一个点的坐标（y_{F1}，z_{F1}）

$$y_{F1}=-\frac{i_z^2}{a_{y1}},z_{F1}=-\frac{i_y^2}{a_{z1}} \qquad \text{(a)}$$

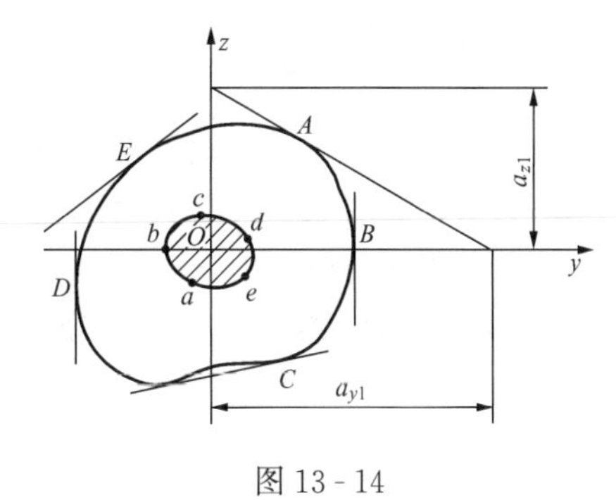

图 13-14

同样，分别作与截面周边 B 点、C 点等相切的直线，看作是中性轴，并按上述方法求得与其对应的截面核心边界上点 b、c 等的坐标。连接这些点所得到的一条封闭曲线，即为所求截面核心的边界，而该边界曲线所包围的带阴影线的面积，即为截面核心（图 13-14）。

【例 13-5】 若短柱的截面为矩形（图 13-15），试确定截面核心。

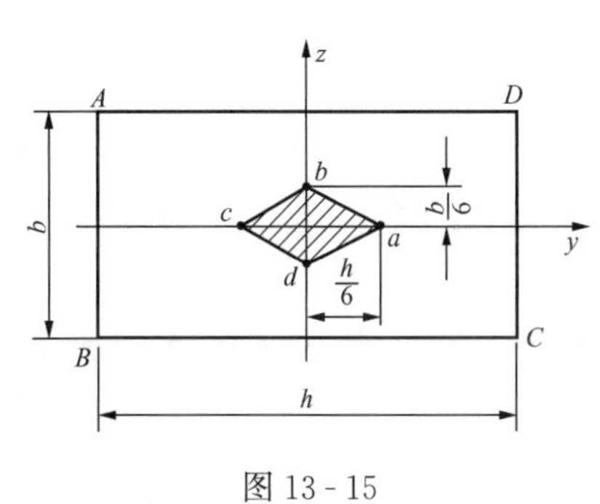

图 13-15

解 矩形截面的对称轴即为形心主惯性轴，且

$$i_y^2=\frac{b^2}{12},i_z^2=\frac{h^2}{12}$$

若中性轴与 AB 边重合，则中性轴在坐标轴上的截距分别是

$$a_y=-\frac{h}{2},a_z=\infty$$

代入公式（a）得压力 F 的作用点 a 的坐标是

$$y_F=\frac{h}{6},z_F=0$$

同理，当中性轴与 BC 重合时，压力作用点 b 的坐标是

$$y_F = 0, z_F = \frac{b}{6}$$

用同样方法可以确定 c 和 d 点，最后得到一个菱形的截面核心。

【例 13-6】 试求半径为 r 的圆形截面的截面核心（图 13-16）。

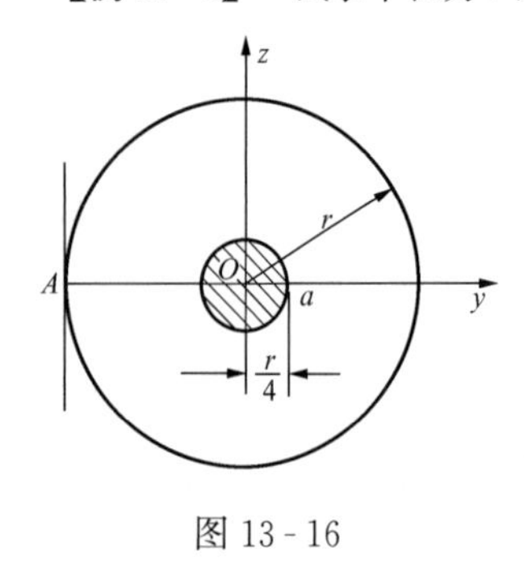

图 13-16

解 圆截面的任意直径皆为形心主惯性轴。设中性轴切于圆周上的任意点 A（图 13-16），以通过 A 点的直径为 y 轴，与 y 垂直的另一直径为 z 轴。用前例的同样方法，确定压力作用点的坐标为

$$y_F = \frac{r}{4}, z_F = 0$$

即 a 点也在通过 A 的直径上，且距圆心的距离为 $\frac{r}{4}$。中性轴切于圆周的其他点时，压力作用点也在通过该点的直径上，距圆心的距离也是 $\frac{r}{4}$。这样，就得到一个半径为 $\frac{r}{4}$ 的圆形核心。

§13-4 弯曲与扭转的组合

扭转与弯曲的组合变形是机械工程中最常见的情况。下面以一个典型的弯曲与扭转组合变形的圆杆为例来说明弯曲与扭转组合变形时的强度计算。

设有一圆杆 AB，一端固定，一端自由；在自由端 B 处安装有一圆轮，并于轮缘处作用一集中力 F，如图 13-17（a）所示，现在研究圆杆 AB 的强度。为此，将力 F 向 B 端面的形心平移，得到一横向力 F 和矩为 $M=FR$ 的力偶，此时圆杆 AB 的受力情况可简化为如图 13-17（b）所示，横向力和力偶分别使圆杆 AB 发生平面弯曲和扭转。

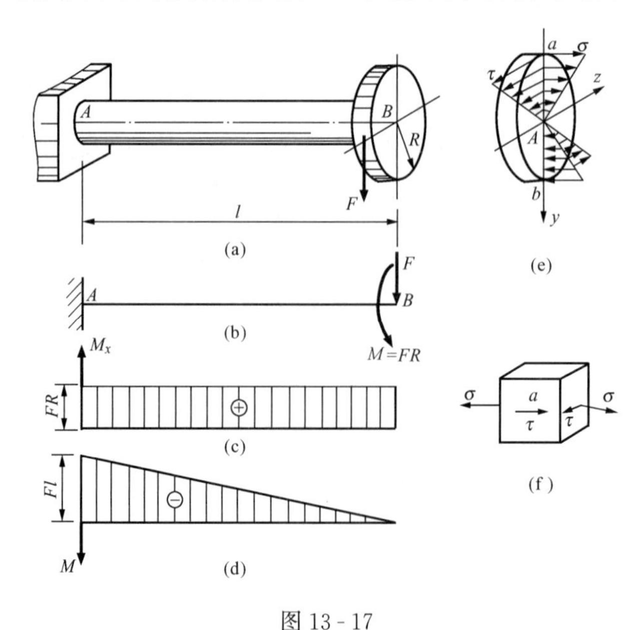

图 13-17

作出圆杆的扭矩图和弯矩图［图 13-17（c）、（d）］，由图 13-17（d）可见，圆杆左端

的弯矩最大，所以此杆的危险截面位于固定端处。危险截面上弯曲正应力和扭转切应力的分布规律如图 13-17（e）所示。由图可见，在 a 和 b 两点处，弯曲正应力和扭转切应力同时达到最大值，均为危险点，其上的最大弯曲正应力 σ 和最大扭转切应力 τ 分别为

$$\left.\begin{aligned}\sigma &= \frac{M}{W}\\ \tau &= \frac{M_x}{W_p}\end{aligned}\right\} \tag{a}$$

式中：M、M_x 为危险截面的弯矩和扭矩；W、W_p 为抗弯截面系数和抗扭截面系数。

如在 a、b 两危险点中的任一点，例如 a 点处取出一单元体，如图 13-17（f）所示，则由于此单元体处于平面应力状态，故须用强度理论来进行强度计算。为此须先求单元体的主应力。将 $\sigma_y = 0$、$\sigma_x = \sigma$ 和 $\tau_{xy} = \tau$ 代入式（12-8），可得

$$\left.\begin{matrix}\sigma_1\\ \sigma_3\end{matrix}\right\} = \frac{\sigma}{2} \pm \sqrt{\left(\frac{\sigma}{2}\right)^2 + \tau^2} \tag{b}$$

另一主应力 $\sigma_2=0$，求得主应力后，即可根据强度理论进行强度计算。

机械中的轴一般都用塑性材料制成，因此应采用第三或第四强度理论。如采用第三强度理论，其强度条件为

$$\sigma_1 - \sigma_3 \leqslant [\sigma]$$

将主应力代入上式，可得用正应力和切应力表示的强度条件为

$$\sigma_{r3} = \sigma_1 - \sigma_3 = \sqrt{\sigma^2 + 4\tau^2} \leqslant [\sigma] \tag{13-11}$$

若将式（a）代入式（13-11），并注意到对于圆杆 $W_p = 2W$，可得以弯矩、扭矩和抗弯截面系数表示的强度条件为

$$\sigma_{r3} = \frac{\sqrt{M^2 + M_x^2}}{W} \leqslant [\sigma] \tag{13-12}$$

如用第四强度理论，则将各主应力代入式（12-33），得

$$\sqrt{\frac{1}{2}[(\sigma_1 - \sigma_2)^2 + (\sigma_2 - \sigma_3)^2 + (\sigma_3 - \sigma_1)^2]} \leqslant [\sigma]$$

可得用正应力和切应力表示的由第四强度理论建立的强度条件为

$$\sigma_{r4} = \sqrt{\sigma^2 + 3\tau^2} \leqslant [\sigma] \tag{13-13}$$

若以式（a）代入式（13-13），则得以弯矩、扭矩和抗弯截面系数表示的强度条件为

$$\sigma_{r4} = \frac{\sqrt{M^2 + 0.75M_x^2}}{W} \leqslant [\sigma] \tag{13-14}$$

以上公式同样适用于空心圆杆，只需以空心圆杆的抗弯截面系数代替实心圆杆的抗弯截面系数即可。

式（13-11）～式（13-14）为弯曲与扭转组合变形圆杆的强度条件。对于拉伸（或压缩）与扭转组合变形的圆杆，其横截面上也同时作用有正应力和切应力，在危险点处取出的

单元体，其应力状态同弯曲与扭转组合时的情况相同，因此也可得出式（13-11）和式（13-13）的强度条件，但其中的弯曲应力σ应改为拉伸（或压缩）应力。

【例13-7】　图13-18所示之电动机的功率$P=9\text{kW}$，转速$n=715\text{r/min}$，带轮的直径$D=250\text{mm}$，皮带松边拉力为F，紧边拉力为$2F$。电动机轴外伸部分长度$l=120\text{mm}$，轴的直径$d=40\text{mm}$。若已知许用应力$[\sigma]=60\text{MPa}$，试用最大切应力理论校核电动机轴的强度。

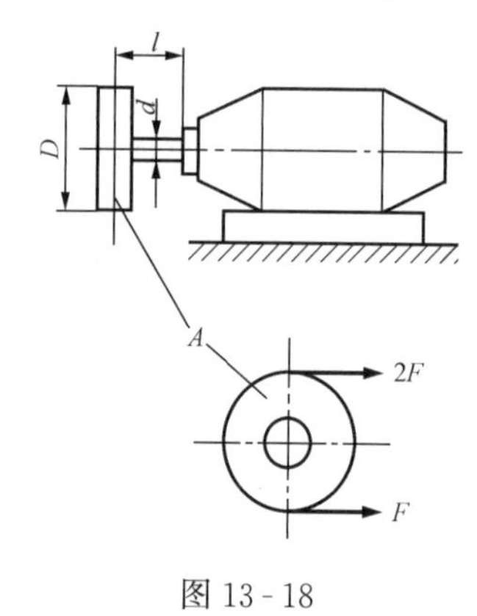

图13-18

解　电动机通过带轮输出功率，因而承受由皮带拉力引起的扭转和弯曲共同作用。根据轴传递的功率、轴的转速与外加力偶矩之间的关系，作用在带轮上的外加力偶矩为

$$M_e=9549\frac{P}{n}=9549\times\frac{9}{715}=120.2\text{N}\cdot\text{m}$$

根据作用在皮带上的拉力与外加力偶矩之间的关系，有

$$2F\times\frac{D}{2}-F\times\frac{D}{2}=M_e$$

于是，作用在皮带上的拉力

$$F=\frac{2M_e}{D}=\frac{2\times120.2}{250}=961.6\text{N}$$

将作用在带轮上的皮带拉力向轴线简化，得到一个力和一个力偶

$$F_R=3F=3\times961.6\text{N}=2884.8\text{N}$$

$$M_e=120.2\text{N}\cdot\text{m}$$

轴的左端可以看作自由端，右端可视为固定端约束。由于问题比较简单，可以不必画出弯矩图和扭矩图，直接判断出固定端处的横截面为危险面，最大弯矩为

$$M=F_R\cdot l=3F\cdot l=3\times961.6\times120\text{N}\cdot\text{mm}=346.2\times10^3\text{N}\cdot\text{mm}$$

最大扭矩为

$$M_x=M_e=120.2\text{N}\cdot\text{m}$$

应用最大切应力理论校核电动机轴的强度，由式（13-12），有

$$\sigma_{r3}=\frac{\sqrt{M^2+M_x^2}}{W}=\frac{\sqrt{(346.2\times10^3)^2+(120.2\times10^3)^2}}{\frac{\pi(40)^3}{32}}\text{MPa}=58.32\text{MPa}$$

由于$\sigma_{r3}<[\sigma]=60\text{MPa}$，所以，电动机轴的强度是安全的。

【例13-8】　图13-19（a）所示为一钢制实心圆轴，轴上的齿轮C上作用有铅垂切向力5kN，径向力1.82kN；齿轮D上作用有水平切向力10kN，径向力3.64kN。齿轮C的节圆直径$d_C=400\text{mm}$，齿轮D的节圆直径$d_D=200\text{mm}$。设许用应力$[\sigma]=100\text{MPa}$，试按第四强度理论求轴的直径。

解　（1）外力分析。将每个齿轮上的切向外力向该轴的截面形心简化，从而得到一个力和一个力偶[图13-19（b）]。于是，可得使轴产生扭转和在xy、xz两个纵向对称平面内发生弯曲的三组外力。

（2）内力分析。作出轴在xy和xz两纵对称平面内的两个弯矩图以及扭矩图，如图13-19（c）、（d）、（e）所示。

由于通过圆轴轴线的任一平面都是纵向对称平面，所以当轴上的外力位于相互垂直的两纵向对称平面内时，可将其引起的同一横截面上的弯矩按矢量和求得总弯矩，并用总弯矩来计算该横截面上的正应力。由轴的两个弯矩图[图13-19（c）、（d）]可知，横截面B上的总弯矩为最大，且

$$M_B=\sqrt{M_{yB}^2+M_{zB}^2}=\sqrt{(364\times10^3)^2+(1000\times10^3)^2}\text{N}\cdot\text{mm}=1064\times10^3\text{N}\cdot\text{mm}$$

在 CD 段内各横截面上的扭矩均相同，故截面 B 是危险截面，其扭矩为

$$M_{xB}=-1\text{kN}\cdot\text{m}=-1000\times10^{3}\text{N}\cdot\text{mm}$$

(3) 应力分析。按第四强度理论建立强度条件有

$$\sigma_{r4}=\frac{\sqrt{M^{2}+0.75M_{x}^{2}}}{W}$$

$$=\frac{\sqrt{(1064\times10^{3})^{2}+0.75(-1000\times10^{3})^{2}}}{\frac{\pi d^{3}}{32}}\text{MPa}$$

$$=\frac{1372\times10^{3}}{\frac{\pi d^{3}}{32}}\text{MPa}\leqslant[\sigma]$$

求得所需直径为

$$d\geqslant\sqrt[3]{\frac{32\times1372\times10^{3}}{\pi\times100}}\text{mm}=51.9\text{mm}$$

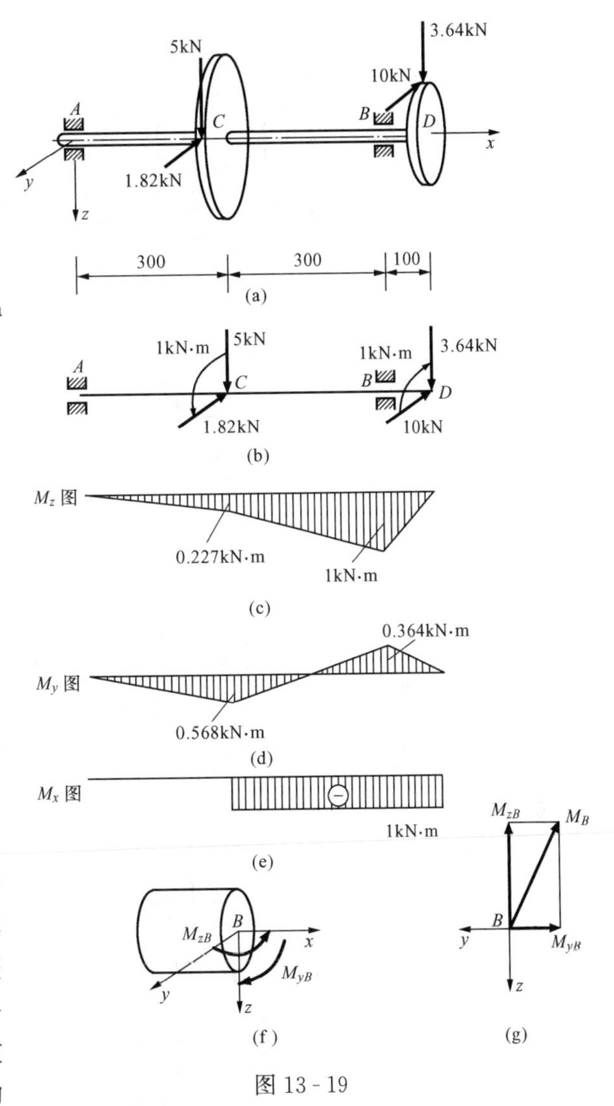

图 13-19

必须指出，上述轴的计算是按静载荷情况来考虑的。这样处理在轴的初步设计或估算时是经常采用的。实际上，由于轴的转动，轴是在周期变化的交变应力作用下工作的，因此，有时还须进一步校核在交变应力作用下的强度。

此外，在工程设计中，对于一些组合变形构件的强度问题，也常采用一种简化的计算方法。这就是当某一种基本变形起主导作用时，可将次要的基本变形忽略不计，而将构件简化为某种单一的基本变形；同时适当地增大安全因数或降低许用应力。例如，轧钢机中主动轧辊的辊身是弯曲与扭转组合变形的问题，但在实际计算中，可加大安全因数而只按弯曲强度来考虑。又如拧紧螺栓时，是拉伸与扭转的组合变形问题，有时则降低许用应力而只按拉伸强度来计算。如果构件所产生的几种基本变形都比较重要而不能忽略时，这就应作为组合变形构件的问题来处理。

思考讨论题

13-1　如何判断构件的变形类型？试分析图 13-20 所示杆件各段的变形类型。

13-2　用叠加法计算组合变形杆件的内力和应力时，其限制的条件是什么？为什么必须满足这些条件？

13-3　试判断图 13-21 所示各杆危险截面及危险点的位置，并画出危险点的应力状态。

13-4　试问双对称截面梁在两相互垂直的平面内发生对称弯曲时，采用什么样的截面形状最为合理？为什么？

13-5　某工厂修理机器时，发现一受拉的矩形截面杆在一侧有一小裂纹。为了防止裂纹扩展，有人建

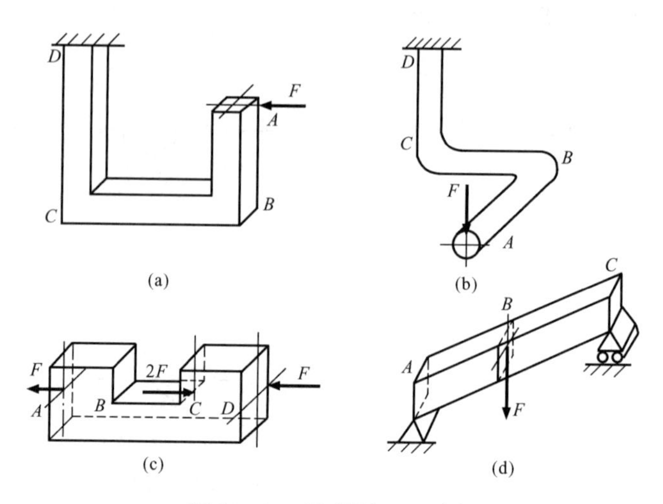

图 13-20 思考题 13-1 图

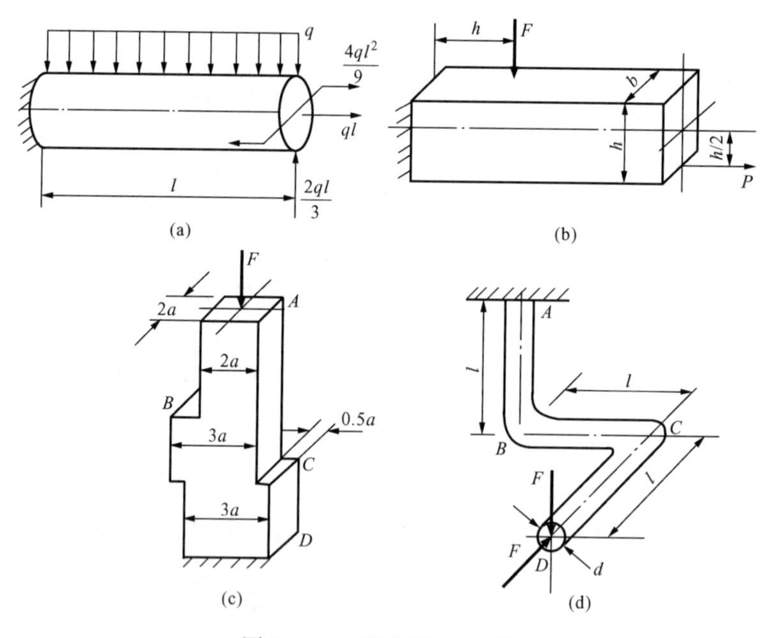

图 13-21 思考题 13-3 图

议在裂纹尖端处钻一个光滑小圆孔即可［图 13-22（a）］，还有人认为除在上述位置钻孔外，还应当在其对称位置再钻一个同样大小的圆孔［图 13-22（b）］。试问哪一种作法好？为什么？

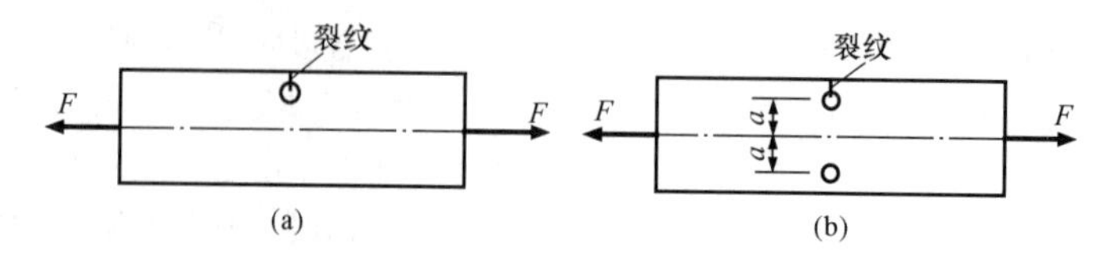

图 13-22 思考题 13-5 图

13-6　图 13-23 所示为一钢圆轴危险截面上的两弯矩分量 M_y 和 M_z，试问是否必须用应力叠加方法推出其最大正应力的表达式：

$$\sigma_{\max}=\frac{\sqrt{M_y^2+M_z^2}}{W}$$

13-7　一折杆由直径为 d 的 Q235 钢实心圆截面杆构成，其受力情况及尺寸如图 13-24 所示。若已知杆材料的许用应力 $[\sigma]$，试分析杆 AB 的危险截面及危险点处的应力状态，并列出强度条件表达式。

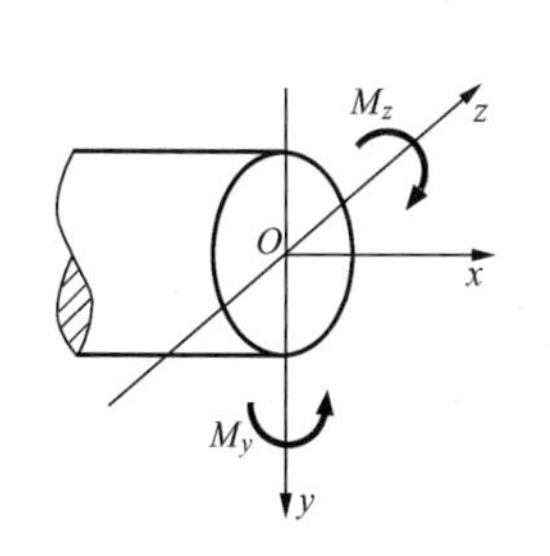

图 13-23　思考题 13-6 图

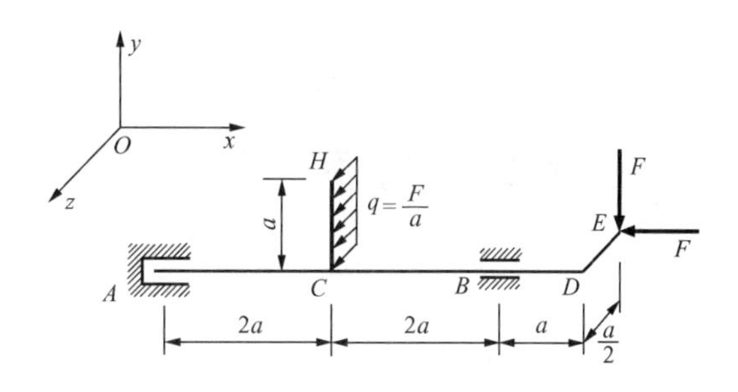

图 13-24　思考题 13-7 图

13-1　图 13-25 所示悬臂梁中，集中力 F_1 和 F_2 分别作用在铅垂对称面和水平对称面内，并且垂直于梁的轴线，如图所示。已知 $F_1=800\text{N}$，$F_2=1600\text{N}$，$l=1\text{m}$，许用应力 $[\sigma]=160\text{MPa}$。试确定以下两种情形下梁的横截面尺寸：

（1）截面为矩形，$h=2b$；

（2）截面为圆形。

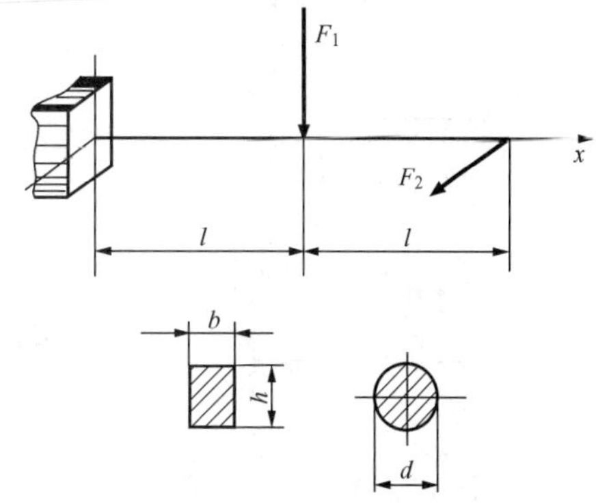

图 13-25　题 13-1 图

13-2　14 号工字钢悬臂梁受力如图 13-26 所示。已知 $l=0.8\text{m}$，$F_1=2.5\text{kN}$，$F_2=1\text{kN}$，试求危险截面上的最大正应力。

13-3　受集度为 q 的均布荷载作用的矩形截面简支梁，其荷载作用面与梁的纵向对称面间的夹角为 $\alpha=30°$，如图 13-27 所示。已知该梁材料的弹性模量 $E=10\text{GPa}$；梁的尺寸为 $l=4\text{mm}$，$h=160\text{mm}$，$b=120\text{mm}$；许用应力 $[\sigma]=12\text{MPa}$；许可挠度 $[v]=\dfrac{l}{150}$。试校核梁的强度和刚度。

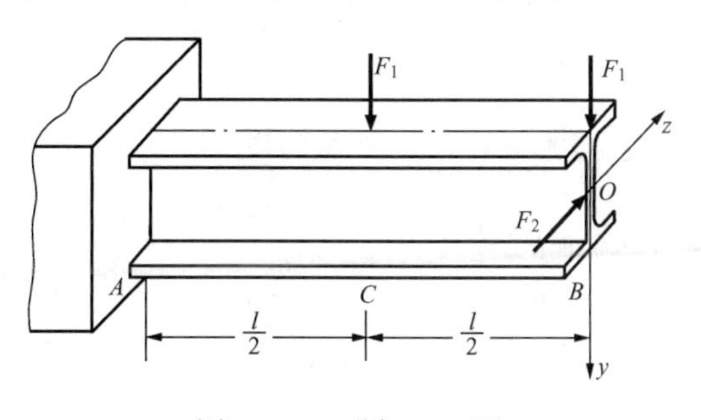

图 13-26　题 13-2 图

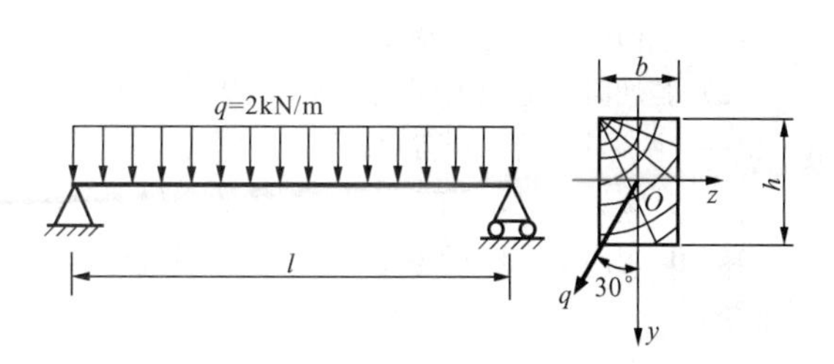

图 13-27　题 13-3 图

13-4　如图 13-28 所示，旋转式起重机由工字梁 AB 及拉杆 BC 组成，A、B、C 三处均可以简化为铰链约束。起重载荷 $F=22\text{kN}$，$l=2\text{m}$。已知 $[\sigma]=100\text{MPa}$。试选择 AB 梁的工字钢型号。

13-5　如图 13-29 所示，斜杆 AB 的横截面为 $100\text{mm}\times100\text{mm}$ 的正方形，若 $P=3\text{kN}$，试求其最大拉应力和最大压应力。

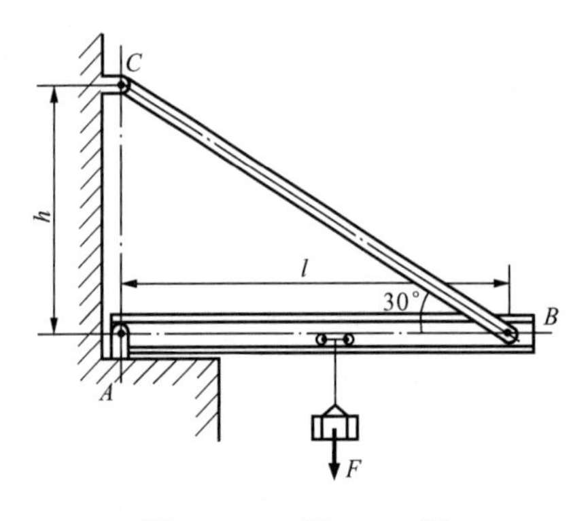

图 13-28　题 13-4 图

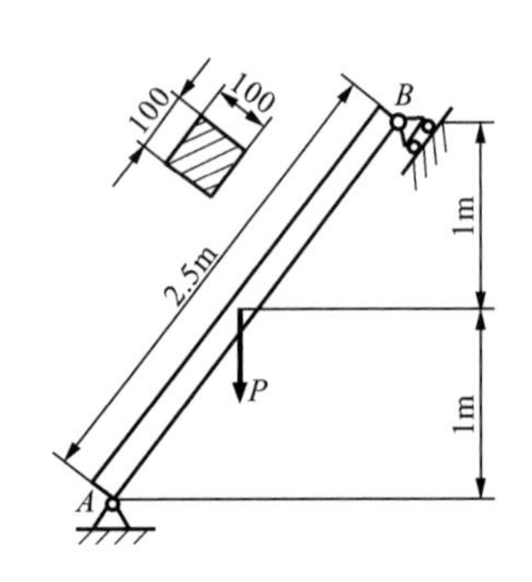

图 13-29　题 13-5 图

13-6　如图 13-30 所示，水塔受水平风力的作用，风压力的合力 $F=60\text{kN}$，作用在离地面高 $H=15\text{m}$ 的位置，基础入土深度 $h=3\text{m}$，设土的许用压应力 $[\sigma_c]=0.3\text{MPa}$，基础的直径 $d=5\text{m}$，为使基础不受拉应力，最大压应力又不超过 $[\sigma_c]$，求水塔连同基础总重 W 允许的范围。

13-7　人字架及承受的载荷如图 13-31 所示。试求截面 m—m 上的最大正应力和 A 点的正应力。

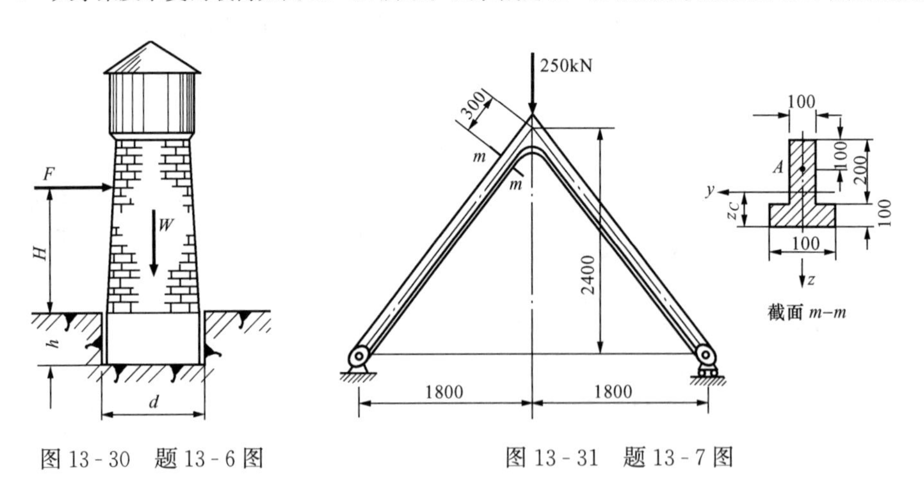

图 13-30　题 13-6 图　　　　图 13-31　题 13-7 图

13-8　如图 13-32 所示，砖砌烟囱高 $h=30\text{m}$，底截面 m—m 的外径 $d_1=3\text{m}$，内径 $d_2=2\text{m}$，自重 $P_1=2000\text{kN}$，受到 $q=1\text{kN/m}$ 的风力作用。试求：

（1）烟囱底截面上的最大压应力；

（2）若烟囱的基础埋深 $h_0=4\text{m}$，基础及填土自重按 $P_2=1000\text{kN}$ 计算，土壤的许用压应力 $[\sigma]=0.3\text{MPa}$，圆形基础的直径 D 应为多大？

注：计算风力时，可略去烟囱直径的变化，把它看作是等截面的。

13-9　图 13-33 所示钻床的立柱为铸铁制成，$F=15\text{kN}$，许用拉应力 $[\sigma_t]=35\text{MPa}$。试确定立柱所需直径 d。

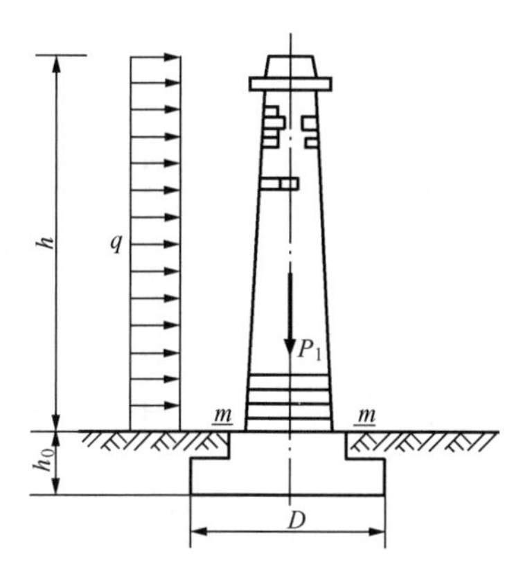

图 13-32 题 13-8 图

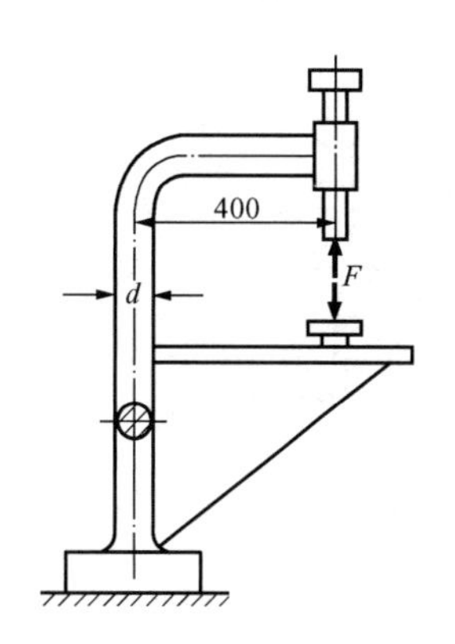

图 13-33 题 13-9 图

13-10 图 13-34 所示一矩形截面杆，用应变片测得杆件上、下表面的轴向应变分别为 $\varepsilon_a=1\times10^{-3}$，$\varepsilon_b=0.4\times10^{-3}$，材料的弹性模量 $E=210\text{GPa}$。

(1) 试绘制横截面的正应力分布图；

(2) 求拉力 F 及其偏心距 e 的数值。

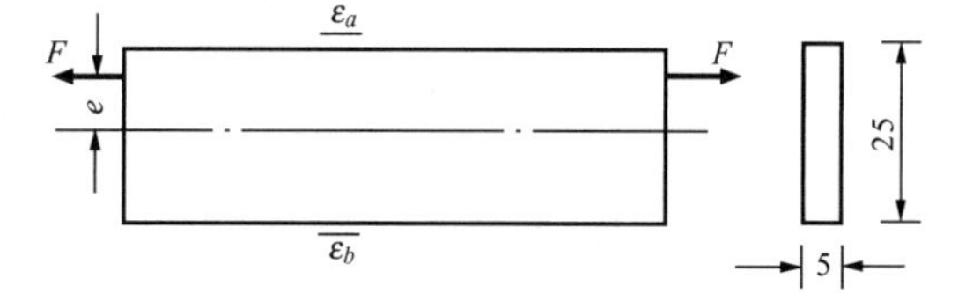

图 13-34 题 13-10 图

13-11 试求图 13-35 (a) 和 (b) 中所示二杆横截面上最大正应力及其比值。

13-12 试求图 13-36 所示杆内的最大正应力。力 F 与杆的轴线平行。

13-13 如图 13-37 所示，矩形截面短柱，受图示偏心压力 P 作用，已知许用拉应力 $[\sigma_t]=30\text{MPa}$，许用压应力 $[\sigma_c]=90\text{MPa}$。求许可压力 $[P]$。

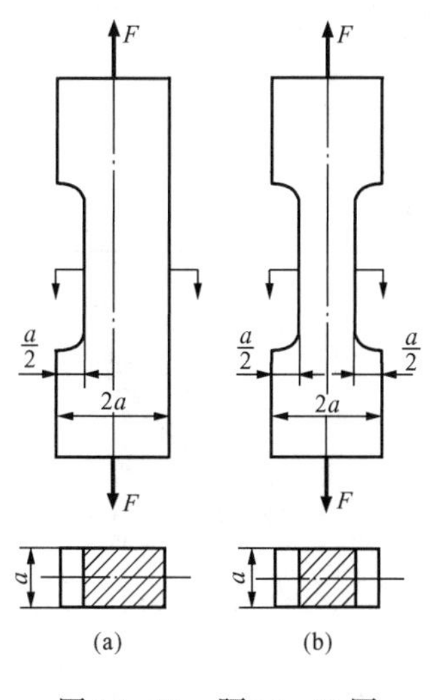

图 13-35 题 13-11 图

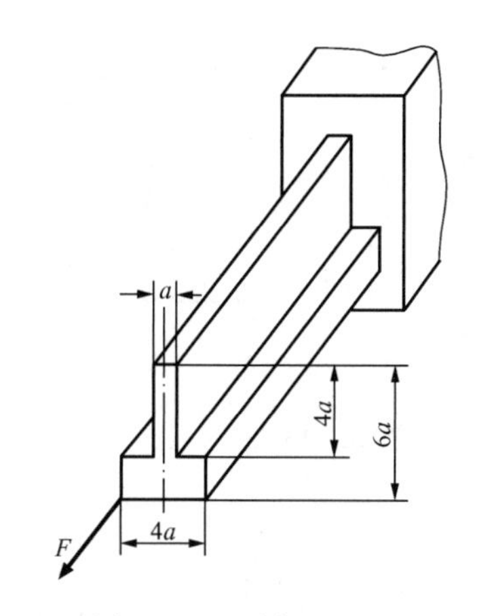

图 13-36 题 13-12 图

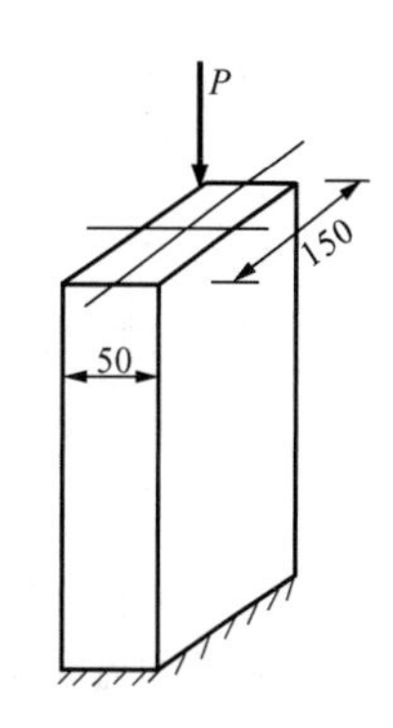

图 13-37 题 13-13 图

13-14 如图 13-38 所示，试确定图示十字形截面的截面核心边界。

13-15 短柱的截面形状如图 13-39 所示，试确定截面核心。

13-16 如图 13-40 所示，铁道路标圆信号板，装在外径 $D=60\text{mm}$ 的空心圆柱上，所受的最大风载 $q=2\text{kN/m}^2$，$[\sigma]=60\text{MPa}$。试按第三强度理论选定空心柱的厚度。

13-17 如图 13-41 所示圆截面杆，C 处受集中力作用，传递功率 $P=20\text{kW}$，转速 $n=100\text{r/min}$，许

用应力 $[\sigma]=140\text{MPa}$，试用第四强度理论设计直径 d。

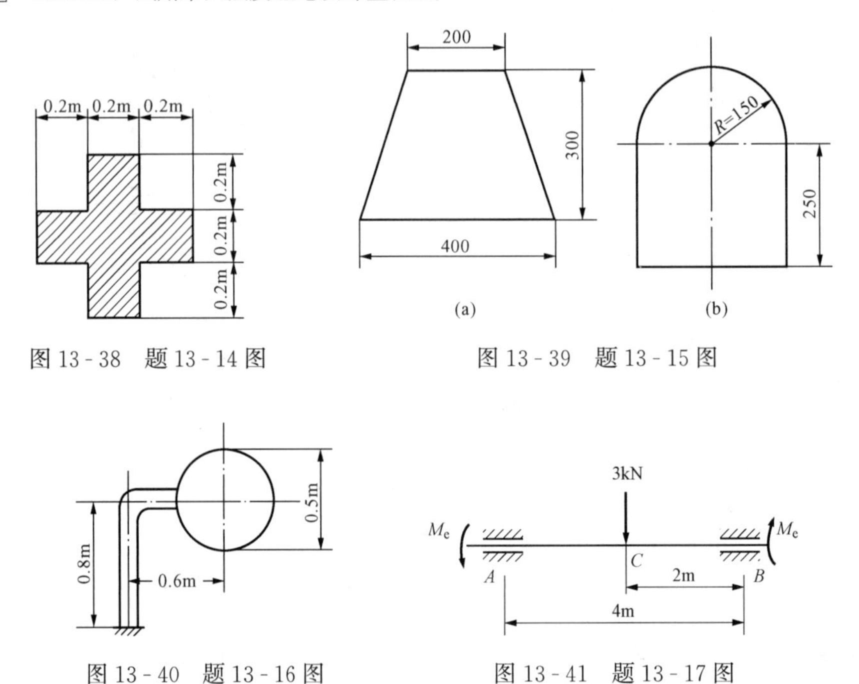

图 13-38　题 13-14 图　　图 13-39　题 13-15 图

图 13-40　题 13-16 图　　图 13-41　题 13-17 图

13-18　如图 13-42 所示带轮传动轴，电动机的功率 $P=7\text{kW}$，转速 $n=200\text{r/min}$，带轮的质量 $W=1.8\text{kN}$。左端齿轮上啮合力 F_n 与齿轮节圆切线的夹角（压力角）为 20°。轴的材料为 Q275 钢，若许用应力 $[\sigma]=80\text{MPa}$，试分别在忽略和考虑带轮重量的两种情况下，按第三强度理论估算轴的直径。

13-19　水平放置的直径 $d=50\text{mm}$ 的圆截面直角折杆受力情况如图 13-43 所示，已知材料受力 $F=3.2\text{kN}$，许用应力 $[\sigma]=160\text{MPa}$，试用第三强度理论校核 AB 的强度。

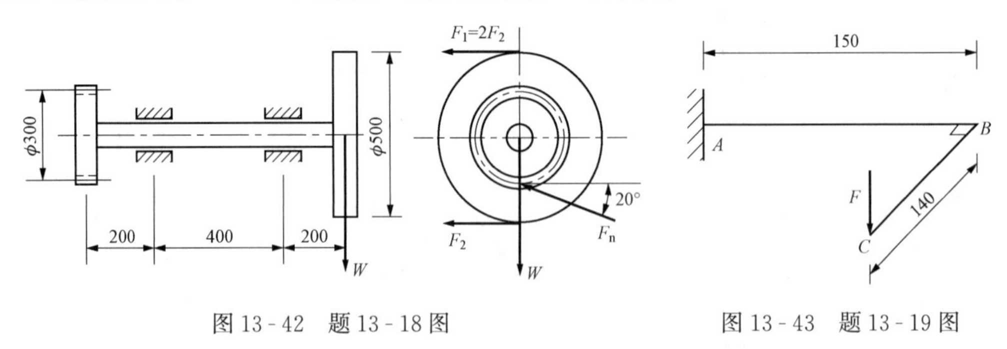

图 13-42　题 13-18 图　　图 13-43　题 13-19 图

13-20　一手摇绞车如图 13-44 所示。已知轴的直径 $d=25\text{mm}$，材料为 Q235 钢，其许用应力 $[\sigma]=80\text{MPa}$。试按第四强度理论求绞车的最大起吊重量 P。

13-21　某型水轮机主轴的示意图如图 13-45 所示。水轮机组的输出功率为 $P=37500\text{kW}$，转速 $n=150\text{r/min}$。已知轴向推力 $F_z=4800\text{kN}$，转轮重 $W_1=390\text{kN}$；主轴的内径 $d=340\text{mm}$，外径 $D=750\text{mm}$，自重 $W=285\text{kN}$。主轴材料为 45 钢，其许用应力为 $[\sigma]=80\text{MPa}$。试按第四强度理论校核主轴的强度。

13-22　图 13-46（a）所示的齿轮传动装置中，第Ⅱ轴的受力情况及尺寸如图 13-46（b）所示。轴上大齿轮 1 的半径 $r_1=85\text{mm}$，受周向力 F_{t1} 和径向力 F_{r1} 作用，且 $F_{r1}=0.364F_{t1}$；小齿轮 2 的半径 $r_2=32\text{mm}$，受周向力 F_{t2} 和径向力 F_{r2} 作用，且 $F_{r2}=0.364F_{t2}$。已知轴工作时传递的功率 $P=73.5\text{kW}$，转速

$n=2000\text{r/min}$，轴的材料为合金钢，其许用应力 $[\sigma]=150\text{MPa}$。试按第三强度理论计算轴的直径。

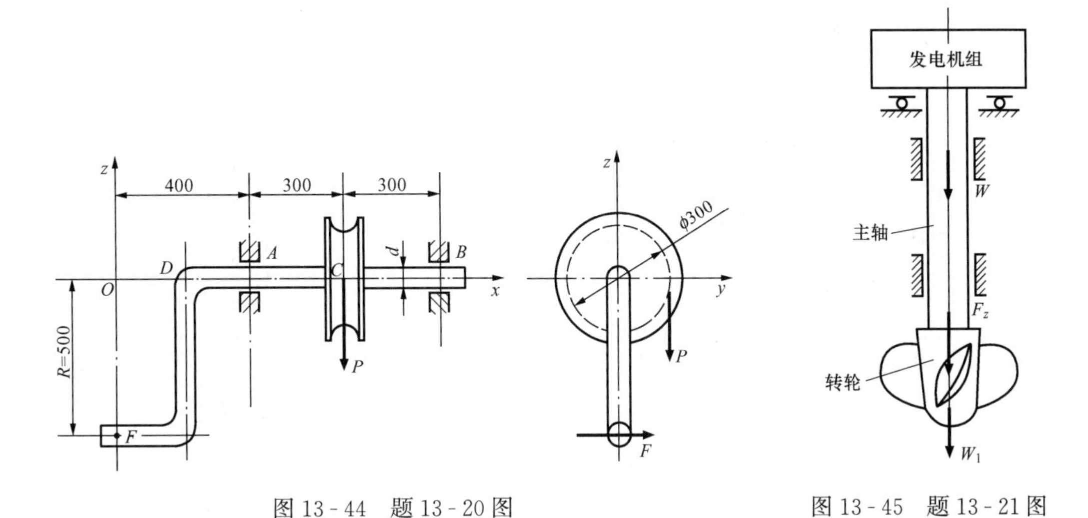

图 13-44　题 13-20 图　　　　图 13-45　题 13-21 图

13-23　图 13-47 为操纵装置水平杆，截面为空心圆形，内径 $d=24\text{mm}$，外径 $D=30\text{mm}$ 材料为 Q235 钢，$[\sigma]=100\text{MPa}$。控制片受力 $F_1=600\text{N}$。试用第三强度理论校核轴的强度。

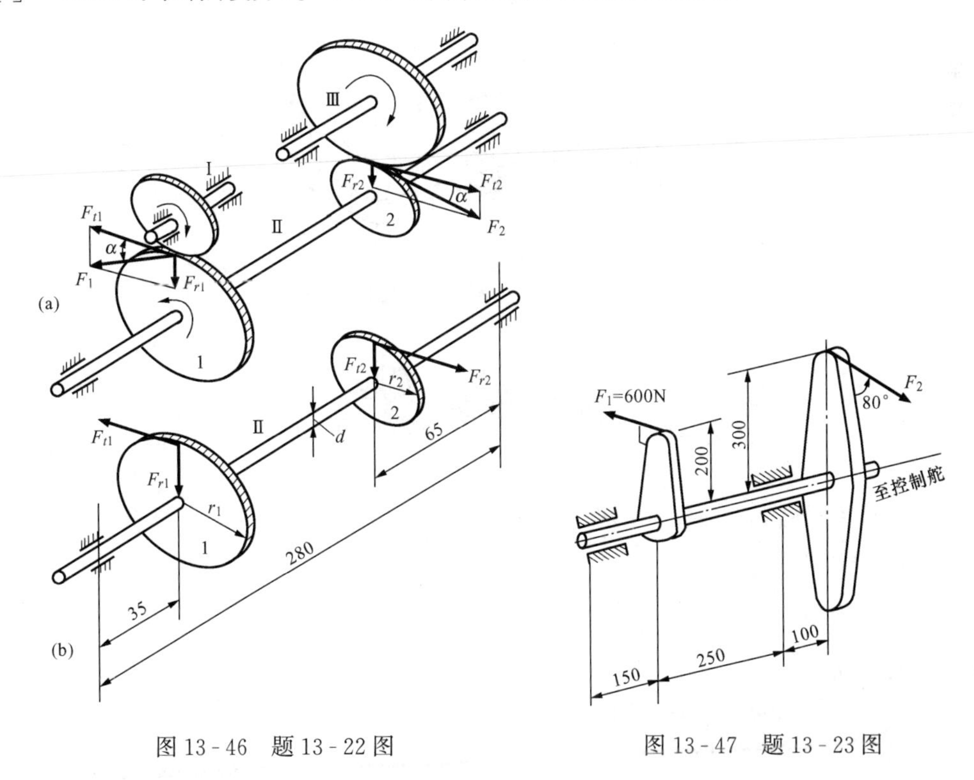

图 13-46　题 13-22 图　　　　图 13-47　题 13-23 图

13-24　铸铁曲柄如图 13-48 所示。已知材料的许用应力 $[\sigma]=120\text{MPa}$，$F=30\text{kN}$。试用第四强度理论校核曲柄 $m-m$ 截面的强度。

13-25　如图 13-49 所示，已知一牙轮钻机的钻杆为无缝钢管，外直径 $D=152\text{mm}$，内直径 $d=120\text{mm}$，许用应力 $[\sigma]=100\text{MPa}$。钻杆的最大推进压力 $F=180\text{kN}$，扭矩 $M=17.3\text{kN}\cdot\text{m}$，试用第三强

度理论校核该钻杆的强度。

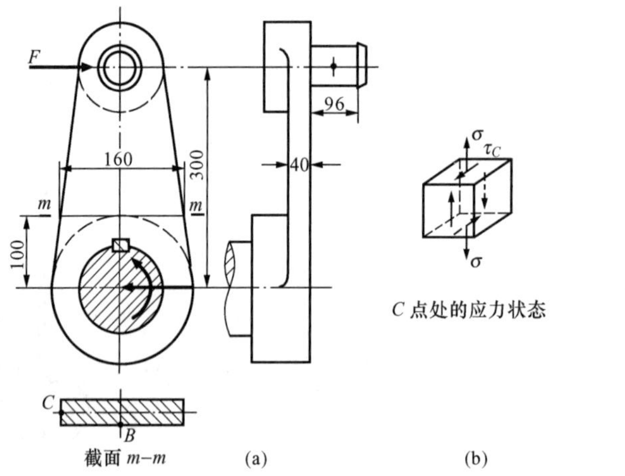

图 13-48　题 13-24 图

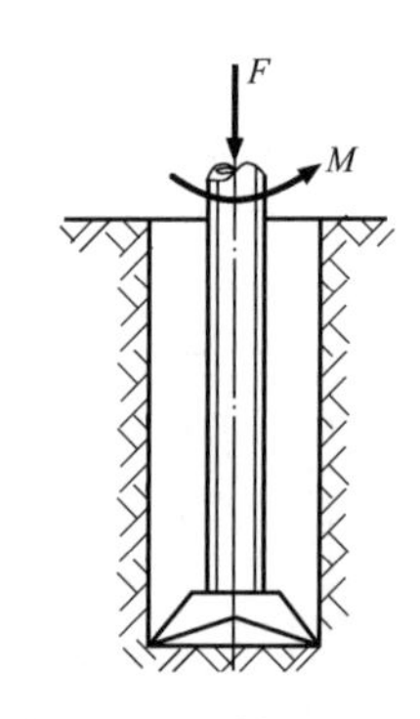

图 13-49　题 13-25 图

13-26　如图 13-50 所示，端截面密封的曲管的外径为 100mm，壁厚 $\delta=5$mm，内压 $p=8$MPa。集中力 $F=3$kN，A、B 两点在管的外表面上，一为截面垂直直径的端点，一为水平直径的端点。试确定两点的应力状态。

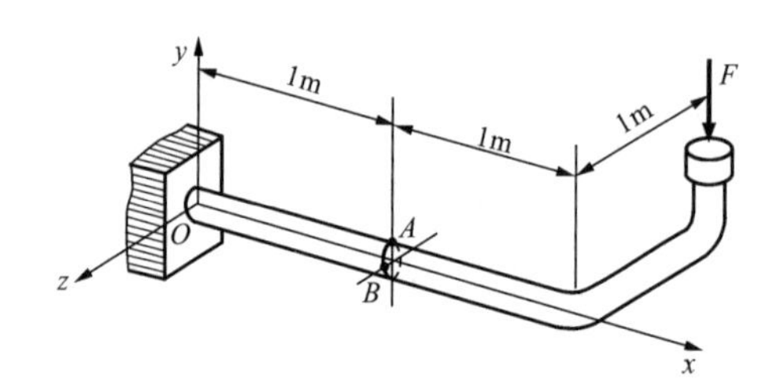

图 13-50　题 13-26 图

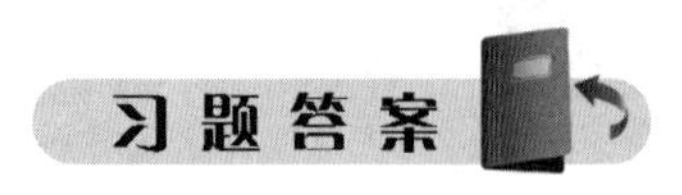

13-1　(1) $h=2b\geqslant71.1$mm；(2) $d\geqslant52.2$mm

13-2　$\sigma_{max}=79.1$MPa

13-3　$\sigma_{max}=12$MPa；$\frac{v_{max}}{l}=\frac{1}{200}$

13-4　No. 16

13-5　$\sigma_{tmax}=6.75$MPa，$\sigma_{cmax}=-6.99$MPa

13-6　4163kN$\geqslant W\geqslant$1728kN

13-7　$\sigma_{tmax}=79.6$MPa，$\sigma_{cmax}=117$MPa，$\sigma_A=-51.7$MPa

13-8　(1) 最大压应力 0.72MPa；(2) $D=4.16$m

13-9　$d=122$mm

13-10　$F=18.4$kN，$e=1.79$mm

13 - 11 $\dfrac{\sigma_a}{\sigma_b}=\dfrac{4}{3}$

13 - 12 $\sigma_{\max}=0.572\dfrac{F}{a^2}$

13 - 13 $F=45\text{kN}$

13 - 16 $\delta=2.65\times10^{-3}\text{m}$

13 - 17 $d\geqslant62.9\text{mm}$

13 - 18 忽略带轮重量 $d\geqslant48\text{mm}$，考虑带轮重量 $d\geqslant49.3\text{mm}$

13 - 19 $\sigma_{r3}=53.5\text{MPa}<[\sigma]$，安全

13 - 20 $P=0.59\text{kN}$

13 - 21 $\sigma_{r4}=54.4\text{MPa}$

13 - 22 $d=35.7\text{mm}$

13 - 23 $\sigma_{r3}=89.2\text{MPa}<[\sigma]$，安全

13 - 24 C 点：$\sigma_{r4}=50.7\text{MPa}<[\sigma]$，安全

B 点：$\sigma_{r4}=61.2\text{MPa}<[\sigma]$，安全

13 - 25 $\sigma_{r3}=86.1\text{MPa}<[\sigma]$，安全

13 - 26 A 点：$\sigma_x=125\text{MPa}$，$\sigma_z=72\text{MPa}$，$\tau_{xz}=-44.4\text{MPa}$

B 点：$\sigma_x=36\text{MPa}$，$\sigma_y=72\text{MPa}$，$\tau_{xy}=-40.4\text{MPa}$

第十四章　压　杆　稳　定

§14-1　压杆稳定的概念

当设计构件时，需要满足强度、刚度和稳定性的要求。前面章节在构件始终处于稳定平衡的假定下，讨论了求解构件强度和刚度问题的一些方法。例如在第一章中对受压杆件的研究，是从强度的观点出发的，认为只要满足压缩强度条件，就可以保证压杆的正常工作。这样考虑，对于短粗的压杆是正确的，但对于细长的压杆，就不适用了。例如，一根宽 3cm，厚 0.5cm 的矩形截面松木杆，对其施加轴向压力如图 14-1 所示。设材料的抗压强度 $\sigma_b=40MPa$，由实验可知，当杆很短时（设高为 3cm），如图 14-1（a）所示，将杆压坏所需的压力为

$$F=\sigma_b A=40\times 30\times 5=6000N$$

但如杆长为 100cm，则不到 30N 的压力，杆就会突然产生显著的弯曲变形而失去工作能力[图 14-1（b)]。这说明，细长压杆之所以丧失工作能力是由于其轴线不能维持原有直线形状的平衡状态所致，这种现象称为**丧失稳定**，或简称**失稳**，也称为**屈曲**。

由上例可见，横截面和材料相同的压杆，由于杆的长度不同，其抵抗外力的性质将发生根本改变。短粗的压杆是强度问题，而细长的压杆则是稳定问题；同时，由于细长压杆的承载能力远低于短粗压杆，因此，研究压杆的稳定性就更为需要。

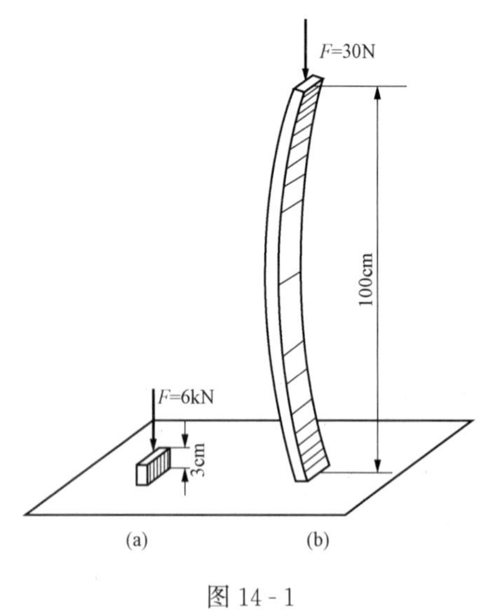

图 14-1

现在对稳定的概念再做进一步的解释。取一根下端固定，上端自由的细长杆，在上端施加与杆件轴线相重合的压力 F，若杆件是理想直杆，在压力从零开始逐渐增大的过程中，杆处于直线平衡状态[图 14-2（a)]。此时如以一微小横向干扰力推动压杆，使杆弯曲[图 14-2（b)]，则在去除干扰后将出现两种不同的情况：

（1）当轴向压力 F 小于某极限值 F_{cr} 时，压杆在微小横向干扰力作用下发生弯曲变形，干扰力一旦撤去，杆经过若干次振动后，仍然恢复到原来直线形状的平衡状态[图 14-2（c)]。这说明压杆原来直线状态的平衡是**稳定的平衡**。

（2）当轴向压力 F 增大到某极限值 F_{cr} 时，稍受横向力的干扰，杆即变弯（实际上，由于杆的初曲率、载荷的偏心等原因，即使没有横向力的干扰，杆也会突然弯曲)，去掉干扰力后，压杆不再恢复到原来的直线形状，而在弯曲状态下保持平衡[图 14-2（d)]，既不远离原来的平衡位置，也不会恢复到初始位置；如 F 值再稍有增加，杆的弯曲变形将显著增大，甚至最后造成破坏，这就是说，杆原有直线形状的平衡是**不稳定的平衡**。

由此不难看出，细长压杆的直线平衡状态是否稳定，与压力 F 的大小有关。当压力 F 逐渐增大到 F_{cr} 时，压杆将从稳定平衡过渡到不稳定平衡。也就是说，轴向压力的量变，将引起压杆原来直线平衡状态的质变。由此可见，压杆的轴向力的极限值 F_{cr}，是使压杆失稳时的最小压力，称为压杆的**临界载荷**，或称**临界力**。当外力达到此值时，压杆即开始丧失稳定，因此解决压杆稳定问题的关键是确定其临界载荷 F_{cr}。

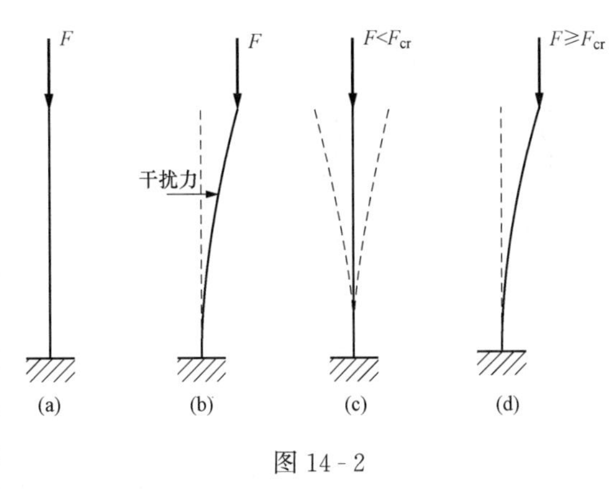

图 14 - 2

杆件失稳后，压力的微小增加将引起弯曲变形的显著增大，杆件已丧失了承载能力。细长压杆失稳时，应力并不一定很高，有时甚至低于比例极限。可见这种形式的失效，并非强度不足，而是稳定性不够。工程中有许多受压的构件需要考虑其稳定性，例如，千斤顶的丝杠（图 14 - 3），托架中的压杆（图 14 - 4），轧钢厂无缝钢管穿孔机的顶杆（图 14 - 5），以及采矿工程中的钻杆等。如果这些构件过于细长，在轴向压力较大时，就有可能丧失稳定而破坏。而这种破坏是突然发生的，往往会给工程结构或机械带来极大的损害，甚至会带来灾难性的后果，历史上存在不少由于失稳而造成严重事故的事例。因此在设计这类构件时，进行稳定计算是非常必要的。

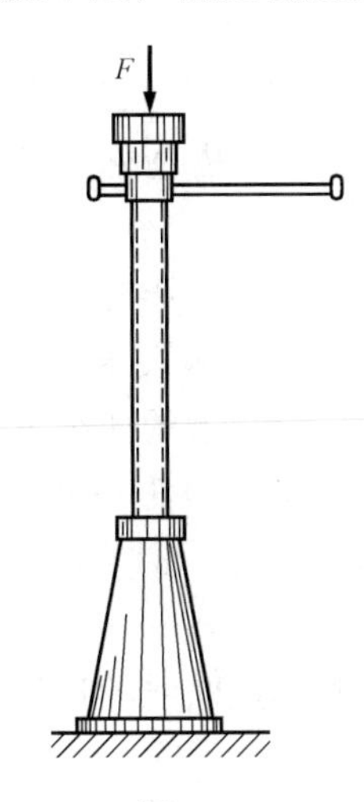

图 14 - 3

除压杆外，其他构件也存在稳定失效问题。例如，在内压作用下的薄壁圆管，当壁内应力为拉应力时，这就是一个强度问题，蒸汽锅炉、圆柱形薄壁容器就是这种情况。但如薄壁圆管在均匀外压作用下，壁内应力变为压应力，则当外压达到或超过临界值时，薄壁圆管的圆形平衡就变为不稳定，会突然变成由虚线表示的扁圆形（图 14 - 6）；又如，轴向受压的薄壁圆管、受扭的薄壁圆管，当轴向压力或扭矩达到或超过一定数值时，圆管将突然发生皱褶（图 14 - 7）；再如，狭长的矩形截面梁或工字形截面梁在最大抗弯刚度平面内弯曲时，会因作用在自由端的载荷达到或超过临界值而发生侧向弯曲与扭转（图 14 - 8）。以上这些都是稳定性问题。本章只讨论中心受压直杆的稳定，其他形式的稳定问题不进行讨论。

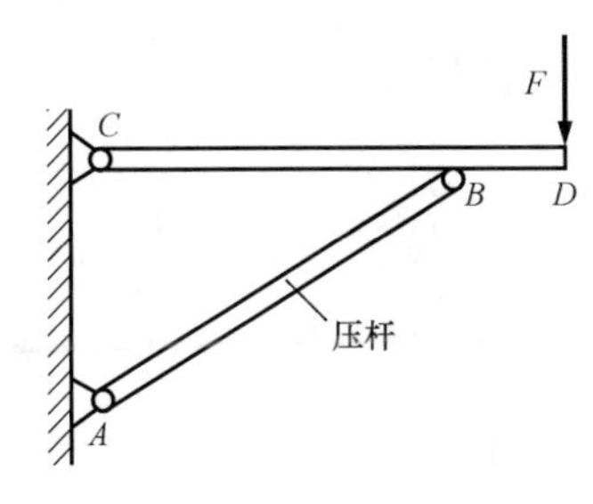

图 14 - 4

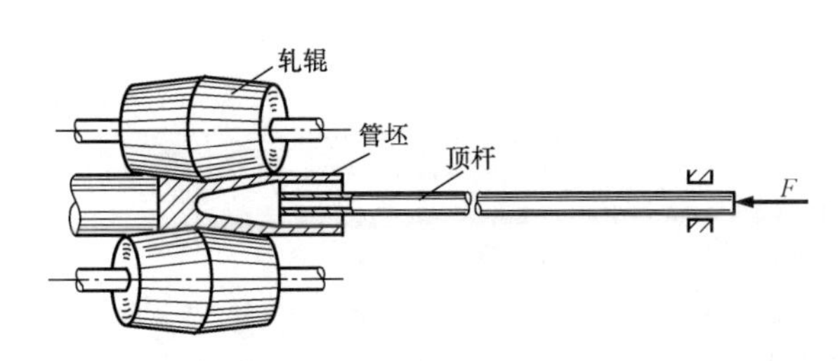

图 14 - 5

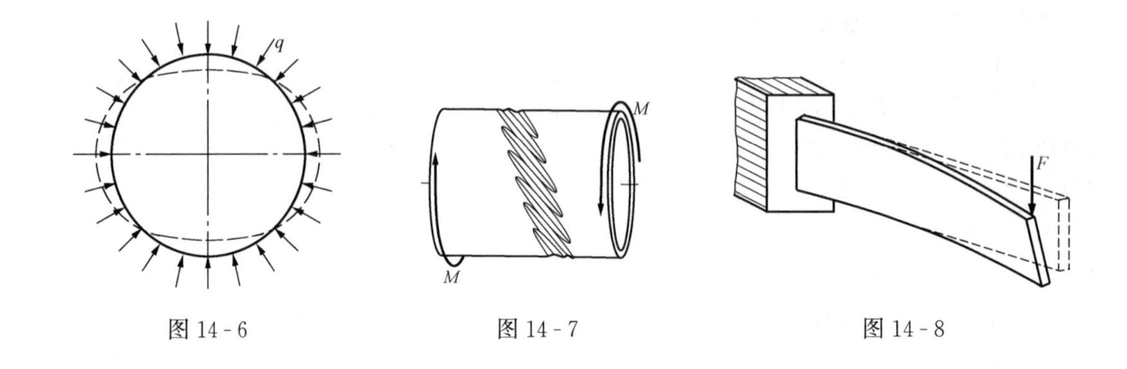

图 14-6　　图 14-7　　图 14-8

§14-2　两端铰支细长压杆的临界力

如前所述，对确定的压杆来说，判断其是否会丧失稳定，主要取决于压力是否达到了临界力值。因此，根据压杆的不同条件来确定相应的临界力，是解决压杆稳定问题的关键。由于临界力是使压杆开始丧失稳定的压力，因此，使压杆保持在微弯状态下平衡的压力 F 的最小值，即为此压杆的临界力 F_{cr}。因此，对一般几何、载荷及支座情况不复杂的细长压杆，可根据压杆处于微弯平衡状态下的挠曲线近似微分方程式进行求解，这一方法也称为**欧拉法**。

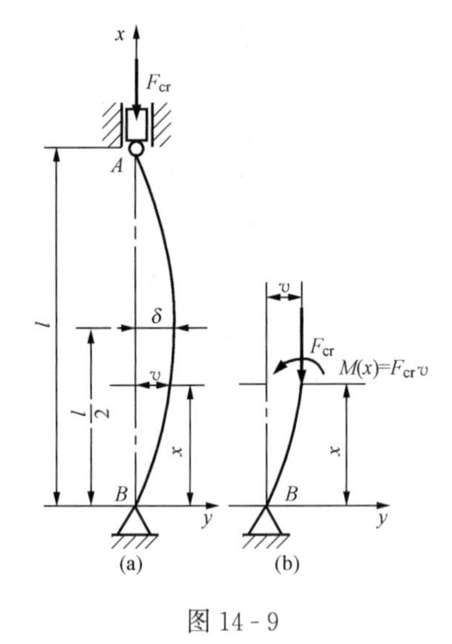

图 14-9

现以两端球铰支座、长度为 l 的等截面细长压杆［图 14-9（a)］为例，推导其临界力的计算公式。假设压杆的轴线在临界力 F_{cr} 作用下呈图 14-9（a）中所示的曲线形态。选取坐标系如图所示，此时，距原点为 x 的任一截面沿横向的挠度为 v，该截面上的弯矩［图 14-9（a)］为

$$M(x)=F_{cr}v \tag{a}$$

当杆内应力不超过材料的比例极限时，挠曲线的近似微分方程为

$$EIv''=-M(x) \tag{b}$$

由于杆件的微小弯曲变形一定发生于抗弯能力最小的纵向平面内，所以上式中的 I 应是压杆横截面的最小形心主惯性矩。将式（a）代入式（b），可得

$$v''=-\frac{F_{cr}}{EI}v \tag{c}$$

令

$$\frac{F_{cr}}{EI}=k^2 \tag{d}$$

则式（c）可改写为二阶常系数线性微分方程

$$v''+k^2v=0 \tag{e}$$

其通解为

$$v=A\sin kx+B\cos kx \tag{f}$$

其中，A、B 和 k 是三个待定常数，其值由压杆挠曲线的位移边界条件和变形状态确定。

$$在\ x=0\ 处，v=0 \tag{1}$$

$$在\ x=l\ 处，v=0 \tag{2}$$

由式（f）与条件（1）可知

$$B=0$$

代入式（f）得

$$v=A\sin kx \tag{g}$$

即两端铰支压杆临界状态时的挠曲线为一正弦曲线，其最大挠度即幅值 A，则取决于压杆微弯程度。

由式（g）与条件（2）可知

$$A\sin kl=0$$

上述方程有两组可能的解，或者 $A=0$，或者 $\sin kl=0$。然而，若取 $A=0$，则由式（g）得 $v=0$，各截面的挠度均为零，即压杆的轴线仍为直线，这与杆已发生微小弯曲变形的前提相矛盾，因此只能是

$$\sin kl=0$$

满足这一条件的 kl 值为

$$kl=n\pi \quad (n=0,1,2,\cdots)$$

由此求得

$$k=\frac{n\pi}{l}$$

将 k 代入式（d）得

$$F_{cr}=\frac{n^2\pi^2EI}{l^2}$$

上式表明，使杆件保持为曲线平衡的压力在理论上是多值的。若 $n=0$，则 $F_{cr}=0$，与讨论情况不符。当 $n=1$，2，3 等值时对应的挠曲线分别包含半个，一个，一个半等正弦波形。很明显，直杆形成一个"正弦波"和一个半"正弦波"所对应的临界力都要比形成半个"正弦波"的值大，而使压杆在微弯状态下保持平衡的最小压力才是临界力 F_{cr}，所以只有 $n=1$ 才有现实意义，故临界力应为

$$F_{cr}=\frac{\pi^2EI}{l^2} \tag{14-1}$$

上式即两端球铰支座、长度为 l 的等截面细长压杆的临界力 F_{cr} 计算公式，由于该式最早由欧拉（L. Euler）导出，所以通常称为**欧拉公式**。从公式可以看出，临界力 F_{cr} 与杆的抗弯刚度 EI 成正比，而与杆长 l 的平方成反比。这就是说，杆越细长，其临界力越小，即越容易丧失稳定。

应该注意，对于在各个方向上的约束相同（例如两端以球铰支承）的压杆，则失稳一定发生在惯性矩最小的平面内，则式（14-1）中横截面的惯性矩 I 应取最小值 I_{min}。这是因为压杆失稳时，总是在抗弯能力最小的纵向平面（即最小刚度平面）内弯曲。

【例 14-1】 试求图 14-1（b）所示松木压杆的临界力。已知弹性模量 $E=9$GPa，矩形截面的尺寸为：$b=3$cm，$h=0.5$cm，杆长 $l=100$cm。

解 先计算横截面的惯性矩

$$I_{min}=\frac{3\times10\times(0.5\times10)^3}{12}\text{mm}^4=312.5\text{mm}^4$$

杆的两端可简化为铰支，则由式（14 - 1），可得其临界力为

$$F_{cr}=\frac{\pi^2 EI}{l^2}=\frac{\pi^2\times 9\times 10^3\times 312.5}{(100\times 10)^2}\text{N}=27.8\text{N}$$

由此可知，若轴向压力达到 27.8N 时，此杆就会丧失稳定。

当取 $n=1$ 时，$k=\frac{\pi}{l}$，于是式（g）化为

$$v=A\sin\frac{\pi x}{l}$$

这里 A 为杆件中点$\left(\text{即 } x=\frac{l}{2}\text{处}\right)$的挠度，要求足够小，但其值不确定，这是由于式（g）是根据挠曲线的近似微分方程 $EIv''=-M$ 导出的原因。

若以横坐标表示压杆中点的挠度 δ，纵坐标表示压力 F（图 14 - 10），则当 F 小于 F_{cr} 时，杆件的直线平衡是稳定的，$\delta=0$ 时，F 与 δ 的关系是垂直的直线 OA；当 F 达到 F_{cr} 时，直线平衡变为不稳定，过渡为曲线平衡后，如使用精确的挠曲线微分方程

$$\frac{M}{EI}=\frac{1}{\rho}=\frac{d\theta}{ds}$$

就不存在上述 A 值的不定问题了，这时可以找到最大挠度 δ 与轴向压力 F 之间的理论关系，可得精确的 F 与 δ 的关系如图 14 - 10 中曲线 AC 所示。曲线表明，当压力 F 超过 F_{cr} 时压杆才开始挠曲，并且挠度增长速度极快。$F=1.015F_{cr}$ 时，$\delta=0.11l$，即载荷 F 与 F_{cr} 相比只增加 1.5%，挠度 δ 已经是杆长 l 的 11% 了。但是实际压杆的失稳试验给出载荷与挠度间的关系如图 14 - 10 的 OF 线。这是因为前面的讨论中，认为压杆轴线是理想直线，压力作用线与轴线重合，材料是均匀的。这些都是理想情况，称为**理想压杆**。而对实际使用的压杆来说，轴线的初弯曲、压力的偏心、材料的缺陷和不均匀等因素总是存在的，为非理想压杆。由于存在这些因素，在较小的载荷下杆件已开始挠曲，只是当压力 F 小于 F_{cr} 时，挠曲增长得比较缓慢。当载荷接近 F_{cr} 时挠曲增长很快。如果减少压杆的缺陷（初弯曲，压力偏心等）则会逐渐接近 F_{cr}。折线 OAB 可看作是它的极限情况。

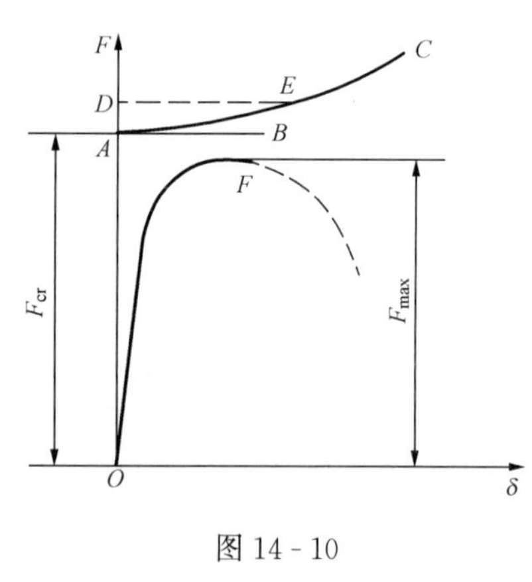

图 14 - 10

§ 14 - 3 其他杆端约束情况下细长压杆的临界力

上节导出的是两端铰支细长压杆的临界力计算公式。当压杆两端的约束情况改变时，压杆的挠曲线近似微分方程和挠曲线的边界条件也随之改变，因而临界力的数值也不相同。仿照前面的方法，也可求得各种约束情况下压杆的临界力公式。

一、一端固定、一端自由细长压杆的临界力

考察图 14 - 11 所示一下端固定、上端自由并在自由端受轴向压力作用的等直细长压杆，杆长为 l。在临界力作用下，杆失稳时有可能在 xy 平面内维持微弯状态下的平衡，其弯曲刚度为 EI。

根据杆端约束情况，杆在临界力 F_{cr} 作用下的挠曲线形状如图 14-11 所示。最大挠度 δ 发生在杆的自由端。由临界力引起的杆任意横截面上的弯矩为

$$M(x) = -F_{cr}(\delta - v) \tag{a}$$

式中：v 为该横截面处杆的挠度。

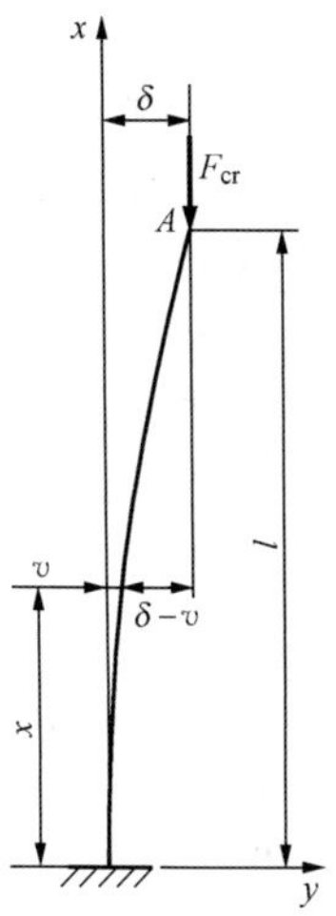

将式（a）代入杆的挠曲线近似微分方程即得

$$EIv'' = -M = F_{cr}(\delta - v) \tag{b}$$

令

$$k^2 = \frac{F_{cr}}{EI} \tag{c}$$

简化式（b）得

$$v'' + k^2 v = k^2 \delta \tag{d}$$

微分方程的通解为

$$v = A\sin kx + B\cos kx + \delta \tag{e}$$

图 14-11

对式（e）一阶求导得

$$v' = Ak\cos kx - Bk\sin kx \tag{f}$$

式中的待定常数 A、B，可由挠曲线的边界条件确定。

$$\text{在 } x = 0 \text{ 处，} v = 0, v' = 0 \tag{1}$$

$$\text{在 } x = l \text{ 处，} v = \delta \tag{2}$$

将边界条件（1）代入式（e）、（f），得 $A=0$，$B=-\delta$。于是，式（e）可写作

$$v = \delta(1 - \cos kx) \tag{g}$$

将边界条件（2）代入式（g），可得

$$\delta = \delta(1 - \cos kl)$$

能使挠曲线成立的条件为

$$\cos kl = 0$$

从而得到

$$kl = \frac{n\pi}{2}(n = 1,3,5,\cdots)$$

由其最小解 $kl=\frac{\pi}{2}$，得压杆临界力 F_{cr} 的欧拉公式为

$$F_{cr} = \frac{\pi^2 EI}{(2l)^2} \tag{h}$$

将 $k=\frac{\pi}{2l}$ 代入式（g），即得此压杆的挠曲线方程为

$$v = \delta\left(1 - \cos\frac{\pi x}{2l}\right) \tag{i}$$

式中：δ 为杆自由端的微小挠度，其值不定。

二、细长压杆欧拉公式的一般形式

其他杆端约束情况的压杆稳定分析方法也大体相同，不在此详述，下面将最常见的一些结果列表给出，并说明如何通过将欧拉公式改写为通用形式来应用这些结果。

如前所述，欧拉公式［式（14－1）］是针对两端铰支压杆情形推导出来的，换句话说，式中的 l 表示两个零弯矩点之间在未受载前的距离。如果压杆的支撑是其他形式，只要方程中的“l”代表零弯矩点之间的距离，就可以用欧拉公式求临界载荷。该距离称为压杆的**相当长度**，记为 μl，其中 μ 称为**长度因数**。显然对于两端铰支的压杆，$\mu=1$。对于一端固定、另一端自由的压杆，其挠曲线是两端铰支但长为 $2l$ 的压杆挠曲线的一半，见表 14－1。于是零弯矩点之间的有效长度为 $\mu l=2l$，显然有 $\mu=2$。另外两端不同约束的例子也示于表 14－1 中。其中两端固定压杆的拐点或零弯矩点分别距离端部 $l/4$。于是有效长度由其中间的半段表示，即 $\mu l=0.5l$，显然有 $\mu=0.5$。最后，一端铰支、另一端固定的压杆，其拐点距离铰支端约 $0.7l$，于是有 $\mu l=0.7l$，显然有 $\mu=0.7$。

这样就得到细长压杆欧拉公式的一般形式为

$$F_{cr}=\frac{\pi^2 EI}{(\mu l)^2} \tag{14-2}$$

式中：μ 为不同约束条件下压杆的**长度因数**，与杆端的约束情况有关。

几种理想的杆端约束情况下压杆的长度因数列于表 14－1。

表 14－1 **压杆的长度因数**

约束情况	两端铰支	一端固定另一端铰支	两端固定	一端固定另一端自由
失稳时挠曲线形状	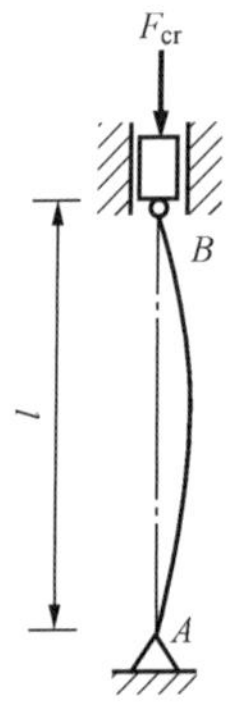 F_{cr}, B, l, A	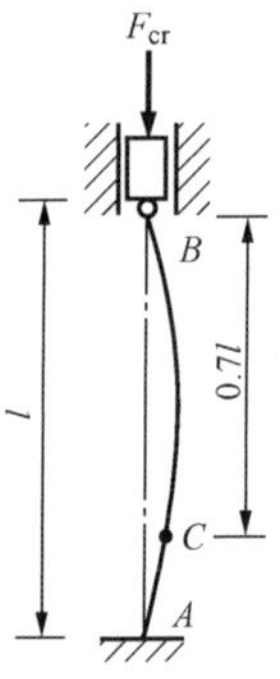 F_{cr}, B, l, $0.7l$, C, A C—挠曲线拐点	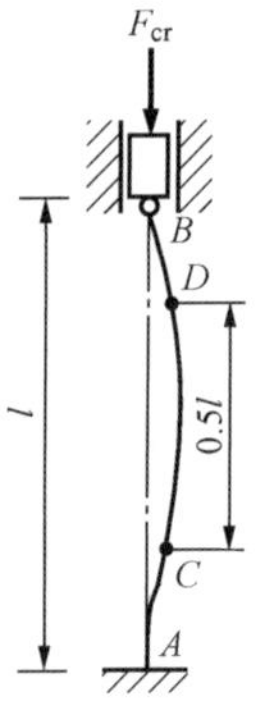 F_{cr}, B, D, l, $0.5l$, C, A C、D—挠曲线拐点	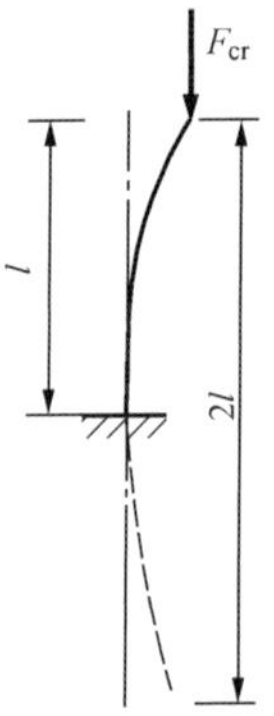 F_{cr}, l, $2l$
长度因数	$\mu=1$	$\mu=0.7$	$\mu=0.5$	$\mu=2$

应该指出，上边所列的杆端约束情况，是典型的理想约束。实际上，理想的固定端和铰支端约束是不多见的。实际杆端的连接情况，往往是介于固定端与铰支端之间，有时很难简单地将其归结为哪一种理想约束。例如杆端与其他弹性构件固接的压杆，由于弹性构件也将发生变形，压杆的端截面就是介于固定端和铰支端之间的弹性支座。对于这类问题应该根据实际情况做具体分析，看其与哪种理想情况接近，从而定出近乎实际的长度因数。对应于各种实际的杆端约束情况，压杆的长度因数 μ 值，在有关的设计手册或规范中另有规定。在实际计算中，为了简单起见，有时将有一定固接程度的杆端简化为铰支端，这样简化是偏于安全的。

§ 14－4　压杆的分类、临界应力总图

欧拉公式是在线弹性条件下建立的，本节研究欧拉公式的使用范围以及压杆的非弹性稳

定问题。

一、临界应力和柔度

当压杆受临界力 F_{cr} 作用而在直线平衡形态下维持不稳定平衡时，横截面上的压应力可按公式 $\sigma=\dfrac{F}{A}$ 来计算。于是，压杆横截面上的应力为

$$\sigma_{cr}=\frac{F_{cr}}{A}=\frac{\pi^2 EI}{(\mu l)^2 A} \tag{a}$$

σ_{cr} 称为**临界应力**。式中，I 和 A 都是与截面有关的几何量，将惯性矩表示为

$$I=i^2 A$$

i 为截面的**惯性半径**。这样式（a）可写成

$$\sigma_{cr}=\frac{\pi^2 E}{\left(\dfrac{\mu l}{i}\right)^2} \tag{b}$$

引入记号

$$\lambda=\frac{\mu l}{i} \tag{14-3}$$

λ 是量纲为一的参数，称为压杆的**长细比**或**柔度**。它反映了杆端约束情况（μ）、压杆长度（l）、截面几何性质（i）等因素对临界应力的影响。

于是，式（b）可写作

$$\sigma_{cr}=\frac{\pi^2 E}{\lambda^2} \tag{14-4}$$

上式称为**临界应力公式**。式（14-4）表明，细长压杆的临界应力，与柔度的平方成反比。显然，若柔度 λ 越大，即压杆比较细长，临界应力就比较小，压杆越容易失稳。所以，柔度 λ 是压杆稳定计算中的一个重要参数。

二、压杆的分类、临界应力总图

按柔度的不同压杆可分为大柔度杆、中柔度杆、小柔度杆。对于不同类型的压杆，其临界应力公式也不同，因此首先应计算压杆的柔度，判断压杆的类型。

1. 大柔度杆

大柔度杆的临界应力计算采用欧拉公式。如前所述，欧拉公式是以压杆的挠曲线近似微分方程为依据推导出来的，而这个微分方程只有在材料服从胡克定律的条件下才成立。因此，当压杆内的应力不超过材料的比例极限时，欧拉公式才适用。因此，欧拉公式的适用范围可表示为

$$\sigma_{cr}=\frac{\pi^2 E}{\lambda^2}\leqslant\sigma_p \text{ 或 } \lambda\geqslant\sqrt{\frac{\pi^2 E}{\sigma_p}} \tag{c}$$

令

$$\lambda_p=\sqrt{\frac{\pi^2 E}{\sigma_p}} \tag{14-5}$$

式（c）可写成

$$\lambda\geqslant\lambda_p \tag{14-6}$$

λ_p 为能够适用欧拉公式的压杆柔度的极限柔度。只有当压杆的实际柔度 $\lambda\geqslant\lambda_p$ 时，欧拉公式

才适用。这一类压杆就称为**大柔度杆**或**细长杆**。

对于常用的 Q235 钢，弹性模量 $E=206\text{GPa}$，比例极限 $\sigma_p=200\text{MPa}$，代入上式后可算得

$$\lambda_p=\sqrt{\frac{\pi^2E}{\sigma_p}}=\pi\sqrt{\frac{206\times10^3\text{MPa}}{200\text{MPa}}}\approx100$$

也就是说，以 Q235 钢制成的压杆，其柔度 $\lambda\geqslant100$ 时即为大柔度杆，应该用欧拉公式计算其临界应力。

由临界应力公式［式（14－5）］，压杆的临界应力是随柔度而变的，它们之间的关系，可以用一个图形来表示。作一个坐标系，取临界应力 σ_{cr} 为纵坐标，柔度 λ 为横坐标，按式（14－5），可画出如图 14－12 所示的曲线 ED，称为**欧拉双曲线**。欧拉公式的适用范围，也可以在此图上标出。曲线上的实线部分 CD，是欧拉公式适用部分；虚线部分 EC，由于应力已超过了比例极限，为无效部分。对应于 C 点的柔度即为 λ_p。

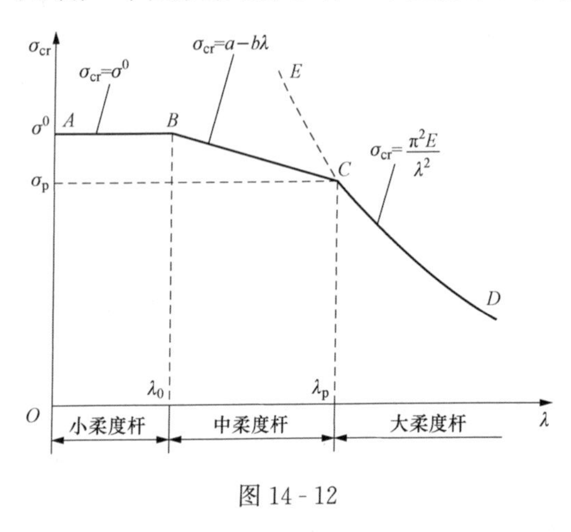

图 14－12

2. 中柔度杆

中柔度杆的柔度 λ 小于 λ_p，即非细长压杆，受到压力作用时，也会发生失稳破坏。其临界应力 σ_{cr} 超过材料的比例极限 σ_p，这时欧拉公式已不能使用，故属于非弹性稳定问题。工程中对中柔度杆的稳定计算，一般使用以试验结果为依据的经验公式。目前已有不少经验公式，如直线公式和抛物线公式等。其中以直线公式比较简单，应用方便，其形式为

$$\sigma_{cr}=a-b\lambda \tag{14-7}$$

式中：a 与 b 为与材料性质有关的常数，其单位均为 MPa。表 14－2 中列入了一些常用材料的 a、b 值。

表 14－2　　直线公式中的系数 a 和 b

材料（σ_b，σ_s 的单位 MPa）	a（MPa）	b（MPa）
Q235 钢 $\sigma_b\geqslant372$，$\sigma_s=235$	304	1.12
优质碳钢 $\sigma_b\geqslant471$，$\sigma_s=306$	461	2.57
硅钢 $\sigma_b\geqslant510$，$\sigma_s=353$	578	3.74
铬钼钢	981	5.30
灰铸铁	332	1.45
强铝	373	2.15
松木	29	0.20

上述的经验公式也有一个适用范围。对于压杆，应要求其临界应力不得到达材料的压缩极限应力 σ^0（例如塑性材料的极限应力为屈服极限 σ_s，脆性材料的极限应力为强度极限 σ_b）。以塑性材料制成的压杆为例，即要求

$$\sigma_{cr} = a - b\lambda < \sigma_s$$

或

$$\lambda > \frac{a - \sigma_s}{b}$$

因此，使用上述经验公式的极限柔度为

$$\lambda_0 = \frac{a - \sigma_s}{b} \tag{14-8}$$

故经验公式［式（14-7）］的适用范围为 $\lambda_0 < \lambda \leqslant \lambda_p$，即当柔度介于 λ_0 和 λ_p 之间的压杆，应采用经验公式计算临界应力，这一类压杆就称为**中柔度杆**或**中长杆**。在图 14-12 中，斜直线部分 BC 是经验公式的适用部分，即中柔度杆，对应于 B 点的柔度为 λ_0。对于脆性材料，只要将式（14-8）中的屈服极限 σ_s 改为强度极限 σ_b，就可以确定相应的极限柔度 λ_0。

仍以 Q235 钢为例，$\sigma_s = 235\text{MPa}$，$a = 304\text{MPa}$，$b = 1.12\text{MPa}$ 可得

$$\lambda_0 = \frac{304 - 235}{1.12} = 61.6$$

由此可知，对于 Q235 钢的压杆，当 $61.6 < \lambda \leqslant 100$ 时，即为中柔度杆，应该用经验公式计算临界应力。

3. 小柔度杆

当 $\lambda \leqslant \lambda_0$ 时，压杆则称为**小柔度杆**或**短粗杆**。这类杆件受到压力作用时，不会发生失稳破坏，其破坏问题为强度问题，破坏原因主要由于压应力达到极限应力 σ^0（塑性材料达到屈服极限 σ_s 或脆性材料达到强度极限 σ_b）而引起的。压缩试验所用的低碳钢或铸铁短柱的破坏就属于这种情况。所以，对小柔度压杆来说，若在形式上仍采用稳定问题来处理，临界应力就理解为是极限应力 σ^0（屈服极限 σ_s 或强度极限 σ_b）。图 14-12 中以水平线段 AB 表示。

上述三类压杆的临界力与柔度间的关系图线（图 14-12）称为压杆的**临界应力总图**。从图上可以明显地看出，短粗杆的临界应力与 λ 无关，而中、长杆的临界应力则随 λ 的增加而减小。

【例 14-2】 三根圆截面压杆，直径均为 $d = 160\text{mm}$，材料为优质碳钢，$E = 210\text{GPa}$，$\sigma_s = 300\text{MPa}$，$\sigma_p = 260\text{MPa}$，$a = 461\text{MPa}$，$b = 2.568\text{MPa}$。1 杆为两端铰支，长度为 $l_1 = 5\text{m}$；2 杆为一端固定、一端铰支，长度为 $l_2 = 4\text{m}$；3 杆为两端固定，长度为 $l_3 = 3\text{m}$。试求各杆的临界压力。

解 优质碳钢的两个极限柔度为

$$\lambda_p = \sqrt{\frac{\pi^2 E}{\sigma_p}} = \pi\sqrt{\frac{210 \times 10^3}{260}} \approx 89.3, \quad \lambda_0 = \frac{a - \sigma_s}{b} = \frac{461 - 300}{2.568} = 62.7$$

圆截面惯性半径 $i = \dfrac{d}{4}$。

对 1 杆：因压杆两端均为铰支，取 $\mu = 1$。柔度

$$\lambda = \frac{\mu l}{i} = \frac{\mu l}{\dfrac{d}{4}} = \frac{1 \times 5 \times 10^3}{\dfrac{160}{4}} = 125 > \lambda_p$$

故1杆为大柔度杆，应该用欧拉公式计算临界载荷，即

$$F_{cr}=\frac{\pi^2 EI}{(\mu l_1)^2}=\frac{\pi^2\times 210\times 10^3\times\frac{\pi\times 160^4}{64}}{(1\times 5\times 10^3)^2}\text{N}=2667\times 10^3\text{N}=2667\text{kN}$$

对2杆：因压杆一端固定、一端铰支，取$\mu=0.7$。柔度

$$\lambda=\frac{\mu l}{i}=\frac{\mu l}{\frac{d}{4}}=\frac{0.7\times 4\times 10^3}{\frac{160}{4}}=70$$

因为$\lambda_0<\lambda<\lambda_p$，故2杆为中柔度杆，应用直线公式计算临界载荷，即

$$F_{cr}=\sigma_{cr}A=(a-b\lambda)\frac{\pi d^2}{4}=(461-2.568\times 70)\times\frac{\pi\times 160^2}{4}\text{N}=5655\times 10^3\text{N}=5655\text{kN}$$

对3杆：因压杆两端固定，取$\mu=0.5$。柔度

$$\lambda=\frac{\mu l}{i}=\frac{\mu l}{\frac{d}{4}}=\frac{0.5\times 3\times 10^3}{\frac{160}{4}}=37.5<\lambda_0$$

故3杆为小柔度杆，其破坏问题为强度问题，故

$$F_{cr}=\sigma_s A=300\times\frac{\pi\times 160^2}{4}\text{N}=6032\times 10^3\text{N}=6032\text{kN}$$

【例14-3】　Q235钢制成的矩形截面杆，两端约束以及所承受的压缩载荷如图14-13所示［图14-13（a）为正视图，图14-13（b）为俯视图］，在A、B两处为销钉连接。若已知$l=2300\text{mm}$，$b=40\text{mm}$，$h=60\text{mm}$。材料的弹性模量$E=206\text{GPa}$。试求此杆的临界载荷。

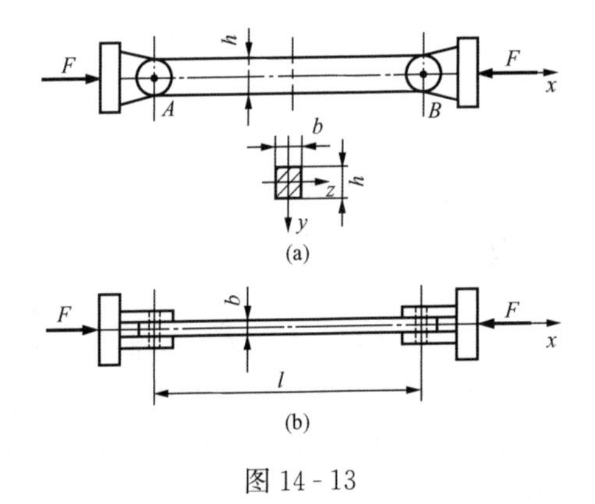

图14-13

解　给定的压杆在A、B两处为销钉连接，既可能在xy平面内失稳，也可能在xz平面内失稳。而结构在xy面和xz面约束不同，截面几何性质不同，因此要确定临界载荷，必须判断在哪个平面内柔度最大，则其临界载荷最小。

1. 柔度计算

如果压杆在xy面失稳［即横截面绕z轴转动，如图14-13（a）所示］，A、B两处可以自由转动，相当于铰链约束，长度因数$\mu=1.0$，惯性半径$i_z=\frac{h}{2\sqrt{3}}$。

压杆柔度为

$$\lambda_z=\frac{\mu l}{i_z}=\frac{\mu l}{\frac{h}{2\sqrt{3}}}=\frac{(1\times 2300)\times 2\sqrt{3}}{60}=132.8$$

如果压杆在xz面失稳［即横截面绕y轴转动，如图14-13（b）所示］，A、B两处不能转动，这时可近似视为固定端约束，长度因数$\mu=0.5$，惯性半径$i_y=\frac{b}{2\sqrt{3}}$。

压杆柔度为

$$\lambda_y=\frac{\mu l}{i_y}=\frac{\mu l}{\frac{b}{2\sqrt{3}}}=\frac{(1\times 2300)\times 2\sqrt{3}}{40}=99.6$$

由于$\lambda_z>\lambda_y$。故压杆将在xy面先达到临界载荷，率先失稳。

2. 计算临界载荷

在xy面内，$\lambda_z>\lambda_p=100$，故该杆属于大柔度杆（即细长杆），故用欧拉公式计算其临界载荷

$$F_{cr}=\sigma_{cr}A=\frac{\pi^2 E}{\lambda_z^2}\times bh=\frac{\pi^2\times 206\times 10^3\times 40\times 60}{132.6^2}\text{N}=277.5\times 10^3\text{N}=277.5\text{kN}$$

机械传动中的各类连杆，与本例中的压杆情形类似，这类杆件不能片面从杆端约束来判断以何种方式失稳，也不能片面从截面的抗弯刚度来判断，而应当根据柔度判断，因为柔度是杆端约束、截面形状尺寸以及杆长等因素的综合体现。

§14-5　压杆的稳定性校核

对于工程实际中的压杆，要使其不丧失稳定，就必须使压杆所承受实际的轴向压力F（称为**工作载荷**）小于压杆的临界力F_{cr}。为了安全起见，还要考虑一定的工作安全因数，使压杆具有足够的稳定性。因此，压杆的稳定条件为

$$F\leqslant\frac{F_{cr}}{n_{st}}=[F_{st}]\tag{14-9}$$

式中：n_{st}为**稳定安全因数**；$[F_{st}]$为**稳定许用压力**。

式（14-9）称为压杆的**稳定条件**。将式（14-9）中F和F_{cr}同除以压杆的横截面面积A得

$$\sigma\leqslant\frac{\sigma_{cr}}{n_{st}}=[\sigma_{st}]\tag{14-10}$$

式中：$[\sigma_{st}]$为稳定许用应力。

式（14-10）为应力表示的压杆稳定条件。

考虑到实际压杆不可能是理想直杆，而是具有一定初始缺陷的压杆（例如初曲率），压缩载荷也可能具有一定的偏心度。在静载荷作用下，稳定安全因数一般都比强度安全因数大一些。这是因为这些因素都会使压杆的临界载荷降低。

由于压杆的稳定性取决于整个杆件的弯曲刚度，因此，在确定压杆临界载荷或临界应力时，可不必考虑杆件局部削弱（如螺钉孔或油孔等）的影响，而按未经削弱截面计算横截面的面积A和惯性矩I。但是，对于削弱的横截面，则还应进行强度计算。

【例 14-4】　千斤顶如图 14-14 所示，丝杠长度$l=375$mm，内径$d=40$mm，材料为 Q235 钢，最大起重量$F=60$kN，稳定安全因数$n_{st}=4$。试校核丝杠的稳定性。

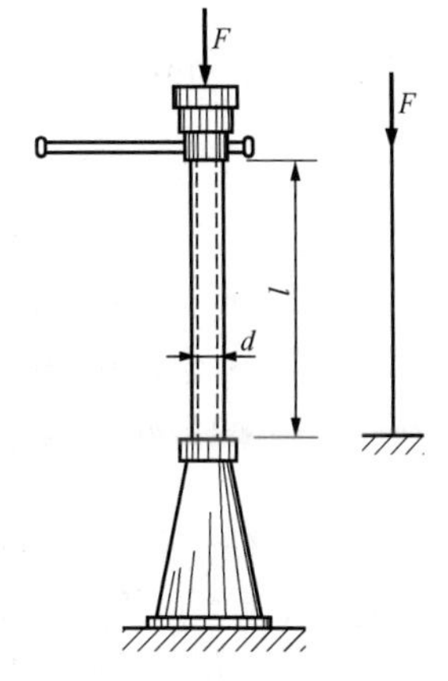

图 14-14

解　丝杠可简化为下端固定、上端自由的压杆，长度系数取$\mu=2.0$，丝杠的惯性半径为

$$i=\frac{d}{4}=10\text{mm}$$

丝杠的柔度为

$$\lambda=\frac{\mu l}{i}=\frac{2\times 375}{10}=75$$

对于 Q235 钢，$\lambda_s=61.6$，$\lambda_p=100$，此丝杠的柔度介于两者之间，为中

柔度杆，故应该用经验公式计算其临界力。由表 14 - 2 查得：$a=304\text{MPa}$，$b=1.12\text{MPa}$，利用中长杆的临界应力公式［式（14 - 7）］，可得丝杠的临界力为

$$F_{cr}=\sigma_{cr}A=(a-b\lambda)\frac{\pi d^2}{4}=(304-1.12\times75)\times\frac{\pi\times40^2}{4}\text{N}=276320\text{N}$$

而丝杠的稳定许用压力为

$$[F_{st}]=\frac{F_{cr}}{n_{st}}=\frac{276320}{4}\text{N}=69080\text{N}=69.1\text{kN}$$

可见

$$F<[F_{st}]$$

由校核结果可知，此千斤顶丝杠是稳定的。

【例 14 - 5】　某型平面磨床的工作台液压驱动装置如图 14 - 15 所示。油缸活塞直径 $D=65\text{mm}$，油压 $p=1.2\text{MPa}$。活塞杆长度 $l=1250\text{mm}$，材料为 35 钢，$\sigma_p=220\text{MPa}$，$E=210\text{GPa}$，稳定安全因数 $n_{st}=6$。试确定活塞杆的直径。

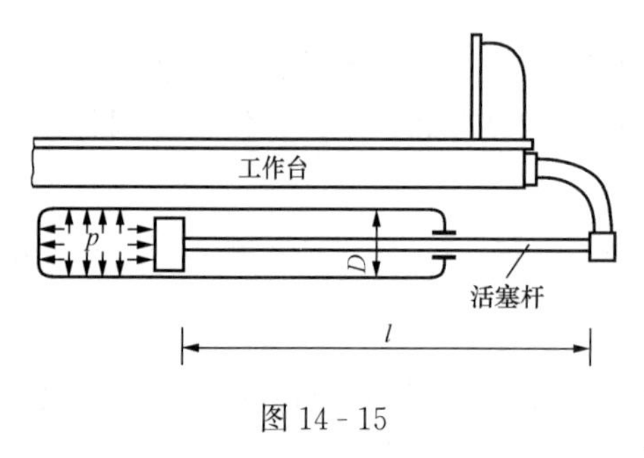

图 14 - 15

解　活塞杆承受的轴向压力应为

$$F=\frac{\pi D^2}{4}p=\frac{\pi\times65^2}{4}\times1.2\text{N}=3982\text{N}$$

根据稳定条件，活塞杆的临界压力应该是

$$F_{cr}=n_{st}F=6\times3982\text{N}=23892\text{N} \tag{a}$$

现在需要确定活塞杆的直径 d，使杆的临界压力为 $F_{cr}=23892\text{N}$。由于直径尚待确定，无法求出活塞杆的柔度 λ，自然也不能判定究竟应该用欧拉公式还是用经验公式计算。为此，在试算时先由欧拉公式确定活塞杆的直径。待直径确定后，再检查是否满足使用欧拉公式的条件。

把活塞杆的两端简化为铰支座，由欧拉公式求得临界压力为

$$F_{cr}=\frac{\pi^2EI}{(\mu l)^2}=\frac{\pi^2\times210\times10^3\times\frac{\pi d^4}{64}}{(1\times1250)^2} \tag{b}$$

由式（a）和式（b）解出

$$d=24.6\text{mm}$$

取 $d=25\text{mm}$，求出活塞杆的柔度为

$$\lambda=\frac{\mu l}{i}=\frac{1\times1250}{\frac{25}{4}}=200$$

对所用材料 35 钢来说，由式（14 - 5）求得

$$\lambda_p=\sqrt{\frac{\pi^2E}{\sigma_p}}=\sqrt{\frac{\pi^2\times210\times10^3}{220}}=97$$

由于 $\lambda>\lambda_p$，活塞杆为大柔度杆，所以前面用欧拉公式进行的试算是正确的。

对于设计压杆横截面几何尺寸的这类题目，因为截面尺寸未知，无法求出柔度选择适当的临界应力计算公式。因此，要采用试算法，先由欧拉公式确定截面尺寸，待确定压杆横截面尺寸后，检查是否满足使用欧拉公式的适用条件，若满足则计算结束；若不满足公式适用条件，则重新选定临界应力计算公式，进行第二次设计，再进行柔度计算，直到满足为止。

【例 14 - 6】　图 14 - 16 所示钢结构，承受载荷作用，斜撑杆 BD 用低碳钢 Q235 制成的空心圆截面杆，外径 $D=45\text{mm}$，内径 $d=36\text{mm}$，稳定安全因数 $n_{st}=2.5$。试确定结构的许可载荷。

解　（1）斜撑杆的受力分析。

横梁的受力如图 14 - 16（b）所示，由平衡方程

$$\sum M_A = 0, F_B \sin 30° \times 1.5 - F \times 2 = 0$$

得斜撑杆承受的轴向压力为

$$F_B = \frac{8}{3}F, \text{即} F = \frac{3}{8}F_B$$

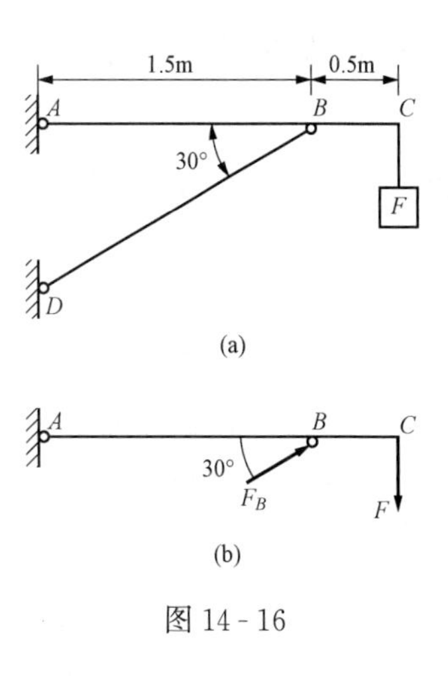

图 14-16

（2）确定结构的许可载荷。

空心圆截面的惯性半径为

$$i = \sqrt{\frac{I}{A}} = \sqrt{\frac{\frac{\pi D^4}{64}(1-\alpha^4)}{\frac{\pi D^2}{4}(1-\alpha^2)}} = \frac{\sqrt{D^2(1+\alpha^2)}}{4} = \frac{\sqrt{D^2+d^2}}{4}$$

因斜撑杆 BD 两端均为铰支，取 $\mu=1$，故其柔度为

$$\lambda = \frac{\mu l}{i} = \frac{1 \times \frac{1500}{\cos 30°}}{\frac{\sqrt{45^2+36^2}}{4}} = 120.2 > \lambda_p$$

故该杆属于大柔度杆（即细长杆），故用欧拉公式计算其临界载荷。Q235 钢的弹性模量 $E=206\text{GPa}$，斜撑杆 BD 的临界载荷为

$$F_{cr} = \sigma_{cr} A = \frac{\pi^2 E}{\lambda^2} \times \frac{\pi(D^2-d^2)}{4} = \frac{\pi^2 \times 206 \times 10^3 \times \pi(45^2-36^2)}{120.2^2 \times 4}\text{N} = 80.6 \times 10^3 \text{N} = 80.6\text{kN}$$

斜撑杆 BD 的许可压力为

$$[F_B] = \frac{F_{cr}}{n_{st}} = \frac{80.6}{2.5}\text{kN} = 32.2\text{kN}$$

则结构的许可载荷为

$$[F] = \frac{3}{8}[F_B] = \frac{3}{8} \times 32.2\text{kN} = 12.1\text{kN}$$

§ 14-6　提高压杆稳定性的措施

如前所述，某一压杆的临界力和临界应力的大小，反映了此压杆稳定性的高低。因此，欲提高压杆的稳定性，关键在于提高压杆的临界力或临界应力。从压杆临界应力总图可以看出，压杆的临界应力与其柔度和材料的力学性能有关，而柔度 λ 又综合了压杆的长度、杆端约束情况和横截面的惯性半径等影响因素。因此，可以根据上述因素，采取适当措施来提高压杆的稳定性。

1. 选择合理的截面形状

压杆的截面形状对临界力的数值有很大影响。若截面形状选择合理，可以在不增加截面面积的情况下增加横截面的惯性矩 I，从而增大惯性半径 i，减小压杆的柔度 λ，起到提高压杆稳定性的作用。为此，应尽量使截面材料远离截面的中性轴。例如，空心圆管的临界力就要比截面面积相同的实心圆杆的临界力大得多。

在选择截面形状和尺寸时，还应考虑失稳的方向性。如果压杆在两个纵向平面内杆端约束相同（例如两端为球铰的压杆），为使其在两个平面内的稳定性相同，应使截面对两个形心轴 y 和 z 的惯性半径相等，或接近相等。例如，采用圆形、环形或正方形截面。相反，如果压杆在两个纵向平面内杆端约束不同，例如两端为柱铰的压杆（图 14-13），在轴销平面（xz 平面）与垂直于轴销平面（xy 平面）的两端约束不同，截面对形心主惯性轴的惯性矩

I_y 与 I_z 也应相应不同。理想的设计是使压杆在上述两个方向的柔度相等（或接近相等），即

$$\lambda_y = \lambda_z$$

即

$$\frac{\mu_y l_y}{\sqrt{\frac{I_y}{A}}} = \frac{\mu_z l_z}{\sqrt{\frac{I_z}{A}}} \quad 或 \quad \frac{\mu_y l_y}{\sqrt{I_y}} = \frac{\mu_z l_z}{\sqrt{I_z}}$$

经适当设计的工字形截面，以及由角钢或槽钢等组成的组合截面（图 14-17），均可能满足上述要求。

为了使上述组合截面压杆（或称为组合柱）如同一整体杆件工作，在各组成杆件（见图 14-17 中的角钢与槽钢）之间，需采用缀板、缀条等相连接（图 14-18）。关于缀板与缀条等的设计，在 GB 50017—2017《钢结构设计标准》中有专门规定。

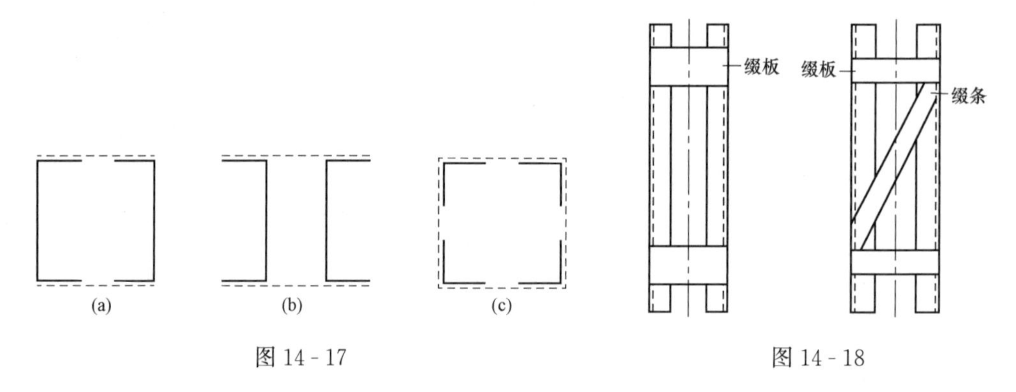

图 14-17　　图 14-18

2. 加固杆端约束

从表 14-1 可以看出，杆端约束的刚性越强，压杆的长度因数 μ 值越小，相应地，柔度 λ 就越小，其临界力越大，压杆的稳定性越好。以固定端约束的刚性最好，铰支端次之，自由端最差。因此，尽可能加强杆端约束的刚性，就能使压杆的稳定性得到相应提高。例如工程结构中有的支柱，除两端要求焊牢外，还需要设置筋板以加固端部约束，如图 14-19 所示。

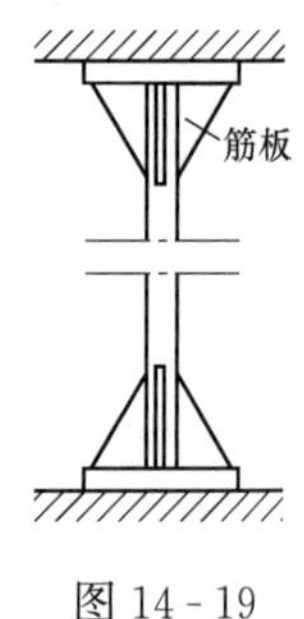

图 14-19

3. 减小压杆的支承长度

从压杆临界应力总图可以看出，压杆的柔度越小，相应的临界力或临界应力就越大，而减小压杆的支承长度是降低压杆柔度的方法之一，可有效地提高压杆的稳定性。在条件允许的情况下，尽量减小压杆的支承长度，从而减小 λ 值，提高压杆的稳定性。若不允许减小压杆的实际长度，则可以采取增加中间支承的方法来减小压杆的支承长度。例如，钢铁厂无缝钢管车间的穿孔机，为了提高其顶杆的稳定性，可在顶杆中点处增加一个抱辊（图 14-20），以达到既不减小顶杆的实际长度又提高其稳定性的目的。

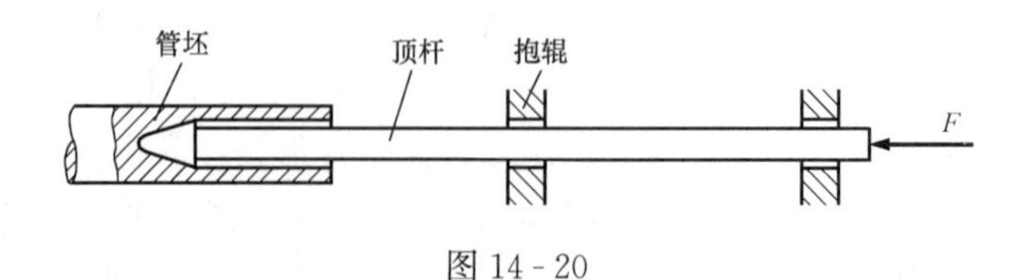

图 14-20

4. 合理选择材料

上述各点，都是通过降低压杆柔度的方法来提高压杆的稳定性；另一方面，合理地选用材料，对提高压杆稳定性也能起到一定的作用。

对于大柔度杆，由临界应力公式［式（14-4)］可以看出，材料的弹性模量 E 越大，压杆的临界力就越大。故选用弹性模量较大的材料可以提高细长压杆的稳定性。然而，就钢而言，由于各种钢的弹性模量大致相同，且临界压力与材料的强度指标无关。因此，如果仅从稳定性考虑，选用高强度材料作细长压杆是不必要的。

对于中柔度杆，从经验公式可知，临界应力与材料的强度指标有关。

所以选用高强度材料作中柔度压杆显然有利于稳定性的提高。例如，在表 14-2 中，优质钢材的 a 值较大，由 $\sigma_{cr}=a-b\lambda$ 可知，压杆的临界应力也就较高，故其稳定性较好。

至于小柔度杆，属于压缩强度问题，采用高强度材料，其优越性是明显的。

14-1　试述稳定问题与强度、刚度问题的区别。

14-2　如何区别压杆的稳定平衡和不稳定平衡?

14-3　压杆因丧失稳定而产生的弯曲变形与梁在横向力作用下产生的弯曲变形有什么不同?

14-4　如何区分大柔度杆、中柔度杆与小柔度杆？它们的临界应力如何确定？如何绘制临界应力总图?

14-5　欧拉公式在什么范围内适用？如果把中长杆误断为细长杆应用欧拉公式计算临界力，则会导致什么后果?

14-6　若两根压杆的材料相同、柔度相等，这两根压杆的临界应力是否一定相等？临界力是否一定相等？为什么?

14-7　如何判断压杆的失稳方向？两端为球铰的压杆，其横截面分别如图 14-21 所示各形状，试在图上画出压杆失稳时、横截面转动所绕的轴线（图中 C 为截面的形心）。

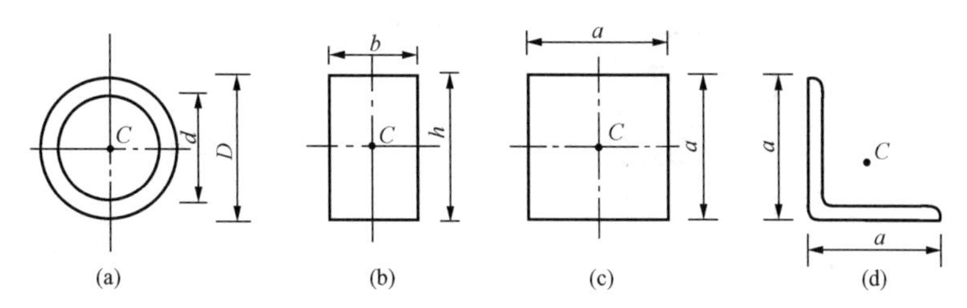

图 14-21　思考题 14-7 图

14-1　图 14-22 中所示的细长压杆均为圆杆，其直径 d 均相同，材料是 Q235 钢，弹性模量 $E=$ 210GPa。其中：图 14-22（a）为两端铰支；图 14-22（b）为一端固定，一端铰支；图 14-22（c）为两端固定。试判别哪一种情形的临界力最大，哪种其次，哪种最小？若圆杆直径 $d=16$cm，试求最大的临界力 F_{cr}。

14-2　图 14-23 所示压杆的截面为 $d=10$mm 的圆截面，两端铰支，杆长 $l=200$mm，材料的 $\sigma_p=$ 200MPa，$a=304$MPa，$b=1.12$MPa，$\sigma_s=240$MPa，$E=210$GPa。试求压杆的临界载荷 F_{cr}。

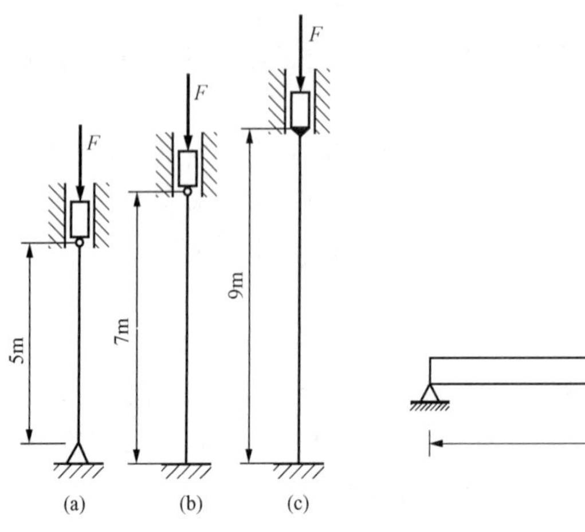

图 14 - 22 题 14 - 1 图

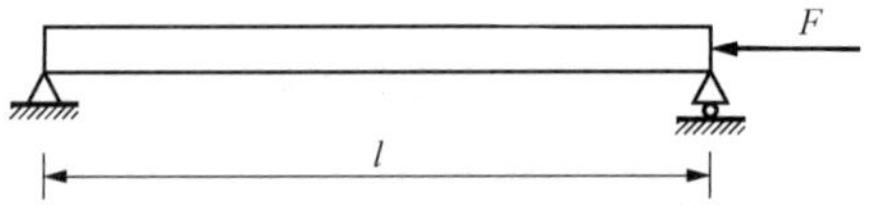

图 14 - 23 题 14 - 2 图

14 - 3 图 14 - 24 中所示立柱，由两根 10 号槽钢组成，立柱上端为球铰，下端固定，柱长 l=6m，试求两槽钢距离 a 值取多少时立柱的临界力 F_{cr}最大？其值是多少？已知材料的弹性模量 E=200GPa，比例极限 σ_p=200MPa。

14 - 4 如图 14 - 25 所示，万能铣床工作台升降丝杆的内径为 22mm，工作台升至最高位置时，l=0.5m。丝杆的材料为优质碳钢，E=210GPa，σ_s=300MPa，σ_p=260MPa，a=461MPa，b=2. 568MPa。若丝杆可近似看成一端固定、一端铰支的压杆，试求丝杆的临界力 F_{cr}。

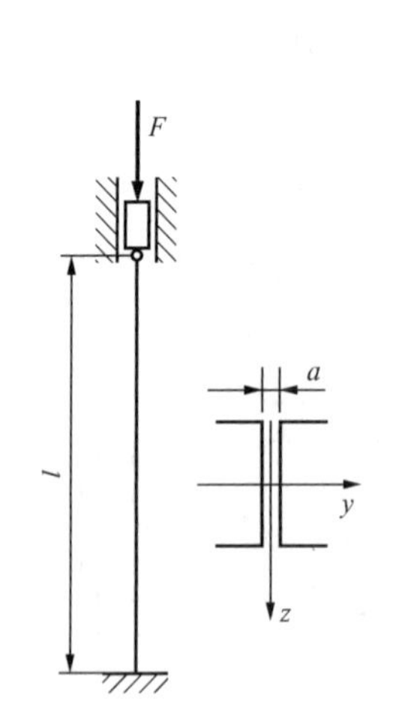

图 14 - 24 题 14 - 3 图

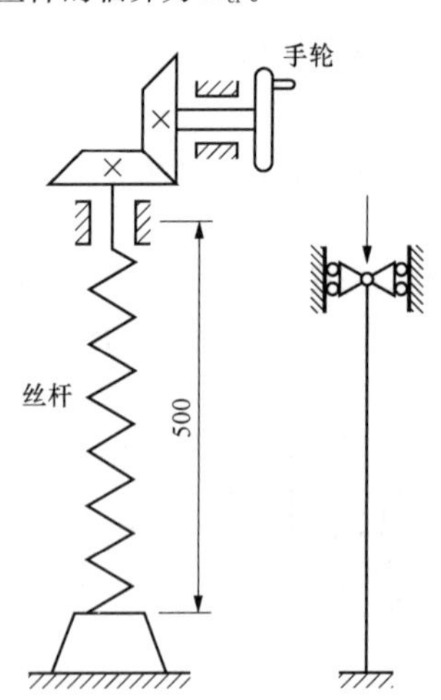

图 14 - 25 题 14 - 4 图

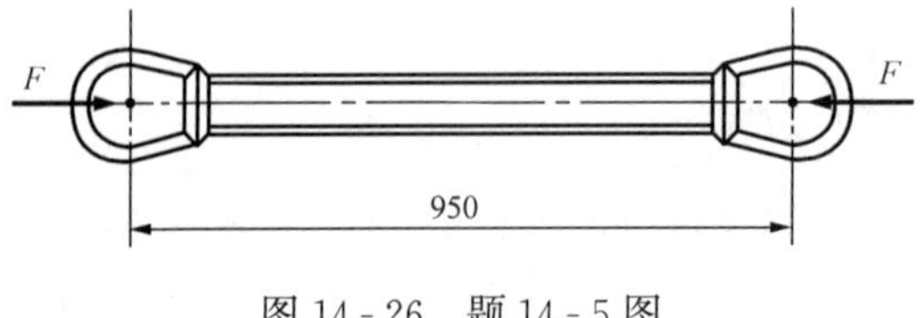

图 14 - 26 题 14 - 5 图

14 - 5 图 14 - 26 中所示为某型飞机起落架中承受轴向压力的斜撑杆。杆为空心圆管，外径 D=52mm，内径 d=44mm，长度 l=950mm。材料为 30CrMnSiNi2A，强度极限 σ_b=1600MPa，比例极限 σ_p=1200MPa，弹性模量 E=210GPa。试求斜撑杆的临界压力 F_{cr}和临界应力 σ_{cr}。

14 - 6 Q235 钢制成的矩形截面杆，受力情况及两端销钉支撑情况如图 14 - 27 所示，b=40mm，h=75mm，l=2000mm，E=206GPa，试求压杆的临界应力。

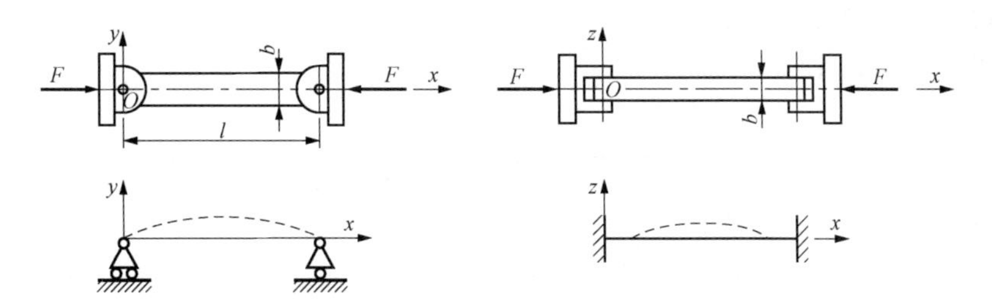

图 14 - 27　题 14 - 6 图

14 - 7　一木柱两端铰支，其横截面为 120mm×200mm 的矩形，长度为 l=4m。木材的弹性模量为 E=10GPa，比例极限 σ_p=20MPa。试求木柱的临界应力 σ_{cr}。计算临界应力的公式有：

(1) 欧拉公式；

(2) 直线公式 $\sigma_{cr}=28.7-0.19\lambda$。

14 - 8　图 14 - 28 所示为长度为 l，两端固定的空心圆截面压杆，承受轴向压力。压杆材料为 Q235 钢，弹性模量 E=200GPa，λ_p=100，设截面外径 D 与内径 d 之比为 1.2。试求：

(1) 能应用欧拉公式时，压杆长度与外径的最小比值，以及这时的临界压力。

(2) 若压杆改用实心圆截面，而压杆的材料、长度、杆端约束及临界压力值均与空心圆截面时相同，求两杆的重量之比。

14 - 9　图 14 - 29 所示托架中，杆 AB 的直径 d=40m。长度 l=800mm。两端可视为球铰链约束，材料为 Q235 钢。试求：

(1) 托架的临界载荷 F_{cr}。

(2) 若已知工作载荷 F=170kN，并要求杆 AB 的稳定安全因数 $[n_{st}]$ =2.0，校核托架是否安全。

(3) 若横梁为 No. 18 普通热轧工字钢，$[\sigma]$ =160MPa，则托架所能承受的最大载荷有没有变化？

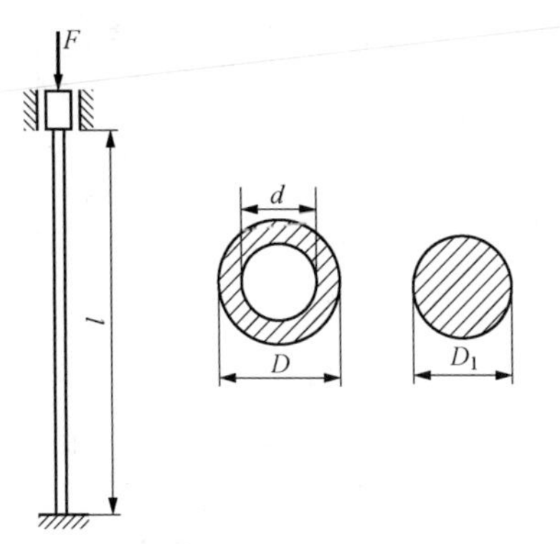

图 14 - 28　题 14 - 8 图

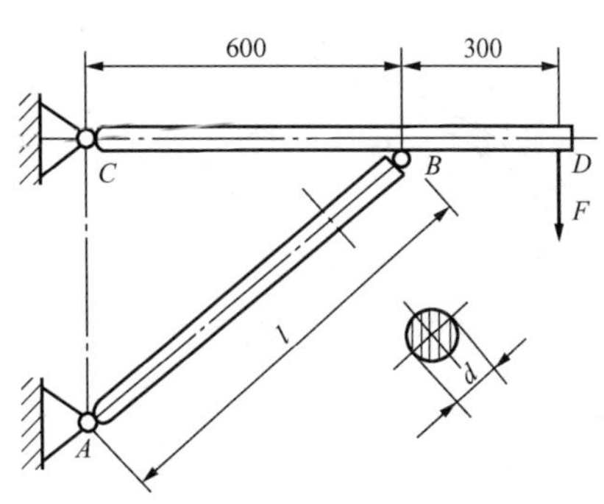

图 14 - 29　题 14 - 9 图

14 - 10　无缝钢管厂的穿孔顶杆如图 14 - 30 所示。杆端承受压力。杆长 l=4.5m，横截面直径 d=150mm。材料为低合金钢，弹性模量 E=210GPa。顶杆两端可简化为铰支座，稳定安全因数为 n_{st}=3.3。试求顶杆的许可载荷。

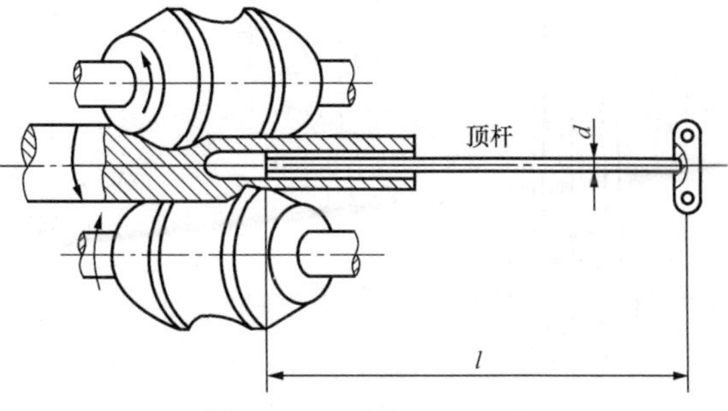

图 14 - 30　题 14 - 10 图

14 - 11　某轧钢车间使用的螺旋推钢机的示意图如图 14 - 31 所示。推杆由丝杆通过螺母来带动。已知推杆横截面的直径 d=130mm，材料为 Q235 钢。当推杆全部推出时，前端可能有微小的侧移，故简化为一端固定、一端自由的压杆。这时推杆伸出长度为最大值 $l_{max}=3m$。取稳定安全因数 $n_{st}=4$。试校核压杆的稳定性。

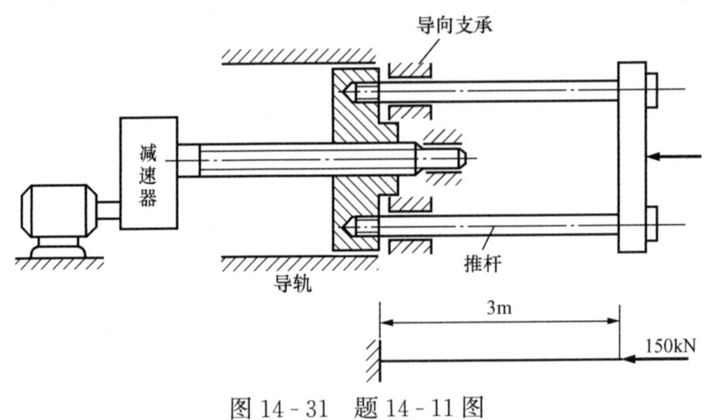

图 14-31　题 14-11 图

14-12　图 14-32 所示结构中，AB 及 AC 两杆皆为圆截面直杆，直径 $d=80mm$，BC 长度 $l=4m$，材料为 Q235 钢，稳定安全因数 $n_{st}=2$。试求：

(1) F 沿铅垂方向时，结构的许可载荷；

(2) 若 F 作用线与 CA 杆轴线延长线夹角为 θ，保证结构不失稳，F 为最大时的 θ 值。

14-13　悬臂回转吊车如图 14-33 所示，斜杆 AB 由钢管组成，在 B 点铰支。钢管外径 $D=100mm$，内径 $d=86mm$，杆长 $l=5.5m$，材料为 Q235 钢，$E=206GPa$，起重重量 $W=18kN$，稳定安全因数 $n=2.5$，试校核斜杆的稳定性。

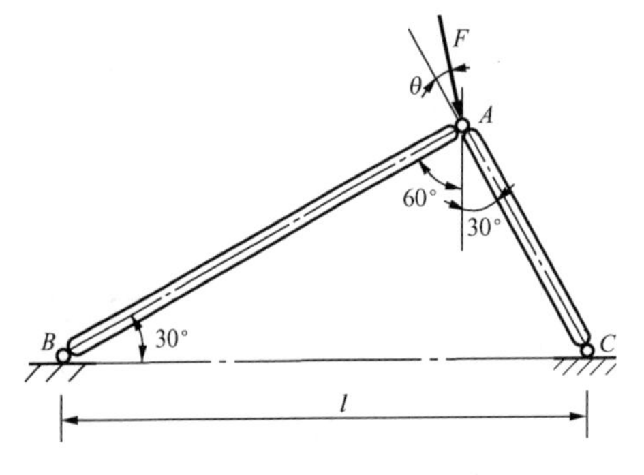

图 14-32　题 14-12 图

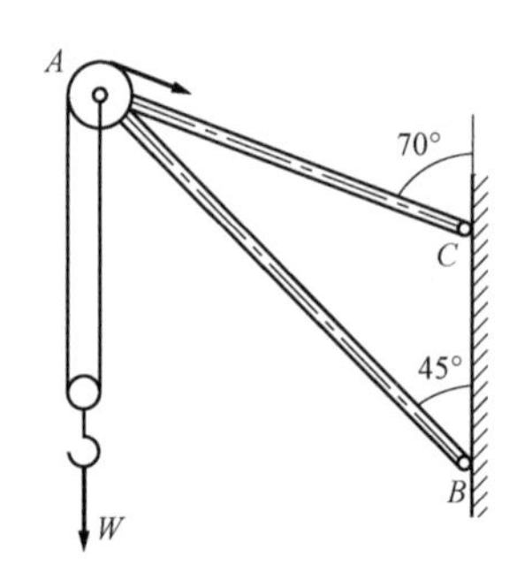

图 14-33　题 14-13 图

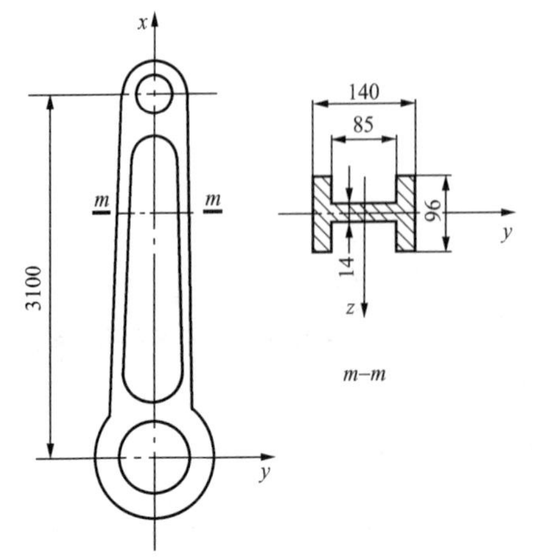

图 14-34　题 14-14 图

14-14　蒸汽机车的连杆如图 14-34 所示，截面为工字形，材料为 Q235 钢。连杆所受最大轴向压力为 $F=465kN$。连杆在摆动平面（xy 平面）内发生弯曲时，两端可认为是铰支；而在与摆动平面垂直的平面（xz 平面）内发生弯曲时，两端可认为是固定支座。试确定其工作安全因数。

14-15　图 14-35 所示结构，AB 杆和 AC 杆均为等截面钢杆，直径 $d=40mm$，AB 杆长 $l_1=600mm$，材料为 Q235，$E=200GPa$，$\sigma_s=235MPa$，$a=304MPa$，$b=1.12MPa$，$\lambda_p=100$，$\lambda_0=61.6$。若两根杆的安全因数均取 2。试求结构的最大许可载荷。

14-16　图 14-36 所示结构中，梁与柱的材料均为 Q235 钢，弹性模量 $E=200GPa$，屈服极限 $\sigma_s=240MPa$。均匀分布载荷集度 $q=24kN/m$。竖杆为两根 63mm×63mm×

5mm 的等边角钢（连接成一整体）。试确定梁与柱的工作安全因数。

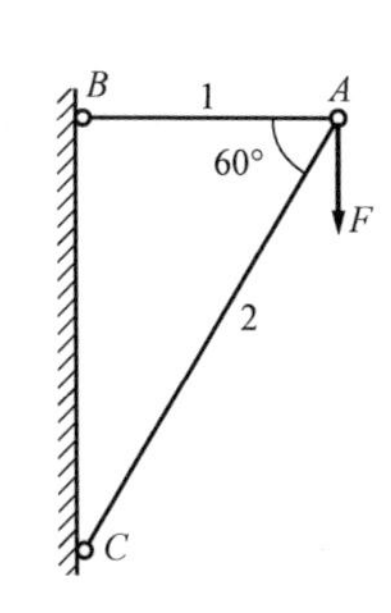

图 14 - 35　题 14 - 15 图

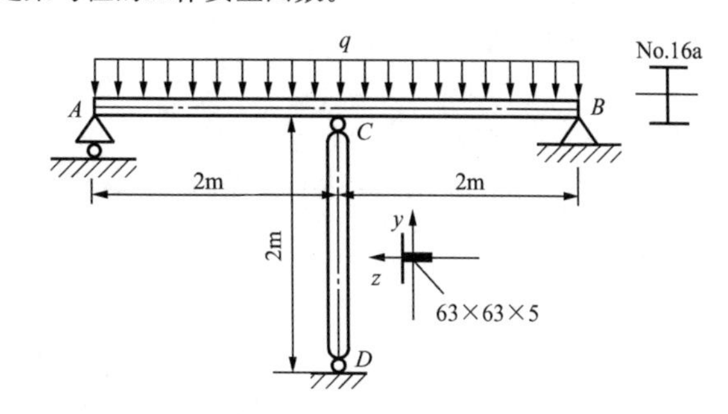

图 14 - 36　题 14 - 16 图

14 - 17　图 14 - 37 所示结构，AD 为铸铁圆杆，直径 $d_1=6\text{cm}$，弹性模量 $E=91\text{GPa}$，许用压应力 $[\sigma_c]=120\text{MPa}$，规定稳定安全因数 $[n_{st}]=5.5$。横梁 EB 为 18 号工字钢，BC、BD 为直径 $d=1\text{cm}$ 的直杆，材料均为 Q235 钢，许用应力 $[\sigma]=160\text{MPa}$，各杆间的连接均为铰接。求该结构的许用载荷 $[q]$。

14 - 18　图 14 - 38 所示工字钢直杆在温度 $t_1=20℃$ 时安装，此时杆不受力。已知杆长 $l=6\text{m}$，材料为 Q235 钢，弹性模量 $E=200\text{GPa}$。试问：当温度升高到多少度时，杆将失稳（材料的线膨胀系数 $\alpha_l=12.5\times10^{-6}/℃$）。

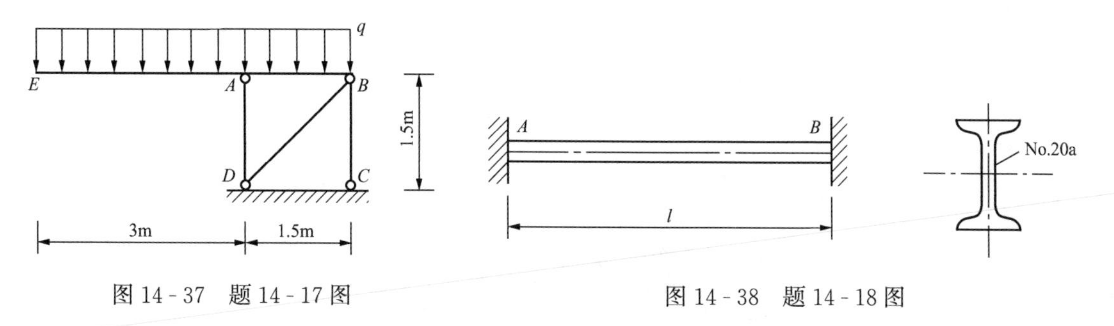

图 14 - 37　题 14 - 17 图　　图 14 - 38　题 14 - 18 图

习题答案

14 - 1　$F_{cr}=3293\text{kN}$

14 - 2　$F_{cr}=16.8\text{kN}$

14 - 3　$a=4.31\text{cm}$，$F_{cr}=443\text{kN}$

14 - 4　$F_{cr}=113\text{kN}$

14 - 5　$F_{cr}=400\text{kN}$，$\sigma_{cr}=665\text{MPa}$

14 - 6　$\sigma_{cr}=7.41\text{MPa}$

14 - 7　$\sigma_{cr}=195\text{MPa}$

14 - 8　$F_{cr}=47400D^2\text{kN}$，$\dfrac{G_{实}}{G_{空}}=2.35$

14 - 9　（1）$F_{cr}=105.9\text{kN}$；

（2）$n_w=1.52$，不安全；

（3）$F_{cr}=67.5\text{kN}$

14 - 10　$F_{cr}=770\text{kN}$

14 - 11　$[F_{st}]=403.5\text{kN}$，安全

14 - 12　（1）$[F]=378\text{kN}$；

(2) $\theta=22.5°$，$[F]=454\text{kN}$

14-13 $[F_{st}]=57.4\text{kN}$，安全

14-14 $n=3.27$

14-15 $[F]=74.6\text{kN}$

14-16 梁的安全因数：$n=1.82$；柱的安全因数：$n=2.03$

14-17 $[q]=5.59\text{kN/m}$

14-18 39.4℃

第十五章　交　变　应　力

§15-1　引　　言

一、交变应力的概念

在工程中有许多构件承受的载荷其大小、方向或位置等随时间做周期性的变化，呈周期性交替变化的应力，称为**交变应力**。如图15-1（a）所示火车轮轴，在来自车厢载荷F作用下，虽然载荷F的大小和方向基本不变（即弯矩基本不变），但轴以角速度ω转动时，轴横截面上边缘任一点k到中性轴的距离$y=r\sin\omega t$，如图15-1（b）所示，却是随时间t变化的，k点的弯曲正应力为

$$\sigma=\frac{My}{I}=\frac{Mr}{I}\sin\omega t$$

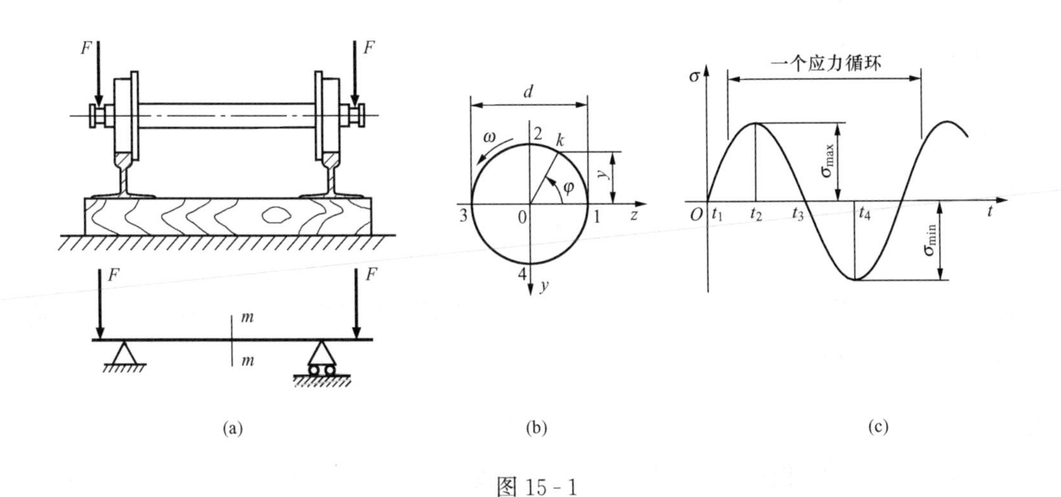

图15-1

可见，σ是随时间t按正弦曲线变化的，如图15-1（c）所示。图中t_1、t_2、t_3、t_4分别表示k点在图15-1（b）中所示位置1、2、3、4的时刻。车轴每旋转一圈，k点处的材料即经历一次由拉伸到压缩的应力循环，车轴不停地旋转，该处的材料即受交变应力作用。

又如，齿轮上的每个齿，自开始啮合到脱开的过程中，齿根上的应力自零增大到某一最大值，然后又逐渐减为零；齿轮不断转动，每个齿不断反复受力（图15-2），也受交变应力作用。

二、交变应力的描述

图15-3所示的交变应力，用下列名词术语来描述应力随时间变化的特征。

应力循环——应力值每重复变化一次成为一个循环。例如应力从最小值变到最大值，再变回到最小值。

循环次数——应力重复变化的次数，用N表示。

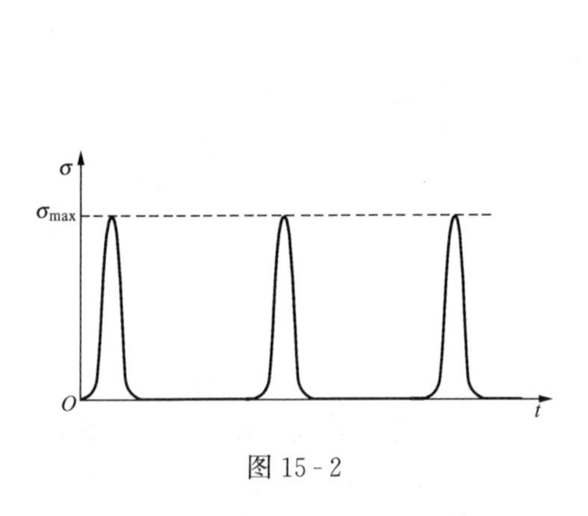

图 15-2

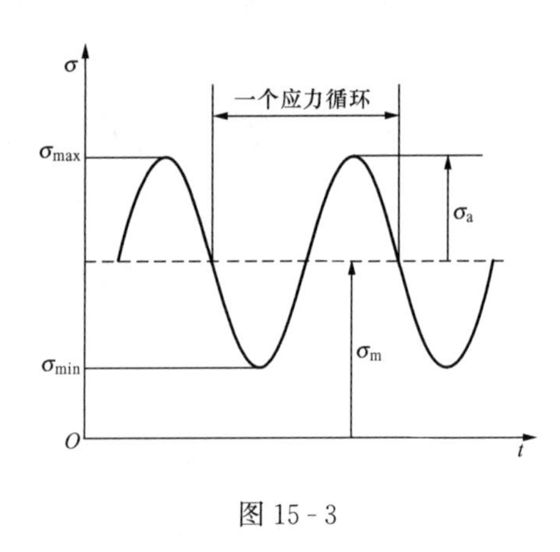

图 15-3

最大应力——应力循环中的最大值，用 σ_{max} 表示。

最小应力——应力循环中的最小值，用 σ_{min} 表示。

平均应力——最大应力与最小值的平均值，用 σ_m 表示。即

$$\sigma_m = \frac{\sigma_{max} + \sigma_{min}}{2} \tag{15-1}$$

应力幅——应力变化幅度的均值，用 σ_a 表示。即

$$\sigma_a = \frac{\sigma_{max} - \sigma_{min}}{2} \tag{15-2}$$

可知

$$\sigma_{max} = \sigma_m + \sigma_a$$
$$\sigma_{min} = \sigma_m - \sigma_a$$

循环特征——循环应力的变化特点，对材料的疲劳强度有直接影响。应力变化的特点，可用最小应力与最大应力的比值 r 表示，即

$$r = \frac{\sigma_{min}}{\sigma_{max}} \tag{15-3}$$

在循环应力中，如果最大应力与最小应力的数值相等、正负符号相反，即 $\sigma_{max} = -\sigma_{min}$ [图 15-4（a)]，则称为**对称循环应力**，其循环特征 $r=-1$。在循环应力中，如果最小应力 σ_{min} 为零 [图 15-4（b)]，则称为**脉动循环应力**，其循环特征 $r=0$。例如，图 15-1（c）与图 15-2 所示应力即分别为对称与脉动循环应力的实例。

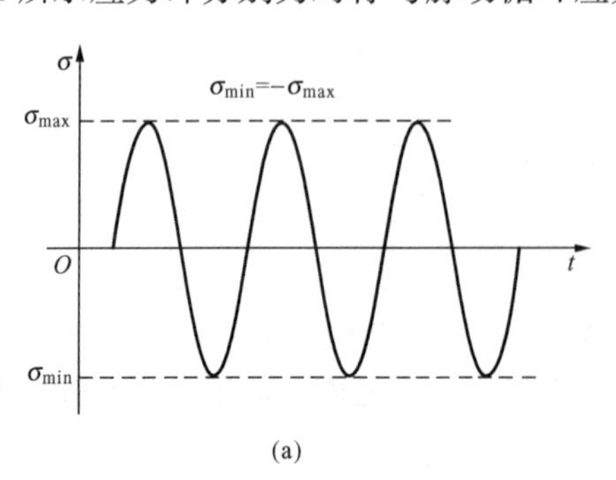

(a)

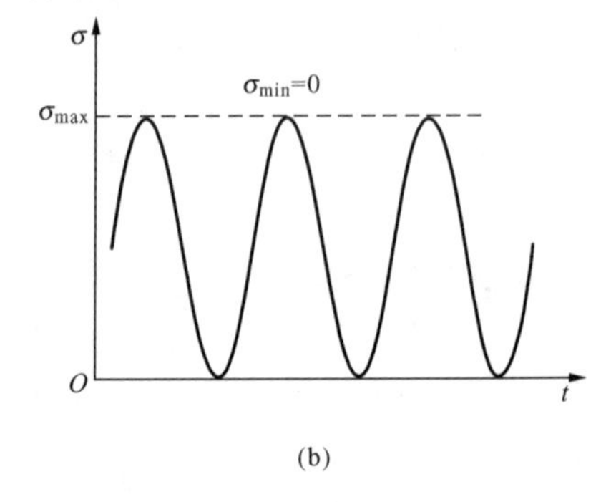

(b)

图 15-4

除对称循环外，所有循环特征 $r \neq -1$ 的循环应力，均属于非对称循环应力。所以，脉动循环应力也是一种非对称循环应力。

以上关于循环应力的概念，均采用正应力 σ 表示。当构件承受循环切应力时，上述概念仍然适用，只需将正应力 σ 改为切应力 τ 即可。

三、疲劳失效

构件在交变应力作用下发生的失效，称为**疲劳失效**或**疲劳破坏**，简称**疲劳**。

对于矿山、冶金、动力、运输机械以及航空航天飞行器等，疲劳是其零件或构件的主要失效形式。构件在交变应力作用下的疲劳失效与静应力作用下的失效有本质上的区别。疲劳破坏具有以下特点：

（1）破坏时应力低于材料的强度极限，甚至低于材料的屈服应力；

（2）疲劳破坏需经历多次应力循环后才能出现，即破坏是个积累损伤的过程；

（3）即使塑性材料破坏时一般也无明显的塑性变形，即表现为脆性断裂；

（4）在破坏的断口上，通常呈现两个区域，一个是光滑区域，另一个是粗糙区。例如，车轴疲劳破坏的断口如图 15-5 所示。

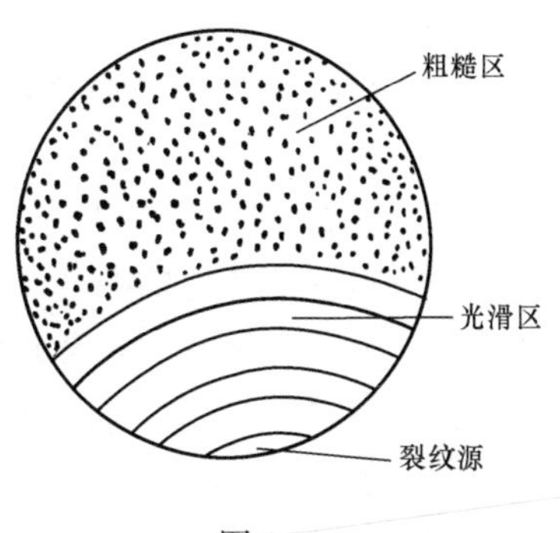

图 15-5

以上现象可以通过疲劳破坏的形成过程加以说明。当循环应力的大小超过一定限度并经历了足够多次的交替重复后，在构件内部应力最大或材质薄弱处，将产生细微裂纹，这种裂纹随着应力循环次数增加而不断扩展，并逐渐形成为宏观裂纹。在扩展过程中，由于应力循环变化，裂纹两表面的材料时而互相挤压，时而分离，或时而正向错动，时而反向错动，从而形成断口的光滑区。另一方面，由于裂纹不断扩展，当达到临界长度时，构件将发生突然断裂，断口的粗糙区就是突然断裂造成的。因此，疲劳破坏的过程可理解为疲劳裂纹萌生、逐步扩展和最后断裂的过程。

疲劳失效往往是在没有明显预兆的情况下突然发生的，因而常常造成严重事故。据统计，飞机、车辆和机器发生的事故中，有很大比例是疲劳失效造成的。因此，对在交变应力下工作的零件和构件，进行疲劳强度计算是非常必要的。

§15-2　材料的持久极限及其测定

由于构件在交变应力下工作时，其最大应力低于静载荷屈服点就可能发生疲劳失效，因此，屈服强度或强度极限等静载荷强度指标均不宜作为疲劳强度指标，此时材料的强度指标必须由疲劳强度试验来确定。试验表明，在一定的循环特性 r 下，材料经过一定的循环次数，才可能发生疲劳失效。直到疲劳失效前，试样所能经受的循环次数 N 称为**疲劳寿命**。在同一循环特性 r 下，交变应力的 σ_{max} 越大，破坏前经历的循环次数越少，若降低交变应力中的 σ_{max}，便可使破坏前的循环次数增加，当 σ_{max} 降到一定限度时，试样能经受无限多次应力循环而不发生疲劳失效的最大应力 σ_{max} 的最高限，称为材料在指定循环特性 r 下的**持久极限**或**疲劳极限**，记作 σ_r。对称循环时 $r=-1$，其持久极限用 σ_{-1} 表示；脉动循环时，$r=0$，其持久极限用 σ_0 表示。下面介绍对称循环持久极限 σ_{-1} 的测量过程。

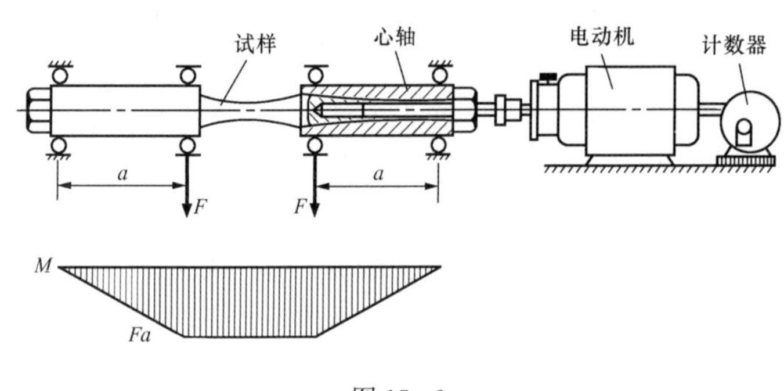

图 15 - 6

测定对称循环的持久极限 σ_{-1}，技术上比较简单，通常在纯弯曲变形下进行。首先要制备若干根光滑小试件（一般 7～10 根），然后将试件分别装在疲劳试验机上（图 15 - 6）。预先规定每根试件不同的 σ_{max} 水平，从高应力做起。第一根试件的最大应力 $\sigma_{max,1}$，约等于其强度极限的 60%～70%，循环 N_1 次断裂。第二根试件的最大应力 $\sigma_{max,2}$ 比第一根试件的最大应力 $\sigma_{max,1}$ 减 20～40MPa，经过循环 N_2 次断裂。依次降低 σ_{max}，得出试样断裂时相应的循环次数 N。以 σ_{max} 为纵坐标，N 为横坐标，将试验所得的一系列数据描出一条曲线，称为**疲劳曲线**或 **σ - N 曲线**（图 15 - 7）。由疲劳曲线可知，试样断裂前所能经受的循环次数 N，随 σ_{max} 的减小而增大，疲劳曲线最后逐渐趋于水平，其水平渐近线的纵坐标 σ_{-1}，就是对称循环下材料的持久极限。

实际上，试验不可能无限期地进行下去，一般规定一个特定的循环次数 N_0 来代替无限长的疲劳寿命，这个规定的循环次数 N_0 称为**循环基数**。在疲劳曲线上与 N_0 对应的 σ_{max} 就是持久极限 σ_{-1}。常温下的试验结果表明，如钢制试样经历 10^7 次循环后仍未断裂，则再增加循环次数，也不会断裂，所以通常就把在 10^7 次循环下仍未断裂的最大应力，规定为钢材的持久极限，并把 $N_0=10^7$ 称为循环基数。有些有色金属的疲劳曲线并不明显地趋于水平，对于这类材料，通常选定一个有限次数作为循环基数，例如，对某些铝、镁合金，可选定 $N_0=10^8$ 次，把它所对应的最大应力作为这类材料的**条件持久极限**。

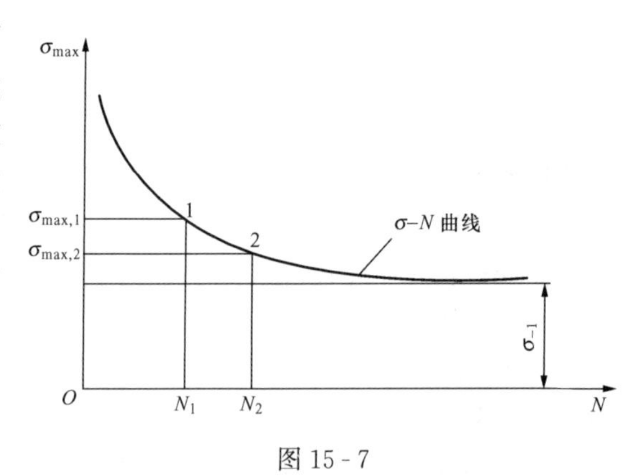

图 15 - 7

试验表明，钢材在对称循环下的持久极限与其静载下的强度极限 σ_b 的关系大致如下：

弯曲变形 $\sigma_{-1}=(0.4\sim0.5)\sigma_b$

拉压变形 $\sigma_{-1}=(0.33\sim0.59)\sigma_b$

扭转变形 $\tau_{-1}=(0.23\sim0.29)\sigma_b$

§15 - 3 影响持久极限的主要因素

影响材料持久极限的因素很多，如构件绝对尺寸的大小、几何形状、表面光洁度、温度、介质腐蚀等。本节对机械零件设计时须考虑的主要因素作一介绍。

一、构件外形的影响

在构件外形发生改变的地方，如阶梯形轴的截面改变处、键槽、开孔等，将引起应力集中，而应力集中是产生疲劳裂纹的重要因素，所以有应力集中区的构件，持久极限要降低。

应力集中对持久极限的影响是通过所谓有效集中因数来计算的：

$$K_\sigma = \frac{\sigma_{-1}}{(\sigma_{-1})_k} \tag{15-4}$$

式中：σ_{-1} 为标准光滑试样对称循环的持久极限；$(\sigma_{-1})_k$ 为有应力集中的光滑试样的对称循环持久极限；K_σ 值在有关的设计手册里可查到。这里列举几种情况作为例子，图 15-8～图 15-10 为阶梯形轴受纯弯曲、扭转和拉压的有效集中因数 K_σ 的曲线。图中曲线均适用于 $D/d=2$ 及 $d=30$～50mm 的情况，对于 D/d 不等于 2 的情况，可采用下式进行修正：

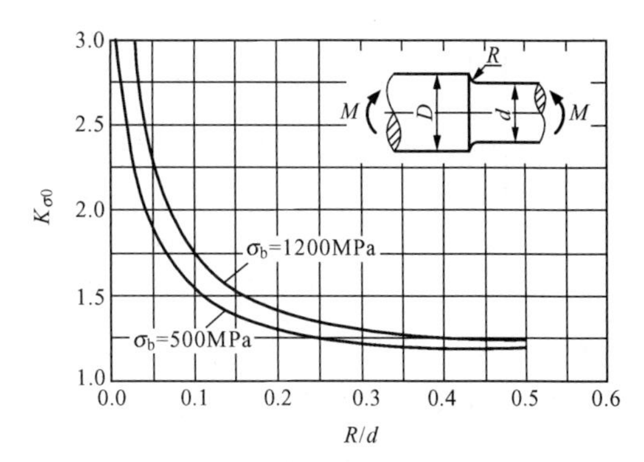

图 15-8

$$K_\sigma = 1 + \xi(K_{\sigma 0} - 1) \tag{15-5}$$

式中：$K_{\sigma 0}$是 $D/d=2$ 时的有效集中因数；ξ 为修正系数，其值与 D/d 有关，可由图 15-11 查得。至于其他情况下的有效集中因数，可查阅有关手册。

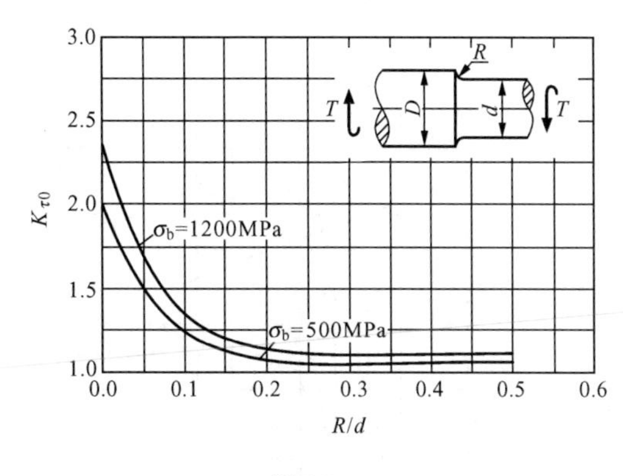

图 15-9

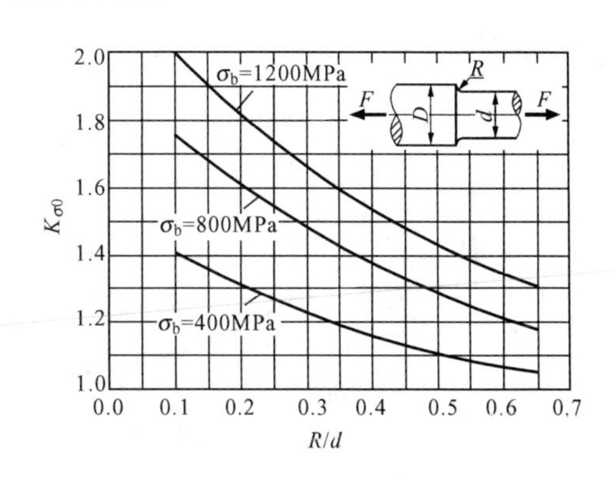

图 15-10

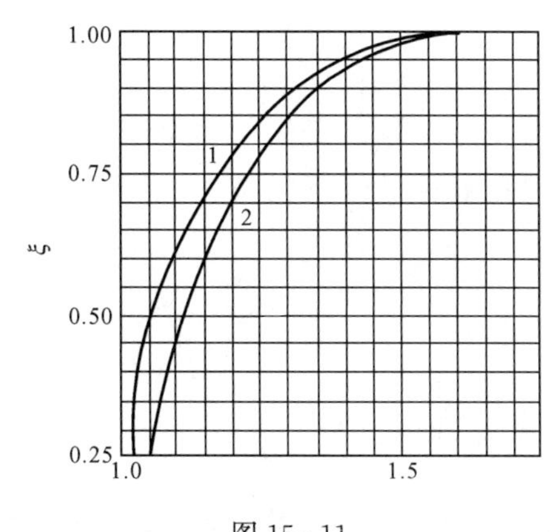

图 15-11

曲线 1—弯曲与拉压；曲线 2—扭转

由图 15-8～图 15-10 可以看出：圆角半径 R 愈小，有效应力集中因数 $K_{\sigma 0}$ 愈大；材料的静强度极限 σ_b 愈高，应力集中对持久极限的影响愈显著。

对于在交变应力下工作的构件，尤其是用高强度材料制成的构件，设计时应尽量减小应力集中。例如，增大圆角半径；减小相邻杆段横截面的粗细差别；采用凹槽结构，如图 15-12（a）所示；设置卸荷槽，如图 15-12（b）所示；将必要的孔与沟槽配置在构件的低应力区等。这些措施均能显著提高构件的疲劳强度。

二、构件尺寸的影响

弯曲与扭转疲劳试验均表明，疲劳极限随构件横截面尺寸的增大而降低。截面尺寸对持久极限的影响，用尺寸因数 ε_σ 表示

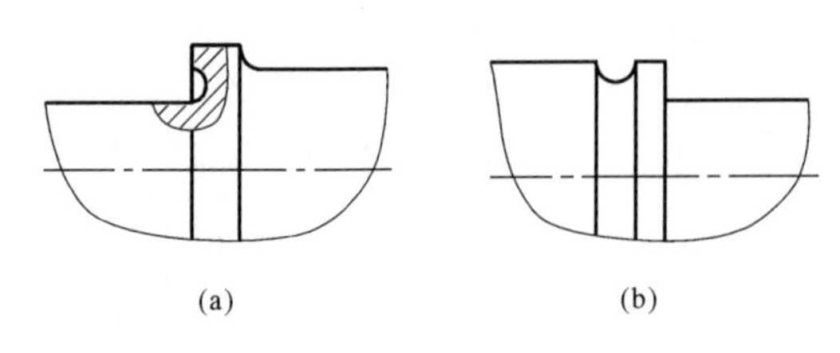

图 15 - 12

$$\varepsilon_\sigma = \frac{(\sigma_{-1})_d}{\sigma_{-1}} \tag{15 - 6}$$

它代表光滑大尺寸试件的持久极限与光滑小尺寸试件的持久极限之比值。图15 - 13给出了圆截面钢轴对称循环弯曲与扭转时的尺寸因数。

可以看出：试件的直径 d 愈大，持久极限降低愈多；材料的静强度愈高，截面尺寸的大小对构件持久极限的影响愈显著。

三、构件表面状态的影响

试验表明，构件表面的加工质量对持久极限也有一定的影响。表面光洁度高的构件的持久极限高，反之，表面粗糙的构件的持久极限就低，这是因为粗糙的表面加工伤痕较多，容易引起应力集中的缘故，而应力集中区正是形成裂纹的第一源地。

构件表面状态对构件疲劳的影响，可用表面质量因数 β 表示

$$\beta = \frac{(\sigma_{-1})_\beta}{\sigma_{-1}} = \frac{\text{表面状态不同的构件的持久极限}}{\text{表面磨光的标准试件的持久极限}} \tag{15 - 7}$$

表面质量因数 β 与加工方法的关系如图 15 - 14 所示。

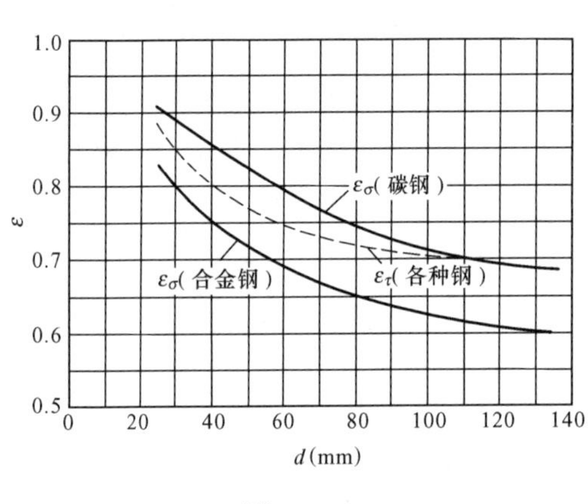

图 15 - 13

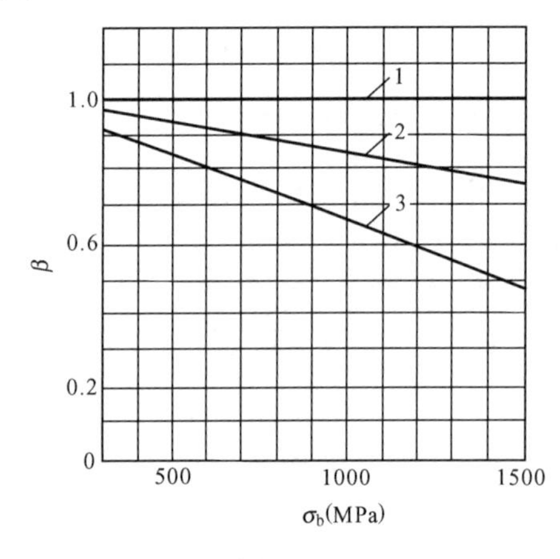

图 15 - 14

1—抛光；2—精车；3—粗车

综合考虑上述 3 种影响疲劳极限的因素后，构件在对称循环下的持久极限 σ_{-1}^0 可以写成

$$\sigma_{-1}^0 = \frac{\varepsilon_\sigma \cdot \beta}{K_\sigma}\sigma_{-1} \tag{15 - 8}$$

§ 15 - 4 对称循环应力下的疲劳强度计算

由以上分析可知，当考虑应力集中、截面尺寸、表面加工质量等因数的影响以及必要的安全因数后，拉压杆或梁在对称循环应力下的许用应力为

$$[\sigma_{-1}] = \frac{\sigma_{-1}^0}{n_f} = \frac{\varepsilon_\sigma \cdot \beta}{n_f K_\sigma}\sigma_{-1} \tag{a}$$

式中：σ_{-1}^{0} 代表拉压杆或梁在对称循环应力下的疲劳极限；σ_{-1} 代表材料在轴向拉-压或弯曲对称循环应力下的疲劳极限；n_{f} 为疲劳安全因数。所以，拉压杆或梁在对称循环应力下的强度条件为

$$\sigma_{\max} \leqslant [\sigma_{-1}] = \frac{\varepsilon_{\sigma} \cdot \beta}{n_{\mathrm{f}} K_{\sigma}} \sigma_{-1} \tag{15-9}$$

式中：$\sigma_{\max}$为拉压杆或梁横截面上的最大工作应力。

在机械设计中，通常将构件的疲劳强度条件写成比较安全因数的形式，要求构件对于疲劳破坏的实际安全强度或工作安全因数不小于规定的安全因数。由式（a）与式（15-9）可知，拉压杆或梁在对称循环应力下的工作安全因数为

$$n_{\sigma} = \frac{\sigma_{-1}^{0}}{\sigma_{\max}} = \frac{\sigma_{-1}}{\dfrac{K_{\sigma}}{\varepsilon_{\sigma} \beta} \sigma_{\max}} \tag{15-10}$$

而相应的疲劳强度条件为

$$n_{\sigma} = \frac{\sigma_{-1}}{\dfrac{K_{\sigma}}{\varepsilon_{\sigma} \beta} \sigma_{\max}} \geqslant n_{\mathrm{f}} \tag{15-11}$$

同理，轴在对称循环扭转切应力下的疲劳强度条件为

$$\tau_{\max} \leqslant [\tau_{-1}] = \frac{\varepsilon_{\tau} \cdot \beta}{n_{\mathrm{f}} K_{\tau}} \tau_{-1} \tag{15-12}$$

或

$$n_{\tau} = \frac{\tau_{-1}}{\dfrac{K_{\tau}}{\varepsilon_{\tau} \beta} \tau_{\max}} \geqslant n_{\mathrm{f}} \tag{15-13}$$

式中：$\tau_{\max}$为轴横截面上的最大扭转切应力。

【例 15-1】　图 15-15 所示阶梯形圆截面轴，由铬镍合金钢制成，危险截面 A-A 上的内力为对称循环的交变弯矩，其最大值 $M_{\max}=700\mathrm{N \cdot m}$，若规定的安全因数 $n=1.6$，试校核轴 A-A 截面的疲劳强度。已知 $\sigma_{\mathrm{b}}=1200\mathrm{MPa}$，$\sigma_{-1}=460\mathrm{MPa}$。

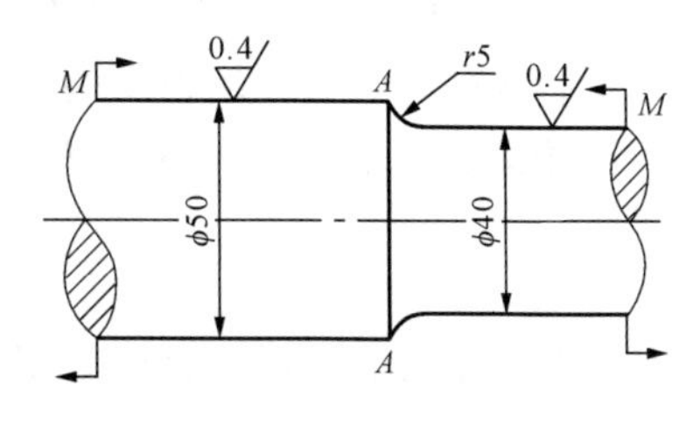

图 15-15

解

（1）计算构件工作应力。

危险截面上的最大工作应力为

$$\sigma_{\max} = \frac{M}{W_z} = \frac{32M}{\pi d^3} = \frac{32 \times 700 \times 10^3}{\pi \times 40^3} \mathrm{MPa} = 111\mathrm{MPa}$$

（2）确定各个影响因数。

由于 $\dfrac{D}{d} = \dfrac{50}{40} = 1.25$，$\dfrac{r}{d} = \dfrac{5}{40} = 0.125$，强度极限 $\sigma_{\mathrm{b}}=1200\mathrm{MPa}$，由图 15-11 查得 $\xi=0.87$，由图 15-8 查得 $K_{\sigma 0}=1.7$。代入式（15-5），得有效应力集中因数为

$$K_{\sigma} = 1 + 0.87 \times (1.7 - 1) = 1.61$$

根据 $d=40\mathrm{mm}$，材料为合金钢；由图 15-13 查得，$\varepsilon_{\sigma}=0.77$；由图 15-14 查得，$\beta=0.84$。

（3）校核疲劳强度。

将上面所求的最大工作应力 $\sigma_{\max}$ 和各影响因数 K_{σ}、ε_{σ} 和 β 值代入式（15-11），得阶梯形圆轴横截面 A-A 的工作安全因数为

$$n_\sigma=\frac{\sigma_{-1}}{\frac{K_\sigma}{\varepsilon_\sigma\beta}\sigma_{\max}}=\frac{460}{\frac{1.61}{0.77\times0.84}\times111}=1.66\geqslant n_f$$

所以，阶梯圆轴满足疲劳强度要求。

§15-5 非对称循环与弯扭组合下构件的疲劳强度计算

一、非对称循环应力下构件的强度条件

材料在非对称循环应力下的疲劳极限 σ_r 或 τ_r 也由试验测定，对于实际构件，同样也应考虑应力集中、截面尺寸与表面加工质量等的影响。根据分析结果，在循环特征保持一定的条件下，拉压杆与梁的疲劳强度条件为

$$n_\sigma=\frac{\sigma_{-1}}{\frac{K_\sigma}{\varepsilon_\sigma\beta}\sigma_a+\psi_\sigma\sigma_m}\geqslant n_f \tag{15-14}$$

轴的疲劳强度条件则为

$$n_\tau=\frac{\tau_{-1}}{\frac{K_\tau}{\varepsilon_\tau\beta}\tau_a+\psi_\tau\tau_m}\geqslant n_f \tag{15-15}$$

在以上二式中，σ_m 与 σ_a（或 τ_m 与 τ_a）分别代表构件危险点处的平均应力与应力幅；K_σ，ε_σ（或 K_τ，ε_τ）与 β 分别代表对称循环时的有效应力集中因数、尺寸因数与表面质量因数；ψ_σ 与 ψ_τ 称为敏感因数，代表材料对于应力循环非对称性的敏感程度，其值为

$$\psi_\sigma=\frac{2\sigma_{-1}-\sigma_0}{\sigma_0} \tag{15-16}$$

$$\psi_\tau=\frac{2\tau_{-1}-\tau_0}{\tau_0} \tag{15-17}$$

其中，σ_0 与 τ_0 代表材料在脉动循环应力下的疲劳极限；ψ_σ 与 ψ_τ 之值也可以从有关手册中查到。

二、弯扭组合循环应力下构件的强度条件

按照第三强度理论，构件在弯扭组合变形时的静强度条件为

$$\sqrt{\sigma_{\max}^2+4\tau_{\max}^2}\leqslant\frac{\sigma_s}{n}$$

将上式两边平方后同除以 σ_s^2，并将 $\tau_s=\sigma_s/2$ 代入，则上式变为

$$\frac{1}{\left(\frac{\sigma_s}{\sigma_{\max}}\right)^2}+\frac{1}{\left(\frac{\tau_s}{\tau_{\max}}\right)^2}\leqslant\frac{1}{n^2}$$

式中，比值 $\sigma_s/\sigma_{\max}$ 与 $\tau_s/\tau_{\max}$ 可分别理解为仅考虑弯曲正应力与扭转切应力的工作安全因数，并分别用 n_σ 与 n_τ 表示，于是，上式又可改写作

$$\frac{1}{n_\sigma^2}+\frac{1}{\tau_\tau^2}\leqslant\frac{1}{n^2}$$

或

$$\frac{n_\sigma n_\tau}{\sqrt{n_\sigma^2+n_\tau^2}}\geqslant n$$

试验表明，上述形式的静强度条件可推广应用于弯扭组合循环应力下的构件。在这种情况下，n_σ 与 n_τ 应分别按式（15-10）、式（15-12）或式（15-14）、式（15-15）进行计算，而静强度安全因数则相应改用疲劳安全因数 n_f 代替。因此，构件在弯扭组合循环应力下的疲劳强度条件为

$$n_{\sigma\tau}=\frac{n_\sigma n_\tau}{\sqrt{n_\sigma^2+n_\tau^2}}\geqslant n_f \tag{15-18}$$

式中：$n_{\sigma\tau}$ 为构件在弯扭组合循环应力下的工作安全因数。

下面举例说明上述强度条件的应用。

【例 15-2】 图 15-16 所示阶梯形圆截面钢杆，承受非对称循环的轴向载荷 $F_{max}=10F_{min}=100\text{kN}$ 作用，已知杆径 $D=50\text{mm}$，$d=40\text{mm}$，圆角半径 $R=5\text{mm}$，强度极限 $\sigma_b=600\text{MPa}$，材料在拉压对称循环应力下的疲劳极限 $\sigma_{-1}^{拉-压}=170\text{MPa}$，$\psi_\sigma=0.05$。圆杆表面经精车加工，疲劳定安全因数 $n_f=2$，试校核杆的疲劳强度。

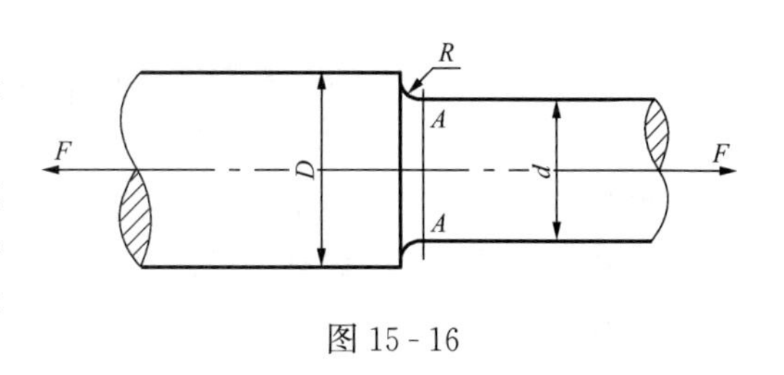

图 15-16

解　(1) 计算工作应力。

在非对称循环的轴向载荷作用下，危险截面 A-A 承受非对称循环的交变正应力，其最大与最小值分别为

$$\sigma_{max}=\frac{4F_{max}}{\pi d^2}=\frac{4\times100\times10^3}{\pi\times40^2}\text{MPa}=79.6\text{MPa}$$

$$\sigma_{min}=\frac{1}{10}\sigma_{max}=7.96\text{MPa}$$

$$\sigma_m=\frac{\sigma_{max}+\sigma_{min}}{2}=\frac{79.6+7.96}{2}\text{MPa}=43.8\text{MPa}$$

$$\sigma_a=\frac{\sigma_{max}-\sigma_{min}}{2}=\frac{79.6-7.96}{2}\text{MPa}=35.8\text{MPa}$$

(2) 确定影响因数。

阶梯形杆在粗细过渡处具有下述几何特征：

$$\frac{D}{d}=\frac{50}{40}=1.25$$

$$\frac{R}{d}=\frac{5}{40}=0.125$$

由图 15-10，查得 $D/d=2$，$R/d=0.125$ 时钢材的 $K_{\sigma0}$ 值如下：

当 $\sigma_b=400\text{MPa}$ 时，$K_{\sigma0}=1.38$

当 $\sigma_b=800\text{MPa}$ 时，$K_{\sigma0}=1.72$

于是，利用线性插值法，得 $\sigma_b=600\text{MPa}$ 时钢材的有效应力集中因数为

$$K_{\sigma0}=1.38+\frac{600-400}{800-400}\times(1.72-1.38)=1.55$$

由图 15-11，查得 $D/d=1.25$ 时的修正因数为

$$\xi=0.85$$

将所得 $K_{\sigma0}$ 与 ξ 值代入式（15-5），得杆的有效应力集中因数为

$$K_\sigma=1+0.85\times(1.55-1)=1.47$$

由图 15-14，查得表面质量因数为

$$\beta = 0.94$$

此外，在轴向受力的情况下，尺寸因数为

$$\varepsilon_\sigma \approx 1$$

(3) 校核疲劳强度。

将以上数据代入式 (15-14)，于是得杆件截面 A-A 的工作安全因数为

$$n_\sigma = \frac{\sigma_{-1}}{\frac{K_\sigma}{\varepsilon_\sigma \beta}\sigma_a + \psi_\sigma \sigma_m} = \frac{170}{35.8 \times \left(\frac{1.47}{1 \times 0.94}\right) + 0.05 \times 43.8} = 2.92 > n_f$$

该杆的疲劳强度符合要求。

§15-6 提高构件疲劳强度的途径

所谓提高疲劳强度，通常是指在不改变构件的基本尺寸和材料的前提下，通过减小应力集中和改善表面质量，以提高构件的疲劳极限。通常有以下一些途径：

1. 缓和应力集中

截面突变处的应力集中是产生裂纹以及裂纹扩展的重要原因，通过适当加大截面突变处的过渡圆角以及其他措施，有利于缓和应力集中，从而可以明显地提高构件的疲劳强度。

2. 提高构件表面层质量

在应力非均匀分布的情形（例如弯曲和扭转）下，疲劳裂纹大都从构件表面开始形成和扩展。因此，通过机械或化学的方法对构件表面进行强化处理，改善表层质量，将使构件的疲劳强度有明显的提高。

表面热处理和化学处理（例如表面高频淬火、渗碳、渗氮和碳氮共渗等）、冷压机械加工（例如表面滚压和喷丸处理等），都有助于提高构件表面层的质量。

这些表面处理，一方面可以使构件表面的材料强度提高；另一方面可以在表层中产生残留压应力，抑制疲劳裂纹的形成和扩展。

喷丸处理方法，近年来得到广泛应用，并取得了明显的效益。这种方法是将很小的钢丸、铸铁丸、玻璃丸或其他硬度较大的小丸以很高的速度喷射到构件表面上，使表面材料产生塑性变形而强化，同时产生较大的残留压应力，这种残留压应力能够起到遏制裂纹扩展的作用。

15-1 疲劳破坏有何特点？它与静荷破坏有何区别？疲劳破坏是如何形成的？

15-2 何谓对称循环与脉动循环？其应力比各为何值？何谓非对称循环？

15-3 如何由试验测得 σ-N 曲线与材料疲劳极限？何谓条件疲劳极限？

15-4 影响疲劳极限的主要因素是什么？如何确定有效应力集中因数、尺寸因数与表面质量因数？试述提高构件疲劳强度的措施。

15-5 材料的疲劳极限与构件的疲劳极限有何区别？材料的疲劳极限与强度极限有何区别？

15-6 如何进行对称循环应力作用下构件的疲劳强度计算？

15-7 如何进行非对称循环与弯扭组合循环应力作用下构件的疲劳强度计算？

15-1　试确定下列各题中轴上点 B 的应力比：

（1）图 15-17（a）为轴固定不动，滑动绕轴转动，滑轮上作用着不变载荷 F_P。

（2）图 15-17（b）为轴与滑轮固结成一体而转动，滑轮上作用着不变载荷 F_P。

15-2　图 15-18 示应力循环，试求平均应力、应力幅与循环特征。

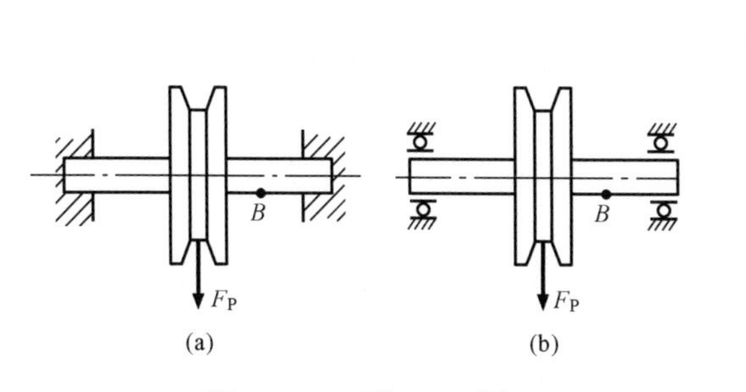

图 15-17　题 15-1 图

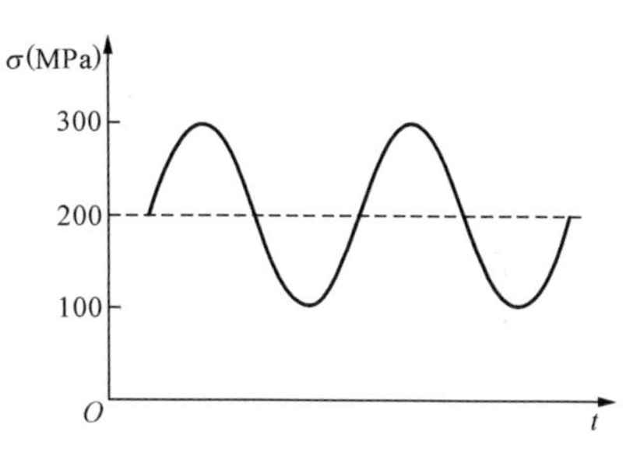

图 15-18　题 15-2 图

15-3　图 15-19 示旋转轴，同时承受铅垂载荷 F_y，与轴向拉力 F_x 作用。已知轴径 d=10mm，轴长 l=100mm，载荷 F_y=0.5kN，F_x=2kN。试求危险截面边缘任一点处的最大正应力、最小正应力、平均应力、应力幅与应力比。

15-4　图 15-20 示旋转阶梯轴上作用着不变弯矩 M=1kN·m，轴表面未经机械加工，轴材料为碳钢，σ_b=600MPa，σ_{-1}=250MPa。试求轴的工作安全系数。

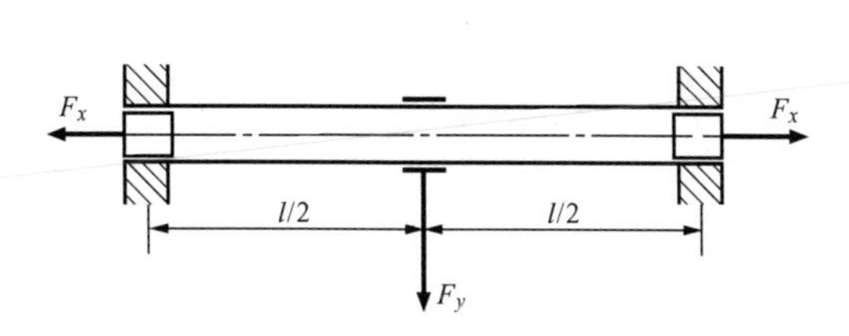

图 15-19　题 15-3 图

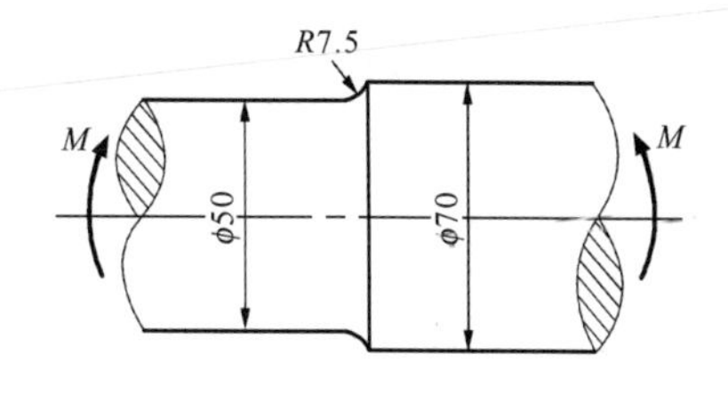

图 15-20　题 15-4 图

15-5　如图 15-21 所示圆轴 A-A 截面上的弯矩 M=716N·m，键槽为端铣加工，已知材料的强度极限 σ_b=600MPa，持久极限 σ_{-1}=260MPa，若规定的安全因数 n_f=1.4，试校核轴 A-A 截面的疲劳强度。

15-6　图 15-22 示阶梯形圆截面轴，危险截面 A-A 上的内力为对称循环的交变扭矩，其最大值 T_{max}=1.0kN·m，轴表面经精车加工，材料的强度极限 σ_b=600MPa，扭转疲劳极限 τ_{-1}=130MPa，疲劳安全因数 n_f=2，试校核轴的疲劳强度。

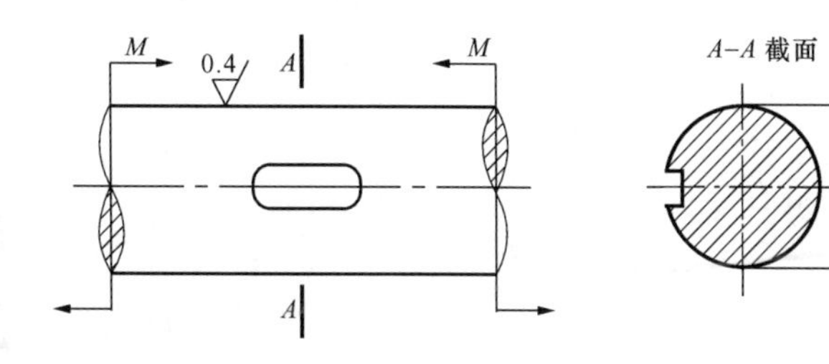

图 15-21　题 15-5 图

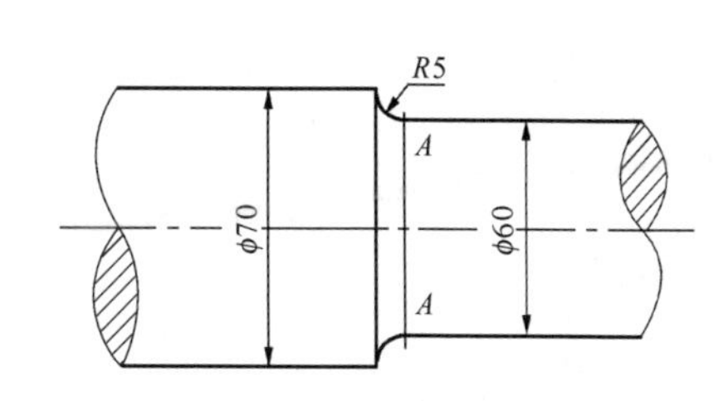

图 15-22　题 15-6 图

习题答案

15 - 1 (1) $r=1$；(2) $r=-1$

15 - 2 $\sigma_m=200$MPa，$\sigma_a=100$MPa，$R=0.333$

15 - 3 $\sigma_{max}=152.8$MPa，$\sigma_{min}=101.8$MPa，$\sigma_m=25.5$MPa

$\sigma_a=127.3$MPa，$R=-0.666$

15 - 4 $n_\sigma=1.28$

15 - 5 $n_\sigma=1.44>n_f$

15 - 6 $n_\tau=3.25$

综 合 讨 论 题

［**综-1**］图综-1所示为某一石油钻机井架在最大吊重工况时的结构计算模型图。石油钻机井架（图中为π型）为一高次超静定空间刚架结构（各杆的连接视为刚性）；在最大吊重时，井架承受大钩的最大钩载 W、天车台的重力 G 作用；由于起升系统的钢丝绳的死绳头有时系在井架的底座上，也有时系在井架上，图示为后者；所以在死绳头处对井架产生的力为 F。井架在这些力的作用下，各杆要产生不同的应力和变形。假设现给定一些现成的型钢材料，并已确定了井架的结构尺寸和杆件的布置方案，如图所示；假设载荷之间的大小关系是：$W=50G=12F=1700\text{kN}$；假定所给定的型钢种类和规格为如下几种：工字钢28a，角钢100×63×6，钢管 $\phi159\times6$。请讨论以下问题：

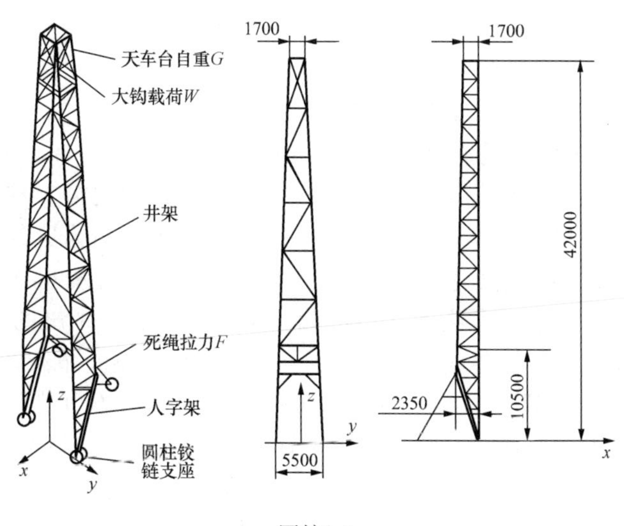

图综-1

（1）应用所学力学知识，并采用上述给定的型钢，对井架进行初步结构设计，并研究讨论，那种方案更合理、更符合实际工程设计人员的设计思路。

（2）对你设计的井架结构若考虑稳定性，除井架整体稳定性外，定性研究讨论，局部哪些杆件受的压力最大，最容易失稳？

［**综-2**］图综-2所示为某一石油钻机井架整体起升时结构的平面简图，A 为一固定铰链支座，B、C、D 可看作钢丝绳的固定点，通过绞车和钢丝绳可起升井架。一般在起升前，用一钢凳支撑起来，如图中的三角形。井架是一个细高的刚架，整体起升时，前大腿（见图）要承受很大的轴向压力，所以这是一个具有强度和稳定性双重危险的工况，因此，在井架结构分析时，这是不容忽视的。而在起升过程中，当井架刚离开钢凳时，井架在自重和天车台重力作用及钢丝绳拉力下处于平衡，如图综-2所示位置。请研讨如下问题：

（1）钢凳的位置与井架起升时的受力有关系吗？你认为选在何处最好？

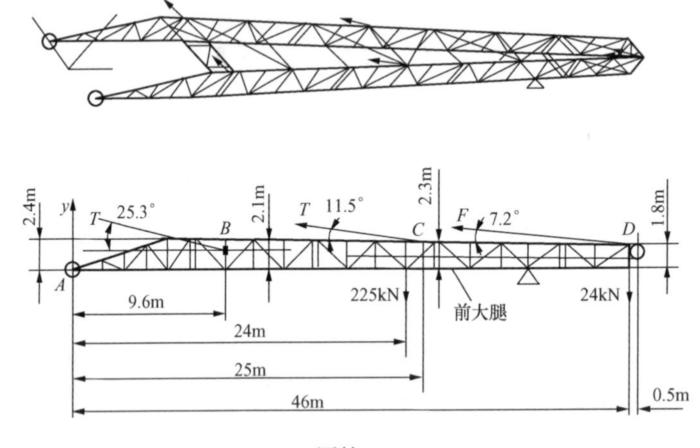

图综-2

(2) 井架起升到什么位置时，井架前大腿承受的压力最大？

(3) 井架在图示位置钢丝绳受的拉力多大？

［**综-3**］一焊接壳体的海洋石油固井泵为三缸柱塞泵，三缸交替工作，三缸相角相差120°，最高压力为140MPa，其连杆长度为500mm，曲柄长为100mm，滑道比曲轴中心高出e=44mm；该种泵在曲轴旋转一周的过程中，三个缸的曲柄与柱塞分别处于一个循环的不同位置上；为了确定壳体的初步设计方案提出了下面需研究的问题：究竟在哪个角度位置上壳体处于最不利情况？通过分析，假设根据曲柄连杆机构的具体尺寸已经确定出在一个循环中两个死点的角度，从而可确定出两个缸和一个缸的工作区，如图综-3 (a) 所示。由于壳体受力的复杂性，很难判断曲轴转到何角度是危险情况。按理应每隔一很小度角就作为一可能的危险工况，但这样工作量太大根本不可能。经分析，一般情况下，认为两个缸同时工作要比一个缸工作时壳体受力更严重些（但也不是肯定的），所以这里选择了两个缸为工作行程、一个缸为空行程区每隔15°作为一个工况进行分析，而在一个缸工作区每隔30°作为一个工况。这样共分为18个工况，与18个工况对应的曲柄连杆所处的位置及角度结合图综-3 (a) 参看图综-3 (b)，图 (b) 中空行程连杆未画出。根据上述条件，讨论如下问题：

(1) 在该泵的曲柄连杆机构设计中，滑道高出曲轴中心44mm，试根据力学原理分析其道理。

(2) 图综-3 (b) 所示旋转方向下，该曲柄连杆机构的设计能否使滑道低于曲轴中心，能否与曲轴中心重合，为什么？

(3) 因为曲轴的受力直接关系到壳体，所以先计算曲轴的扭矩；假设每个柱塞受到的压力为800kN，不计摩擦，根据已知条件讨论并确定各工况下曲轴的扭矩。

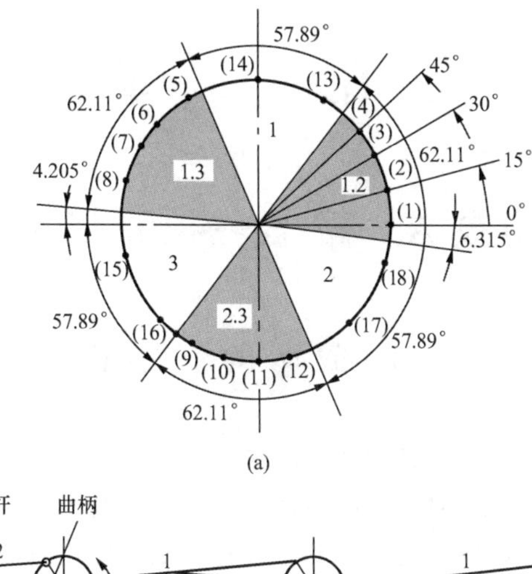

(a)

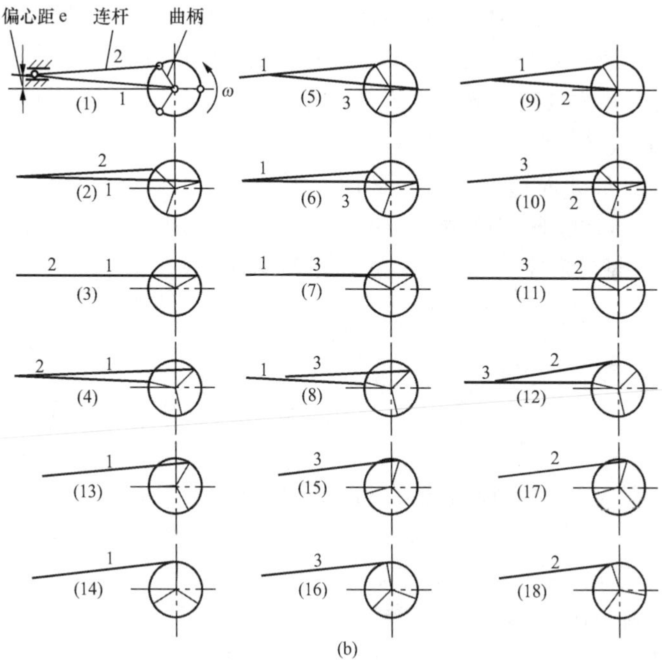

(b)

图综-3

(a) 三个缸工作区（阴影部分为两个缸工作）；(b) 18 个工况各缸曲柄连杆位置，带括弧的数字为工况号，1、2、3 数字为工作的缸号

附　　录

附录 A　截 面 的 几 何 性 质

§A-1　截 面 的 静 矩 和 形 心

杆件的应力和变形，不仅取决于外力的大小及杆件的尺寸，而且还与杆件截面的形状及尺寸有关。例如，拉压杆的应力及变形与横截面的面积有关，圆轴扭转应力与横截面的极惯性矩有关，梁的弯曲应力则与横截面的形心位置以及惯性矩有关。此类与截面形状及尺寸有关的几何量，统称为**截面几何性质**。本附录研究截面几何性质的定义与计算方法。

一、截面的静矩、形心

任意形状的截面如图 A-1 所示，设截面面积为 A。在截面平面内选取坐标系 Oyz，从坐标系任一点（y，z）处取一面积微元 dA，dA 的坐标分别为 y 和 z，zdA、ydA 分别称为面积微元对 y 轴、z 轴的静矩。那么，遍及整个截面面积 A 的积分为

$$\left.\begin{aligned} S_y &= \int_A z\,\mathrm{d}A \\ S_z &= \int_A y\,\mathrm{d}A \end{aligned}\right\} \tag{A-1}$$

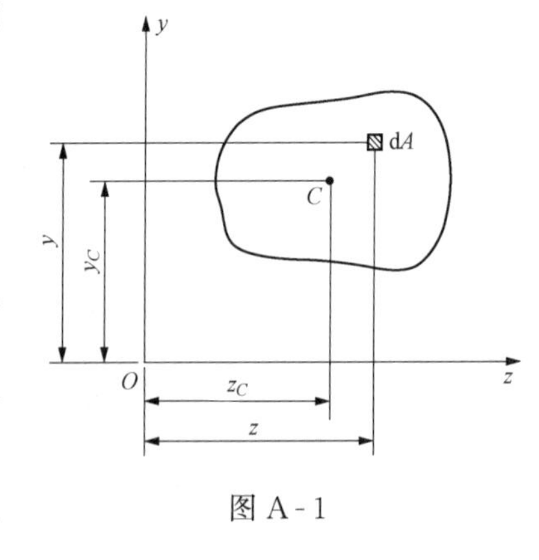

图 A-1

则分别定义为截面对 y 轴和 z 轴的**静矩**（**即面积的一次矩**）。

从式（A-1）看出，截面的静矩是对某一定轴而言的，同一截面对不同的坐标轴，其静矩也就不同。静矩的数值可能为正、可能为负、也可能等于零。静矩的量纲是长度的三次方。

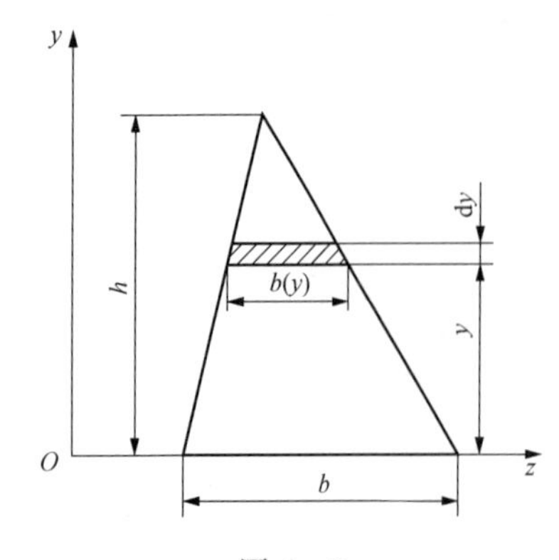

图 A-2

【例 A-1】 试计算图 A-2 所示三角形截面对与其底边重合的 z 轴的静矩。

解 建立图示坐标系。取任一与 z 轴平行的细长条作为面积微元 dA（图 A-2），则

$$\mathrm{d}A = b(y)\mathrm{d}y = \frac{b}{h}(h-y)\mathrm{d}y$$

那么，截面对 z 轴的静矩为

$$S_z = \int_A y\,\mathrm{d}A = \int_0^h \frac{b}{h}(h-y)y\,\mathrm{d}y = \frac{bh^2}{6}$$

设有一均质薄板，其形状与图 A-1 截面相同。显然，均质薄板的重心与截面的形心是重合的。由合力矩定理可知，均质薄板的重心坐标是

$$\left.\begin{aligned} y_C &= \frac{\int_A y\,\mathrm{d}A}{A} \\ z_C &= \frac{\int_A z\,\mathrm{d}A}{A} \end{aligned}\right\} \tag{A-2}$$

式（A-2）即为确定截面形心坐标的公式。

二、静矩与形心之间的关系

利用式（A-1）可以把式（A-2）改写为

$$y_C = \frac{S_z}{A}, z_C = \frac{S_y}{A} \tag{A-3}$$

所以，分别将截面对 z 轴和 y 轴的静矩除以截面面积 A，就可得到该截面的形心坐标 y_C 和 z_C。若将式（A-3）改写为

$$S_z = Ay_C, S_y = Az_C \tag{A-4}$$

这表明，截面对 z 轴和 y 轴的静矩，分别等于截面面积 A 乘形心坐标 y_C 和 z_C。

从式（A-3）和式（A-4）看出，若截面对于某轴的静矩等于零，则该轴必通过截面的形心；反之，若某一轴通过形心，则截面对该轴的静矩等于零。通过形心的轴称为**形心轴**。

注意由此，某些截面的形心位置可以部分地或完全地由对称条件确定。若截面图形有一个对称轴，则形心一定在该对称轴上。例如图 A-3 所示截面，其截面形心 C 一定在 y 轴上。当截面有两个对称轴时，形心一定在两个对称轴的交点上，如图 A-4 所示。

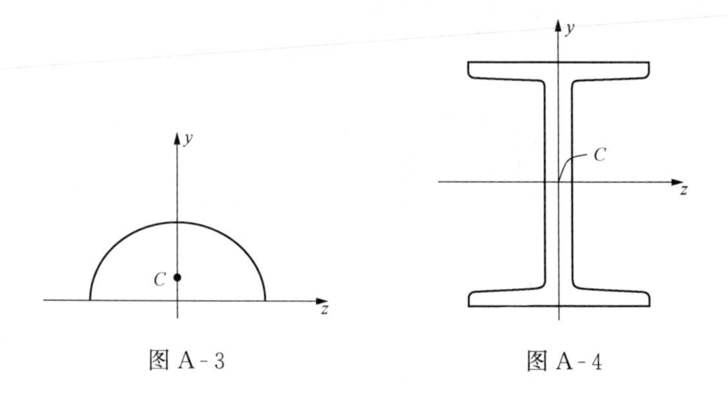

图 A-3　　图 A-4

三、组合截面的静矩与形心

当一个平面图形是由若干个简单图形（例如矩形、圆形等）组成时，由静矩的定义可知，图形各组成部分对某一轴的静矩的代数和，等于整个图形对同一轴的静矩，即

$$S_z = \sum_{i=1}^{n} A_i y_{Ci}, S_y = \sum_{i=1}^{n} A_i z_{Ci} \tag{A-5}$$

式中：A_i 和 y_{Ci}、z_{Ci} 分别为第 i 个简单图形的面积及形心坐标；n 为组成该平面图形的简单图形的个数。

由于各简单图形的面积及形心坐标都不难确定，所以按式（A-5）计算组合截面的静矩是比较方便的。

将式（A-5）代入式（A-3），则组合截面的形心坐标公式为

$$y_C=\frac{\sum_{i=1}^{n}A_iy_{Ci}}{\sum_{i=1}^{n}A_i},z_C=\frac{\sum_{i=1}^{n}A_iz_{Ci}}{\sum_{i=1}^{n}A_i} \tag{A-6}$$

$\sum_{i=1}^{n}A_i$ 为各组成图形面积之和，即整个截面的总面积。特别地，若截面上有开孔或截面里的某个区域没有材料，则开孔部分和没有材料部分可视为面积为负值的图形。如前所述，当整个组合截面有一个对称轴时，截面形心一定在此对称轴上。

【例 A-2】 试计算图 A-5 所示组合截面形心 C 的位置。

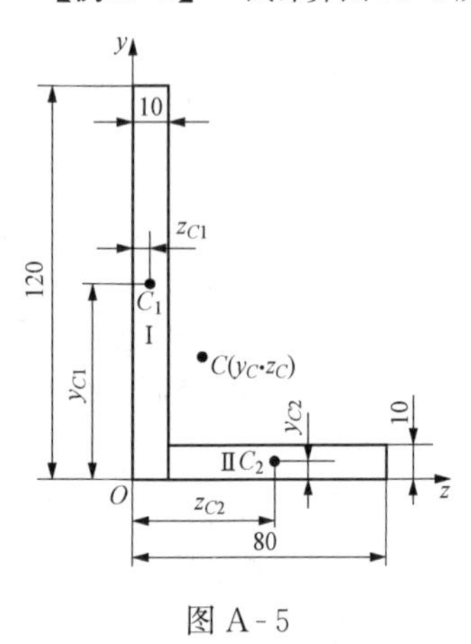

图 A-5

解 将 L 形截面分解为如图 A-5 所示的两个矩形 I 和 II 的组合，建立图示的坐标系 Oyz。每一矩形的面积及形心坐标分别为

矩形Ⅰ $A_1=10\times120\text{mm}^2=1200\text{mm}^2$

$y_{C1}=\frac{120}{2}\text{mm}=60\text{mm}$，$z_{C1}=\frac{10}{2}\text{mm}=5\text{mm}$

矩形Ⅱ $A_2=70\times10=700\text{mm}^2$

$y_{C2}=\frac{10}{2}\text{mm}=5\text{mm}$，$z_{C2}=10\text{mm}+\frac{70}{2}\text{mm}=45\text{mm}$

应用式（A-6）求出组合截面形心 C 的坐标为

$$y_C=\frac{A_1y_{C1}+A_2y_{C2}}{A_1+A_2}=\frac{1200\times60+700\times5}{1200+700}\text{mm}=39.7\text{mm}$$

$$z_C=\frac{A_1z_{C1}+A_2z_{C2}}{A_1+A_2}=\frac{1200\times5+700\times45}{1200+700}\text{mm}=19.7\text{mm}$$

【例 A-3】 试计算图 A-6（a）所示 T 形截面的形心 C。

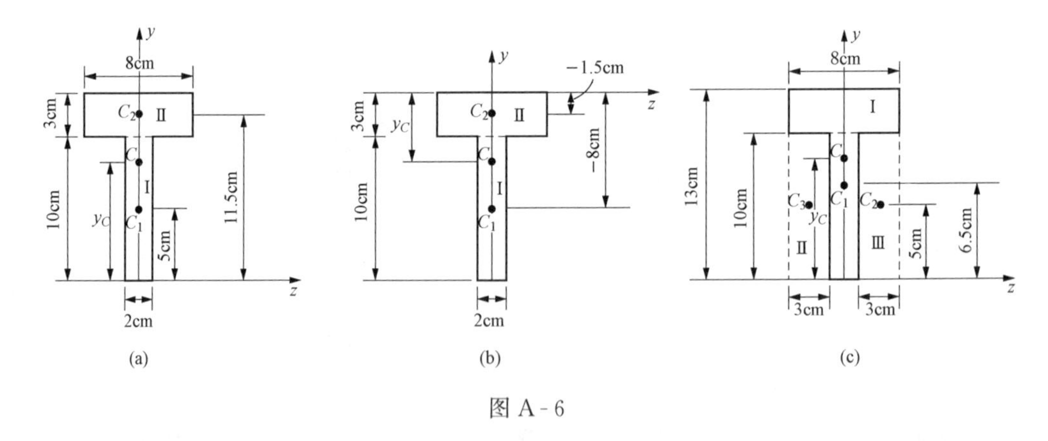

图 A-6

解 方法 1：取对称轴为 y 轴，所以有 $z_C=0$，如图 A-6（a）所示。为了计算 y_C，在截面的最下方建立坐标轴 z（即参考坐标轴），整个图形分割成如图所示的两个矩形，每个矩形的形心位置已示于图中。应用式（A-6）求出组合截面形心 C 的坐标为

$$y_C=\frac{A_1y_{C1}+A_2y_{C2}}{A_1+A_2}=\frac{10\times2\times5+3\times8\times11.5}{10\times2+3\times8}\text{cm}=8.55\text{cm}$$

方法 2：采用与解法 1 相同的分割方式，在截面最上方建立坐标轴 z，如图 A-6（b）所示，则有

$$y_C=\frac{A_1y_{C1}+A_2y_{C2}}{A_1+A_2}=\frac{10\times2\times(-8)+3\times8\times(-1.5)}{10\times2+3\times8}\text{cm}=-4.45\text{cm}$$

方法 3：也可将整个截面看成一个大矩形去掉两个小矩形，如图 A-6（c）所示，则有

$$y_C=\frac{A_1y_{C1}-A_2y_{C2}-A_3y_{C3}}{A_1-A_2-A_3}=\frac{13\times8\times6.5-10\times3\times5\times2}{13\times8-10\times3\times2}\text{cm}=8.55\text{cm}$$

§A-2　截面的极惯性矩、惯性矩和惯性积

一、极惯性矩

设任意形状的截面如图 A-7 所示，截面面积为 A。在截面平面内选取坐标系 Oyz，从坐标（y，z）处取面积微元 dA，ρ 表示面积微元 dA 到坐标原点 O 的距离。遍及整个截面面积 A 的积分

$$I_p=\int_A\rho^2\mathrm{d}A \tag{A-7}$$

定义为截面对坐标原点 O 的极惯性矩。

从式（A-7）看出，截面的极惯性矩是对某一坐标原点而言的，同一截面对不同的坐标原点，其极惯性矩一般也就不同。

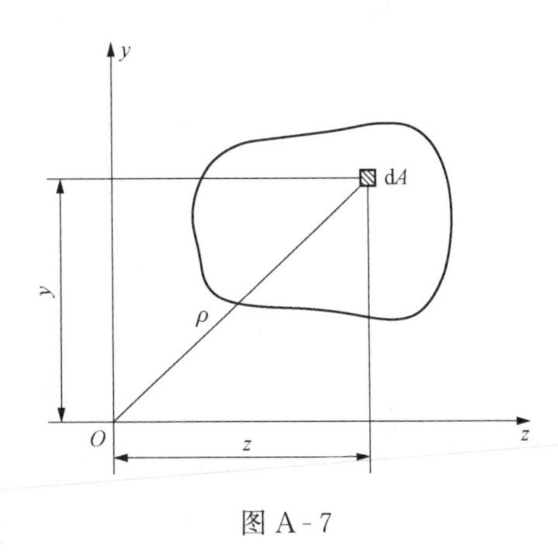

图 A-7

二、惯性矩、惯性半径和惯性积

同样对于图 A-7 所示任意形状的截面，遍及整个截面面积 A 的积分为

$$I_y=\int_Az^2\mathrm{d}A,I_z=\int_Ay^2\mathrm{d}A \tag{A-8}$$

则分别定义为整个截面对于 y 轴和 z 轴的**惯性矩**。

在式（A-7）、式（A-8）中，由于 ρ^2、z^2 和 y^2 总是正的，所以 I_p、I_y 和 I_z 也恒为正值。极惯性矩和惯性矩量纲都是长度的四次方。

由图 A-7 可见，$\rho^2=y^2+z^2$，故有

$$I_p=\int_A\rho^2\mathrm{d}A=\int_Az^2\mathrm{d}A+\int_Ay^2\mathrm{d}A=I_y+I_z \tag{A-9}$$

即任意截面对一点的极惯性矩的数值，等于截面对以该点为原点的任意两正交坐标轴的惯性矩之和。因此，尽管过一点可以作无穷多对直角坐标轴，但截面对其中每一对直角坐标轴的两个惯性矩之和始终是不变的，且等于截面对坐标原点的极惯性矩。

在应用中，有时把惯性矩写成图形面积 A 与某一长度的平方乘积，即

$$I_y=A\cdot i_y^2,I_z=A\cdot i_z^2 \tag{A-10}$$

或改写成

$$i_y=\sqrt{\frac{I_y}{A}},i_z=\sqrt{\frac{I_z}{A}} \tag{A-11}$$

式中：i_y、i_z 分别为图形对 y 轴或 z 轴的惯性半径。惯性半径的量纲就是长度的一次方。

面积微元 dA 与其坐标 y、z 的乘积，称为该面积微元对于两坐标轴的**惯性积**。而以下积分

$$I_{yz}=\int_Ayz\mathrm{d}A \tag{A-12}$$

定义为整个截面对于 y、z 两坐标轴的惯性积。惯性积量纲是长度的四次方。

由于坐标乘积 yz 可能为正，也可能为负。因此，I_{yz} 的数值可能为正，可能为负，也可能为零。例如图 A-8 所示截面，y 轴为截面对称轴，对于任意点（y，z）处的面积微元 dA，在图形上的点（y，$-z$）处一定有一相对应的面积微元 dA，这两个面积微元的惯性积分别为 $yzdA$ 和 $-yzdA$，所有用这种方式选取的面积微元的惯性积，在求和或积分过程中将相互抵消，从而导致整个截面的惯性积为零。

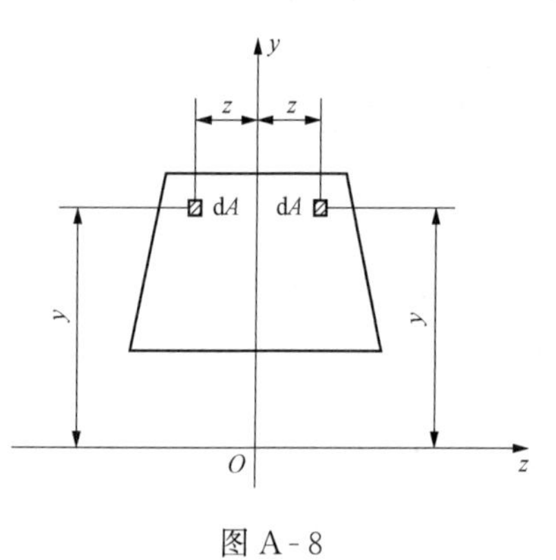

图 A-8

因此，坐标系的两个坐标轴中只要一个为图形的对称轴，则图形对这一坐标系的惯性积等于零。

惯性矩、极惯性矩和惯性积均为图形面积的二次矩。

【例 A-4】 试计算图 A-9（a）所示矩形截面对其对称轴 y 和 z 的惯性矩及惯性半径。

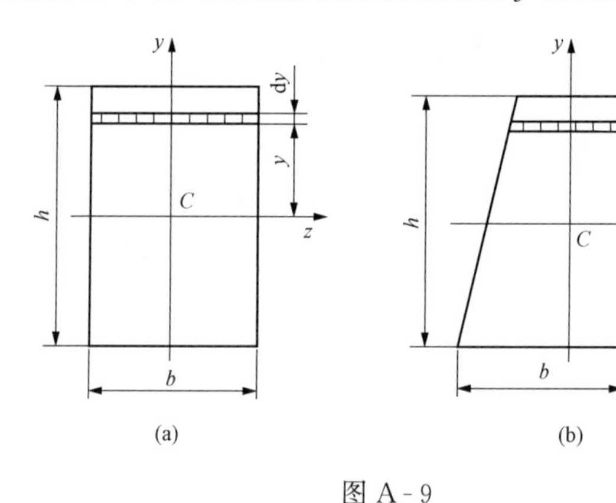

图 A-9

解 取平行于 z 轴的狭长条［图 A-9（a）］作为面积微元，即 $dA=bdy$，根据式（A-8）可得

$$I_z=\int_A y^2\mathrm{d}A=\int_{-\frac{h}{2}}^{\frac{h}{2}}by^2\mathrm{d}y=\frac{bh^3}{12}$$

同理，用完全相同的方法可以求得

$$I_y=\frac{hb^3}{12}$$

根据式（A-11）可得惯性半径

$$i_z=\sqrt{\frac{I_z}{A}}==\sqrt{\frac{\frac{bh^3}{12}}{bh}}=\frac{h}{2\sqrt{3}},i_y=\sqrt{\frac{I_y}{A}}==\sqrt{\frac{\frac{hb^3}{12}}{bh}}=\frac{b}{2\sqrt{3}}$$

若截面高度为 h 的平行四边形［图 A-9（b）］，则其对形心轴 z 的惯性矩同样为

$$I_z=\frac{bh^3}{12}$$

【例 A-5】 试计算图 A-10 所示直径为 d 的圆截面对其形心的极惯性矩及对其形心轴（即直径轴）的惯性矩和惯性半径。

解 选取如图 A-10 所示坐标系，取图示微元面积 dA，则

$$\mathrm{d}A=2\pi\rho\mathrm{d}\rho$$

$$I_{\mathrm{p}}=\int_A\rho^2\mathrm{d}A=\int_0^{\frac{d}{2}}\rho^2(2\pi\rho\mathrm{d}\rho)=\frac{\pi d^4}{32}$$

由于圆截面对任意方向的直径轴都是对称的，故

$$I_y = I_z$$

所以

$$I_y = I_z = \frac{I_p}{2} = \frac{\pi d^4}{64}$$

根据式（A-11）可得惯性半径

$$i_y = i_z = \sqrt{\frac{I_z}{A}} = \sqrt{\frac{\frac{\pi d^4}{64}}{\frac{\pi d^2}{4}}} = \frac{d}{4}$$

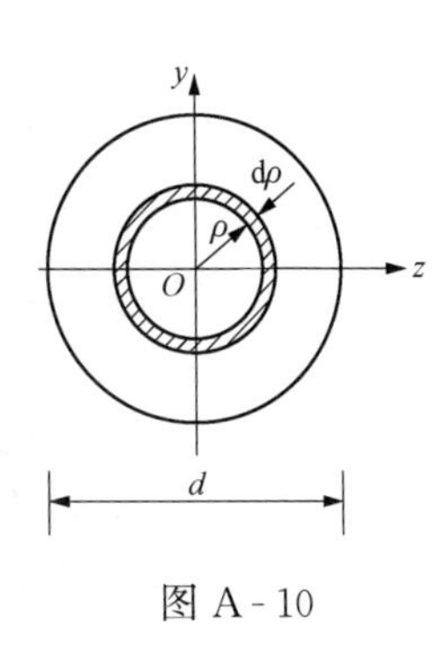

图 A-10

对于矩形和圆形截面，由于 y、z 两轴都是截面的对称轴，因此，惯性积 I_{yz} 均等于零。

§A-3　平行移轴公式、组合截面的惯性矩和惯性积

由惯性矩或惯性积的定义可以看出，同一平面图形对不同的坐标轴，其惯性矩或惯性积一般都是不相同的。但它们之间却存在一定的关系，本节先研究同一平面图形对于两互相平行的坐标轴的惯性矩和惯性积之间的关系。

一、平行移轴公式

在图 A-11 中，C 为截面的形心，截面面积为 A，y_C 和 z_C 是通过形心的坐标轴。图形对于这对形心轴的惯性矩 I_{y_C}、I_{z_C} 和惯性积 $I_{y_C z_C}$ 为已知，需求图形对另一对轴 y、z 的惯性矩 I_y、I_z 和惯性积 I_{yz}。

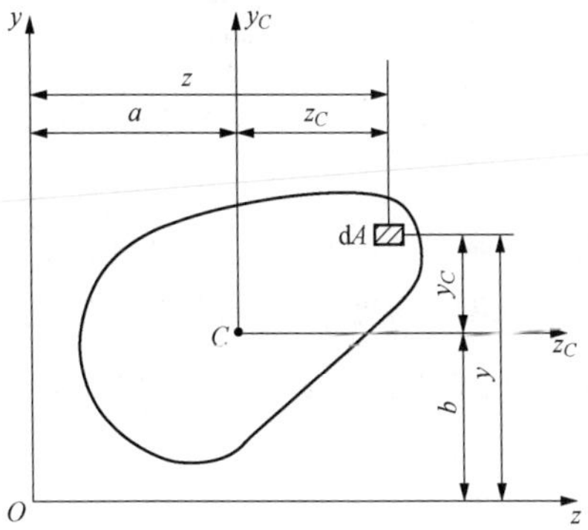

图 A-11

若 y 轴平行于 y_C 轴，二轴距离为 a；若 z 轴平行于 z_C 轴，二轴距离为 b。由图 A-11 可以看出

$$y = y_C + b, z = z_C + a$$

则有

$$\begin{aligned} I_y &= \int_A z^2 \mathrm{d}A = \int_A (z_C + a)^2 \mathrm{d}A \\ &= \int_A z_C^2 \mathrm{d}A + 2a\int_A z_C \mathrm{d}A + a^2\int_A \mathrm{d}A \end{aligned} \tag{a}$$

式（a）中的三个积分分别为

$$\int_A z_C^2 \mathrm{d}A = I_{y_C}$$

$$\int_A z_C \mathrm{d}A = S_{y_C} = 0$$

$$\int_A \mathrm{d}A = A$$

由以上三式及式（a）得 I_y，同理可得 I_z 和 I_{yz}，即

$$\left.\begin{aligned} I_y &= I_{y_C} + a^2 A \\ I_z &= I_{z_C} + b^2 A \\ I_{yz} &= I_{y_C z_C} + abA \end{aligned}\right\} \tag{A-13}$$

式（A-13）即为惯性矩和惯性积的**平行移轴公式**。可见，在所有相互平行的坐标轴中，平面图形对过形心的坐标轴的惯性矩、极惯性矩为最小。

二、组合截面的惯性矩和惯性积

工程上遇到的复杂截面，常由简单图形组合而成。而这些简单图形关于常见坐标轴的惯性矩已知或能求得时，则可通过这些简单图形惯性矩的代数叠加获得组合截面的惯性矩。

为了求这种组合截面对某指定轴的惯性矩，首先将截面分割成若干个简单图形，确定该指定轴与平行于该轴的各简单图形形心轴的垂直距离。若形心轴与指定轴不一致，则需利用平行移轴定理计算简单图形对该指定轴的惯性矩。于是整个组合图形对该指定轴的惯性矩就等于各简单图形对该轴惯性矩的和。特别地，当截面有开孔时，可用整个截面（包括开孔部分）的惯性矩减去开孔部分截面的惯性矩来求带开孔截面的惯性矩。

下面举例说明上述计算惯性矩的方法。

【例 A-6】 试计算图 A-12（a）所示 T 形截面对其形心轴 y_C、z_C 的惯性矩。

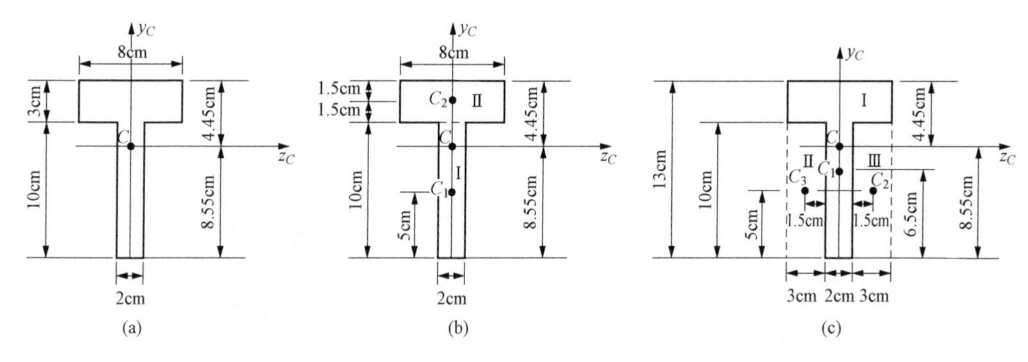

图 A-12

解 方法 1：将整个截面分割成如图 A-12（b）所示的两个矩形，整个截面对 y_C 轴的惯性矩，应等于两个矩形对 y_C 轴惯性矩之和。我们注意到组合图形的形心 y_C 轴（指定轴）与每个矩形自身的形心 y 轴重合，故直接应用矩形截面对其自身形心 y 轴的惯性矩 $I_y=\dfrac{hb^3}{12}$ 计算每个矩形截面对 y_C 轴的惯性矩，而不需要使用平行移轴定理，之后将计算结果相加，即得整个截面对 y_C 轴的惯性矩为

$$I_{y_C}=I_{y_C}^{\mathrm{I}}+I_{y_C}^{\mathrm{II}}=\frac{10\times2^3}{12}+\frac{3\times8^3}{12}=134.7\mathrm{cm}^4$$

同样，整个截面对 z_C 轴的惯性矩应等于两个矩形对 z_C 轴惯性矩之和。矩形截面对其自身形心 z 轴的惯性矩为 $I_z=\dfrac{bh^3}{12}$，因每个矩形自身的形心 z 轴与组合图形的形心 z_C 轴（指定轴）不一致，故对每个矩形截面应用平行移轴定理［式（A-13）］，求得其对指定轴的惯性矩，z_C 轴到各个形心 z 轴间的距离已经确定，如图 A-12（b）所示。然后再将每个矩形截面对指定轴的惯性矩的计算结果相加，得整个截面对 z_C 轴的惯性矩

$$I_{z_C}=I_{z_C}^{\mathrm{I}}+I_{z_C}^{\mathrm{II}}=\left[\frac{2\times10^3}{12}+(8.55-5)^2\times2\times10\right]\mathrm{cm}^4+\left[\frac{8\times3^3}{12}+(4.45-1.5)^2\times8\times3\right]\mathrm{cm}^4=646\mathrm{cm}^4$$

方法 2：将整个截面看成一个大矩形去掉两个小矩形，如图 A-12（c）中的虚线所示，则有

$$I_{y_C}=I_{y_C}^{\mathrm{I}}-I_{y_C}^{\mathrm{II}}-I_{y_C}^{\mathrm{III}}=\frac{13\times8^3}{12}\mathrm{cm}^4-2\left[\frac{10\times3^3}{12}+(1.5+1)^2\times3\times10\right]\mathrm{cm}^4=134.7\mathrm{cm}^4$$

$$I_{z_C}=I_{z_C}^{\mathrm{I}}-I_{z_C}^{\mathrm{II}}-I_{z_C}^{\mathrm{III}}=\left[\frac{8\times13^3}{12}+(8.55-6.5)^2\times8\times13\right]\mathrm{cm}^4-2\left[\frac{3\times10^3}{12}+(8.55-5)^2\times3\times10\right]\mathrm{cm}^4$$
$$=646\mathrm{cm}^4$$

§A-4　转轴公式、截面的主惯性轴和主惯性矩

本节将介绍当一对坐标轴绕其原点转动时，惯性矩、惯性积之间的关系，并利用它来确定截面主惯性轴，计算截面的主惯性矩。

一、转轴公式

任意形状的截面如图 A-13 所示，它对通过其上任意一点的 y、z 两互相垂直坐标轴的惯性矩 I_y、I_z 和惯性积 I_{yz} 均为已知，现求在坐标轴旋转 α 角（规定逆时针旋转时为正）后对 y_1、z_1 轴的惯性矩 I_{y_1}、I_{z_1} 和惯性积 $I_{y_1z_1}$。

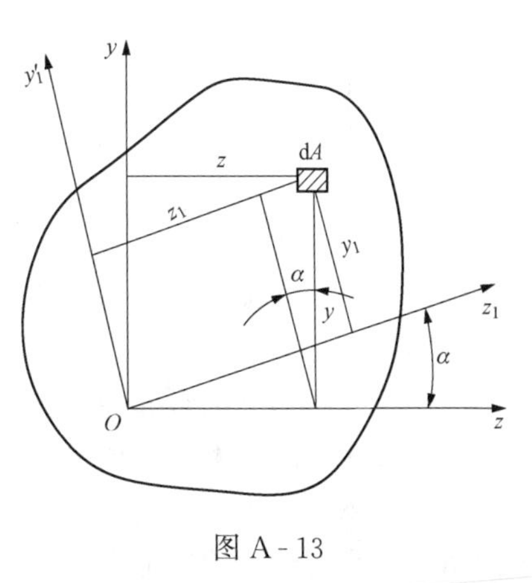

图 A-13

由图 A-13 可知，面积微元 $\mathrm{d}A$ 在新、旧两个坐标系中的坐标（y_1、z_1）和（y、z）之间的关系为

$$y_1 = y\cos\alpha - z\sin\alpha, z_1 = z\cos\alpha + y\sin\alpha$$

经过坐标变换和三角变换，可得

$$I_{z_1} = \frac{I_z + I_y}{2} + \frac{I_z - I_y}{2}\cos 2\alpha - I_{yz}\sin 2\alpha \tag{A-14}$$

$$I_{y_1} = \frac{I_z + I_y}{2} - \frac{I_z - I_y}{2}\cos 2\alpha + I_{yz}\sin 2\alpha \tag{A-15}$$

$$I_{y_1z_1} = \frac{I_z - I_y}{2}\sin 2\alpha + I_{yz}\cos 2\alpha \tag{A-16}$$

以上三式即为惯性矩和惯性积的**转轴公式**，表示了当坐标轴绕原点 O 旋转 α 角后惯性矩与惯性积随 α 的变化规律。

应当指出：(1) 转轴公式中，α 角从原坐标轴 z 量起，以逆时针转向为正，顺时针转向为负；

(2) 将式（A-14）、式（A-15）相加，可以发现：对于同一坐标原点的任意两个坐标系 Oyz 和 Oy_1z_1，$I_\mathrm{p}=I_y+I_z=I_{y_1}+I_{z_1}$ 是不变量，与转轴时的角度无关，或可以说坐标转动时，极惯性矩不变。

二、截面的主惯性轴和主惯性矩

由式（A-16）可知，当坐标轴旋转时，惯性积 $I_{y_1z_1}$ 将随着 α 角作周期性变化，且有正有负。因此，总可以找到一个特殊的角度 α_0，使图形对于 y_0、z_0 这对新坐标的惯性积等于零，这一对轴就称为**主惯性轴**。对主惯性轴的惯性矩称为**主惯性矩**。当这对轴的原点与图形的形心重合时，它们就称为**形心主惯性轴**。图形对于这一对轴的惯性矩就称为**形心主惯性矩**。如果这里所说的平面图形是杆件的横截面，则截面的形心主惯性轴与杆件的轴线所确定的平面称为**形心主惯性平面**。

设 α_0 角为主惯性轴与原坐标轴之间的夹角（见图 A-13），将角 α_0 代入惯性积的转轴公式（A-16），并令其等于零，即

$$\frac{I_z - I_y}{2}\sin 2\alpha_0 + I_{yz}\cos 2\alpha_0 = 0$$

由上式可求得

$$\tan 2\alpha_0 = -\frac{2I_{yz}}{I_z - I_y} \tag{A-17}$$

由式（A-17）解出的 α_0 值可以确定一对主惯性轴的位置。将所得 α_0 值代入式（A-14）和式（A-15），经简化后得出主惯性矩的计算公式是

$$\left.\begin{aligned} I_{z_0} &= \frac{I_z + I_y}{2} + \frac{1}{2}\sqrt{(I_z - I_y)^2 + 4I_{yz}^2} \\ I_{y_0} &= \frac{I_z + I_y}{2} - \frac{1}{2}\sqrt{(I_z - I_y)^2 + 4I_{yz}^2} \end{aligned}\right\} \tag{A-18}$$

由式（A-14）和式（A-15）看出 I_{z_1}、I_{y_1} 的值是随 α_0 角连续变化的，故必有极大值与极小值。根据连续函数在其一阶导数为零处有极值可确定，当 $\alpha=\alpha_1$ 时，惯性矩取极值，即

$$\frac{\mathrm{d}I_{z_1}}{\mathrm{d}\alpha} = 0$$

求得
$$\tan 2\alpha_1 = -\frac{2I_{yz}}{I_z - I_y}$$

比较上式和式（A-17）可知 $\alpha_1=\alpha_0$。所以可得到以下结论：图形对过某点所有轴的惯性矩中的极大值和极小值就是过该点主惯性轴的两个主惯性矩。

说明：

（1）平面图形中的对称轴一定是形心主惯性轴。

（2）如平面图形中有一个对称轴，且 $I_y=I_z$，则过原点的任一坐标轴均是主惯性轴。

（3）若平面图形具有三条或更多条的对称轴（如正三角形、正多边形、圆形等），则过平面图形形心的任一轴都是形心主惯性轴，且对任一形心主惯性轴的主惯性矩均相等。

A-1　试求图 A-14 所示各截面阴影线面积对 z 轴的静矩。

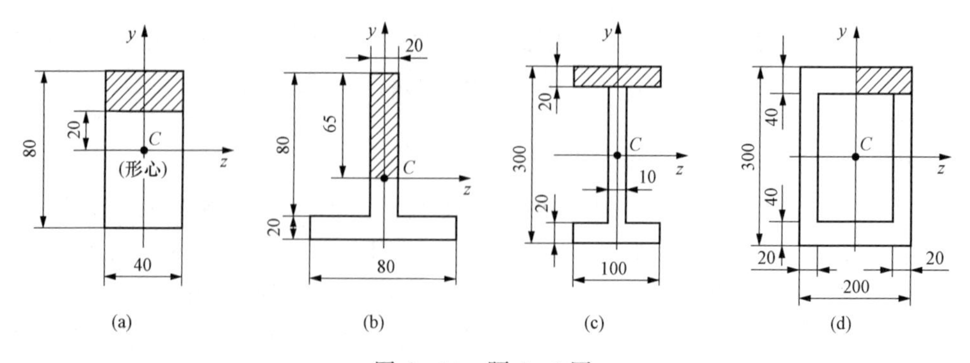

图 A-14　题 A-1 图

A-2　求图 A-15 所示平行四边形截面的 I_z、i_z。

A-3　计算图 A-16 所示空心圆截面对形心轴的惯性半径。

A-4　计算图 A-17 所示直角三角形的 I_z、I_{z_C}、I_{z_1}。

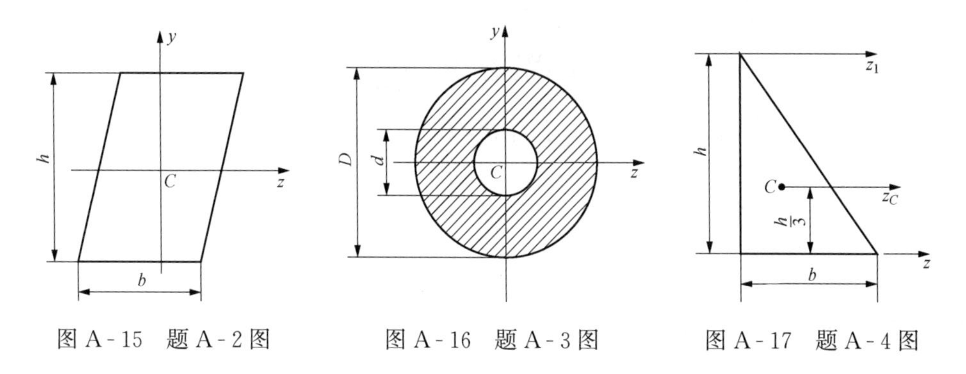

图 A-15　题 A-2 图　　图 A-16　题 A-3 图　　图 A-17　题 A-4 图

A-5　图 A-18 所示为由两根 18a 号槽钢组成的组合截面，如欲使此截面对两个轴的惯性矩相等，问两根的间距 a 应为多少？

A-6　在图 A-19 所示的对称截面中，$a=0.16\text{m}$，$h=0.36\text{m}$，$b_1=0.6\text{m}$，$b_2=0.4\text{m}$，求截面对形心主轴 z_0 的惯性矩。

A-7　图 A-20 所示为工字钢与钢板组成的组合截面，已知工字钢的型号为 40a，钢板的厚度 $\delta=20\text{mm}$，求组合截面形心主轴 z_0 轴的惯性矩。

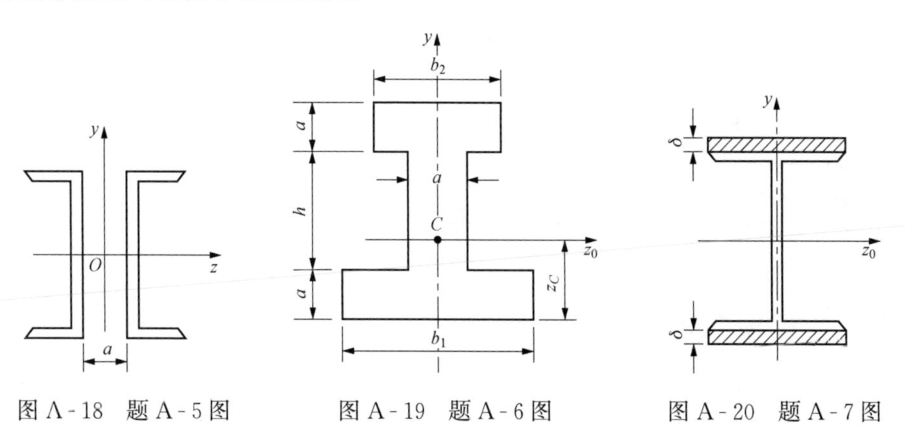

图 A-18　题 A-5 图　　图 A-19　题 A-6 图　　图 A-20　题 A-7 图

A-8　试计算图 A-21 所示各截面对水平形心轴 z 的惯性矩。

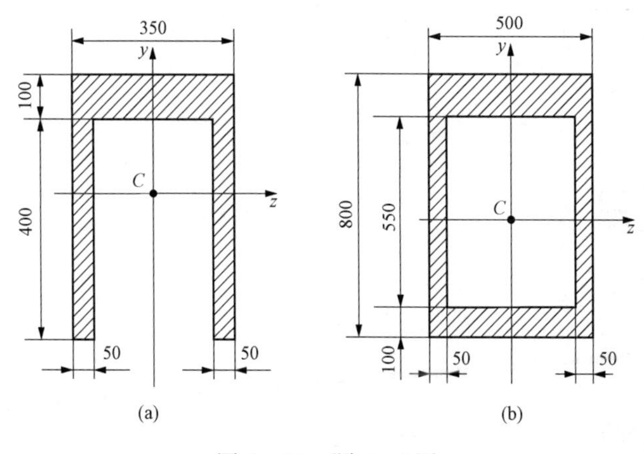

图 A-21　题 A-8 图

习题答案

A-1　(a) $S_z=24000\text{mm}^3$；(b) $S_z=42250\text{mm}^3$；(c) $S_z=280000\text{mm}^3$；(d) $S_z=520000\text{mm}^3$

A-2　$I_z=\dfrac{bh^3}{12}$，$i_z=\dfrac{h}{2\sqrt{3}}$

A-3　$i_y=i_z=\dfrac{D}{4}\sqrt{1+\alpha^2}=\dfrac{\sqrt{D^2+d^2}}{4}\left(\text{其中 }\alpha=\dfrac{d}{D}\right)$

A-4　$I_z=\dfrac{bh^3}{12}$　$I_{z_C}=\dfrac{bh^3}{36}$　$I_{z_1}=\dfrac{bh^3}{4}$

A-5　$a=97.6\text{mm}$

A-6　$I_{z_0}=1.15\times10^{-2}\text{m}^4$　$y_C=0.302\text{m}$

A-7　$I_{z_0}=0.468\times10^{-3}\text{m}^4$

A-8　(a) $I_z=1.73\times10^9\text{mm}^4$

　　(b) $I_z=1.55\times10^{10}\text{mm}^4$

附录 B　梁的挠度与转角公式

序号	支承和载荷情况	梁端转角	最大挠度	挠曲线方程
1	A, B, F, θ_B, v_B, l	$\theta_B=\dfrac{Fl^2}{2EI}$	$v_{\max}=\dfrac{Fl^3}{3EI}$	$v=\dfrac{Fx^2}{6EI}(3l-x)$
2	A, C, B, F, θ_B, v_B, a, l	$\theta_B=\dfrac{Fa^2}{2EI}$	$v_{\max}=\dfrac{Fa^2}{6EI}(3l-a)$	$v=\dfrac{Fx^2}{6EI}(3a-x)$ $(0\leqslant x\leqslant a)$ $v=\dfrac{Fa^2}{6EI}(3x-a)$ $(a\leqslant x\leqslant l)$
3	A, B, q, θ_B, v_B, l	$\theta_B=\dfrac{ql^3}{6EI}$	$v_{\max}=\dfrac{ql^4}{8EI}$	$v=\dfrac{qx^2}{24EI}(x^2+6l^2-4lx)$
4	A, B, M_e, θ_B, v_B, l	$\theta_B=\dfrac{M_el}{EI}$	$v_{\max}=\dfrac{M_el^2}{2EI}$	$v=\dfrac{M_ex^2}{2EI}$

续表

序号	支承和载荷情况	梁端转角	最大挠度	挠曲线方程
5	F, A, B, θ_A, θ_B, $\frac{l}{2}$, $\frac{l}{2}$	$\theta_A=-\theta_B=\frac{Fl^2}{16EI}$	$v_{max}=\frac{Fl^3}{48EI}$	$v=\frac{Fx}{48EI}(3l^2-4x^2)$ $\left(0\leqslant x\leqslant\frac{l}{2}\right)$
6	F, A, B, θ_A, θ_B, a, b, l	$\theta_A=\frac{Fab(l+b)}{6lEI}$ $\theta_B=\frac{-Fab(l+a)}{6lEI}$	$v_{max}=\frac{Fb}{9\sqrt{3}EIl}(l^2-b^2)^{3/2}$ 在 $x=\sqrt{\frac{l^2-b^2}{3}}$ 处	$v=\frac{Fb}{6lEI}(l^2-b^2-x^2)x$ $(0\leqslant x\leqslant a)$ $v=\frac{F}{EI}\left[\frac{b}{6l}(l^2-b^2-x^2)x+\frac{1}{6}(x-a)^3\right]$ $(a\leqslant x\leqslant l)$
7	q, A, B, θ_A, θ_B, $\frac{l}{2}$, $\frac{l}{2}$	$\theta_A=-\theta_B=\frac{ql^3}{24EI}$	$v_{max}=\frac{5ql^4}{384EI}$	$v=\frac{qx}{24EI}(-2lx^2+l^3+x^3)$
8	M_e, A, B, θ_A, θ_B, l	$\theta_A=\frac{M_el}{6EI}$ $\theta_B=-\frac{M_el}{3EI}$	$v_{max}=\frac{Ml^2}{9\sqrt{3}EI}$ 在 $x=\frac{l}{\sqrt{3}}$ 处	$v=\frac{M_ex}{6lEI}(l^2-x^2)$
9	M_e, A, B, θ_A, θ_B, a, b, l	$\theta_A=\frac{M_e}{6EIl}(l^2-3b^2)$ $\theta_B=\frac{M_e}{6EIl}(l^2-3a^2)$		$v=-\frac{M_ex}{6lEI}(l^2-3b^2-x^2)$ $(0\leqslant x\leqslant a)$ $v=\frac{M_e(l-x)}{6lEI}(2lx-3a^2-x^2)$ $(0\leqslant x\leqslant a)$

附录C　型钢表

表 1　　**热轧等边角钢（GB 9787—1988）**

符号意义：b—边宽度；　I—惯性矩；
d—边厚度；　i—惯性半径；
r—内圆弧半径；　W—截面系数；
r_1—边端内圆弧半径；　z_0—重心距离。

角钢号数	尺寸 (mm)			截面面积 (cm²)	理论重量 (kg/m)	外表面积 (m²/m)	参考数值										z_0 (cm)
							$x-x$			x_0-x_0			y_0-y_0			x_1-x_1	
	b	d	r				I_x (cm⁴)	i_x (cm)	W_x (cm³)	I_{x0} (cm⁴)	i_{x0} (cm)	W_{x0} (cm³)	I_{y0} (cm⁴)	i_{y0} (cm)	W_{y0} (cm³)	I_{x1} (cm⁴)	
2	20	3	3.5	1.132	0.889	0.078	0.40	0.59	0.29	0.63	0.75	0.45	0.17	0.39	0.20	0.81	0.60
		4		1.459	1.145	0.077	0.50	0.58	0.36	0.78	0.73	0.55	0.22	0.38	0.24	1.09	0.64
2.5	25	3		1.432	1.124	0.098	0.82	0.76	0.46	1.29	0.95	0.73	0.34	0.49	0.33	1.57	0.73
		4		1.859	1.459	0.097	1.03	0.74	0.59	1.62	0.93	0.92	0.43	0.48	0.40	2.11	0.76
3.0	30	3	4.5	1.749	1.373	0.117	1.46	0.91	0.68	2.31	1.15	1.09	0.61	0.59	0.51	2.71	0.85
		4		2.276	1.786	0.117	1.84	0.90	0.87	2.92	1.13	1.37	0.77	0.58	0.62	3.63	0.89
3.6	36	3		2.109	1.656	0.141	2.58	1.11	0.99	4.09	1.39	1.61	1.07	0.71	0.76	4.68	1.00
		4		2.756	2.163	0.141	3.29	1.09	1.28	5.22	1.38	2.05	1.37	0.70	0.93	6.25	1.04
		5		3.382	2.654	0.141	3.95	1.08	1.56	6.24	1.36	2.45	1.65	0.70	1.09	7.84	1.07

续表

角钢号数	尺寸 (mm)			截面面积 (cm^2)	理论重量 (kg/m)	外表面积 (m^2/m)	参考数值										z_0 (cm)
							$x-x$			x_0-x_0			y_0-y_0			x_1-x_1	
	b	d	r				I_x (cm^4)	i_x (cm)	W_x (cm^3)	I_{x0} (cm^4)	i_{x0} (cm)	W_{x0} (cm^3)	I_{y0} (cm^4)	i_{y0} (cm)	W_{y0} (cm^3)	I_{x1} (cm^4)	
4.0	40	3	5	2.359	1.852	0.157	3.59	1.23	1.23	5.69	1.55	2.01	1.49	0.79	0.96	6.41	1.09
		4		3.086	2.422	0.157	4.60	1.22	1.60	7.29	1.54	2.58	1.91	0.79	1.19	8.56	1.13
		5		3.791	2.976	0.156	5.53	1.21	1.96	8.76	1.52	3.10	2.30	0.78	1.39	10.74	1.17
4.5	45	3		2.659	2.088	0.177	5.17	1.40	1.58	8.20	1.76	2.58	2.14	0.89	1.24	9.12	1.22
		4		3.486	2.736	0.177	6.65	1.38	2.05	10.56	1.74	3.32	2.75	0.89	1.54	12.18	1.26
		5		4.292	3.369	0.176	8.04	1.37	2.51	12.74	1.72	4.00	3.33	0.88	1.81	15.25	1.30
		6		5.076	3.985	0.176	9.33	1.36	2.95	14.76	1.70	4.64	3.89	0.88	2.06	18.36	1.33
5	50	3	5.5	2.971	2.332	0.197	7.18	1.55	1.96	11.37	1.96	3.22	2.98	1.00	1.57	12.50	1.34
		4		3.897	3.059	0.197	9.26	1.54	2.56	14.70	1.94	4.16	3.82	0.99	1.96	16.69	1.38
		5		4.803	3.770	0.196	11.21	1.53	3.13	17.79	1.92	5.03	4.64	0.98	2.31	20.90	1.42
		6		5.688	4.465	0.196	13.05	1.52	3.68	20.68	1.91	5.85	5.42	0.98	2.63	25.14	1.46
5.6	56	3	6	3.343	2.624	0.221	10.19	1.75	2.48	16.14	2.20	4.08	4.24	1.13	2.02	17.56	1.48
		4		4.390	3.446	0.220	13.18	1.73	3.24	20.92	2.18	5.28	5.46	1.11	2.52	23.43	1.53
		5		5.415	4.251	0.220	16.02	1.72	3.97	25.42	2.17	6.42	6.61	1.10	2.98	29.33	1.57
		8		8.367	6.568	0.219	23.63	1.68	6.03	37.37	2.11	9.44	9.89	1.09	4.16	47.24	1.68
6.3	63	4	7	4.978	3.907	0.248	19.03	1.96	4.13	30.17	2.46	6.78	7.89	1.26	3.29	33.35	1.70
		5		6.143	4.822	0.248	23.17	1.94	5.08	36.77	2.45	8.25	9.57	1.25	3.90	41.73	1.74
		6		7.288	5.721	0.247	27.12	1.93	6.00	43.03	2.43	9.66	11.20	1.24	4.46	50.14	1.78
		8		9.515	7.469	0.247	34.46	1.90	7.75	54.56	2.40	12.25	14.33	1.23	5.47	67.11	1.85
		10		11.657	9.151	0.246	41.09	1.88	9.39	64.85	2.36	14.56	17.33	1.22	6.36	84.31	1.93
7	70	4	8	5.570	4.372	0.275	26.39	2.18	5.14	41.80	2.74	8.44	10.99	1.40	4.17	45.74	1.86
		5		6.875	5.397	0.275	32.21	2.16	6.32	51.08	2.73	10.32	13.34	1.39	4.95	57.21	1.91
		6		8.160	6.406	0.275	37.77	2.15	7.48	59.93	2.71	12.11	15.61	1.38	5.67	68.73	1.95
		7		9.424	7.398	0.275	43.09	2.14	8.59	68.35	2.69	13.81	17.82	1.38	6.34	80.29	1.99
		8		10.667	8.373	0.274	48.17	2.12	9.68	76.37	2.68	15.43	19.98	1.37	6.98	91.92	2.03

续表

角钢号数	尺寸(mm) b	d	r	截面面积 (cm²)	理论重量 (kg/m)	外表面积 (m²/m)	参考数值 x—x I_x (cm⁴)	i_x (cm)	W_x (cm³)	$x_0—x_0$ I_{x0} (cm⁴)	i_{x0} (cm)	W_{x0} (cm³)	$y_0—y_0$ I_{y0} (cm⁴)	i_{y0} (cm)	W_{y0} (cm³)	$x_1—x_1$ I_{x1} (cm⁴)	z_0 (cm)
7.5	75	5	9	7.412	5.818	0.295	39.97	2.33	7.32	63.30	2.92	11.94	16.63	1.50	5.77	70.56	2.04
		6		8.797	6.905	0.294	46.95	2.31	8.64	74.38	2.90	14.02	19.51	1.49	6.67	84.55	2.07
		7		10.160	7.976	0.294	53.57	2.30	9.93	84.96	2.89	16.02	22.18	1.48	7.44	98.71	2.11
		8		11.503	9.030	0.294	59.96	2.28	11.20	95.07	2.88	17.93	24.86	1.47	8.19	112.97	2.15
		10		14.126	11.089	0.293	71.98	2.26	13.64	113.92	2.84	21.48	30.05	1.46	9.56	141.71	2.22
8	80	5	9	7.912	6.211	0.315	48.79	2.48	8.34	77.33	3.13	13.67	20.25	1.60	6.66	85.36	2.15
		6		9.397	7.376	0.314	57.35	2.47	9.87	90.98	3.11	16.08	23.72	1.59	7.65	102.50	2.19
		7		10.860	8.525	0.314	65.58	2.46	11.37	104.07	3.10	18.40	27.09	1.58	8.58	119.70	2.23
		8		12.303	9.658	0.314	73.49	2.44	12.83	116.60	3.08	20.61	30.39	1.57	9.46	136.97	2.27
		10		15.126	11.874	0.313	88.43	2.42	15.64	140.09	3.04	24.76	36.77	1.56	11.08	171.74	2.35
9	90	6	10	10.637	8.350	0.354	82.77	2.79	12.61	131.26	3.51	20.63	34.28	1.80	9.95	145.87	2.44
		7		12.301	9.656	0.354	94.83	2.78	14.54	150.47	3.50	23.64	39.18	1.78	11.19	170.30	2.48
		8		13.944	10.946	0.353	106.47	2.76	16.42	168.97	3.48	26.55	43.97	1.78	12.35	194.80	2.52
		10		17.167	13.476	0.353	128.58	2.74	20.07	203.90	3.45	32.04	53.26	1.76	14.52	244.07	2.59
		12		20.306	15.940	0.352	149.22	2.71	23.57	236.21	3.41	37.12	62.22	1.75	16.49	293.76	2.67
10	100	6	12	11.932	9.366	0.393	114.95	3.10	15.68	181.98	3.90	25.74	47.92	2.00	12.69	200.07	2.67
		7		13.796	10.830	0.393	131.86	3.09	18.10	208.97	3.89	29.55	54.74	1.99	14.26	233.54	2.71
		8		15.638	12.276	0.393	148.24	3.08	20.47	235.07	3.88	33.24	61.41	1.98	15.75	267.09	2.76
		10		19.261	15.120	0.392	179.51	3.05	25.06	284.68	3.84	40.26	74.35	1.96	18.54	334.48	2.84
		12		22.800	17.898	0.391	208.90	3.03	29.48	330.95	3.81	46.80	86.84	1.95	21.08	402.34	2.91
		14		26.256	20.611	0.391	236.53	3.00	33.73	374.06	3.77	52.90	99.00	1.94	23.44	470.75	2.99
		16		29.627	23.257	0.390	262.53	2.98	37.82	414.16	3.74	58.57	110.89	1.94	25.63	539.80	3.06

续表

角钢号数	尺寸(mm)			截面面积 (cm²)	理论重量 (kg/m)	外表面积 (m²/m)	参考数值										
							$x-x$			x_0-x_0			y_0-y_0			x_1-x_1	z_0 (cm)
	b	d	r				I_x (cm⁴)	i_x (cm)	W_x (cm³)	I_{x0} (cm⁴)	i_{x0} (cm)	W_{x0} (cm³)	I_{y0} (cm⁴)	i_{y0} (cm)	W_{y0} (cm³)	I_{x1} (cm⁴)	
11	110	7	12	15.196	11.928	0.433	177.16	3.41	22.05	280.94	4.30	36.12	73.38	2.20	17.51	310.64	2.96
		8		17.238	13.532	0.433	199.46	3.40	24.95	316.49	4.28	40.69	82.42	2.19	19.39	355.20	3.01
		10		21.261	16.690	0.432	242.19	3.38	30.60	384.39	4.25	49.42	99.98	2.17	22.91	444.65	3.09
		12		25.200	19.782	0.431	282.55	3.35	36.05	448.17	4.22	57.62	116.93	2.15	26.15	534.60	3.16
		14		29.056	22.809	0.431	320.71	3.32	41.31	508.01	4.18	65.31	133.40	2.14	29.14	625.16	3.24
12.5	125	8	14	19.750	15.504	0.492	297.03	3.88	32.52	470.89	4.88	53.28	123.16	2.50	25.86	521.01	3.37
		10		24.373	19.133	0.491	361.67	3.85	39.97	573.89	4.85	64.93	149.46	2.48	30.62	651.93	3.45
		12		28.912	22.696	0.491	423.16	3.83	41.17	671.44	4.82	75.96	174.88	2.46	35.03	783.42	3.53
		14		33.367	26.193	0.490	481.65	3.80	54.16	763.73	4.78	86.41	199.57	2.45	39.13	915.61	3.61
14	140	10		27.373	21.488	0.551	514.65	4.34	50.58	817.27	5.46	82.56	212.04	2.78	39.20	915.11	3.82
		12		32.512	25.522	0.551	603.68	4.31	59.80	958.79	5.43	96.85	248.57	2.76	45.02	1099.28	3.90
		14		37.567	29.490	0.550	688.81	4.28	68.75	1093.56	5.40	110.47	284.06	2.75	50.45	1284.22	3.98
		16		42.539	33.393	0.549	770.24	4.26	77.46	1221.81	5.36	123.42	318.67	2.74	55.55	1470.07	4.06
16	160	10	16	31.502	24.729	0.630	779.53	4.98	66.70	1237.30	6.27	109.36	321.76	3.20	52.76	1365.33	4.31
		12		37.441	29.391	0.630	916.58	4.95	78.98	1455.68	6.24	128.67	377.49	3.18	60.74	1639.57	4.39
		14		43.296	33.987	0.629	1048.36	4.92	90.05	1665.02	6.20	147.17	431.70	3.16	68.24	1914.68	4.47
		16		49.067	38.518	0.629	1175.08	4.89	102.63	1865.57	6.17	164.89	484.59	3.14	75.31	2190.82	4.55
18	180	12		42.241	33.159	0.710	1321.35	5.59	100.82	2100.10	7.05	165.00	542.61	3.58	78.41	2332.80	4.89
		14		48.896	38.383	0.709	1514.48	5.56	116.25	2407.42	7.02	189.14	621.53	3.56	88.38	2723.48	4.97
		16		55.467	43.542	0.709	1700.99	5.54	131.13	2703.37	6.98	212.40	698.60	3.55	97.83	3115.29	5.05
		18		61.955	48.634	0.708	1875.12	5.50	145.64	2988.24	6.94	234.78	762.01	3.51	105.14	3502.43	5.13
20	200	14	18	54.642	42.894	0.788	2103.55	6.20	144.70	3343.26	7.82	236.40	863.83	3.98	111.82	3734.10	5.46
		16		62.013	48.680	0.788	2366.15	6.18	163.65	3760.89	7.79	265.93	971.41	3.96	123.96	4270.39	5.54
		18		69.301	54.401	0.787	2620.64	6.15	182.22	4164.54	7.75	294.48	1076.74	3.94	135.52	4808.13	5.62
		20		76.505	60.056	0.787	2867.30	6.12	200.42	4554.55	7.72	322.06	1180.04	3.93	146.55	5347.51	5.69
		24		90.661	71.168	0.785	3338.25	6.07	236.17	5294.97	7.64	374.41	1381.53	3.90	166.65	6457.16	5.87

注　截面图中的 $r_1=1/3d$ 及表中 r 值的数据用于孔型设计，不作交货条件。

表 2

热轧不等边角钢（GB 9788—1988）

符号意义：B—长边宽度；　b—短边宽度；
d—边厚度；　r—内圆弧半径；
r_1—边端内圆弧半径；　I—惯性矩；
i—惯性半径；　W—截面系数；
x_0—重心距离；　y_0—重心距离。

角钢号数	尺寸(mm)				截面面积	理论重量	外表面积	参考数值													
								$x-x$			$y-y$			x_1-x_1		y_1-y_1		$u-u$			
	B	b	d	r	(cm^2)	(kg/m)	(m^2/m)	I_x (cm^4)	i_x (cm)	W_x (cm^3)	I_y (cm^4)	i_y (cm)	W_y (cm^3)	I_{x1} (cm^4)	y_0 (cm)	I_{y1} (cm^4)	x_0 (cm)	I_u (cm^4)	i_u (cm)	W_u (cm^3)	$\tan\alpha$
2.5/1.6	25	16	3	3.5	1.162	0.912	0.080	0.70	0.78	0.43	0.22	0.44	0.19	1.56	0.86	0.43	0.42	0.14	0.34	0.16	0.392
			4		1.499	1.176	0.079	0.88	0.77	0.55	0.27	0.43	0.24	2.09	0.90	0.59	0.46	0.17	0.34	0.20	0.381
3.2/2	32	20	3		1.492	1.171	0.102	1.53	1.01	0.72	0.46	0.55	0.30	3.27	1.08	0.82	0.49	0.28	0.43	0.25	0.382
			4		1.939	1.522	0.101	1.93	1.00	0.93	0.57	0.54	0.39	4.37	1.12	1.12	0.53	0.35	0.42	0.32	0.374
4/2.5	40	25	3	4	1.890	1.484	0.127	3.08	1.28	1.15	0.93	0.70	0.49	5.39	1.32	1.59	0.59	0.56	0.54	0.40	0.385
			4		2.467	1.936	0.127	3.93	1.26	1.49	1.18	0.69	0.63	8.53	1.37	2.14	0.63	0.71	0.54	0.52	0.381
4.5/2.8	45	28	3	5	2.149	1.687	0.143	4.45	1.44	1.47	1.34	0.79	0.62	9.10	1.47	2.23	0.64	0.80	0.61	0.51	0.383
			4		2.806	2.203	0.143	5.69	1.42	1.91	1.70	0.78	0.80	12.13	1.51	3.00	0.68	1.02	0.60	0.66	0.380
5/3.2	50	32	3	5.5	2.431	1.908	0.161	6.24	1.60	1.84	2.02	0.91	0.82	12.49	1.60	3.31	0.73	1.20	0.70	0.68	0.404
			4		3.177	2.494	0.160	8.02	1.59	2.39	2.58	0.90	1.06	16.65	1.65	4.45	0.77	1.53	0.69	0.87	0.402
5.6/3.6	56	36	3	6	2.743	2.153	0.181	8.88	1.80	2.32	2.92	1.03	1.05	17.54	1.78	4.70	0.80	1.73	0.79	0.87	0.408
			4		3.590	2.818	0.180	11.45	1.79	3.03	3.76	1.02	1.37	23.39	1.82	6.33	0.85	2.23	0.79	1.13	0.408
			5		4.415	3.466	0.180	13.86	1.77	3.71	4.49	1.01	1.65	29.25	1.87	7.94	0.88	2.67	0.78	1.36	0.404
6.3/4	63	40	4	7	4.058	3.185	0.202	16.49	2.02	3.87	5.23	1.14	1.70	33.30	2.04	8.63	0.92	3.12	0.88	1.40	0.398
			5		4.993	3.920	0.202	20.02	2.00	4.74	6.31	1.12	2.71	41.63	2.08	10.86	0.95	3.76	0.87	1.71	0.396
			6		5.908	4.638	0.201	23.36	1.96	5.59	7.29	1.11	2.43	49.98	2.12	13.12	0.99	4.34	0.86	1.99	0.393
			7		6.802	5.339	0.201	26.53	1.98	6.40	8.24	1.10	2.78	58.07	2.15	15.47	1.03	4.97	0.86	2.29	0.389

续表

角钢号数	尺寸(mm)				截面面积	理论重量	外表面积	参考数值													
								$x-x$			$y-y$			x_1-x_1		y_1-y_1		$u-u$			
	B	b	d	r	(cm^2)	(kg/m)	(m^2/m)	I_x (cm^4)	i_x (cm)	W_x (cm^3)	I_y (cm^4)	i_y (cm)	W_y (cm^3)	I_{x1} (cm^4)	y_0 (cm)	I_{y1} (cm^4)	x_0 (cm)	I_u (cm^4)	i_u (cm)	W_u (cm^3)	$\tan\alpha$
7/4.5	70	45	4	7.5	4.547	3.570	0.226	23.17	2.26	4.86	7.55	1.29	2.17	45.92	2.24	12.26	1.02	4.40	0.98	1.77	0.410
			5		5.609	4.403	0.225	27.95	2.23	5.92	9.13	1.28	2.65	57.10	2.28	15.39	1.06	5.40	0.98	2.19	0.407
			6		6.647	5.218	0.225	32.54	2.21	6.95	10.62	1.26	3.12	68.35	2.32	18.58	1.09	6.35	0.98	2.59	0.404
			7		7.657	6.011	0.225	37.22	2.20	8.03	12.01	1.25	3.57	79.99	2.36	21.84	1.13	7.16	0.97	2.94	0.402
(7.5/5)	75	50	5	8	6.125	4.808	0.245	34.86	2.39	6.83	12.61	1.44	3.30	70.00	2.40	21.04	1.17	7.41	1.10	2.74	0.435
			6		7.260	5.699	0.245	41.12	2.38	8.12	14.70	1.42	3.88	84.30	2.44	25.37	1.21	8.54	1.08	3.19	0.435
			8		9.467	7.431	0.244	52.39	2.35	10.52	18.53	1.40	4.99	112.50	2.52	34.23	1.29	10.87	1.07	4.10	0.429
			10		11.590	9.098	0.244	62.71	2.33	12.79	21.96	1.38	6.04	140.80	2.60	43.43	1.36	13.10	1.06	4.99	0.423
8/5	80	50	5	8	6.375	5.005	0.255	41.96	2.56	7.78	12.82	1.42	3.32	85.21	2.60	21.06	1.14	7.66	1.10	2.74	0.388
			6		7.560	5.935	0.255	49.49	2.56	9.25	14.95	1.41	3.91	102.53	2.65	25.41	1.18	8.85	1.08	3.20	0.387
			7		8.724	6.848	0.255	56.16	2.54	10.58	16.96	1.39	4.48	119.33	2.69	29.82	1.21	10.18	1.08	3.70	0.384
			8		9.867	7.745	0.254	62.83	2.52	11.92	18.85	1.38	5.03	136.41	2.73	34.32	1.25	11.38	1.07	4.16	0.381
9/5.6	90	56	5	9	7.212	5.661	0.287	60.45	2.90	9.92	18.32	1.59	4.21	121.32	2.91	29.53	1.25	10.98	1.23	3.49	0.385
			6		8.557	6.717	0.286	71.03	2.88	11.74	21.42	1.58	4.96	145.59	2.95	35.58	1.29	12.90	1.23	4.13	0.384
			7		9.880	7.756	0.286	81.01	2.86	13.49	24.36	1.57	5.70	169.60	3.00	41.71	1.33	14.67	1.22	4.72	0.382
			8		11.183	8.779	0.286	91.03	2.85	15.27	27.15	1.56	6.41	194.17	3.04	47.93	1.36	16.34	1.21	5.29	0.380
10/6.3	100	63	6	10	9.617	7.550	0.320	99.06	3.21	14.64	30.94	1.79	6.35	199.71	3.24	50.50	1.43	18.42	1.38	5.25	0.394
			7		11.111	8.722	0.320	113.45	3.20	16.88	35.26	1.78	7.29	233.00	3.28	59.14	1.47	21.00	1.38	6.02	0.394
			8		12.584	9.878	0.319	127.37	3.18	19.08	39.39	1.77	8.21	266.32	3.32	67.88	1.50	23.50	1.37	6.78	0.391
			10		15.467	12.142	0.319	153.81	3.15	23.32	47.12	1.74	9.98	333.06	3.40	85.73	1.58	28.33	1.35	8.24	0.387
10/8	100	80	6	10	10.637	8.350	0.354	107.04	3.17	15.19	61.24	2.40	10.16	199.83	2.95	102.68	1.97	31.65	1.72	8.37	0.627
			7		12.301	9.656	0.354	122.73	3.16	17.52	70.08	2.39	11.71	233.20	3.00	119.98	2.01	36.17	1.72	9.60	0.626
			8		13.944	10.946	0.353	137.92	3.14	19.81	78.58	2.37	13.21	266.61	3.04	137.37	2.05	40.58	1.71	10.80	0.625
			10		17.167	13.476	0.353	166.87	3.12	24.24	94.65	2.35	16.12	333.63	3.12	172.48	2.13	49.10	1.69	13.12	0.622
11/7	110	70	6	10	10.673	8.350	0.354	133.37	3.54	17.85	42.92	2.01	7.90	265.78	3.53	69.08	1.57	25.36	1.54	6.53	0.403
			7		12.301	9.656	0.354	153.00	3.53	20.60	49.01	2.00	9.09	310.07	3.57	80.82	1.61	28.95	1.53	7.50	0.402
			8		13.944	10.946	0.353	172.04	3.51	23.30	54.87	1.98	10.25	354.39	3.62	92.70	1.65	32.45	1.53	8.45	0.401
			10		17.167	13.467	0.353	208.39	3.48	28.54	65.88	1.96	12.48	443.13	3.07	116.83	1.72	39.20	1.51	10.29	0.397

续表

角钢号数	尺寸 (mm)				截面面积	理论重量	外表面积	参考数值													
								$x-x$			$y-y$			x_1-x_1		y_1-y_1		$u-u$			
	B	b	d	r	(cm²)	(kg/m)	(m²/m)	I_x (cm⁴)	i_x (cm)	W_x (cm³)	I_y (cm⁴)	i_y (cm)	W_y (cm³)	I_{x1} (cm⁴)	y_0 (cm)	I_{y1} (cm⁴)	x_0 (cm)	I_u (cm⁴)	i_u (cm)	W_u (cm³)	tanα
12.5/8	125	80	7	11	14.096	11.066	0.403	227.98	4.02	26.86	74.42	2.30	12.01	454.99	4.01	120.32	1.80	43.81	1.76	9.92	0.408
			8		15.989	12.551	0.403	256.77	4.01	30.41	83.49	2.28	13.56	519.99	4.06	137.85	1.84	49.15	1.75	11.18	0.407
			10		19.712	15.474	0.402	312.04	3.98	37.33	100.67	2.26	16.56	650.09	4.14	173.40	1.92	59.45	1.74	13.64	0.404
			12		23.351	18.330	0.402	364.41	3.95	44.01	116.67	2.24	19.43	780.39	4.22	209.67	2.00	69.35	1.72	16.01	0.400
14/9	140	90	8	12	18.038	14.160	0.453	365.64	4.50	38.48	120.69	2.59	17.34	730.53	4.50	195.79	2.04	70.83	1.98	14.31	0.411
			10		22.261	17.475	0.452	445.50	4.47	47.31	146.03	2.56	21.22	913.20	4.58	245.92	2.12	85.82	1.96	17.48	0.409
			12		26.400	20.724	0.451	521.59	4.44	55.87	169.79	2.54	24.95	1096.09	4.66	296.89	2.19	100.21	1.95	20.54	0.406
			14		30.456	23.908	0.451	594.10	4.42	64.18	192.10	2.51	28.54	1279.26	4.74	348.82	2.27	114.13	1.94	23.52	0.403
16/10	160	100	10	13	25.315	19.872	0.512	668.69	5.14	62.13	205.03	2.85	26.56	1362.89	5.24	336.59	2.28	121.74	2.19	21.92	0.390
			12		30.054	23.592	0.511	784.91	5.11	73.49	239.06	2.82	31.28	1635.56	5.32	405.94	2.36	142.33	2.17	25.79	0.388
			14		34.709	27.247	0.510	896.30	5.08	84.56	271.20	2.80	35.83	1908.50	5.40	476.42	2.43	162.23	2.16	29.56	0.385
			16		39.281	30.835	0.510	1003.04	5.05	95.33	301.60	2.77	40.24	2181.79	5.48	548.22	2.51	182.57	2.16	33.44	0.382
18/11	180	110	10	14	28.373	22.273	0.571	956.25	5.80	78.96	278.11	3.13	32.49	1940.40	5.89	447.22	2.44	166.50	2.42	26.88	0.376
			12		33.712	26.464	0.571	1124.72	5.78	93.53	325.03	3.10	38.32	2328.38	5.98	538.94	2.52	194.87	2.40	31.66	0.374
			14		38.967	30.589	0.570	1286.91	5.75	107.76	369.55	3.08	43.97	2716.60	6.06	631.95	2.59	222.30	2.39	36.32	0.372
			16		44.139	34.649	0.569	1443.06	5.72	121.64	411.85	3.06	49.44	3105.15	6.14	726.46	2.67	248.94	2.38	40.87	0.369
20/12.5	200	125	12		37.912	29.761	0.641	1570.90	6.44	116.73	483.16	3.57	49.99	3193.85	6.54	787.74	2.83	285.79	2.74	41.23	0.392
			14		43.867	34.436	0.640	1800.97	6.41	134.65	550.83	3.54	57.44	3726.17	6.62	922.47	2.91	326.58	2.72	47.34	0.390
			16		49.739	39.045	0.639	2023.35	6.38	152.18	615.44	3.52	64.69	4258.86	6.70	1058.86	2.99	366.21	2.71	53.32	0.388
			18		55.526	43.588	0.639	2238.30	6.35	169.33	677.19	3.49	71.74	4792.00	6.78	1197.13	3.06	404.83	2.70	59.18	0.385

注 1. 括号内型号不推荐使用；

2. 截面图中的 $r_1=1/3d$ 及表中 r 的数据用于孔型设计，不作交货条件。

表 3

热轧槽钢（GB 707—1988）

符号意义：h—高度；
b—腿宽度；
d—腰厚度；
t—平均腿厚度；
r—内圆弧半径；
r_1—腿端圆弧半径；
I—惯性矩；
W—截面系数；
i—惯性半径；
z_0—$y-y$ 轴与 y_1-y_1 轴间距。

型号	尺寸 (mm)						截面面积 (cm^2)	理论重量 (kg/m)	参考数值							
									$x-x$			$y-y$			y_1-y_1	z_0 (cm)
	h	b	d	t	r	r_1			W_x (cm^3)	I_x (cm^4)	i_x (cm)	W_y (cm^3)	I_y (cm^4)	i_y (cm)	I_{y_1} (cm^4)	
5	50	37	4.5	7	7.0	3.5	6.928	5.438	10.4	26.0	1.94	3.55	8.30	1.10	20.9	1.35
6.3	63	40	4.8	7.5	7.5	3.8	8.451	6.634	16.1	50.8	2.45	4.50	11.9	1.19	28.4	1.36
8	80	43	5.0	8	8.0	4.0	10.248	8.045	25.3	101	3.15	5.79	16.6	1.27	37.4	1.43
10	100	48	5.3	8.5	8.5	4.2	12.748	10.007	39.7	198	3.95	7.8	25.6	1.41	54.9	1.52
12.6	126	53	5.5	9	9.0	4.5	15.692	12.318	62.1	391	4.95	10.2	38.0	1.57	77.1	1.59
14a	140	58	6.0	9.5	9.5	4.8	18.516	14.535	80.5	564	5.52	13.0	53.2	1.70	107	1.71
14b	140	60	8.0	9.5	9.5	4.8	21.316	16.733	87.1	609	5.35	14.1	61.1	1.69	121	1.67
16a	160	63	6.5	10	10.0	5.0	21.962	17.240	108	866	6.28	16.3	73.3	1.83	144	1.80
16	160	65	8.5	10	10.0	5.0	25.162	19.752	117	935	6.10	17.6	83.4	1.82	161	1.75
18a	180	68	7.0	10.5	10.5	5.2	25.699	20.174	141	1270	7.04	20.0	98.6	1.96	190	1.88
18	180	70	9.0	10.5	10.5	5.2	29.299	23.000	152	1370	6.84	21.5	111	1.95	210	1.84

续表

型号	尺寸 (mm)						截面面积 (cm²)	理论重量 (kg/m)	参考数值							
									x—x			y—y			$y_1—y_1$	
	h	b	d	t	r	r_1			W_x (cm³)	I_x (cm⁴)	i_x (cm)	W_y (cm³)	I_y (cm⁴)	i_y (cm)	I_{y_1} (cm⁴)	z_0 (cm)
20a	200	73	7.0	11	11.0	5.5	28.837	22.637	178	1780	7.86	24.2	128	2.11	244	2.01
20	200	75	9.0	11	11.0	5.5	32.837	25.777	191	1910	7.64	25.9	144	2.09	268	1.95
22a	220	77	7.0	11.5	11.5	5.8	31.846	24.999	218	2390	8.67	28.2	158	2.23	298	2.10
22	220	79	9.0	11.5	11.5	5.8	36.246	28.453	234	2570	8.42	30.1	176	2.21	326	2.03
a	250	78	7.0	12	12.0	6.0	34.917	27.410	270	3370	9.82	30.6	176	2.24	322	2.07
25b	250	80	9.0	12	12.0	6.0	39.917	31.335	282	3530	9.41	32.7	196	2.22	353	1.98
c	250	82	11.0	12	12.0	6.0	44.917	35.260	295	3690	9.07	35.9	218	2.21	384	1.92
a	280	82	7.5	12.5	12.5	6.2	40.034	31.427	340	4760	10.9	35.7	218	2.33	388	2.10
28b	280	84	9.5	12.5	12.5	6.2	45.634	35.823	366	5130	10.6	37.9	242	2.30	428	2.02
c	280	86	11.5	12.5	12.5	6.2	51.234	40.219	393	5500	10.4	40.3	268	2.29	463	1.95
a	320	88	8.0	14	14.0	7.0	48.513	38.083	475	7600	12.5	46.5	305	2.50	552	2.24
32b	320	90	10.0	14	14.0	7.0	54.913	43.107	509	8140	12.2	49.2	336	2.47	593	2.16
c	320	92	12.0	14	14.0	7.0	61.313	48.131	543	8690	11.9	52.6	374	2.47	643	2.09
a	360	96	9.0	16	16.0	8.0	60.910	47.814	660	11900	14.0	63.5	455	2.73	818	2.44
36b	360	98	11.0	16	16.0	8.0	68.110	53.466	703	12700	13.6	66.9	497	2.70	880	2.37
c	360	100	13.0	16	16.0	8.0	75.310	59.118	746	13400	13.4	70.0	536	2.67	948	2.34
a	400	100	10.5	18	18.0	9.0	75.068	58.928	879	17600	15.3	78.8	592	2.81	1070	2.49
40b	400	102	12.5	18	18.0	9.0	83.068	65.208	932	18600	15.0	82.5	640	2.78	1140	2.44
c	400	104	14.5	18	18.0	9.0	91.068	71.488	986	19700	14.7	86.2	688	2.75	1220	2.42

注 截面图和表中标注的圆弧半径 r、r_1 的数据用于孔型设计，不作交货条件。

表 4　　**热轧工字钢（GB 706—1988）**

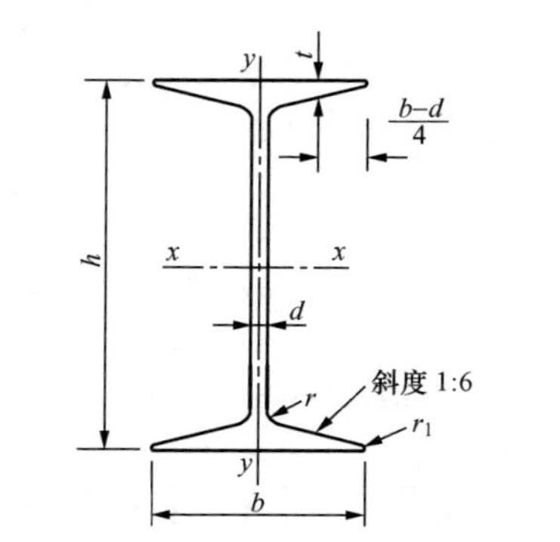

符号意义：

h—高度；
b—腿宽度；
d—腰厚度；
t—平均腿厚度；
r—内圆弧半径；
r_1—腿端圆弧半径；
I—惯性矩；
W—截面系数；
i—惯性半径；
S—半截面的静力矩。

型号	尺寸 (mm)						截面面积 (cm²)	理论重量 (kg/m)	参考数值						
									$x-x$				$y-y$		
	h	b	d	t	r	r_1			I_x (cm⁴)	W_x (cm³)	i_x (cm)	$I_x:S_x$ (cm)	I_y (cm⁴)	W_y (cm³)	i_y (cm)
10	100	68	4.5	7.6	6.5	3.3	14.345	11.261	245	49.0	4.14	8.59	33.0	9.72	1.52
12.6	126	74	5.0	8.4	7.0	3.5	18.118	14.223	488	77.5	5.20	10.8	46.9	12.7	1.61
14	140	80	5.5	9.1	7.5	3.8	21.516	16.890	712	102	5.76	12.0	64.4	16.1	1.73
16	160	88	6.0	9.9	8.0	4.0	26.131	20.513	1130	141	6.58	13.8	93.1	21.2	1.89
18	180	94	6.5	10.7	8.5	4.3	30.756	24.143	1660	185	7.36	15.4	122	26.0	2.00
20a	200	100	7.0	11.4	9.0	4.5	35.578	27.929	2370	237	8.15	17.2	158	31.5	2.12
20b	200	102	9.0	11.4	9.0	4.5	39.578	31.069	2500	250	7.96	16.9	169	33.1	2.06
22a	220	110	7.5	12.3	9.5	4.8	42.128	33.070	3400	309	8.99	18.9	225	40.9	2.31
22b	220	112	9.5	12.3	9.5	4.8	46.528	36.524	3570	325	8.78	18.7	239	42.7	2.27
25a	250	116	8.0	13.0	10.0	5.0	48.541	38.105	5020	402	10.2	21.6	280	48.3	2.40
25b	250	118	10.0	13.0	10.0	5.0	53.541	42.030	5280	423	9.94	21.3	309	52.4	2.40
28a	280	122	8.5	13.7	10.5	5.3	55.404	43.492	7110	508	11.3	24.6	345	56.6	2.50
28b	280	124	10.5	13.7	10.5	5.3	61.004	47.888	7480	534	11.1	24.2	379	61.2	2.49

续表

型号	尺寸 (mm)						截面面积 (cm^2)	理论重量 (kg/m)	参考数值						
									$x-x$				$y-y$		
	h	b	d	t	r	r_1			I_x (cm^4)	W_x (cm^3)	i_x (cm)	$I_x:S_x$ (cm)	I_y (cm^4)	W_y (cm^3)	i_y (cm)
32a	320	130	9.5	15.0	11.5	5.8	67.156	52.717	11100	692	12.8	27.5	460	70.8	2.62
32b	320	132	11.5	15.0	11.5	5.8	73.556	57.741	11600	726	12.6	27.1	502	76.0	2.61
32c	320	134	13.5	15.0	11.5	5.8	79.956	62.765	12200	760	12.3	26.8	544	81.2	2.61
36a	360	136	10.0	15.8	12.0	6.0	76.480	60.037	15800	875	14.4	30.7	552	81.2	2.69
36b	360	138	12.0	15.8	12.0	6.0	83.680	65.689	16500	919	14.1	30.3	582	84.3	2.64
36c	360	140	14.0	15.8	12.0	6.0	90.880	71.341	17300	962	13.8	29.9	612	87.4	2.60
40a	400	142	10.5	16.5	12.5	6.3	86.112	67.598	21700	1090	15.9	34.1	660	93.2	2.77
40b	400	144	12.5	16.5	12.5	6.3	94.112	73.878	22800	1140	15.6	33.6	692	96.2	2.71
40c	400	146	14.5	16.5	12.5	6.3	102.112	80.158	23900	1190	15.2	33.2	727	99.6	2.65
45a	450	150	11.5	18.0	13.5	6.8	102.446	80.420	32200	1430	17.7	38.6	855	114	2.89
45b	450	152	13.5	18.0	13.5	6.8	111.446	87.485	33800	1500	17.4	38.0	894	118	2.84
45c	450	154	15.5	18.0	13.5	6.8	120.446	94.550	35300	1570	17.1	37.6	938	122	2.79
50a	500	158	12.0	20.0	14.0	7.0	119.304	93.654	46500	1860	19.7	42.8	1120	142	3.07
50b	500	160	14.0	20.0	14.0	7.0	129.304	101.504	48600	1940	19.4	42.4	1170	146	3.01
50c	500	162	16.0	20.0	14.0	7.0	139.304	109.354	50600	2080	19.0	41.8	1220	151	2.96
56a	560	166	12.5	21.0	14.5	7.3	135.435	106.316	65600	2340	22.0	47.7	1370	165	3.18
56b	560	168	14.5	21.0	14.5	7.3	146.635	115.108	68500	2450	21.6	47.2	1490	174	3.16
56c	560	170	16.5	21.0	14.5	7.3	157.835	123.900	71400	2550	21.3	46.7	1560	183	3.16
63a	630	176	13.0	22.0	15.0	7.5	154.658	121.407	93900	2980	24.5	54.2	1700	193	3.31
63b	630	178	15.0	22.0	15.0	7.5	167.258	131.298	98100	3160	24.2	53.5	1810	204	3.29
63c	630	180	17.0	22.0	15.0	7.5	179.858	141.189	102000	3300	23.8	52.9	1920	214	3.27

注 截面图和表中标注的圆弧半径 r、r_1 的数据用于孔型设计，不作交货条件。

中英文工程力学词汇对照

（按汉语拼音字母顺序）

A

安全因数　safety factor

B

比例极限　proportional limit

闭口薄壁截面杆　thin - walled bar with closed cross section

变形　deformation

变形协调方程　deformation compatibility equation

边界条件　boundary condition

标距　gauge length

C

材料力学　mechanics of materials

长度因数　factor of length

长细比　slenderness ratio

超静定问题　statically indeterminate problem

超静定结构　statically indeterminate structure

超静定次数　degree of statically indeterminate problem

超静定梁　statically indeterminate beam

持久极限　endurance limit

冲击载荷　impact load

初应力　initial stress

纯弯曲　pure bending

纯扭转　pure torsion

纯剪切应力状态　pure shear state of stress

脆性材料　brittle materials

脆性断裂　brittle fracture

D

大柔度压杆　compre ssive bar with large

等强度梁　beam of uniform strength

等效力系　equivalent forces system

叠加原理　superposition principle

动摩擦力　kinetic friction force

动摩擦因数　kinetic friction factor

断面收缩率　percentage reduction of area

对称弯曲　symmetric bending

多余约束　redundant constrain

多余反力　redundant reaction

E

二力杆　two - force bar

F

非自由体　body

分力　component force

G

公理　axiom

杆件　bar

刚度　stiffness

刚度条件　stiffness condition

刚架　rigid frame

刚体　rigid body

各向同性假设　isotropy assumption

各向异性　anisotropy

各向异性材料　material with anisotropy

工程实用计算法　engineering method of practical analysis

构件　member

惯性矩，截面二次轴矩　moment of inertia，second axial moment of area

惯性积　product of inertia

惯性半径　radius of gyration of an area

广义胡克定律　generalized Hooke law

固定端　fixed end

固定铰支座 fixed - pin pedestal

滚动摩阻 rolling resistance

滚动摩阻力偶 rolling resistance couple

滚动摩阻力偶矩 moment of rolling resistance couple

滚动摩阻系数 coefficient of rolling resistance

H

桁架 truss

合力 resulting force

合力矩定理 theorem of moment of resultant force

合力偶 resultant couple

荷载 load

横向 transverse

横截面 cross section

横向变形因数 factor of transverse deformation

横力弯曲 bending by transverse force

胡克定律 Hooke law

滑移线 slip lines

滑动摩擦 sliding friction

汇交力系 concurrent forces

J

机械运动 mechanical motion

机械作用 mechanical interaction

简化 reduction

简化中心 center of reduction

铰链 hinge

节点 node

节点法 method of joints

截面法 method of sections

静定 statically determinate

静滑动摩擦力 static friction force

静力学 statics

静摩擦因数 static friction factor

挤压 extrusion

挤压力 extrusion force

挤压应力 extrusion stress

计算挤压面 effective extrusion surface

极限应力 ultimate stress

极限应力圆 limit stress circle

极惯性矩，截面二次极矩 second polar moment of area

剪力 shearing force

剪力方程 equation of shearing force

剪力图 shearing force diagram

剪切 shear

剪切胡克定律 Hooke law for shear

剪切面 shear surface

截面法 method of section

截面的几何性质 geometrical properties of an area

截面核心 core of section

结构 structure

静定问题 statically determinate problem

静定梁 statically determinate beam

静荷载 static load

静矩 static moment

局部变形阶段 stage of local deformation

均匀性假设 homogeneity assumption

矩心 center of moment

K

开口薄壁截面杆 thin - walled bar with open cross section

可变形固体 deform able solid

可动铰支座 roller support of pin joint

空间力系 spatial force system

库仑摩擦定律 Coulomb law of friction

跨 span

跨长 length of span

L

拉（压）杆 axially loaded bar

拉力 tensile force

拉伸刚度 tension rigidity

拉伸图 tensile diagram

拉伸强度 tension strength

冷作硬化 cold hardening

冷作时效　overstrain ageing
力学性能　mechanical properties
理论力学　theoretical mechanics
力　force
力臂　moment arm
力的三要素　three factors of force
力多边形　force polygon
力对点之矩　moment of force respect to a point
力对轴的矩　moment of force respect to an axis
力偶　couple
力偶臂　arm of couple
力偶的作用面　active plane of couple
力偶矩　moment of a couple
力三角形　force triangle
力系　system of forces
力系的简化　simplification of force system
力学　mechanics
理论应力集中因数　theoretical stress concentration factor
连续性假设　continuity assumption
连续分布　continuous distribution
连续条件　continuity condition
连续梁　continuous beam
连接件　connective element
梁　beam
临界力　critical force
临界压力　critical pressure
临界应力　critical stress
临界应力总图　total diagram of critical stress

M

脉冲循环　fluctuating cycle
莫尔应力圆　Mohr circle for stress
摩擦　friction
摩擦角　angle of friction
摩擦力　friction force
摩擦因数　friction coefficient

N

挠度　deflection
挠曲线　deflection curve
挠曲线方程　equation of deflection curve
挠曲线近似微分方程　approximately differential equation of the deflection curve
内力　internal force
内力图　internal force diagram
扭转　torsion
扭矩　torsional moment，torque
扭矩图　torque diagram
扭转截面系数　section modulus of torsion
扭转刚度　torsion rigidity

O

欧拉公式　Euler formula

P

疲劳　fatigue
偏心拉伸　eccentric tension
偏心压缩　eccentric compression
平均应力　mean stress
平面假设　plane assumption
平面力系　coplanar forces
平面弯曲　plane bending
平面刚架　plane rigid frame
平面应力状态　plane stress states
平衡　equilibrium
平衡方程　equilibrium equations
平衡力系　equilibrium force system
平行力系　parallel forces
泊松比　Poisson ratio

Q

强度　strength
强度极限　ultimate strength
强化阶段　strengthing stage
强度理论　theory of strength，failure criterion

强度条件　strength condition

翘曲　warping

切应力　shearing stress

切应变　shearing strain

切应力互等定理　theorem of conjugate shearing stress

切变模量　shear modulus

屈服　yield

屈服阶段　yielding stage

屈服极限　yield limit

屈服强度　yield strength

屈服点应力　yielding point stress

曲杆　curved bar

曲率　curvature

球铰链　ball joint

全约束力　total reaction

R

任意力系　general force system

柔度，长细比　slenderness ratio

S

圣维南原理　Saint -Venant principle

伸长率　elongation

失稳　lost stability buckling

失效　failure

受力图　free body diagram

松弛　relaxation

塑性变形　plastic deformation

塑性材料　ductile materials

损伤　damage

T

弹性变形　elastic deformation

弹性阶段　elastic stage

弹性极限　elastic limit

弹性模量　modulus of elasticity

弹性曲线　elastic curve

弹性曲线方程　equation of elastic curve

体应变　volume strain

体积改变能密度　strain energy density of volume change

W

外力　external forces

弯曲　bending

弯矩　bending moment

弯矩方程　equation of bending moment

弯矩图　bending moment diagram

弯曲正应力　normal stress in bending

弯曲切应力　shearing stress in bending

弯曲截面系数　section modulus in bending

弯曲刚度　flexural rigidity

危险截面　critical section

危险点　critical point

位移　displacement

温度内力　temperature internal force

温度应力　temperature stress

稳定性　stability

稳定因数　stability fact

稳定条件　stability condition

X

细长压杆　slender column，long column

线应变　linear strain，strain

线弹性范围　region of linear elasticity

相对扭转角　relative angle of twist

相当应力　equivalent stress

相当长度　equivalent length

斜弯曲　oblique bending

卸载规律　unloading rule

形心　center of an area

形状改变能密度　distortional strain energy density

形状改变能密度理论　distortional strain energy density theory

形心轴　centroidal axis

许用应力　allowable stress

Y

压力　compressive force

一点处的应力状态　state of stress at a given point

移轴公式 parallel - axis formula
应力 stress
应力状态 state of stress
应变能 strain energy
应变能密度 strata energy density
应力 - 应变曲线 stress - strain curve
应力集中 stress concentration
应力圆 stress circle
应力循环 stress cycle
应力比 stress ratio
应力幅值 stress amplitude
约束 constraint
约束条件 constrained condition
约束力 constrained reaction
运动 motion

Z

载荷 load
正应力 normal stress
正交各向异性材料 material with orthotropy
中性层 neutral surface
中性轴 neutral axis
重力 gravity
重心 center of gravity
轴线 axis
轴向拉伸 axial tension
轴向压缩 axial compression
轴力 axial force
轴力图 axial force diagram
轴 shaft
主动力 active forces
主矩 principal moment
主矢 principal vector
主惯性矩 principal meridian moment of inertia
主平面 principal plane
主应力 principle stress
主应变 principle strain
转角 rotation angle
转轴公式 rotation axis formula
装配内力 assemble internal force
装配应力 assemble stress
自锁 self - locking
作用与反作用 action and reaction
最大工作应力 maximum active stress
最大拉应力理论 maximum tensile stress theory
最大伸长线应变理论 maximum elongated strain theory
最大切应力 maximum shearing stress
最大切应力理论 maximum shearing stress theory
自由扭转 free torsion
总应力 overall stress
组合变形 combined deformation
组合截面 compound section

参 考 文 献

[1] 哈尔滨工业大学理论力学教研室．理论力学．8 版．北京：高等教育出版社，2016.
[2] 程燕平．静力学．哈尔滨：哈尔滨工业大学出版社，1999.
[3] 北京科技大学，东北大学．工程力学（静力学 材料力学）．4 版．北京：高等教育出版社，2008.
[4] 刘延柱．理论力学．3 版．北京：高等教育出版社，2011.
[5] 贾书惠．理论力学教程．北京：清华大学出版社，2004.
[6] 郝桐生．理论力学．4 版．北京：高等教育出版社，2017.
[7] 刘巧玲．理论力学．长春：吉林科学技术出版社，2001.
[8] 宋子康，蔡文安．材料力学．上海：同济大学出版社，1998.
[9] 刘鸿文．材料力学．北京：高等教育出版社，2000.
[10] 孙训方．材料力学．5 版．北京：高等教育出版社，2009.
[11] 单辉祖．材料力学教程．2 版．北京：高等教育出版社，2016.
[12] 苏翼林．材料力学．北京：高等教育出版社，1988.
[13] 范钦珊．材料力学．北京：高等教育出版社，2000.
[14] 韩秀清，王纪海．材料力学．北京：中国电力出版社，2005.